STEAM EDUCATION SERIES

융합교육 시리즈 4

수학의 본질은 디자인이다

안대영 지음

KYOWOOSA 교우사

머리말

지금 여러분은 혹시 수학을 향해 달리고 있지 않나요? 여러분은 어디쯤 있나요? 원하던 그곳에 수학이 있나요? 도달하지 않은 이유는 무엇일까요? 한 번도 멈추지 않고 무조건 뛰기만 했기 때문은 아닐까요? 이제는 발걸음을 멈추고 수학과 함께 이야기하고, 수학을 함께 바라보고 싶습니다.

음악을 좋아하듯 수학을 좋아할 수 있을까요? 우리들 중에는 수학을 좋아하는 사람보다는 수학에게서 상처받은 영혼이 많습니다. 마음에 금이 간 사람은 수학을 온전히 받아들일 수 없겠지요. 가득 담긴 그릇에 무엇을 담기 어렵듯 이미 수학으로 가득찬 사람도 새로운 것을 받아들이기 어렵겠지요. 금이 간 마음에 수학의 아름다움을 전하고 싶습니다. 디자인으로 그 마음을 감싸주고 싶습니다. 수학으로 가득찬 사람에게 디자인을 통해 여백의 아름다움을 드리고 싶습니다.

수학을 좀 더 친근하게 만나고 싶습니다. 가능할까요? 수학에게 아름답게 다가서고 싶습니다. 가능할까요? 방정식이니 함수니 하는 것들을 벗어 버리면, 수학이 쉬워지고 친근해집니다. 아름다운 새 옷도 입힐 수 있습니다. 볼수록 더 보고 싶어지고, 만날수록 더욱 함께 하고 싶은 수학이 있습니다. 수학도 자신을 친근하게 느끼고 아름답게 바라보길 원합니다.

말없이 바라만 보아도 웃음 지을 수 있는 수학을 보여드리고 싶습니다. 수학이 곁에 있는 아름다운 공간을 이야기하고 싶습니다. 수학을 만날 때마다 처음 만난 듯 상큼해 질 수 있습니다. 수학을 디자인으로 느껴보길 바랍니다.

이 책은 $1 = 0.999\cdots$을 이용하여 만든 디자인에 대한 이야기입니다. 1에서 나올 수 있는 디자인은 무수히 많습니다. 단지 여기서는 그 중 몇 개를 소개합니다.

1장은 $1 = 0.999\cdots$을 5로 나누는 경우이고, 2장은 $1 = 0.999\cdots$을 7로 나누는 경우입니다.

사용되는 도구는 덧셈, 뺄셈, 나눗셈, 논리 연산입니다. 수에서 나타나는 디자인을 보고 느끼고, 표현해 보는 과정입니다. 수학의 디자인을 보고 만드는 체험, 수학과 소통하는 과정을 통해 얻어진 미적 감성은 우리 삶을 더욱 밝고 풍요롭게 해줄 것입니다. 미적 체험을 통해 감성과 미적 안목을 키워 나가게 될 것입니다.

이 책에서는 수학과 미술이 함께 호흡합니다. 수의 나눗셈이나 뺄셈을 통해 나타나는 것이 수학이며 미술입니다. 수학과 미술을 하나로 보여줍니다. 보는 관점에 따라 수학이 될 수도 있고 미술이 될 수도 있습니다. 본래 수학과 미술을 구분할 필요가 없습니다. 수의 패턴이 이루는 모습을 수학과 미술로 나누어 보았던 것입니다.

또한 융합을 통하여 세상을 새롭게 보려 합니다. 원래의 모습을 다양하게 보는 것이 융합입니다. 새롭다기보다는 다양성의 인정이라 생각하고 싶습니다. 수학을 미술처럼 느끼고, 미술을 수학처럼 느낄 수 있는 마음이 융합입니다. 수학과 디자인을 통해 우리가 배워야 할 것은 수학에서 미적 감수성을 기르는 것입니다. 수학에서 나타나는 디자인을 통해 창의적으로 소통하고 표현하는 능력을 기르기를 바랍니다. 수학의 미적 가치를 이해하고 행복을 느낄 수 있는 기회가 되었으면 합니다.

세상을 향해 수학이 디자인이라고 말할 수 있는 기회를 주신 오판근 사장님을 비롯한 임직원 여러분께 깊이 감사드립니다. 세심하게 교정을 도와주신 장소연 선생님, 한결같이 묵묵하게 지켜봐 준 사랑하는 아내에게도 고마움을 전합니다.

2014년 5월

안대영

차례

제 1 장

5로 나누어 디자인 만들기

$\frac{1}{3}$= 0.333 ⋯ 이다. 양변에 3을 곱하면 1 = 0.9999 ⋯ 이다. 1 = 0.999 ⋯ 을 1행과 1열에 입력한 후, 세 수의 합을 구하고 5로 나누어 다양하게 디자인을 만드는 과정을 살펴본다.

1 5로 나누었을 때 주기

1. $1 = 0.\dot{9} = 0.9999999\cdots$을 5로 나누기

(1) 셀을 채우는 과정

0.999⋯ 를 1행과 1열에 채웠다. 세 수의 덧셈을 구한다. 왼쪽의 시작부분을 살펴보자. 9+0+9= 18이다. 18을 5로 나누었다. 나머지는 3이다.

① 0+9+9 =18이다.

0	9	9	9	9	9	9	9	9
9	0+9+9=18							
9								

② 18을 5로 나눈 나머지를 구한다. 나머지는 3이다.

0	9	9	9	9	9	9	9	9
9	3	3+9+9= 21						
9								
9								

③ 앞에서 3+9+9=21이다. 5로 나누면 나머지가 1이다.

0	9	9	9	9	9
9	3	1			
9			b	c	
9			a	$a+b+c$ 를 구한 후 5로 나눈 나머지	

③ 임의의 셀은 (왼쪽셀)+(왼쪽위 셀)+(바로 위 셀)을 구한 후 5로 나누고 나머지를 기록한다.

④ 위의 과정을 확장해 보자.

0	9	9	9	9	9	9	9	9	9	9	9	9	9	9
9	4	1	5	2	6	3	0	4	1	5	2	6	3	0
9	1	6	5	5	6	1	4	1	6	5	5	6	1	4

④ 위의 과정을 확장하면 아래 그림처럼 나타난다. 나머지가 0인 부분에 색칠하였다.

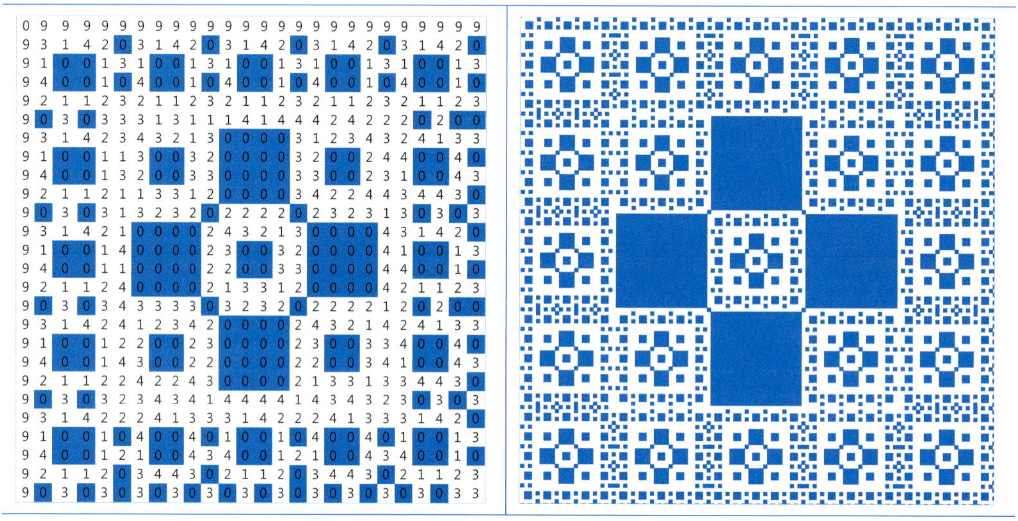

2. 행에서 나타나는 수 패턴

(1) 1행에서 25행까지 나타나는 패턴

행	순환마디	주기
1	31420	5
2	10013	5
3	40010	5
4	21123	5
5	03033 31311 14144 42422 20200	25
6	31423 43213 00003 12343 24133	25

행	순환마디	주기
7	10011 30032 00003 20024 40040	25
8	40013 20033 00003 30023 10043	25
9	21121 13312 00003 42244 34430	25
10	03031 32320 22220 23231 30303	25
11	31421 00002 43213 00004 31420	25
12	10014 00002 30032 00004 10013	25
13	40011 00002 20033 00004 40010	25
14	21124 00002 13312 00004 21123	25
15	03034 33330 32320 22221 20200	25
16	31424 12342 00002 43214 24133	25
17	10012 20023 00002 30033 40040	25
18	40014 30022 00002 20034 10043	25
19	21122 42243 00002 13313 34430	25
20	03032 34341 44441 43432 30303	25
21	31422 24133 31422 24133 31420	25
22	10010 40040 10010 40040 10013	25
23	40012 10043 40012 10043 40010	25
24	21120 34430 21120 34430 21123	25
25	0303030303030303030303033 3131313131313131313131311 1414141414141414141414144 4242424242424242424242422 2020202020202020202020200	125

① 1행, 6행, 11행, 16행, 21행, 26행은 3142로 시작한다.

② 2행, 7행, 12행, 17행, 22행, 27행은 1001로 시작한다.

③ 3행, 8행, 13행, 18행, 23행, 28행은 4001로 시작한다.

④ 4행, 9행, 14행, 19행, 24행, 29행은 2112로 시작한다.

⑤ 5행, 10행, 15행, 20행, 25행, 30행은 0303으로 시작한다.

(2) 주기관찰

① 1, 2, 3, 4 행을 살펴보자. 5주기를 가진다.

1행	3	1	4	2	0	3	1	4	2	0	3	1	4	2	0	3	1	4	2	0
2행	1	0	0	1	3	1	0	0	1	3	1	0	0	1	3	1	0	0	1	3
3행	4	0	0	1	0	4	0	0	1	0	4	0	0	1	0	4	0	0	1	0
4행	2	1	1	2	3	2	1	1	2	3	2	1	1	2	3	2	1	1	2	3

② 5행에서 24행까지를 살펴보자. 25주기를 가진다.

5행	0	3	0	3	3	3	1	3	1	1	1	4	1	4	4	4	2	4	2	2	2	0	2	0	0
6행	3	1	4	2	3	4	3	2	1	3	0	0	0	0	3	1	2	3	4	3	2	4	1	3	3
7행	1	0	0	1	1	3	0	0	3	2	0	0	0	0	3	2	0	0	2	4	4	0	0	4	0
8행	4	0	0	1	3	2	0	0	3	3	0	0	0	0	3	3	0	0	2	3	1	0	0	4	3
9행	2	1	1	2	1	1	3	3	1	2	0	0	0	0	3	4	2	2	4	4	3	4	4	3	0
10행	0	3	0	3	1	3	2	3	2	0	2	2	2	2	0	2	3	2	3	1	3	0	3	0	3
11행	3	1	4	2	1	0	0	0	0	2	4	3	2	1	3	0	0	0	0	4	3	1	4	2	0
12행	1	0	0	1	4	0	0	0	0	2	3	0	0	3	2	0	0	0	0	4	1	0	0	1	3
13행	4	0	0	1	1	0	0	0	0	2	2	0	0	3	3	0	0	0	0	4	4	0	0	1	0
14행	2	1	1	2	4	0	0	0	0	2	1	3	3	1	2	0	0	0	0	4	2	1	1	2	3
15행	0	3	0	3	4	3	3	3	3	0	3	2	3	2	0	2	2	2	2	1	2	0	2	0	0
16행	3	1	4	2	4	1	2	3	4	2	0	0	0	0	2	4	3	2	1	4	2	4	1	3	3
17행	1	0	0	1	2	2	0	0	2	3	0	0	0	0	2	3	0	0	3	3	4	0	0	4	0
18행	4	0	0	1	4	3	0	0	2	2	0	0	0	0	2	2	0	0	3	4	1	0	0	4	3
19행	2	1	1	2	2	4	2	2	4	3	0	0	0	0	2	1	3	3	1	3	3	4	4	3	0
20행	0	3	0	3	2	3	4	3	4	1	4	4	4	4	1	4	3	4	3	2	3	0	3	0	3
21행	3	1	4	2	2	2	4	1	3	3	3	1	4	2	2	2	4	1	3	3	3	1	4	2	0
22행	1	0	0	1	0	4	0	0	4	0	1	0	0	1	0	4	0	0	4	0	1	0	0	1	3
23행	4	0	0	1	2	1	0	0	4	3	4	0	0	1	2	1	0	0	4	3	4	0	0	1	0
24행	2	1	1	2	0	3	4	4	3	0	2	1	1	2	0	3	4	4	3	0	2	1	1	2	3

(3) 반복되는 행 관찰

① 1행, 26행, 51행, …는 24열까지 같다.

	1 열	2 열	3 열	4 열	5 열	6 열	7 열	8 열	9 열	10 열	11 열	12 열	13 열	14 열	15 열	16 열	17 열	18 열	19 열	20 열	21 열	22 열	23 열	24 열	25 열
1행	3	1	4	2	0	3	1	4	2	0	3	1	4	2	0	3	1	4	2	0	3	1	4	2	0
26행	3	1	4	2	0	3	1	4	2	0	3	1	4	2	0	3	1	4	2	0	3	1	4	2	3
51행	3	1	4	2	0	3	1	4	2	0	3	1	4	2	0	3	1	4	2	0	3	1	4	2	1
76행	3	1	4	2	0	3	1	4	2	0	3	1	4	2	0	3	1	4	2	0	3	1	4	2	4
101행	3	1	4	2	0	3	1	4	2	0	3	1	4	2	0	3	1	4	2	0	3	1	4	2	2
126행	3	1	4	2	0	3	1	4	2	0	3	1	4	2	0	3	1	4	2	0	3	1	4	2	0
151행	3	1	4	2	0	3	1	4	2	0	3	1	4	2	0	3	1	4	2	0	3	1	4	2	3
176행	3	1	4	2	0	3	1	4	2	0	3	1	4	2	0	3	1	4	2	0	3	1	4	2	1
201행	3	1	4	2	0	3	1	4	2	0	3	1	4	2	0	3	1	4	2	0	3	1	4	2	4
226행	3	1	4	2	0	3	1	4	2	0	3	1	4	2	0	3	1	4	2	0	3	1	4	2	2
251행	3	1	4	2	0	3	1	4	2	0	3	1	4	2	0	3	1	4	2	0	3	1	4	2	0
276행	3	1	4	2	0	3	1	4	2	0	3	1	4	2	0	3	1	4	2	0	3	1	4	2	3
301행	3	1	4	2	0	3	1	4	2	0	3	1	4	2	0	3	1	4	2	0	3	1	4	2	1
326행	3	1	4	2	0	3	1	4	2	0	3	1	4	2	0	3	1	4	2	0	3	1	4	2	4
351행	3	1	4	2	0	3	1	4	2	0	3	1	4	2	0	3	1	4	2	0	3	1	4	2	2
376행	3	1	4	2	0	3	1	4	2	0	3	1	4	2	0	3	1	4	2	0	3	1	4	2	0

② 2행, 27행, 52행, …는 24열까지 같다.

	1 열	2 열	3 열	4 열	5 열	6 열	7 열	8 열	9 열	10 열	11 열	12 열	13 열	14 열	15 열	16 열	17 열	18 열	19 열	20 열	21 열	22 열	23 열	24 열	25 열
2행	1	0	0	1	3	1	0	0	1	3	1	0	0	1	3	1	0	0	1	3	1	0	0	1	3
27행	1	0	0	1	3	1	0	0	1	3	1	0	0	1	3	1	0	0	1	3	1	0	0	1	1
52행	1	0	0	1	3	1	0	0	1	3	1	0	0	1	3	1	0	0	1	3	1	0	0	1	4
77행	1	0	0	1	3	1	0	0	1	3	1	0	0	1	3	1	0	0	1	3	1	0	0	1	2
102행	1	0	0	1	3	1	0	0	1	3	1	0	0	1	3	1	0	0	1	3	1	0	0	1	0
127행	1	0	0	1	3	1	0	0	1	3	1	0	0	1	3	1	0	0	1	3	1	0	0	1	3
152행	1	0	0	1	3	1	0	0	1	3	1	0	0	1	3	1	0	0	1	3	1	0	0	1	1
177행	1	0	0	1	3	1	0	0	1	3	1	0	0	1	3	1	0	0	1	3	1	0	0	1	4
202행	1	0	0	1	3	1	0	0	1	3	1	0	0	1	3	1	0	0	1	3	1	0	0	1	2
227행	1	0	0	1	3	1	0	0	1	3	1	0	0	1	3	1	0	0	1	3	1	0	0	1	0
252행	1	0	0	1	3	1	0	0	1	3	1	0	0	1	3	1	0	0	1	3	1	0	0	1	3
277행	1	0	0	1	3	1	0	0	1	3	1	0	0	1	3	1	0	0	1	3	1	0	0	1	1
302행	1	0	0	1	3	1	0	0	1	3	1	0	0	1	3	1	0	0	1	3	1	0	0	1	4
327행	1	0	0	1	3	1	0	0	1	3	1	0	0	1	3	1	0	0	1	3	1	0	0	1	2
352행	1	0	0	1	3	1	0	0	1	3	1	0	0	1	3	1	0	0	1	3	1	0	0	1	0
377행	1	0	0	1	3	1	0	0	1	3	1	0	0	1	3	1	0	0	1	3	1	0	0	1	3

(4) 주기가 같은 부분으로 구분

① 1행에서 4행은 5주기를 가진다.

② 5행에서 24행은 25(= 5^2)주기를 가진다.

③ 25행에서 124행은 125주기를 가진다.

④ 5^n행에서 $5^{n+1}-1$행은 5^{n+1}주기를 가진다.

⑤ n행의 주기는 $5^{R(\log(n,5),0))+1}$ 이다. R은 Rounddown함수로 내림 함수이다.

2 두 수의 덧셈으로 만드는 디자인

1. 두 수의 덧셈을 2로 나누는 디자인

(1) 1행을 2로 나눈 경우

1 = 0.999 ⋯를 5로 나눈 후 각 행을 살펴보았다. 1행은 31420의 반복이다. 31420을 2행과 A열에 입력하였다. C4셀은 B4+B4를 한 후 2로 나눈 나머지다. 두 개의 셀을 더한 후 2로 나눈 나머지가 0인 경우에 색칠하였다. 1행, 126행, 251행, 376행은 124열까지 같다. 1행은 31420의 5주기를 가진다. 연산의 결과는 00111, 11000의 두 개의 5주기를 가진다.

① 셀 값

	A	B	C	D	E	F	G	H
1					mo	2		
2		3	1	4	2	0	3	1
3	3	0	0	1	1	1	0	0
4	1	0	0	1	1	1	0	0
5	4	1	1	0	0	0	1	1
6	2	1	1	0	0	0	1	1
7	0	1	1	0	0	0	1	1
8	3	0	0	1	1	1	0	0
9	1	0	0	1	1	1	0	0

② 수식

	A	B	C
1			
2		3	1
3	3	=MOD($A3+B$2,F1)	=MOD($A3+C$2,F1)
4	1	=MOD($A4+B$2,F1)	=MOD($A4+C$2,F1)
5	4	=MOD($A5+B$2,F1)	=MOD($A5+C$2,F1)
6	2	=MOD($A6+B$2,F1)	=MOD($A6+C$2,F1)
7	0	=MOD($A7+B$2,F1)	=MOD($A7+C$2,F1)
8	3	=MOD($A8+B$2,F1)	=MOD($A8+C$2,F1)
9	1	=MOD($A9+B$2,F1)	=MOD($A9+C$2,F1)

① 1단계

	3	1	4	2	0	3	1	4	2	0	3	1	4	2	0
3	0	0	1	1	1	0	0	1	1	1	0	0	1	1	1
1	0	0	1	1	1	0	0	1	1	1	0	0	1	1	1
4	1	1	0	0	0	1	1	0	0	0	1	1	0	0	0
2	1	1	0	0	0	1	1	0	0	0	1	1	0	0	0
0	1	1	0	0	0	1	1	0	0	0	1	1	0	0	0
3	0	0	1	1	1	0	0	1	1	1	0	0	1	1	1
1	0	0	1	1	1	0	0	1	1	1	0	0	1	1	1
4	1	1	0	0	0	1	1	0	0	0	1	1	0	0	0
2	1	1	0	0	0	1	1	0	0	0	1	1	0	0	0
0	1	1	0	0	0	1	1	0	0	0	1	1	0	0	0
3	0	0	1	1	1	0	0	1	1	1	0	0	1	1	1
1	0	0	1	1	1	0	0	1	1	1	0	0	1	1	1
4	1	1	0	0	0	1	1	0	0	0	1	1	0	0	0
2	1	1	0	0	0	1	1	0	0	0	1	1	0	0	0
0	1	1	0	0	0	1	1	0	0	0	1	1	0	0	0

② 2단계

(2) 2행, 27행, 52행, 77행, 102행, 127행은 24열까지 같다. 2행, 127행, 252행, 377행은 124열까지 같다. 2행은 10013의 5주기다. 각 행은 01100와 10011의 두개의 5주기를 가진다.

① 1단계

	1	0	0	1	3	1	0	0	1	3	1	0	0	1
1	0	1	1	0	0	0	1	1	0	0	0	1	1	0
0	1	0	0	1	1	1	0	0	1	1	1	0	0	1
0	1	0	0	1	1	1	0	0	1	1	1	0	0	1
1	0	1	1	0	0	0	1	1	0	0	0	1	1	0
3	0	1	1	0	0	0	1	1	0	0	0	1	1	0
1	0	1	1	0	0	0	1	1	0	0	0	1	1	0
0	1	0	0	1	1	1	0	0	1	1	1	0	0	1
0	1	0	0	1	1	1	0	0	1	1	1	0	0	1
1	0	1	1	0	0	0	1	1	0	0	0	1	1	0
3	0	1	1	0	0	0	1	1	0	0	0	1	1	0
1	0	1	1	0	0	0	1	1	0	0	0	1	1	0
0	1	0	0	1	1	1	0	0	1	1	1	0	0	1
0	1	0	0	1	1	1	0	0	1	1	1	0	0	1
1	0	1	1	0	0	0	1	1	0	0	0	1	1	0

② 2단계

(3) 3행, 28행, 53행, 78행은 24열까지 같다. 3행, 128행, 253행은 124열까지 같다. 3행은 40010의 5주기를 가진다. 각 행은 00010과 11101의 5주기를 가진다.

① 1단계

	4	0	0	1	0	4	0	0	1	0	4	0	0	1
4	0	0	0	1	0	0	0	0	1	0	0	0	0	1
0	0	0	0	1	0	0	0	0	1	0	0	0	0	1
0	0	0	0	1	0	0	0	0	1	0	0	0	0	1
1	1	1	1	0	1	1	1	1	0	1	1	1	1	0
0	0	0	0	1	0	0	0	0	1	0	0	0	0	1
4	0	0	0	1	0	0	0	0	1	0	0	0	0	1
0	0	0	0	1	0	0	0	0	1	0	0	0	0	1
0	0	0	0	1	0	0	0	0	1	0	0	0	0	1
1	1	1	1	0	1	1	1	1	0	1	1	1	1	0
0	0	0	0	1	0	0	0	0	1	0	0	0	0	1
4	0	0	0	1	0	0	0	0	1	0	0	0	0	1
0	0	0	0	1	0	0	0	0	1	0	0	0	0	1
0	0	0	0	1	0	0	0	0	1	0	0	0	0	1
1	1	1	1	0	1	1	1	1	0	1	1	1	1	0

② 2단계

(4) 4행, 29행, 54행, 79행, 104행은 24열까지 같다. 4행, 129행, 254행, 379행은 124열까지 같다. 4행은 21123의 5주기를 가진다. 각 행은 01101과 10010의 5주기를 가진다.

① 1단계

	2	1	1	2	3	2	1	1	2	3	2	1	1	2	3
2	0	1	1	0	1	0	1	1	0	1	0	1	1	0	1
1	1	0	0	1	0	1	0	0	1	0	1	0	0	1	0
1	1	0	0	1	0	1	0	0	1	0	1	0	0	1	0
2	0	1	1	0	1	0	1	1	0	1	0	1	1	0	1
3	1	0	0	1	0	1	0	0	1	0	1	0	0	1	0
2	0	1	1	0	1	0	1	1	0	1	0	1	1	0	1
1	1	0	0	1	0	1	0	0	1	0	1	0	0	1	0
1	1	0	0	1	0	1	0	0	1	0	1	0	0	1	0
2	0	1	1	0	1	0	1	1	0	1	0	1	1	0	1
3	1	0	0	1	0	1	0	0	1	0	1	0	0	1	0
2	0	1	1	0	1	0	1	1	0	1	0	1	1	0	1
1	1	0	0	1	0	1	0	0	1	0	1	0	0	1	0
1	1	0	0	1	0	1	0	0	1	0	1	0	0	1	0
2	0	1	1	0	1	0	1	1	0	1	0	1	1	0	1
3	1	0	0	1	0	1	0	0	1	0	1	0	0	1	0

② 2단계

(5) 5행, 30행, 55행, 80행, 105행은 24열까지 같다. 5행, 130행, 255행까지는 124열까지 같다. 5행은 03033 31311 14144 42422 20200의 25주기다. 각 행은 두 개의 25주기를 가진다.

① 1단계

	0	3	0	3	3	3	1	3	1	1	1	4	1	4	4	4	2	4	2	2	2	0	2	0	0
0	0	1	0	1	1	1	1	1	1	1	1	0	1	0	0	0	0	0	0	0	0	0	0	0	0
3	1	0	1	0	0	0	0	0	0	0	0	1	0	1	1	1	1	1	1	1	1	1	1	1	1
0	0	1	0	1	1	1	1	1	1	1	1	0	1	0	0	0	0	0	0	0	0	0	0	0	0
3	1	0	1	0	0	0	0	0	0	0	0	1	0	1	1	1	1	1	1	1	1	1	1	1	1
3	1	0	1	0	0	0	0	0	0	0	0	1	0	1	1	1	1	1	1	1	1	1	1	1	1
3	1	0	1	0	0	0	0	0	0	0	0	1	0	1	1	1	1	1	1	1	1	1	1	1	1
1	1	0	1	0	0	0	0	0	0	0	0	1	0	1	1	1	1	1	1	1	1	1	1	1	1
3	1	0	1	0	0	0	0	0	0	0	0	1	0	1	1	1	1	1	1	1	1	1	1	1	1
1	1	0	1	0	0	0	0	0	0	0	0	1	0	1	1	1	1	1	1	1	1	1	1	1	1
1	1	0	1	0	0	0	0	0	0	0	0	1	0	1	1	1	1	1	1	1	1	1	1	1	1
1	1	0	1	0	0	0	0	0	0	0	0	1	0	1	1	1	1	1	1	1	1	1	1	1	1
4	0	1	0	1	1	1	1	1	1	1	1	0	1	0	0	0	0	0	0	0	0	0	0	0	0
1	1	0	1	0	0	0	0	0	0	0	0	1	0	1	1	1	1	1	1	1	1	1	1	1	1
4	0	1	0	1	1	1	1	1	1	1	1	0	1	0	0	0	0	0	0	0	0	0	0	0	0
4	0	1	0	1	1	1	1	1	1	1	1	0	1	0	0	0	0	0	0	0	0	0	0	0	0
4	0	1	0	1	1	1	1	1	1	1	1	0	1	0	0	0	0	0	0	0	0	0	0	0	0
2	0	1	0	1	1	1	1	1	1	1	1	0	1	0	0	0	0	0	0	0	0	0	0	0	0
4	0	1	0	1	1	1	1	1	1	1	1	0	1	0	0	0	0	0	0	0	0	0	0	0	0
2	0	1	0	1	1	1	1	1	1	1	1	0	1	0	0	0	0	0	0	0	0	0	0	0	0
2	0	1	0	1	1	1	1	1	1	1	1	0	1	0	0	0	0	0	0	0	0	0	0	0	0
2	0	1	0	1	1	1	1	1	1	1	1	0	1	0	0	0	0	0	0	0	0	0	0	0	0
0	0	1	0	1	1	1	1	1	1	1	1	0	1	0	0	0	0	0	0	0	0	0	0	0	0
2	0	1	0	1	1	1	1	1	1	1	1	0	1	0	0	0	0	0	0	0	0	0	0	0	0
0	0	1	0	1	1	1	1	1	1	1	1	0	1	0	0	0	0	0	0	0	0	0	0	0	0
0	0	1	0	1	1	1	1	1	1	1	1	0	1	0	0	0	0	0	0	0	0	0	0	0	0

② 2단계

(6) 6행, 31행, 56행, 81행, 106행은 24열까지 같다. 6행, 131행, 256행, 381행은 124열까지 같다. 6행은 31423 43213 00003 12343 24133의 25주기다. 각 행은 00110⋯ 와 11001⋯ 의 25주기 두 개를 가진다.

① 1단계	② 2단계
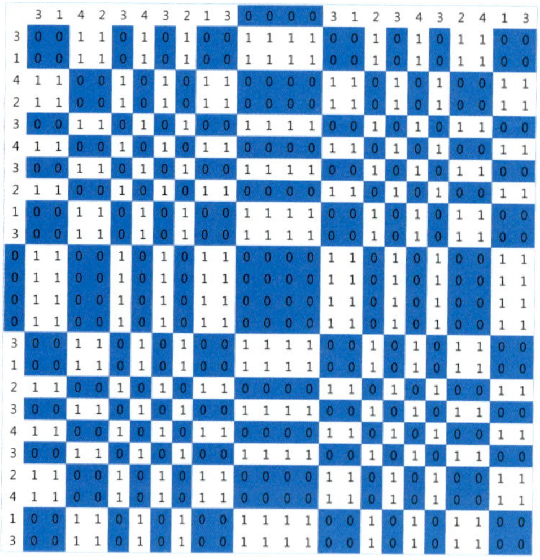	

(7) 7행, 32행, 57행, 82행, 107행은 24열까지 같다. 7행, 132행, 257행, 382행은 124열까지 같다. 7행은 10011 30032 00003 20024 40040의 25주기다. 각 행은 01100⋯, 10011⋯ 의 25주기 두 개를 가진다.

① 1단계	② 2단계
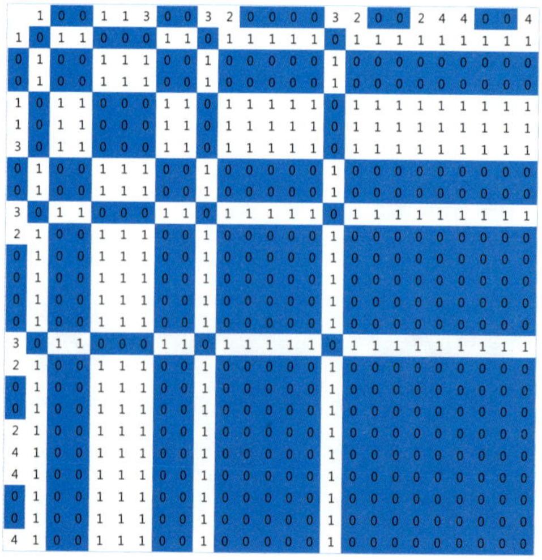	

(8) 8행, 33행, 58행, 83행, 108행은 24열까지 같다. 8행, 133행, 258행, 383은 124열까지 같다. 8행은 40013 20033 00003 30023 10043의 25주기를 가진다. 각 행은 00011 …과 11100…의 두 개의 25주기를 가진다.

① 1단계	② 2단계
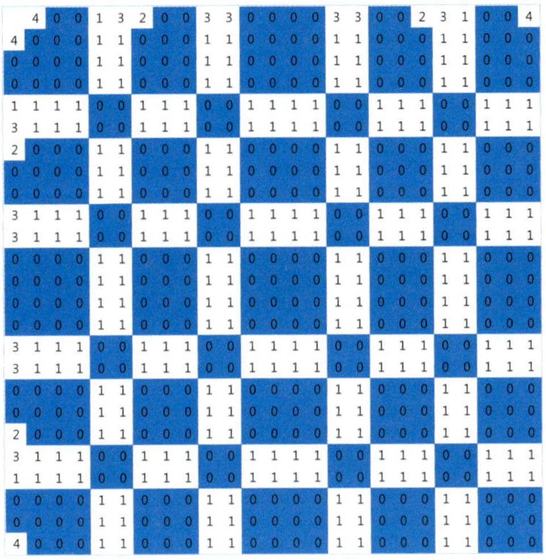	

(9) 9행, 34행, 59행, 84행은 24열까지 같다. 9행, 134행, 259행은 124열까지 같다. 9행은 21121 13312 00003 42244 34430의 25주기다. 각 행은 01101…와 10010…의 25주기 두 개를 가진다.

① 1단계	② 2단계
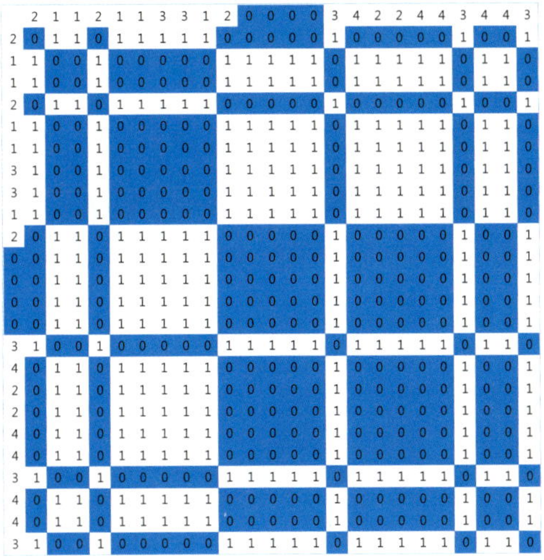	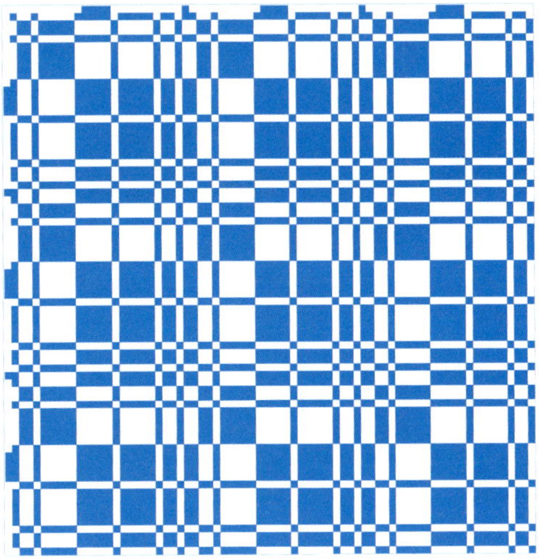

(10) 10행, 35행, 60행, 85행은 24열까지 같다. 10행, 135행, 260행 385행은 124열까지 같다. 10행은 03031 32320 22220 23231 30303의 25주기를 가진다. 각 행은 01011⋯와 10100⋯의 25주기 두 개를 가진다.

① 1단계	② 2단계
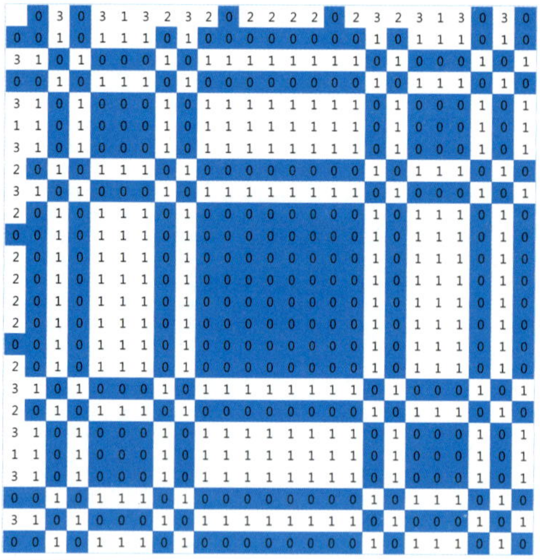	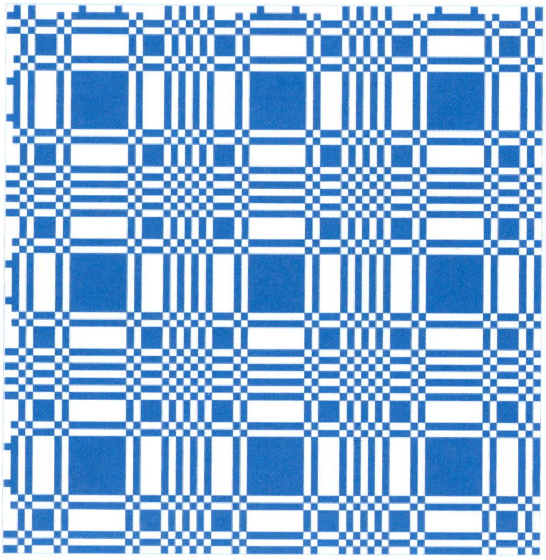

(11) 11행, 36행, 61행, 86행, 11행은 24열까지 같다. 11행, 136행, 261행, 386행은 124열까지 같다. 11행은 31421 00002 43213 00004 31420의 25주기를 가진다. 각 행은 00110⋯와 11001의 25주기 두 개를 가진다.

① 1단계	② 2단계
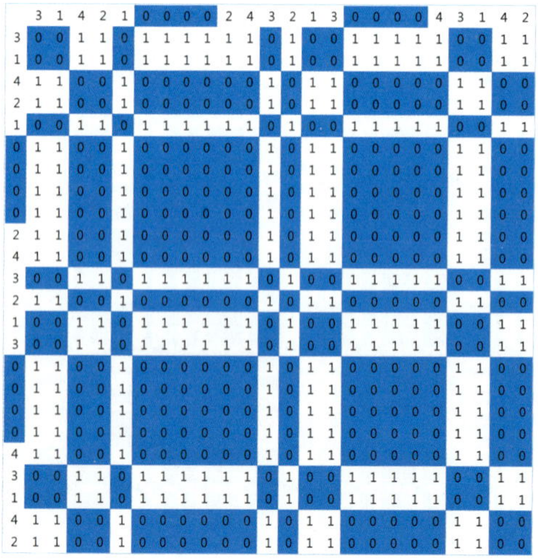	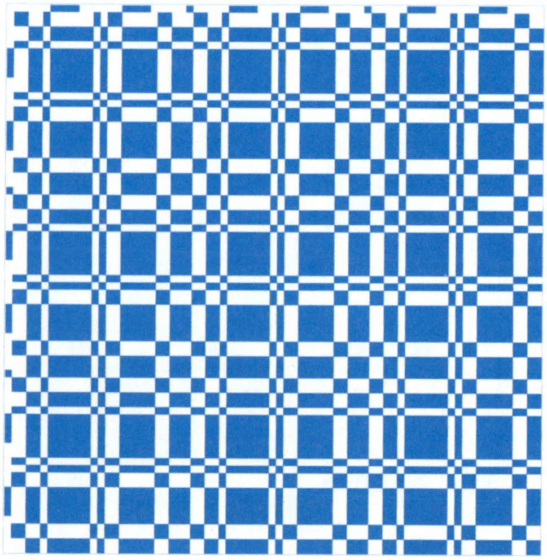

(12) 12행, 37행, 62행, 87행은 24열까지 같다. 12행, 137행, 262행, 387행은 124열까지 같다. 12행은 10014 00002 30032 00004 10013의 25주기를 가진다. 01101…와 10010의 25주기 두 개를 가진다.

① 1단계	② 2단계
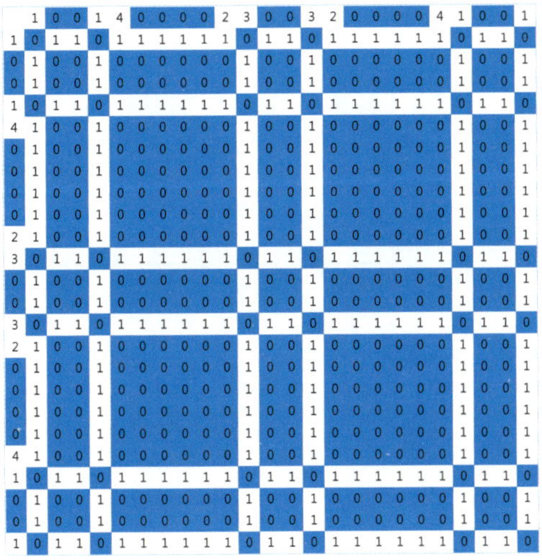	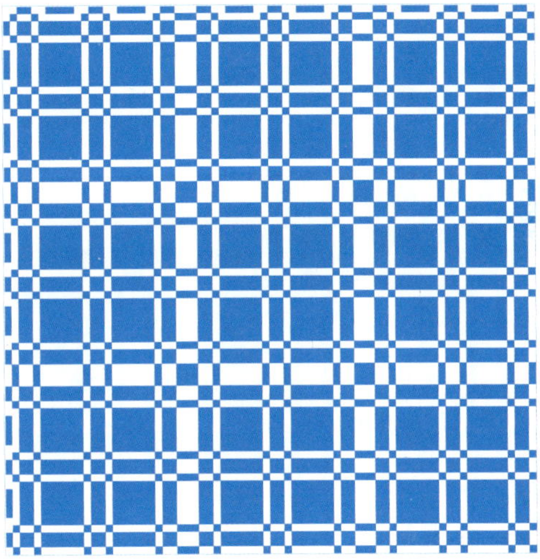

(13) 13행, 38행, 63행, 88행, 113행은 24열까지 같다. 13행, 138행, 263행, 388행은 124열까지 같다. 13행은 40011 00002 20033 00004 40010의 반복이다. 각 행은 00011…와 11100…의 25주기 두 개를 가진다.

① 1단계	② 2단계
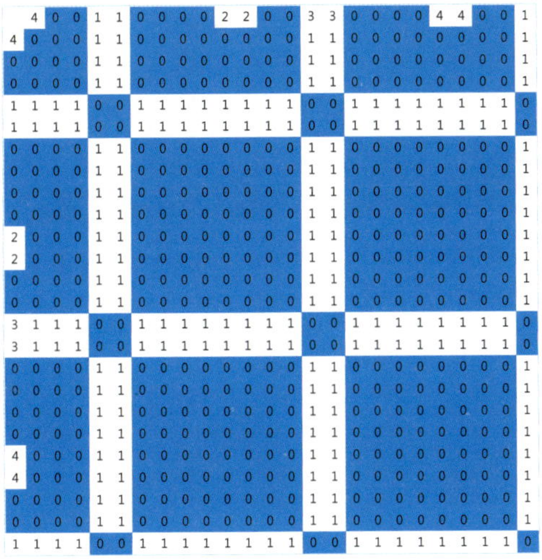	

(14) 15행, 40행, 65행, 90행, 115행은 24열까지 같다. 15행, 140행, 265행, 390행은 124열까지 같다. 15행은 03034 33330 32320 22221 20200의 25주기를 가진다. 각 행은 01010… 와 10101… 의 25주기 2개를 가진다.

① 1단계	② 2단계
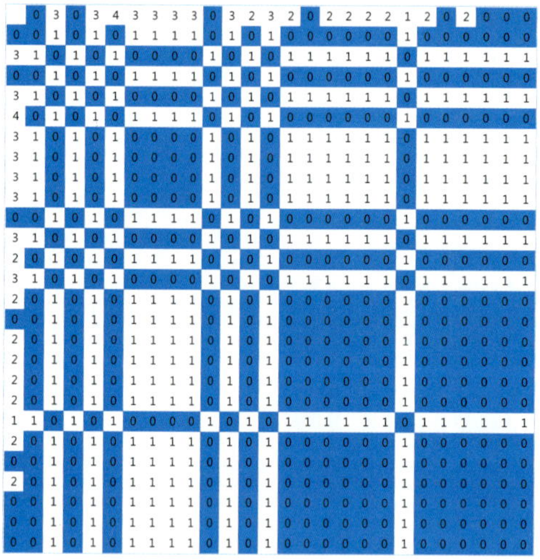	

(15) 16행, 41행, 66행, 91행,116행은 24열까지 같다. 16행, 141행, 266행, 391행은 124열까지 같다. 16행은 31424 12342 00002 43214 24133의 반복이다. 00111… 와 11000… 의 25주기 두 개를 가진다.

① 1단계	② 2단계
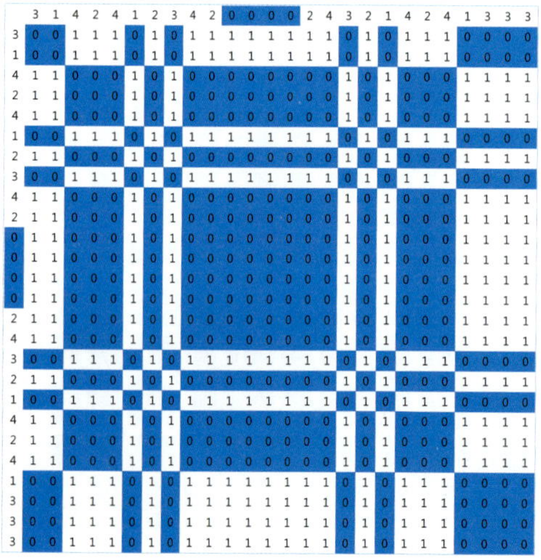	

(16) 17행, 42행, 67행, 92행, 117행은 24열까지 같다. 17행, 142행, 267행, 392행은 124열까지 같다. 17행은 10012 20023 00002 30033 40040의 25주기를 가진다. 각 행은 01101··· 와 10010··· 의 25주기 두 개를 가진다.

① 1단계

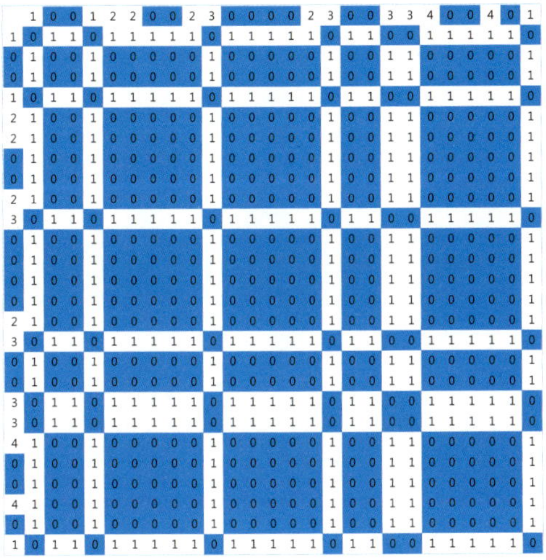

② 2단계

(17) 18행, 43행, 68행, 93행, 118행은 24열까지 같다. 18행, 143행, 268행, 393행은 124열까지 같다. 18행은 40014 30022 00002 20034 10043의 25주기를 가진다. 각 행은 00010···, 11011··· 의 25주기 두 개를 가진다.

① 1단계

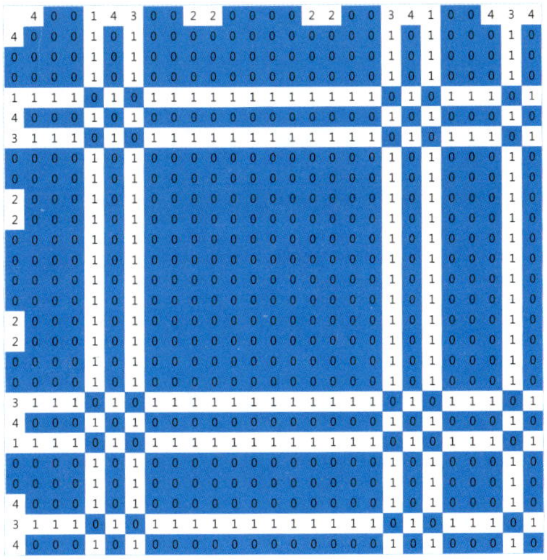

② 2단계

(18) 20행, 45행, 70행, 95행, 120행은 24열까지 같다. 20행, 145행, 270행, 395행은 124열까지 같다. 20행은 03032 34341 44441 43432 30303의 25주기를 가진다. 각 행은 01010… 와 10101… 의 25주기 두 개를 가진다.

① 1단계	② 2단계
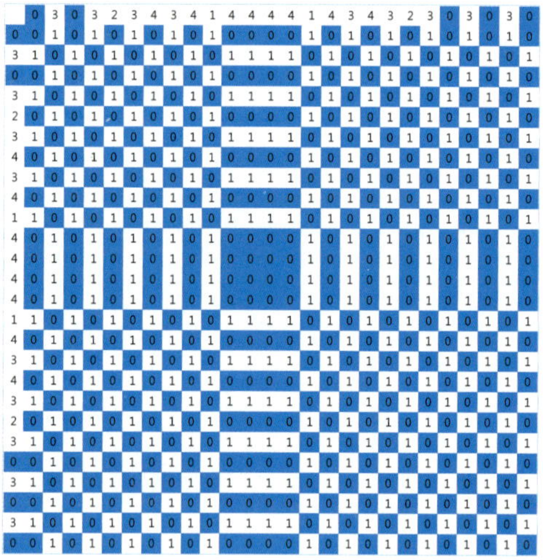	

(19) 21행, 46행, 71행, 96행, 121행은 24열까지 같다. 21행, 146행, 271행은 124열까지 같다. 21행은 31422 24133 31422 24133 31420의 25주기를 가진다. 각 행은 00111… 와 11000… 의 25주기 두 개를 가진다.

① 1단계	② 2단계
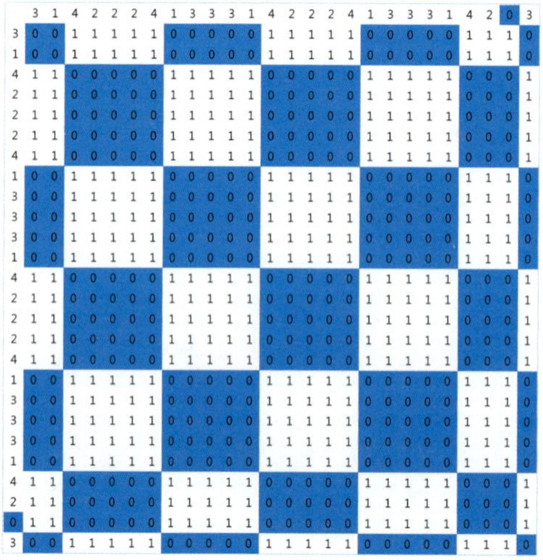	

(20) 22행, 47행, 72행, 97행, 122행은 24열까지 같다. 22행, 147행, 272행, 397행은 124열까지 같다. 22행은 10010 40040 10010 40040 10013의 25주기를 가진다. 각 행은 01101… 와 10010… 의 25주기 두 개가 나타난다.

① 1단계	② 2단계
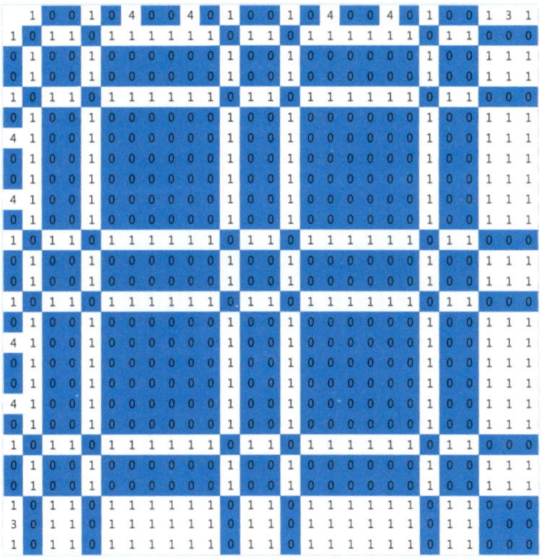	

(21) 23행, 48행, 73행, 98행, 123행은 24열까지 같다. 23행, 148행, 273행은 124열까지 같다. 23행은 40012 10043 40012 10043 40010의 25주기를 가진다. 각 행은 00010 …와 11101… 의 25주기 2개가 나타난다.

① 1단계	② 2단계
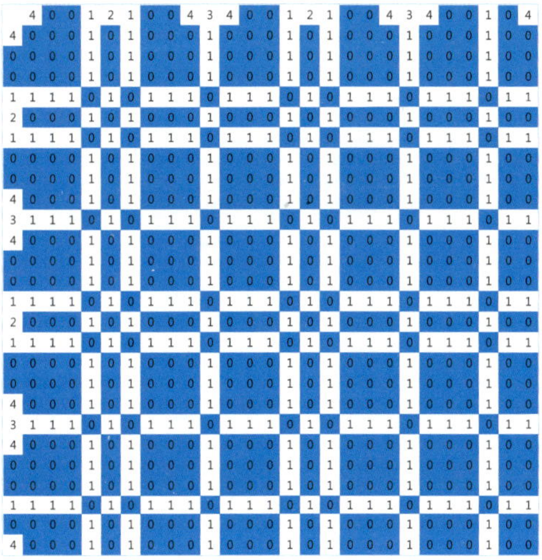	

(22) 26행, 51행, 76행, 101행, 126행은 24열까지 같다. 26행 151행, 276행은 124열까지 같다. 26행은 125주기를 가진다. 각 행은 00111… 와 11000… 의 125주기 두 개를 가진다.

① 1단계	② 2단계
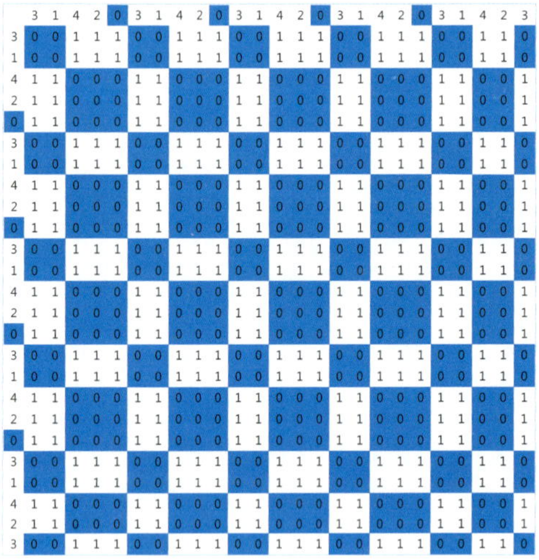	

(23) 27행, 52행, 77행, 102행, 127행은 24열까지 같다. 27행, 152행, 277행은 124열까지 같다. 27행은 125주기를 가진다. 각 행은 01100… 와 10011… 의 125주기 두 개를 가진다.

① 1단계	② 2단계
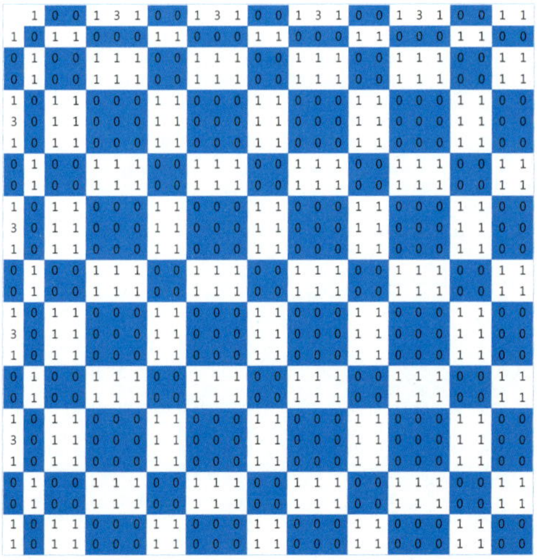	

(24) 28행, 53행, 78행, 103행, 128행은 24열까지 같다. 28행, 153행, 278행은 124열까지 같다. 28행은 125주기를 가진다. 각 행은 00010… 와 11101… 의 125주기 2개를 가진다.

① 1단계	② 2단계
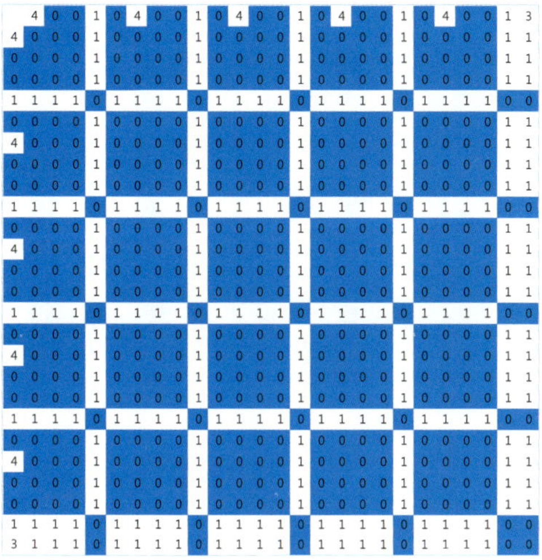	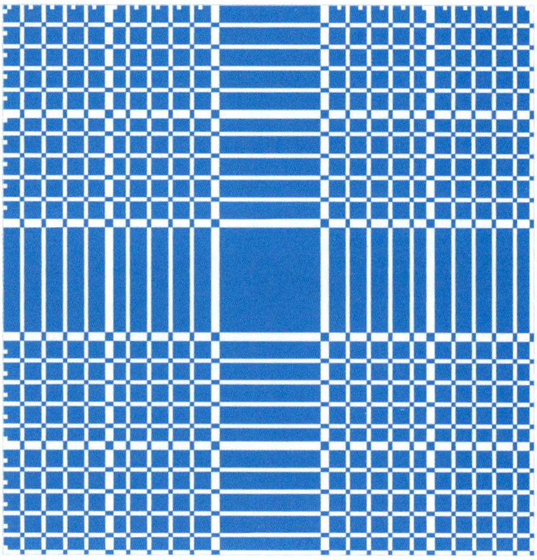

(25) 29행, 54행, 79행, 104행, 129행은 24열까지 같다. 29행, 154행, 279행은 124열까지 같다. 29행은 125주기를 가진다. 각 행은 01101… 와 10010… 의 125 주기 2개를 가진다.

① 1단계	② 2단계
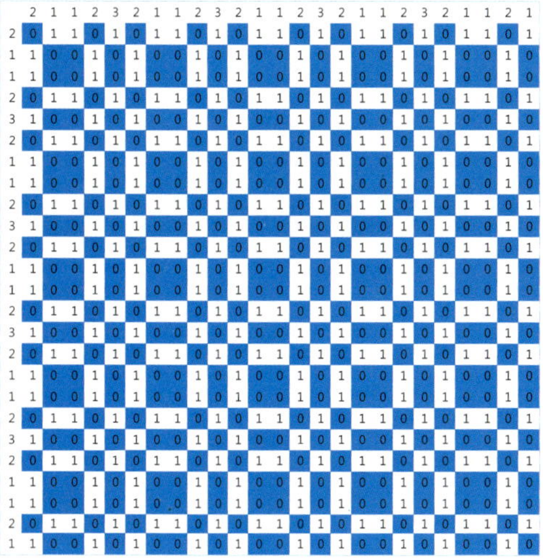	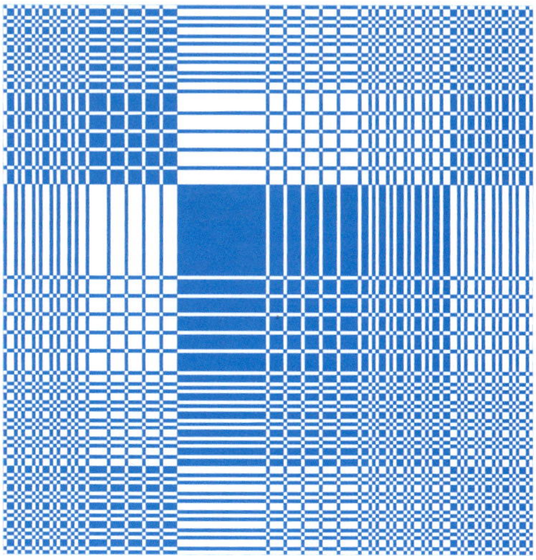

(26) 30행, 55행, 80행, 105행, 130행은 24열까지 같다. 0행, 155행, 280행은 125열까지 같다. 30행은 125주기를 가지고, 각 행은 01011… 과 10100… 의 125주기 2개를 가진다.

① 1단계	② 2단계
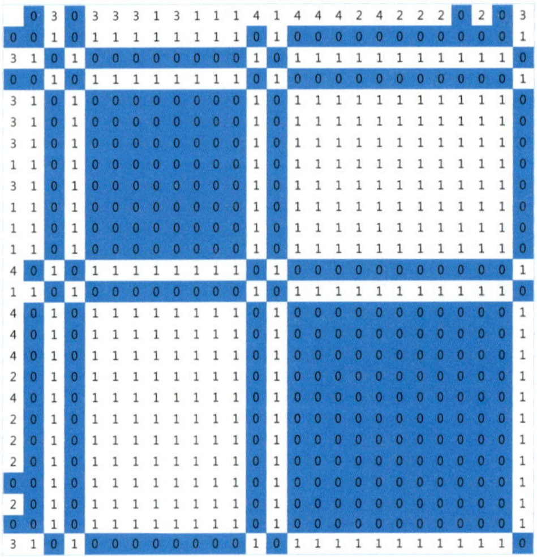	

(27) 31행, 56행, 81행, 106행, 131행은 24열까지 같다. 31행, 156행, 281행은 124열까지 같다. 31행은 125주기를 가진다. 00110…, 11001… 의 125주기 2개를 가진다.

① 1단계	② 2단계
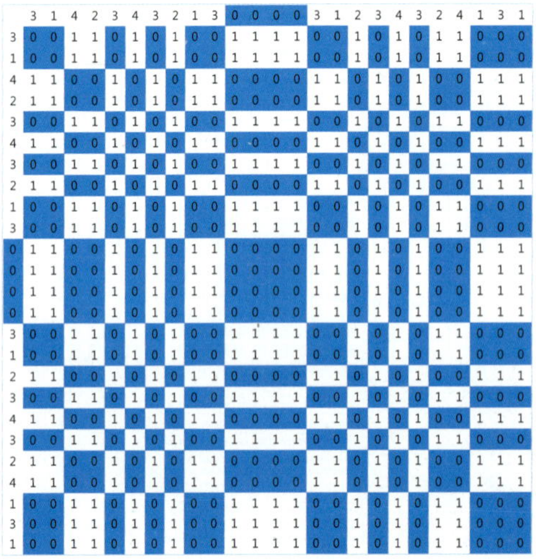	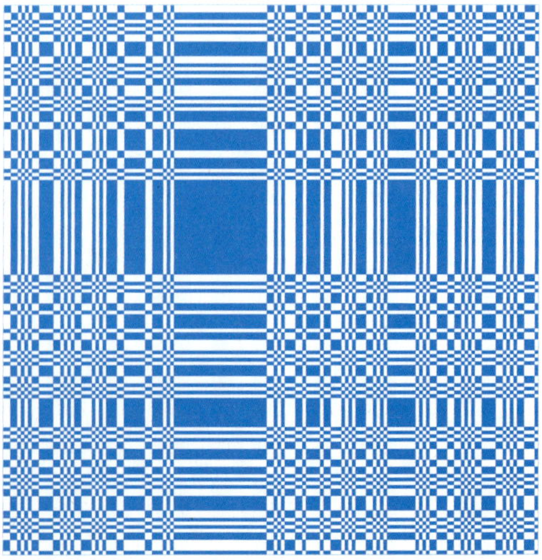

(28) 32행, 57행, 82행, 107행, 132행은 24열까지 같다. 32행, 157행, 282행은 124열까지 같다. 32행은 125주기를 가진다. 10011… 과 01100… 의 125주기 두 개를 가진다.

① 1단계	② 2단계
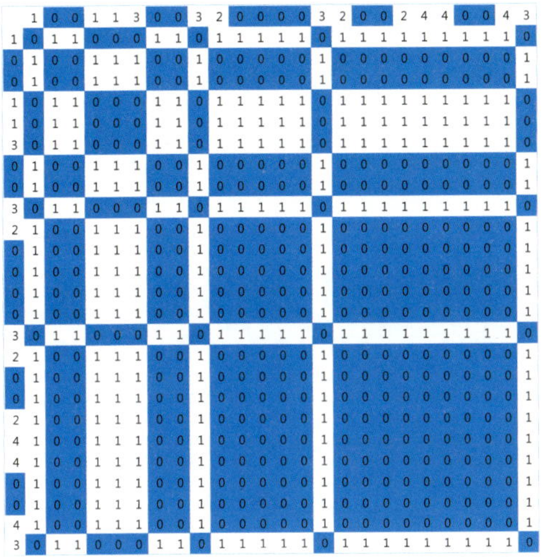	

(29) 33행, 58행, 83행, 108행, 133행은 24열까지 같다. 33행, 158행, 283행은 125열까지 같다. 33행은 125주기를 가진다. 각 행은 00011… 와 11100… 의 125주기 두 개를 가진다.

① 1단계	② 2단계
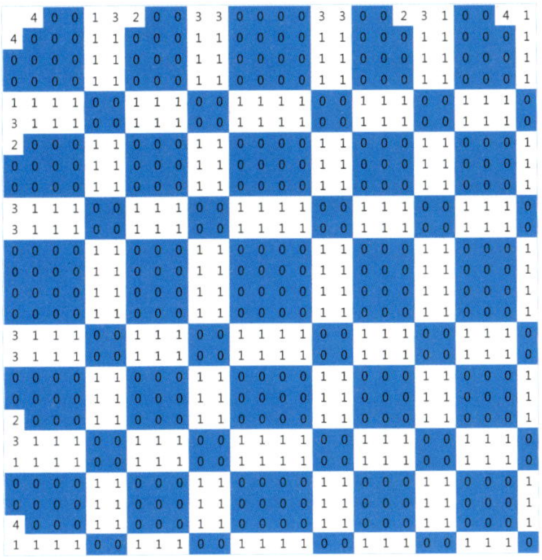	

(30) 34행, 59행, 84행, 109행, 134행은 24열까지 같다. 34행, 159행, 284행은 124열까지 같다. 34행은 125주기를 가진다. 각 행은 01101… 와 10010… 의 125주기 2개를 가진다.

① 1단계	② 2단계
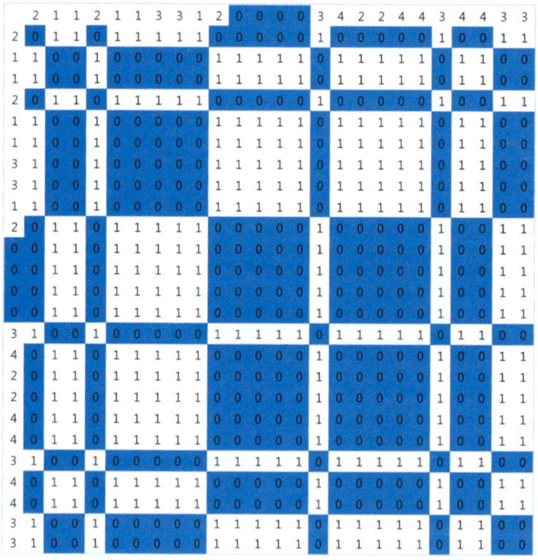	

(31) 35행, 60행, 85행, 110행, 135행은 24열까지 같다. 35행, 160행, 285행은 124열까지 같다. 35행은 125주기를 가진다. 각 행은 01011… 와 10100… 의 125주기 2개를 가진다.

① 1단계	② 2단계
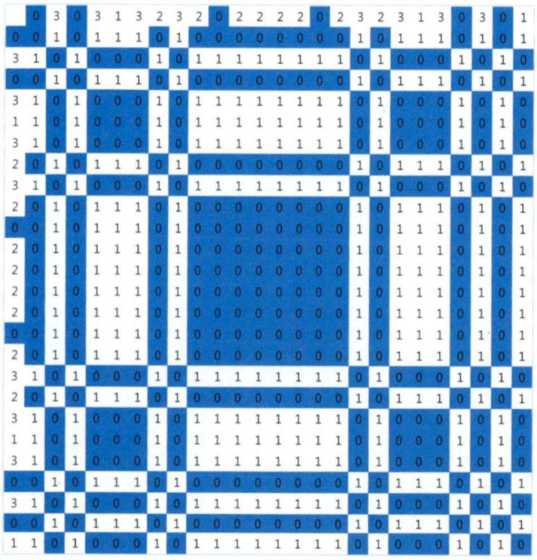	

(32) 36행, 61행, 86행, 111행, 136행은 24열까지 같다. 36행, 161행, 286행은 124열까지 같다. 36행은 125주기를 가진다. 각 행은 01011… 와 10100… 의 125주기 2개를 가진다.

① 1단계	② 2단계
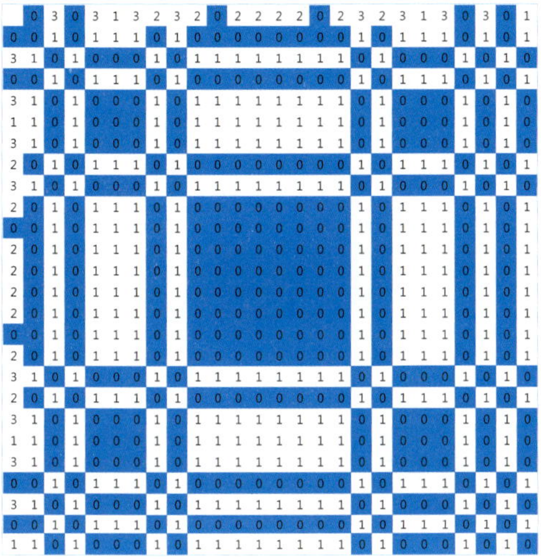	

(33) 37행, 62행, 87행, 112행, 137행은 24열까지 같다. 37행, 162행, 287행은 124열까지 같다. 37행은 125주기를 가진다. 각 행은 01101… 와 10010… 의 125주기 2개를 가진다.

① 1단계	② 2단계
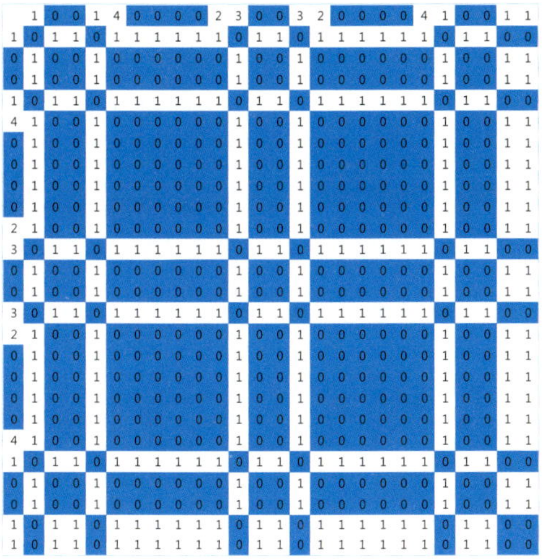	

(34) 39행, 64행, 89행, 114행, 139행은 24열까지 같다. 39행, 164행, 289행까지는 124열까지 같다. 39행은 125주기를 가진다. 각 행은 01101… 와 10010… 의 125주기 2개를 가진다.

① 1단계	② 2단계
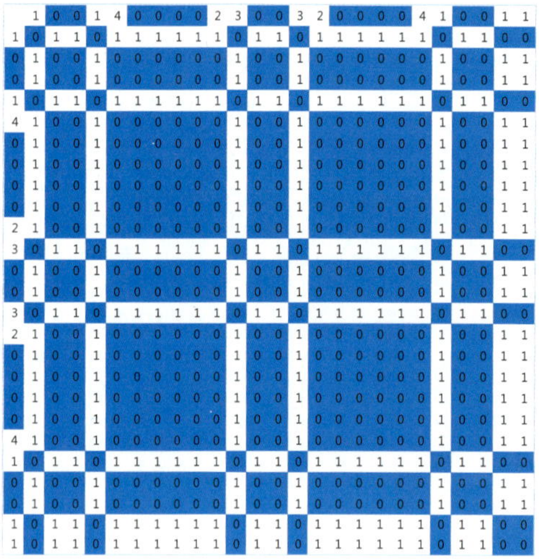	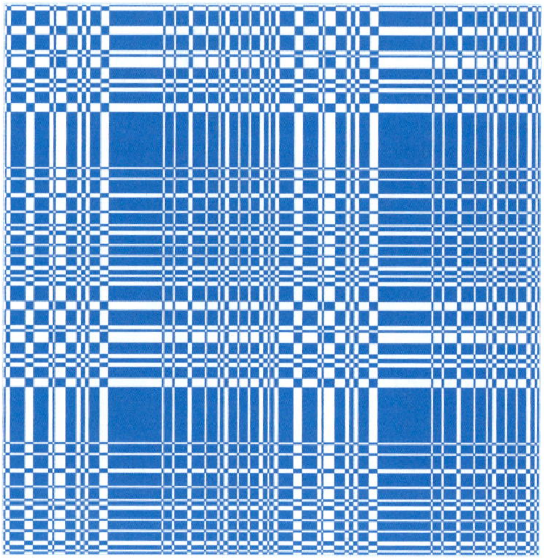

(35) 40행, 65행, 90행, 115행, 140행은 24열까지 같다. 40행, 165행, 290행은 124열까지 같다. 40행은 125주기를 가진다. 각 행은 01010… 와 10101… 의 125주기 2개를 가진다.

① 1단계	② 2단계
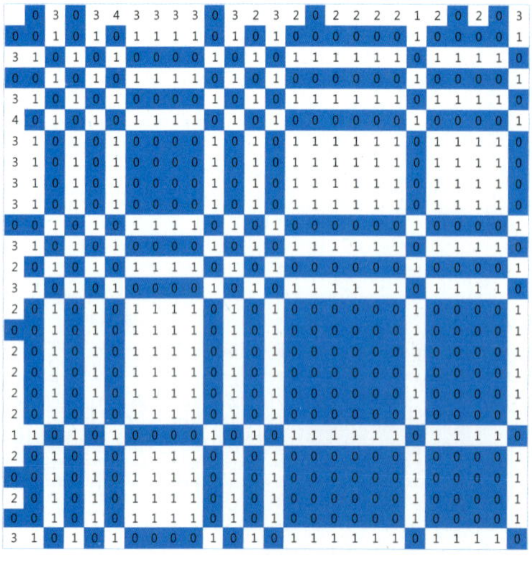	

(36) 41행, 66행, 91행, 116행은 24열까지 같다. 41행, 166행, 291행까지는 124열까지 같다. 41행은 125주기를 가진다. 각 행은 00111… 와 11000… 의 125주기를 2개 가진다.

① 1단계

	3	1	4	2	4	1	2	3	4	2	0	0	0	0	2	4	3	2	1	4	2	4	1	3	1
3	0	0	1	1	1	0	1	0	1	1	1	1	1	1	1	1	0	1	0	1	1	1	0	0	0
1	0	0	1	1	1	0	1	0	1	1	1	1	1	1	1	1	0	1	0	1	1	1	0	0	0
4	1	1	0	0	0	1	0	1	0	0	0	0	0	0	0	0	1	0	1	0	0	0	1	1	1
2	1	1	0	0	0	1	0	1	0	0	0	0	0	0	0	0	1	0	1	0	0	0	1	1	1
4	1	1	0	0	0	1	0	1	0	0	0	0	0	0	0	0	1	0	1	0	0	0	1	1	1
1	0	0	1	1	1	0	1	0	1	1	1	1	1	1	1	1	0	1	0	1	1	1	0	0	0
2	1	1	0	0	0	1	0	1	0	0	0	0	0	0	0	0	1	0	1	0	0	0	1	1	1
3	0	0	1	1	1	0	1	0	1	1	1	1	1	1	1	1	0	1	0	1	1	1	0	0	0
4	1	1	0	0	0	1	0	1	0	0	0	0	0	0	0	0	1	0	1	0	0	0	1	1	1
2	1	1	0	0	0	1	0	1	0	0	0	0	0	0	0	0	1	0	1	0	0	0	1	1	1
0	1	1	0	0	0	1	0	1	0	0	0	0	0	0	0	0	1	0	1	0	0	0	1	1	1
0	1	1	0	0	0	1	0	1	0	0	0	0	0	0	0	0	1	0	1	0	0	0	1	1	1
0	1	1	0	0	0	1	0	1	0	0	0	0	0	0	0	0	1	0	1	0	0	0	1	1	1
0	1	1	0	0	0	1	0	1	0	0	0	0	0	0	0	0	1	0	1	0	0	0	1	1	1
2	1	1	0	0	0	1	0	1	0	0	0	0	0	0	0	0	1	0	1	0	0	0	1	1	1
4	1	1	0	0	0	1	0	1	0	0	0	0	0	0	0	0	1	0	1	0	0	0	1	1	1
3	0	0	1	1	1	0	1	0	1	1	1	1	1	1	1	1	0	1	0	1	1	1	0	0	0
2	1	1	0	0	0	1	0	1	0	0	0	0	0	0	0	0	1	0	1	0	0	0	1	1	1
1	0	0	1	1	1	0	1	0	1	1	1	1	1	1	1	1	0	1	0	1	1	1	0	0	0
4	1	1	0	0	0	1	0	1	0	0	0	0	0	0	0	0	1	0	1	0	0	0	1	1	1
2	1	1	0	0	0	1	0	1	0	0	0	0	0	0	0	0	1	0	1	0	0	0	1	1	1
4	1	1	0	0	0	1	0	1	0	0	0	0	0	0	0	0	1	0	1	0	0	0	1	1	1
1	0	0	1	1	1	0	1	0	1	1	1	1	1	1	1	1	0	1	0	1	1	1	0	0	0
3	0	0	1	1	1	0	1	0	1	1	1	1	1	1	1	1	0	1	0	1	1	1	0	0	0
1	0	0	1	1	1	0	1	0	1	1	1	1	1	1	1	1	0	1	0	1	1	1	0	0	0

② 2단계

(37) 42행, 67행, 92행, 117행은 24열까지 같다. 42행, 167행, 292행까지는 124열까지 같다. 42행은 125주기를 가진다. 각 행은 01101… 와 10010의 125주기 2개를 가진다.

① 1단계

	1	0	0	1	2	2	0	0	2	3	0	0	0	0	2	3	0	0	3	3	4	0	0	4	3
1	0	1	1	0	1	1	1	1	1	0	1	1	1	1	1	0	1	1	0	0	1	1	1	1	0
0	1	0	0	1	0	0	0	0	0	1	0	0	0	0	0	1	0	0	1	1	0	0	0	0	1
0	1	0	0	1	0	0	0	0	0	1	0	0	0	0	0	1	0	0	1	1	0	0	0	0	1
1	0	1	1	0	1	1	1	1	1	0	1	1	1	1	1	0	1	1	0	0	1	1	1	1	0
2	1	0	0	1	0	0	0	0	0	1	0	0	0	0	0	1	0	0	1	1	0	0	0	0	1
2	1	0	0	1	0	0	0	0	0	1	0	0	0	0	0	1	0	0	1	1	0	0	0	0	1
0	1	0	0	1	0	0	0	0	0	1	0	0	0	0	0	1	0	0	1	1	0	0	0	0	1
0	1	0	0	1	0	0	0	0	0	1	0	0	0	0	0	1	0	0	1	1	0	0	0	0	1
2	1	0	0	1	0	0	0	0	0	1	0	0	0	0	0	1	0	0	1	1	0	0	0	0	1
3	0	1	1	0	1	1	1	1	1	0	1	1	1	1	1	0	1	1	0	0	1	1	1	1	0
0	1	0	0	1	0	0	0	0	0	1	0	0	0	0	0	1	0	0	1	1	0	0	0	0	1
0	1	0	0	1	0	0	0	0	0	1	0	0	0	0	0	1	0	0	1	1	0	0	0	0	1
0	1	0	0	1	0	0	0	0	0	1	0	0	0	0	0	1	0	0	1	1	0	0	0	0	1
0	1	0	0	1	0	0	0	0	0	1	0	0	0	0	0	1	0	0	1	1	0	0	0	0	1
2	1	0	0	1	0	0	0	0	0	1	0	0	0	0	0	1	0	0	1	1	0	0	0	0	1
3	0	1	1	0	1	1	1	1	1	0	1	1	1	1	1	0	1	1	0	0	1	1	1	1	0
0	1	0	0	1	0	0	0	0	0	1	0	0	0	0	0	1	0	0	1	1	0	0	0	0	1
0	1	0	0	1	0	0	0	0	0	1	0	0	0	0	0	1	0	0	1	1	0	0	0	0	1
3	0	1	1	0	1	1	1	1	1	0	1	1	1	1	1	0	1	1	0	0	1	1	1	1	0
3	0	1	1	0	1	1	1	1	1	0	1	1	1	1	1	0	1	1	0	0	1	1	1	1	0
4	1	0	0	1	0	0	0	0	0	1	0	0	0	0	0	1	0	0	1	1	0	0	0	0	1
0	1	0	0	1	0	0	0	0	0	1	0	0	0	0	0	1	0	0	1	1	0	0	0	0	1
0	1	0	0	1	0	0	0	0	0	1	0	0	0	0	0	1	0	0	1	1	0	0	0	0	1
4	1	0	0	1	0	0	0	0	0	1	0	0	0	0	0	1	0	0	1	1	0	0	0	0	1
3	0	1	1	0	1	1	1	1	1	0	1	1	1	1	1	0	1	1	0	0	1	1	1	1	0

② 2단계

(38) 43행, 68행, 93행, 118행은 24열까지 같다. 43행, 168행, 293행까지는 124열까지 같다. 43행은 125주기를 가진다. 각 행은 00010··· 와 11101··· 의 125주기 2개를 가진다.

① 1단계	② 2단계
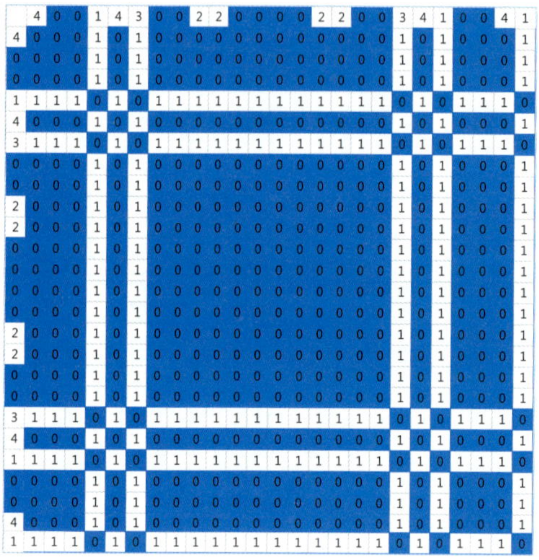	

(39) 44행, 69행, 94행, 119행은 24열까지 같다. 44행, 169행, 294행은 124열까지 같다. 44행은 125주기를 가진다. 각 행은 01100··· 와 10011··· 의 125주기 2개를 가진다.

① 1단계	② 2단계
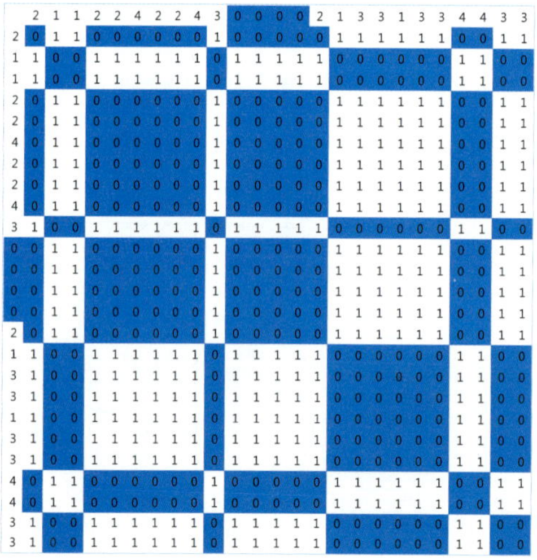	

(40) 45행, 70행, 95행, 120행은 24열까지 같다. 45행, 170행, 295행은 124열까지 같다. 125주기를 가진다. 각 행은 01010… 와 10101… 의 125주기 2개를 가진다.

① 1단계

	0	3	0	3	2	3	4	3	4	1	4	4	4	4	1	4	3	4	3	2	3	0	3	0	1
0	0	1	0	1	0	1	0	1	0	1	0	0	0	0	1	0	1	0	1	0	1	0	1	0	1
3	1	0	1	0	1	0	1	0	1	0	1	1	1	1	0	1	0	1	0	1	0	1	0	1	0
0	0	1	0	1	0	1	0	1	0	1	0	0	0	0	1	0	1	0	1	0	1	0	1	0	1
3	1	0	1	0	1	0	1	0	1	0	1	1	1	1	0	1	0	1	0	1	0	1	0	1	0
2	0	1	0	1	0	1	0	1	0	1	0	0	0	0	1	0	1	0	1	0	1	0	1	0	1
3	1	0	1	0	1	0	1	0	1	0	1	1	1	1	0	1	0	1	0	1	0	1	0	1	0
4	0	1	0	1	0	1	0	1	0	1	0	0	0	0	1	0	1	0	1	0	1	0	1	0	1
3	1	0	1	0	1	0	1	0	1	0	1	1	1	1	0	1	0	1	0	1	0	1	0	1	0
4	0	1	0	1	0	1	0	1	0	1	0	0	0	0	1	0	1	0	1	0	1	0	1	0	1
1	1	0	1	0	1	0	1	0	1	0	1	1	1	1	0	1	0	1	0	1	0	1	0	1	0
4	0	1	0	1	0	1	0	1	0	1	0	0	0	0	1	0	1	0	1	0	1	0	1	0	1
4	0	1	0	1	0	1	0	1	0	1	0	0	0	0	1	0	1	0	1	0	1	0	1	0	1
4	0	1	0	1	0	1	0	1	0	1	0	0	0	0	1	0	1	0	1	0	1	0	1	0	1
4	0	1	0	1	0	1	0	1	0	1	0	0	0	0	1	0	1	0	1	0	1	0	1	0	1
1	1	0	1	0	1	0	1	0	1	0	1	1	1	1	0	1	0	1	0	1	0	1	0	1	0
4	0	1	0	1	0	1	0	1	0	1	0	0	0	0	1	0	1	0	1	0	1	0	1	0	1
3	1	0	1	0	1	0	1	0	1	0	1	1	1	1	0	1	0	1	0	1	0	1	0	1	0
4	0	1	0	1	0	1	0	1	0	1	0	0	0	0	1	0	1	0	1	0	1	0	1	0	1
3	1	0	1	0	1	0	1	0	1	0	1	1	1	1	0	1	0	1	0	1	0	1	0	1	0
2	0	1	0	1	0	1	0	1	0	1	0	0	0	0	1	0	1	0	1	0	1	0	1	0	1
3	1	0	1	0	1	0	1	0	1	0	1	1	1	1	0	1	0	1	0	1	0	1	0	1	0
0	0	1	0	1	0	1	0	1	0	1	0	0	0	0	1	0	1	0	1	0	1	0	1	0	1
3	1	0	1	0	1	0	1	0	1	0	1	1	1	1	0	1	0	1	0	1	0	1	0	1	0
0	0	1	0	1	0	1	0	1	0	1	0	0	0	0	1	0	1	0	1	0	1	0	1	0	1
1	1	0	1	0	1	0	1	0	1	0	1	1	1	1	0	1	0	1	0	1	0	1	0	1	0

② 2단계

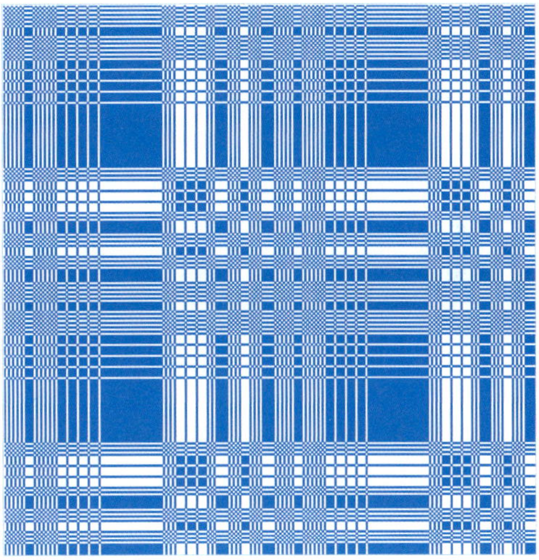

(41) 46행, 71행, 96행, 121행은 24열까지 같다. 46행, 171행, 296행은 124열까지 같다. 46행은 125주기를 가진다. 각 행은 00111… 와 11000… 의 125주기 2개를 가진다.

① 1단계

	3	1	4	2	2	2	4	1	3	3	3	1	4	2	2	2	4	1	3	3	3	1	4	2	3
3	0	0	1	1	1	1	1	0	0	0	0	0	1	1	1	1	1	0	0	0	0	0	1	1	0
1	0	0	1	1	1	1	1	0	0	0	0	0	1	1	1	1	1	0	0	0	0	0	1	1	0
4	1	1	0	0	0	0	0	1	1	1	1	1	0	0	0	0	0	1	1	1	1	1	0	0	1
2	1	1	0	0	0	0	0	1	1	1	1	1	0	0	0	0	0	1	1	1	1	1	0	0	1
2	1	1	0	0	0	0	0	1	1	1	1	1	0	0	0	0	0	1	1	1	1	1	0	0	1
2	1	1	0	0	0	0	0	1	1	1	1	1	0	0	0	0	0	1	1	1	1	1	0	0	1
4	1	1	0	0	0	0	0	1	1	1	1	1	0	0	0	0	0	1	1	1	1	1	0	0	1
1	0	0	1	1	1	1	1	0	0	0	0	0	1	1	1	1	1	0	0	0	0	0	1	1	0
3	0	0	1	1	1	1	1	0	0	0	0	0	1	1	1	1	1	0	0	0	0	0	1	1	0
3	0	0	1	1	1	1	1	0	0	0	0	0	1	1	1	1	1	0	0	0	0	0	1	1	0
3	0	0	1	1	1	1	1	0	0	0	0	0	1	1	1	1	1	0	0	0	0	0	1	1	0
1	0	0	1	1	1	1	1	0	0	0	0	0	1	1	1	1	1	0	0	0	0	0	1	1	0
4	1	1	0	0	0	0	0	1	1	1	1	1	0	0	0	0	0	1	1	1	1	1	0	0	1
2	1	1	0	0	0	0	0	1	1	1	1	1	0	0	0	0	0	1	1	1	1	1	0	0	1
2	1	1	0	0	0	0	0	1	1	1	1	1	0	0	0	0	0	1	1	1	1	1	0	0	1
2	1	1	0	0	0	0	0	1	1	1	1	1	0	0	0	0	0	1	1	1	1	1	0	0	1
4	1	1	0	0	0	0	0	1	1	1	1	1	0	0	0	0	0	1	1	1	1	1	0	0	1
1	0	0	1	1	1	1	1	0	0	0	0	0	1	1	1	1	1	0	0	0	0	0	1	1	0
3	0	0	1	1	1	1	1	0	0	0	0	0	1	1	1	1	1	0	0	0	0	0	1	1	0
3	0	0	1	1	1	1	1	0	0	0	0	0	1	1	1	1	1	0	0	0	0	0	1	1	0
3	0	0	1	1	1	1	1	0	0	0	0	0	1	1	1	1	1	0	0	0	0	0	1	1	0
1	0	0	1	1	1	1	1	0	0	0	0	0	1	1	1	1	1	0	0	0	0	0	1	1	0
4	1	1	0	0	0	0	0	1	1	1	1	1	0	0	0	0	0	1	1	1	1	1	0	0	1
2	1	1	0	0	0	0	0	1	1	1	1	1	0	0	0	0	0	1	1	1	1	1	0	0	1
3	0	0	1	1	1	1	1	0	0	0	0	0	1	1	1	1	1	0	0	0	0	0	1	1	0

② 2단계

(42) 47행, 72행, 97행, 122행은 24열까지 같다. 47행, 172행, 297행은 124열까지 같다. 47행은 125주기를 가진다. 각 행은 01101⋯와 10010⋯의 125주기 2개를 가진다.

① 1단계	② 2단계
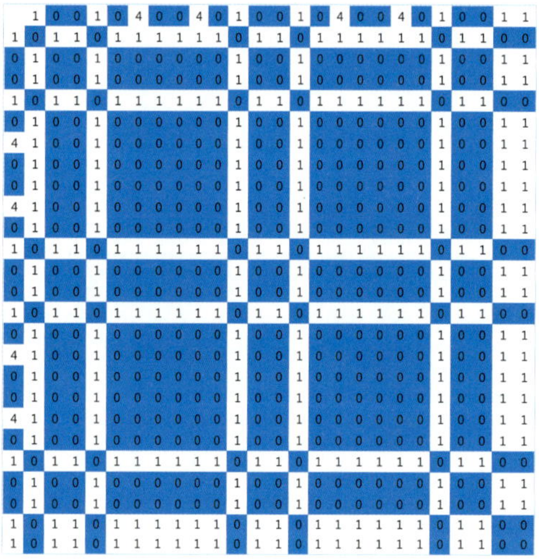	

(43) 48행, 73행, 98행, 123행은 24열까지 같다. 48행, 173행, 298행까지는 124열까지 같다. 48행은 125주기를 가진다. 각 행은 00010⋯와 11101⋯의 125주기 2개를 가진다.

① 1단계	② 2단계
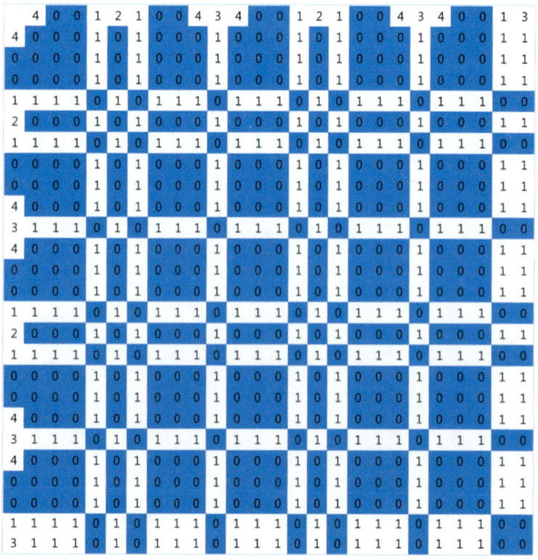	

(44) 49행, 74행, 99행, 124행은 24열까지 같다. 49행, 174행, 299행까지는 124열까지 같다. 49행은 125주기를 가진다. 각 행은 01100… 와 10011… 의 125주기 2개를 가진다.

① 1단계	② 2단계
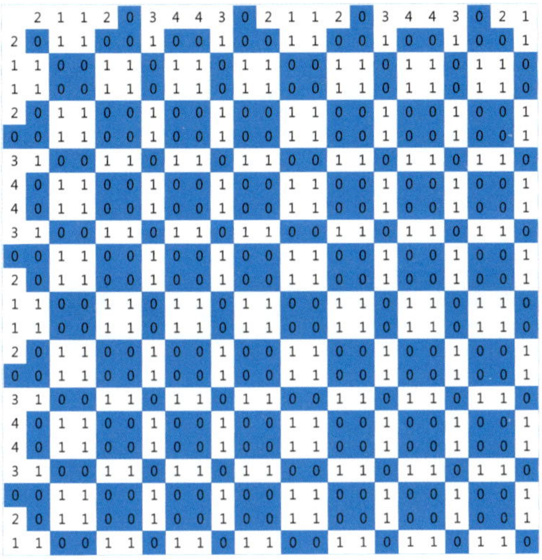	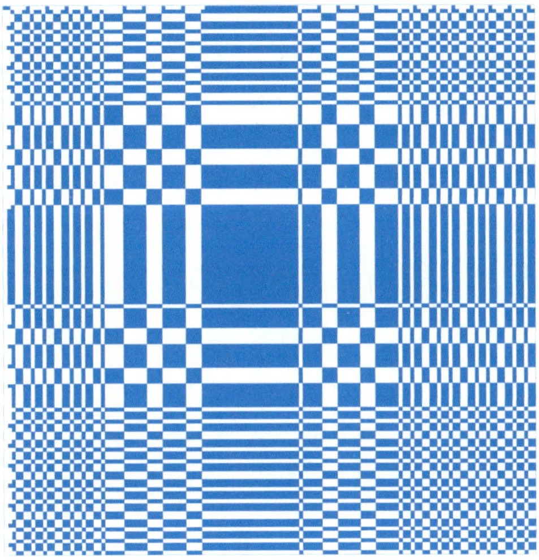

(45) 52행, 77행, 102행, 127행은 24열까지 같다. 52행, 177행, 302행은 124열까지 같다. 52행은 125주기를 가진다. 각 행은 01100… 와 10011… 의 125주기 2개를 가진다.

① 1단계	② 2단계
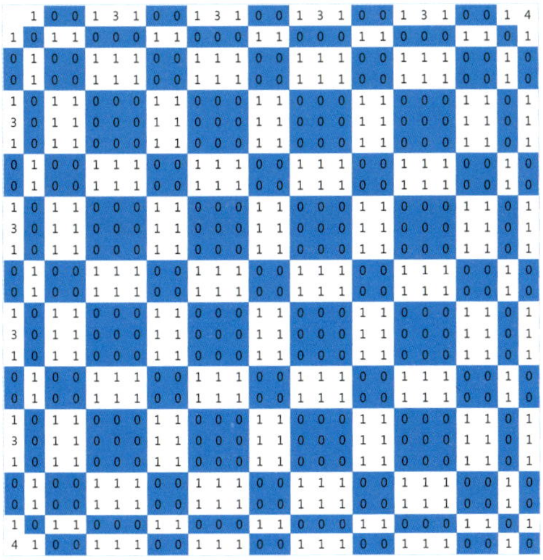	

(46) 53행, 78행, 103행, 128행은 24열까지 같다. 53행, 178행, 303행은 124열까지 같다. 53행은 125주기를 가진다. 각 행은 00010… 와 11101… 의 125주기 2개를 가진다.

① 1단계	② 2단계
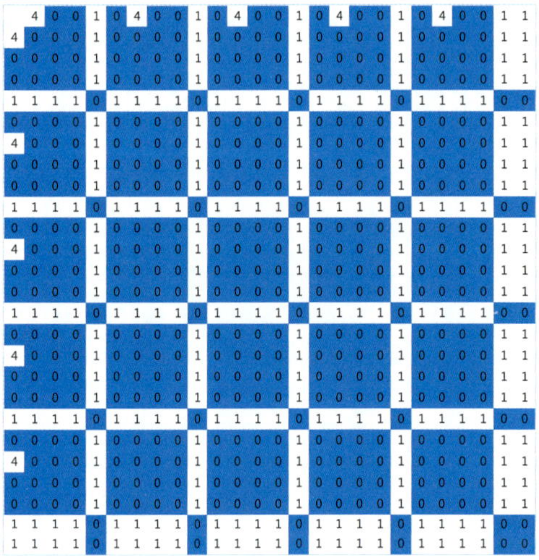	

(47) 54행, 79행, 104행, 129행은 24열까지 같다. 54행, 179행, 304행은 124열까지 같다. 54행은 125주기를 가진다. 각 행은 01110… 와 10010… 의 125주기 2개를 가진다.

① 1단계	② 2단계
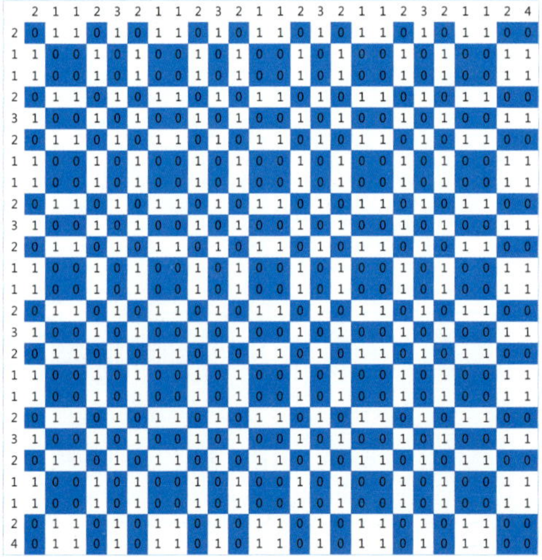	

(48) 55행, 80행, 105행, 130행은 24열까지 같다. 55행, 180행, 305행은 124열까지 같다. 55행은 125주기를 가진다. 각 행은 01011… 와 10100… 의 125주기 2개를 가진다.

① 1단계	② 2단계
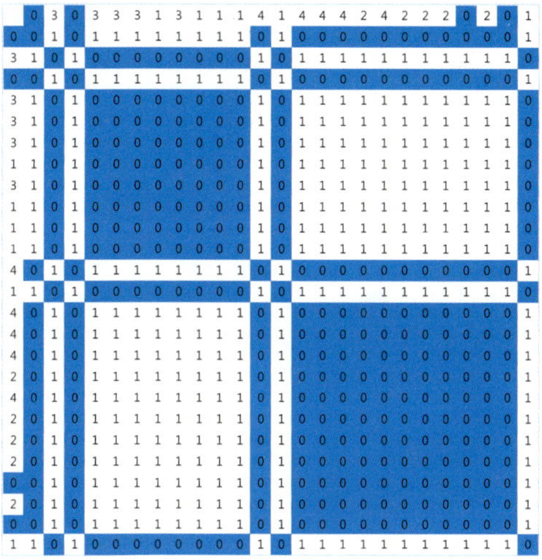	

(49) 56행, 81행, 106행, 131행은 24열까지 같다. 56행, 181행, 306행은 124열까지 같다. 56행은 125주기를 가진다. 각 행은 00110… 와 11001… 의 125주기 2개를 가진다.

① 1단계	② 2단계
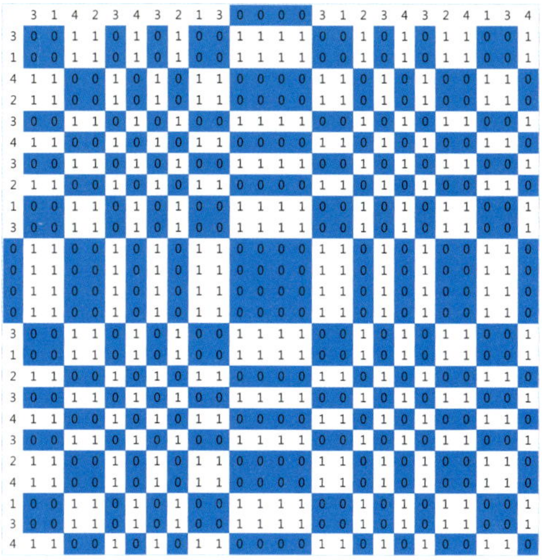	

(50) 57행, 82행, 107행, 132행은 24열까지 같다. 57행, 182행, 307행은 124열까지 같다. 57행은 125주기를 가진다. 각 행은 01100… 와 10011… 의 125주기 2개를 가진다.

① 1단계	② 2단계
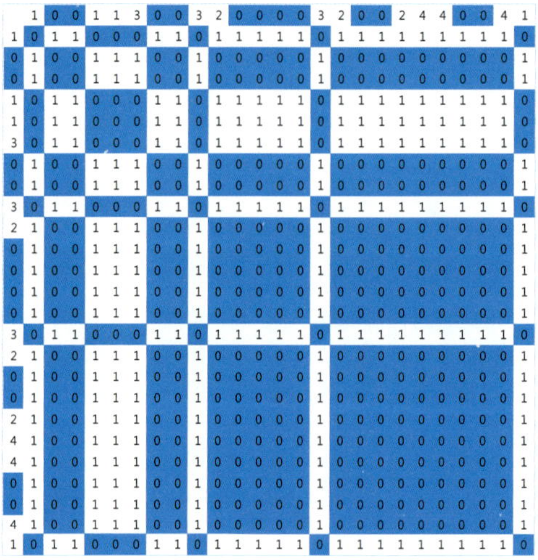	

(51) 58행, 83행, 108행, 133행은 24열까지 같다. 58행, 183행, 308행은 124열까지 같다. 58행은 125주기를 가진다. 각 행은 00011… 와 11100… 의 125주기 2개를 가진다.

① 1단계	② 2단계
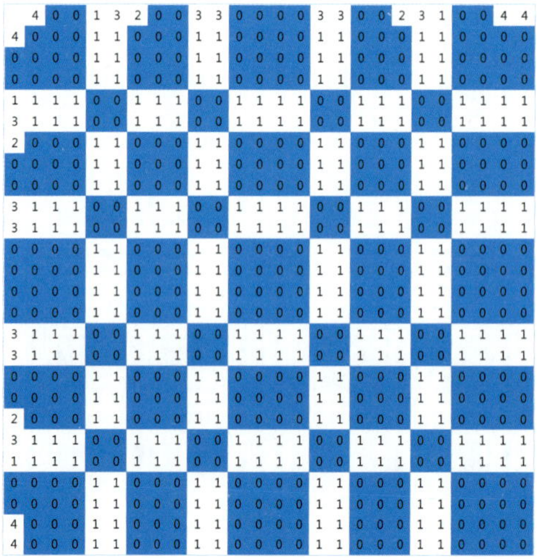	

(52) 59행, 84행, 109행, 134행은 24열까지 같다. 59행, 184행, 309행은 124열까지 같다. 59행은 125주기를 가진다. 각 행은 01101… 와 10010… 의 125주기 2개를 가진다.

① 1단계	② 2단계
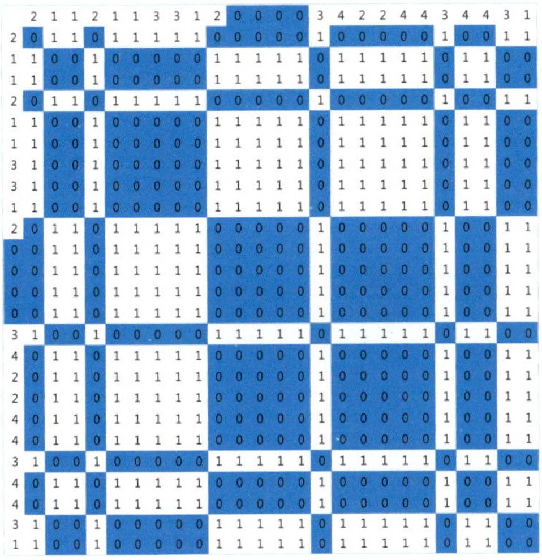	

(53) 60행, 85행, 110행, 135행은 24열까지 같다. 60행, 185행, 310행은 124열까지 같다. 60행은 125주기를 가진다. 각 행은 01011… 와 10100… 의 125주기 2개를 가진다.

① 1단계	② 2단계
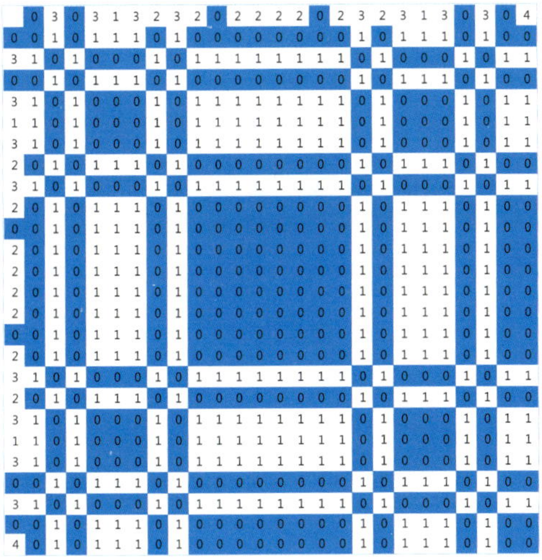	

(54) 61행, 86행, 111행, 136행은 24열까지 같다. 61행, 186행, 311행은 124열까지 같다. 61행은 125주기를 가진다. 각 행은 00110… 와 11001… 의 125주기 2개를 가진다.

① 1단계	② 2단계
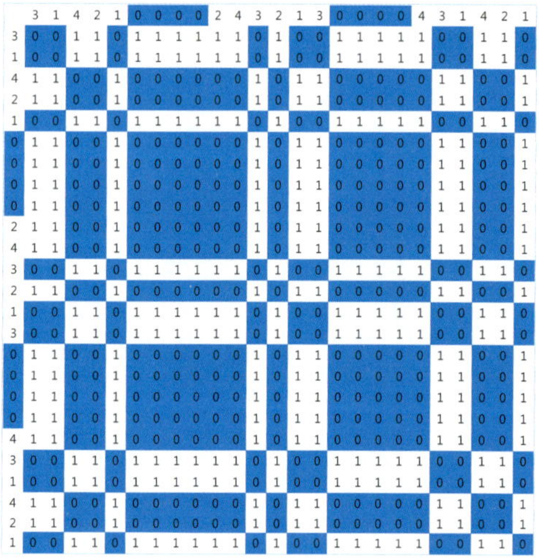	

(55) 62행, 87행, 112행, 137행은 24열까지 같다. 62행, 187행, 312행은 124열까지 같다. 62행은 125주기를 가진다. 각 행은 01101… 와 10010… 의 125주기 2개를 가진다.

① 1단계	② 2단계
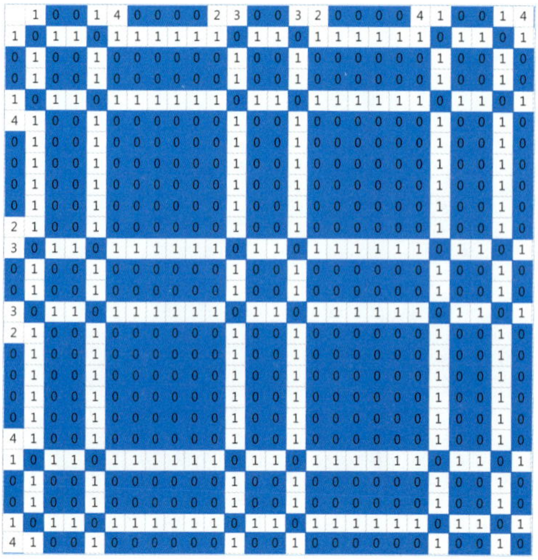	

(56) 64행, 89행, 114행, 139행은 24열까지 같다. 64행, 189행, 314행은 124열까지 같다. 64행은 125주기를 가진다. 각 행은 01100⋯와 10011⋯의 125주기 2개를 가진다.

① 1단계

	2	1	1	2	4	0	0	0	0	2	1	3	3	1	2	0	0	0	0	4	2	1	1	2	4
2	0	1	1	0	0	0	0	0	0	0	1	1	1	1	0	0	0	0	0	0	0	1	1	0	0
1	1	0	0	1	1	1	1	1	1	1	0	0	0	0	1	1	1	1	1	1	1	0	0	1	1
1	1	0	0	1	1	1	1	1	1	1	0	0	0	0	1	1	1	1	1	1	1	0	0	1	1
2	0	1	1	0	0	0	0	0	0	0	1	1	1	1	0	0	0	0	0	0	0	1	1	0	0
4	0	1	1	0	0	0	0	0	0	0	1	1	1	1	0	0	0	0	0	0	0	1	1	0	0
0	0	1	1	0	0	0	0	0	0	0	1	1	1	1	0	0	0	0	0	0	0	1	1	0	0
0	0	1	1	0	0	0	0	0	0	0	1	1	1	1	0	0	0	0	0	0	0	1	1	0	0
0	0	1	1	0	0	0	0	0	0	0	1	1	1	1	0	0	0	0	0	0	0	1	1	0	0
0	0	1	1	0	0	0	0	0	0	0	1	1	1	1	0	0	0	0	0	0	0	1	1	0	0
2	0	1	1	0	0	0	0	0	0	0	1	1	1	1	0	0	0	0	0	0	0	1	1	0	0
1	1	0	0	1	1	1	1	1	1	1	0	0	0	0	1	1	1	1	1	1	1	0	0	1	1
3	1	0	0	1	1	1	1	1	1	1	0	0	0	0	1	1	1	1	1	1	1	0	0	1	1
3	1	0	0	1	1	1	1	1	1	1	0	0	0	0	1	1	1	1	1	1	1	0	0	1	1
1	1	0	0	1	1	1	1	1	1	1	0	0	0	0	1	1	1	1	1	1	1	0	0	1	1
2	0	1	1	0	0	0	0	0	0	0	1	1	1	1	0	0	0	0	0	0	0	1	1	0	0
0	0	1	1	0	0	0	0	0	0	0	1	1	1	1	0	0	0	0	0	0	0	1	1	0	0
0	0	1	1	0	0	0	0	0	0	0	1	1	1	1	0	0	0	0	0	0	0	1	1	0	0
0	0	1	1	0	0	0	0	0	0	0	1	1	1	1	0	0	0	0	0	0	0	1	1	0	0
0	0	1	1	0	0	0	0	0	0	0	1	1	1	1	0	0	0	0	0	0	0	1	1	0	0
4	0	1	1	0	0	0	0	0	0	0	1	1	1	1	0	0	0	0	0	0	0	1	1	0	0
2	0	1	1	0	0	0	0	0	0	0	1	1	1	1	0	0	0	0	0	0	0	1	1	0	0
1	1	0	0	1	1	1	1	1	1	1	0	0	0	0	1	1	1	1	1	1	1	0	0	1	1
1	1	0	0	1	1	1	1	1	1	1	0	0	0	0	1	1	1	1	1	1	1	0	0	1	1
2	0	1	1	0	0	0	0	0	0	0	1	1	1	1	0	0	0	0	0	0	0	1	1	0	0
4	0	1	1	0	0	0	0	0	0	0	1	1	1	1	0	0	0	0	0	0	0	1	1	0	0

② 2단계

(57) 65행, 90행, 115행, 140행은 24열까지 같다. 65행, 190행, 315행은 124열까지 같다. 65행은 125주기를 가진다. 각 행은 01100⋯와 10011⋯의 125주기 2개를 가진다.

① 1단계

	2	1	1	2	4	0	0	0	0	2	1	3	3	1	2	0	0	0	0	4	2	1	1	2	4
2	0	1	1	0	0	0	0	0	0	0	1	1	1	1	0	0	0	0	0	0	0	1	1	0	0
1	1	0	0	1	1	1	1	1	1	1	0	0	0	0	1	1	1	1	1	1	1	0	0	1	1
1	1	0	0	1	1	1	1	1	1	1	0	0	0	0	1	1	1	1	1	1	1	0	0	1	1
2	0	1	1	0	0	0	0	0	0	0	1	1	1	1	0	0	0	0	0	0	0	1	1	0	0
4	0	1	1	0	0	0	0	0	0	0	1	1	1	1	0	0	0	0	0	0	0	1	1	0	0
0	0	1	1	0	0	0	0	0	0	0	1	1	1	1	0	0	0	0	0	0	0	1	1	0	0
0	0	1	1	0	0	0	0	0	0	0	1	1	1	1	0	0	0	0	0	0	0	1	1	0	0
0	0	1	1	0	0	0	0	0	0	0	1	1	1	1	0	0	0	0	0	0	0	1	1	0	0
0	0	1	1	0	0	0	0	0	0	0	1	1	1	1	0	0	0	0	0	0	0	1	1	0	0
2	0	1	1	0	0	0	0	0	0	0	1	1	1	1	0	0	0	0	0	0	0	1	1	0	0
1	1	0	0	1	1	1	1	1	1	1	0	0	0	0	1	1	1	1	1	1	1	0	0	1	1
3	1	0	0	1	1	1	1	1	1	1	0	0	0	0	1	1	1	1	1	1	1	0	0	1	1
3	1	0	0	1	1	1	1	1	1	1	0	0	0	0	1	1	1	1	1	1	1	0	0	1	1
1	1	0	0	1	1	1	1	1	1	1	0	0	0	0	1	1	1	1	1	1	1	0	0	1	1
2	0	1	1	0	0	0	0	0	0	0	1	1	1	1	0	0	0	0	0	0	0	1	1	0	0
0	0	1	1	0	0	0	0	0	0	0	1	1	1	1	0	0	0	0	0	0	0	1	1	0	0
0	0	1	1	0	0	0	0	0	0	0	1	1	1	1	0	0	0	0	0	0	0	1	1	0	0
0	0	1	1	0	0	0	0	0	0	0	1	1	1	1	0	0	0	0	0	0	0	1	1	0	0
0	0	1	1	0	0	0	0	0	0	0	1	1	1	1	0	0	0	0	0	0	0	1	1	0	0
4	0	1	1	0	0	0	0	0	0	0	1	1	1	1	0	0	0	0	0	0	0	1	1	0	0
2	0	1	1	0	0	0	0	0	0	0	1	1	1	1	0	0	0	0	0	0	0	1	1	0	0
1	1	0	0	1	1	1	1	1	1	1	0	0	0	0	1	1	1	1	1	1	1	0	0	1	1
1	1	0	0	1	1	1	1	1	1	1	0	0	0	0	1	1	1	1	1	1	1	0	0	1	1
2	0	1	1	0	0	0	0	0	0	0	1	1	1	1	0	0	0	0	0	0	0	1	1	0	0
4	0	1	1	0	0	0	0	0	0	0	1	1	1	1	0	0	0	0	0	0	0	1	1	0	0

② 2단계

(58) 66행, 91행, 116행, 141행은 24열까지 같다. 66행, 191행, 316행은 124열까지 같다. 66행은 125주기를 가진다. 각 행은 00110…, 11100… 의 125주기 2개를 가진다.

① 1단계

	3	1	4	2	4	1	2	3	4	2	0	0	0	0	2	4	3	2	1	4	2	4	1	3	4
3	0	0	1	1	1	0	1	0	1	1	1	1	1	1	1	1	0	1	0	1	1	1	0	0	1
1	0	0	1	1	1	0	1	0	1	1	1	1	1	1	1	1	0	1	0	1	1	1	0	0	1
4	1	1	0	0	0	1	0	1	0	0	0	0	0	0	0	0	1	0	1	0	0	0	1	1	0
2	1	1	0	0	0	1	0	1	0	0	0	0	0	0	0	0	1	0	1	0	0	0	1	1	0
4	1	1	0	0	0	1	0	1	0	0	0	0	0	0	0	0	1	0	1	0	0	0	1	1	0
1	0	0	1	1	1	0	1	0	1	1	1	1	1	1	1	1	0	1	0	1	1	1	0	0	1
2	1	1	0	0	0	1	0	1	0	0	0	0	0	0	0	0	1	0	1	0	0	0	1	1	0
3	0	0	1	1	1	0	1	0	1	1	1	1	1	1	1	1	0	1	0	1	1	1	0	0	1
4	1	1	0	0	0	1	0	1	0	0	0	0	0	0	0	0	1	0	1	0	0	0	1	1	0
2	1	1	0	0	0	1	0	1	0	0	0	0	0	0	0	0	1	0	1	0	0	0	1	1	0
0	1	1	0	0	0	1	0	1	0	0	0	0	0	0	0	0	1	0	1	0	0	0	1	1	0
0	1	1	0	0	0	1	0	1	0	0	0	0	0	0	0	0	1	0	1	0	0	0	1	1	0
0	1	1	0	0	0	1	0	1	0	0	0	0	0	0	0	0	1	0	1	0	0	0	1	1	0
0	1	1	0	0	0	1	0	1	0	0	0	0	0	0	0	0	1	0	1	0	0	0	1	1	0
2	1	1	0	0	0	1	0	1	0	0	0	0	0	0	0	0	1	0	1	0	0	0	1	1	0
4	1	1	0	0	0	1	0	1	0	0	0	0	0	0	0	0	1	0	1	0	0	0	1	1	0
3	0	0	1	1	1	0	1	0	1	1	1	1	1	1	1	1	0	1	0	1	1	1	0	0	1
2	1	1	0	0	0	1	0	1	0	0	0	0	0	0	0	0	1	0	1	0	0	0	1	1	0
1	0	0	1	1	1	0	1	0	1	1	1	1	1	1	1	1	0	1	0	1	1	1	0	0	1
4	1	1	0	0	0	1	0	1	0	0	0	0	0	0	0	0	1	0	1	0	0	0	1	1	0
2	1	1	0	0	0	1	0	1	0	0	0	0	0	0	0	0	1	0	1	0	0	0	1	1	0
4	1	1	0	0	0	1	0	1	0	0	0	0	0	0	0	0	1	0	1	0	0	0	1	1	0
1	0	0	1	1	1	0	1	0	1	1	1	1	1	1	1	1	0	1	0	1	1	1	0	0	1
3	0	0	1	1	1	0	1	0	1	1	1	1	1	1	1	1	0	1	0	1	1	1	0	0	1
4	1	1	0	0	0	1	0	1	0	0	0	0	0	0	0	0	1	0	1	0	0	0	1	1	0

② 2단계

(59) 67행, 92행, 117행, 142행은 24열까지 같다. 67행, 192행, 317행은 124열까지 같다. 67행은 125주기를 가진다. 각 행은 00111…, 11000… 의 125주기 2개를 가진다.

① 1단계

	3	1	4	2	4	1	2	3	4	2	0	0	0	0	2	4	3	2	1	4	2	4	1	3	4
3	0	0	1	1	1	0	1	0	1	1	1	1	1	1	1	1	0	1	0	1	1	1	0	0	1
1	0	0	1	1	1	0	1	0	1	1	1	1	1	1	1	1	0	1	0	1	1	1	0	0	1
4	1	1	0	0	0	1	0	1	0	0	0	0	0	0	0	0	1	0	1	0	0	0	1	1	0
2	1	1	0	0	0	1	0	1	0	0	0	0	0	0	0	0	1	0	1	0	0	0	1	1	0
4	1	1	0	0	0	1	0	1	0	0	0	0	0	0	0	0	1	0	1	0	0	0	1	1	0
1	0	0	1	1	1	0	1	0	1	1	1	1	1	1	1	1	0	1	0	1	1	1	0	0	1
2	1	1	0	0	0	1	0	1	0	0	0	0	0	0	0	0	1	0	1	0	0	0	1	1	0
3	0	0	1	1	1	0	1	0	1	1	1	1	1	1	1	1	0	1	0	1	1	1	0	0	1
4	1	1	0	0	0	1	0	1	0	0	0	0	0	0	0	0	1	0	1	0	0	0	1	1	0
2	1	1	0	0	0	1	0	1	0	0	0	0	0	0	0	0	1	0	1	0	0	0	1	1	0
0	1	1	0	0	0	1	0	1	0	0	0	0	0	0	0	0	1	0	1	0	0	0	1	1	0
0	1	1	0	0	0	1	0	1	0	0	0	0	0	0	0	0	1	0	1	0	0	0	1	1	0
0	1	1	0	0	0	1	0	1	0	0	0	0	0	0	0	0	1	0	1	0	0	0	1	1	0
0	1	1	0	0	0	1	0	1	0	0	0	0	0	0	0	0	1	0	1	0	0	0	1	1	0
2	1	1	0	0	0	1	0	1	0	0	0	0	0	0	0	0	1	0	1	0	0	0	1	1	0
4	1	1	0	0	0	1	0	1	0	0	0	0	0	0	0	0	1	0	1	0	0	0	1	1	0
3	0	0	1	1	1	0	1	0	1	1	1	1	1	1	1	1	0	1	0	1	1	1	0	0	1
2	1	1	0	0	0	1	0	1	0	0	0	0	0	0	0	0	1	0	1	0	0	0	1	1	0
1	0	0	1	1	1	0	1	0	1	1	1	1	1	1	1	1	0	1	0	1	1	1	0	0	1
4	1	1	0	0	0	1	0	1	0	0	0	0	0	0	0	0	1	0	1	0	0	0	1	1	0
2	1	1	0	0	0	1	0	1	0	0	0	0	0	0	0	0	1	0	1	0	0	0	1	1	0
4	1	1	0	0	0	1	0	1	0	0	0	0	0	0	0	0	1	0	1	0	0	0	1	1	0
1	0	0	1	1	1	0	1	0	1	1	1	1	1	1	1	1	0	1	0	1	1	1	0	0	1
3	0	0	1	1	1	0	1	0	1	1	1	1	1	1	1	1	0	1	0	1	1	1	0	0	1
4	1	1	0	0	0	1	0	1	0	0	0	0	0	0	0	0	1	0	1	0	0	0	1	1	0

② 2단계

(60) 69행, 94행, 119행, 144행은 24열까지 같다. 69행, 194행, 319행은 124열까지 같다. 69행은 125주기를 가진다. 각 행은 01100…, 10011… 의 125주기 2개를 가진다.

① 1단계

	2	1	1	2	2	4	2	2	4	3	0	0	0	0	2	1	3	3	1	3	3	4	4	3	1
2	0	1	1	0	0	0	0	0	0	1	0	0	0	0	0	1	1	1	1	1	1	0	0	1	1
1	1	0	0	1	1	1	1	1	1	0	1	1	1	1	1	0	0	0	0	0	0	1	1	0	0
1	1	0	0	1	1	1	1	1	1	0	1	1	1	1	1	0	0	0	0	0	0	1	1	0	0
2	0	1	1	0	0	0	0	0	0	1	0	0	0	0	0	1	1	1	1	1	1	0	0	1	1
2	0	1	1	0	0	0	0	0	0	1	0	0	0	0	0	1	1	1	1	1	1	0	0	1	1
4	0	1	1	0	0	0	0	0	0	1	0	0	0	0	0	1	1	1	1	1	1	0	0	1	1
2	0	1	1	0	0	0	0	0	0	1	0	0	0	0	0	1	1	1	1	1	1	0	0	1	1
2	0	1	1	0	0	0	0	0	0	1	0	0	0	0	0	1	1	1	1	1	1	0	0	1	1
4	0	1	1	0	0	0	0	0	0	1	0	0	0	0	0	1	1	1	1	1	1	0	0	1	1
3	1	0	0	1	1	1	1	1	1	0	1	1	1	1	1	0	0	0	0	0	0	1	1	0	0
0	0	1	1	0	0	0	0	0	0	1	0	0	0	0	0	1	1	1	1	1	1	0	0	1	1
0	0	1	1	0	0	0	0	0	0	1	0	0	0	0	0	1	1	1	1	1	1	0	0	1	1
0	0	1	1	0	0	0	0	0	0	1	0	0	0	0	0	1	1	1	1	1	1	0	0	1	1
0	0	1	1	0	0	0	0	0	0	1	0	0	0	0	0	1	1	1	1	1	1	0	0	1	1
2	0	1	1	0	0	0	0	0	0	1	0	0	0	0	0	1	1	1	1	1	1	0	0	1	1
1	1	0	0	1	1	1	1	1	1	0	1	1	1	1	1	0	0	0	0	0	0	1	1	0	0
3	1	0	0	1	1	1	1	1	1	0	1	1	1	1	1	0	0	0	0	0	0	1	1	0	0
3	1	0	0	1	1	1	1	1	1	0	1	1	1	1	1	0	0	0	0	0	0	1	1	0	0
1	1	0	0	1	1	1	1	1	1	0	1	1	1	1	1	0	0	0	0	0	0	1	1	0	0
3	1	0	0	1	1	1	1	1	1	0	1	1	1	1	1	0	0	0	0	0	0	1	1	0	0
3	1	0	0	1	1	1	1	1	1	0	1	1	1	1	1	0	0	0	0	0	0	1	1	0	0
4	0	1	1	0	0	0	0	0	0	1	0	0	0	0	0	1	1	1	1	1	1	0	0	1	1
4	0	1	1	0	0	0	0	0	0	1	0	0	0	0	0	1	1	1	1	1	1	0	0	1	1
3	1	0	0	1	1	1	1	1	1	0	1	1	1	1	1	0	0	0	0	0	0	1	1	0	0
1	1	0	0	1	1	1	1	1	1	0	1	1	1	1	1	0	0	0	0	0	0	1	1	0	0

② 2단계

(61) 71행, 96행, 121행, 146행은 24열까지 같다. 71행, 196행, 321행은 124열까지 같다. 71행은 125주기는 같다. 각 행은 01100…, 10011… 의 125주기 2개를 가진다.

① 1단계

	2	1	1	2	2	4	2	2	4	3	0	0	0	0	2	1	3	3	1	3	3	4	4	3	1
2	0	1	1	0	0	0	0	0	0	1	0	0	0	0	0	1	1	1	1	1	1	0	0	1	1
1	1	0	0	1	1	1	1	1	1	0	1	1	1	1	1	0	0	0	0	0	0	1	1	0	0
1	1	0	0	1	1	1	1	1	1	0	1	1	1	1	1	0	0	0	0	0	0	1	1	0	0
2	0	1	1	0	0	0	0	0	0	1	0	0	0	0	0	1	1	1	1	1	1	0	0	1	1
2	0	1	1	0	0	0	0	0	0	1	0	0	0	0	0	1	1	1	1	1	1	0	0	1	1
4	0	1	1	0	0	0	0	0	0	1	0	0	0	0	0	1	1	1	1	1	1	0	0	1	1
2	0	1	1	0	0	0	0	0	0	1	0	0	0	0	0	1	1	1	1	1	1	0	0	1	1
2	0	1	1	0	0	0	0	0	0	1	0	0	0	0	0	1	1	1	1	1	1	0	0	1	1
4	0	1	1	0	0	0	0	0	0	1	0	0	0	0	0	1	1	1	1	1	1	0	0	1	1
3	1	0	0	1	1	1	1	1	1	0	1	1	1	1	1	0	0	0	0	0	0	1	1	0	0
0	0	1	1	0	0	0	0	0	0	1	0	0	0	0	0	1	1	1	1	1	1	0	0	1	1
0	0	1	1	0	0	0	0	0	0	1	0	0	0	0	0	1	1	1	1	1	1	0	0	1	1
0	0	1	1	0	0	0	0	0	0	1	0	0	0	0	0	1	1	1	1	1	1	0	0	1	1
0	0	1	1	0	0	0	0	0	0	1	0	0	0	0	0	1	1	1	1	1	1	0	0	1	1
2	0	1	1	0	0	0	0	0	0	1	0	0	0	0	0	1	1	1	1	1	1	0	0	1	1
1	1	0	0	1	1	1	1	1	1	0	1	1	1	1	1	0	0	0	0	0	0	1	1	0	0
3	1	0	0	1	1	1	1	1	1	0	1	1	1	1	1	0	0	0	0	0	0	1	1	0	0
3	1	0	0	1	1	1	1	1	1	0	1	1	1	1	1	0	0	0	0	0	0	1	1	0	0
1	1	0	0	1	1	1	1	1	1	0	1	1	1	1	1	0	0	0	0	0	0	1	1	0	0
3	1	0	0	1	1	1	1	1	1	0	1	1	1	1	1	0	0	0	0	0	0	1	1	0	0
3	1	0	0	1	1	1	1	1	1	0	1	1	1	1	1	0	0	0	0	0	0	1	1	0	0
4	0	1	1	0	0	0	0	0	0	1	0	0	0	0	0	1	1	1	1	1	1	0	0	1	1
4	0	1	1	0	0	0	0	0	0	1	0	0	0	0	0	1	1	1	1	1	1	0	0	1	1
3	1	0	0	1	1	1	1	1	1	0	1	1	1	1	1	0	0	0	0	0	0	1	1	0	0
1	1	0	0	1	1	1	1	1	1	0	1	1	1	1	1	0	0	0	0	0	0	1	1	0	0

② 2단계

(62) 72행, 97행, 122행, 147행은 24열까지 같다. 72행, 197행, 322행은 124열까지 같다. 72행은 125주기를 가진다. 각 행은 01101···, 10010···의 125주기 2개를 가진다.

① 1단계	② 2단계
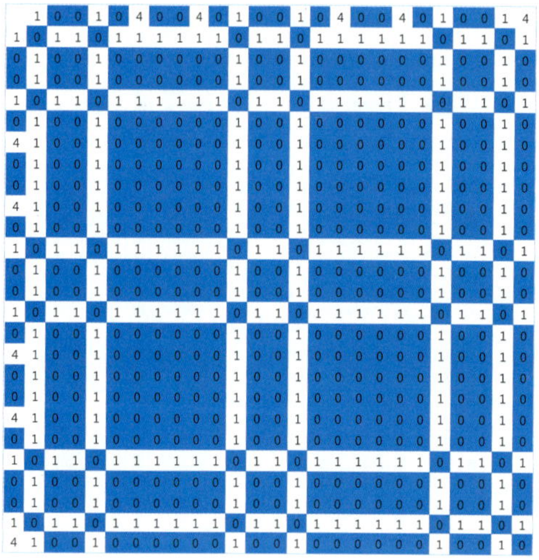	

(63) 73행, 98행, 123행, 148행은 24열까지 같다. 73행, 198행, 323행은 124열까지 같다. 73행은 125주기를 가진다. 각행은 00010···, 11101···의 125주기 2개를 가진다.

① 1단계	② 2단계
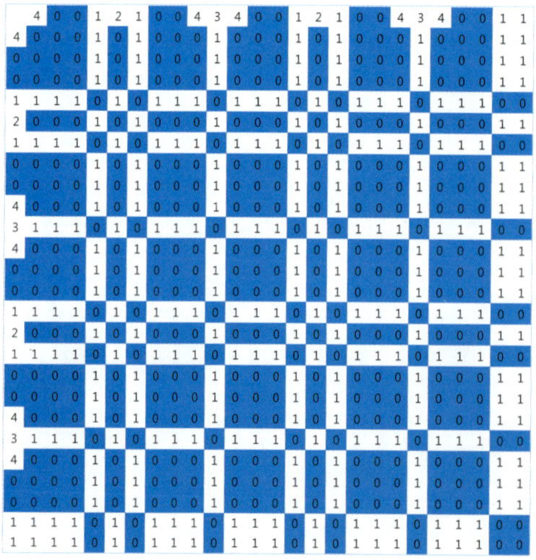	

(64) 74행, 99행, 124행, 149행은 24열까지 같다. 74행, 199행, 324행은 124열까지 같다. 74행은 125열까지 같다. 각 행은 00010···, 11101··· 의 125주기 2개를 가진다.

① 1단계	② 2단계
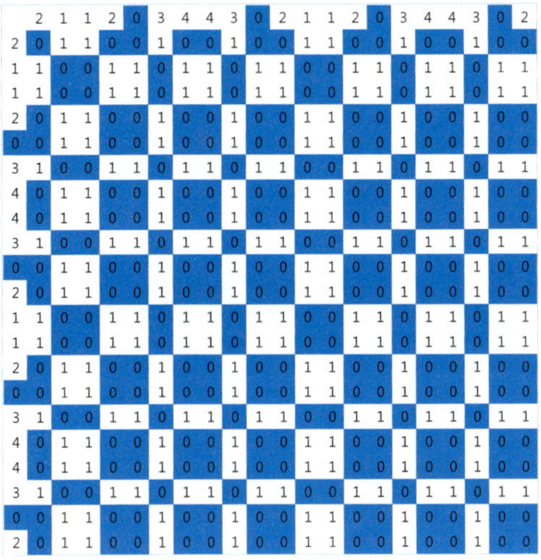	

(65) 77행, 102행, 127행, 152행은 24열까지 같다. 77행, 202행 327행은 124열까지 같다. 77행은 125주기를 가진다. 각 행은 01100···, 10011··· 의 125주기 2개를 가진다.

① 1단계	② 2단계
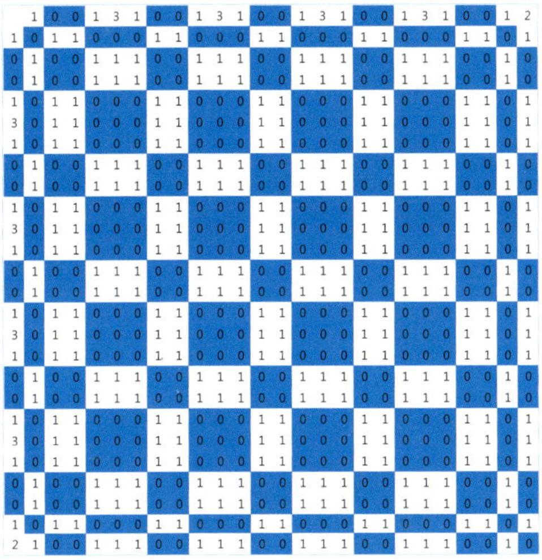	

(66) 78행, 103행, 128행, 153행은 24열까지 같다. 78행, 203행, 328행은 124열까지 같다. 78행은 125주기를 가진다. 각 행은 00001···, 11110··· 의 125주기 2개를 가진다.

① 1단계	② 2단계
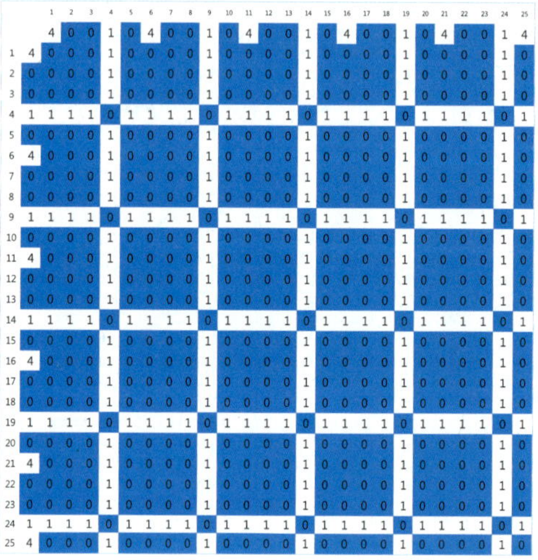	

(67) 79행, 104행, 129행, 154행은 24열까지 같다. 79행, 204행, 324행은 124열까지 같다. 79행은 125주기를 가진다. 각 행은 01101···, 10010··· 의 125주기 2개를 가진다.

① 1단계	② 2단계
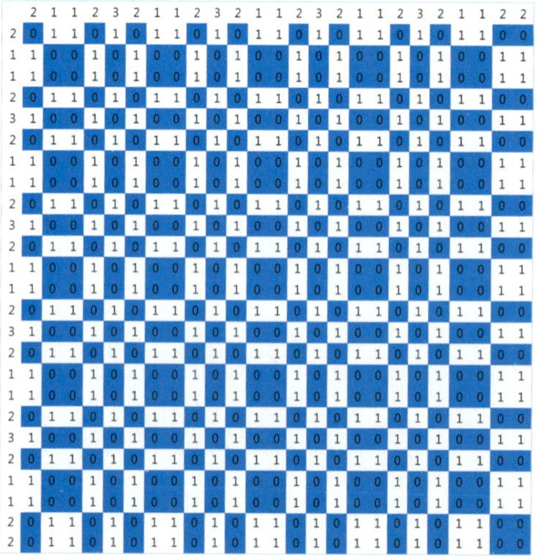	

(68) 80행, 105행, 130행, 155행은 24열까지 같다. 80행, 205행, 303행은 124열까지 같다. 80행은 125주기를 가진다. 각 행은 01011⋯, 10100⋯ 의 125주기 2개를 가진다.

① 1단계	② 2단계
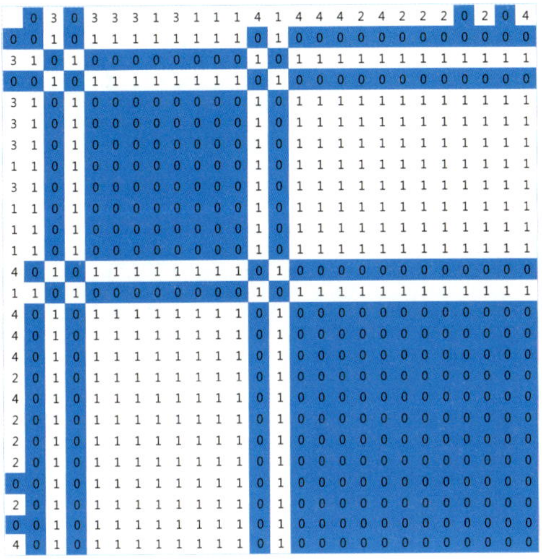	

(69) 81행, 106행, 131행, 156행은 24열까지 같다. 81행, 206행, 331행은 124열까지 같다. 81행은 125주기를 가진다. 각 행은 00110⋯, 11001⋯ 의 125주기 2개를 가진다.

① 1단계	② 2단계
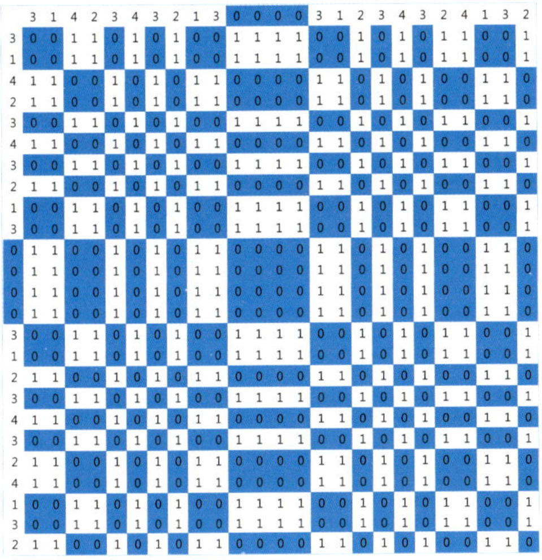	

(70) 82행, 107행, 132행, 157행은 24열까지 같다. 82행, 107행, 132행, 157행은 24열까지 같다. 82행, 207행, 332행은 124열까지 같다. 82행은 125주기를 가진다. 각 행은 01100…, 10011… 의 125주기 2개를 가진다.

① 1단계

	1	0	0	1	1	3	0	0	3	2	0	0	0	0	3	2	0	0	2	4	4	0	0	4	4
1	0	1	1	0	0	0	1	1	0	1	1	1	1	1	0	1	1	1	1	1	1	1	1	1	1
0	1	0	0	1	1	1	0	0	1	0	0	0	0	0	1	0	0	0	0	0	0	0	0	0	0
0	1	0	0	1	1	1	0	0	1	0	0	0	0	0	1	0	0	0	0	0	0	0	0	0	0
1	0	1	1	0	0	0	1	1	0	1	1	1	1	1	0	1	1	1	1	1	1	1	1	1	1
1	0	1	1	0	0	0	1	1	0	1	1	1	1	1	0	1	1	1	1	1	1	1	1	1	1
3	0	1	1	0	0	0	1	1	0	1	1	1	1	1	0	1	1	1	1	1	1	1	1	1	1
0	1	0	0	1	1	1	0	0	1	0	0	0	0	0	1	0	0	0	0	0	0	0	0	0	0
0	1	0	0	1	1	1	0	0	1	0	0	0	0	0	1	0	0	0	0	0	0	0	0	0	0
3	0	1	1	0	0	0	1	1	0	1	1	1	1	1	0	1	1	1	1	1	1	1	1	1	1
2	1	0	0	1	1	1	0	0	1	0	0	0	0	0	1	0	0	0	0	0	0	0	0	0	0
0	1	0	0	1	1	1	0	0	1	0	0	0	0	0	1	0	0	0	0	0	0	0	0	0	0
0	1	0	0	1	1	1	0	0	1	0	0	0	0	0	1	0	0	0	0	0	0	0	0	0	0
0	1	0	0	1	1	1	0	0	1	0	0	0	0	0	1	0	0	0	0	0	0	0	0	0	0
0	1	0	0	1	1	1	0	0	1	0	0	0	0	0	1	0	0	0	0	0	0	0	0	0	0
3	0	1	1	0	0	0	1	1	0	1	1	1	1	1	0	1	1	1	1	1	1	1	1	1	1
2	1	0	0	1	1	1	0	0	1	0	0	0	0	0	1	0	0	0	0	0	0	0	0	0	0
0	1	0	0	1	1	1	0	0	1	0	0	0	0	0	1	0	0	0	0	0	0	0	0	0	0
0	1	0	0	1	1	1	0	0	1	0	0	0	0	0	1	0	0	0	0	0	0	0	0	0	0
2	1	0	0	1	1	1	0	0	1	0	0	0	0	0	1	0	0	0	0	0	0	0	0	0	0
4	1	0	0	1	1	1	0	0	1	0	0	0	0	0	1	0	0	0	0	0	0	0	0	0	0
4	1	0	0	1	1	1	0	0	1	0	0	0	0	0	1	0	0	0	0	0	0	0	0	0	0
0	1	0	0	1	1	1	0	0	1	0	0	0	0	0	1	0	0	0	0	0	0	0	0	0	0
0	1	0	0	1	1	1	0	0	1	0	0	0	0	0	1	0	0	0	0	0	0	0	0	0	0
4	1	0	0	1	1	1	0	0	1	0	0	0	0	0	1	0	0	0	0	0	0	0	0	0	0
4	1	0	0	1	1	1	0	0	1	0	0	0	0	0	1	0	0	0	0	0	0	0	0	0	0

② 2단계

(71) 83행, 108행, 133행, 158행은 24열까지 같다. 83행, 208행, 333행은 124열까지 같다. 83행은 125주기를 가진다. 각 행은 00011…, 11100… 의 125주기 2개를 가진다.

① 1단계

	4	0	0	1	3	2	0	0	3	3	0	0	0	0	3	3	0	0	2	3	1	0	0	4	2
4	0	0	0	1	1	0	0	0	1	1	0	0	0	0	1	1	0	0	0	1	1	0	0	0	0
0	0	0	0	1	1	0	0	0	1	1	0	0	0	0	1	1	0	0	0	1	1	0	0	0	0
0	0	0	0	1	1	0	0	0	1	1	0	0	0	0	1	1	0	0	0	1	1	0	0	0	0
1	1	1	1	0	0	1	1	1	0	0	1	1	1	1	0	0	1	1	1	0	0	1	1	1	1
3	1	1	1	0	0	1	1	1	0	0	1	1	1	1	0	0	1	1	1	0	0	1	1	1	1
2	0	0	0	1	1	0	0	0	1	1	0	0	0	0	1	1	0	0	0	1	1	0	0	0	0
0	0	0	0	1	1	0	0	0	1	1	0	0	0	0	1	1	0	0	0	1	1	0	0	0	0
0	0	0	0	1	1	0	0	0	1	1	0	0	0	0	1	1	0	0	0	1	1	0	0	0	0
3	1	1	1	0	0	1	1	1	0	0	1	1	1	1	0	0	1	1	1	0	0	1	1	1	1
3	1	1	1	0	0	1	1	1	0	0	1	1	1	1	0	0	1	1	1	0	0	1	1	1	1
0	0	0	0	1	1	0	0	0	1	1	0	0	0	0	1	1	0	0	0	1	1	0	0	0	0
0	0	0	0	1	1	0	0	0	1	1	0	0	0	0	1	1	0	0	0	1	1	0	0	0	0
0	0	0	0	1	1	0	0	0	1	1	0	0	0	0	1	1	0	0	0	1	1	0	0	0	0
0	0	0	0	1	1	0	0	0	1	1	0	0	0	0	1	1	0	0	0	1	1	0	0	0	0
3	1	1	1	0	0	1	1	1	0	0	1	1	1	1	0	0	1	1	1	0	0	1	1	1	1
3	1	1	1	0	0	1	1	1	0	0	1	1	1	1	0	0	1	1	1	0	0	1	1	1	1
0	0	0	0	1	1	0	0	0	1	1	0	0	0	0	1	1	0	0	0	1	1	0	0	0	0
0	0	0	0	1	1	0	0	0	1	1	0	0	0	0	1	1	0	0	0	1	1	0	0	0	0
2	0	0	0	1	1	0	0	0	1	1	0	0	0	0	1	1	0	0	0	1	1	0	0	0	0
3	1	1	1	0	0	1	1	1	0	0	1	1	1	1	0	0	1	1	1	0	0	1	1	1	1
1	1	1	1	0	0	1	1	1	0	0	1	1	1	1	0	0	1	1	1	0	0	1	1	1	1
0	0	0	0	1	1	0	0	0	1	1	0	0	0	0	1	1	0	0	0	1	1	0	0	0	0
0	0	0	0	1	1	0	0	0	1	1	0	0	0	0	1	1	0	0	0	1	1	0	0	0	0
4	0	0	0	1	1	0	0	0	1	1	0	0	0	0	1	1	0	0	0	1	1	0	0	0	0
2	0	0	0	1	1	0	0	0	1	1	0	0	0	0	1	1	0	0	0	1	1	0	0	0	0

② 2단계

(72) 84행, 109행, 134행, 159행은 24열까지 같다. 84행, 209행, 334행은 124열까지 같다. 84행은 125주기를 가진다. 각 행은 01101…, 10010… 의 125주기 2개를 가진다.

① 1단계	② 2단계
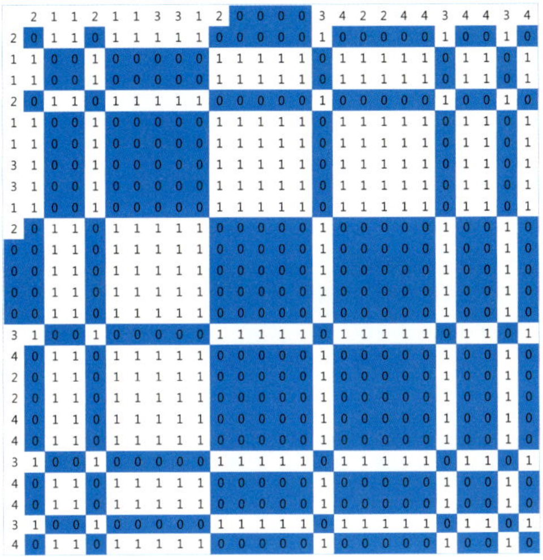	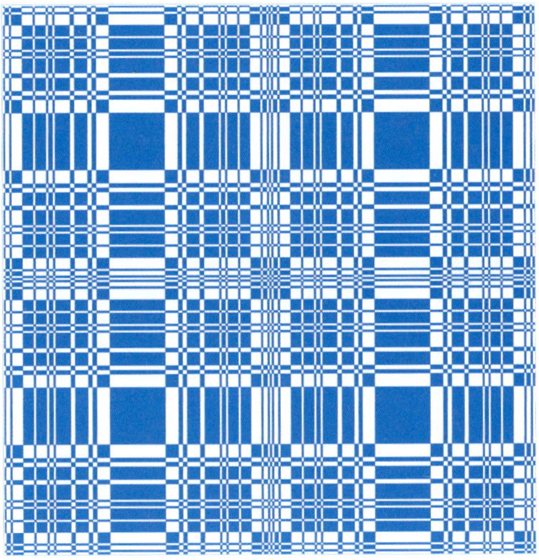

(73) 85행, 110행, 135행, 160행은 24열까지 같다. 85행, 210행, 335행은 124열까지 같다. 85행은 25주기를 가진다. 각 행은 01011…, 10100… 의 125주기 2개를 가진다.

① 1단계	② 2단계
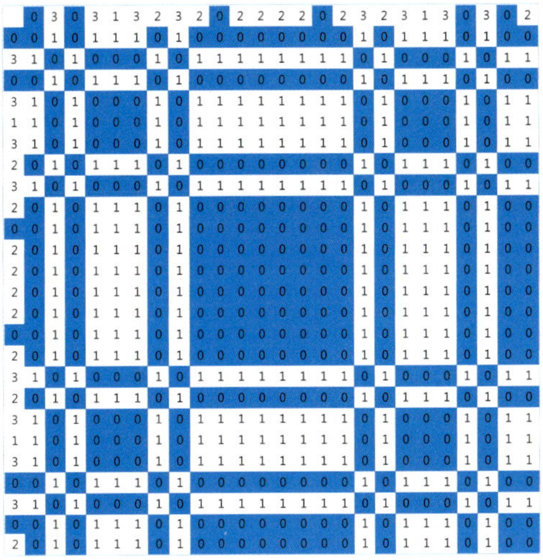	

(74) 86행, 111행, 136행, 161행은 24열까지 같다. 86행, 211행, 336행은 124열까지 같다. 86행은 125주기를 가진다. 각 행은 00110…, 11001…의 125주기 2개를 가진다.

① 1단계

	3	1	4	2	1	0	0	0	0	2	4	3	2	1	3	0	0	0	0	4	3	1	4	2	4
3	0	0	1	1	0	1	1	1	1	1	1	0	1	0	0	1	1	1	1	1	0	0	1	1	1
1	0	0	1	1	0	1	1	1	1	1	1	0	1	0	0	1	1	1	1	1	0	0	1	1	1
4	1	1	0	0	1	0	0	0	0	0	0	1	0	1	1	0	0	0	0	0	1	1	0	0	0
2	1	1	0	0	1	0	0	0	0	0	0	1	0	1	1	0	0	0	0	0	1	1	0	0	0
1	0	0	1	1	0	1	1	1	1	1	1	0	1	0	0	1	1	1	1	1	0	0	1	1	1
0	1	1	0	0	1	0	0	0	0	0	0	1	0	1	1	0	0	0	0	0	1	1	0	0	0
0	1	1	0	0	1	0	0	0	0	0	0	1	0	1	1	0	0	0	0	0	1	1	0	0	0
0	1	1	0	0	1	0	0	0	0	0	0	1	0	1	1	0	0	0	0	0	1	1	0	0	0
0	1	1	0	0	1	0	0	0	0	0	0	1	0	1	1	0	0	0	0	0	1	1	0	0	0
2	1	1	0	0	1	0	0	0	0	0	0	1	0	1	1	0	0	0	0	0	1	1	0	0	0
4	1	1	0	0	1	0	0	0	0	0	0	1	0	1	1	0	0	0	0	0	1	1	0	0	0
3	0	0	1	1	0	1	1	1	1	1	1	0	1	0	0	1	1	1	1	1	0	0	1	1	1
2	1	1	0	0	1	0	0	0	0	0	0	1	0	1	1	0	0	0	0	0	1	1	0	0	0
1	0	0	1	1	0	1	1	1	1	1	1	0	1	0	0	1	1	1	1	1	0	0	1	1	1
3	0	0	1	1	0	1	1	1	1	1	1	0	1	0	0	1	1	1	1	1	0	0	1	1	1
0	1	1	0	0	1	0	0	0	0	0	0	1	0	1	1	0	0	0	0	0	1	1	0	0	0
0	1	1	0	0	1	0	0	0	0	0	0	1	0	1	1	0	0	0	0	0	1	1	0	0	0
0	1	1	0	0	1	0	0	0	0	0	0	1	0	1	1	0	0	0	0	0	1	1	0	0	0
0	1	1	0	0	1	0	0	0	0	0	0	1	0	1	1	0	0	0	0	0	1	1	0	0	0
4	1	1	0	0	1	0	0	0	0	0	0	1	0	1	1	0	0	0	0	0	1	1	0	0	0
3	0	0	1	1	0	1	1	1	1	1	1	0	1	0	0	1	1	1	1	1	0	0	1	1	1
1	0	0	1	1	0	1	1	1	1	1	1	0	1	0	0	1	1	1	1	1	0	0	1	1	1
4	1	1	0	0	1	0	0	0	0	0	0	1	0	1	1	0	0	0	0	0	1	1	0	0	0
2	1	1	0	0	1	0	0	0	0	0	0	1	0	1	1	0	0	0	0	0	1	1	0	0	0
4	1	1	0	0	1	0	0	0	0	0	0	1	0	1	1	0	0	0	0	0	1	1	0	0	0

② 2단계

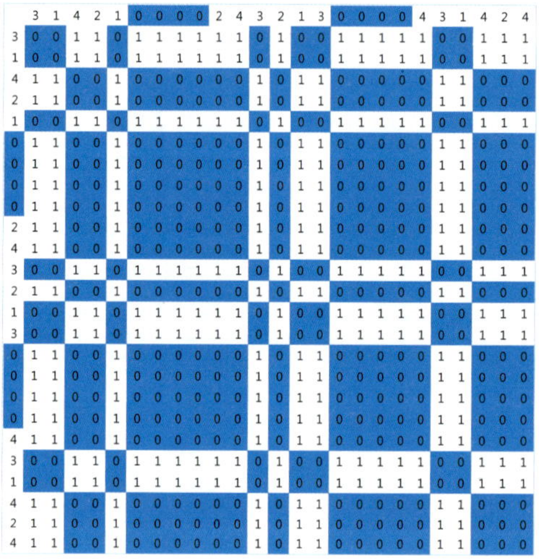

(75) 87행, 112행, 137행, 162행은 24열까지 같다. 87행, 212행, 337행은 214열까지 같다. 87행은 125주기를 가진다. 각 행은 00110…, 11001…의 125주기 2개를 가진다.

① 1단계

	3	1	4	2	1	0	0	0	0	2	4	3	2	1	3	0	0	0	0	4	3	1	4	2	4
3	0	0	1	1	0	1	1	1	1	1	1	0	1	0	0	1	1	1	1	1	0	0	1	1	1
1	0	0	1	1	0	1	1	1	1	1	1	0	1	0	0	1	1	1	1	1	0	0	1	1	1
4	1	1	0	0	1	0	0	0	0	0	0	1	0	1	1	0	0	0	0	0	1	1	0	0	0
2	1	1	0	0	1	0	0	0	0	0	0	1	0	1	1	0	0	0	0	0	1	1	0	0	0
1	0	0	1	1	0	1	1	1	1	1	1	0	1	0	0	1	1	1	1	1	0	0	1	1	1
0	1	1	0	0	1	0	0	0	0	0	0	1	0	1	1	0	0	0	0	0	1	1	0	0	0
0	1	1	0	0	1	0	0	0	0	0	0	1	0	1	1	0	0	0	0	0	1	1	0	0	0
0	1	1	0	0	1	0	0	0	0	0	0	1	0	1	1	0	0	0	0	0	1	1	0	0	0
0	1	1	0	0	1	0	0	0	0	0	0	1	0	1	1	0	0	0	0	0	1	1	0	0	0
2	1	1	0	0	1	0	0	0	0	0	0	1	0	1	1	0	0	0	0	0	1	1	0	0	0
4	1	1	0	0	1	0	0	0	0	0	0	1	0	1	1	0	0	0	0	0	1	1	0	0	0
3	0	0	1	1	0	1	1	1	1	1	1	0	1	0	0	1	1	1	1	1	0	0	1	1	1
2	1	1	0	0	1	0	0	0	0	0	0	1	0	1	1	0	0	0	0	0	1	1	0	0	0
1	0	0	1	1	0	1	1	1	1	1	1	0	1	0	0	1	1	1	1	1	0	0	1	1	1
3	0	0	1	1	0	1	1	1	1	1	1	0	1	0	0	1	1	1	1	1	0	0	1	1	1
0	1	1	0	0	1	0	0	0	0	0	0	1	0	1	1	0	0	0	0	0	1	1	0	0	0
0	1	1	0	0	1	0	0	0	0	0	0	1	0	1	1	0	0	0	0	0	1	1	0	0	0
0	1	1	0	0	1	0	0	0	0	0	0	1	0	1	1	0	0	0	0	0	1	1	0	0	0
0	1	1	0	0	1	0	0	0	0	0	0	1	0	1	1	0	0	0	0	0	1	1	0	0	0
4	1	1	0	0	1	0	0	0	0	0	0	1	0	1	1	0	0	0	0	0	1	1	0	0	0
3	0	0	1	1	0	1	1	1	1	1	1	0	1	0	0	1	1	1	1	1	0	0	1	1	1
1	0	0	1	1	0	1	1	1	1	1	1	0	1	0	0	1	1	1	1	1	0	0	1	1	1
4	1	1	0	0	1	0	0	0	0	0	0	1	0	1	1	0	0	0	0	0	1	1	0	0	0
2	1	1	0	0	1	0	0	0	0	0	0	1	0	1	1	0	0	0	0	0	1	1	0	0	0
4	1	1	0	0	1	0	0	0	0	0	0	1	0	1	1	0	0	0	0	0	1	1	0	0	0

② 2단계

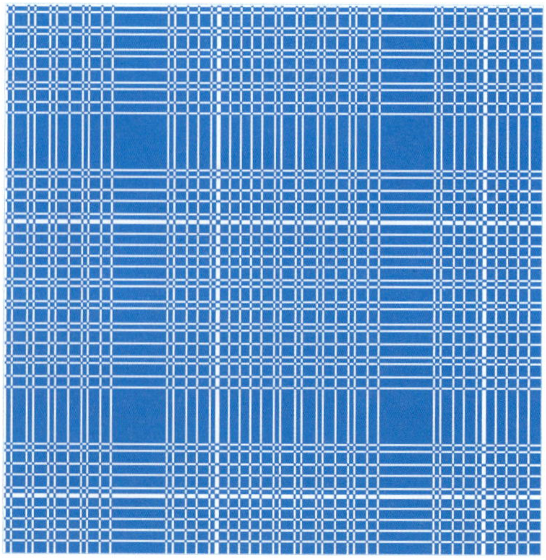

(76) 88행, 113행, 138행, 163행은 24열까지 같다. 88행, 213행, 338행은 124열까지 같다. 88행은 125주기를 가진다. 각 행은 00110⋯, 11001⋯의 125주기 2개를 가진다.

① 1단계

	3	1	4	2	1	0	0	0	0	2	4	3	2	1	3	0	0	0	0	4	3	1	4	2	4
3	0	0	1	1	0	1	1	1	1	1	1	0	1	0	0	1	1	1	1	1	0	0	1	1	1
1	0	0	1	1	0	1	1	1	1	1	1	0	1	0	0	1	1	1	1	1	0	0	1	1	1
4	1	1	0	0	1	0	0	0	0	0	0	1	0	1	1	0	0	0	0	0	1	1	0	0	0
2	1	1	0	0	1	0	0	0	0	0	0	1	0	1	1	0	0	0	0	0	1	1	0	0	0
1	0	0	1	1	0	1	1	1	1	1	1	0	1	0	0	1	1	1	1	1	0	0	1	1	1
0	1	1	0	0	1	0	0	0	0	0	0	1	0	1	1	0	0	0	0	0	1	1	0	0	0
0	1	1	0	0	1	0	0	0	0	0	0	1	0	1	1	0	0	0	0	0	1	1	0	0	0
0	1	1	0	0	1	0	0	0	0	0	0	1	0	1	1	0	0	0	0	0	1	1	0	0	0
0	1	1	0	0	1	0	0	0	0	0	0	1	0	1	1	0	0	0	0	0	1	1	0	0	0
2	1	1	0	0	1	0	0	0	0	0	0	1	0	1	1	0	0	0	0	0	1	1	0	0	0
4	1	1	0	0	1	0	0	0	0	0	0	1	0	1	1	0	0	0	0	0	1	1	0	0	0
3	0	0	1	1	0	1	1	1	1	1	1	0	1	0	0	1	1	1	1	1	0	0	1	1	1
2	1	1	0	0	1	0	0	0	0	0	0	1	0	1	1	0	0	0	0	0	1	1	0	0	0
1	0	0	1	1	0	1	1	1	1	1	1	0	1	0	0	1	1	1	1	1	0	0	1	1	1
3	0	0	1	1	0	1	1	1	1	1	1	0	1	0	0	1	1	1	1	1	0	0	1	1	1
0	1	1	0	0	1	0	0	0	0	0	0	1	0	1	1	0	0	0	0	0	1	1	0	0	0
0	1	1	0	0	1	0	0	0	0	0	0	1	0	1	1	0	0	0	0	0	1	1	0	0	0
0	1	1	0	0	1	0	0	0	0	0	0	1	0	1	1	0	0	0	0	0	1	1	0	0	0
0	1	1	0	0	1	0	0	0	0	0	0	1	0	1	1	0	0	0	0	0	1	1	0	0	0
4	1	1	0	0	1	0	0	0	0	0	0	1	0	1	1	0	0	0	0	0	1	1	0	0	0
3	0	0	1	1	0	1	1	1	1	1	1	0	1	0	0	1	1	1	1	1	0	0	1	1	1
1	0	0	1	1	0	1	1	1	1	1	1	0	1	0	0	1	1	1	1	1	0	0	1	1	1
4	1	1	0	0	1	0	0	0	0	0	0	1	0	1	1	0	0	0	0	0	1	1	0	0	0
2	1	1	0	0	1	0	0	0	0	0	0	1	0	1	1	0	0	0	0	0	1	1	0	0	0
4	1	1	0	0	1	0	0	0	0	0	0	1	0	1	1	0	0	0	0	0	1	1	0	0	0

② 2단계

(77) 89행, 114행, 139행, 164행은 24열까지 같다. 89행, 214행, 339행은 124열까지 같다. 89행은 125주기를 가진다. 각 행은 01100⋯, 10011⋯의 125주기 2개를 가진다.

① 1단계

	2	1	1	2	4	0	0	0	0	2	1	3	3	1	2	0	0	0	0	4	2	1	1	2	2
2	0	1	1	0	0	0	0	0	0	0	1	1	1	1	0	0	0	0	0	0	0	1	1	0	0
1	1	0	0	1	1	1	1	1	1	1	0	0	0	0	1	1	1	1	1	1	1	0	0	1	1
1	1	0	0	1	1	1	1	1	1	1	0	0	0	0	1	1	1	1	1	1	1	0	0	1	1
2	0	1	1	0	0	0	0	0	0	0	1	1	1	1	0	0	0	0	0	0	0	1	1	0	0
4	0	1	1	0	0	0	0	0	0	0	1	1	1	1	0	0	0	0	0	0	0	1	1	0	0
0	0	1	1	0	0	0	0	0	0	0	1	1	1	1	0	0	0	0	0	0	0	1	1	0	0
0	0	1	1	0	0	0	0	0	0	0	1	1	1	1	0	0	0	0	0	0	0	1	1	0	0
0	0	1	1	0	0	0	0	0	0	0	1	1	1	1	0	0	0	0	0	0	0	1	1	0	0
0	0	1	1	0	0	0	0	0	0	0	1	1	1	1	0	0	0	0	0	0	0	1	1	0	0
2	0	1	1	0	0	0	0	0	0	0	1	1	1	1	0	0	0	0	0	0	0	1	1	0	0
1	1	0	0	1	1	1	1	1	1	1	0	0	0	0	1	1	1	1	1	1	1	0	0	1	1
3	1	0	0	1	1	1	1	1	1	1	0	0	0	0	1	1	1	1	1	1	1	0	0	1	1
3	1	0	0	1	1	1	1	1	1	1	0	0	0	0	1	1	1	1	1	1	1	0	0	1	1
1	1	0	0	1	1	1	1	1	1	1	0	0	0	0	1	1	1	1	1	1	1	0	0	1	1
2	0	1	1	0	0	0	0	0	0	0	1	1	1	1	0	0	0	0	0	0	0	1	1	0	0
0	0	1	1	0	0	0	0	0	0	0	1	1	1	1	0	0	0	0	0	0	0	1	1	0	0
0	0	1	1	0	0	0	0	0	0	0	1	1	1	1	0	0	0	0	0	0	0	1	1	0	0
0	0	1	1	0	0	0	0	0	0	0	1	1	1	1	0	0	0	0	0	0	0	1	1	0	0
0	0	1	1	0	0	0	0	0	0	0	1	1	1	1	0	0	0	0	0	0	0	1	1	0	0
4	0	1	1	0	0	0	0	0	0	0	1	1	1	1	0	0	0	0	0	0	0	1	1	0	0
2	0	1	1	0	0	0	0	0	0	0	1	1	1	1	0	0	0	0	0	0	0	1	1	0	0
1	1	0	0	1	1	1	1	1	1	1	0	0	0	0	1	1	1	1	1	1	1	0	0	1	1
1	1	0	0	1	1	1	1	1	1	1	0	0	0	0	1	1	1	1	1	1	1	0	0	1	1
2	0	1	1	0	0	0	0	0	0	0	1	1	1	1	0	0	0	0	0	0	0	1	1	0	0
2	0	1	1	0	0	0	0	0	0	0	1	1	1	1	0	0	0	0	0	0	0	1	1	0	0

② 2단계

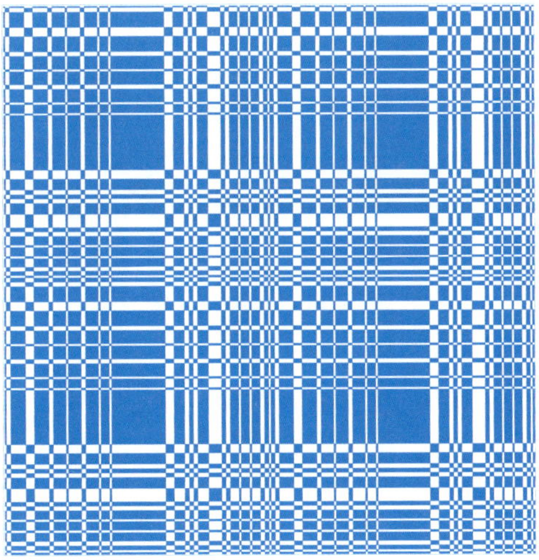

(78) 90행, 115행, 140행, 165행은 24열까지 같다. 90행, 215행, 340행은 124열까지 같다. 90행은 125열까지 같다. 각 행은 01010…, 10101… 의 125주기 2개를 가진다.

① 1단계	② 2단계
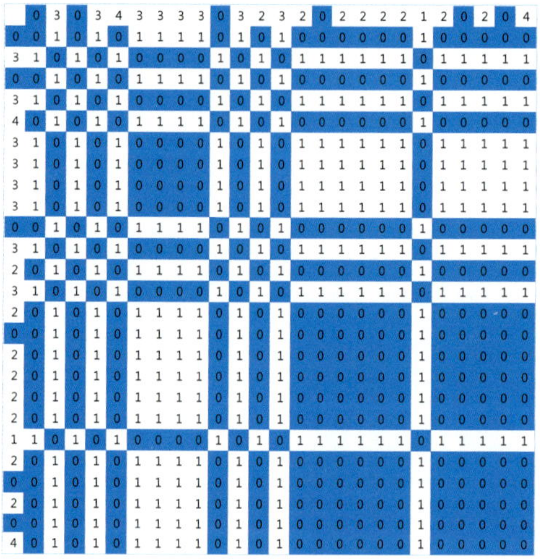	

(79) 91행, 116행, 141행, 166행은 24열까지 같다. 91행, 216행, 341행은 124열까지 같다. 91행은 125주기를 가진다. 각 행은 00111…, 1100… 의 125주기 2개를 가진다.

① 1단계	② 2단계
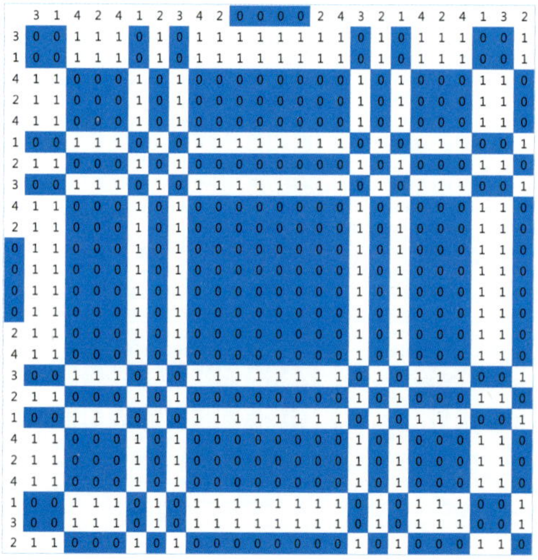	

(80) 92행, 117행, 142행, 167행은 24열까지 같다. 92행, 217행, 342행은 24열까지 같다. 92행은 125주기를 가진다. 각 행은 01101⋯, 10010⋯ 의 125주기 2개를 가진다.

① 1단계

	1	0	0	1	2	2	0	0	2	3	0	0	0	0	2	3	0	0	3	3	4	0	0	4	4
1	0	1	1	0	1	1	1	1	1	0	1	1	1	1	1	0	1	1	0	0	1	1	1	1	1
0	1	0	0	1	0	0	0	0	0	1	0	0	0	0	0	1	0	0	1	1	0	0	0	0	0
0	1	0	0	1	0	0	0	0	0	1	0	0	0	0	0	1	0	0	1	1	0	0	0	0	0
1	0	1	1	0	1	1	1	1	1	0	1	1	1	1	1	0	1	1	0	0	1	1	1	1	1
2	1	0	0	1	0	0	0	0	0	1	0	0	0	0	0	1	0	0	1	1	0	0	0	0	0
2	1	0	0	1	0	0	0	0	0	1	0	0	0	0	0	1	0	0	1	1	0	0	0	0	0
0	1	0	0	1	0	0	0	0	0	1	0	0	0	0	0	1	0	0	1	1	0	0	0	0	0
0	1	0	0	1	0	0	0	0	0	1	0	0	0	0	0	1	0	0	1	1	0	0	0	0	0
2	1	0	0	1	0	0	0	0	0	1	0	0	0	0	0	1	0	0	1	1	0	0	0	0	0
3	0	1	1	0	1	1	1	1	1	0	1	1	1	1	1	0	1	1	0	0	1	1	1	1	1
0	1	0	0	1	0	0	0	0	0	1	0	0	0	0	0	1	0	0	1	1	0	0	0	0	0
0	1	0	0	1	0	0	0	0	0	1	0	0	0	0	0	1	0	0	1	1	0	0	0	0	0
0	1	0	0	1	0	0	0	0	0	1	0	0	0	0	0	1	0	0	1	1	0	0	0	0	0
0	1	0	0	1	0	0	0	0	0	1	0	0	0	0	0	1	0	0	1	1	0	0	0	0	0
2	1	0	0	1	0	0	0	0	0	1	0	0	0	0	0	1	0	0	1	1	0	0	0	0	0
3	0	1	1	0	1	1	1	1	1	0	1	1	1	1	1	0	1	1	0	0	1	1	1	1	1
0	1	0	0	1	0	0	0	0	0	1	0	0	0	0	0	1	0	0	1	1	0	0	0	0	0
0	1	0	0	1	0	0	0	0	0	1	0	0	0	0	0	1	0	0	1	1	0	0	0	0	0
3	0	1	1	0	1	1	1	1	1	0	1	1	1	1	1	0	1	1	0	0	1	1	1	1	1
3	0	1	1	0	1	1	1	1	1	0	1	1	1	1	1	0	1	1	0	0	1	1	1	1	1
4	1	0	0	1	0	0	0	0	0	1	0	0	0	0	0	1	0	0	1	1	0	0	0	0	0
0	1	0	0	1	0	0	0	0	0	1	0	0	0	0	0	1	0	0	1	1	0	0	0	0	0
0	1	0	0	1	0	0	0	0	0	1	0	0	0	0	0	1	0	0	1	1	0	0	0	0	0
4	1	0	0	1	0	0	0	0	0	1	0	0	0	0	0	1	0	0	1	1	0	0	0	0	0
4	1	0	0	1	0	0	0	0	0	1	0	0	0	0	0	1	0	0	1	1	0	0	0	0	0

② 2단계

(81) 93행, 118행, 143행, 168행은 24열까지 같다. 93행, 218행, 343행은 124열까지 같다. 93행은 125주기를 가진다. 각 행은 00010⋯, 11101⋯ 의 125주기 2개를 가진다.

① 1단계

	4	0	0	1	4	3	0	0	2	2	0	0	0	0	2	2	0	0	3	4	1	0	0	4	2
4	0	0	0	1	0	1	0	0	0	0	0	0	0	0	0	0	0	0	1	0	1	0	0	0	0
0	0	0	0	1	0	1	0	0	0	0	0	0	0	0	0	0	0	0	1	0	1	0	0	0	0
0	0	0	0	1	0	1	0	0	0	0	0	0	0	0	0	0	0	0	1	0	1	0	0	0	0
1	1	1	1	0	1	0	1	1	1	1	1	1	1	1	1	1	1	1	0	1	0	1	1	1	1
4	0	0	0	1	0	1	0	0	0	0	0	0	0	0	0	0	0	0	1	0	1	0	0	0	0
3	1	1	1	0	1	0	1	1	1	1	1	1	1	1	1	1	1	1	0	1	0	1	1	1	1
0	0	0	0	1	0	1	0	0	0	0	0	0	0	0	0	0	0	0	1	0	1	0	0	0	0
0	0	0	0	1	0	1	0	0	0	0	0	0	0	0	0	0	0	0	1	0	1	0	0	0	0
2	0	0	0	1	0	1	0	0	0	0	0	0	0	0	0	0	0	0	1	0	1	0	0	0	0
2	0	0	0	1	0	1	0	0	0	0	0	0	0	0	0	0	0	0	1	0	1	0	0	0	0
0	0	0	0	1	0	1	0	0	0	0	0	0	0	0	0	0	0	0	1	0	1	0	0	0	0
0	0	0	0	1	0	1	0	0	0	0	0	0	0	0	0	0	0	0	1	0	1	0	0	0	0
0	0	0	0	1	0	1	0	0	0	0	0	0	0	0	0	0	0	0	1	0	1	0	0	0	0
0	0	0	0	1	0	1	0	0	0	0	0	0	0	0	0	0	0	0	1	0	1	0	0	0	0
2	0	0	0	1	0	1	0	0	0	0	0	0	0	0	0	0	0	0	1	0	1	0	0	0	0
2	0	0	0	1	0	1	0	0	0	0	0	0	0	0	0	0	0	0	1	0	1	0	0	0	0
0	0	0	0	1	0	1	0	0	0	0	0	0	0	0	0	0	0	0	1	0	1	0	0	0	0
0	0	0	0	1	0	1	0	0	0	0	0	0	0	0	0	0	0	0	1	0	1	0	0	0	0
3	1	1	1	0	1	0	1	1	1	1	1	1	1	1	1	1	1	1	0	1	0	1	1	1	1
4	0	0	0	1	0	1	0	0	0	0	0	0	0	0	0	0	0	0	1	0	1	0	0	0	0
1	1	1	1	0	1	0	1	1	1	1	1	1	1	1	1	1	1	1	0	1	0	1	1	1	1
0	0	0	0	1	0	1	0	0	0	0	0	0	0	0	0	0	0	0	1	0	1	0	0	0	0
0	0	0	0	1	0	1	0	0	0	0	0	0	0	0	0	0	0	0	1	0	1	0	0	0	0
4	0	0	0	1	0	1	0	0	0	0	0	0	0	0	0	0	0	0	1	0	1	0	0	0	0
2	0	0	0	1	0	1	0	0	0	0	0	0	0	0	0	0	0	0	1	0	1	0	0	0	0

② 2단계

(82) 94행, 119행, 144행, 169행은 24열까지 같다. 94행, 219행, 344행은 124열까지 같다. 94행은 125주기를 가진다. 각 행은 01100⋯, 10011⋯ 의 125주기 2개를 가진다.

① 1단계	② 2단계
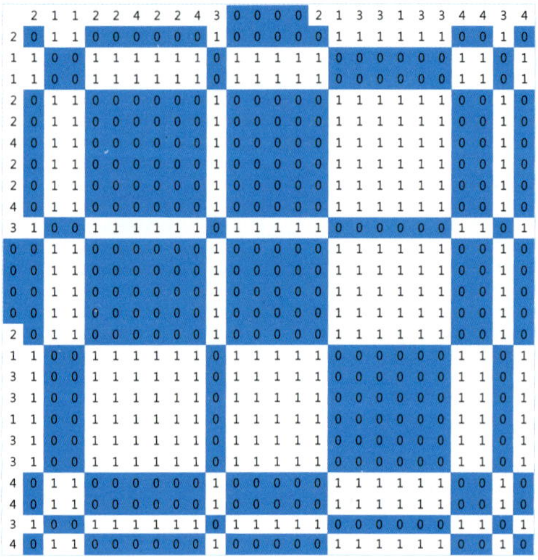	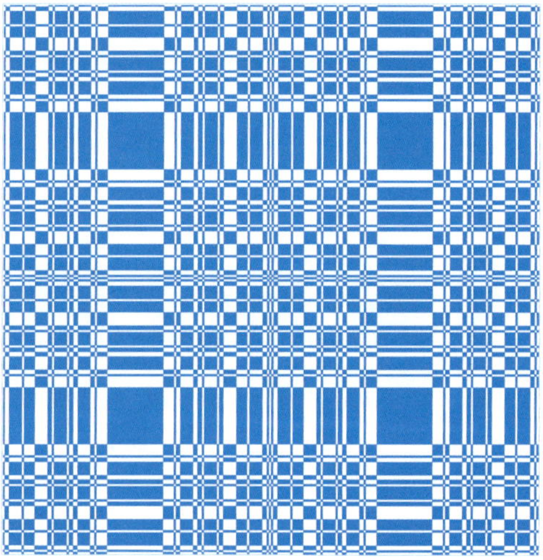

(83) 95행, 120행, 145행, 170행은 24열까지 같다. 95행, 220행, 345행은 124열까지 같다. 95행은 125주기를 가진다. 각 행은 01010⋯, 10101⋯ 의 125주기 2개를 가진다.

① 1단계	② 2단계
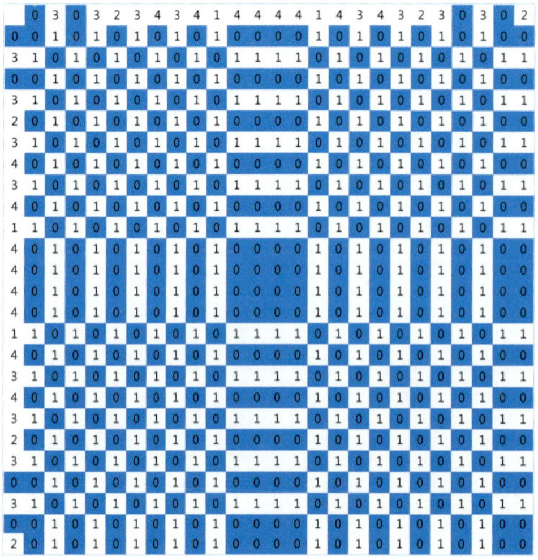	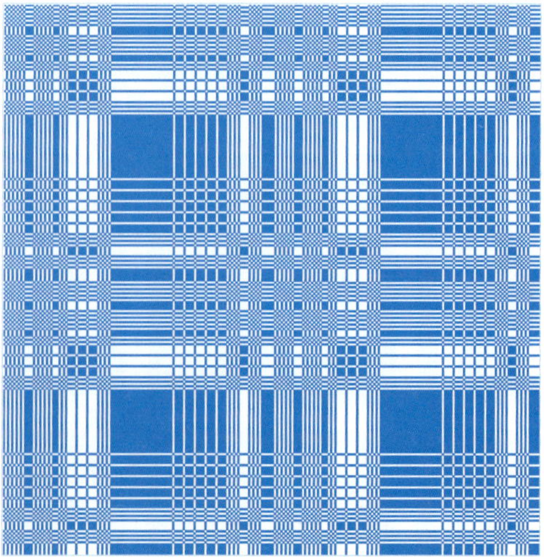

(84) 96행, 121행, 146행, 171행은 24열까지 같다. 96행, 221행, 346행은 124열까지 같다. 96행은 125주기를 가진다. 각 행은 00111…, 11000…의 125주기 2개를 가진다.

① 1단계	② 2단계
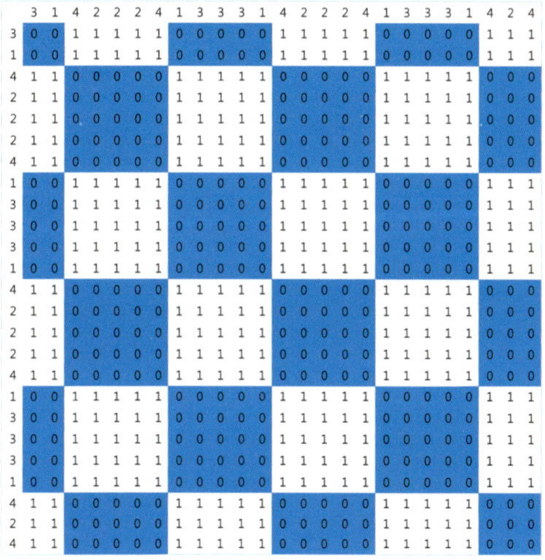	

(85) 97행, 122행, 147행, 172행은 24열까지 같다. 97행, 222행, 347행은 124열까지 같다. 97행은 125주기를 가진다. 각 행은 01101…와 10010…의 125주기 2개를 가진다.

① 1단계	② 2단계
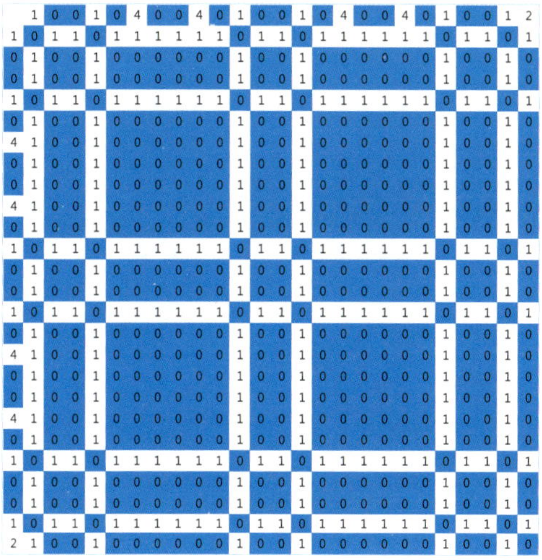	

(86) 98행, 123행, 148행, 173행은 24열까지 같다. 98행, 223행, 348행은 124열까지 같다. 98행은 125주기를 가진다. 각 행은 00010… 와 1101… 의 125주기 2개를 가진다.

① 1단계	② 2단계
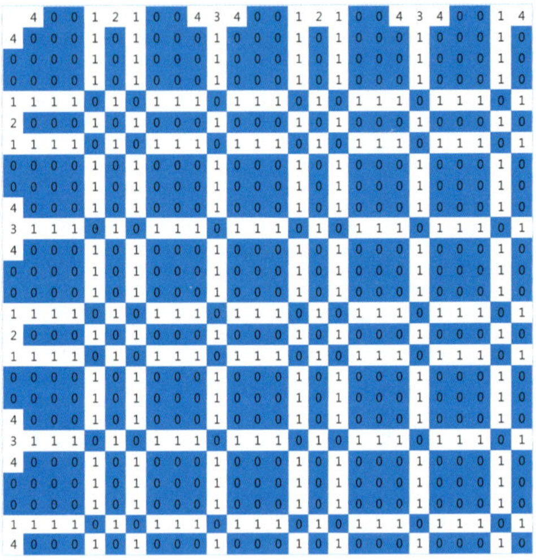	

(87) 99행, 124행, 149행, 174행은 24열까지 같다. 99행, 224행, 349행은 124열까지 같다. 99행은 125주기를 가진다. 각 행은 01100… 와 10011… 의 125주기 2개를 가진다.

① 1단계	② 2단계
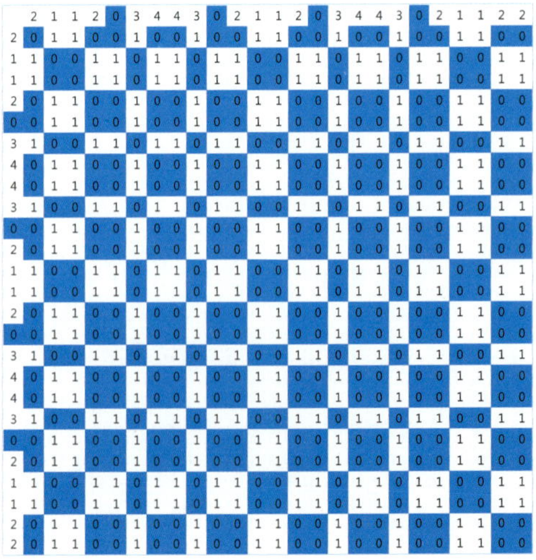	

(88) 99행, 124행, 149행, 174행은 24열까지 같다. 105행, 230행은 124열까지 같다. 105행은 125주기를 가진다. 각 행은 01011…와 10100…의 125주기 2개를 가진다.

① 1단계	② 2단계
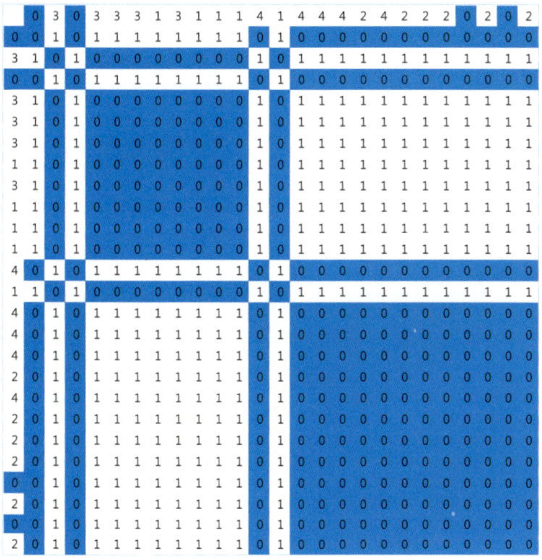	

(89) 107행, 132행, 157행, 182행은 24열까지 같다. 107행, 232행, 357행은 124열까지 같다. 107행은 125주기를 가진다. 각 행은 01100…와 10011…의 125주기 2개를 가진다.

① 1단계	② 2단계
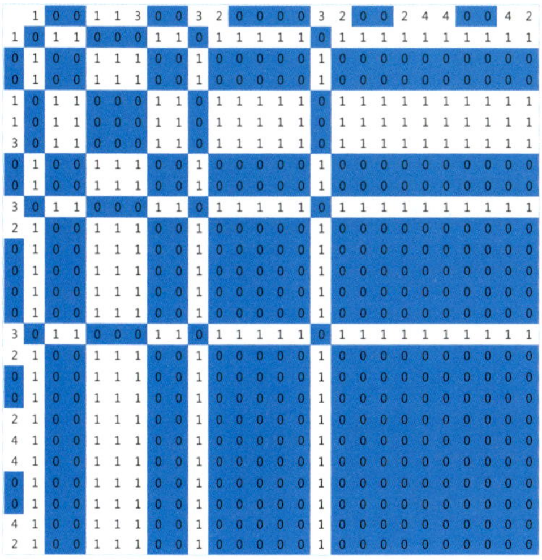	

(90) 108행, 133행, 158행, 183행은 24열까지 같다. 108행, 233행, 358행은 124열까지 같다. 108행은 125주기를 가진다. 각 행은 00011… 와 11100… 의 125주기 2개를 가진다.

① 1단계

	4	0	0	1	3	2	0	0	3	3	0	0	0	0	3	3	0	0	2	3	1	0	0	4	0
4	0	0	0	1	1	0	0	0	1	1	0	0	0	0	1	1	0	0	0	1	1	0	0	0	0
0	0	0	0	1	1	0	0	0	1	1	0	0	0	0	1	1	0	0	0	1	1	0	0	0	0
0	0	0	0	1	1	0	0	0	1	1	0	0	0	0	1	1	0	0	0	1	1	0	0	0	0
1	1	1	1	0	0	1	1	1	0	0	1	1	1	1	0	0	1	1	1	0	0	1	1	1	1
3	1	1	1	0	0	1	1	1	0	0	1	1	1	1	0	0	1	1	1	0	0	1	1	1	1
2	0	0	0	1	1	0	0	0	1	1	0	0	0	0	1	1	0	0	0	1	1	0	0	0	0
0	0	0	0	1	1	0	0	0	1	1	0	0	0	0	1	1	0	0	0	1	1	0	0	0	0
0	0	0	0	1	1	0	0	0	1	1	0	0	0	0	1	1	0	0	0	1	1	0	0	0	0
3	1	1	1	0	0	1	1	1	0	0	1	1	1	1	0	0	1	1	1	0	0	1	1	1	1
3	1	1	1	0	0	1	1	1	0	0	1	1	1	1	0	0	1	1	1	0	0	1	1	1	1
0	0	0	0	1	1	0	0	0	1	1	0	0	0	0	1	1	0	0	0	1	1	0	0	0	0
0	0	0	0	1	1	0	0	0	1	1	0	0	0	0	1	1	0	0	0	1	1	0	0	0	0
0	0	0	0	1	1	0	0	0	1	1	0	0	0	0	1	1	0	0	0	1	1	0	0	0	0
0	0	0	0	1	1	0	0	0	1	1	0	0	0	0	1	1	0	0	0	1	1	0	0	0	0
3	1	1	1	0	0	1	1	1	0	0	1	1	1	1	0	0	1	1	1	0	0	1	1	1	1
3	1	1	1	0	0	1	1	1	0	0	1	1	1	1	0	0	1	1	1	0	0	1	1	1	1
0	0	0	0	1	1	0	0	0	1	1	0	0	0	0	1	1	0	0	0	1	1	0	0	0	0
0	0	0	0	1	1	0	0	0	1	1	0	0	0	0	1	1	0	0	0	1	1	0	0	0	0
2	0	0	0	1	1	0	0	0	1	1	0	0	0	0	1	1	0	0	0	1	1	0	0	0	0
3	1	1	1	0	0	1	1	1	0	0	1	1	1	1	0	0	1	1	1	0	0	1	1	1	1
1	1	1	1	0	0	1	1	1	0	0	1	1	1	1	0	0	1	1	1	0	0	1	1	1	1
0	0	0	0	1	1	0	0	0	1	1	0	0	0	0	1	1	0	0	0	1	1	0	0	0	0
0	0	0	0	1	1	0	0	0	1	1	0	0	0	0	1	1	0	0	0	1	1	0	0	0	0
4	0	0	0	1	1	0	0	0	1	1	0	0	0	0	1	1	0	0	0	1	1	0	0	0	0
0	0	0	0	1	1	0	0	0	1	1	0	0	0	0	1	1	0	0	0	1	1	0	0	0	0

② 2단계

(91) 109행, 134행, 159행, 184행은 24열까지 같다. 109행, 234행, 359행은 124열까지 같다. 109행은 125주기를 가진다. 각 행은 01101… 와 10010… 의 125주기 2개를 가진다.

① 1단계

	2	1	1	2	1	1	3	3	1	2	0	0	0	0	3	4	2	2	4	4	3	4	4	3	2
2	0	1	1	0	1	1	1	1	1	0	0	0	0	0	1	0	0	0	0	0	1	0	0	1	0
1	1	0	0	1	0	0	0	0	0	1	1	1	1	1	0	1	1	1	1	1	0	1	1	0	1
1	1	0	0	1	0	0	0	0	0	1	1	1	1	1	0	1	1	1	1	1	0	1	1	0	1
2	0	1	1	0	1	1	1	1	1	0	0	0	0	0	1	0	0	0	0	0	1	0	0	1	0
1	1	0	0	1	0	0	0	0	0	1	1	1	1	1	0	1	1	1	1	1	0	1	1	0	1
1	1	0	0	1	0	0	0	0	0	1	1	1	1	1	0	1	1	1	1	1	0	1	1	0	1
3	1	0	0	1	0	0	0	0	0	1	1	1	1	1	0	1	1	1	1	1	0	1	1	0	1
3	1	0	0	1	0	0	0	0	0	1	1	1	1	1	0	1	1	1	1	1	0	1	1	0	1
1	1	0	0	1	0	0	0	0	0	1	1	1	1	1	0	1	1	1	1	1	0	1	1	0	1
2	0	1	1	0	1	1	1	1	1	0	0	0	0	0	1	0	0	0	0	0	1	0	0	1	0
0	0	1	1	0	1	1	1	1	1	0	0	0	0	0	1	0	0	0	0	0	1	0	0	1	0
0	0	1	1	0	1	1	1	1	1	0	0	0	0	0	1	0	0	0	0	0	1	0	0	1	0
0	0	1	1	0	1	1	1	1	1	0	0	0	0	0	1	0	0	0	0	0	1	0	0	1	0
0	0	1	1	0	1	1	1	1	1	0	0	0	0	0	1	0	0	0	0	0	1	0	0	1	0
3	1	0	0	1	0	0	0	0	0	1	1	1	1	1	0	1	1	1	1	1	0	1	1	0	1
4	0	1	1	0	1	1	1	1	1	0	0	0	0	0	1	0	0	0	0	0	1	0	0	1	0
2	0	1	1	0	1	1	1	1	1	0	0	0	0	0	1	0	0	0	0	0	1	0	0	1	0
2	0	1	1	0	1	1	1	1	1	0	0	0	0	0	1	0	0	0	0	0	1	0	0	1	0
4	0	1	1	0	1	1	1	1	1	0	0	0	0	0	1	0	0	0	0	0	1	0	0	1	0
4	0	1	1	0	1	1	1	1	1	0	0	0	0	0	1	0	0	0	0	0	1	0	0	1	0
3	1	0	0	1	0	0	0	0	0	1	1	1	1	1	0	1	1	1	1	1	0	1	1	0	1
4	0	1	1	0	1	1	1	1	1	0	0	0	0	0	1	0	0	0	0	0	1	0	0	1	0
4	0	1	1	0	1	1	1	1	1	0	0	0	0	0	1	0	0	0	0	0	1	0	0	1	0
3	1	0	0	1	0	0	0	0	0	1	1	1	1	1	0	1	1	1	1	1	0	1	1	0	1
2	0	1	1	0	1	1	1	1	1	0	0	0	0	0	1	0	0	0	0	0	1	0	0	1	0

② 2단계

(92) 110행, 135행, 160행, 185행은 24열까지 같다. 110행, 235행은 124열까지 같다. 110행은 125주기를 가진다. 01011… 와 10100… 의 125주기 2개를 가진다.

① 1단계

	0	3	0	3	1	3	2	3	2	0	2	2	2	2	0	2	3	2	3	1	3	0	3	0	0
0	0	1	0	1	1	1	0	1	0	0	0	0	0	0	0	0	1	0	1	1	1	0	1	0	0
3	1	0	1	0	0	0	1	0	1	1	1	1	1	1	1	1	0	1	0	0	0	1	0	1	1
0	0	1	0	1	1	1	0	1	0	0	0	0	0	0	0	0	1	0	1	1	1	0	1	0	0
3	1	0	1	0	0	0	1	0	1	1	1	1	1	1	1	1	0	1	0	0	0	1	0	1	1
1	1	0	1	0	0	0	1	0	1	1	1	1	1	1	1	1	0	1	0	0	0	1	0	1	1
3	1	0	1	0	0	0	1	0	1	1	1	1	1	1	1	1	0	1	0	0	0	1	0	1	1
2	0	1	0	1	1	1	0	1	0	0	0	0	0	0	0	0	1	0	1	1	1	0	1	0	0
3	1	0	1	0	0	0	1	0	1	1	1	1	1	1	1	1	0	1	0	0	0	1	0	1	1
2	0	1	0	1	1	1	0	1	0	0	0	0	0	0	0	0	1	0	1	1	1	0	1	0	0
0	0	1	0	1	1	1	0	1	0	0	0	0	0	0	0	0	1	0	1	1	1	0	1	0	0
2	0	1	0	1	1	1	0	1	0	0	0	0	0	0	0	0	1	0	1	1	1	0	1	0	0
2	0	1	0	1	1	1	0	1	0	0	0	0	0	0	0	0	1	0	1	1	1	0	1	0	0
2	0	1	0	1	1	1	0	1	0	0	0	0	0	0	0	0	1	0	1	1	1	0	1	0	0
2	0	1	0	1	1	1	0	1	0	0	0	0	0	0	0	0	1	0	1	1	1	0	1	0	0
0	0	1	0	1	1	1	0	1	0	0	0	0	0	0	0	0	1	0	1	1	1	0	1	0	0
2	0	1	0	1	1	1	0	1	0	0	0	0	0	0	0	0	1	0	1	1	1	0	1	0	0
3	1	0	1	0	0	0	1	0	1	1	1	1	1	1	1	1	0	1	0	0	0	1	0	1	1
2	0	1	0	1	1	1	0	1	0	0	0	0	0	0	0	0	1	0	1	1	1	0	1	0	0
3	1	0	1	0	0	0	1	0	1	1	1	1	1	1	1	1	0	1	0	0	0	1	0	1	1
1	1	0	1	0	0	0	1	0	1	1	1	1	1	1	1	1	0	1	0	0	0	1	0	1	1
3	1	0	1	0	0	0	1	0	1	1	1	1	1	1	1	1	0	1	0	0	0	1	0	1	1
0	0	1	0	1	1	1	0	1	0	0	0	0	0	0	0	0	1	0	1	1	1	0	1	0	0
3	1	0	1	0	0	0	1	0	1	1	1	1	1	1	1	1	0	1	0	0	0	1	0	1	1
0	0	1	0	1	1	1	0	1	0	0	0	0	0	0	0	0	1	0	1	1	1	0	1	0	0
0	0	1	0	1	1	1	0	1	0	0	0	0	0	0	0	0	1	0	1	1	1	0	1	0	0

② 2단계

(93) 111행, 136행, 161행, 186행은 24열까지 같다. 111행, 236행은 124열까지 같다. 111행은 125주기를 가진다. 각 행은 00110… 와 11001… 의 125주기 2개를 가진다.

① 1단계

	3	1	4	2	1	0	0	0	0	2	4	3	2	1	3	0	0	0	0	4	3	1	4	2	2
3	0	0	1	1	0	1	1	1	1	1	1	0	1	0	0	1	1	1	1	1	0	0	1	1	1
1	0	0	1	1	0	1	1	1	1	1	1	0	1	0	0	1	1	1	1	1	0	0	1	1	1
4	1	1	0	0	1	0	0	0	0	0	0	1	0	1	1	0	0	0	0	0	1	1	0	0	0
2	1	1	0	0	1	0	0	0	0	0	0	1	0	1	1	0	0	0	0	0	1	1	0	0	0
1	0	0	1	1	0	1	1	1	1	1	1	0	1	0	0	1	1	1	1	1	0	0	1	1	1
0	1	1	0	0	1	0	0	0	0	0	0	1	0	1	1	0	0	0	0	0	1	1	0	0	0
0	1	1	0	0	1	0	0	0	0	0	0	1	0	1	1	0	0	0	0	0	1	1	0	0	0
0	1	1	0	0	1	0	0	0	0	0	0	1	0	1	1	0	0	0	0	0	1	1	0	0	0
0	1	1	0	0	1	0	0	0	0	0	0	1	0	1	1	0	0	0	0	0	1	1	0	0	0
2	1	1	0	0	1	0	0	0	0	0	0	1	0	1	1	0	0	0	0	0	1	1	0	0	0
4	1	1	0	0	1	0	0	0	0	0	0	1	0	1	1	0	0	0	0	0	1	1	0	0	0
3	0	0	1	1	0	1	1	1	1	1	1	0	1	0	0	1	1	1	1	1	0	0	1	1	1
2	1	1	0	0	1	0	0	0	0	0	0	1	0	1	1	0	0	0	0	0	1	1	0	0	0
1	0	0	1	1	0	1	1	1	1	1	1	0	1	0	0	1	1	1	1	1	0	0	1	1	1
3	0	0	1	1	0	1	1	1	1	1	1	0	1	0	0	1	1	1	1	1	0	0	1	1	1
0	1	1	0	0	1	0	0	0	0	0	0	1	0	1	1	0	0	0	0	0	1	1	0	0	0
0	1	1	0	0	1	0	0	0	0	0	0	1	0	1	1	0	0	0	0	0	1	1	0	0	0
0	1	1	0	0	1	0	0	0	0	0	0	1	0	1	1	0	0	0	0	0	1	1	0	0	0
0	1	1	0	0	1	0	0	0	0	0	0	1	0	1	1	0	0	0	0	0	1	1	0	0	0
4	1	1	0	0	1	0	0	0	0	0	0	1	0	1	1	0	0	0	0	0	1	1	0	0	0
3	0	0	1	1	0	1	1	1	1	1	1	0	1	0	0	1	1	1	1	1	0	0	1	1	1
1	0	0	1	1	0	1	1	1	1	1	1	0	1	0	0	1	1	1	1	1	0	0	1	1	1
4	1	1	0	0	1	0	0	0	0	0	0	1	0	1	1	0	0	0	0	0	1	1	0	0	0
2	1	1	0	0	1	0	0	0	0	0	0	1	0	1	1	0	0	0	0	0	1	1	0	0	0
2	1	1	0	0	1	0	0	0	0	0	0	1	0	1	1	0	0	0	0	0	1	1	0	0	0

② 2단계

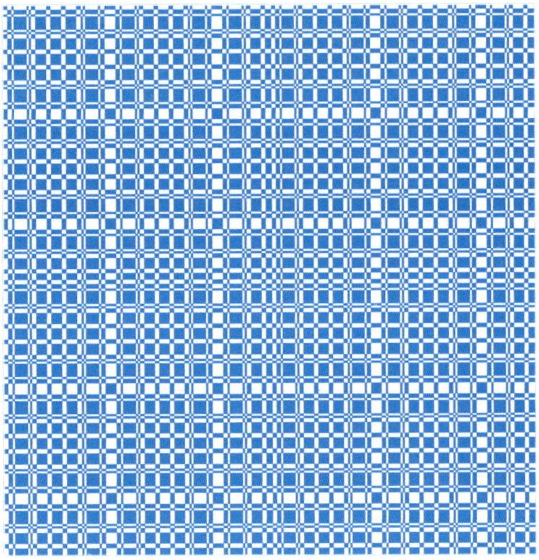

(94) 112행, 137행, 162행, 187행은 24열까지 같다. 112행, 237행은 124열까지 같다. 112행은 125주기를 가진다. 각 행은 01101… 와 10010… 의 125주기 2개를 가진다.

① 1단계	② 2단계
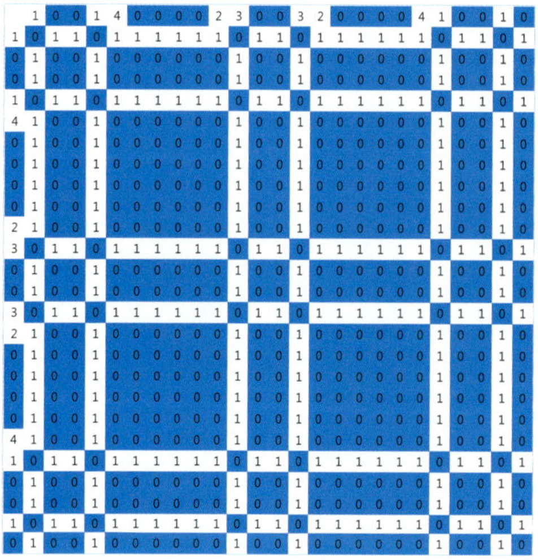	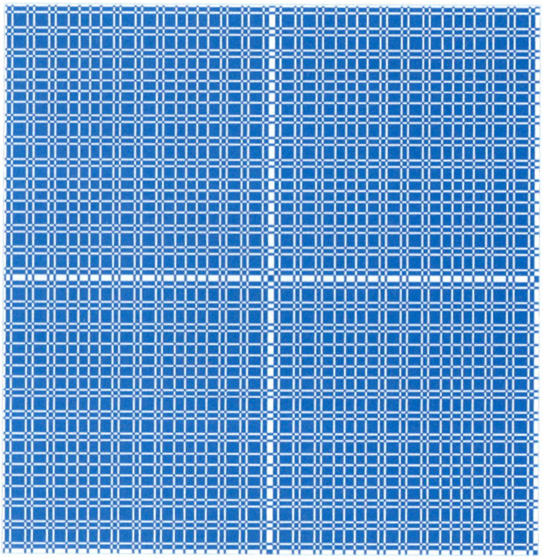

(95) 113행, 138행, 163행, 188행은 24열까지 같다. 113행, 238행은 124열까지 같다. 113행은 125주기를 가진다. 각 행은 00011… 와 11100… 의 125주기 2개를 가진다.

① 1단계	② 2단계
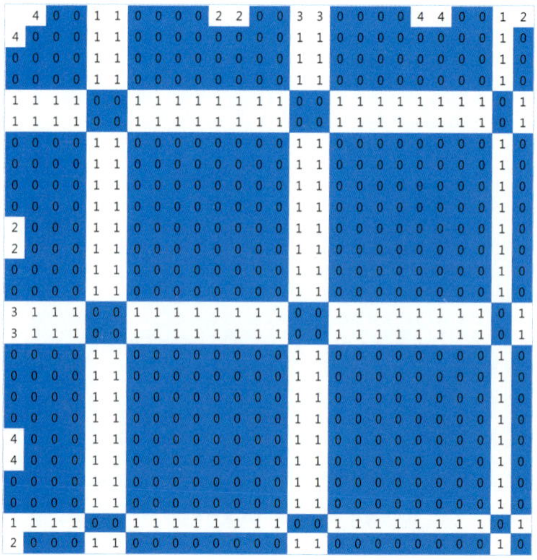	

(96) 114행, 139행, 164행, 189행은 24열까지 같다. 114행, 239행은 124열까지 같다. 114행은 125주기를 가진다. 각 행은 01100⋯와 10011⋯의 125주기 2개를 가진다.

① 1단계	② 2단계
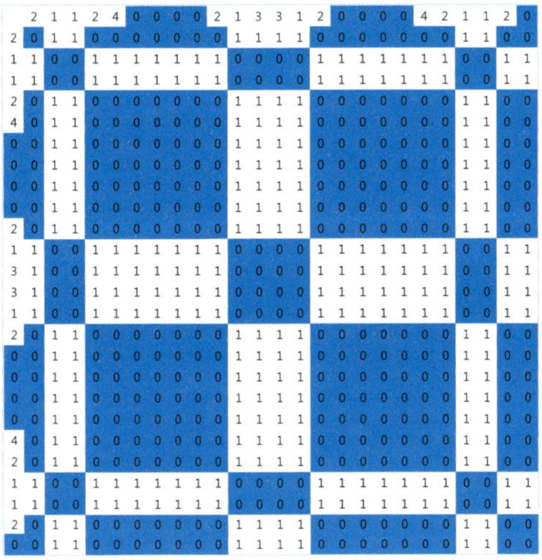	

(97) 115행, 140행, 165행, 190행은 24열까지 같다. 115행, 240행은 124열까지 같다. 115행은 125주기를 가진다. 각 행은 01010⋯와 10101⋯의 125주기 2개를 가진다.

① 1단계	② 2단계
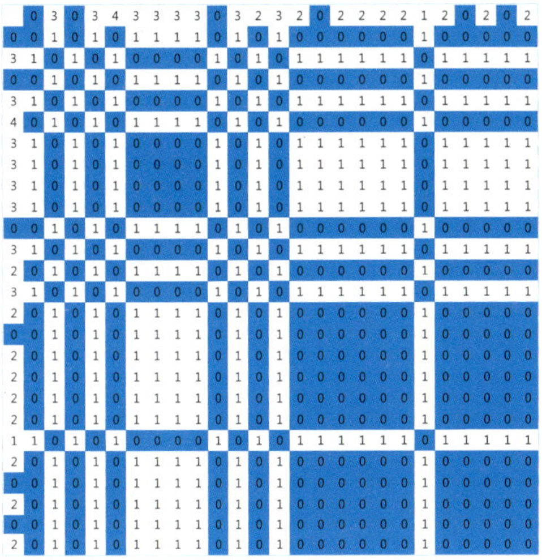	

(98) 116행, 141행, 166행, 191행은 24열까지 같다. 116행, 241행은 124열까지 같다. 116행은 125주기를 가진다. 각 행은 00111··· 와 11000··· 의 125주기 2개를 가진다.

① 1단계

	3	1	4	2	4	1	2	3	4	2	0	0	0	0	2	4	3	2	1	4	2	4	1	3	0
3	0	0	1	1	1	0	1	0	1	1	1	1	1	1	1	1	0	1	0	1	1	1	0	0	1
1	0	0	1	1	1	0	1	0	1	1	1	1	1	1	1	1	0	1	0	1	1	1	0	0	1
4	1	1	0	0	0	1	0	1	0	0	0	0	0	0	0	0	1	0	1	0	0	0	1	1	0
2	1	1	0	0	0	1	0	1	0	0	0	0	0	0	0	0	1	0	1	0	0	0	1	1	0
4	1	1	0	0	0	1	0	1	0	0	0	0	0	0	0	0	1	0	1	0	0	0	1	1	0
1	0	0	1	1	1	0	1	0	1	1	1	1	1	1	1	1	0	1	0	1	1	1	0	0	1
2	1	1	0	0	0	1	0	1	0	0	0	0	0	0	0	0	1	0	1	0	0	0	1	1	0
3	0	0	1	1	1	0	1	0	1	1	1	1	1	1	1	1	0	1	0	1	1	1	0	0	1
4	1	1	0	0	0	1	0	1	0	0	0	0	0	0	0	0	1	0	1	0	0	0	1	1	0
2	1	1	0	0	0	1	0	1	0	0	0	0	0	0	0	0	1	0	1	0	0	0	1	1	0
0	1	1	0	0	0	1	0	1	0	0	0	0	0	0	0	0	1	0	1	0	0	0	1	1	0
0	1	1	0	0	0	1	0	1	0	0	0	0	0	0	0	0	1	0	1	0	0	0	1	1	0
0	1	1	0	0	0	1	0	1	0	0	0	0	0	0	0	0	1	0	1	0	0	0	1	1	0
0	1	1	0	0	0	1	0	1	0	0	0	0	0	0	0	0	1	0	1	0	0	0	1	1	0
2	1	1	0	0	0	1	0	1	0	0	0	0	0	0	0	0	1	0	1	0	0	0	1	1	0
4	1	1	0	0	0	1	0	1	0	0	0	0	0	0	0	0	1	0	1	0	0	0	1	1	0
3	0	0	1	1	1	0	1	0	1	1	1	1	1	1	1	1	0	1	0	1	1	1	0	0	1
2	1	1	0	0	0	1	0	1	0	0	0	0	0	0	0	0	1	0	1	0	0	0	1	1	0
1	0	0	1	1	1	0	1	0	1	1	1	1	1	1	1	1	0	1	0	1	1	1	0	0	1
4	1	1	0	0	0	1	0	1	0	0	0	0	0	0	0	0	1	0	1	0	0	0	1	1	0
2	1	1	0	0	0	1	0	1	0	0	0	0	0	0	0	0	1	0	1	0	0	0	1	1	0
4	1	1	0	0	0	1	0	1	0	0	0	0	0	0	0	0	1	0	1	0	0	0	1	1	0
1	0	0	1	1	1	0	1	0	1	1	1	1	1	1	1	1	0	1	0	1	1	1	0	0	1
3	0	0	1	1	1	0	1	0	1	1	1	1	1	1	1	1	0	1	0	1	1	1	0	0	1
0	1	1	0	0	0	1	0	1	0	0	0	0	0	0	0	0	1	0	1	0	0	0	1	1	0

② 2단계

(99) 118행, 143행, 168행, 193행은 24열까지 같다. 118행, 243행은 124열까지 같다. 118행은 125주기를 가진다. 각 행은 00010··· 와 11101··· 의 125주기 2개를 가진다.

① 1단계

	4	0	0	1	4	3	0	0	2	2	0	0	0	0	2	2	0	0	3	4	1	0	0	4	0
4	0	0	0	1	0	1	0	0	0	0	0	0	0	0	0	0	0	0	1	0	1	0	0	0	0
0	0	0	0	1	0	1	0	0	0	0	0	0	0	0	0	0	0	0	1	0	1	0	0	0	0
0	0	0	0	1	0	1	0	0	0	0	0	0	0	0	0	0	0	0	1	0	1	0	0	0	0
1	1	1	1	0	1	0	1	1	1	1	1	1	1	1	1	1	1	1	0	1	0	1	1	1	1
4	0	0	0	1	0	1	0	0	0	0	0	0	0	0	0	0	0	0	1	0	1	0	0	0	0
3	1	1	1	0	1	0	1	1	1	1	1	1	1	1	1	1	1	1	0	1	0	1	1	1	1
0	0	0	0	1	0	1	0	0	0	0	0	0	0	0	0	0	0	0	1	0	1	0	0	0	0
0	0	0	0	1	0	1	0	0	0	0	0	0	0	0	0	0	0	0	1	0	1	0	0	0	0
2	0	0	0	1	0	1	0	0	0	0	0	0	0	0	0	0	0	0	1	0	1	0	0	0	0
2	0	0	0	1	0	1	0	0	0	0	0	0	0	0	0	0	0	0	1	0	1	0	0	0	0
0	0	0	0	1	0	1	0	0	0	0	0	0	0	0	0	0	0	0	1	0	1	0	0	0	0
0	0	0	0	1	0	1	0	0	0	0	0	0	0	0	0	0	0	0	1	0	1	0	0	0	0
0	0	0	0	1	0	1	0	0	0	0	0	0	0	0	0	0	0	0	1	0	1	0	0	0	0
0	0	0	0	1	0	1	0	0	0	0	0	0	0	0	0	0	0	0	1	0	1	0	0	0	0
2	0	0	0	1	0	1	0	0	0	0	0	0	0	0	0	0	0	0	1	0	1	0	0	0	0
2	0	0	0	1	0	1	0	0	0	0	0	0	0	0	0	0	0	0	1	0	1	0	0	0	0
0	0	0	0	1	0	1	0	0	0	0	0	0	0	0	0	0	0	0	1	0	1	0	0	0	0
0	0	0	0	1	0	1	0	0	0	0	0	0	0	0	0	0	0	0	1	0	1	0	0	0	0
3	1	1	1	0	1	0	1	1	1	1	1	1	1	1	1	1	1	1	0	1	0	1	1	1	1
4	0	0	0	1	0	1	0	0	0	0	0	0	0	0	0	0	0	0	1	0	1	0	0	0	0
1	1	1	1	0	1	0	1	1	1	1	1	1	1	1	1	1	1	1	0	1	0	1	1	1	1
0	0	0	0	1	0	1	0	0	0	0	0	0	0	0	0	0	0	0	1	0	1	0	0	0	0
0	0	0	0	1	0	1	0	0	0	0	0	0	0	0	0	0	0	0	1	0	1	0	0	0	0
4	0	0	0	1	0	1	0	0	0	0	0	0	0	0	0	0	0	0	1	0	1	0	0	0	0
0	0	0	0	1	0	1	0	0	0	0	0	0	0	0	0	0	0	0	1	0	1	0	0	0	0

② 2단계

(100) 119행, 144행, 169행, 194행은 24열까지 같다. 119행, 244행은 124열까지 같다. 119행은 125주기를 가진다. 각 행은 01100··· 와 10011··· 의 125주기 2개를 가진다.

① 1단계

	2	1	1	2	2	4	2	2	4	3	0	0	0	0	2	1	3	3	1	3	3	4	4	3	2
2	0	1	1	0	0	0	0	0	0	1	0	0	0	0	0	1	1	1	1	1	1	0	0	1	0
1	1	0	0	1	1	1	1	1	1	0	1	1	1	1	1	0	0	0	0	0	0	1	1	0	1
1	1	0	0	1	1	1	1	1	1	0	1	1	1	1	1	0	0	0	0	0	0	1	1	0	1
2	0	1	1	0	0	0	0	0	0	1	0	0	0	0	0	1	1	1	1	1	1	0	0	1	0
2	0	1	1	0	0	0	0	0	0	1	0	0	0	0	0	1	1	1	1	1	1	0	0	1	0
4	0	1	1	0	0	0	0	0	0	1	0	0	0	0	0	1	1	1	1	1	1	0	0	1	0
2	0	1	1	0	0	0	0	0	0	1	0	0	0	0	0	1	1	1	1	1	1	0	0	1	0
2	0	1	1	0	0	0	0	0	0	1	0	0	0	0	0	1	1	1	1	1	1	0	0	1	0
4	0	1	1	0	0	0	0	0	0	1	0	0	0	0	0	1	1	1	1	1	1	0	0	1	0
3	1	0	0	1	1	1	1	1	1	0	1	1	1	1	1	0	0	0	0	0	0	1	1	0	1
0	0	1	1	0	0	0	0	0	0	1	0	0	0	0	0	1	1	1	1	1	1	0	0	1	0
0	0	1	1	0	0	0	0	0	0	1	0	0	0	0	0	1	1	1	1	1	1	0	0	1	0
0	0	1	1	0	0	0	0	0	0	1	0	0	0	0	0	1	1	1	1	1	1	0	0	1	0
0	0	1	1	0	0	0	0	0	0	1	0	0	0	0	0	1	1	1	1	1	1	0	0	1	0
2	0	1	1	0	0	0	0	0	0	1	0	0	0	0	0	1	1	1	1	1	1	0	0	1	0
1	1	0	0	1	1	1	1	1	1	0	1	1	1	1	1	0	0	0	0	0	0	1	1	0	1
3	1	0	0	1	1	1	1	1	1	0	1	1	1	1	1	0	0	0	0	0	0	1	1	0	1
3	1	0	0	1	1	1	1	1	1	0	1	1	1	1	1	0	0	0	0	0	0	1	1	0	1
1	1	0	0	1	1	1	1	1	1	0	1	1	1	1	1	0	0	0	0	0	0	1	1	0	1
3	1	0	0	1	1	1	1	1	1	0	1	1	1	1	1	0	0	0	0	0	0	1	1	0	1
3	1	0	0	1	1	1	1	1	1	0	1	1	1	1	1	0	0	0	0	0	0	1	1	0	1
4	0	1	1	0	0	0	0	0	0	1	0	0	0	0	0	1	1	1	1	1	1	0	0	1	0
4	0	1	1	0	0	0	0	0	0	1	0	0	0	0	0	1	1	1	1	1	1	0	0	1	0
3	1	0	0	1	1	1	1	1	1	0	1	1	1	1	1	0	0	0	0	0	0	1	1	0	1
2	0	1	1	0	0	0	0	0	0	1	0	0	0	0	0	1	1	1	1	1	1	0	0	1	0

② 2단계

(101) 121행, 146행, 171행, 196행은 24열까지 같다. 121행, 246행은 124열까지 같다. 121행은 125주기를 가진다. 각 행은 01110··· 와 10011··· 의 125주기 2개를 가진다.

① 1단계

	2	1	1	2	2	4	2	2	4	3	0	0	0	0	2	1	3	3	1	3	3	4	4	3	2
2	0	1	1	0	0	0	0	0	0	1	0	0	0	0	0	1	1	1	1	1	1	0	0	1	0
1	1	0	0	1	1	1	1	1	1	0	1	1	1	1	1	0	0	0	0	0	0	1	1	0	1
1	1	0	0	1	1	1	1	1	1	0	1	1	1	1	1	0	0	0	0	0	0	1	1	0	1
2	0	1	1	0	0	0	0	0	0	1	0	0	0	0	0	1	1	1	1	1	1	0	0	1	0
2	0	1	1	0	0	0	0	0	0	1	0	0	0	0	0	1	1	1	1	1	1	0	0	1	0
4	0	1	1	0	0	0	0	0	0	1	0	0	0	0	0	1	1	1	1	1	1	0	0	1	0
2	0	1	1	0	0	0	0	0	0	1	0	0	0	0	0	1	1	1	1	1	1	0	0	1	0
2	0	1	1	0	0	0	0	0	0	1	0	0	0	0	0	1	1	1	1	1	1	0	0	1	0
4	0	1	1	0	0	0	0	0	0	1	0	0	0	0	0	1	1	1	1	1	1	0	0	1	0
3	1	0	0	1	1	1	1	1	1	0	1	1	1	1	1	0	0	0	0	0	0	1	1	0	1
0	0	1	1	0	0	0	0	0	0	1	0	0	0	0	0	1	1	1	1	1	1	0	0	1	0
0	0	1	1	0	0	0	0	0	0	1	0	0	0	0	0	1	1	1	1	1	1	0	0	1	0
0	0	1	1	0	0	0	0	0	0	1	0	0	0	0	0	1	1	1	1	1	1	0	0	1	0
0	0	1	1	0	0	0	0	0	0	1	0	0	0	0	0	1	1	1	1	1	1	0	0	1	0
2	0	1	1	0	0	0	0	0	0	1	0	0	0	0	0	1	1	1	1	1	1	0	0	1	0
1	1	0	0	1	1	1	1	1	1	0	1	1	1	1	1	0	0	0	0	0	0	1	1	0	1
3	1	0	0	1	1	1	1	1	1	0	1	1	1	1	1	0	0	0	0	0	0	1	1	0	1
3	1	0	0	1	1	1	1	1	1	0	1	1	1	1	1	0	0	0	0	0	0	1	1	0	1
1	1	0	0	1	1	1	1	1	1	0	1	1	1	1	1	0	0	0	0	0	0	1	1	0	1
3	1	0	0	1	1	1	1	1	1	0	1	1	1	1	1	0	0	0	0	0	0	1	1	0	1
3	1	0	0	1	1	1	1	1	1	0	1	1	1	1	1	0	0	0	0	0	0	1	1	0	1
4	0	1	1	0	0	0	0	0	0	1	0	0	0	0	0	1	1	1	1	1	1	0	0	1	0
4	0	1	1	0	0	0	0	0	0	1	0	0	0	0	0	1	1	1	1	1	1	0	0	1	0
3	1	0	0	1	1	1	1	1	1	0	1	1	1	1	1	0	0	0	0	0	0	1	1	0	1
2	0	1	1	0	0	0	0	0	0	1	0	0	0	0	0	1	1	1	1	1	1	0	0	1	0

② 2단계

2. 두 수의 덧셈을 3으로 나누는 디자인

4쪽, 5쪽에 있는 각 행에서 두 수의 덧셈을 구한 후 3으로 나눈 디자인이다.

(1) 5행은 03033 31311 14144 42422 20200 반복이다. 각 행은 000000…, 111111…, 222222… 의 25주기 3개를 가진다.

① 1단계	② 2단계
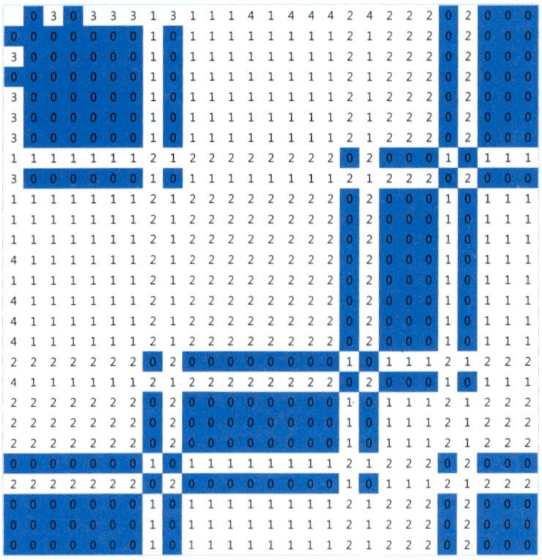	

(2) 6행은 31423 43213 00003 12343 24133의 반복이다. 301120…, 11220…, 200120… 의 25주기 3개를 가진다.

① 1단계	② 2단계
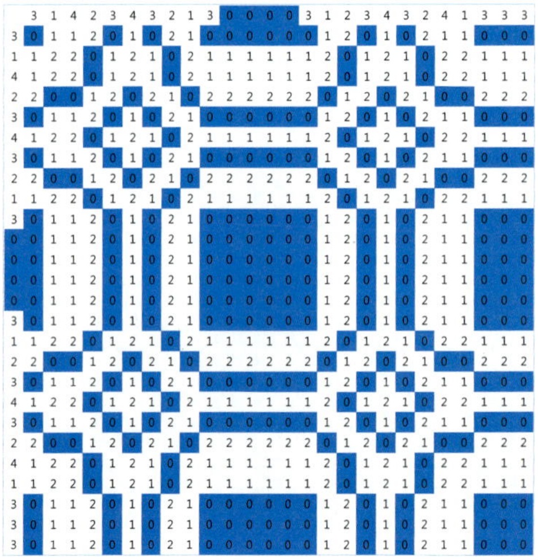	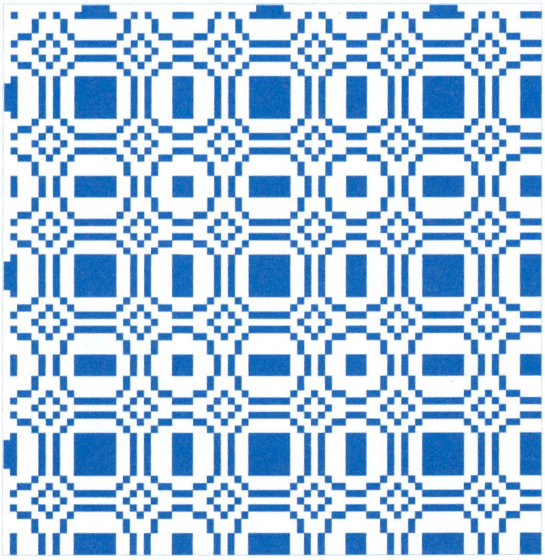

(3) 7행은 10011 30032 00003 20024 40040의 반복이다. 각 행은 21122…, 10011…, 02200…의 25주기 3개를 가진다.

① 1단계

	1	0	0	1	1	3	0	0	3	2	0	0	0	0	3	2	0	0	2	4	4	0	0	4	0	1
1	2	1	1	2	2	1	1	1	1	0	1	1	1	1	1	0	1	1	0	2	2	1	1	2	1	2
0	1	0	0	1	1	0	0	0	0	2	0	0	0	0	0	2	0	0	2	1	1	0	0	1	0	1
0	1	0	0	1	1	0	0	0	0	2	0	0	0	0	0	2	0	0	2	1	1	0	0	1	0	1
1	2	1	1	2	2	1	1	1	1	0	1	1	1	1	1	0	1	1	0	2	2	1	1	2	1	2
1	2	1	1	2	2	1	1	1	1	0	1	1	1	1	1	0	1	1	0	2	2	1	1	2	1	2
3	1	0	0	1	1	0	0	0	0	2	0	0	0	0	0	2	0	0	2	1	1	0	0	1	0	1
0	1	0	0	1	1	0	0	0	0	2	0	0	0	0	0	2	0	0	2	1	1	0	0	1	0	1
0	1	0	0	1	1	0	0	0	0	2	0	0	0	0	0	2	0	0	2	1	1	0	0	1	0	1
3	1	0	0	1	1	0	0	0	0	2	0	0	0	0	0	2	0	0	2	1	1	0	0	1	0	1
2	0	2	2	0	0	2	2	2	2	1	2	2	2	2	2	1	2	2	1	0	0	2	2	0	2	0
0	1	0	0	1	1	0	0	0	0	2	0	0	0	0	0	2	0	0	2	1	1	0	0	1	0	1
0	1	0	0	1	1	0	0	0	0	2	0	0	0	0	0	2	0	0	2	1	1	0	0	1	0	1
0	1	0	0	1	1	0	0	0	0	2	0	0	0	0	0	2	0	0	2	1	1	0	0	1	0	1
0	1	0	0	1	1	0	0	0	0	2	0	0	0	0	0	2	0	0	2	1	1	0	0	1	0	1
3	1	0	0	1	1	0	0	0	0	2	0	0	0	0	0	2	0	0	2	1	1	0	0	1	0	1
2	0	2	2	0	0	2	2	2	2	1	2	2	2	2	2	1	2	2	1	0	0	2	2	0	2	0
0	1	0	0	1	1	0	0	0	0	2	0	0	0	0	0	2	0	0	2	1	1	0	0	1	0	1
0	1	0	0	1	1	0	0	0	0	2	0	0	0	0	0	2	0	0	2	1	1	0	0	1	0	1
2	0	2	2	0	0	2	2	2	2	1	2	2	2	2	2	1	2	2	1	0	0	2	2	0	2	0
4	2	1	1	2	2	1	1	1	1	0	1	1	1	1	1	0	1	1	0	2	2	1	1	2	1	2
4	2	1	1	2	2	1	1	1	1	0	1	1	1	1	1	0	1	1	0	2	2	1	1	2	1	2
0	1	0	0	1	1	0	0	0	0	2	0	0	0	0	0	2	0	0	2	1	1	0	0	1	0	1
0	1	0	0	1	1	0	0	0	0	2	0	0	0	0	0	2	0	0	2	1	1	0	0	1	0	1
4	2	1	1	2	2	1	1	1	1	0	1	1	1	1	1	0	1	1	0	2	2	1	1	2	1	2
0	1	0	0	1	1	0	0	0	0	2	0	0	0	0	0	2	0	0	2	1	1	0	0	1	0	1
1	2	1	1	2	2	1	1	1	1	0	1	1	1	1	1	0	1	1	0	2	2	1	1	2	1	2

② 2단계

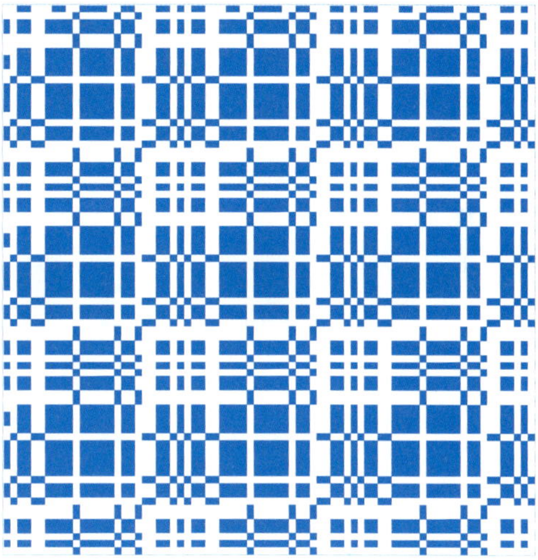

(4) 8행은 40013 20033 00003 30023 10043의 반복이다. 각 행은 21121…, 10010…, 02202…의 25주기 3개를 가진다.

① 1단계

	4	0	0	1	3	2	0	0	3	3	0	0	0	0	3	3	0	0	2	3	1	0	0	4	3	4
4	2	1	1	2	1	0	1	1	1	1	1	1	1	1	1	1	1	1	0	1	2	1	1	2	1	2
0	1	0	0	1	0	2	0	0	0	0	0	0	0	0	0	0	0	0	2	0	1	0	0	1	0	1
0	1	0	0	1	0	2	0	0	0	0	0	0	0	0	0	0	0	0	2	0	1	0	0	1	0	1
1	2	1	1	2	1	0	1	1	1	1	1	1	1	1	1	1	1	1	0	1	2	1	1	2	1	2
3	1	0	0	1	0	2	0	0	0	0	0	0	0	0	0	0	0	0	2	0	1	0	0	1	0	1
2	0	2	2	0	2	1	2	2	2	2	2	2	2	2	2	2	2	2	1	2	0	2	2	0	2	0
0	1	0	0	1	0	2	0	0	0	0	0	0	0	0	0	0	0	0	2	0	1	0	0	1	0	1
0	1	0	0	1	0	2	0	0	0	0	0	0	0	0	0	0	0	0	2	0	1	0	0	1	0	1
3	1	0	0	1	0	2	0	0	0	0	0	0	0	0	0	0	0	0	2	0	1	0	0	1	0	1
3	1	0	0	1	0	2	0	0	0	0	0	0	0	0	0	0	0	0	2	0	1	0	0	1	0	1
0	1	0	0	1	0	2	0	0	0	0	0	0	0	0	0	0	0	0	2	0	1	0	0	1	0	1
0	1	0	0	1	0	2	0	0	0	0	0	0	0	0	0	0	0	0	2	0	1	0	0	1	0	1
0	1	0	0	1	0	2	0	0	0	0	0	0	0	0	0	0	0	0	2	0	1	0	0	1	0	1
0	1	0	0	1	0	2	0	0	0	0	0	0	0	0	0	0	0	0	2	0	1	0	0	1	0	1
3	1	0	0	1	0	2	0	0	0	0	0	0	0	0	0	0	0	0	2	0	1	0	0	1	0	1
3	1	0	0	1	0	2	0	0	0	0	0	0	0	0	0	0	0	0	2	0	1	0	0	1	0	1
0	1	0	0	1	0	2	0	0	0	0	0	0	0	0	0	0	0	0	2	0	1	0	0	1	0	1
0	1	0	0	1	0	2	0	0	0	0	0	0	0	0	0	0	0	0	2	0	1	0	0	1	0	1
2	0	2	2	0	2	1	2	2	2	2	2	2	2	2	2	2	2	2	1	2	0	2	2	0	2	0
3	1	0	0	1	0	2	0	0	0	0	0	0	0	0	0	0	0	0	2	0	1	0	0	1	0	1
1	2	1	1	2	1	0	1	1	1	1	1	1	1	1	1	1	1	1	0	1	2	1	1	2	1	2
0	1	0	0	1	0	2	0	0	0	0	0	0	0	0	0	0	0	0	2	0	1	0	0	1	0	1
0	1	0	0	1	0	2	0	0	0	0	0	0	0	0	0	0	0	0	2	0	1	0	0	1	0	1
4	2	1	1	2	1	0	1	1	1	1	1	1	1	1	1	1	1	1	0	1	2	1	1	2	1	2
3	1	0	0	1	0	2	0	0	0	0	0	0	0	0	0	0	0	0	2	0	1	0	0	1	0	1
4	2	1	1	2	1	0	1	1	1	1	1	1	1	1	1	1	1	1	0	1	2	1	1	2	1	2

② 2단계

(5) 9행은 21121 13312 00003 42244 34430의 반복이다. 각 행은 10010…, 02202…, 21121… 의 25주기 3개를 가진다.

① 1단계	② 2단계
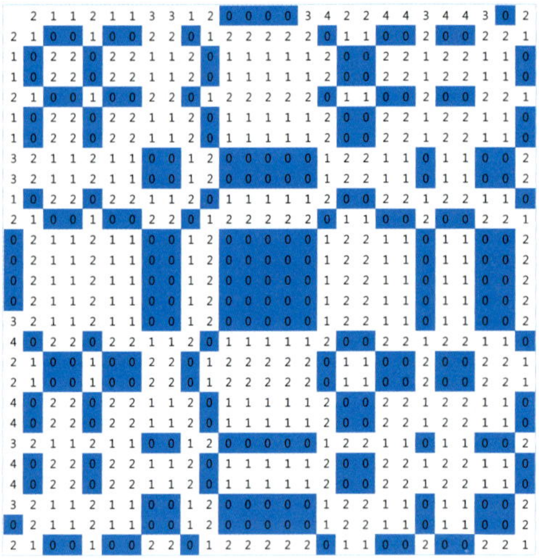	

(6) 10행은 03031 32320 22220 23231 30303의 반복이다. 각 행은 00001…, 11112…, 22220… 의 25주기 3개를 가진다.

① 1단계	② 2단계
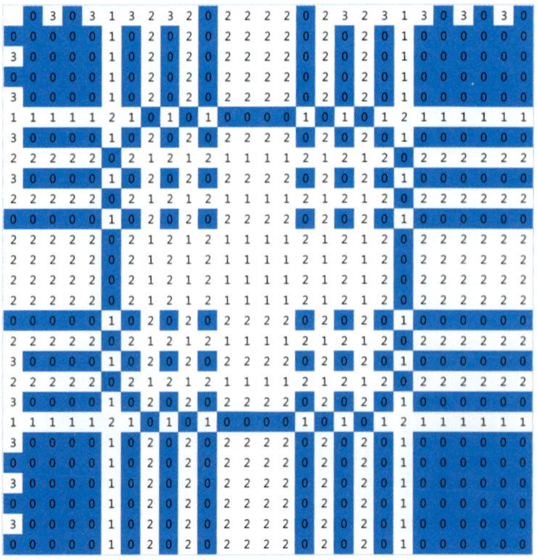	

(7) 12행은 10014 00002 30032 00004 10013의 반복이다. 각 행은 21122…, 10011…, 02200…의 25주기 3개를 가진다.

① 1단계

	1	0	0	1	4	0	0	0	0	2	3	0	0	3	2	0	0	0	0	4	1	0	0	1	3	1
1	2	1	1	2	2	1	1	1	1	0	1	1	1	1	0	1	1	1	1	2	2	1	1	2	1	2
0	1	0	0	1	1	0	0	0	0	2	0	0	0	0	2	0	0	0	0	1	1	0	0	1	0	1
0	1	0	0	1	1	0	0	0	0	2	0	0	0	0	2	0	0	0	0	1	1	0	0	1	0	1
1	2	1	1	2	2	1	1	1	1	0	1	1	1	1	0	1	1	1	1	2	2	1	1	2	1	2
4	2	1	1	2	2	1	1	1	1	0	1	1	1	1	0	1	1	1	1	2	2	1	1	2	1	2
0	1	0	0	1	1	0	0	0	0	2	0	0	0	0	2	0	0	0	0	1	1	0	0	1	0	1
0	1	0	0	1	1	0	0	0	0	2	0	0	0	0	2	0	0	0	0	1	1	0	0	1	0	1
0	1	0	0	1	1	0	0	0	0	2	0	0	0	0	2	0	0	0	0	1	1	0	0	1	0	1
0	1	0	0	1	1	0	0	0	0	2	0	0	0	0	2	0	0	0	0	1	1	0	0	1	0	1
2	0	2	2	0	0	2	2	2	2	1	2	2	2	2	1	2	2	2	2	0	0	2	2	0	2	0
3	1	0	0	1	1	0	0	0	0	2	0	0	0	0	2	0	0	0	0	1	1	0	0	1	0	1
0	1	0	0	1	1	0	0	0	0	2	0	0	0	0	2	0	0	0	0	1	1	0	0	1	0	1
0	1	0	0	1	1	0	0	0	0	2	0	0	0	0	2	0	0	0	0	1	1	0	0	1	0	1
3	1	0	0	1	1	0	0	0	0	2	0	0	0	0	2	0	0	0	0	1	1	0	0	1	0	1
2	0	2	2	0	0	2	2	2	2	1	2	2	2	2	1	2	2	2	2	0	0	2	2	0	2	0
0	1	0	0	1	1	0	0	0	0	2	0	0	0	0	2	0	0	0	0	1	1	0	0	1	0	1
0	1	0	0	1	1	0	0	0	0	2	0	0	0	0	2	0	0	0	0	1	1	0	0	1	0	1
0	1	0	0	1	1	0	0	0	0	2	0	0	0	0	2	0	0	0	0	1	1	0	0	1	0	1
0	1	0	0	1	1	0	0	0	0	2	0	0	0	0	2	0	0	0	0	1	1	0	0	1	0	1
4	2	1	1	2	2	1	1	1	1	0	1	1	1	1	0	1	1	1	1	2	2	1	1	2	1	2
1	2	1	1	2	2	1	1	1	1	0	1	1	1	1	0	1	1	1	1	2	2	1	1	2	1	2
0	1	0	0	1	1	0	0	0	0	2	0	0	0	0	2	0	0	0	0	1	1	0	0	1	0	1
0	1	0	0	1	1	0	0	0	0	2	0	0	0	0	2	0	0	0	0	1	1	0	0	1	0	1
1	2	1	1	2	2	1	1	1	1	0	1	1	1	1	0	1	1	1	1	2	2	1	1	2	1	2
3	1	0	0	1	1	0	0	0	0	2	0	0	0	0	2	0	0	0	0	1	1	0	0	1	0	1
1	2	1	1	2	2	1	1	1	1	0	1	1	1	1	0	1	1	1	1	2	2	1	1	2	1	2

② 2단계

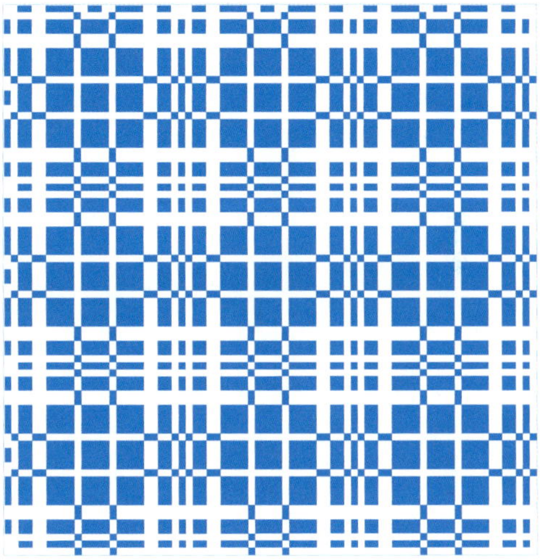

(8) 13행은 40011 00002 20033 00004 40010의 반복이다. 각 행은 21122…, 10011…, 02200…의 25주기 3개를 가진다.

① 1단계

	4	0	0	1	1	0	0	0	0	2	2	0	0	3	3	0	0	0	0	4	4	0	0	1	0	4
4	2	1	1	2	2	1	1	1	1	0	0	1	1	1	1	1	1	1	1	2	2	1	1	2	1	2
0	1	0	0	1	1	0	0	0	0	2	2	0	0	0	0	0	0	0	0	1	1	0	0	1	0	1
0	1	0	0	1	1	0	0	0	0	2	2	0	0	0	0	0	0	0	0	1	1	0	0	1	0	1
1	2	1	1	2	2	1	1	1	1	0	0	1	1	1	1	1	1	1	1	2	2	1	1	2	1	2
1	2	1	1	2	2	1	1	1	1	0	0	1	1	1	1	1	1	1	1	2	2	1	1	2	1	2
0	1	0	0	1	1	0	0	0	0	2	2	0	0	0	0	0	0	0	0	1	1	0	0	1	0	1
0	1	0	0	1	1	0	0	0	0	2	2	0	0	0	0	0	0	0	0	1	1	0	0	1	0	1
0	1	0	0	1	1	0	0	0	0	2	2	0	0	0	0	0	0	0	0	1	1	0	0	1	0	1
0	1	0	0	1	1	0	0	0	0	2	2	0	0	0	0	0	0	0	0	1	1	0	0	1	0	1
2	0	2	2	0	0	2	2	2	2	1	1	2	2	2	2	2	2	2	2	0	0	2	2	0	2	0
2	0	2	2	0	0	2	2	2	2	1	1	2	2	2	2	2	2	2	2	0	0	2	2	0	2	0
0	1	0	0	1	1	0	0	0	0	2	2	0	0	0	0	0	0	0	0	1	1	0	0	1	0	1
0	1	0	0	1	1	0	0	0	0	2	2	0	0	0	0	0	0	0	0	1	1	0	0	1	0	1
3	1	0	0	1	1	0	0	0	0	2	2	0	0	0	0	0	0	0	0	1	1	0	0	1	0	1
3	1	0	0	1	1	0	0	0	0	2	2	0	0	0	0	0	0	0	0	1	1	0	0	1	0	1
0	1	0	0	1	1	0	0	0	0	2	2	0	0	0	0	0	0	0	0	1	1	0	0	1	0	1
0	1	0	0	1	1	0	0	0	0	2	2	0	0	0	0	0	0	0	0	1	1	0	0	1	0	1
0	1	0	0	1	1	0	0	0	0	2	2	0	0	0	0	0	0	0	0	1	1	0	0	1	0	1
0	1	0	0	1	1	0	0	0	0	2	2	0	0	0	0	0	0	0	0	1	1	0	0	1	0	1
4	2	1	1	2	2	1	1	1	1	0	0	1	1	1	1	1	1	1	1	2	2	1	1	2	1	2
4	2	1	1	2	2	1	1	1	1	0	0	1	1	1	1	1	1	1	1	2	2	1	1	2	1	2
0	1	0	0	1	1	0	0	0	0	2	2	0	0	0	0	0	0	0	0	1	1	0	0	1	0	1
0	1	0	0	1	1	0	0	0	0	2	2	0	0	0	0	0	0	0	0	1	1	0	0	1	0	1
1	2	1	1	2	2	1	1	1	1	0	0	1	1	1	1	1	1	1	1	2	2	1	1	2	1	2
0	1	0	0	1	1	0	0	0	0	2	2	0	0	0	0	0	0	0	0	1	1	0	0	1	0	1
4	2	1	1	2	2	1	1	1	1	0	0	1	1	1	1	1	1	1	1	2	2	1	1	2	1	2

② 2단계

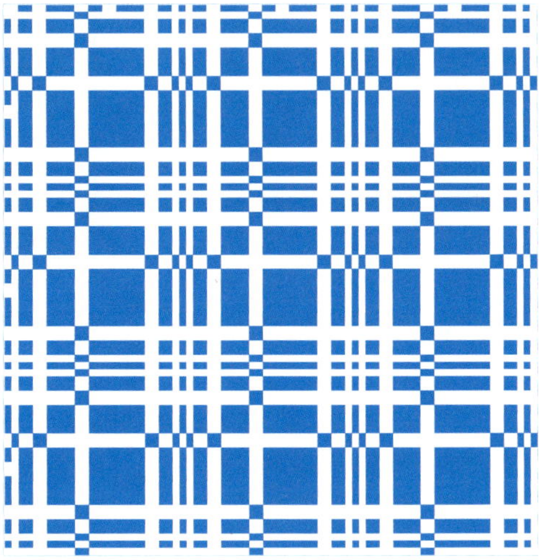

(9) 14행은 21124 00002 13312 00004 21123의 반복이다. 각 행은 10010…, 02202…, 21121… 의 25주기 3개를 가진다.

① 1단계	② 2단계
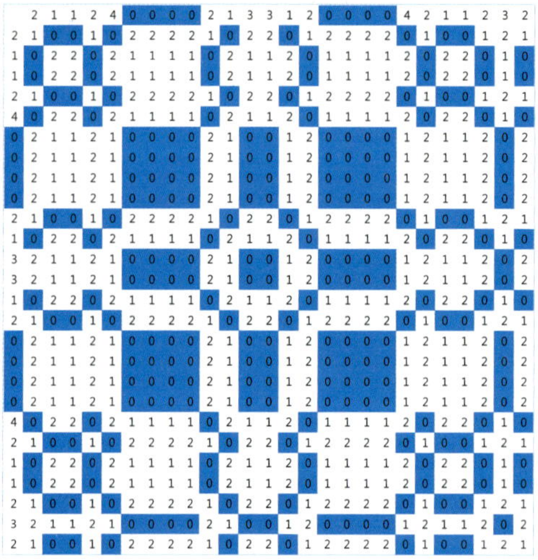	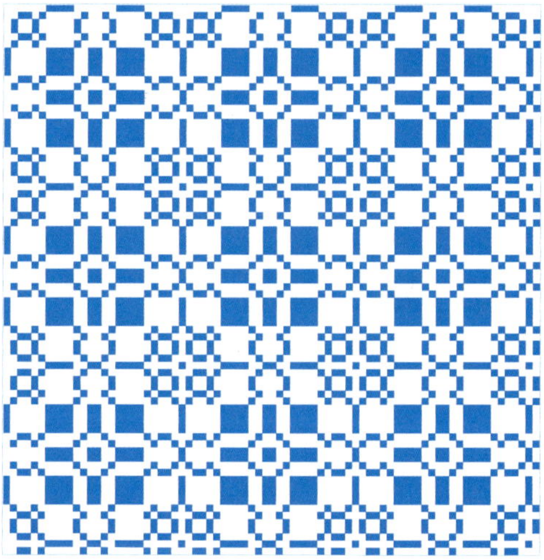

(10) 15행은 03034 33330 32320 22221 20200의 반복이다. 각 행은 00001…, 11112, 2222… 의 25주기 3개를 가진다.

① 1단계	② 2단계
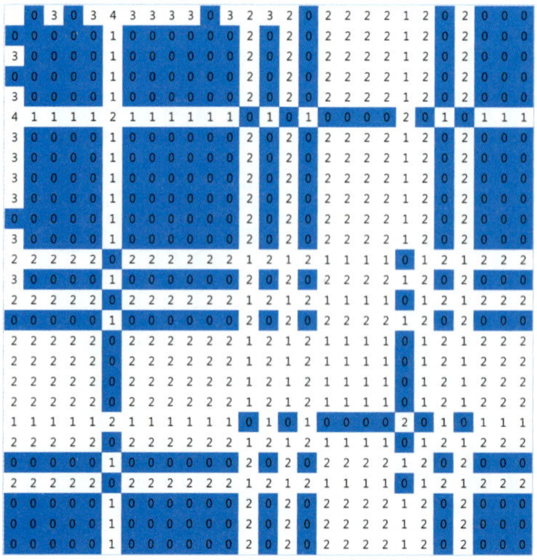	

(11) 16행은 31424 12342 00002 43214 24133의 반복이다. 각 행은 01121⋯, 12202⋯, 20010⋯의 25주기 3개를 가진다.

① 1단계	② 2단계
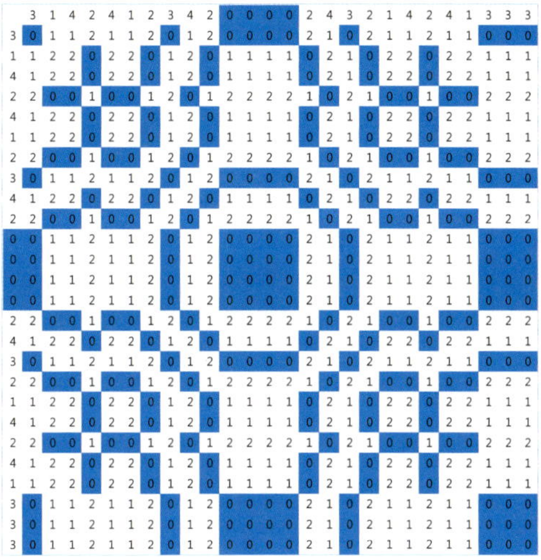	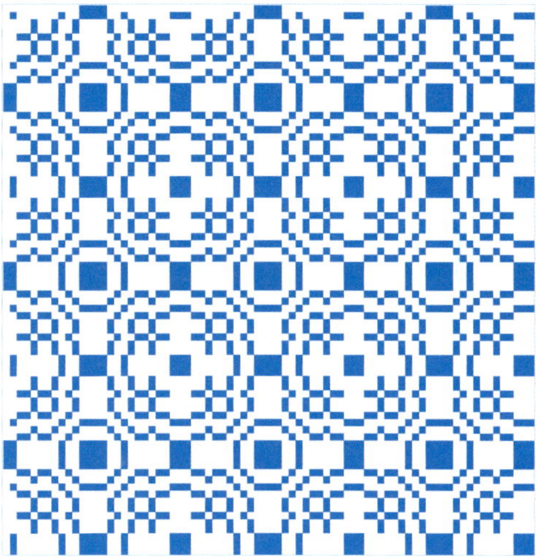

(12) 17행은 10012 20023 00002 30033 40040의 반복이다. 각 행은 21120⋯, 10012⋯, 02201⋯ 의 25주기 3개를 가진다.

① 1단계	② 2단계
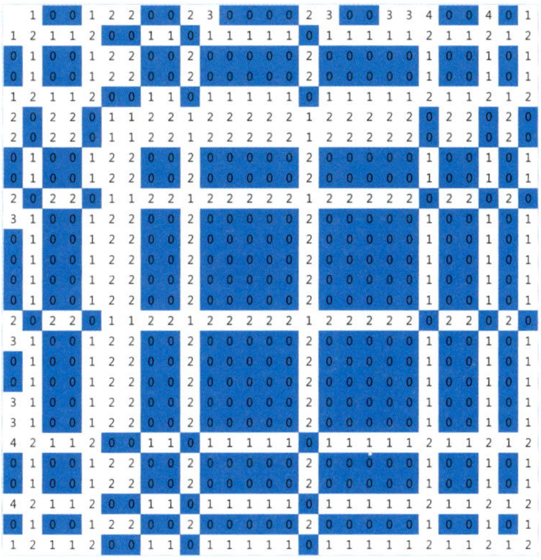	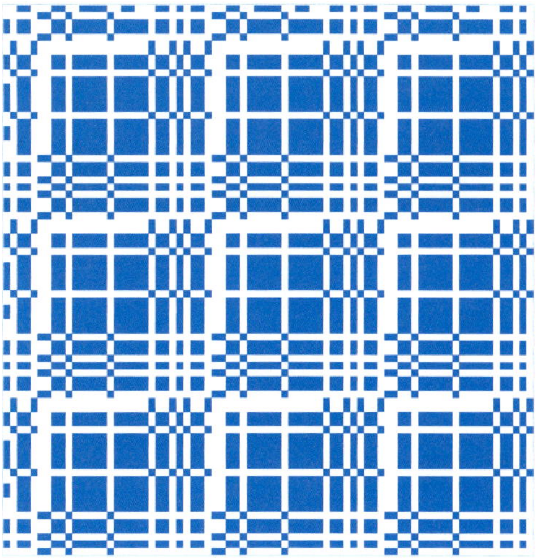

(13) 18행은 40014 30022 00002 20034 10043의 반복이다. 각 행은 21122…, 10011…, 02200… 의 25주기 3개를 가진다.

① 1단계

	4	0	0	1	4	3	0	0	2	2	0	0	0	0	2	2	0	0	3	4	1	0	0	4	3	4
4	2	1	1	2	2	1	1	1	0	0	1	1	1	1	0	0	1	1	1	2	2	1	1	2	1	2
0	1	0	0	1	1	0	0	0	2	2	0	0	0	0	2	2	0	0	0	1	1	0	0	1	0	1
0	1	0	0	1	1	0	0	0	2	2	0	0	0	0	2	2	0	0	0	1	1	0	0	1	0	1
1	2	1	1	2	2	1	1	1	0	0	1	1	1	1	0	0	1	1	1	2	2	1	1	2	1	2
4	2	1	1	2	2	1	1	1	0	0	1	1	1	1	0	0	1	1	1	2	2	1	1	2	1	2
3	1	0	0	1	1	0	0	0	2	2	0	0	0	0	2	2	0	0	0	1	1	0	0	1	0	1
0	1	0	0	1	1	0	0	0	2	2	0	0	0	0	2	2	0	0	0	1	1	0	0	1	0	1
0	1	0	0	1	1	0	0	0	2	2	0	0	0	0	2	2	0	0	0	1	1	0	0	1	0	1
2	0	2	2	0	0	2	2	2	1	1	2	2	2	2	1	1	2	2	2	0	0	2	2	0	2	0
2	0	2	2	0	0	2	2	2	1	1	2	2	2	2	1	1	2	2	2	0	0	2	2	0	2	0
0	1	0	0	1	1	0	0	0	2	2	0	0	0	0	2	2	0	0	0	1	1	0	0	1	0	1
0	1	0	0	1	1	0	0	0	2	2	0	0	0	0	2	2	0	0	0	1	1	0	0	1	0	1
0	1	0	0	1	1	0	0	0	2	2	0	0	0	0	2	2	0	0	0	1	1	0	0	1	0	1
0	1	0	0	1	1	0	0	0	2	2	0	0	0	0	2	2	0	0	0	1	1	0	0	1	0	1
2	0	2	2	0	0	2	2	2	1	1	2	2	2	2	1	1	2	2	2	0	0	2	2	0	2	0
2	0	2	2	0	0	2	2	2	1	1	2	2	2	2	1	1	2	2	2	0	0	2	2	0	2	0
0	1	0	0	1	1	0	0	0	2	2	0	0	0	0	2	2	0	0	0	1	1	0	0	1	0	1
0	1	0	0	1	1	0	0	0	2	2	0	0	0	0	2	2	0	0	0	1	1	0	0	1	0	1
3	1	0	0	1	1	0	0	0	2	2	0	0	0	0	2	2	0	0	0	1	1	0	0	1	0	1
4	2	1	1	2	2	1	1	1	0	0	1	1	1	1	0	0	1	1	1	2	2	1	1	2	1	2
1	2	1	1	2	2	1	1	1	0	0	1	1	1	1	0	0	1	1	1	2	2	1	1	2	1	2
0	1	0	0	1	1	0	0	0	2	2	0	0	0	0	2	2	0	0	0	1	1	0	0	1	0	1
0	1	0	0	1	1	0	0	0	2	2	0	0	0	0	2	2	0	0	0	1	1	0	0	1	0	1
4	2	1	1	2	2	1	1	1	0	0	1	1	1	1	0	0	1	1	1	2	2	1	1	2	1	2
3	1	0	0	1	1	0	0	0	2	2	0	0	0	0	2	2	0	0	0	1	1	0	0	1	0	1
4	2	1	1	2	2	1	1	1	0	0	1	1	1	1	0	0	1	1	1	2	2	1	1	2	1	2

② 2단계

(14) 19행은 21122 42243 00002 13313 34430의 반복이다. 각 행은 10011…, 02200, 21122… 의 25주기 3개를 가진다.

① 1단계

	2	1	1	2	2	4	2	2	4	3	0	0	0	0	2	1	3	3	1	3	3	4	4	3	0	2
2	1	0	0	1	1	0	1	1	0	2	2	2	2	2	1	0	2	2	0	2	2	0	0	2	2	1
1	0	2	2	0	0	2	0	0	2	1	1	1	1	1	0	2	1	1	2	1	1	2	2	1	1	0
1	0	2	2	0	0	2	0	0	2	1	1	1	1	1	0	2	1	1	2	1	1	2	2	1	1	0
2	1	0	0	1	1	0	1	1	0	2	2	2	2	2	1	0	2	2	0	2	2	0	0	2	2	1
2	1	0	0	1	1	0	1	1	0	2	2	2	2	2	1	0	2	2	0	2	2	0	0	2	2	1
4	0	2	2	0	0	2	0	0	2	1	1	1	1	1	0	2	1	1	2	1	1	2	2	1	1	0
2	1	0	0	1	1	0	1	1	0	2	2	2	2	2	1	0	2	2	0	2	2	0	0	2	2	1
2	1	0	0	1	1	0	1	1	0	2	2	2	2	2	1	0	2	2	0	2	2	0	0	2	2	1
4	0	2	2	0	0	2	0	0	2	1	1	1	1	1	0	2	1	1	2	1	1	2	2	1	1	0
3	2	1	1	2	2	1	2	2	1	0	0	0	0	0	2	1	0	0	1	0	0	1	1	0	0	2
0	2	1	1	2	2	1	2	2	1	0	0	0	0	0	2	1	0	0	1	0	0	1	1	0	0	2
0	2	1	1	2	2	1	2	2	1	0	0	0	0	0	2	1	0	0	1	0	0	1	1	0	0	2
0	2	1	1	2	2	1	2	2	1	0	0	0	0	0	2	1	0	0	1	0	0	1	1	0	0	2
0	2	1	1	2	2	1	2	2	1	0	0	0	0	0	2	1	0	0	1	0	0	1	1	0	0	2
2	1	0	0	1	1	0	1	1	0	2	2	2	2	2	1	0	2	2	0	2	2	0	0	2	2	1
1	0	2	2	0	0	2	0	0	2	1	1	1	1	1	0	2	1	1	2	1	1	2	2	1	1	0
3	2	1	1	2	2	1	2	2	1	0	0	0	0	0	2	1	0	0	1	0	0	1	1	0	0	2
3	2	1	1	2	2	1	2	2	1	0	0	0	0	0	2	1	0	0	1	0	0	1	1	0	0	2
1	0	2	2	0	0	2	0	0	2	1	1	1	1	1	0	2	1	1	2	1	1	2	2	1	1	0
3	2	1	1	2	2	1	2	2	1	0	0	0	0	0	2	1	0	0	1	0	0	1	1	0	0	2
3	2	1	1	2	2	1	2	2	1	0	0	0	0	0	2	1	0	0	1	0	0	1	1	0	0	2
4	0	2	2	0	0	2	0	0	2	1	1	1	1	1	0	2	1	1	2	1	1	2	2	1	1	0
4	0	2	2	0	0	2	0	0	2	1	1	1	1	1	0	2	1	1	2	1	1	2	2	1	1	0
3	2	1	1	2	2	1	2	2	1	0	0	0	0	0	2	1	0	0	1	0	0	1	1	0	0	2
0	2	1	1	2	2	1	2	2	1	0	0	0	0	0	2	1	0	0	1	0	0	1	1	0	0	2
2	1	0	0	1	1	0	1	1	0	2	2	2	2	2	1	0	2	2	0	2	2	0	0	2	2	1

② 2단계

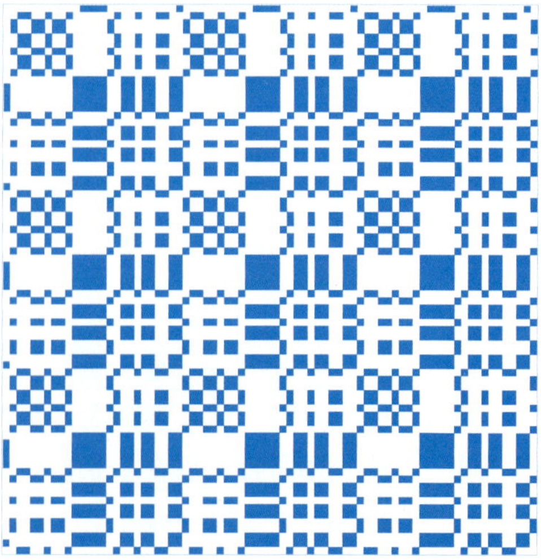

(15) 20행은 03032 34341 44441 43432 30303 의 반복이다. 각 행은 00002…, 22221 …, 11110… 의 25주기 3개를 가진다.

① 1단계	② 2단계
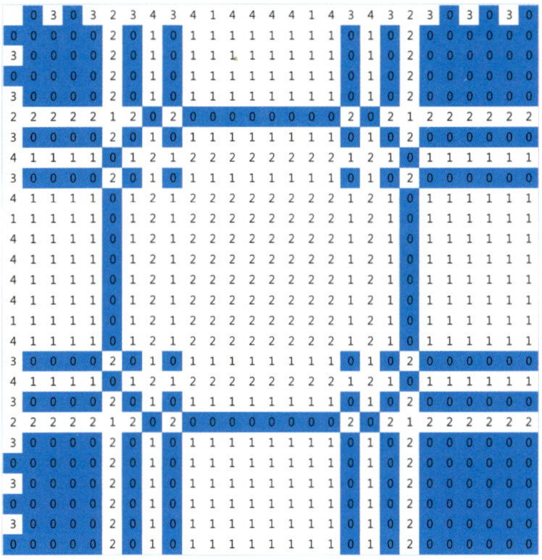	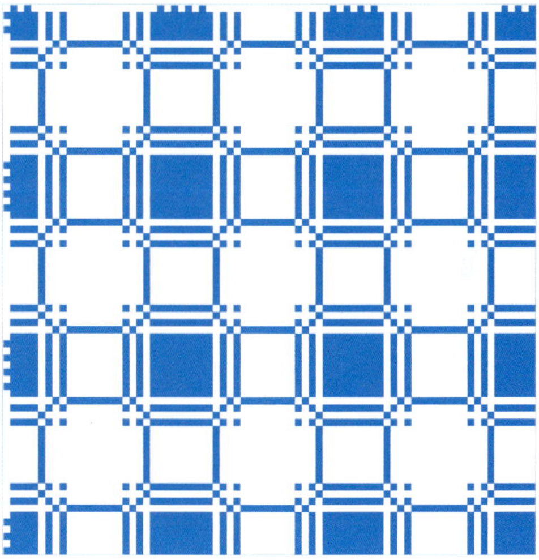

(16) 21행은 31422 24133 31422 24133 31420의 반복이다. 각 행은 01122…, 12200…, 20011… 의 25주기 3개를 가진다.

① 1단계	② 2단계
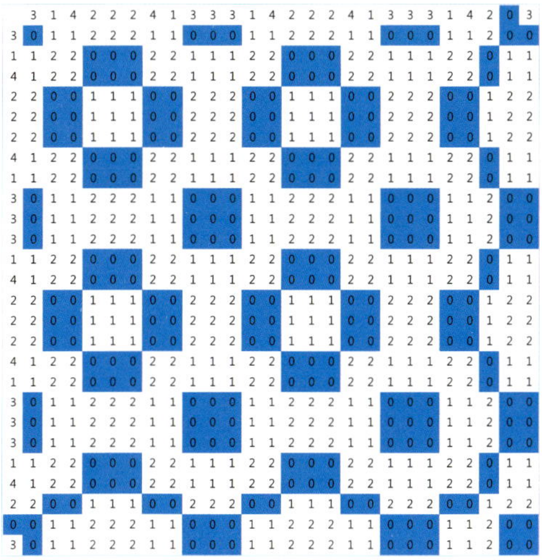	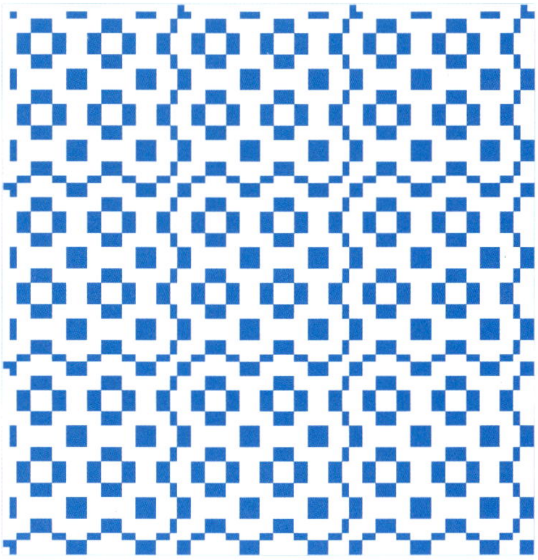

(17) 23행은 40012 10043 400012 10043 40010의 반복이다. 각 행은 21120…, 10012…, 02201… 의 25주기 3개를 가진다.

① 1단계	② 2단계
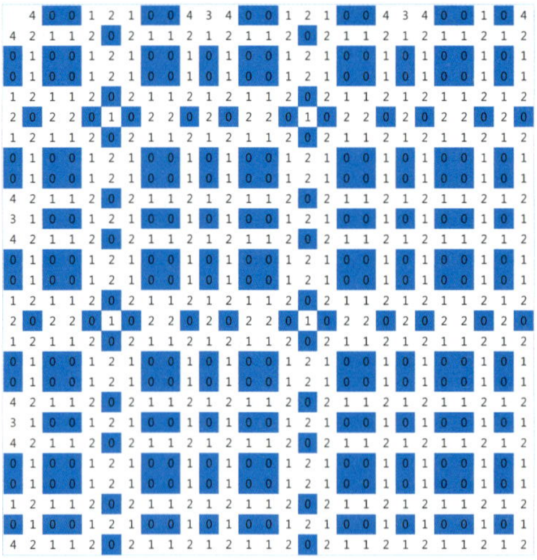	

(18) 24행은 21120 34430 21120 34430 21123의 반복이다. 각 행은 10012…, 02201…, 21120… 의 25주기 3개를 가진다.

① 1단계	② 2단계
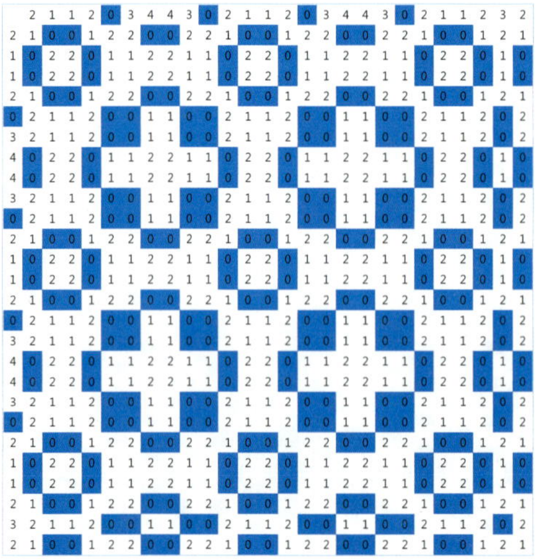	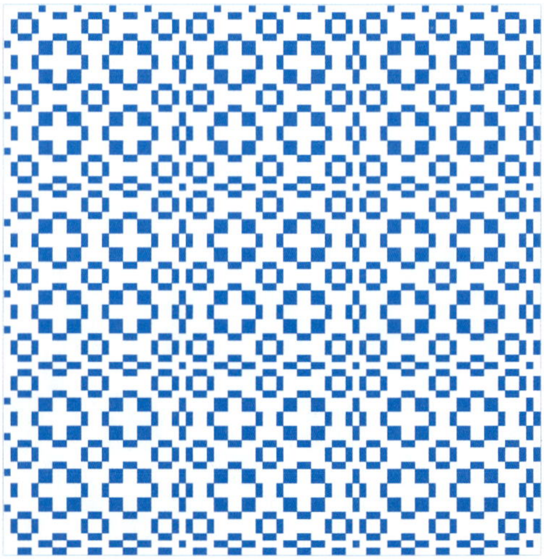

(19) 25행은 125주기를 가진다. 각 행은 0000…, 11111…, 2222… 의 25주기 3개를 가진다. 해변가 백사장에 술집하나 만들고 싶다.

① 1단계	② 2단계
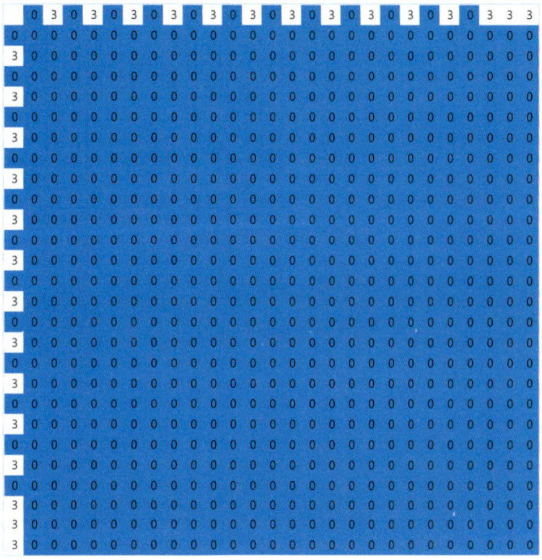	

(20) 26행은 125주기를 가진다. 각 행은 01120…, 12201…, 20012… 의 125주기 3개를 가진다. 파도가 밀려온다. 만남. 오래 머물지 않고 지나갈 것을..

① 1단계	② 2단계
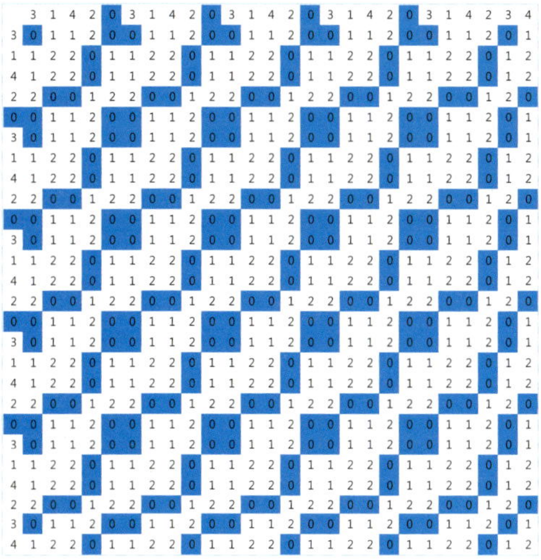	

(21) 30행은 125주기를 가진다. 각 행은 00000…, 11111…, 22222…의 25주기 3개를 가진다. 사랑은 번져 나간다. 숨길 수 없다.

① 1단계	② 2단계
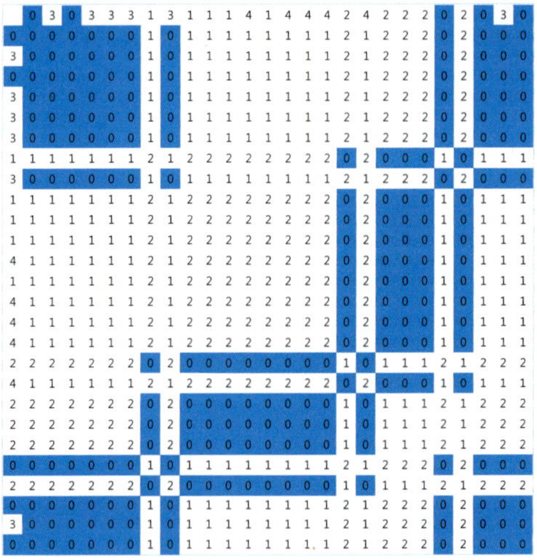	

(22) 32행은 125주기를 가진다. 각 행은 21122…, 10011…, 02200…의 125주기 3개를 가진다. 가득한 창살. 우린 그렇게 살았다. 그리고 강요한다.

① 1단계	② 2단계
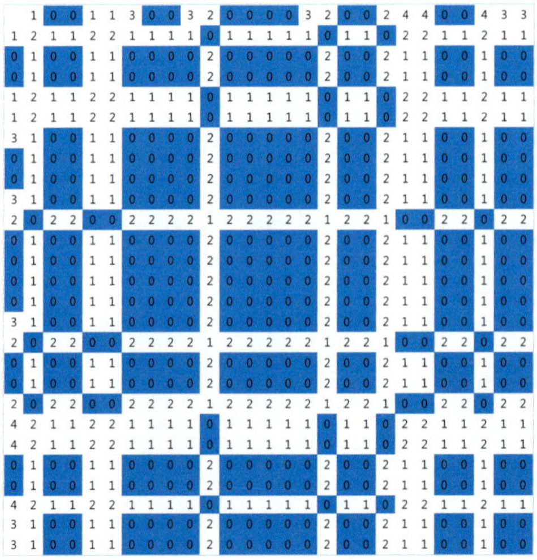	

(23) 35행은 125주기를 가진다. 각 행은 00001…, 11112…, 22220은 125주기 3개를 가진다. 창살도 부식되어 버렸다. 갇힘도 풀려남도 부식되어 버릴 것을…

① 1단계	② 2단계
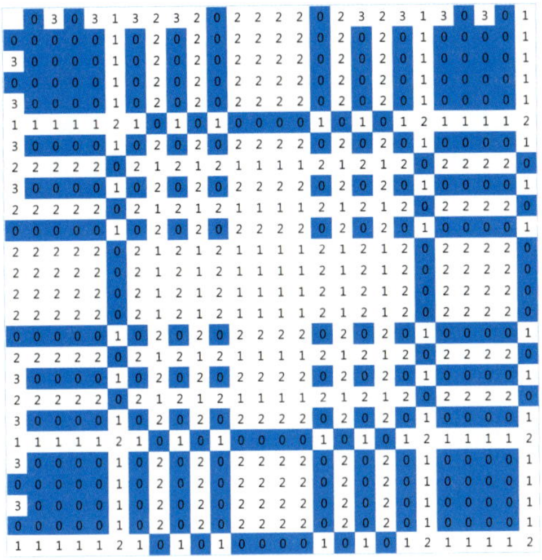	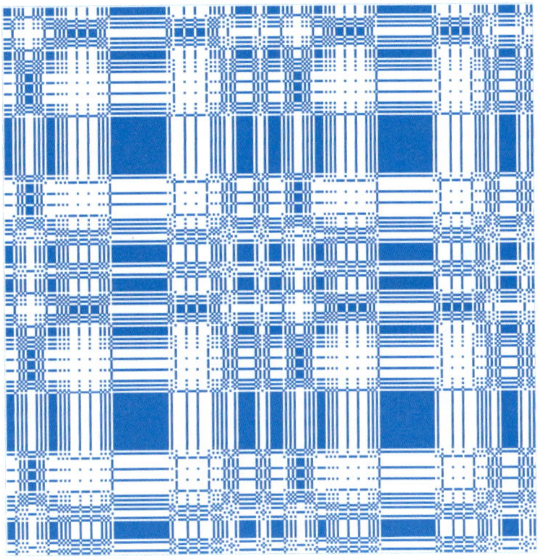

(24) 36행은 125주기를 가진다. 01121…, 12202…, 20010… 의 125주기 3개를 가진다. 마법의 양탄자, 그래도 꿈이 있기에. 꿈을 꾸기에 즐겁다. 꿈은 꼭 이루어져야 하는가. 꿈을 꾸는게 중요한가. 꿈을 이루는게 중요한가. 꿈을 이루면 무엇이 남는가.

① 1단계	② 2단계
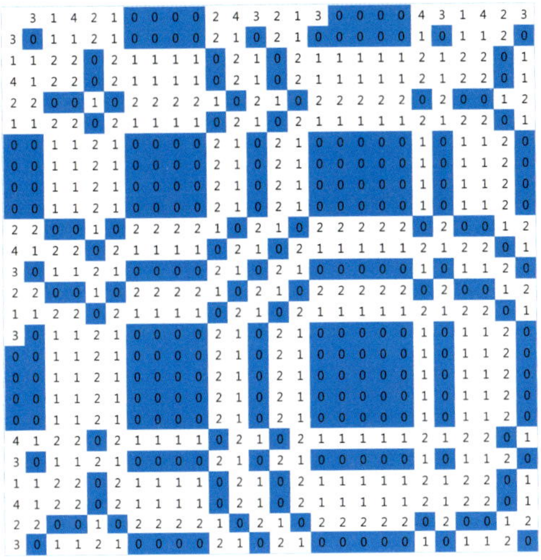	

(25) 37행은 125주기를 가진다. 각 행은 21122···, 10011···, 02200··· 의 125주기를 가진다. 노숙자들, 집없는 사람들, 거리, 함께 숨쉰다.

① 1단계

	1	0	0	1	4	0	0	0	0	2	3	0	0	3	2	0	0	0	0	4	1
1	2	1	1	2	2	1	1	1	1	0	1	1	1	1	0	1	1	1	1	2	2
0	1	0	0	1	1	0	0	0	0	2	0	0	0	0	2	0	0	0	0	1	1
0	1	0	0	1	1	0	0	0	0	2	0	0	0	0	2	0	0	0	0	1	1
1	2	1	1	2	2	1	1	1	1	0	1	1	1	1	0	1	1	1	1	2	2
4	2	1	1	2	2	1	1	1	1	0	1	1	1	1	0	1	1	1	1	2	2
0	1	0	0	1	1	0	0	0	0	2	0	0	0	0	2	0	0	0	0	1	1
0	1	0	0	1	1	0	0	0	0	2	0	0	0	0	2	0	0	0	0	1	1
0	1	0	0	1	1	0	0	0	0	2	0	0	0	0	2	0	0	0	0	1	1
0	1	0	0	1	1	0	0	0	0	2	0	0	0	0	2	0	0	0	0	1	1
2	0	2	2	0	0	2	2	2	2	1	2	2	2	2	1	2	2	2	2	0	0
3	1	0	0	1	1	0	0	0	0	2	0	0	0	0	2	0	0	0	0	1	1
0	1	0	0	1	1	0	0	0	0	2	0	0	0	0	2	0	0	0	0	1	1
0	1	0	0	1	1	0	0	0	0	2	0	0	0	0	2	0	0	0	0	1	1
3	1	0	0	1	1	0	0	0	0	2	0	0	0	0	2	0	0	0	0	1	1
2	0	2	2	0	0	2	2	2	2	1	2	2	2	2	1	2	2	2	2	0	0
0	1	0	0	1	1	0	0	0	0	2	0	0	0	0	2	0	0	0	0	1	1
0	1	0	0	1	1	0	0	0	0	2	0	0	0	0	2	0	0	0	0	1	1
0	1	0	0	1	1	0	0	0	0	2	0	0	0	0	2	0	0	0	0	1	1
0	1	0	0	1	1	0	0	0	0	2	0	0	0	0	2	0	0	0	0	1	1
4	2	1	1	2	2	1	1	1	1	0	1	1	1	1	0	1	1	1	1	2	2
1	2	1	1	2	2	1	1	1	1	0	1	1	1	1	0	1	1	1	1	2	2

② 2단계

(26) 38행은 125주기를 가진다. 각 행은 21122···, 10011···, 10011··· 의 125주기 3개를 가진다. 디자인이 아름다운 것은, 아름다움을 느낄 수 있는 마음이 있기 때문이다.

① 1단계

	4	0	0	1	1	0	0	0	0	2	2	0	0	3	3	0	0	0	0	4	4	0	0	1	3
4	2	1	1	2	2	1	1	1	1	0	0	1	1	1	1	1	1	1	1	2	2	1	1	2	1
0	1	0	0	1	1	0	0	0	0	2	2	0	0	0	0	0	0	0	0	1	1	0	0	1	0
0	1	0	0	1	1	0	0	0	0	2	2	0	0	0	0	0	0	0	0	1	1	0	0	1	0
1	2	1	1	2	2	1	1	1	1	0	0	1	1	1	1	1	1	1	1	2	2	1	1	2	1
1	2	1	1	2	2	1	1	1	1	0	0	1	1	1	1	1	1	1	1	2	2	1	1	2	1
0	1	0	0	1	1	0	0	0	0	2	2	0	0	0	0	0	0	0	0	1	1	0	0	1	0
0	1	0	0	1	1	0	0	0	0	2	2	0	0	0	0	0	0	0	0	1	1	0	0	1	0
0	1	0	0	1	1	0	0	0	0	2	2	0	0	0	0	0	0	0	0	1	1	0	0	1	0
0	1	0	0	1	1	0	0	0	0	2	2	0	0	0	0	0	0	0	0	1	1	0	0	1	0
2	0	2	2	0	0	2	2	2	2	1	1	2	2	2	2	2	2	2	2	0	0	2	2	0	2
2	0	2	2	0	0	2	2	2	2	1	1	2	2	2	2	2	2	2	2	0	0	2	2	0	2
0	1	0	0	1	1	0	0	0	0	2	2	0	0	0	0	0	0	0	0	1	1	0	0	1	0
0	1	0	0	1	1	0	0	0	0	2	2	0	0	0	0	0	0	0	0	1	1	0	0	1	0
3	1	0	0	1	1	0	0	0	0	2	2	0	0	0	0	0	0	0	0	1	1	0	0	1	0
3	1	0	0	1	1	0	0	0	0	2	2	0	0	0	0	0	0	0	0	1	1	0	0	1	0
0	1	0	0	1	1	0	0	0	0	2	2	0	0	0	0	0	0	0	0	1	1	0	0	1	0
0	1	0	0	1	1	0	0	0	0	2	2	0	0	0	0	0	0	0	0	1	1	0	0	1	0
0	1	0	0	1	1	0	0	0	0	2	2	0	0	0	0	0	0	0	0	1	1	0	0	1	0
0	1	0	0	1	1	0	0	0	0	2	2	0	0	0	0	0	0	0	0	1	1	0	0	1	0
4	2	1	1	2	2	1	1	1	1	0	0	1	1	1	1	1	1	1	1	2	2	1	1	2	1
4	2	1	1	2	2	1	1	1	1	0	0	1	1	1	1	1	1	1	1	2	2	1	1	2	1
0	1	0	0	1	1	0	0	0	0	2	2	0	0	0	0	0	0	0	0	1	1	0	0	1	0
0	1	0	0	1	1	0	0	0	0	2	2	0	0	0	0	0	0	0	0	1	1	0	0	1	0
1	2	1	1	2	2	1	1	1	1	0	0	1	1	1	1	1	1	1	1	2	2	1	1	2	1
3	1	0	0	1	1	0	0	0	0	2	2	0	0	0	0	0	0	0	0	1	1	0	0	1	0

② 2단계

(27) 40행은 125주기를 가진다. 각 행은 00001…, 11112…, 22220…의 125주기 3개를 가진다. 황폐해진 도시, 떠나고 싶겠다. 나에게서도 떠나고 싶다.

① 1단계	② 2단계
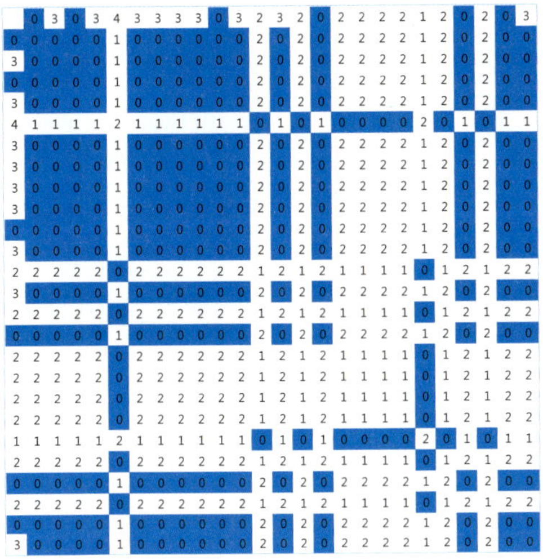	

(28) 41행은 125주기를 가진다. 각 행은 01121…, 12202…, 20010…의 1252주기 34개를 가진다. 꽃밭이다. 척박한 땅에서도 꽃은 자란다. 땅은 무엇이던 만들어 낸다.

① 1단계	② 2단계
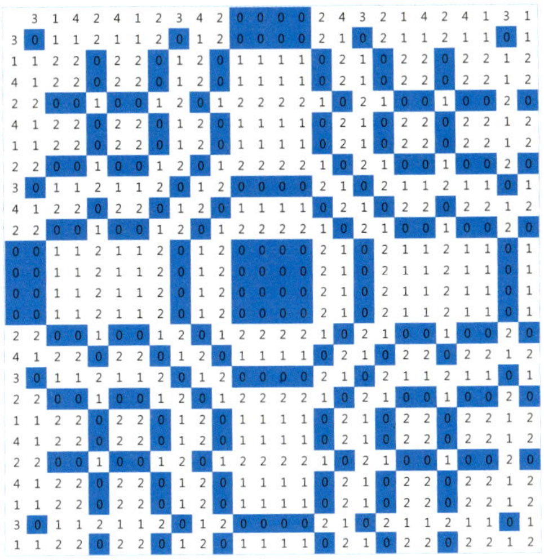	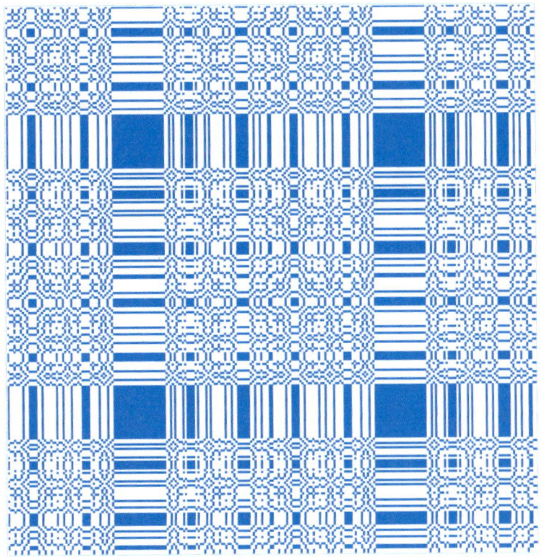

(29) 42행은 125주기를 가진다. 각 행은 21112…, 10012…, 02201…의 125주기 3개를 가진다. 거친 창살, 얼마나 더 나없는 내인생을 가져야 할 까. 누군가에겐 수학이 창살이다.

① 1단계

	1	0	0	1	2	2	0	0	2	3	0	0	0	0	2	3	0	0	3	3	4	0	0	4	3
1	2	1	1	2	0	0	1	1	0	1	1	1	1	1	0	1	1	1	1	1	2	1	1	2	1
0	1	0	0	1	2	2	0	0	2	0	0	0	0	0	2	0	0	0	0	0	1	0	0	1	0
0	1	0	0	1	2	2	0	0	2	0	0	0	0	0	2	0	0	0	0	0	1	0	0	1	0
1	2	1	1	2	0	0	1	1	0	1	1	1	1	1	0	1	1	1	1	1	2	1	1	2	1
2	0	2	2	0	1	1	2	2	1	2	2	2	2	2	1	2	2	2	2	2	0	2	2	0	2
2	0	2	2	0	1	1	2	2	1	2	2	2	2	2	1	2	2	2	2	2	0	2	2	0	2
0	1	0	0	1	2	2	0	0	2	0	0	0	0	0	2	0	0	0	0	0	1	0	0	1	0
0	1	0	0	1	2	2	0	0	2	0	0	0	0	0	2	0	0	0	0	0	1	0	0	1	0
2	0	2	2	0	1	1	2	2	1	2	2	2	2	2	1	2	2	2	2	2	0	2	2	0	2
3	1	0	0	1	2	2	0	0	2	0	0	0	0	0	2	0	0	0	0	0	1	0	0	1	0
0	1	0	0	1	2	2	0	0	2	0	0	0	0	0	2	0	0	0	0	0	1	0	0	1	0
0	1	0	0	1	2	2	0	0	2	0	0	0	0	0	2	0	0	0	0	0	1	0	0	1	0
0	1	0	0	1	2	2	0	0	2	0	0	0	0	0	2	0	0	0	0	0	1	0	0	1	0
0	1	0	0	1	2	2	0	0	2	0	0	0	0	0	2	0	0	0	0	0	1	0	0	1	0
2	0	2	2	0	1	1	2	2	1	2	2	2	2	2	1	2	2	2	2	2	0	2	2	0	2
3	1	0	0	1	2	2	0	0	2	0	0	0	0	0	2	0	0	0	0	0	1	0	0	1	0
0	1	0	0	1	2	2	0	0	2	0	0	0	0	0	2	0	0	0	0	0	1	0	0	1	0
0	1	0	0	1	2	2	0	0	2	0	0	0	0	0	2	0	0	0	0	0	1	0	0	1	0
3	1	0	0	1	2	2	0	0	2	0	0	0	0	0	2	0	0	0	0	0	1	0	0	1	0
3	1	0	0	1	2	2	0	0	2	0	0	0	0	0	2	0	0	0	0	0	1	0	0	1	0
4	2	1	1	2	0	0	1	1	0	1	1	1	1	1	0	1	1	1	1	1	2	1	1	2	1
0	1	0	0	1	2	2	0	0	2	0	0	0	0	0	2	0	0	0	0	0	1	0	0	1	0
0	1	0	0	1	2	2	0	0	2	0	0	0	0	0	2	0	0	0	0	0	1	0	0	1	0
4	2	1	1	2	0	0	1	1	0	1	1	1	1	1	0	1	1	1	1	1	2	1	1	2	1
3	1	0	0	1	2	2	0	0	2	0	0	0	0	0	2	0	0	0	0	0	1	0	0	1	0

② 2단계

(30) 44행은 125주기를 가진다. 각 행은 10011…, 02200…, 21122…의 125주기 3개를 가진다. 날마다 인사하는 꽃을 본다. 즐겁다. 수학이 꽃이다.

① 1단계

	2	1	1	2	2	4	2	2	4	3	0	0	0	0	2	1	3	3	1	3	3	4	4	3	3
2	1	0	0	1	1	0	1	1	0	2	2	2	2	2	1	0	2	2	0	2	2	0	0	2	2
1	0	2	2	0	0	2	0	0	2	1	1	1	1	1	0	2	1	1	2	1	1	2	2	1	1
1	0	2	2	0	0	2	0	0	2	1	1	1	1	1	0	2	1	1	2	1	1	2	2	1	1
2	1	0	0	1	1	0	1	1	0	2	2	2	2	2	1	0	2	2	0	2	2	0	0	2	2
2	1	0	0	1	1	0	1	1	0	2	2	2	2	2	1	0	2	2	0	2	2	0	0	2	2
4	0	2	2	0	0	2	0	0	2	1	1	1	1	1	0	2	1	1	2	1	1	2	2	1	1
2	1	0	0	1	1	0	1	1	0	2	2	2	2	2	1	0	2	2	0	2	2	0	0	2	2
2	1	0	0	1	1	0	1	1	0	2	2	2	2	2	1	0	2	2	0	2	2	0	0	2	2
4	0	2	2	0	0	2	0	0	2	1	1	1	1	1	0	2	1	1	2	1	1	2	2	1	1
3	2	1	1	2	2	1	2	2	1	0	0	0	0	0	2	1	0	0	1	0	0	1	1	0	0
0	2	1	1	2	2	1	2	2	1	0	0	0	0	0	2	1	0	0	1	0	0	1	1	0	0
0	2	1	1	2	2	1	2	2	1	0	0	0	0	0	2	1	0	0	1	0	0	1	1	0	0
0	2	1	1	2	2	1	2	2	1	0	0	0	0	0	2	1	0	0	1	0	0	1	1	0	0
0	2	1	1	2	2	1	2	2	1	0	0	0	0	0	2	1	0	0	1	0	0	1	1	0	0
2	1	0	0	1	1	0	1	1	0	2	2	2	2	2	1	0	2	2	0	2	2	0	0	2	2
1	0	2	2	0	0	2	0	0	2	1	1	1	1	1	0	2	1	1	2	1	1	2	2	1	1
3	2	1	1	2	2	1	2	2	1	0	0	0	0	0	2	1	0	0	1	0	0	1	1	0	0
3	2	1	1	2	2	1	2	2	1	0	0	0	0	0	2	1	0	0	1	0	0	1	1	0	0
1	0	2	2	0	0	2	0	0	2	1	1	1	1	1	0	2	1	1	2	1	1	2	2	1	1
3	2	1	1	2	2	1	2	2	1	0	0	0	0	0	2	1	0	0	1	0	0	1	1	0	0
3	2	1	1	2	2	1	2	2	1	0	0	0	0	0	2	1	0	0	1	0	0	1	1	0	0
4	0	2	2	0	0	2	0	0	2	1	1	1	1	1	0	2	1	1	2	1	1	2	2	1	1
4	0	2	2	0	0	2	0	0	2	1	1	1	1	1	0	2	1	1	2	1	1	2	2	1	1
3	2	1	1	2	2	1	2	2	1	0	0	0	0	0	2	1	0	0	1	0	0	1	1	0	0
3	2	1	1	2	2	1	2	2	1	0	0	0	0	0	2	1	0	0	1	0	0	1	1	0	0

② 2단계

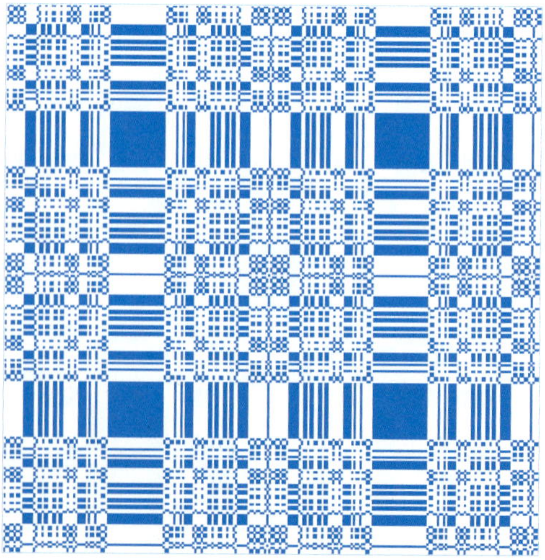

(31) 46행은 125주기를 가진다. 각 행은 01122⋯, 12200⋯, 20011⋯의 125주기 3개를 가진다. 개울가의 조약돌, 물살에 떠 내려간다. 바다까지 가려나.

① 1단계

	3	1	4	2	2	2	4	1	3	3	3	1	4	2	2	2	4	1	3	3	3	1	4	2	3
3	0	1	1	2	2	2	1	1	0	0	0	1	1	2	2	2	1	1	0	0	0	1	1	2	0
1	1	2	2	0	0	0	2	2	1	1	1	2	2	0	0	0	2	2	1	1	1	2	2	0	1
4	1	2	2	0	0	0	2	2	1	1	1	2	2	0	0	0	2	2	1	1	1	2	2	0	1
2	2	0	0	1	1	1	0	0	2	2	2	0	0	1	1	1	0	0	2	2	2	0	0	1	2
2	2	0	0	1	1	1	0	0	2	2	2	0	0	1	1	1	0	0	2	2	2	0	0	1	2
2	2	0	0	1	1	1	0	0	2	2	2	0	0	1	1	1	0	0	2	2	2	0	0	1	2
4	1	2	2	0	0	0	2	2	1	1	1	2	2	0	0	0	2	2	1	1	1	2	2	0	1
1	1	2	2	0	0	0	2	2	1	1	1	2	2	0	0	0	2	2	1	1	1	2	2	0	1
3	0	1	1	2	2	2	1	1	0	0	0	1	1	2	2	2	1	1	0	0	0	1	1	2	0
3	0	1	1	2	2	2	1	1	0	0	0	1	1	2	2	2	1	1	0	0	0	1	1	2	0
3	0	1	1	2	2	2	1	1	0	0	0	1	1	2	2	2	1	1	0	0	0	1	1	2	0
1	1	2	2	0	0	0	2	2	1	1	1	2	2	0	0	0	2	2	1	1	1	2	2	0	1
4	1	2	2	0	0	0	2	2	1	1	1	2	2	0	0	0	2	2	1	1	1	2	2	0	1
2	2	0	0	1	1	1	0	0	2	2	2	0	0	1	1	1	0	0	2	2	2	0	0	1	2
2	2	0	0	1	1	1	0	0	2	2	2	0	0	1	1	1	0	0	2	2	2	0	0	1	2
2	2	0	0	1	1	1	0	0	2	2	2	0	0	1	1	1	0	0	2	2	2	0	0	1	2
4	1	2	2	0	0	0	2	2	1	1	1	2	2	0	0	0	2	2	1	1	1	2	2	0	1
1	1	2	2	0	0	0	2	2	1	1	1	2	2	0	0	0	2	2	1	1	1	2	2	0	1
3	0	1	1	2	2	2	1	1	0	0	0	1	1	2	2	2	1	1	0	0	0	1	1	2	0
3	0	1	1	2	2	2	1	1	0	0	0	1	1	2	2	2	1	1	0	0	0	1	1	2	0
3	0	1	1	2	2	2	1	1	0	0	0	1	1	2	2	2	1	1	0	0	0	1	1	2	0
1	1	2	2	0	0	0	2	2	1	1	1	2	2	0	0	0	2	2	1	1	1	2	2	0	1
4	1	2	2	0	0	0	2	2	1	1	1	2	2	0	0	0	2	2	1	1	1	2	2	0	1
2	2	0	0	1	1	1	0	0	2	2	2	0	0	1	1	1	0	0	2	2	2	0	0	1	2
3	0	1	1	2	2	2	1	1	0	0	0	1	1	2	2	2	1	1	0	0	0	1	1	2	0

② 2단계

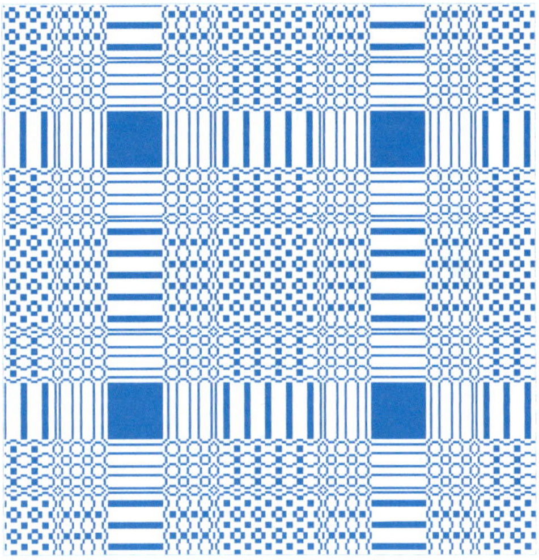

(32) 47행은 125주기를 가진다. 각 행은 21121⋯, 10010⋯, 21121⋯의 125주기 3개를 가진다. 창살은 세상과 나를 구분한다. 내가 갇힌 것인가, 세상이 갇힌 것인가.

① 1단계

	1	0	0	1	0	4	0	0	4	0	1	0	0	1	0	4	0	0	4	0	1	0	0	1	1
1	2	1	1	2	1	2	1	1	2	1	2	1	1	2	1	2	1	1	2	1	2	1	1	2	2
0	1	0	0	1	0	1	0	0	1	0	1	0	0	1	0	1	0	0	1	0	1	0	0	1	1
0	1	0	0	1	0	1	0	0	1	0	1	0	0	1	0	1	0	0	1	0	1	0	0	1	1
1	2	1	1	2	1	2	1	1	2	1	2	1	1	2	1	2	1	1	2	1	2	1	1	2	2
0	1	0	0	1	0	1	0	0	1	0	1	0	0	1	0	1	0	0	1	0	1	0	0	1	1
4	2	1	1	2	1	2	1	1	2	1	2	1	1	2	1	2	1	1	2	1	2	1	1	2	2
0	1	0	0	1	0	1	0	0	1	0	1	0	0	1	0	1	0	0	1	0	1	0	0	1	1
0	1	0	0	1	0	1	0	0	1	0	1	0	0	1	0	1	0	0	1	0	1	0	0	1	1
4	2	1	1	2	1	2	1	1	2	1	2	1	1	2	1	2	1	1	2	1	2	1	1	2	2
0	1	0	0	1	0	1	0	0	1	0	1	0	0	1	0	1	0	0	1	0	1	0	0	1	1
1	2	1	1	2	1	2	1	1	2	1	2	1	1	2	1	2	1	1	2	1	2	1	1	2	2
0	1	0	0	1	0	1	0	0	1	0	1	0	0	1	0	1	0	0	1	0	1	0	0	1	1
0	1	0	0	1	0	1	0	0	1	0	1	0	0	1	0	1	0	0	1	0	1	0	0	1	1
1	2	1	1	2	1	2	1	1	2	1	2	1	1	2	1	2	1	1	2	1	2	1	1	2	2
0	1	0	0	1	0	1	0	0	1	0	1	0	0	1	0	1	0	0	1	0	1	0	0	1	1
4	2	1	1	2	1	2	1	1	2	1	2	1	1	2	1	2	1	1	2	1	2	1	1	2	2
0	1	0	0	1	0	1	0	0	1	0	1	0	0	1	0	1	0	0	1	0	1	0	0	1	1
0	1	0	0	1	0	1	0	0	1	0	1	0	0	1	0	1	0	0	1	0	1	0	0	1	1
4	2	1	1	2	1	2	1	1	2	1	2	1	1	2	1	2	1	1	2	1	2	1	1	2	2
0	1	0	0	1	0	1	0	0	1	0	1	0	0	1	0	1	0	0	1	0	1	0	0	1	1
1	2	1	1	2	1	2	1	1	2	1	2	1	1	2	1	2	1	1	2	1	2	1	1	2	2
0	1	0	0	1	0	1	0	0	1	0	1	0	0	1	0	1	0	0	1	0	1	0	0	1	1
0	1	0	0	1	0	1	0	0	1	0	1	0	0	1	0	1	0	0	1	0	1	0	0	1	1
1	2	1	1	2	1	2	1	1	2	1	2	1	1	2	1	2	1	1	2	1	2	1	1	2	2
1	2	1	1	2	1	2	1	1	2	1	2	1	1	2	1	2	1	1	2	1	2	1	1	2	2

② 2단계

(33) 48행은 125주기를 가진다. 각 행은 21120···, 10012···, 02201··· 의 125주기 3개를 가진다. 숨쉴 곳이 있다. 가운데는 섬세하다. 작은 것은 새로운 생명을 느끼게 한다.

① 1단계	② 2단계
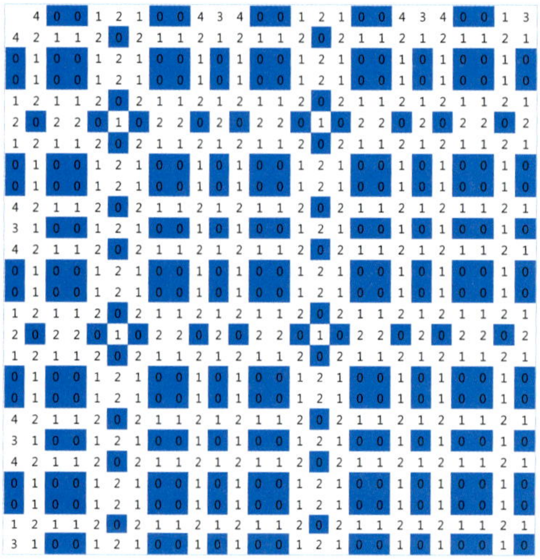	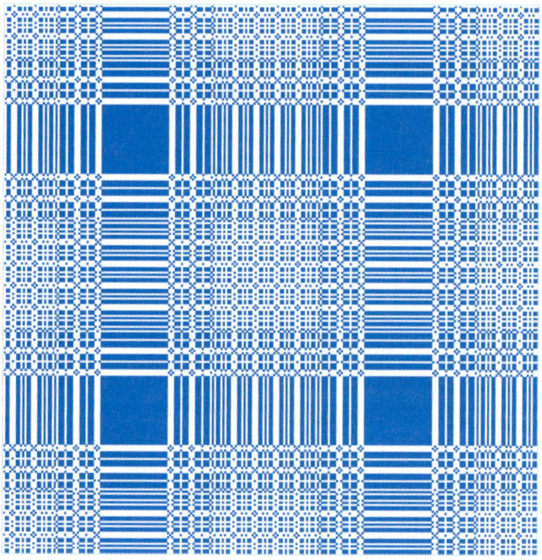

(34) 49행은 125주기를 가진다. 각 행은 10012···, 02201···, 21120··· 의 125주기 3개를 가진다. 전자들이 원자핵 주위에서 노는 듯 하다. 진동하는 모습, 그들도 생명있고, 즐거운가 보다.

① 1단계	② 2단계
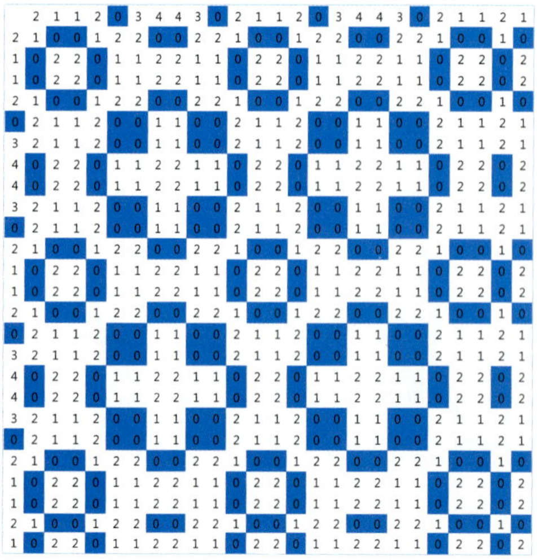	

(35) 50행은 125주기를 가진다. 각행은 00000⋯,11111⋯, 22222⋯ 의 125주기 3개를 가진다. 십자가 보인다. 십자가는 하늘과 인간의 소통이다. 우리는 수학과 소통을 이루어야 한다. 수학에게 생명을 주어야 한다. 그들의 숨소리를 들어야 한다.

① 1단계	② 2단계
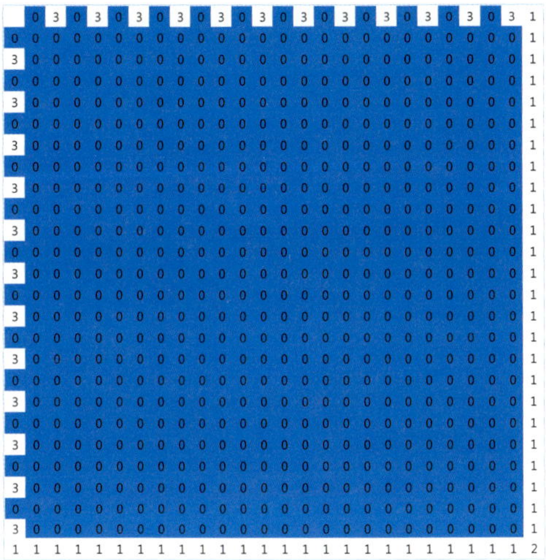	

(36) 51행은 125주기를 가진다. 각 행은 01120⋯, 12201⋯, 20012⋯ 의 125주기 3개를 가진다. 정적인 것과 동적인 것, 죽은 것과 살아 있는 것, 함께 하는 것이다. 잠깐이다.

① 1단계	② 2단계
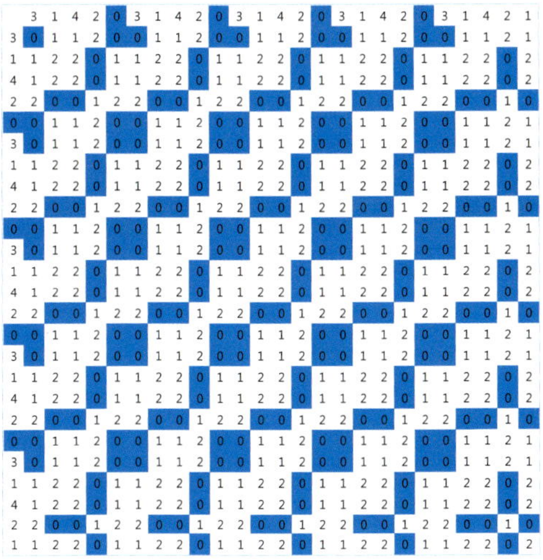	

(37) 52행은 125주기를 가진다. 각 행은 21121···, 10010···, 02202··· 의 125주기 3개를 가진다. 창살, 그래도 햇살을 들어온다. 그들은 퍼진다.

① 1단계	② 2단계
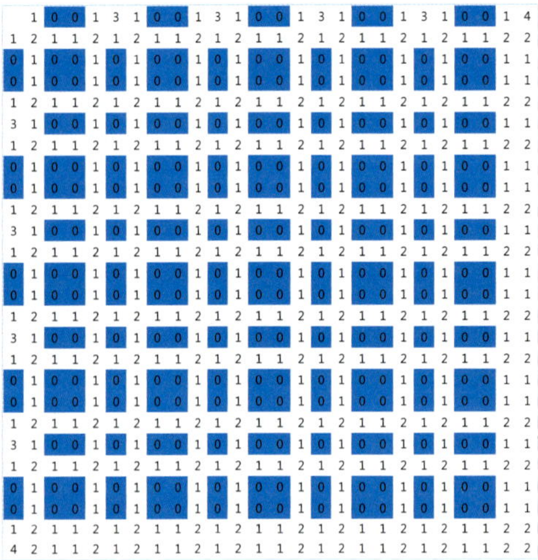	

(38) 53행은 125주기를 가진다. 각 행은 21121···, 10010···, 11212의 125주기 3개를 가진다. 창살, 나도 만들고 있다. 누구나 스스로 만들고 그 안에 산다.

① 1단계	② 2단계
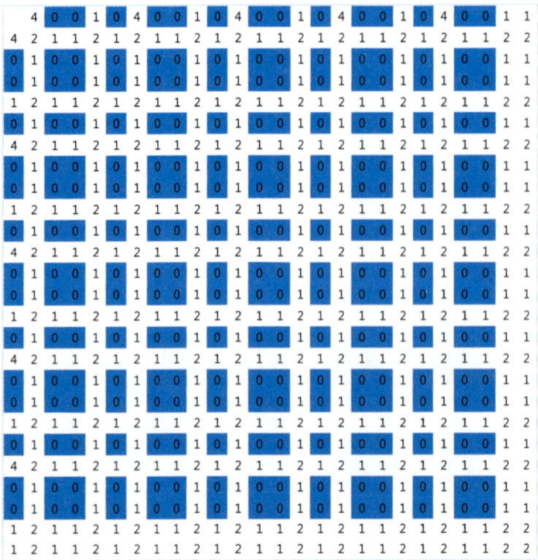	

(39) 54행은 125주기를 가진다. 각 행은 10012⋯, 02201⋯, 21120⋯ 의 125주기 3개를 가진다.

① 1단계

	2	1	1	2	3	2	1	1	2	3
2	1	0	0	1	2	1	0	0	1	2
1	0	2	2	0	1	0	2	2	0	1
1	0	2	2	0	1	0	2	2	0	1
2	1	0	0	1	2	1	0	0	1	2
3	2	1	1	2	0	2	1	1	2	0
2	1	0	0	1	2	1	0	0	1	2
1	0	2	2	0	1	0	2	2	0	1
1	0	2	2	0	1	0	2	2	0	1
2	1	0	0	1	2	1	0	0	1	2
3	2	1	1	2	0	2	1	1	2	0

② 2단계

	2	1	1	2	3	2	1	1	2	3	2	1	1	2	3	2	1	1	2	3
2	1	0	0	1	2	1	0	0	1	2	1	0	0	1	2	1	0	0	1	2
1	0	2	2	0	1	0	2	2	0	1	0	2	2	0	1	0	2	2	0	1
1	0	2	2	0	1	0	2	2	0	1	0	2	2	0	1	0	2	2	0	1
2	1	0	0	1	2	1	0	0	1	2	1	0	0	1	2	1	0	0	1	2
3	2	1	1	2	0	2	1	1	2	0	2	1	1	2	0	2	1	1	2	0
2	1	0	0	1	2	1	0	0	1	2	1	0	0	1	2	1	0	0	1	2
1	0	2	2	0	1	0	2	2	0	1	0	2	2	0	1	0	2	2	0	1
1	0	2	2	0	1	0	2	2	0	1	0	2	2	0	1	0	2	2	0	1
2	1	0	0	1	2	1	0	0	1	2	1	0	0	1	2	1	0	0	1	2
3	2	1	1	2	0	2	1	1	2	0	2	1	1	2	0	2	1	1	2	0
2	1	0	0	1	2	1	0	0	1	2	1	0	0	1	2	1	0	0	1	2
1	0	2	2	0	1	0	2	2	0	1	0	2	2	0	1	0	2	2	0	1
1	0	2	2	0	1	0	2	2	0	1	0	2	2	0	1	0	2	2	0	1
2	1	0	0	1	2	1	0	0	1	2	1	0	0	1	2	1	0	0	1	2
3	2	1	1	2	0	2	1	1	2	0	2	1	1	2	0	2	1	1	2	0
2	1	0	0	1	2	1	0	0	1	2	1	0	0	1	2	1	0	0	1	2
1	0	2	2	0	1	0	2	2	0	1	0	2	2	0	1	0	2	2	0	1
1	0	2	2	0	1	0	2	2	0	1	0	2	2	0	1	0	2	2	0	1
2	1	0	0	1	2	1	0	0	1	2	1	0	0	1	2	1	0	0	1	2
3	2	1	1	2	0	2	1	1	2	0	2	1	1	2	0	2	1	1	2	0

③ 3단계

(40) 55행은 125주기를 가진다. 각 행은 00000…, 11111…, 22222…의 125주기 3개를 가진다.

① 1단계

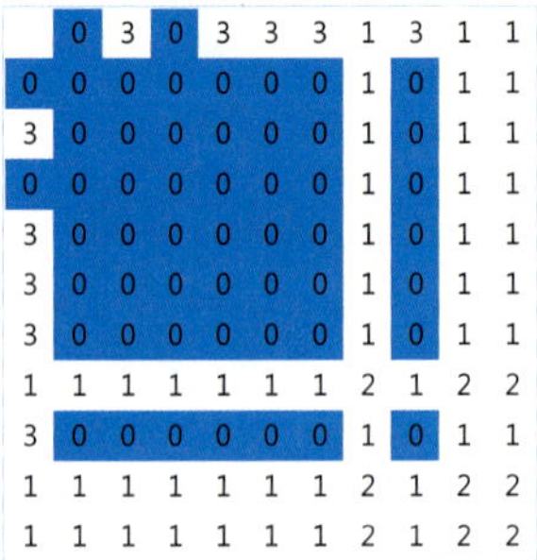

② 2단계

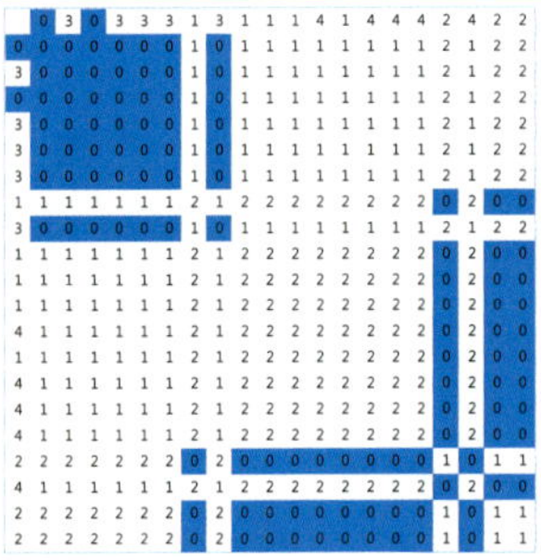

③ 3단계

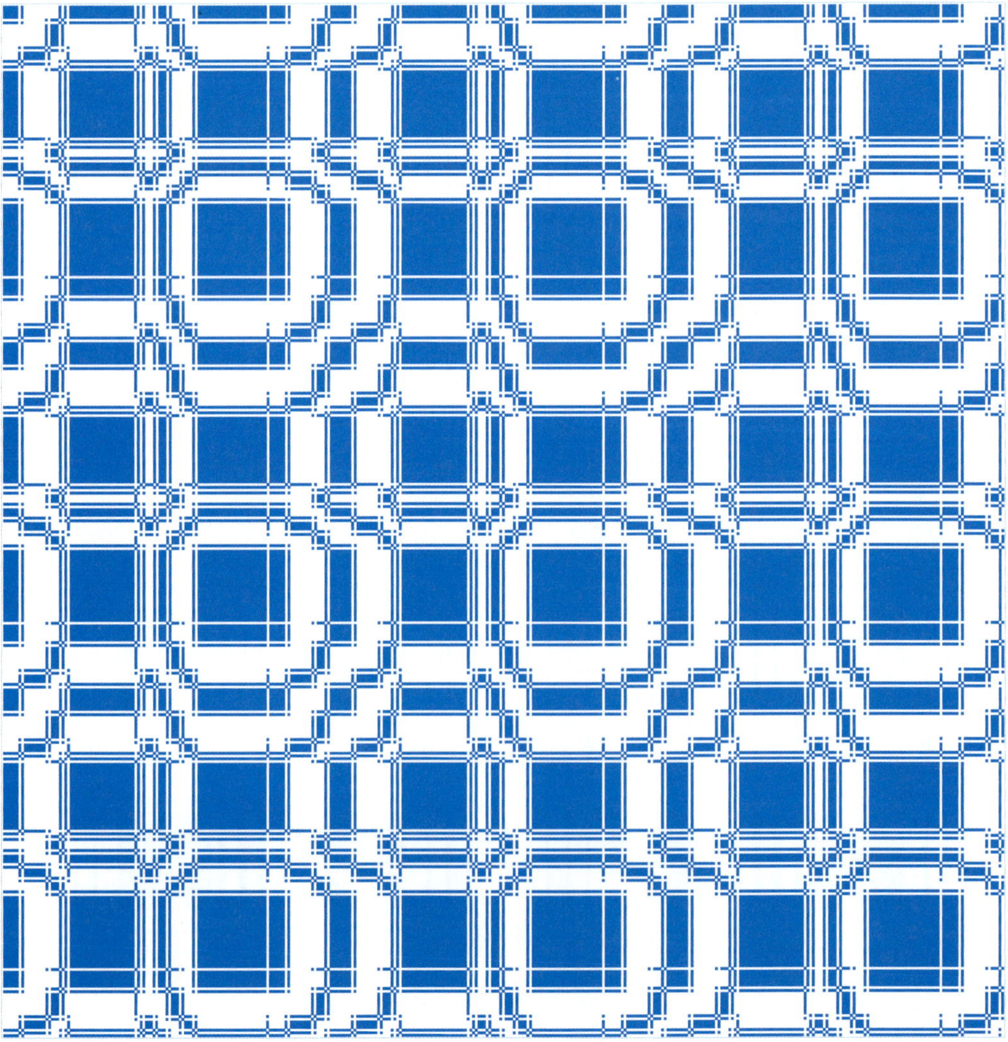

(41) 56행은 125주기를 가진다. 각 행은 01120…, 12201…,20012… 의 125주기 3개를 가진다.

① 1단계

	3	1	4	2	3	4	3	2	1	3
3	0	1	1	2	0	1	0	2	1	0
1	1	2	2	0	1	2	1	0	2	1
4	1	2	2	0	1	2	1	0	2	1
2	2	0	0	1	2	0	2	1	0	2
3	0	1	1	2	0	1	0	2	1	0
4	1	2	2	0	1	2	1	0	2	1
3	0	1	1	2	0	1	0	2	1	0
2	2	0	0	1	2	0	2	1	0	2
1	1	2	2	0	1	2	1	0	2	1
3	0	1	1	2	0	1	0	2	1	0

② 2단계

	3	1	4	2	3	4	3	2	1	3	0	0	0	0	3	1	2	3	4	3
3	0	1	1	2	0	1	0	2	1	0	0	0	0	0	0	1	2	0	1	0
1	1	2	2	0	1	2	1	0	2	1	1	1	1	1	1	2	0	1	2	1
4	1	2	2	0	1	2	1	0	2	1	1	1	1	1	1	2	0	1	2	1
2	2	0	0	1	2	0	2	1	0	2	2	2	2	2	2	0	1	2	0	2
3	0	1	1	2	0	1	0	2	1	0	0	0	0	0	0	1	2	0	1	0
4	1	2	2	0	1	2	1	0	2	1	1	1	1	1	1	2	0	1	2	1
3	0	1	1	2	0	1	0	2	1	0	0	0	0	0	0	1	2	0	1	0
2	2	0	0	1	2	0	2	1	0	2	2	2	2	2	2	0	1	2	0	2
1	1	2	2	0	1	2	1	0	2	1	1	1	1	1	1	2	0	1	2	1
3	0	1	1	2	0	1	0	2	1	0	0	0	0	0	0	1	2	0	1	0
0	0	1	1	2	0	1	0	2	1	0	0	0	0	0	0	1	2	0	1	0
0	0	1	1	2	0	1	0	2	1	0	0	0	0	0	0	1	2	0	1	0
0	0	1	1	2	0	1	0	2	1	0	0	0	0	0	0	1	2	0	1	0
0	0	1	1	2	0	1	0	2	1	0	0	0	0	0	0	1	2	0	1	0
3	0	1	1	2	0	1	0	2	1	0	0	0	0	0	0	1	2	0	1	0
1	1	2	2	0	1	2	1	0	2	1	1	1	1	1	1	2	0	1	2	1
2	2	0	0	1	2	0	2	1	0	2	2	2	2	2	2	0	1	2	0	2
3	0	1	1	2	0	1	0	2	1	0	0	0	0	0	0	1	2	0	1	0
4	1	2	2	0	1	2	1	0	2	1	1	1	1	1	1	2	0	1	2	1
3	0	1	1	2	0	1	0	2	1	0	0	0	0	0	0	1	2	0	1	0

③ 3단계

(42) 57행은 125주기를 가진다. 21122⋯, 10011⋯, 02200⋯ 의 125주기 3개를 가진다.

① 1단계

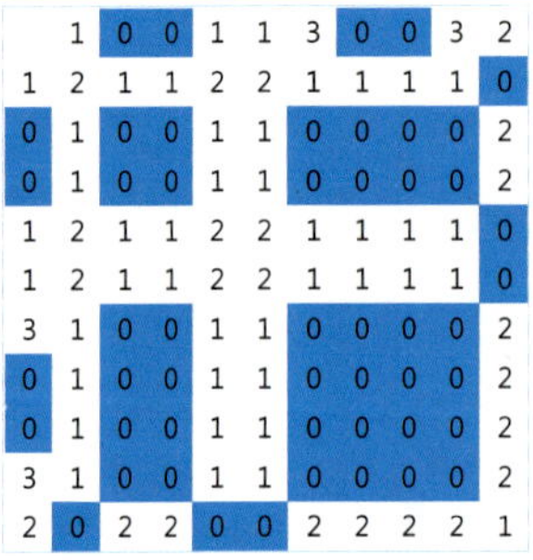

② 2단계

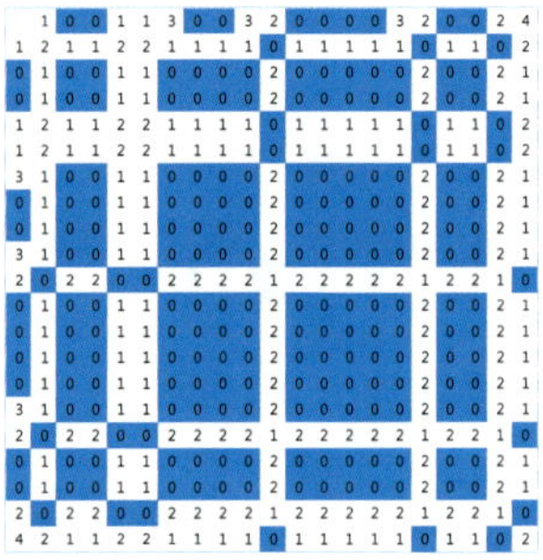

③ 3단계

(43) 58행은 125주기를 가진다. 각 행은 21121⋯, 10010⋯, 02202⋯ 의 125주기 3개를 가진다.

① 1단계

	4	0	0	1	3	2	0	0	3	3
4	2	1	1	2	1	0	1	1	1	1
0	1	0	0	1	0	2	0	0	0	0
0	1	0	0	1	0	2	0	0	0	0
1	2	1	1	2	1	0	1	1	1	1
3	1	0	0	1	0	2	0	0	0	0
2	0	2	2	0	2	1	2	2	2	2
0	1	0	0	1	0	2	0	0	0	0
0	1	0	0	1	0	2	0	0	0	0
3	1	0	0	1	0	2	0	0	0	0
3	1	0	0	1	0	2	0	0	0	0

② 2단계

	4	0	0	1	3	2	0	0	3	3	0	0	0	0	3	3	0	0	2	3
4	2	1	1	2	1	0	1	1	1	1	1	1	1	1	1	1	1	1	0	1
0	1	0	0	1	0	2	0	0	0	0	0	0	0	0	0	0	0	0	2	0
0	1	0	0	1	0	2	0	0	0	0	0	0	0	0	0	0	0	0	2	0
1	2	1	1	2	1	0	1	1	1	1	1	1	1	1	1	1	1	1	0	1
3	1	0	0	1	0	2	0	0	0	0	0	0	0	0	0	0	0	0	2	0
2	0	2	2	0	2	1	2	2	2	2	2	2	2	2	2	2	2	2	1	2
0	1	0	0	1	0	2	0	0	0	0	0	0	0	0	0	0	0	0	2	0
0	1	0	0	1	0	2	0	0	0	0	0	0	0	0	0	0	0	0	2	0
3	1	0	0	1	0	2	0	0	0	0	0	0	0	0	0	0	0	0	2	0
3	1	0	0	1	0	2	0	0	0	0	0	0	0	0	0	0	0	0	2	0
0	1	0	0	1	0	2	0	0	0	0	0	0	0	0	0	0	0	0	2	0
0	1	0	0	1	0	2	0	0	0	0	0	0	0	0	0	0	0	0	2	0
0	1	0	0	1	0	2	0	0	0	0	0	0	0	0	0	0	0	0	2	0
0	1	0	0	1	0	2	0	0	0	0	0	0	0	0	0	0	0	0	2	0
3	1	0	0	1	0	2	0	0	0	0	0	0	0	0	0	0	0	0	2	0
3	1	0	0	1	0	2	0	0	0	0	0	0	0	0	0	0	0	0	2	0
0	1	0	0	1	0	2	0	0	0	0	0	0	0	0	0	0	0	0	2	0
0	1	0	0	1	0	2	0	0	0	0	0	0	0	0	0	0	0	0	2	0
2	0	2	2	0	2	1	2	2	2	2	2	2	2	2	2	2	2	2	1	2
3	1	0	0	1	0	2	0	0	0	0	0	0	0	0	0	0	0	0	2	0

③ 3단계

(44) 60행은 125주기를 가진다. 각 행은 00001⋯, 11112⋯, 22220⋯ 의 125주기 3개를 가진다.

① 1단계

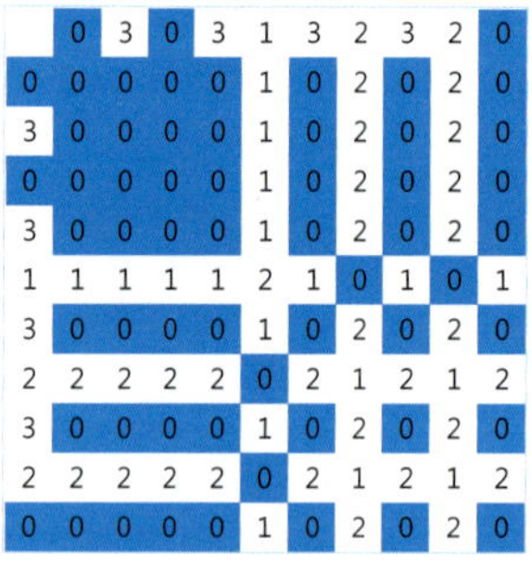

② 2단계

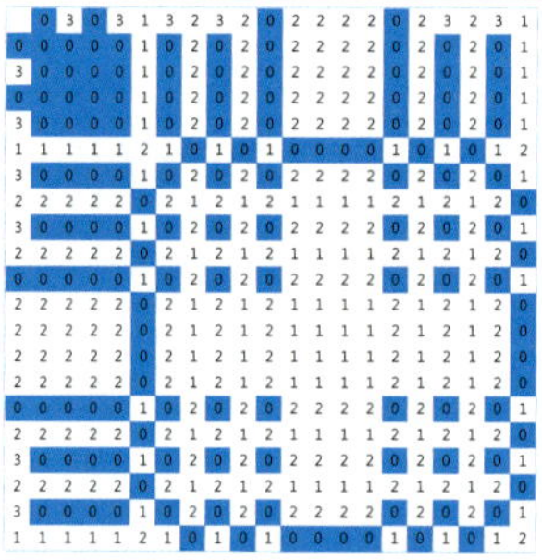

③ 3단계

(45) 62행은 125주기를 가진다. 각 행은 21122⋯, 10011⋯, 02200⋯의 125주기 3개를 가진다.

① 1단계

	1	0	0	1	4	0	0	0	0	2
1	2	1	1	2	2	1	1	1	1	0
0	1	0	0	1	1	0	0	0	0	2
0	1	0	0	1	1	0	0	0	0	2
1	2	1	1	2	2	1	1	1	1	0
4	2	1	1	2	2	1	1	1	1	0
0	1	0	0	1	1	0	0	0	0	2
0	1	0	0	1	1	0	0	0	0	2
0	1	0	0	1	1	0	0	0	0	2
0	1	0	0	1	1	0	0	0	0	2
2	0	2	2	0	0	2	2	2	2	1

② 2단계

	1	0	0	1	4	0	0	0	0	2	3	0	0	3	2	0	0	0	0	4
1	2	1	1	2	2	1	1	1	1	0	1	1	1	1	0	1	1	1	1	2
0	1	0	0	1	1	0	0	0	0	2	0	0	0	0	2	0	0	0	0	1
0	1	0	0	1	1	0	0	0	0	2	0	0	0	0	2	0	0	0	0	1
1	2	1	1	2	2	1	1	1	1	0	1	1	1	1	0	1	1	1	1	2
4	2	1	1	2	2	1	1	1	1	0	1	1	1	1	0	1	1	1	1	2
0	1	0	0	1	1	0	0	0	0	2	0	0	0	0	2	0	0	0	0	1
0	1	0	0	1	1	0	0	0	0	2	0	0	0	0	2	0	0	0	0	1
0	1	0	0	1	1	0	0	0	0	2	0	0	0	0	2	0	0	0	0	1
0	1	0	0	1	1	0	0	0	0	2	0	0	0	0	2	0	0	0	0	1
2	0	2	2	0	0	2	2	2	2	1	2	2	2	2	1	2	2	2	2	0
3	1	0	0	1	1	0	0	0	0	2	0	0	0	0	2	0	0	0	0	1
0	1	0	0	1	1	0	0	0	0	2	0	0	0	0	2	0	0	0	0	1
0	1	0	0	1	1	0	0	0	0	2	0	0	0	0	2	0	0	0	0	1
3	1	0	0	1	1	0	0	0	0	2	0	0	0	0	2	0	0	0	0	1
2	0	2	2	0	0	2	2	2	2	1	2	2	2	2	1	2	2	2	2	0
0	1	0	0	1	1	0	0	0	0	2	0	0	0	0	2	0	0	0	0	1
0	1	0	0	1	1	0	0	0	0	2	0	0	0	0	2	0	0	0	0	1
0	1	0	0	1	1	0	0	0	0	2	0	0	0	0	2	0	0	0	0	1
0	1	0	0	1	1	0	0	0	0	2	0	0	0	0	2	0	0	0	0	1
4	2	1	1	2	2	1	1	1	1	0	1	1	1	1	0	1	1	1	1	2

③ 3단계

(46) 63행은 125주기를 가진다. 각 행은 21122···, 10011···, 02200··· 은 125주기 3개를 가진다.

① 1단계

	4	0	0	1	1	0	0	0	0	2
4	2	1	1	2	2	1	1	1	1	0
0	1	0	0	1	1	0	0	0	0	2
0	1	0	0	1	1	0	0	0	0	2
1	2	1	1	2	2	1	1	1	1	0
1	2	1	1	2	2	1	1	1	1	0
0	1	0	0	1	1	0	0	0	0	2
0	1	0	0	1	1	0	0	0	0	2
0	1	0	0	1	1	0	0	0	0	2
0	1	0	0	1	1	0	0	0	0	2
2	0	2	2	0	0	2	2	2	2	1

② 2단계

	4	0	0	1	1	0	0	0	0	2	2	0	0	3	3	0	0	0	0	4
4	2	1	1	2	2	1	1	1	1	0	0	1	1	1	1	1	1	1	1	2
0	1	0	0	1	1	0	0	0	0	2	2	0	0	0	0	0	0	0	0	1
0	1	0	0	1	1	0	0	0	0	2	2	0	0	0	0	0	0	0	0	1
1	2	1	1	2	2	1	1	1	1	0	0	1	1	1	1	1	1	1	1	2
1	2	1	1	2	2	1	1	1	1	0	0	1	1	1	1	1	1	1	1	2
0	1	0	0	1	1	0	0	0	0	2	2	0	0	0	0	0	0	0	0	1
0	1	0	0	1	1	0	0	0	0	2	2	0	0	0	0	0	0	0	0	1
0	1	0	0	1	1	0	0	0	0	2	2	0	0	0	0	0	0	0	0	1
0	1	0	0	1	1	0	0	0	0	2	2	0	0	0	0	0	0	0	0	1
2	0	2	2	0	0	2	2	2	2	1	1	2	2	2	2	2	2	2	2	0
2	0	2	2	0	0	2	2	2	2	1	1	2	2	2	2	2	2	2	2	0
0	1	0	0	1	1	0	0	0	0	2	2	0	0	0	0	0	0	0	0	1
0	1	0	0	1	1	0	0	0	0	2	2	0	0	0	0	0	0	0	0	1
3	1	0	0	1	1	0	0	0	0	2	2	0	0	0	0	0	0	0	0	1
3	1	0	0	1	1	0	0	0	0	2	2	0	0	0	0	0	0	0	0	1
0	1	0	0	1	1	0	0	0	0	2	2	0	0	0	0	0	0	0	0	1
0	1	0	0	1	1	0	0	0	0	2	2	0	0	0	0	0	0	0	0	1
0	1	0	0	1	1	0	0	0	0	2	2	0	0	0	0	0	0	0	0	1
0	1	0	0	1	1	0	0	0	0	2	2	0	0	0	0	0	0	0	0	1
4	2	1	1	2	2	1	1	1	1	0	0	1	1	1	1	1	1	1	1	2

③ 3단계

(47) 64행은 125주기를 가진다. 각 행은 10010⋯, 02202⋯, 21121⋯ 의 125주기 3개를 가진다.

① 1단계

	2	1	1	2	4	0	0	0	0	2
2	1	0	0	1	0	2	2	2	2	1
1	0	2	2	0	2	1	1	1	1	0
1	0	2	2	0	2	1	1	1	1	0
2	1	0	0	1	0	2	2	2	2	1
4	0	2	2	0	2	1	1	1	1	0
0	2	1	1	2	1	0	0	0	0	2
0	2	1	1	2	1	0	0	0	0	2
0	2	1	1	2	1	0	0	0	0	2
0	2	1	1	2	1	0	0	0	0	2
2	1	0	0	1	0	2	2	2	2	1

② 2단계

	2	1	1	2	4	0	0	0	0	2	1	3	3	1	2	0	0	0	0	4
2	1	0	0	1	0	2	2	2	2	1	0	2	2	0	1	2	2	2	2	0
1	0	2	2	0	2	1	1	1	1	0	2	1	1	2	0	1	1	1	1	2
1	0	2	2	0	2	1	1	1	1	0	2	1	1	2	0	1	1	1	1	2
2	1	0	0	1	0	2	2	2	2	1	0	2	2	0	1	2	2	2	2	0
4	0	2	2	0	2	1	1	1	1	0	2	1	1	2	0	1	1	1	1	2
0	2	1	1	2	1	0	0	0	0	2	1	0	0	1	2	0	0	0	0	1
0	2	1	1	2	1	0	0	0	0	2	1	0	0	1	2	0	0	0	0	1
0	2	1	1	2	1	0	0	0	0	2	1	0	0	1	2	0	0	0	0	1
0	2	1	1	2	1	0	0	0	0	2	1	0	0	1	2	0	0	0	0	1
2	1	0	0	1	0	2	2	2	2	1	0	2	2	0	1	2	2	2	2	0
1	0	2	2	0	2	1	1	1	1	0	2	1	1	2	0	1	1	1	1	2
3	2	1	1	2	1	0	0	0	0	2	1	0	0	1	2	0	0	0	0	1
3	2	1	1	2	1	0	0	0	0	2	1	0	0	1	2	0	0	0	0	1
1	0	2	2	0	2	1	1	1	1	0	2	1	1	2	0	1	1	1	1	2
2	1	0	0	1	0	2	2	2	2	1	0	2	2	0	1	2	2	2	2	0
0	2	1	1	2	1	0	0	0	0	2	1	0	0	1	2	0	0	0	0	1
0	2	1	1	2	1	0	0	0	0	2	1	0	0	1	2	0	0	0	0	1
0	2	1	1	2	1	0	0	0	0	2	1	0	0	1	2	0	0	0	0	1
0	2	1	1	2	1	0	0	0	0	2	1	0	0	1	2	0	0	0	0	1
4	0	2	2	0	2	1	1	1	1	0	2	1	1	2	0	1	1	1	1	2

③ 3단계

(48) 65행은 125주기를 가진다.

① 1단계

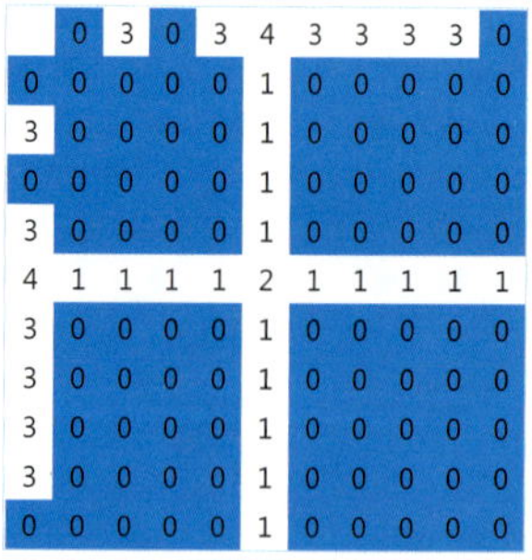

② 2단계

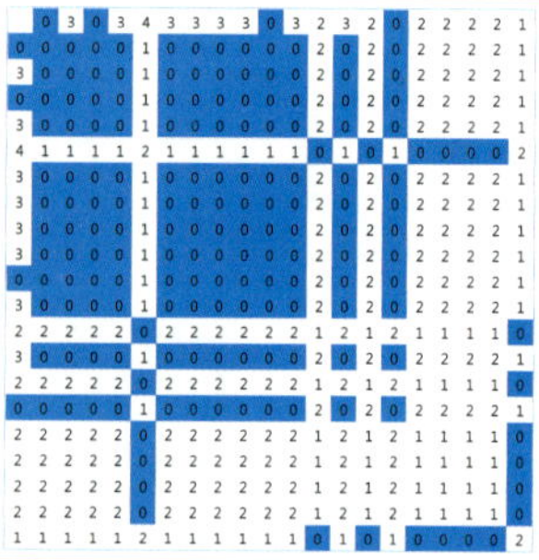

③ 3단계

(49) 66행은 125주기를 가진다. 각 행은 01121···, 12202···, 20010··· 의 125주기 3개를 가진다.

① 1단계

	3	1	4	2	4	1	2	3	4	2
3	0	1	1	2	1	1	2	0	1	2
1	1	2	2	0	2	2	0	1	2	0
4	1	2	2	0	2	2	0	1	2	0
2	2	0	0	1	0	0	1	2	0	1
4	1	2	2	0	2	2	0	1	2	0
1	1	2	2	0	2	2	0	1	2	0
2	2	0	0	1	0	0	1	2	0	1
3	0	1	1	2	1	1	2	0	1	2
4	1	2	2	0	2	2	0	1	2	0
2	2	0	0	1	0	0	1	2	0	1

② 2단계

	3	1	4	2	4	1	2	3	4	2	0	0	0	0	2	4	3	2	1	4
3	0	1	1	2	1	1	2	0	1	2	0	0	0	0	2	1	0	2	1	1
1	1	2	2	0	2	2	0	1	2	0	1	1	1	1	0	2	1	0	2	2
4	1	2	2	0	2	2	0	1	2	0	1	1	1	1	0	2	1	0	2	2
2	2	0	0	1	0	0	1	2	0	1	2	2	2	2	1	0	2	1	0	0
4	1	2	2	0	2	2	0	1	2	0	1	1	1	1	0	2	1	0	2	2
1	1	2	2	0	2	2	0	1	2	0	1	1	1	1	0	2	1	0	2	2
2	2	0	0	1	0	0	1	2	0	1	2	2	2	2	1	0	2	1	0	0
3	0	1	1	2	1	1	2	0	1	2	0	0	0	0	2	1	0	2	1	1
4	1	2	2	0	2	2	0	1	2	0	1	1	1	1	0	2	1	0	2	2
2	2	0	0	1	0	0	1	2	0	1	2	2	2	2	1	0	2	1	0	0
0	0	1	1	2	1	1	2	0	1	2	0	0	0	0	2	1	0	2	1	1
0	0	1	1	2	1	1	2	0	1	2	0	0	0	0	2	1	0	2	1	1
0	0	1	1	2	1	1	2	0	1	2	0	0	0	0	2	1	0	2	1	1
0	0	1	1	2	1	1	2	0	1	2	0	0	0	0	2	1	0	2	1	1
2	2	0	0	1	0	0	1	2	0	1	2	2	2	2	1	0	2	1	0	0
4	1	2	2	0	2	2	0	1	2	0	1	1	1	1	0	2	1	0	2	2
3	0	1	1	2	1	1	2	0	1	2	0	0	0	0	2	1	0	2	1	1
2	2	0	0	1	0	0	1	2	0	1	2	2	2	2	1	0	2	1	0	0
1	1	2	2	0	2	2	0	1	2	0	1	1	1	1	0	2	1	0	2	2
4	1	2	2	0	2	2	0	1	2	0	1	1	1	1	0	2	1	0	2	2

③ 3단계

(50) 67행은 125주기. 각 행은 21120⋯, 10012⋯, 02201⋯ 의 125주기 3개를 가진다.

① 1단계

	1	0	0	1	2	2	0	0	2	3
1	2	1	1	2	0	0	1	1	0	1
0	1	0	0	1	2	2	0	0	2	0
0	1	0	0	1	2	2	0	0	2	0
1	2	1	1	2	0	0	1	1	0	1
2	0	2	2	0	1	1	2	2	1	2
2	0	2	2	0	1	1	2	2	1	2
0	1	0	0	1	2	2	0	0	2	0
0	1	0	0	1	2	2	0	0	2	0
2	0	2	2	0	1	1	2	2	1	2
3	1	0	0	1	2	2	0	0	2	0

② 2단계

	1	0	0	1	2	2	0	0	2	3	0	0	0	0	2	3	0	0	3	3
1	2	1	1	2	0	0	1	1	0	1	1	1	1	1	0	1	1	1	1	1
0	1	0	0	1	2	2	0	0	2	0	0	0	0	0	2	0	0	0	0	0
0	1	0	0	1	2	2	0	0	2	0	0	0	0	0	2	0	0	0	0	0
1	2	1	1	2	0	0	1	1	0	1	1	1	1	1	0	1	1	1	1	1
2	0	2	2	0	1	1	2	2	1	2	2	2	2	2	1	2	2	2	2	2
2	0	2	2	0	1	1	2	2	1	2	2	2	2	2	1	2	2	2	2	2
0	1	0	0	1	2	2	0	0	2	0	0	0	0	0	2	0	0	0	0	0
0	1	0	0	1	2	2	0	0	2	0	0	0	0	0	2	0	0	0	0	0
2	0	2	2	0	1	1	2	2	1	2	2	2	2	2	1	2	2	2	2	2
3	1	0	0	1	2	2	0	0	2	0	0	0	0	0	2	0	0	0	0	0
0	1	0	0	1	2	2	0	0	2	0	0	0	0	0	2	0	0	0	0	0
0	1	0	0	1	2	2	0	0	2	0	0	0	0	0	2	0	0	0	0	0
0	1	0	0	1	2	2	0	0	2	0	0	0	0	0	2	0	0	0	0	0
0	1	0	0	1	2	2	0	0	2	0	0	0	0	0	2	0	0	0	0	0
2	0	2	2	0	1	1	2	2	1	2	2	2	2	2	1	2	2	2	2	2
3	1	0	0	1	2	2	0	0	2	0	0	0	0	0	2	0	0	0	0	0
0	1	0	0	1	2	2	0	0	2	0	0	0	0	0	2	0	0	0	0	0
0	1	0	0	1	2	2	0	0	2	0	0	0	0	0	2	0	0	0	0	0
3	1	0	0	1	2	2	0	0	2	0	0	0	0	0	2	0	0	0	0	0
3	1	0	0	1	2	2	0	0	2	0	0	0	0	0	2	0	0	0	0	0

③ 3단계

(51) 68행은 125주기. 각 행은 21112···, 10011···, 02200··· 은 125주기 3개를 가진다.

① 1단계

	4	0	0	1	4	3	0	0	2	2
4	2	1	1	2	2	1	1	1	0	0
0	1	0	0	1	1	0	0	0	2	2
0	1	0	0	1	1	0	0	0	2	2
1	2	1	1	2	2	1	1	1	0	0
4	2	1	1	2	2	1	1	1	0	0
3	1	0	0	1	1	0	0	0	2	2
0	1	0	0	1	1	0	0	0	2	2
0	1	0	0	1	1	0	0	0	2	2
2	0	2	2	0	0	2	2	2	1	1
2	0	2	2	0	0	2	2	2	1	1

② 2단계

	4	0	0	1	4	3	0	0	2	2	0	0	0	0	2	2	0	0	3	4
4	2	1	1	2	2	1	1	1	0	0	1	1	1	1	0	0	1	1	1	2
0	1	0	0	1	1	0	0	0	2	2	0	0	0	0	2	2	0	0	0	1
0	1	0	0	1	1	0	0	0	2	2	0	0	0	0	2	2	0	0	0	1
1	2	1	1	2	2	1	1	1	0	0	1	1	1	1	0	0	1	1	1	2
4	2	1	1	2	2	1	1	1	0	0	1	1	1	1	0	0	1	1	1	2
3	1	0	0	1	1	0	0	0	2	2	0	0	0	0	2	2	0	0	0	1
0	1	0	0	1	1	0	0	0	2	2	0	0	0	0	2	2	0	0	0	1
0	1	0	0	1	1	0	0	0	2	2	0	0	0	0	2	2	0	0	0	1
2	0	2	2	0	0	2	2	2	1	1	2	2	2	2	1	1	2	2	2	0
2	0	2	2	0	0	2	2	2	1	1	2	2	2	2	1	1	2	2	2	0
0	1	0	0	1	1	0	0	0	2	2	0	0	0	0	2	2	0	0	0	1
0	1	0	0	1	1	0	0	0	2	2	0	0	0	0	2	2	0	0	0	1
0	1	0	0	1	1	0	0	0	2	2	0	0	0	0	2	2	0	0	0	1
0	1	0	0	1	1	0	0	0	2	2	0	0	0	0	2	2	0	0	0	1
2	0	2	2	0	0	2	2	2	1	1	2	2	2	2	1	1	2	2	2	0
2	0	2	2	0	0	2	2	2	1	1	2	2	2	2	1	1	2	2	2	0
0	1	0	0	1	1	0	0	0	2	2	0	0	0	0	2	2	0	0	0	1
0	1	0	0	1	1	0	0	0	2	2	0	0	0	0	2	2	0	0	0	1
3	1	0	0	1	1	0	0	0	2	2	0	0	0	0	2	2	0	0	0	1
4	2	1	1	2	2	1	1	1	0	0	1	1	1	1	0	0	1	1	1	2

③ 3단계

(52) 70행은 125주기. 각 행은 00002…, 22221…, 11110… 의 125주기를 3개 가진다.

① 1단계

	0	3	0	3	2	3	4	3	4	1
0	0	0	0	0	2	0	1	0	1	1
3	0	0	0	0	2	0	1	0	1	1
0	0	0	0	0	2	0	1	0	1	1
3	0	0	0	0	2	0	1	0	1	1
2	2	2	2	2	1	2	0	2	0	0
3	0	0	0	0	2	0	1	0	1	1
4	1	1	1	1	0	1	2	1	2	2
3	0	0	0	0	2	0	1	0	1	1
4	1	1	1	1	0	1	2	1	2	2
1	1	1	1	1	0	1	2	1	2	2

② 2단계

	0	3	0	3	2	3	4	3	4	1	4	4	4	4	1	4	3	4	3	2
0	0	0	0	0	2	0	1	0	1	1	1	1	1	1	1	1	0	1	0	2
3	0	0	0	0	2	0	1	0	1	1	1	1	1	1	1	1	0	1	0	2
0	0	0	0	0	2	0	1	0	1	1	1	1	1	1	1	1	0	1	0	2
3	0	0	0	0	2	0	1	0	1	1	1	1	1	1	1	1	0	1	0	2
2	2	2	2	2	1	2	0	2	0	0	0	0	0	0	0	0	2	0	2	1
3	0	0	0	0	2	0	1	0	1	1	1	1	1	1	1	1	0	1	0	2
4	1	1	1	1	0	1	2	1	2	2	2	2	2	2	2	2	1	2	1	0
3	0	0	0	0	2	0	1	0	1	1	1	1	1	1	1	1	0	1	0	2
4	1	1	1	1	0	1	2	1	2	2	2	2	2	2	2	2	1	2	1	0
1	1	1	1	1	0	1	2	1	2	2	2	2	2	2	2	2	1	2	1	0
4	1	1	1	1	0	1	2	1	2	2	2	2	2	2	2	2	1	2	1	0
4	1	1	1	1	0	1	2	1	2	2	2	2	2	2	2	2	1	2	1	0
4	1	1	1	1	0	1	2	1	2	2	2	2	2	2	2	2	1	2	1	0
4	1	1	1	1	0	1	2	1	2	2	2	2	2	2	2	2	1	2	1	0
1	1	1	1	1	0	1	2	1	2	2	2	2	2	2	2	2	1	2	1	0
4	1	1	1	1	0	1	2	1	2	2	2	2	2	2	2	2	1	2	1	0
3	0	0	0	0	2	0	1	0	1	1	1	1	1	1	1	1	0	1	0	2
4	1	1	1	1	0	1	2	1	2	2	2	2	2	2	2	2	1	2	1	0
3	0	0	0	0	2	0	1	0	1	1	1	1	1	1	1	1	0	1	0	2
2	2	2	2	2	1	2	0	2	0	0	0	0	0	0	0	0	2	0	2	1

③ 3단계

(53) 72행은 125주기를 가진다. 각 행은 21112…, 10010…, 21121… 의 125주기 3개를 가진다.

① 1단계

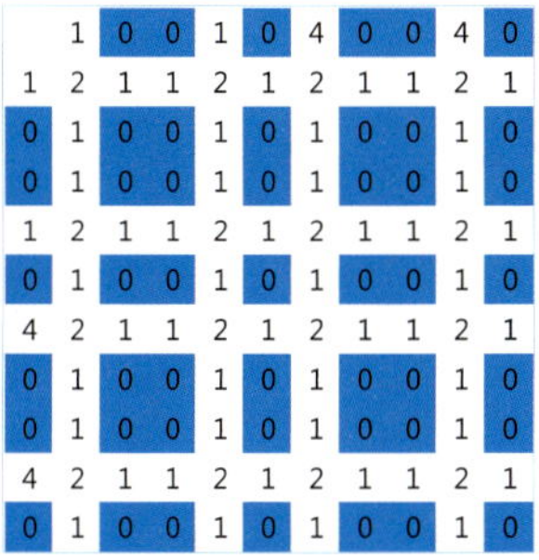

② 2단계

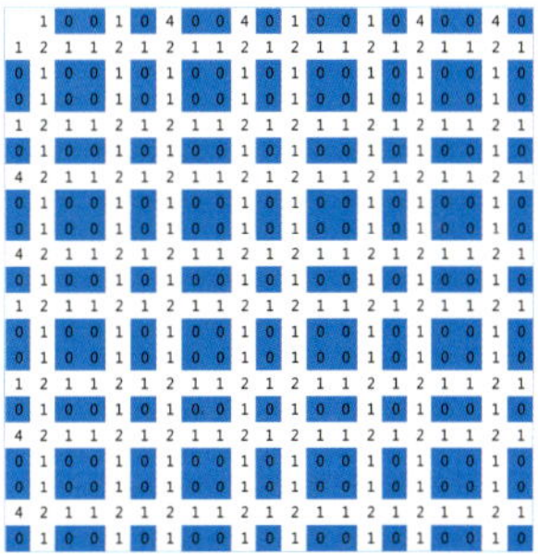

③ 3단계

(54) 73행은 125주기. 각 행은 21120···, 10012···, 02201··· 의 125주기 3개를 가진다.

① 1단계

	4	0	0	1	2	1	0	0	4	3
4	2	1	1	2	0	2	1	1	2	1
0	1	0	0	1	2	1	0	0	1	0
0	1	0	0	1	2	1	0	0	1	0
1	2	1	1	2	0	2	1	1	2	1
2	0	2	2	0	1	0	2	2	0	2
1	2	1	1	2	0	2	1	1	2	1
0	1	0	0	1	2	1	0	0	1	0
0	1	0	0	1	2	1	0	0	1	0
4	2	1	1	2	0	2	1	1	2	1
3	1	0	0	1	2	1	0	0	1	0

② 2단계

	4	0	0	1	2	1	0	0	4	3	4	0	0	1	2	1	0	0	4	3
4	2	1	1	2	0	2	1	1	2	1	2	1	1	2	0	2	1	1	2	1
0	1	0	0	1	2	1	0	0	1	0	1	0	0	1	2	1	0	0	1	0
0	1	0	0	1	2	1	0	0	1	0	1	0	0	1	2	1	0	0	1	0
1	2	1	1	2	0	2	1	1	2	1	2	1	1	2	0	2	1	1	2	1
2	0	2	2	0	1	0	2	2	0	2	0	2	2	0	1	0	2	2	0	2
1	2	1	1	2	0	2	1	1	2	1	2	1	1	2	0	2	1	1	2	1
0	1	0	0	1	2	1	0	0	1	0	1	0	0	1	2	1	0	0	1	0
0	1	0	0	1	2	1	0	0	1	0	1	0	0	1	2	1	0	0	1	0
4	2	1	1	2	0	2	1	1	2	1	2	1	1	2	0	2	1	1	2	1
3	1	0	0	1	2	1	0	0	1	0	1	0	0	1	2	1	0	0	1	0
4	2	1	1	2	0	2	1	1	2	1	2	1	1	2	0	2	1	1	2	1
0	1	0	0	1	2	1	0	0	1	0	1	0	0	1	2	1	0	0	1	0
0	1	0	0	1	2	1	0	0	1	0	1	0	0	1	2	1	0	0	1	0
1	2	1	1	2	0	2	1	1	2	1	2	1	1	2	0	2	1	1	2	1
2	0	2	2	0	1	0	2	2	0	2	0	2	2	0	1	0	2	2	0	2
1	2	1	1	2	0	2	1	1	2	1	2	1	1	2	0	2	1	1	2	1
0	1	0	0	1	2	1	0	0	1	0	1	0	0	1	2	1	0	0	1	0
0	1	0	0	1	2	1	0	0	1	0	1	0	0	1	2	1	0	0	1	0
4	2	1	1	2	0	2	1	1	2	1	2	1	1	2	0	2	1	1	2	1
3	1	0	0	1	2	1	0	0	1	0	1	0	0	1	2	1	0	0	1	0

③ 3단계

(55) 74행은 125주기. 각 행은 10012…, 02201…, 21120… 의 125주기 3개를 가진다.

① 1단계

	2	1	1	2	0	3	4	4	3	0
2	1	0	0	1	2	2	0	0	2	2
1	0	2	2	0	1	1	2	2	1	1
1	0	2	2	0	1	1	2	2	1	1
2	1	0	0	1	2	2	0	0	2	2
0	2	1	1	2	0	0	1	1	0	0
3	2	1	1	2	0	0	1	1	0	0
4	0	2	2	0	1	1	2	2	1	1
4	0	2	2	0	1	1	2	2	1	1
3	2	1	1	2	0	0	1	1	0	0
0	2	1	1	2	0	0	1	1	0	0

② 2단계

	2	1	1	2	0	3	4	4	3	0	2	1	1	2	0	3	4	4	3	0
2	1	0	0	1	2	2	0	0	2	2	1	0	0	1	2	2	0	0	2	2
1	0	2	2	0	1	1	2	2	1	1	0	2	2	0	1	1	2	2	1	1
1	0	2	2	0	1	1	2	2	1	1	0	2	2	0	1	1	2	2	1	1
2	1	0	0	1	2	2	0	0	2	2	1	0	0	1	2	2	0	0	2	2
0	2	1	1	2	0	0	1	1	0	0	2	1	1	2	0	0	1	1	0	0
3	2	1	1	2	0	0	1	1	0	0	2	1	1	2	0	0	1	1	0	0
4	0	2	2	0	1	1	2	2	1	1	0	2	2	0	1	1	2	2	1	1
4	0	2	2	0	1	1	2	2	1	1	0	2	2	0	1	1	2	2	1	1
3	2	1	1	2	0	0	1	1	0	0	2	1	1	2	0	0	1	1	0	0
0	2	1	1	2	0	0	1	1	0	0	2	1	1	2	0	0	1	1	0	0
2	1	0	0	1	2	2	0	0	2	2	1	0	0	1	2	2	0	0	2	2
1	0	2	2	0	1	1	2	2	1	1	0	2	2	0	1	1	2	2	1	1
1	0	2	2	0	1	1	2	2	1	1	0	2	2	0	1	1	2	2	1	1
2	1	0	0	1	2	2	0	0	2	2	1	0	0	1	2	2	0	0	2	2
0	2	1	1	2	0	0	1	1	0	0	2	1	1	2	0	0	1	1	0	0
3	2	1	1	2	0	0	1	1	0	0	2	1	1	2	0	0	1	1	0	0
4	0	2	2	0	1	1	2	2	1	1	0	2	2	0	1	1	2	2	1	1
4	0	2	2	0	1	1	2	2	1	1	0	2	2	0	1	1	2	2	1	1
3	2	1	1	2	0	0	1	1	0	0	2	1	1	2	0	0	1	1	0	0
0	2	1	1	2	0	0	1	1	0	0	2	1	1	2	0	0	1	1	0	0

③ 3단계

(56) 75행은 125주기. 각행은 00000···, 11111···, 22222··· 의 125주기 3개를 가진다.

① 1단계

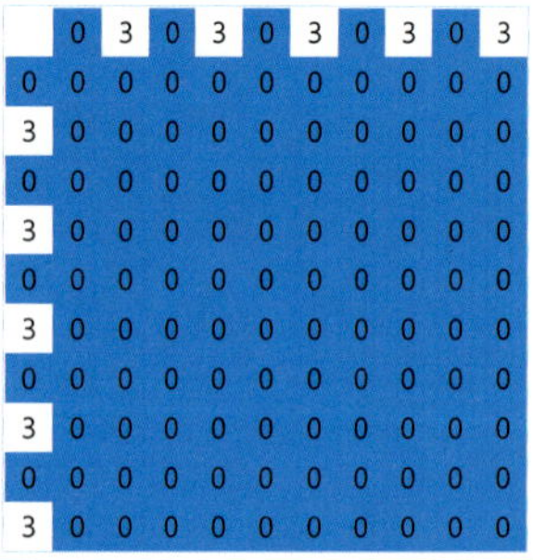

② 2단계

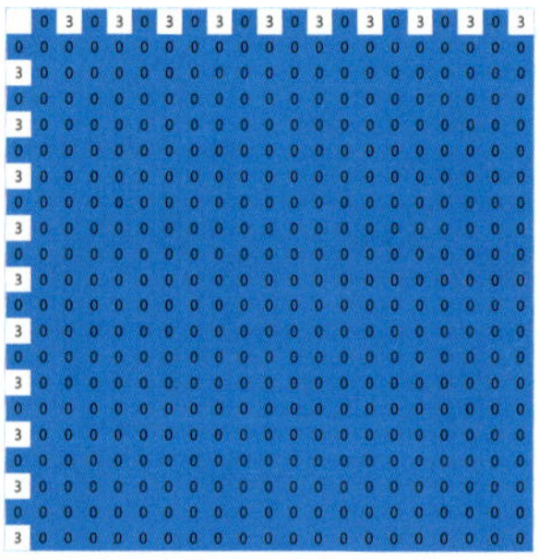

③ 3단계

(57) 77행은 125주기. 21121…, 10010…, 10010… 의 125주기 3개를 가진다.

① 1단계

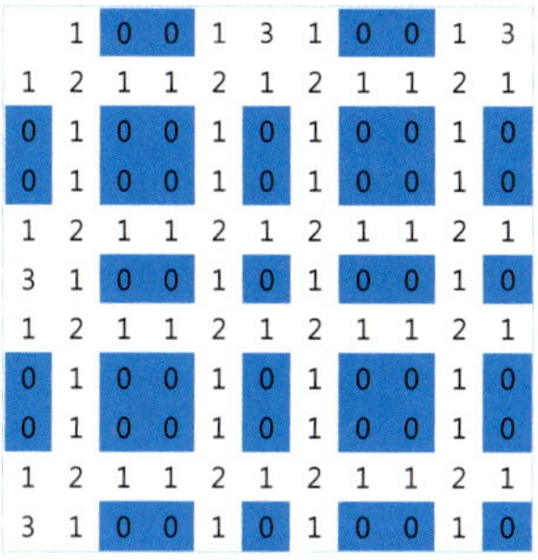

② 2단계

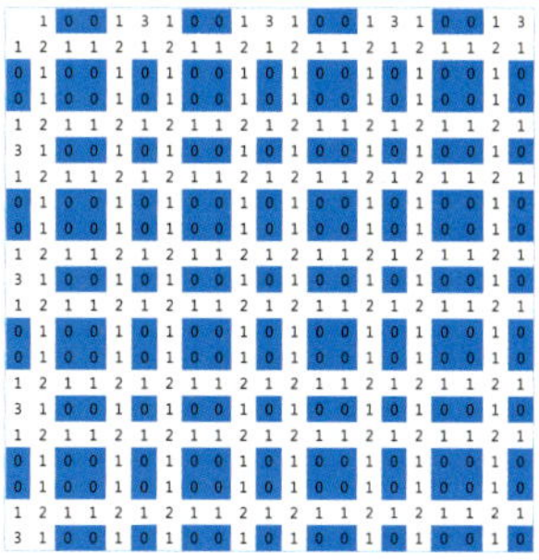

③ 3단계

(58) 78행은 125주기. 각 행은 21121···, 10010···, 02202··· 의 125주기 3개를 가진다.

① 1단계

	4	0	0	1	0	4	0	0	1	0
4	2	1	1	2	1	2	1	1	2	1
0	1	0	0	1	0	1	0	0	1	0
0	1	0	0	1	0	1	0	0	1	0
1	2	1	1	2	1	2	1	1	2	1
0	1	0	0	1	0	1	0	0	1	0
4	2	1	1	2	1	2	1	1	2	1
0	1	0	0	1	0	1	0	0	1	0
0	1	0	0	1	0	1	0	0	1	0
1	2	1	1	2	1	2	1	1	2	1
0	1	0	0	1	0	1	0	0	1	0

② 2단계

	4	0	0	1	0	4	0	0	1	0	4	0	0	1	0	4	0	0	1	0
4	2	1	1	2	1	2	1	1	2	1	2	1	1	2	1	2	1	1	2	1
0	1	0	0	1	0	1	0	0	1	0	1	0	0	1	0	1	0	0	1	0
0	1	0	0	1	0	1	0	0	1	0	1	0	0	1	0	1	0	0	1	0
1	2	1	1	2	1	2	1	1	2	1	2	1	1	2	1	2	1	1	2	1
0	1	0	0	1	0	1	0	0	1	0	1	0	0	1	0	1	0	0	1	0
4	2	1	1	2	1	2	1	1	2	1	2	1	1	2	1	2	1	1	2	1
0	1	0	0	1	0	1	0	0	1	0	1	0	0	1	0	1	0	0	1	0
0	1	0	0	1	0	1	0	0	1	0	1	0	0	1	0	1	0	0	1	0
1	2	1	1	2	1	2	1	1	2	1	2	1	1	2	1	2	1	1	2	1
0	1	0	0	1	0	1	0	0	1	0	1	0	0	1	0	1	0	0	1	0
4	2	1	1	2	1	2	1	1	2	1	2	1	1	2	1	2	1	1	2	1
0	1	0	0	1	0	1	0	0	1	0	1	0	0	1	0	1	0	0	1	0
0	1	0	0	1	0	1	0	0	1	0	1	0	0	1	0	1	0	0	1	0
1	2	1	1	2	1	2	1	1	2	1	2	1	1	2	1	2	1	1	2	1
0	1	0	0	1	0	1	0	0	1	0	1	0	0	1	0	1	0	0	1	0
4	2	1	1	2	1	2	1	1	2	1	2	1	1	2	1	2	1	1	2	1
0	1	0	0	1	0	1	0	0	1	0	1	0	0	1	0	1	0	0	1	0
0	1	0	0	1	0	1	0	0	1	0	1	0	0	1	0	1	0	0	1	0
1	2	1	1	2	1	2	1	1	2	1	2	1	1	2	1	2	1	1	2	1
0	1	0	0	1	0	1	0	0	1	0	1	0	0	1	0	1	0	0	1	0

③ 3단계

(59) 80행은 125주기. 각 행은 00000…, 11111…, 22222… 의 125주기 3개를 가진다.

① 1단계

	0	3	0	3	3	3	1	3	1	1
0	0	0	0	0	0	0	1	0	1	1
3	0	0	0	0	0	0	1	0	1	1
0	0	0	0	0	0	0	1	0	1	1
3	0	0	0	0	0	0	1	0	1	1
3	0	0	0	0	0	0	1	0	1	1
3	0	0	0	0	0	0	1	0	1	1
1	1	1	1	1	1	1	2	1	2	2
3	0	0	0	0	0	0	1	0	1	1
1	1	1	1	1	1	1	2	1	2	2
1	1	1	1	1	1	1	2	1	2	2

② 2단계

	0	3	0	3	3	3	1	3	1	1	1	4	1	4	4	4	2	4	2	2
0	0	0	0	0	0	0	1	0	1	1	1	1	1	1	1	1	2	1	2	2
3	0	0	0	0	0	0	1	0	1	1	1	1	1	1	1	1	2	1	2	2
0	0	0	0	0	0	0	1	0	1	1	1	1	1	1	1	1	2	1	2	2
3	0	0	0	0	0	0	1	0	1	1	1	1	1	1	1	1	2	1	2	2
3	0	0	0	0	0	0	1	0	1	1	1	1	1	1	1	1	2	1	2	2
3	0	0	0	0	0	0	1	0	1	1	1	1	1	1	1	1	2	1	2	2
1	1	1	1	1	1	1	2	1	2	2	2	2	2	2	2	2	0	2	0	0
3	0	0	0	0	0	0	1	0	1	1	1	1	1	1	1	1	2	1	2	2
1	1	1	1	1	1	1	2	1	2	2	2	2	2	2	2	2	0	2	0	0
1	1	1	1	1	1	1	2	1	2	2	2	2	2	2	2	2	0	2	0	0
1	1	1	1	1	1	1	2	1	2	2	2	2	2	2	2	2	0	2	0	0
4	1	1	1	1	1	1	2	1	2	2	2	2	2	2	2	2	0	2	0	0
1	1	1	1	1	1	1	2	1	2	2	2	2	2	2	2	2	0	2	0	0
4	1	1	1	1	1	1	2	1	2	2	2	2	2	2	2	2	0	2	0	0
4	1	1	1	1	1	1	2	1	2	2	2	2	2	2	2	2	0	2	0	0
4	1	1	1	1	1	1	2	1	2	2	2	2	2	2	2	2	0	2	0	0
2	2	2	2	2	2	2	0	2	0	0	0	0	0	0	0	0	1	0	1	1
4	1	1	1	1	1	1	2	1	2	2	2	2	2	2	2	2	0	2	0	0
2	2	2	2	2	2	2	0	2	0	0	0	0	0	0	0	0	1	0	1	1
2	2	2	2	2	2	2	0	2	0	0	0	0	0	0	0	0	1	0	1	1

③ 3단계

(60) 84행은 125주기. 10010⋯, 02202⋯, 21121⋯ 의 125주기 3개를 가진다.

① 1단계

	2	1	1	2	1	1	3	3	1	2
2	1	0	0	1	0	0	2	2	0	1
1	0	2	2	0	2	2	1	1	2	0
1	0	2	2	0	2	2	1	1	2	0
2	1	0	0	1	0	0	2	2	0	1
1	0	2	2	0	2	2	1	1	2	0
1	0	2	2	0	2	2	1	1	2	0
3	2	1	1	2	1	1	0	0	1	2
3	2	1	1	2	1	1	0	0	1	2
1	0	2	2	0	2	2	1	1	2	0
2	1	0	0	1	0	0	2	2	0	1

② 2단계

	2	1	1	2	1	1	3	3	1	2	0	0	0	0	3	4	2	2	4	4
2	1	0	0	1	0	0	2	2	0	1	2	2	2	2	2	0	1	1	0	0
1	0	2	2	0	2	2	1	1	2	0	1	1	1	1	1	2	0	0	2	2
1	0	2	2	0	2	2	1	1	2	0	1	1	1	1	1	2	0	0	2	2
2	1	0	0	1	0	0	2	2	0	1	2	2	2	2	2	0	1	1	0	0
1	0	2	2	0	2	2	1	1	2	0	1	1	1	1	1	2	0	0	2	2
1	0	2	2	0	2	2	1	1	2	0	1	1	1	1	1	2	0	0	2	2
3	2	1	1	2	1	1	0	0	1	2	0	0	0	0	0	1	2	2	1	1
3	2	1	1	2	1	1	0	0	1	2	0	0	0	0	0	1	2	2	1	1
1	0	2	2	0	2	2	1	1	2	0	1	1	1	1	1	2	0	0	2	2
2	1	0	0	1	0	0	2	2	0	1	2	2	2	2	2	0	1	1	0	0
0	2	1	1	2	1	1	0	0	1	2	0	0	0	0	0	1	2	2	1	1
0	2	1	1	2	1	1	0	0	1	2	0	0	0	0	0	1	2	2	1	1
0	2	1	1	2	1	1	0	0	1	2	0	0	0	0	0	1	2	2	1	1
0	2	1	1	2	1	1	0	0	1	2	0	0	0	0	0	1	2	2	1	1
3	2	1	1	2	1	1	0	0	1	2	0	0	0	0	0	1	2	2	1	1
4	0	2	2	0	2	2	1	1	2	0	1	1	1	1	1	2	0	0	2	2
2	1	0	0	1	0	0	2	2	0	1	2	2	2	2	2	0	1	1	0	0
2	1	0	0	1	0	0	2	2	0	1	2	2	2	2	2	0	1	1	0	0
4	0	2	2	0	2	2	1	1	2	0	1	1	1	1	1	2	0	0	2	2
4	0	2	2	0	2	2	1	1	2	0	1	1	1	1	1	2	0	0	2	2

③ 3단계

(61) 85행은 125주기. 각 행은 00001…, 11111…, 22222… 의 125주기 3개를 가진다.

① 1단계

	0	3	0	3	1	3	2	3	2	0
0	0	0	0	0	1	0	2	0	2	0
3	0	0	0	0	1	0	2	0	2	0
0	0	0	0	0	1	0	2	0	2	0
3	0	0	0	0	1	0	2	0	2	0
1	1	1	1	1	2	1	0	1	0	1
3	0	0	0	0	1	0	2	0	2	0
2	2	2	2	2	0	2	1	2	1	2
3	0	0	0	0	1	0	2	0	2	0
2	2	2	2	2	0	2	1	2	1	2
0	0	0	0	0	1	0	2	0	2	0

② 2단계

	0	3	0	3	1	3	2	3	2	0	2	2	2	2	0	2	3	2	3	1
0	0	0	0	0	1	0	2	0	2	0	2	2	2	2	0	2	0	2	0	1
3	0	0	0	0	1	0	2	0	2	0	2	2	2	2	0	2	0	2	0	1
0	0	0	0	0	1	0	2	0	2	0	2	2	2	2	0	2	0	2	0	1
3	0	0	0	0	1	0	2	0	2	0	2	2	2	2	0	2	0	2	0	1
1	1	1	1	1	2	1	0	1	0	1	0	0	0	0	1	0	1	0	1	2
3	0	0	0	0	1	0	2	0	2	0	2	2	2	2	0	2	0	2	0	1
2	2	2	2	2	0	2	1	2	1	2	1	1	1	1	2	1	2	1	2	0
3	0	0	0	0	1	0	2	0	2	0	2	2	2	2	0	2	0	2	0	1
2	2	2	2	2	0	2	1	2	1	2	1	1	1	1	2	1	2	1	2	0
0	0	0	0	0	1	0	2	0	2	0	2	2	2	2	0	2	0	2	0	1
2	2	2	2	2	0	2	1	2	1	2	1	1	1	1	2	1	2	1	2	0
2	2	2	2	2	0	2	1	2	1	2	1	1	1	1	2	1	2	1	2	0
2	2	2	2	2	0	2	1	2	1	2	1	1	1	1	2	1	2	1	2	0
2	2	2	2	2	0	2	1	2	1	2	1	1	1	1	2	1	2	1	2	0
0	0	0	0	0	1	0	2	0	2	0	2	2	2	2	0	2	0	2	0	1
2	2	2	2	2	0	2	1	2	1	2	1	1	1	1	2	1	2	1	2	0
3	0	0	0	0	1	0	2	0	2	0	2	2	2	2	0	2	0	2	0	1
2	2	2	2	2	0	2	1	2	1	2	1	1	1	1	2	1	2	1	2	0
3	0	0	0	0	1	0	2	0	2	0	2	2	2	2	0	2	0	2	0	1
1	1	1	1	1	2	1	0	1	0	1	0	0	0	0	1	0	1	0	1	2

③ 3단계

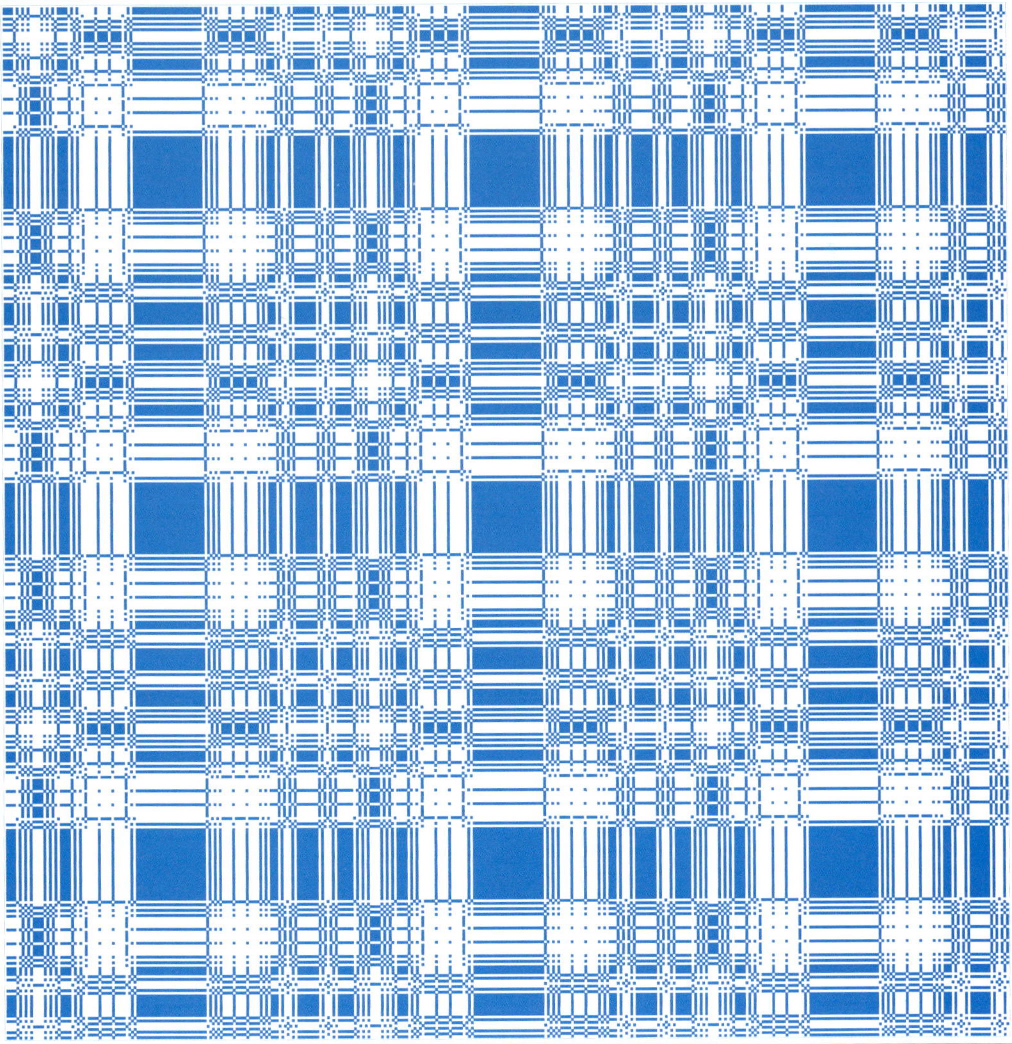

(62) 86행은 125주기. 각 행은 01121···, 12202···, 20010··· 의 125주기 3개를 가진다.

① 1단계

	3	1	4	2	1	0	0	0	0	2
3	0	1	1	2	1	0	0	0	0	2
1	1	2	2	0	2	1	1	1	1	0
4	1	2	2	0	2	1	1	1	1	0
2	2	0	0	1	0	2	2	2	2	1
1	1	2	2	0	2	1	1	1	1	0
0	0	1	1	2	1	0	0	0	0	2
0	0	1	1	2	1	0	0	0	0	2
0	0	1	1	2	1	0	0	0	0	2
0	0	1	1	2	1	0	0	0	0	2
2	2	0	0	1	0	2	2	2	2	1

② 2단계

	3	1	4	2	1	0	0	0	0	2	4	3	2	1	3	0	0	0	0	4
3	0	1	1	2	1	0	0	0	0	2	1	0	2	1	0	0	0	0	0	1
1	1	2	2	0	2	1	1	1	1	0	2	1	0	2	1	1	1	1	1	2
4	1	2	2	0	2	1	1	1	1	0	2	1	0	2	1	1	1	1	1	2
2	2	0	0	1	0	2	2	2	2	1	0	2	1	0	2	2	2	2	2	0
1	1	2	2	0	2	1	1	1	1	0	2	1	0	2	1	1	1	1	1	2
0	0	1	1	2	1	0	0	0	0	2	1	0	2	1	0	0	0	0	0	1
0	0	1	1	2	1	0	0	0	0	2	1	0	2	1	0	0	0	0	0	1
0	0	1	1	2	1	0	0	0	0	2	1	0	2	1	0	0	0	0	0	1
0	0	1	1	2	1	0	0	0	0	2	1	0	2	1	0	0	0	0	0	1
2	2	0	0	1	0	2	2	2	2	1	0	2	1	0	2	2	2	2	2	0
4	1	2	2	0	2	1	1	1	1	0	2	1	0	2	1	1	1	1	1	2
3	0	1	1	2	1	0	0	0	0	2	1	0	2	1	0	0	0	0	0	1
2	2	0	0	1	0	2	2	2	2	1	0	2	1	0	2	2	2	2	2	0
1	1	2	2	0	2	1	1	1	1	0	2	1	0	2	1	1	1	1	1	2
3	0	1	1	2	1	0	0	0	0	2	1	0	2	1	0	0	0	0	0	1
0	0	1	1	2	1	0	0	0	0	2	1	0	2	1	0	0	0	0	0	1
0	0	1	1	2	1	0	0	0	0	2	1	0	2	1	0	0	0	0	0	1
0	0	1	1	2	1	0	0	0	0	2	1	0	2	1	0	0	0	0	0	1
0	0	1	1	2	1	0	0	0	0	2	1	0	2	1	0	0	0	0	0	1
4	1	2	2	0	2	1	1	1	1	0	2	1	0	2	1	1	1	1	1	2

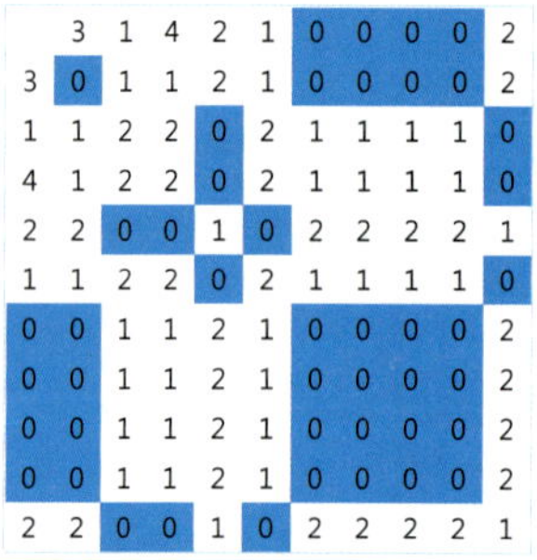

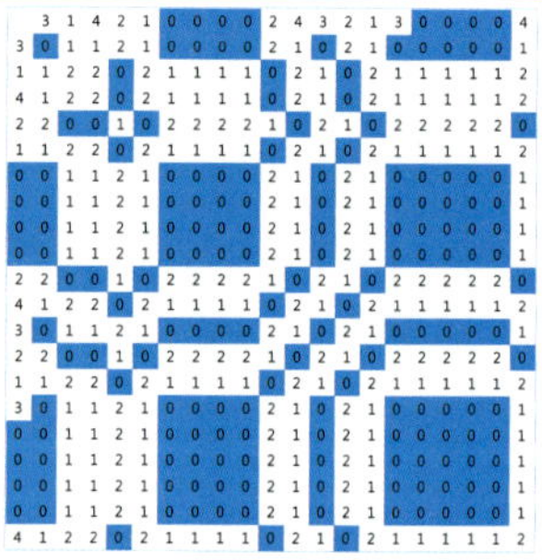

③ 3단계

(63) 87행은 125주기. 각 행은 21122⋯, 10011⋯, 02200⋯ 의 125주기 3개를 가진다.

① 1단계

	1	0	0	1	4	0	0	0	0	2
1	2	1	1	2	2	1	1	1	1	0
0	1	0	0	1	1	0	0	0	0	2
0	1	0	0	1	1	0	0	0	0	2
1	2	1	1	2	2	1	1	1	1	0
4	2	1	1	2	2	1	1	1	1	0
0	1	0	0	1	1	0	0	0	0	2
0	1	0	0	1	1	0	0	0	0	2
0	1	0	0	1	1	0	0	0	0	2
0	1	0	0	1	1	0	0	0	0	2
2	0	2	2	0	0	2	2	2	2	1

② 2단계

	1	0	0	1	4	0	0	0	0	2	3	0	0	3	2	0	0	0	0	4
1	2	1	1	2	2	1	1	1	1	0	1	1	1	1	0	1	1	1	1	2
0	1	0	0	1	1	0	0	0	0	2	0	0	0	0	2	0	0	0	0	1
0	1	0	0	1	1	0	0	0	0	2	0	0	0	0	2	0	0	0	0	1
1	2	1	1	2	2	1	1	1	1	0	1	1	1	1	0	1	1	1	1	2
4	2	1	1	2	2	1	1	1	1	0	1	1	1	1	0	1	1	1	1	2
0	1	0	0	1	1	0	0	0	0	2	0	0	0	0	2	0	0	0	0	1
0	1	0	0	1	1	0	0	0	0	2	0	0	0	0	2	0	0	0	0	1
0	1	0	0	1	1	0	0	0	0	2	0	0	0	0	2	0	0	0	0	1
0	1	0	0	1	1	0	0	0	0	2	0	0	0	0	2	0	0	0	0	1
2	0	2	2	0	0	2	2	2	2	1	2	2	2	2	1	2	2	2	2	0
3	1	0	0	1	1	0	0	0	0	2	0	0	0	0	2	0	0	0	0	1
0	1	0	0	1	1	0	0	0	0	2	0	0	0	0	2	0	0	0	0	1
0	1	0	0	1	1	0	0	0	0	2	0	0	0	0	2	0	0	0	0	1
3	1	0	0	1	1	0	0	0	0	2	0	0	0	0	2	0	0	0	0	1
2	0	2	2	0	0	2	2	2	2	1	2	2	2	2	1	2	2	2	2	0
0	1	0	0	1	1	0	0	0	0	2	0	0	0	0	2	0	0	0	0	1
0	1	0	0	1	1	0	0	0	0	2	0	0	0	0	2	0	0	0	0	1
0	1	0	0	1	1	0	0	0	0	2	0	0	0	0	2	0	0	0	0	1
0	1	0	0	1	1	0	0	0	0	2	0	0	0	0	2	0	0	0	0	1
4	2	1	1	2	2	1	1	1	1	0	1	1	1	1	0	1	1	1	1	2

③ 3단계

(64) 88행은 125주기. 각 행은 21122···, 10011···, 02200··· 의 125주기 3개를 가진다.

① 1단계

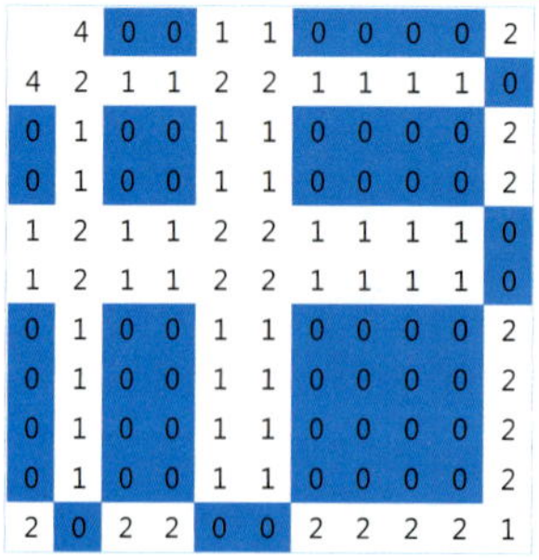

② 2단계

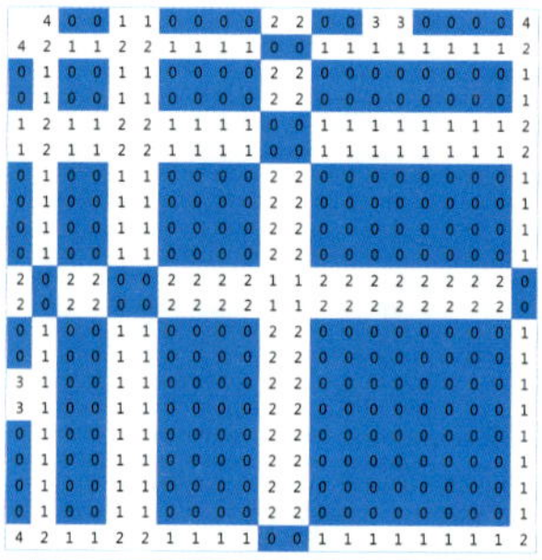

③ 3단계

(65) 90행은 125주기. 각 행은 00001···, 11112···, 22220··· 의 125주기 3개를 가진다.

① 1단계

	0	3	0	3	4	3	3	3	3	0
0	0	0	0	0	1	0	0	0	0	0
3	0	0	0	0	1	0	0	0	0	0
0	0	0	0	0	1	0	0	0	0	0
3	0	0	0	0	1	0	0	0	0	0
4	1	1	1	1	2	1	1	1	1	1
3	0	0	0	0	1	0	0	0	0	0
3	0	0	0	0	1	0	0	0	0	0
3	0	0	0	0	1	0	0	0	0	0
3	0	0	0	0	1	0	0	0	0	0
0	0	0	0	0	1	0	0	0	0	0

② 2단계

	0	3	0	3	4	3	3	3	3	0	3	2	3	2	0	2	2	2	2	1
0	0	0	0	0	1	0	0	0	0	0	0	2	0	2	0	2	2	2	2	1
3	0	0	0	0	1	0	0	0	0	0	0	2	0	2	0	2	2	2	2	1
0	0	0	0	0	1	0	0	0	0	0	0	2	0	2	0	2	2	2	2	1
3	0	0	0	0	1	0	0	0	0	0	0	2	0	2	0	2	2	2	2	1
4	1	1	1	1	2	1	1	1	1	1	1	0	1	0	1	0	0	0	0	2
3	0	0	0	0	1	0	0	0	0	0	0	2	0	2	0	2	2	2	2	1
3	0	0	0	0	1	0	0	0	0	0	0	2	0	2	0	2	2	2	2	1
3	0	0	0	0	1	0	0	0	0	0	0	2	0	2	0	2	2	2	2	1
3	0	0	0	0	1	0	0	0	0	0	0	2	0	2	0	2	2	2	2	1
0	0	0	0	0	1	0	0	0	0	0	0	2	0	2	0	2	2	2	2	1
3	0	0	0	0	1	0	0	0	0	0	0	2	0	2	0	2	2	2	2	1
2	2	2	2	2	0	2	2	2	2	2	2	1	2	1	2	1	1	1	1	0
3	0	0	0	0	1	0	0	0	0	0	0	2	0	2	0	2	2	2	2	1
2	2	2	2	2	0	2	2	2	2	2	2	1	2	1	2	1	1	1	1	0
0	0	0	0	0	1	0	0	0	0	0	0	2	0	2	0	2	2	2	2	1
2	2	2	2	2	0	2	2	2	2	2	2	1	2	1	2	1	1	1	1	0
2	2	2	2	2	0	2	2	2	2	2	2	1	2	1	2	1	1	1	1	0
2	2	2	2	2	0	2	2	2	2	2	2	1	2	1	2	1	1	1	1	0
2	2	2	2	2	0	2	2	2	2	2	2	1	2	1	2	1	1	1	1	0
1	1	1	1	1	2	1	1	1	1	1	1	0	1	0	1	0	0	0	0	2

③ 3단계

(66) 92행은 125주기. 각 행은 21120···, 10012···, 02201··· 의 125주기 3개를 가진다.

① 1단계

	1	0	0	1	2	2	0	0	2	3
1	2	1	1	2	0	0	1	1	0	1
0	1	0	0	1	2	2	0	0	2	0
0	1	0	0	1	2	2	0	0	2	0
1	2	1	1	2	0	0	1	1	0	1
2	0	2	2	0	1	1	2	2	1	2
2	0	2	2	0	1	1	2	2	1	2
0	1	0	0	1	2	2	0	0	2	0
0	1	0	0	1	2	2	0	0	2	0
2	0	2	2	0	1	1	2	2	1	2
3	1	0	0	1	2	2	0	0	2	0

② 2단계

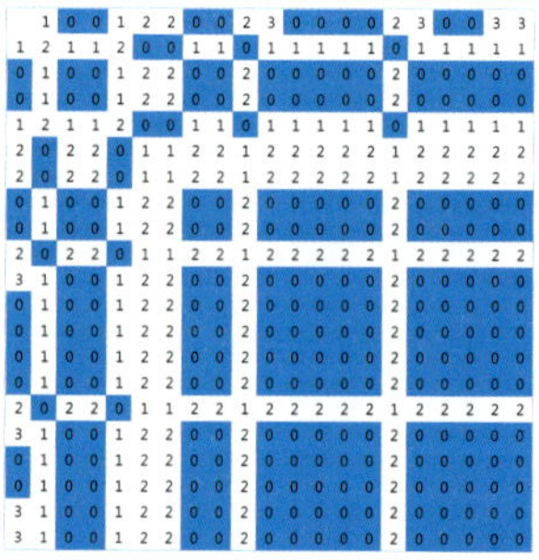

③ 3단계

(67) 94행은 125. 각 행은 10011⋯, 02200⋯, 21122⋯ 의 125주기 3개를 가진다.

① 1단계

	2	1	1	2	2	4	2	2	4	3
2	1	0	0	1	1	0	1	1	0	2
1	0	2	2	0	0	2	0	0	2	1
1	0	2	2	0	0	2	0	0	2	1
2	1	0	0	1	1	0	1	1	0	2
2	1	0	0	1	1	0	1	1	0	2
4	0	2	2	0	0	2	0	0	2	1
2	1	0	0	1	1	0	1	1	0	2
2	1	0	0	1	1	0	1	1	0	2
4	0	2	2	0	0	2	0	0	2	1
3	2	1	1	2	2	1	2	2	1	0

② 2단계

	2	1	1	2	2	4	2	2	4	3	0	0	0	0	2	1	3	3	1	3
2	1	0	0	1	1	0	1	1	0	2	2	2	2	2	1	0	2	2	0	2
1	0	2	2	0	0	2	0	0	2	1	1	1	1	1	0	2	1	1	2	1
1	0	2	2	0	0	2	0	0	2	1	1	1	1	1	0	2	1	1	2	1
2	1	0	0	1	1	0	1	1	0	2	2	2	2	2	1	0	2	2	0	2
2	1	0	0	1	1	0	1	1	0	2	2	2	2	2	1	0	2	2	0	2
4	0	2	2	0	0	2	0	0	2	1	1	1	1	1	0	2	1	1	2	1
2	1	0	0	1	1	0	1	1	0	2	2	2	2	2	1	0	2	2	0	2
2	1	0	0	1	1	0	1	1	0	2	2	2	2	2	1	0	2	2	0	2
4	0	2	2	0	0	2	0	0	2	1	1	1	1	1	0	2	1	1	2	1
3	2	1	1	2	2	1	2	2	1	0	0	0	0	0	2	1	0	0	1	0
0	2	1	1	2	2	1	2	2	1	0	0	0	0	0	2	1	0	0	1	0
0	2	1	1	2	2	1	2	2	1	0	0	0	0	0	2	1	0	0	1	0
0	2	1	1	2	2	1	2	2	1	0	0	0	0	0	2	1	0	0	1	0
0	2	1	1	2	2	1	2	2	1	0	0	0	0	0	2	1	0	0	1	0
2	1	0	0	1	1	0	1	1	0	2	2	2	2	2	1	0	2	2	0	2
1	0	2	2	0	0	2	0	0	2	1	1	1	1	1	0	2	1	1	2	1
3	2	1	1	2	2	1	2	2	1	0	0	0	0	0	2	1	0	0	1	0
3	2	1	1	2	2	1	2	2	1	0	0	0	0	0	2	1	0	0	1	0
1	0	2	2	0	0	2	0	0	2	1	1	1	1	1	0	2	1	1	2	1
3	2	1	1	2	2	1	2	2	1	0	0	0	0	0	2	1	0	0	1	0

③ 3단계

(68) 98행은 125주기. 각 행은 21120···, 10012···, 02201··· 의 125주기 3개를 가진다.

① 1단계

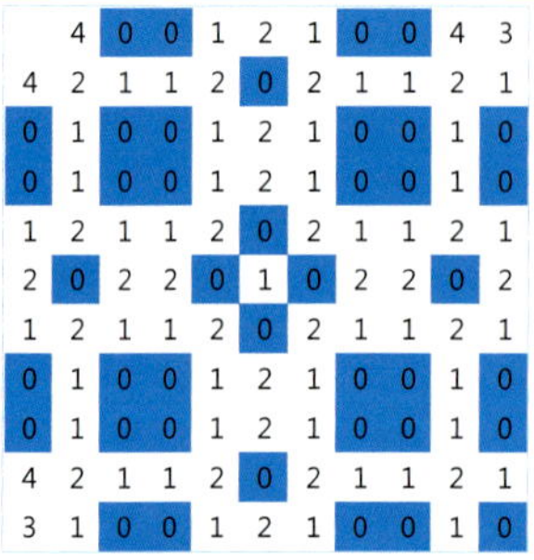

② 2단계

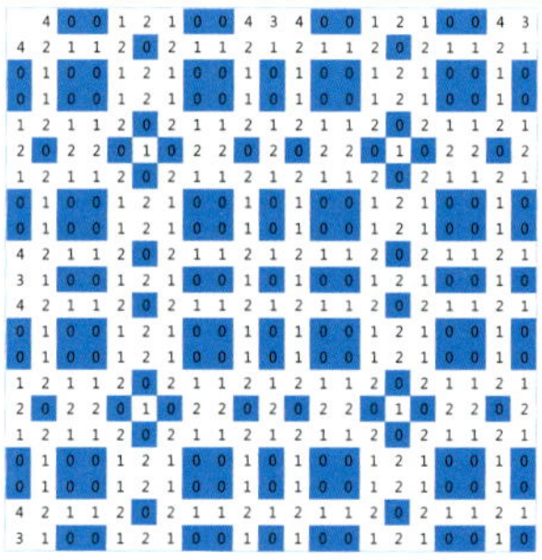

③ 3단계

(69) 105행은 125주기. 각 행은 00000⋯, 11111⋯ 22222⋯ 의 125주기 3개를 가진다.

① 1단계

	0	3	0	3	3	3	1	3	1	1
0	0	0	0	0	0	0	1	0	1	1
3	0	0	0	0	0	0	1	0	1	1
0	0	0	0	0	0	0	1	0	1	1
3	0	0	0	0	0	0	1	0	1	1
3	0	0	0	0	0	0	1	0	1	1
3	0	0	0	0	0	0	1	0	1	1
1	1	1	1	1	1	1	2	1	2	2
3	0	0	0	0	0	0	1	0	1	1
1	1	1	1	1	1	1	2	1	2	2
1	1	1	1	1	1	1	2	1	2	2

② 2단계

	0	3	0	3	3	3	1	3	1	1	1	4	1	4	4	4	2	4	2	2
0	0	0	0	0	0	0	1	0	1	1	1	1	1	1	1	1	2	1	2	2
3	0	0	0	0	0	0	1	0	1	1	1	1	1	1	1	1	2	1	2	2
0	0	0	0	0	0	0	1	0	1	1	1	1	1	1	1	1	2	1	2	2
3	0	0	0	0	0	0	1	0	1	1	1	1	1	1	1	1	2	1	2	2
3	0	0	0	0	0	0	1	0	1	1	1	1	1	1	1	1	2	1	2	2
3	0	0	0	0	0	0	1	0	1	1	1	1	1	1	1	1	2	1	2	2
1	1	1	1	1	1	1	2	1	2	2	2	2	2	2	2	2	0	2	0	0
3	0	0	0	0	0	0	1	0	1	1	1	1	1	1	1	1	2	1	2	2
1	1	1	1	1	1	1	2	1	2	2	2	2	2	2	2	2	0	2	0	0
1	1	1	1	1	1	1	2	1	2	2	2	2	2	2	2	2	0	2	0	0
1	1	1	1	1	1	1	2	1	2	2	2	2	2	2	2	2	0	2	0	0
4	1	1	1	1	1	1	2	1	2	2	2	2	2	2	2	2	0	2	0	0
1	1	1	1	1	1	1	2	1	2	2	2	2	2	2	2	2	0	2	0	0
4	1	1	1	1	1	1	2	1	2	2	2	2	2	2	2	2	0	2	0	0
4	1	1	1	1	1	1	2	1	2	2	2	2	2	2	2	2	0	2	0	0
4	1	1	1	1	1	1	2	1	2	2	2	2	2	2	2	2	0	2	0	0
2	2	2	2	2	2	2	0	2	0	0	0	0	0	0	0	0	1	0	1	1
4	1	1	1	1	1	1	2	1	2	2	2	2	2	2	2	2	0	2	0	0
2	2	2	2	2	2	2	0	2	0	0	0	0	0	0	0	0	1	0	1	1
2	2	2	2	2	2	2	0	2	0	0	0	0	0	0	0	0	1	0	1	1

③ 3단계

(70) 107행은 125주기. 각행은 21122···, 10011···, 21122··· 의 125주기 3개를 가진다.

① 1단계

	1	0	0	1	1	3	0	0	3	2
1	2	1	1	2	2	1	1	1	1	0
0	1	0	0	1	1	0	0	0	0	2
0	1	0	0	1	1	0	0	0	0	2
1	2	1	1	2	2	1	1	1	1	0
1	2	1	1	2	2	1	1	1	1	0
3	1	0	0	1	1	0	0	0	0	2
0	1	0	0	1	1	0	0	0	0	2
0	1	0	0	1	1	0	0	0	0	2
3	1	0	0	1	1	0	0	0	0	2
2	0	2	2	0	0	2	2	2	2	1

② 2단계

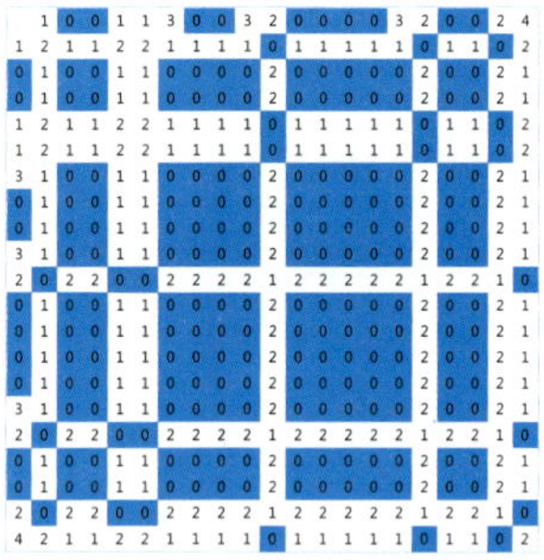

③ 3단계

(71) 108행은 125주기. 각 행은 10010…, 21121…, 10010… 의 125주기 3개를 가진다.

① 1단계

	4	0	0	1	3	2	0	0	3	3
4	2	1	1	2	1	0	1	1	1	1
0	1	0	0	1	0	2	0	0	0	0
0	1	0	0	1	0	2	0	0	0	0
1	2	1	1	2	1	0	1	1	1	1
3	1	0	0	1	0	2	0	0	0	0
2	0	2	2	0	2	1	2	2	2	2
0	1	0	0	1	0	2	0	0	0	0
0	1	0	0	1	0	2	0	0	0	0
3	1	0	0	1	0	2	0	0	0	0
3	1	0	0	1	0	2	0	0	0	0

② 2단계

	4	0	0	1	3	2	0	0	3	3	0	0	0	0	3	3	0	0	2	3
4	2	1	1	2	1	0	1	1	1	1	1	1	1	1	1	1	1	1	0	1
0	1	0	0	1	0	2	0	0	0	0	0	0	0	0	0	0	0	0	2	0
0	1	0	0	1	0	2	0	0	0	0	0	0	0	0	0	0	0	0	2	0
1	2	1	1	2	1	0	1	1	1	1	1	1	1	1	1	1	1	1	0	1
3	1	0	0	1	0	2	0	0	0	0	0	0	0	0	0	0	0	0	2	0
2	0	2	2	0	2	1	2	2	2	2	2	2	2	2	2	2	2	2	1	2
0	1	0	0	1	0	2	0	0	0	0	0	0	0	0	0	0	0	0	2	0
0	1	0	0	1	0	2	0	0	0	0	0	0	0	0	0	0	0	0	2	0
3	1	0	0	1	0	2	0	0	0	0	0	0	0	0	0	0	0	0	2	0
3	1	0	0	1	0	2	0	0	0	0	0	0	0	0	0	0	0	0	2	0
0	1	0	0	1	0	2	0	0	0	0	0	0	0	0	0	0	0	0	2	0
0	1	0	0	1	0	2	0	0	0	0	0	0	0	0	0	0	0	0	2	0
0	1	0	0	1	0	2	0	0	0	0	0	0	0	0	0	0	0	0	2	0
0	1	0	0	1	0	2	0	0	0	0	0	0	0	0	0	0	0	0	2	0
3	1	0	0	1	0	2	0	0	0	0	0	0	0	0	0	0	0	0	2	0
3	1	0	0	1	0	2	0	0	0	0	0	0	0	0	0	0	0	0	2	0
0	1	0	0	1	0	2	0	0	0	0	0	0	0	0	0	0	0	0	2	0
0	1	0	0	1	0	2	0	0	0	0	0	0	0	0	0	0	0	0	2	0
2	0	2	2	0	2	1	2	2	2	2	2	2	2	2	2	2	2	2	1	2
3	1	0	0	1	0	2	0	0	0	0	0	0	0	0	0	0	0	0	2	0

③ 3단계

(72) 123행은 125주기. 각 행은 21120⋯, 10012⋯, 02201⋯ 의 125주기 3개를 가진다.

① 1단계

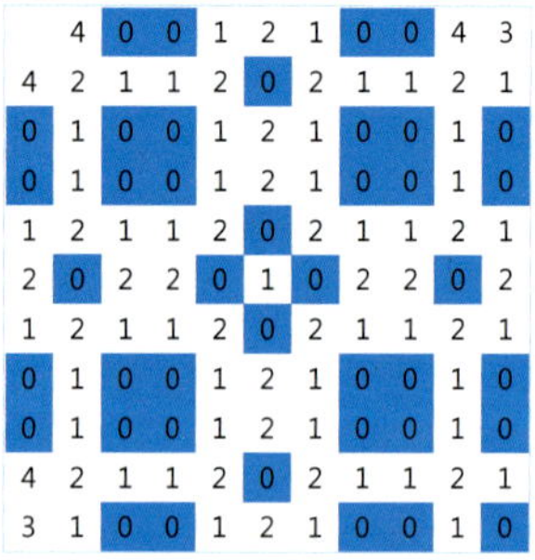

② 2단계

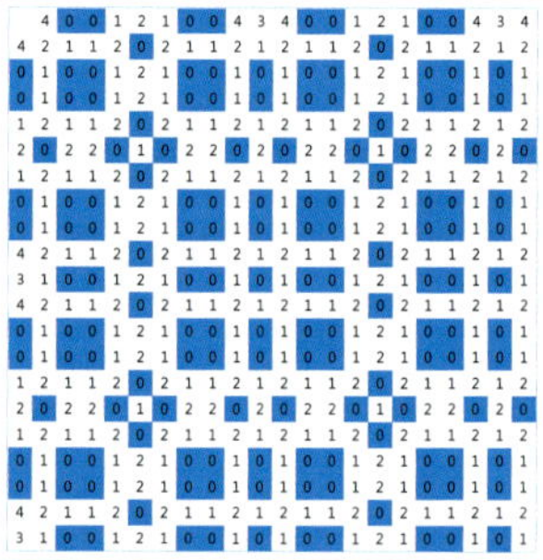

③ 3단계

(73) 124행은 125주기. 각 행은 10012···, 02201···, 21120··· 의 125주기 3개를 가진다.

① 1단계

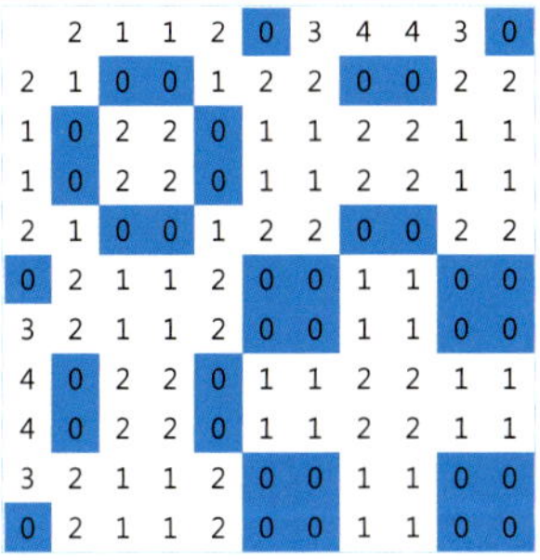

② 2단계

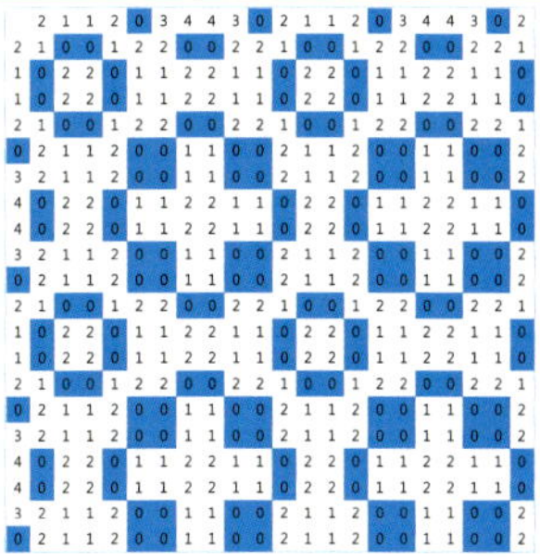

③ 3단계

3. 두 수의 덧셈을 4로 나누는 디자인

4쪽, 5쪽에 있는 각 행에서 두 수의 덧셈을 구한 후 4로 나눈 디자인이다.

(1) 2행은 10013의 반복이다. 각 행은 21120, 10013, 03302의 5주기 3개를 가진다.

① 1단계

	1	0	0	1	3	1	0	0	1	3	1	0	0	1	3	1	0	0	1	3	1	0	0	1	3	1
1	2	1	1	2	0	2	1	1	2	0	2	1	1	2	0	2	1	1	2	0	2	1	1	2	0	2
0	1	0	0	1	3	1	0	0	1	3	1	0	0	1	3	1	0	0	1	3	1	0	0	1	3	1
0	1	0	0	1	3	1	0	0	1	3	1	0	0	1	3	1	0	0	1	3	1	0	0	1	3	1
1	2	1	1	2	0	2	1	1	2	0	2	1	1	2	0	2	1	1	2	0	2	1	1	2	0	2
3	0	3	3	0	2	0	3	3	0	2	0	3	3	0	2	0	3	3	0	2	0	3	3	0	2	0
1	2	1	1	2	0	2	1	1	2	0	2	1	1	2	0	2	1	1	2	0	2	1	1	2	0	2
0	1	0	0	1	3	1	0	0	1	3	1	0	0	1	3	1	0	0	1	3	1	0	0	1	3	1
0	1	0	0	1	3	1	0	0	1	3	1	0	0	1	3	1	0	0	1	3	1	0	0	1	3	1
1	2	1	1	2	0	2	1	1	2	0	2	1	1	2	0	2	1	1	2	0	2	1	1	2	0	2
3	0	3	3	0	2	0	3	3	0	2	0	3	3	0	2	0	3	3	0	2	0	3	3	0	2	0
1	2	1	1	2	0	2	1	1	2	0	2	1	1	2	0	2	1	1	2	0	2	1	1	2	0	2
0	1	0	0	1	3	1	0	0	1	3	1	0	0	1	3	1	0	0	1	3	1	0	0	1	3	1
0	1	0	0	1	3	1	0	0	1	3	1	0	0	1	3	1	0	0	1	3	1	0	0	1	3	1
1	2	1	1	2	0	2	1	1	2	0	2	1	1	2	0	2	1	1	2	0	2	1	1	2	0	2
3	0	3	3	0	2	0	3	3	0	2	0	3	3	0	2	0	3	3	0	2	0	3	3	0	2	0
1	2	1	1	2	0	2	1	1	2	0	2	1	1	2	0	2	1	1	2	0	2	1	1	2	0	2
0	1	0	0	1	3	1	0	0	1	3	1	0	0	1	3	1	0	0	1	3	1	0	0	1	3	1
0	1	0	0	1	3	1	0	0	1	3	1	0	0	1	3	1	0	0	1	3	1	0	0	1	3	1
1	2	1	1	2	0	2	1	1	2	0	2	1	1	2	0	2	1	1	2	0	2	1	1	2	0	2
3	0	3	3	0	2	0	3	3	0	2	0	3	3	0	2	0	3	3	0	2	0	3	3	0	2	0
1	2	1	1	2	0	2	1	1	2	0	2	1	1	2	0	2	1	1	2	0	2	1	1	2	0	2
0	1	0	0	1	3	1	0	0	1	3	1	0	0	1	3	1	0	0	1	3	1	0	0	1	3	1
0	1	0	0	1	3	1	0	0	1	3	1	0	0	1	3	1	0	0	1	3	1	0	0	1	3	1
1	2	1	1	2	0	2	1	1	2	0	2	1	1	2	0	2	1	1	2	0	2	1	1	2	0	2
3	0	3	3	0	2	0	3	3	0	2	0	3	3	0	2	0	3	3	0	2	0	3	3	0	2	0
1	2	1	1	2	0	2	1	1	2	0	2	1	1	2	0	2	1	1	2	0	2	1	1	2	0	2

② 2단계

(2) 4행은 21123의 반복. 각 행은 03301, 32230, 10012 의 5주기 3개를 가진다.

① 1단계

	2	1	1	2	3	2	1	1	2	3	2	1	1	2	3	2	1	1	2	3	2	1	1	2	3	2
2	0	3	3	0	1	0	3	3	0	1	0	3	3	0	1	0	3	3	0	1	0	3	3	0	1	0
1	3	2	2	3	0	3	2	2	3	0	3	2	2	3	0	3	2	2	3	0	3	2	2	3	0	3
1	3	2	2	3	0	3	2	2	3	0	3	2	2	3	0	3	2	2	3	0	3	2	2	3	0	3
2	0	3	3	0	1	0	3	3	0	1	0	3	3	0	1	0	3	3	0	1	0	3	3	0	1	0
3	1	0	0	1	2	1	0	0	1	2	1	0	0	1	2	1	0	0	1	2	1	0	0	1	2	1
2	0	3	3	0	1	0	3	3	0	1	0	3	3	0	1	0	3	3	0	1	0	3	3	0	1	0
1	3	2	2	3	0	3	2	2	3	0	3	2	2	3	0	3	2	2	3	0	3	2	2	3	0	3
1	3	2	2	3	0	3	2	2	3	0	3	2	2	3	0	3	2	2	3	0	3	2	2	3	0	3
2	0	3	3	0	1	0	3	3	0	1	0	3	3	0	1	0	3	3	0	1	0	3	3	0	1	0
3	1	0	0	1	2	1	0	0	1	2	1	0	0	1	2	1	0	0	1	2	1	0	0	1	2	1
2	0	3	3	0	1	0	3	3	0	1	0	3	3	0	1	0	3	3	0	1	0	3	3	0	1	0
1	3	2	2	3	0	3	2	2	3	0	3	2	2	3	0	3	2	2	3	0	3	2	2	3	0	3
1	3	2	2	3	0	3	2	2	3	0	3	2	2	3	0	3	2	2	3	0	3	2	2	3	0	3
2	0	3	3	0	1	0	3	3	0	1	0	3	3	0	1	0	3	3	0	1	0	3	3	0	1	0
3	1	0	0	1	2	1	0	0	1	2	1	0	0	1	2	1	0	0	1	2	1	0	0	1	2	1
2	0	3	3	0	1	0	3	3	0	1	0	3	3	0	1	0	3	3	0	1	0	3	3	0	1	0
1	3	2	2	3	0	3	2	2	3	0	3	2	2	3	0	3	2	2	3	0	3	2	2	3	0	3
1	3	2	2	3	0	3	2	2	3	0	3	2	2	3	0	3	2	2	3	0	3	2	2	3	0	3
2	0	3	3	0	1	0	3	3	0	1	0	3	3	0	1	0	3	3	0	1	0	3	3	0	1	0
3	1	0	0	1	2	1	0	0	1	2	1	0	0	1	2	1	0	0	1	2	1	0	0	1	2	1
2	0	3	3	0	1	0	3	3	0	1	0	3	3	0	1	0	3	3	0	1	0	3	3	0	1	0
1	3	2	2	3	0	3	2	2	3	0	3	2	2	3	0	3	2	2	3	0	3	2	2	3	0	3
1	3	2	2	3	0	3	2	2	3	0	3	2	2	3	0	3	2	2	3	0	3	2	2	3	0	3
2	0	3	3	0	1	0	3	3	0	1	0	3	3	0	1	0	3	3	0	1	0	3	3	0	1	0
3	1	0	0	1	2	1	0	0	1	2	1	0	0	1	2	1	0	0	1	2	1	0	0	1	2	1
2	0	3	3	0	1	0	3	3	0	1	0	3	3	0	1	0	3	3	0	1	0	3	3	0	1	0

② 2단계

(3) 5행은 03033 31311 14144 42422 20200 반복이다. 각 행은 03033…, 32322…,10100…, 21211… 의 25주기 4개를 가진다.

① 1단계

	0	3	0	3	3	3	1	3	1	1	1	4	1	4	4	4	2	4	2	2	2	0
0	0	3	0	3	3	3	1	3	1	1	1	0	1	0	0	0	2	0	2	2	2	0
3	3	2	3	2	2	2	0	2	0	0	0	3	0	3	3	3	1	3	1	1	1	3
0	0	3	0	3	3	3	1	3	1	1	1	0	1	0	0	0	2	0	2	2	2	0
3	3	2	3	2	2	2	0	2	0	0	0	3	0	3	3	3	1	3	1	1	1	3
3	3	2	3	2	2	2	0	2	0	0	0	3	0	3	3	3	1	3	1	1	1	3
3	3	2	3	2	2	2	0	2	0	0	0	3	0	3	3	3	1	3	1	1	1	3
1	1	0	1	0	0	0	2	0	2	2	2	1	2	1	1	1	3	1	3	3	3	1
3	3	2	3	2	2	2	0	2	0	0	0	3	0	3	3	3	1	3	1	1	1	3
1	1	0	1	0	0	0	2	0	2	2	2	1	2	1	1	1	3	1	3	3	3	1
1	1	0	1	0	0	0	2	0	2	2	2	1	2	1	1	1	3	1	3	3	3	1
1	1	0	1	0	0	0	2	0	2	2	2	1	2	1	1	1	3	1	3	3	3	1
4	0	3	0	3	3	3	1	3	1	1	1	0	1	0	0	0	2	0	2	2	2	0
1	1	0	1	0	0	0	2	0	2	2	2	1	2	1	1	1	3	1	3	3	3	1
4	0	3	0	3	3	3	1	3	1	1	1	0	1	0	0	0	2	0	2	2	2	0
4	0	3	0	3	3	3	1	3	1	1	1	0	1	0	0	0	2	0	2	2	2	0
4	0	3	0	3	3	3	1	3	1	1	1	0	1	0	0	0	2	0	2	2	2	0
2	2	1	2	1	1	1	3	1	3	3	3	2	3	2	2	2	0	2	0	0	0	2
4	0	3	0	3	3	3	1	3	1	1	1	0	1	0	0	0	2	0	2	2	2	0
2	2	1	2	1	1	1	3	1	3	3	3	2	3	2	2	2	0	2	0	0	0	2
2	2	1	2	1	1	1	3	1	3	3	3	2	3	2	2	2	0	2	0	0	0	2
2	2	1	2	1	1	1	3	1	3	3	3	2	3	2	2	2	0	2	0	0	0	2
0	0	3	0	3	3	3	1	3	1	1	1	0	1	0	0	0	2	0	2	2	2	0

② 2단계

(4) 7행은 10011 30032 00003 20024 40040의 반복이다. 각행은 21122…, 10011…, 03300…, 32233… 의 25주기 4개를 가진다.

① 1단계

	1	0	0	1	1	3	0	0	3	2	0	0	0	0	3	2	0	0	2	4	4	0	0	4	0	1
1	2	1	1	2	2	0	1	1	0	3	1	1	1	1	0	3	1	1	3	1	1	1	1	1	1	2
0	1	0	0	1	1	3	0	0	3	2	0	0	0	0	3	2	0	0	2	0	0	0	0	0	0	1
0	1	0	0	1	1	3	0	0	3	2	0	0	0	0	3	2	0	0	2	0	0	0	0	0	0	1
1	2	1	1	2	2	0	1	1	0	3	1	1	1	1	0	3	1	1	3	1	1	1	1	1	1	2
1	2	1	1	2	2	0	1	1	0	3	1	1	1	1	0	3	1	1	3	1	1	1	1	1	1	2
3	0	3	3	0	0	2	3	3	2	1	3	3	3	3	2	1	3	3	1	3	3	3	3	3	3	0
0	1	0	0	1	1	3	0	0	3	2	0	0	0	0	3	2	0	0	2	0	0	0	0	0	0	1
0	1	0	0	1	1	3	0	0	3	2	0	0	0	0	3	2	0	0	2	0	0	0	0	0	0	1
3	0	3	3	0	0	2	3	3	2	1	3	3	3	3	2	1	3	3	1	3	3	3	3	3	3	0
2	3	2	2	3	3	1	2	2	1	0	2	2	2	2	1	0	2	2	0	2	2	2	2	2	2	3
0	1	0	0	1	1	3	0	0	3	2	0	0	0	0	3	2	0	0	2	0	0	0	0	0	0	1
0	1	0	0	1	1	3	0	0	3	2	0	0	0	0	3	2	0	0	2	0	0	0	0	0	0	1
0	1	0	0	1	1	3	0	0	3	2	0	0	0	0	3	2	0	0	2	0	0	0	0	0	0	1
0	1	0	0	1	1	3	0	0	3	2	0	0	0	0	3	2	0	0	2	0	0	0	0	0	0	1
3	0	3	3	0	0	2	3	3	2	1	3	3	3	3	2	1	3	3	1	3	3	3	3	3	3	0
2	3	2	2	3	3	1	2	2	1	0	2	2	2	2	1	0	2	2	0	2	2	2	2	2	2	3
0	1	0	0	1	1	3	0	0	3	2	0	0	0	0	3	2	0	0	2	0	0	0	0	0	0	1
0	1	0	0	1	1	3	0	0	3	2	0	0	0	0	3	2	0	0	2	0	0	0	0	0	0	1
2	3	2	2	3	3	1	2	2	1	0	2	2	2	2	1	0	2	2	0	2	2	2	2	2	2	3
4	1	0	0	1	1	3	0	0	3	2	0	0	0	0	3	2	0	0	2	0	0	0	0	0	0	1
4	1	0	0	1	1	3	0	0	3	2	0	0	0	0	3	2	0	0	2	0	0	0	0	0	0	1
0	1	0	0	1	1	3	0	0	3	2	0	0	0	0	3	2	0	0	2	0	0	0	0	0	0	1
0	1	0	0	1	1	3	0	0	3	2	0	0	0	0	3	2	0	0	2	0	0	0	0	0	0	1
4	1	0	0	1	1	3	0	0	3	2	0	0	0	0	3	2	0	0	2	0	0	0	0	0	0	1
0	1	0	0	1	1	3	0	0	3	2	0	0	0	0	3	2	0	0	2	0	0	0	0	0	0	1
1	2	1	1	2	2	0	1	1	0	3	1	1	1	1	0	3	1	1	3	1	1	1	1	1	1	2

② 2단계

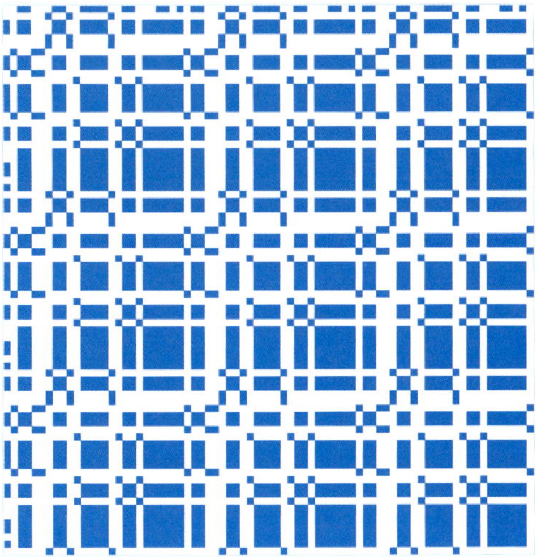

(5) 10행은 03031 32320 22220 23231 30303의 반복이다. 각 행은 03031⋯, 32320⋯, 21213⋯, 10102⋯ 의 25주기 4개를 가진다.

① 1단계	② 2단계
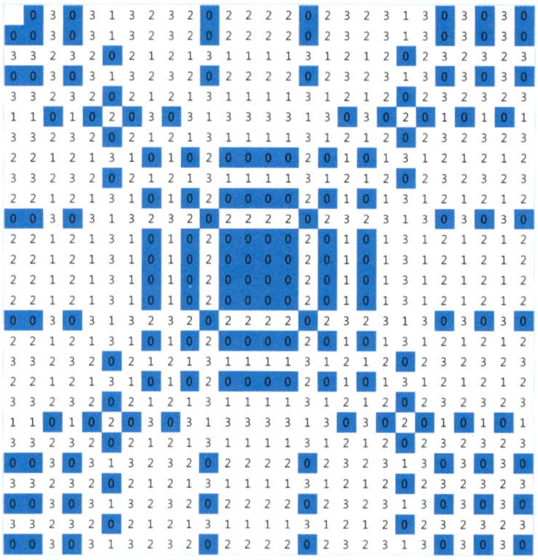	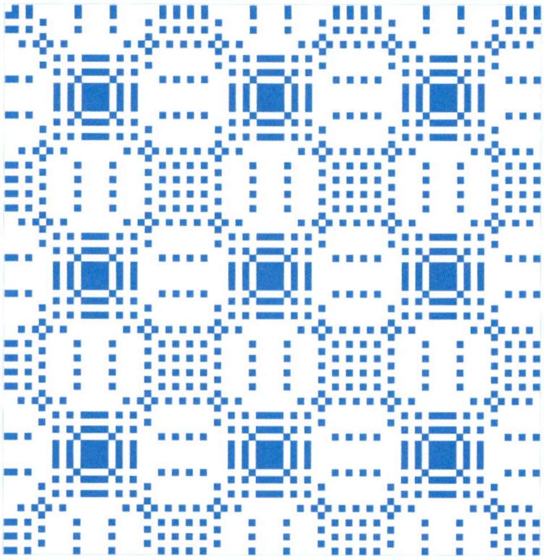

(6) 12행은 10014 00002 30032 00004 10013의 반복이다. 각 행은 21221⋯, 10010⋯, 32232⋯, 03303⋯ 의 25주기 4개를 가진다.

① 1단계	② 2단계
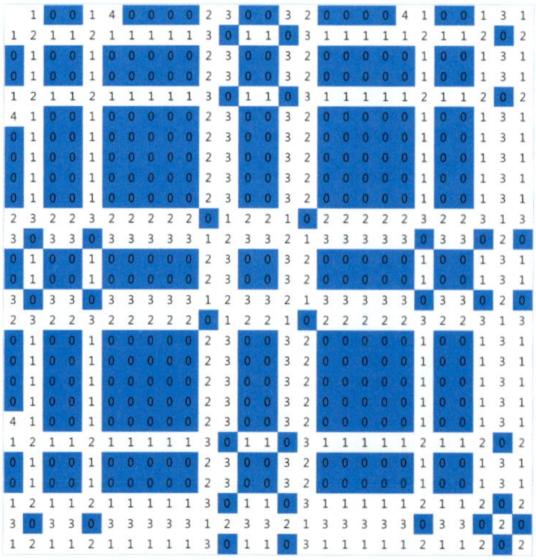	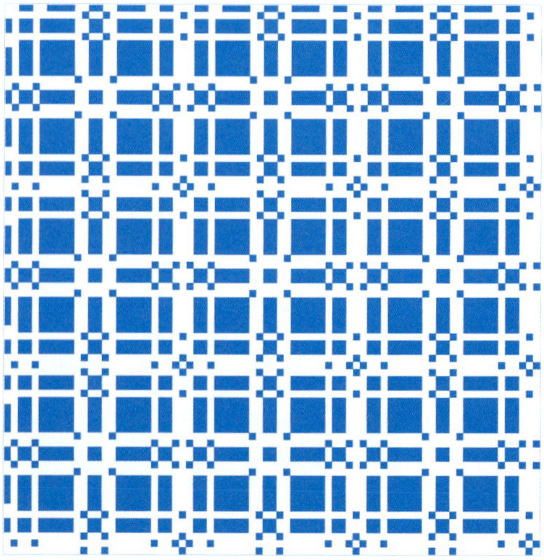

(7) 13행은 40011 00002 20033 00004 40010의 반복이다. 각 행은 00011⋯, 11122⋯, 22233⋯, 33300⋯ 의 25주기 4개를 가진다.

① 1단계

	4	0	0	1	1	0	0	0	0	2	2	0	0	3	3	0	0	0	0	4	4	0	0	1	0	4
4	0	0	0	1	1	0	0	0	0	2	2	0	0	3	3	0	0	0	0	0	0	0	0	1	0	0
0	0	0	0	1	1	0	0	0	0	2	2	0	0	3	3	0	0	0	0	0	0	0	0	1	0	0
0	0	0	0	1	1	0	0	0	0	2	2	0	0	3	3	0	0	0	0	0	0	0	0	1	0	0
1	1	1	1	2	2	1	1	1	1	3	3	1	1	0	0	1	1	1	1	1	1	1	1	2	1	1
1	1	1	1	2	2	1	1	1	1	3	3	1	1	0	0	1	1	1	1	1	1	1	1	2	1	1
0	0	0	0	1	1	0	0	0	0	2	2	0	0	3	3	0	0	0	0	0	0	0	0	1	0	0
0	0	0	0	1	1	0	0	0	0	2	2	0	0	3	3	0	0	0	0	0	0	0	0	1	0	0
0	0	0	0	1	1	0	0	0	0	2	2	0	0	3	3	0	0	0	0	0	0	0	0	1	0	0
0	0	0	0	1	1	0	0	0	0	2	2	0	0	3	3	0	0	0	0	0	0	0	0	1	0	0
2	2	2	2	3	3	2	2	2	2	0	0	2	2	1	1	2	2	2	2	2	2	2	2	3	2	2
2	2	2	2	3	3	2	2	2	2	0	0	2	2	1	1	2	2	2	2	2	2	2	2	3	2	2
0	0	0	0	1	1	0	0	0	0	2	2	0	0	3	3	0	0	0	0	0	0	0	0	1	0	0
0	0	0	0	1	1	0	0	0	0	2	2	0	0	3	3	0	0	0	0	0	0	0	0	1	0	0
3	3	3	3	0	0	3	3	3	3	1	1	3	3	2	2	3	3	3	3	3	3	3	3	0	3	3
3	3	3	3	0	0	3	3	3	3	1	1	3	3	2	2	3	3	3	3	3	3	3	3	0	3	3
0	0	0	0	1	1	0	0	0	0	2	2	0	0	3	3	0	0	0	0	0	0	0	0	1	0	0
0	0	0	0	1	1	0	0	0	0	2	2	0	0	3	3	0	0	0	0	0	0	0	0	1	0	0
0	0	0	0	1	1	0	0	0	0	2	2	0	0	3	3	0	0	0	0	0	0	0	0	1	0	0
0	0	0	0	1	1	0	0	0	0	2	2	0	0	3	3	0	0	0	0	0	0	0	0	1	0	0
4	0	0	0	1	1	0	0	0	0	2	2	0	0	3	3	0	0	0	0	0	0	0	0	1	0	0
4	0	0	0	1	1	0	0	0	0	2	2	0	0	3	3	0	0	0	0	0	0	0	0	1	0	0
0	0	0	0	1	1	0	0	0	0	2	2	0	0	3	3	0	0	0	0	0	0	0	0	1	0	0
0	0	0	0	1	1	0	0	0	0	2	2	0	0	3	3	0	0	0	0	0	0	0	0	1	0	0
1	1	1	1	2	2	1	1	1	1	3	3	1	1	0	0	1	1	1	1	1	1	1	1	2	1	1
0	0	0	0	1	1	0	0	0	0	2	2	0	0	3	3	0	0	0	0	0	0	0	0	1	0	0
4	0	0	0	1	1	0	0	0	0	2	2	0	0	3	3	0	0	0	0	0	0	0	0	1	0	0

② 2단계

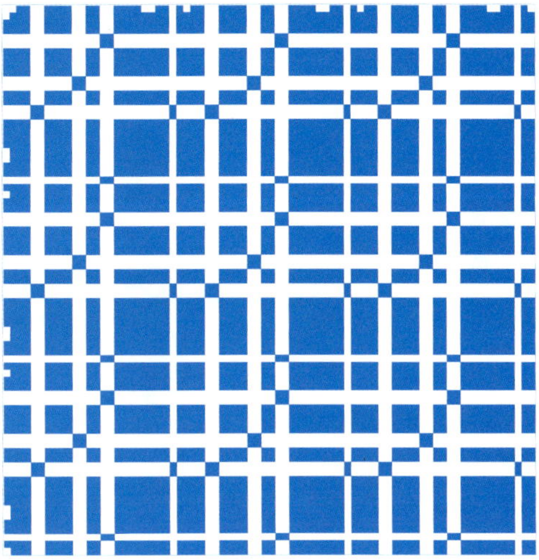

(8) 14행은 21124 00002 13312 00004 21123의 반복이다. 각 행은 03302⋯, 32231⋯, 21120⋯, 10013⋯ 의 25주기 4개를 가진다.

① 1단계

	2	1	1	2	4	0	0	0	0	2	1	3	3	1	2	0	0	0	0	4	2	1	1	2	3	2
2	0	3	3	0	2	2	2	2	2	0	3	1	1	3	0	2	2	2	2	2	0	3	3	0	1	0
1	3	2	2	3	1	1	1	1	1	3	2	0	0	2	3	1	1	1	1	1	3	2	2	3	0	3
1	3	2	2	3	1	1	1	1	1	3	2	0	0	2	3	1	1	1	1	1	3	2	2	3	0	3
2	0	3	3	0	2	2	2	2	2	0	3	1	1	3	0	2	2	2	2	2	0	3	3	0	1	0
4	2	1	1	2	0	0	0	0	0	2	1	3	3	1	2	0	0	0	0	0	2	1	1	2	3	2
0	2	1	1	2	0	0	0	0	0	2	1	3	3	1	2	0	0	0	0	0	2	1	1	2	3	2
0	2	1	1	2	0	0	0	0	0	2	1	3	3	1	2	0	0	0	0	0	2	1	1	2	3	2
0	2	1	1	2	0	0	0	0	0	2	1	3	3	1	2	0	0	0	0	0	2	1	1	2	3	2
0	2	1	1	2	0	0	0	0	0	2	1	3	3	1	2	0	0	0	0	0	2	1	1	2	3	2
2	0	3	3	0	2	2	2	2	2	0	3	1	1	3	0	2	2	2	2	2	0	3	3	0	1	0
1	3	2	2	3	1	1	1	1	1	3	2	0	0	2	3	1	1	1	1	1	3	2	2	3	0	3
3	1	0	0	1	3	3	3	3	3	1	0	2	2	0	1	3	3	3	3	3	1	0	0	1	2	1
3	1	0	0	1	3	3	3	3	3	1	0	2	2	0	1	3	3	3	3	3	1	0	0	1	2	1
1	3	2	2	3	1	1	1	1	1	3	2	0	0	2	3	1	1	1	1	1	3	2	2	3	0	3
2	0	3	3	0	2	2	2	2	2	0	3	1	1	3	0	2	2	2	2	2	0	3	3	0	1	0
0	2	1	1	2	0	0	0	0	0	2	1	3	3	1	2	0	0	0	0	0	2	1	1	2	3	2
0	2	1	1	2	0	0	0	0	0	2	1	3	3	1	2	0	0	0	0	0	2	1	1	2	3	2
0	2	1	1	2	0	0	0	0	0	2	1	3	3	1	2	0	0	0	0	0	2	1	1	2	3	2
0	2	1	1	2	0	0	0	0	0	2	1	3	3	1	2	0	0	0	0	0	2	1	1	2	3	2
4	2	1	1	2	0	0	0	0	0	2	1	3	3	1	2	0	0	0	0	0	2	1	1	2	3	2
2	0	3	3	0	2	2	2	2	2	0	3	1	1	3	0	2	2	2	2	2	0	3	3	0	1	0
1	3	2	2	3	1	1	1	1	1	3	2	0	0	2	3	1	1	1	1	1	3	2	2	3	0	3
1	3	2	2	3	1	1	1	1	1	3	2	0	0	2	3	1	1	1	1	1	3	2	2	3	0	3
2	0	3	3	0	2	2	2	2	2	0	3	1	1	3	0	2	2	2	2	2	0	3	3	0	1	0
3	1	0	0	1	3	3	3	3	3	1	0	2	2	0	1	3	3	3	3	3	1	0	0	1	2	1
2	0	3	3	0	2	2	2	2	2	0	3	1	1	3	0	2	2	2	2	2	0	3	3	0	1	0

② 2단계

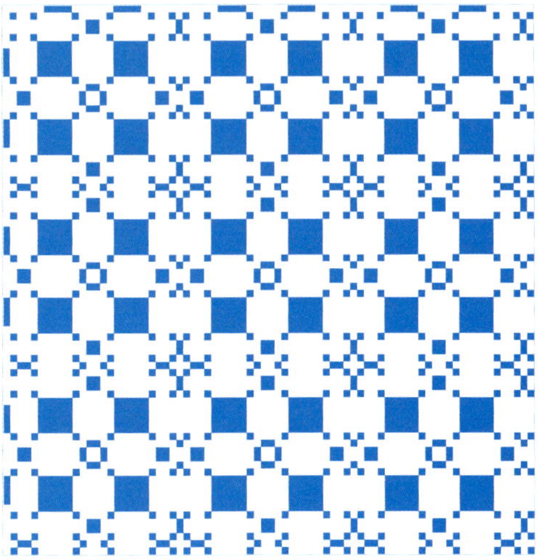

(9) 15행은 03034 33330 32320 22221 20200의 반복이다. 각 행은 03030···, 32323···, 21212···, 11010··· 의 25주기 4개를 가진다.

① 1단계	② 2단계
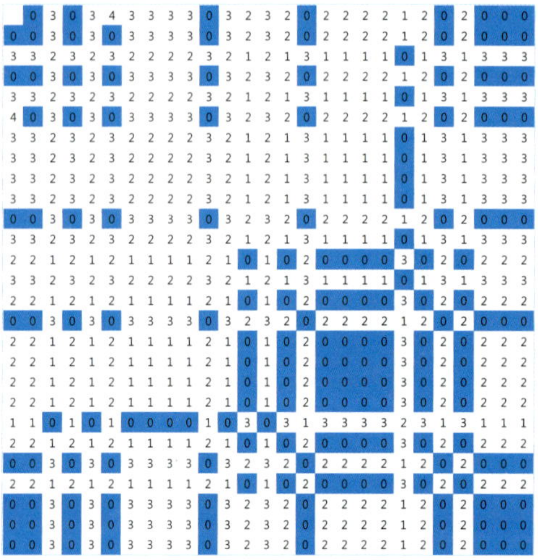	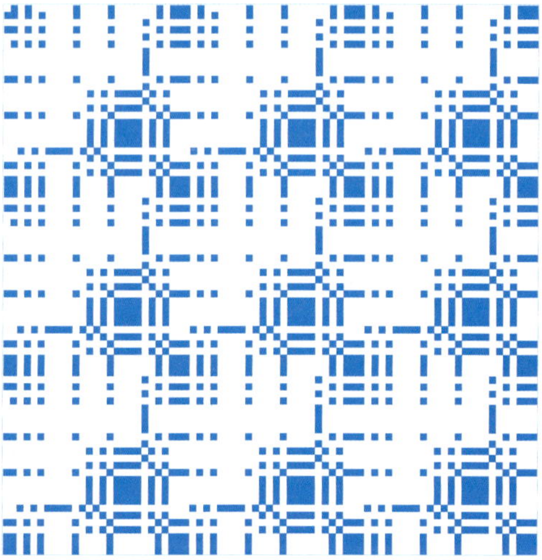

(10) 18행은 40014 30022 00002 20034 10043의 반복이다. 각 행은 00010···, 11121···, 33303···, 22232의 25주기 4개를 가진다.

① 1단계	② 2단계
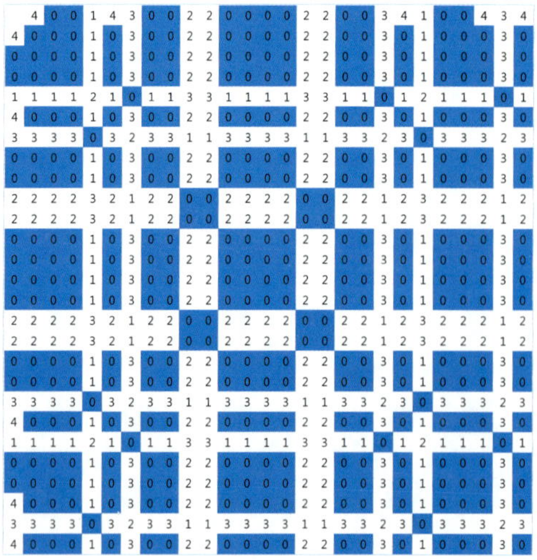	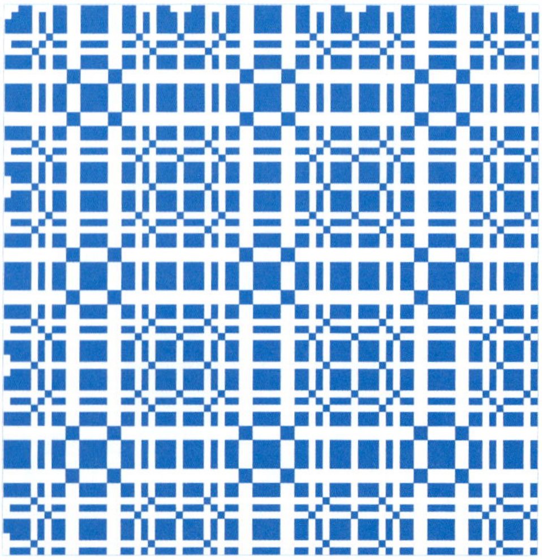

(11) 22행은 10010 40040 10010 40040 10013의 반복이다. 각 행은 21121…, 10010…, 21121…, 03303…의 25주기 4개를 가진다.

① 1단계	② 2단계
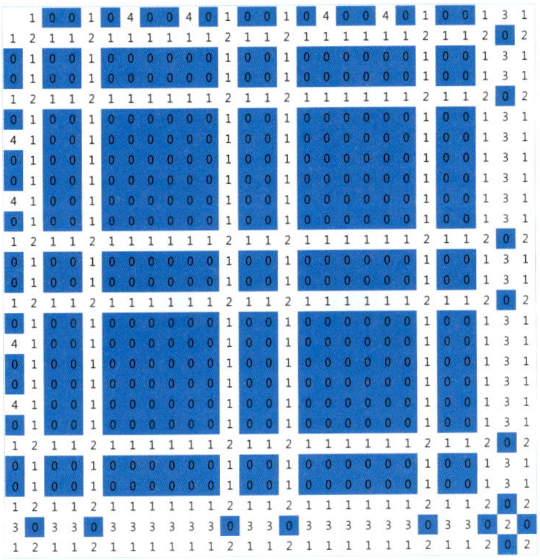	

(12) 23행은 40012 10043 40012 10043 40010의 반복이다. 각 행은 00012…,11123…, 2230…, 33301…의 125주기 4개를 가진다.

① 1단계	② 2단계
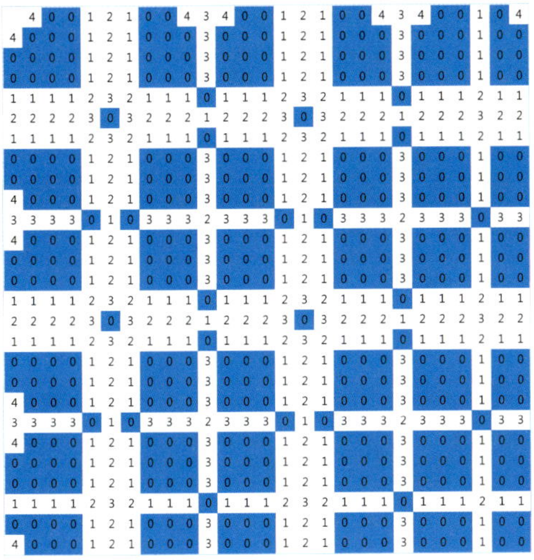	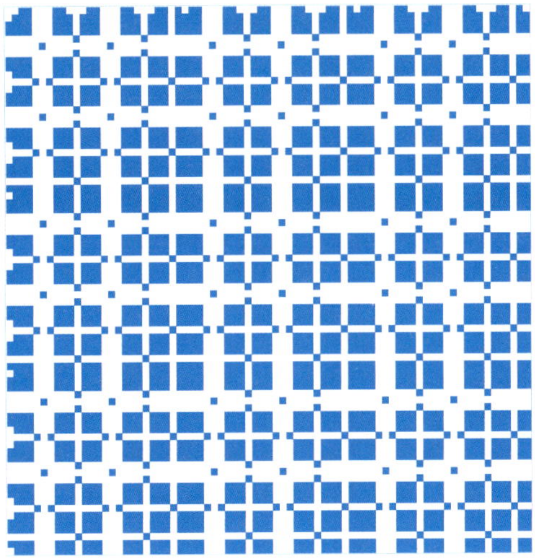

4. 두 수의 덧셈을 5로 나누는 디자인

$1 = 0.999\cdots$ 에 대해 5로 나눈 후, 각 행에 대해 두수의 덧셈을 구하고 5로 나누었다.

(1) 5행은 03033 31311 14144 42422 20200 반복이다. 각 행은 03033 31311 14144 42422 20200의 25주기 반복이다.

① 1단계	② 2단계
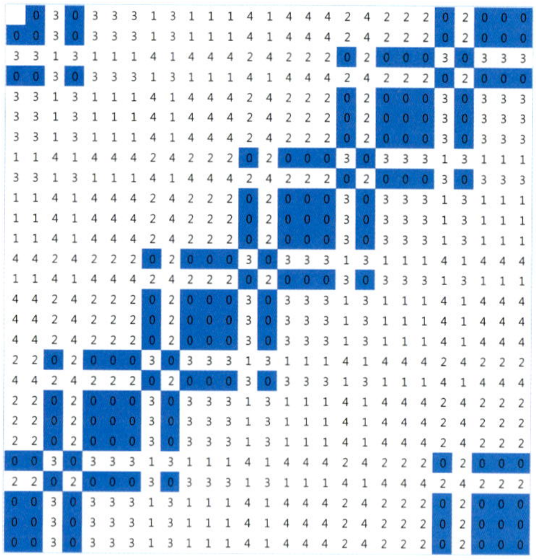	

(2) 6행은 31423 43213 00003 12343 24133의 반복이다. 각 행은 14201⋯, 42034⋯, 20312⋯, 03140⋯, 31423⋯ 의 25주기 5개를 가진다.

① 1단계	② 2단계
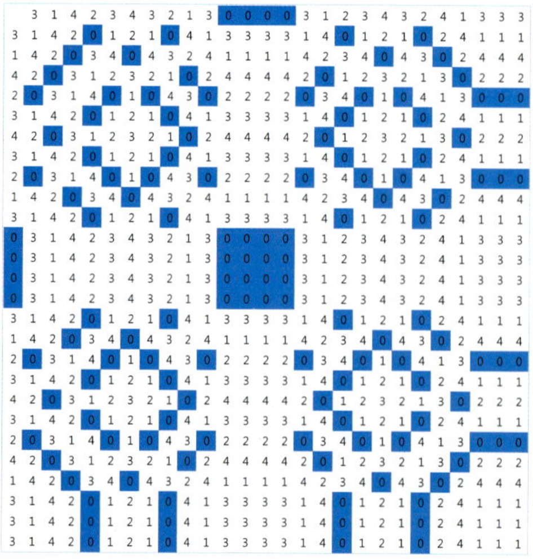	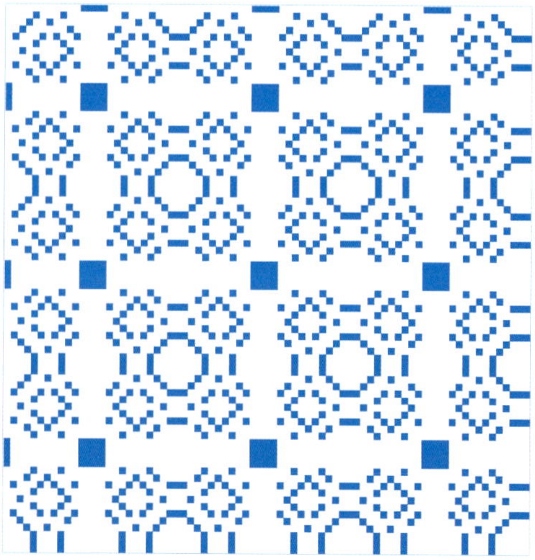

(3) 7행은 10011 30032 00003 20024 40040의 반복이다. 각 행은 21122⋯, 10011⋯, 43344⋯, 32233⋯, 04400⋯ 의 25주기 5개를 가진다.

① 1단계	② 2단계
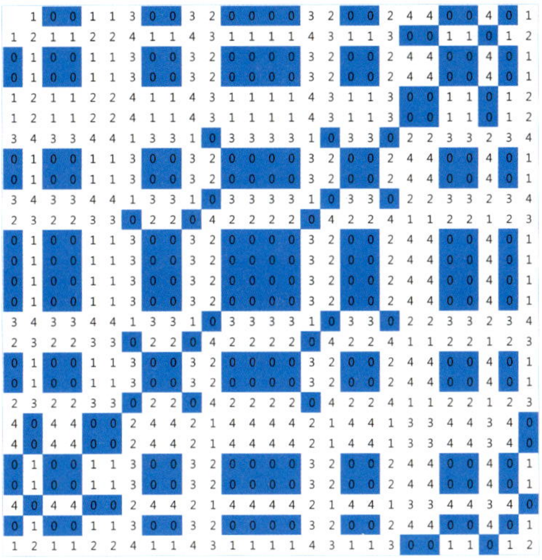	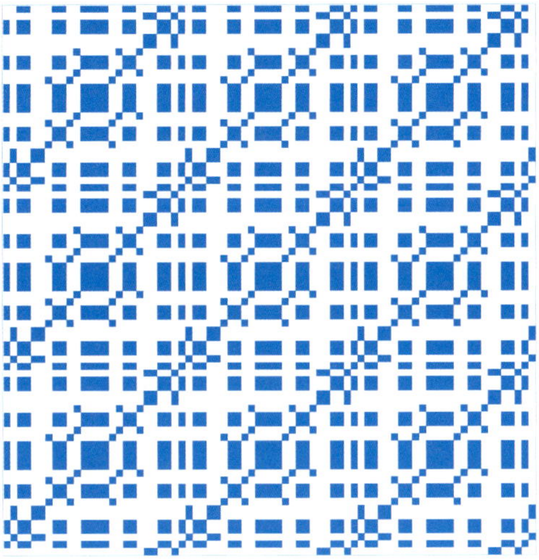

(4) 8행은 40013 20033 00003 30023 10043의 반복이다. 각 행은 34402⋯, 40013⋯, 01124⋯, 23341⋯, 12230⋯ 의 25주기 5개를 가진다.

① 1단계	② 2단계
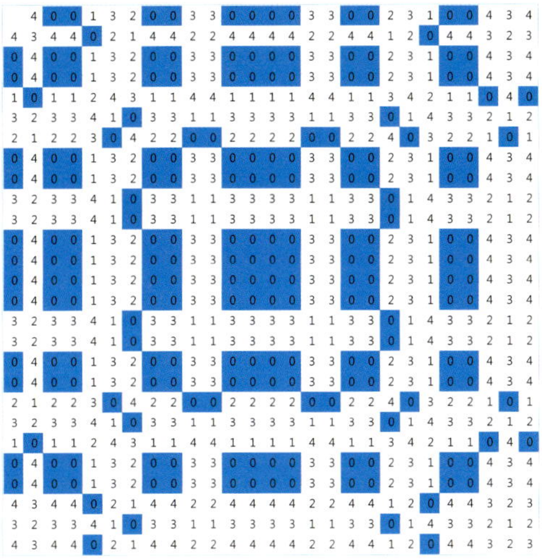	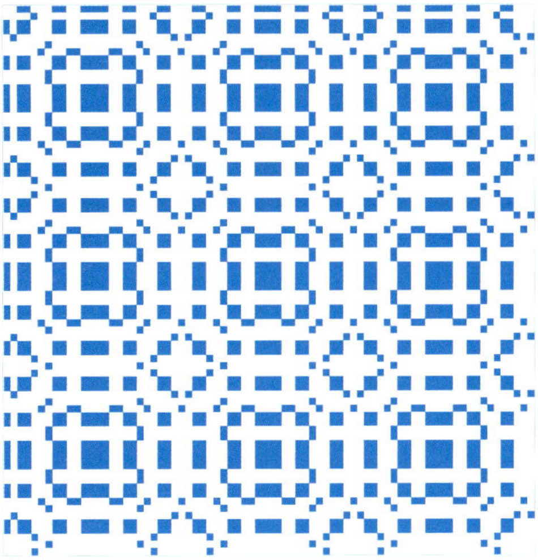

(5) 10행은 03031 32320 22220 23231 30303의 반복이다. 각 행은 03031…, 31314…, 14142…, 20203의 25주기 4개를 가진다.

① 1단계	② 2단계
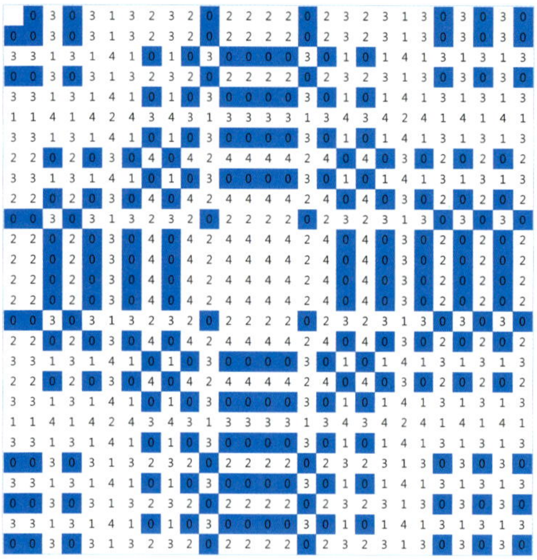	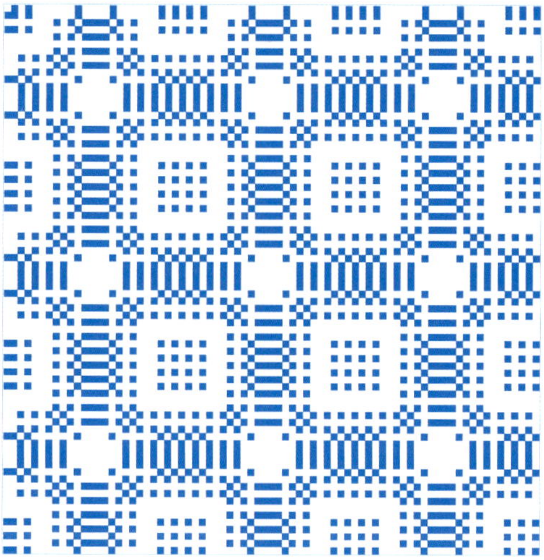

(6) 12행은 10014 00002 30032 00004 10013의 반복이다. 각 행은 21120…, 10014…, 04403…, 32231…, 43342… 의 25주기 5개를 가진다.

① 1단계	② 2단계
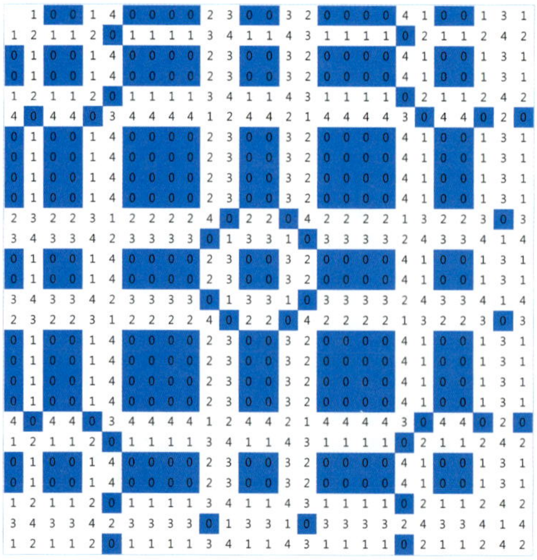	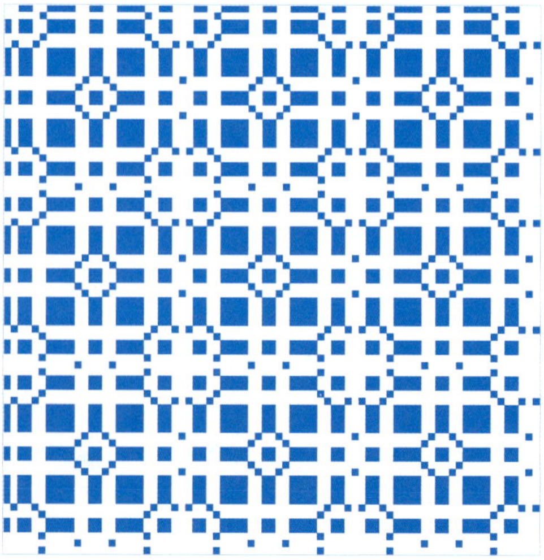

(7) 13행은 40011 00002 20033 00004 40010의 반복이다. 각 행은 34400⋯, 40011⋯, 01122⋯, 12233⋯, 23344⋯ 의 25주기 5개를 가진다.

① 1단계	② 2단계
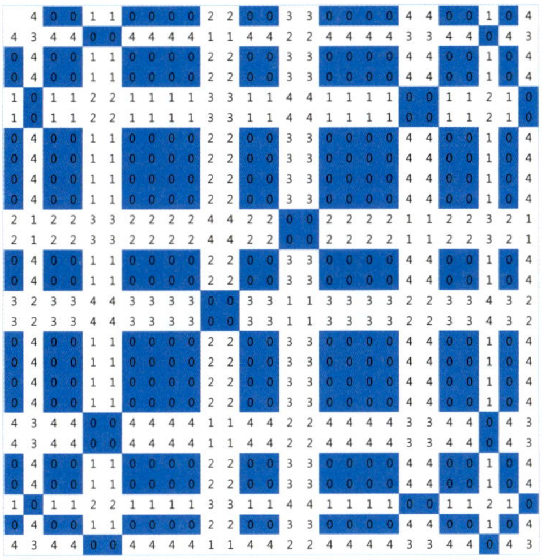	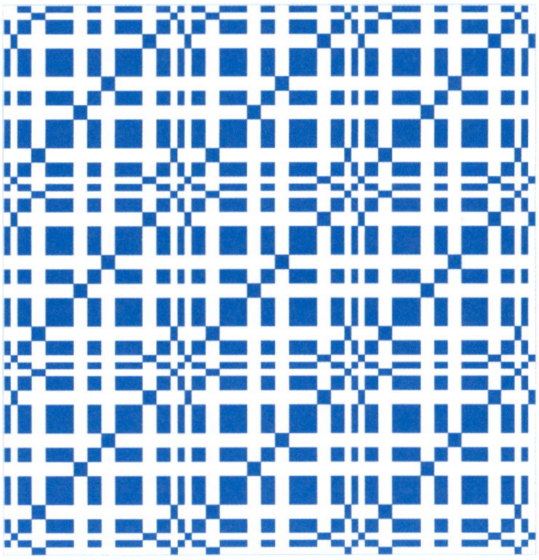

(8) 15행은 03034 33330 32320 22221 20200의 반복이다. 각 행은 03034⋯, 31312⋯, 42423⋯, 42423⋯, 20201⋯ 의 25주기 5개를 가진다.

① 1단계	② 2단계
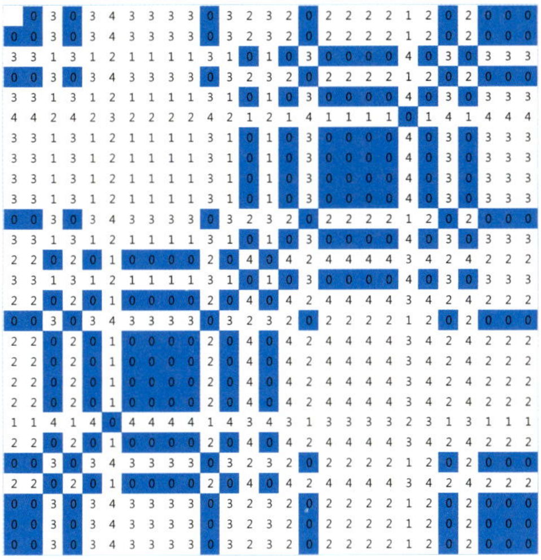	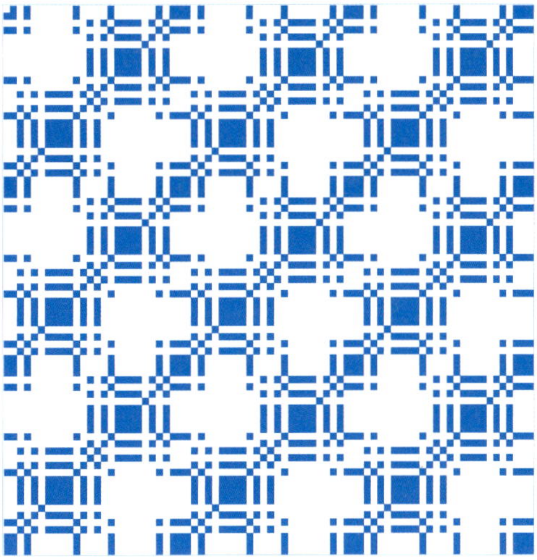

(9) 16행은 31424 12342 00002 43214 24133의 반복이다. 각 행은 14202⋯, 42030⋯, 20313⋯, 03141⋯, 31424⋯ 의 25주기 5개를 가진다.

① 1단계	② 2단계
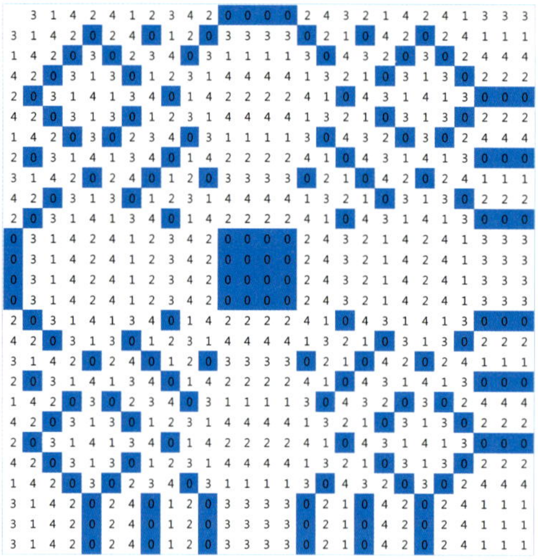	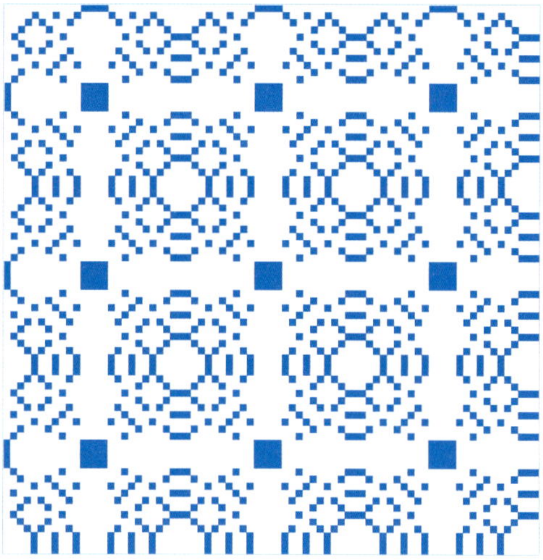

(10) 17행은 10012 20023 00002 30033 40040의 반복이다. 각 행은 21123⋯, 10012⋯, 32234⋯, 43340, 04401⋯의 25주기 5개를 가진다.

① 1단계	② 2단계
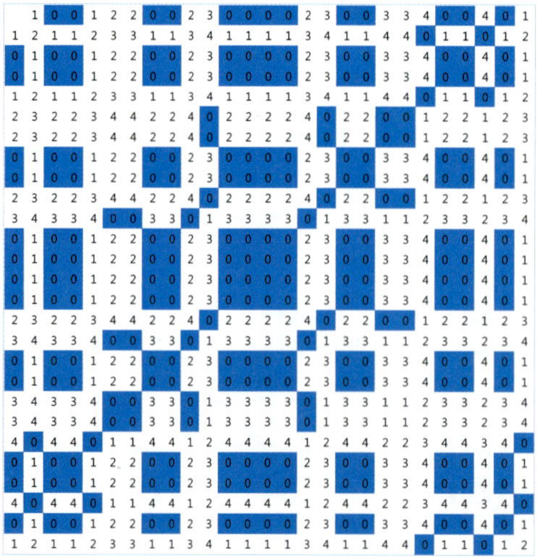	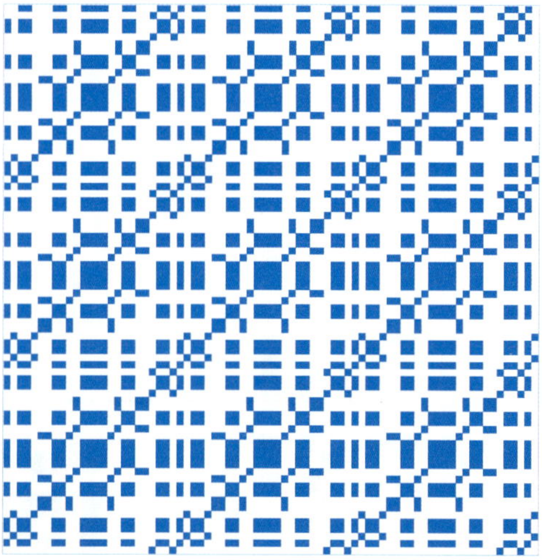

(11) 18행은 40014 30022 00002 20034 10043의 반복이다. 각 행은 34403···, 40014···, 01120···, 23342···, 12231··· 의 25주기 5개를 가진다.

① 1단계	② 2단계
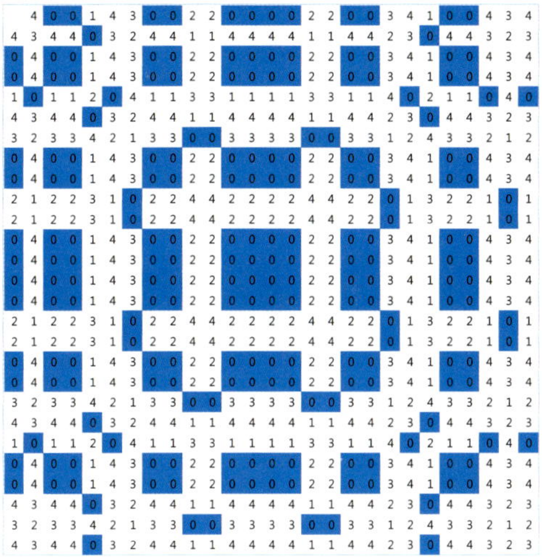	

(12) 20행은 03032 34341 44441 43432 30303 의 반복이다. 각 행은 03032···, 31310···, 20204···, 14143···, 20204··· 의 25주기 4개를 가진다.

① 1단계	② 2단계
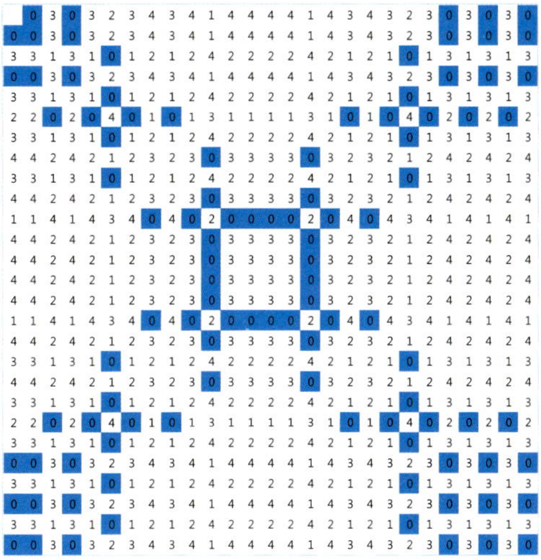	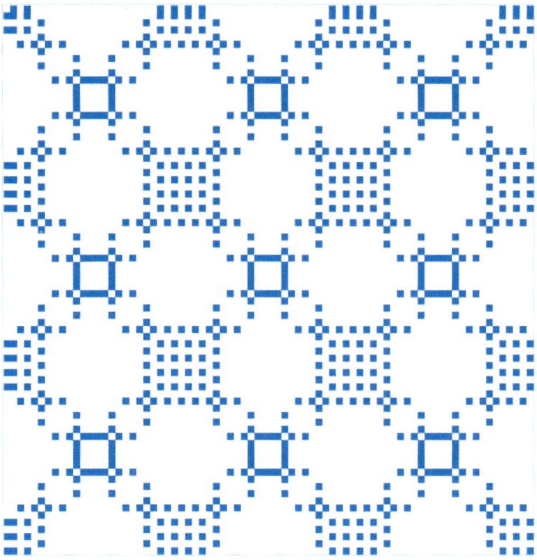

(13) 23행은 40012 10043 40012 10043 40010의 반복이다.

① 1단계	② 2단계
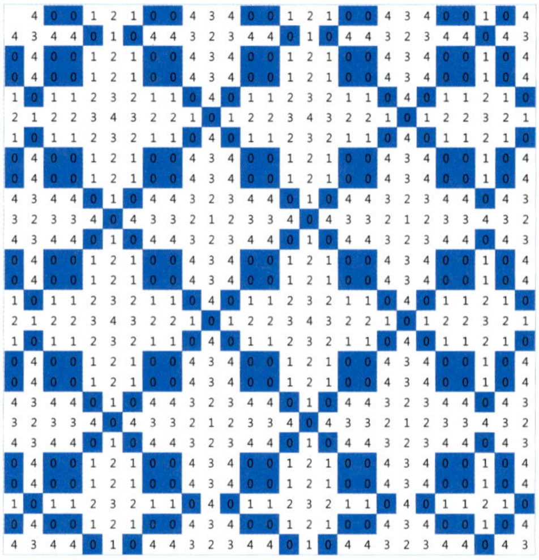	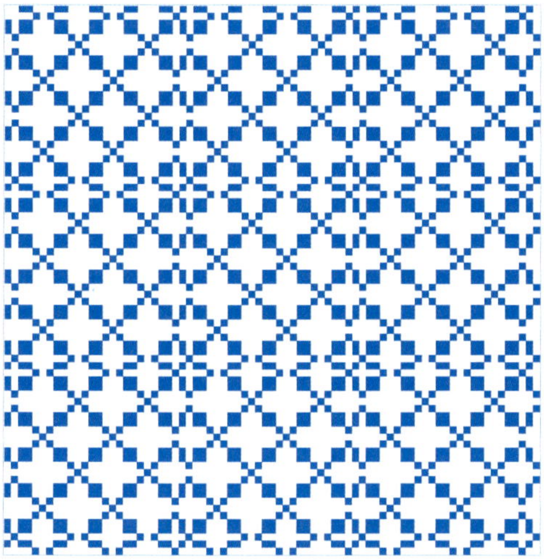

(14) 24행은 21120 34430 21120 34430 21123의 반복이다. 각 행은 43342···, 32231···, 43342···, 21120···, 04403··· 의 25주기 5개를 가진다.

① 1단계	② 2단계
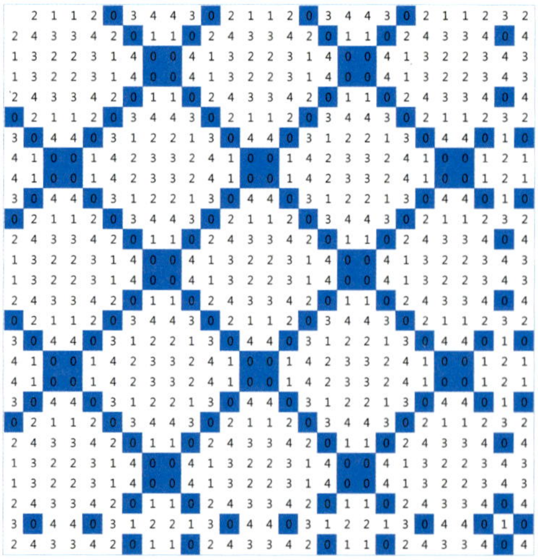	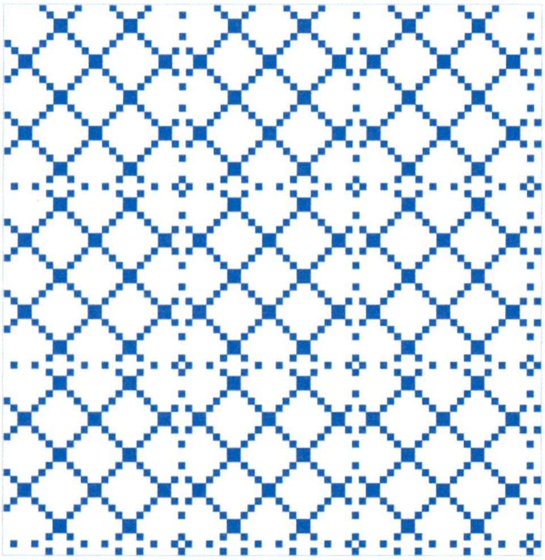

5. 두 수의 덧셈을 6으로 나누는 디자인

4쪽, 5쪽에 있는 각 행에서 두 수의 덧셈을 구한 후 6으로 나눈 디자인이다.

(1) 6행은 31423 43213 00003 12343 24133의 반복이다. 각 행은 04150…, 42534…, 15201…, 53045…, 31423… 의 25주기 5개를 가진다.

① 1단계	② 2단계
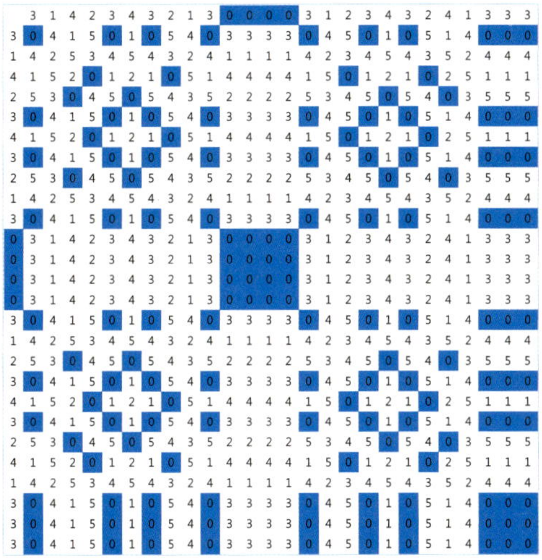	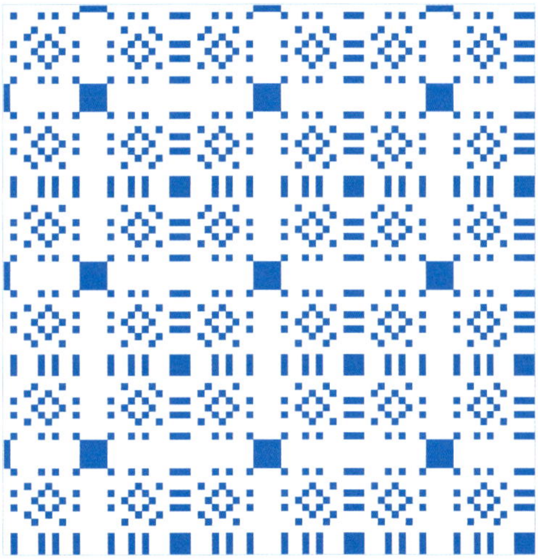

(2) 7행은 10011 30032 00003 20024 40040의 반복이다. 각 행은 21122…, 10011…, 43344…, 32233…, 54455… 의 25주기 5개를 가진다.

① 1단계	② 2단계
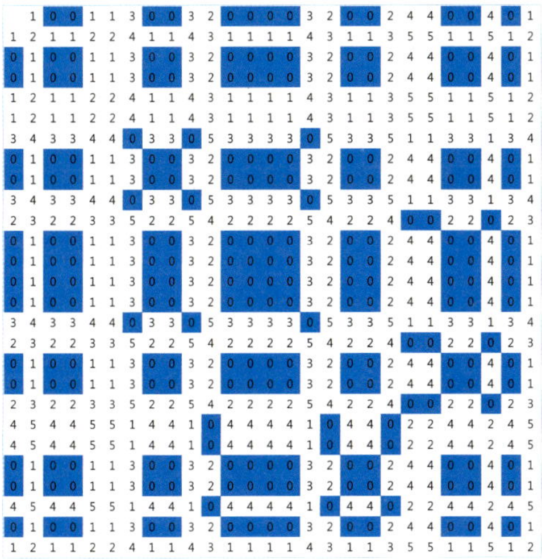	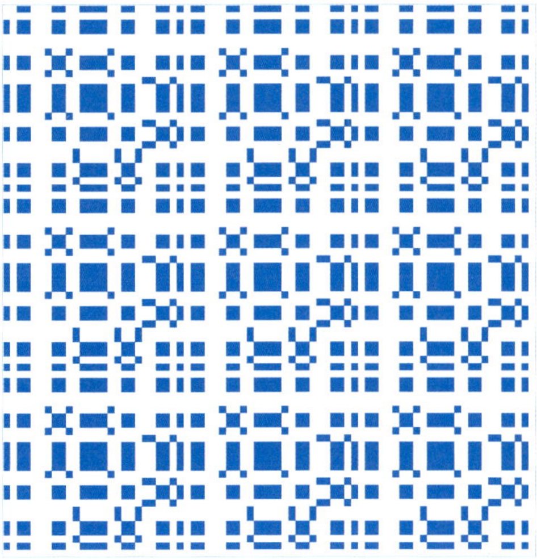

(3) 10행은 03031 32320 22220 23231 30303의 반복이다. 각 행은 03031…, 30304…, 25253…, 14142… 의 25주기 4개를 가진다.

① 1단계

	0	3	0	3	1	3	2	3	2	0	2	2	2	2	0	2	3	2	3	1	3	0	3	0	3	0
0	0	3	0	3	1	3	2	3	2	0	2	2	2	2	0	2	3	2	3	1	3	0	3	0	3	0
3	3	0	3	0	4	0	5	0	5	3	5	5	5	5	3	5	0	5	0	4	0	3	0	3	0	3
0	0	3	0	3	1	3	2	3	2	0	2	2	2	2	0	2	3	2	3	1	3	0	3	0	3	0
3	3	0	3	0	4	0	5	0	5	3	5	5	5	5	3	5	0	5	0	4	0	3	0	3	0	3
1	1	4	1	4	2	4	3	4	3	1	3	3	3	3	1	3	4	3	4	2	4	1	4	1	4	1
3	3	0	3	0	4	0	5	0	5	3	5	5	5	5	3	5	0	5	0	4	0	3	0	3	0	3
2	2	5	2	5	3	5	4	5	4	2	4	4	4	4	2	4	5	4	5	3	5	2	5	2	5	2
3	3	0	3	0	4	0	5	0	5	3	5	5	5	5	3	5	0	5	0	4	0	3	0	3	0	3
2	2	5	2	5	3	5	4	5	4	2	4	4	4	4	2	4	5	4	5	3	5	2	5	2	5	2
0	0	3	0	3	1	3	2	3	2	0	2	2	2	2	0	2	3	2	3	1	3	0	3	0	3	0
2	2	5	2	5	3	5	4	5	4	2	4	4	4	4	2	4	5	4	5	3	5	2	5	2	5	2
2	2	5	2	5	3	5	4	5	4	2	4	4	4	4	2	4	5	4	5	3	5	2	5	2	5	2
2	2	5	2	5	3	5	4	5	4	2	4	4	4	4	2	4	5	4	5	3	5	2	5	2	5	2
2	2	5	2	5	3	5	4	5	4	2	4	4	4	4	2	4	5	4	5	3	5	2	5	2	5	2
0	0	3	0	3	1	3	2	3	2	0	2	2	2	2	0	2	3	2	3	1	3	0	3	0	3	0
2	2	5	2	5	3	5	4	5	4	2	4	4	4	4	2	4	5	4	5	3	5	2	5	2	5	2
3	3	0	3	0	4	0	5	0	5	3	5	5	5	5	3	5	0	5	0	4	0	3	0	3	0	3
2	2	5	2	5	3	5	4	5	4	2	4	4	4	4	2	4	5	4	5	3	5	2	5	2	5	2
3	3	0	3	0	4	0	5	0	5	3	5	5	5	5	3	5	0	5	0	4	0	3	0	3	0	3
1	1	4	1	4	2	4	3	4	3	1	3	3	3	3	1	3	4	3	4	2	4	1	4	1	4	1
3	3	0	3	0	4	0	5	0	5	3	5	5	5	5	3	5	0	5	0	4	0	3	0	3	0	3
0	0	3	0	3	1	3	2	3	2	0	2	2	2	2	0	2	3	2	3	1	3	0	3	0	3	0
3	3	0	3	0	4	0	5	0	5	3	5	5	5	5	3	5	0	5	0	4	0	3	0	3	0	3
0	0	3	0	3	1	3	2	3	2	0	2	2	2	2	0	2	3	2	3	1	3	0	3	0	3	0
3	3	0	3	0	4	0	5	0	5	3	5	5	5	5	3	5	0	5	0	4	0	3	0	3	0	3
0	0	3	0	3	1	3	2	3	2	0	2	2	2	2	0	2	3	2	3	1	3	0	3	0	3	0

② 2단계

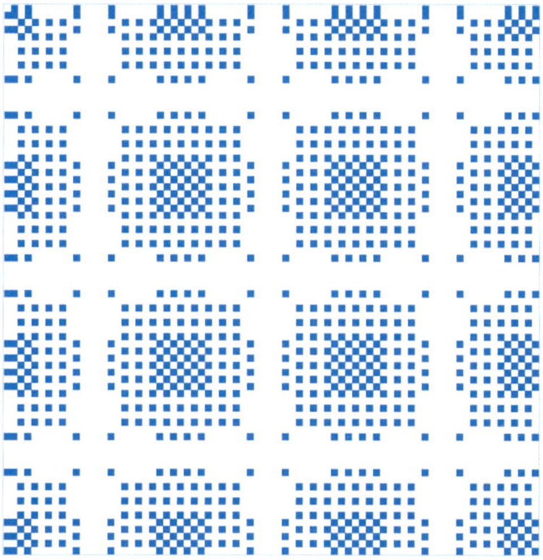

(4) 12행은 10014 00002 30032 00004 10013의 반복이다. 각 행은 21125…, 10014…, 54452…, 32230…, 43341… 의 25주기 5개를 가진다.

① 1단계

	1	0	0	1	4	0	0	0	0	2	3	0	0	3	2	0	0	0	0	4	1	0	0	1	3	1
1	2	1	1	2	5	1	1	1	1	3	4	1	1	4	3	1	1	1	1	5	2	1	1	2	4	2
0	1	0	0	1	4	0	0	0	0	2	3	0	0	3	2	0	0	0	0	4	1	0	0	1	3	1
0	1	0	0	1	4	0	0	0	0	2	3	0	0	3	2	0	0	0	0	4	1	0	0	1	3	1
1	2	1	1	2	5	1	1	1	1	3	4	1	1	4	3	1	1	1	1	5	2	1	1	2	4	2
4	5	4	4	5	2	4	4	4	4	0	1	4	4	1	0	4	4	4	4	2	5	4	4	5	1	5
0	1	0	0	1	4	0	0	0	0	2	3	0	0	3	2	0	0	0	0	4	1	0	0	1	3	1
0	1	0	0	1	4	0	0	0	0	2	3	0	0	3	2	0	0	0	0	4	1	0	0	1	3	1
0	1	0	0	1	4	0	0	0	0	2	3	0	0	3	2	0	0	0	0	4	1	0	0	1	3	1
0	1	0	0	1	4	0	0	0	0	2	3	0	0	3	2	0	0	0	0	4	1	0	0	1	3	1
2	3	2	2	3	0	2	2	2	2	4	5	2	2	5	4	2	2	2	2	0	3	2	2	3	5	3
3	4	3	3	4	1	3	3	3	3	5	0	3	3	0	5	3	3	3	3	1	4	3	3	4	0	4
0	1	0	0	1	4	0	0	0	0	2	3	0	0	3	2	0	0	0	0	4	1	0	0	1	3	1
0	1	0	0	1	4	0	0	0	0	2	3	0	0	3	2	0	0	0	0	4	1	0	0	1	3	1
3	4	3	3	4	1	3	3	3	3	5	0	3	3	0	5	3	3	3	3	1	4	3	3	4	0	4
2	3	2	2	3	0	2	2	2	2	4	5	2	2	5	4	2	2	2	2	0	3	2	2	3	5	3
0	1	0	0	1	4	0	0	0	0	2	3	0	0	3	2	0	0	0	0	4	1	0	0	1	3	1
0	1	0	0	1	4	0	0	0	0	2	3	0	0	3	2	0	0	0	0	4	1	0	0	1	3	1
0	1	0	0	1	4	0	0	0	0	2	3	0	0	3	2	0	0	0	0	4	1	0	0	1	3	1
0	1	0	0	1	4	0	0	0	0	2	3	0	0	3	2	0	0	0	0	4	1	0	0	1	3	1
4	5	4	4	5	2	4	4	4	4	0	1	4	4	1	0	4	4	4	4	2	5	4	4	5	1	5
1	2	1	1	2	5	1	1	1	1	3	4	1	1	4	3	1	1	1	1	5	2	1	1	2	4	2
0	1	0	0	1	4	0	0	0	0	2	3	0	0	3	2	0	0	0	0	4	1	0	0	1	3	1
0	1	0	0	1	4	0	0	0	0	2	3	0	0	3	2	0	0	0	0	4	1	0	0	1	3	1
1	2	1	1	2	5	1	1	1	1	3	4	1	1	4	3	1	1	1	1	5	2	1	1	2	4	2
3	4	3	3	4	1	3	3	3	3	5	0	3	3	0	5	3	3	3	3	1	4	3	3	4	0	4
1	2	1	1	2	5	1	1	1	1	3	4	1	1	4	3	1	1	1	1	5	2	1	1	2	4	2

② 2단계

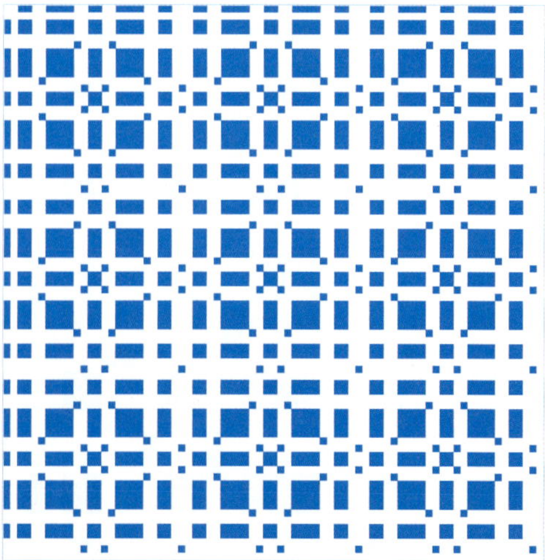

(5) 13행은 40011 00002 20033 00004 40010의 반복이다. 각 행은 24455⋯, 40011⋯, 51122⋯, 02233⋯, 13344⋯의 25주기 4개를 가진다.

① 1단계

	4	0	0	1	1	0	0	0	0	2	2	0	0	3	3	0	0	0	0	4	4	0	0	1	0	4
4	2	4	4	5	5	4	4	4	4	0	0	4	4	1	1	4	4	4	4	2	2	4	4	5	4	2
0	4	0	0	1	1	0	0	0	0	2	2	0	0	3	3	0	0	0	0	4	4	0	0	1	0	4
0	4	0	0	1	1	0	0	0	0	2	2	0	0	3	3	0	0	0	0	4	4	0	0	1	0	4
1	5	1	1	2	2	1	1	1	1	3	3	1	1	4	4	1	1	1	1	5	5	1	1	2	1	5
1	5	1	1	2	2	1	1	1	1	3	3	1	1	4	4	1	1	1	1	5	5	1	1	2	1	5
0	4	0	0	1	1	0	0	0	0	2	2	0	0	3	3	0	0	0	0	4	4	0	0	1	0	4
0	4	0	0	1	1	0	0	0	0	2	2	0	0	3	3	0	0	0	0	4	4	0	0	1	0	4
0	4	0	0	1	1	0	0	0	0	2	2	0	0	3	3	0	0	0	0	4	4	0	0	1	0	4
0	4	0	0	1	1	0	0	0	0	2	2	0	0	3	3	0	0	0	0	4	4	0	0	1	0	4
2	0	2	2	3	3	2	2	2	2	4	4	2	2	5	5	2	2	2	2	0	0	2	2	3	2	0
2	0	2	2	3	3	2	2	2	2	4	4	2	2	5	5	2	2	2	2	0	0	2	2	3	2	0
0	4	0	0	1	1	0	0	0	0	2	2	0	0	3	3	0	0	0	0	4	4	0	0	1	0	4
0	4	0	0	1	1	0	0	0	0	2	2	0	0	3	3	0	0	0	0	4	4	0	0	1	0	4
3	1	3	3	4	4	3	3	3	3	5	5	3	3	0	0	3	3	3	3	1	1	3	3	4	3	1
3	1	3	3	4	4	3	3	3	3	5	5	3	3	0	0	3	3	3	3	1	1	3	3	4	3	1
0	4	0	0	1	1	0	0	0	0	2	2	0	0	3	3	0	0	0	0	4	4	0	0	1	0	4
0	4	0	0	1	1	0	0	0	0	2	2	0	0	3	3	0	0	0	0	4	4	0	0	1	0	4
0	4	0	0	1	1	0	0	0	0	2	2	0	0	3	3	0	0	0	0	4	4	0	0	1	0	4
0	4	0	0	1	1	0	0	0	0	2	2	0	0	3	3	0	0	0	0	4	4	0	0	1	0	4
4	2	4	4	5	5	4	4	4	4	0	0	4	4	1	1	4	4	4	4	2	2	4	4	5	4	2
4	2	4	4	5	5	4	4	4	4	0	0	4	4	1	1	4	4	4	4	2	2	4	4	5	4	2
0	4	0	0	1	1	0	0	0	0	2	2	0	0	3	3	0	0	0	0	4	4	0	0	1	0	4
0	4	0	0	1	1	0	0	0	0	2	2	0	0	3	3	0	0	0	0	4	4	0	0	1	0	4
1	5	1	1	2	2	1	1	1	1	3	3	1	1	4	4	1	1	1	1	5	5	1	1	2	1	5
0	4	0	0	1	1	0	0	0	0	2	2	0	0	3	3	0	0	0	0	4	4	0	0	1	0	4
4	2	4	4	5	5	4	4	4	4	0	0	4	4	1	1	4	4	4	4	2	2	4	4	5	4	2

② 2단계

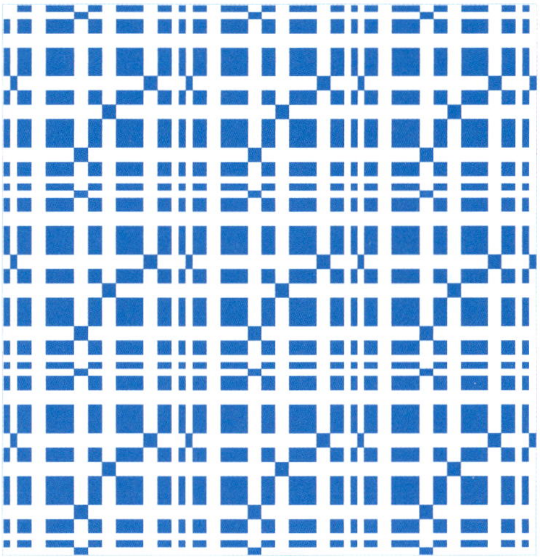

(6) 14행은 21124 00002 13312 00004 21123의 반복이다. 각 행은 43340⋯, 32235⋯, 21124⋯, 54451⋯, 05502⋯의 25주기 5개를 가진다.

① 1단계

	2	1	1	2	4	0	0	0	0	2	1	3	3	1	2	0	0	0	0	4	2	1	1	2	3	2
2	4	3	3	4	0	2	2	2	2	4	3	5	5	3	4	2	2	2	2	0	4	3	3	4	5	4
1	3	2	2	3	5	1	1	1	1	3	2	4	4	2	3	1	1	1	1	5	3	2	2	3	4	3
1	3	2	2	3	5	1	1	1	1	3	2	4	4	2	3	1	1	1	1	5	3	2	2	3	4	3
2	4	3	3	4	0	2	2	2	2	4	3	5	5	3	4	2	2	2	2	0	4	3	3	4	5	4
4	0	5	5	0	2	4	4	4	4	0	5	1	1	5	0	4	4	4	4	2	0	5	5	0	1	0
0	2	1	1	2	4	0	0	0	0	2	1	3	3	1	2	0	0	0	0	4	2	1	1	2	3	2
0	2	1	1	2	4	0	0	0	0	2	1	3	3	1	2	0	0	0	0	4	2	1	1	2	3	2
0	2	1	1	2	4	0	0	0	0	2	1	3	3	1	2	0	0	0	0	4	2	1	1	2	3	2
0	2	1	1	2	4	0	0	0	0	2	1	3	3	1	2	0	0	0	0	4	2	1	1	2	3	2
2	4	3	3	4	0	2	2	2	2	4	3	5	5	3	4	2	2	2	2	0	4	3	3	4	5	4
1	3	2	2	3	5	1	1	1	1	3	2	4	4	2	3	1	1	1	1	5	3	2	2	3	4	3
3	5	4	4	5	1	3	3	3	3	5	4	0	0	4	5	3	3	3	3	1	5	4	4	5	0	5
3	5	4	4	5	1	3	3	3	3	5	4	0	0	4	5	3	3	3	3	1	5	4	4	5	0	5
1	3	2	2	3	5	1	1	1	1	3	2	4	4	2	3	1	1	1	1	5	3	2	2	3	4	3
2	4	3	3	4	0	2	2	2	2	4	3	5	5	3	4	2	2	2	2	0	4	3	3	4	5	4
0	2	1	1	2	4	0	0	0	0	2	1	3	3	1	2	0	0	0	0	4	2	1	1	2	3	2
0	2	1	1	2	4	0	0	0	0	2	1	3	3	1	2	0	0	0	0	4	2	1	1	2	3	2
0	2	1	1	2	4	0	0	0	0	2	1	3	3	1	2	0	0	0	0	4	2	1	1	2	3	2
0	2	1	1	2	4	0	0	0	0	2	1	3	3	1	2	0	0	0	0	4	2	1	1	2	3	2
4	0	5	5	0	2	4	4	4	4	0	5	1	1	5	0	4	4	4	4	2	0	5	5	0	1	0
2	4	3	3	4	0	2	2	2	2	4	3	5	5	3	4	2	2	2	2	0	4	3	3	4	5	4
1	3	2	2	3	5	1	1	1	1	3	2	4	4	2	3	1	1	1	1	5	3	2	2	3	4	3
1	3	2	2	3	5	1	1	1	1	3	2	4	4	2	3	1	1	1	1	5	3	2	2	3	4	3
2	4	3	3	4	0	2	2	2	2	4	3	5	5	3	4	2	2	2	2	0	4	3	3	4	5	4
3	5	4	4	5	1	3	3	3	3	5	4	0	0	4	5	3	3	3	3	1	5	4	4	5	0	5
2	4	3	3	4	0	2	2	2	2	4	3	5	5	3	4	2	2	2	2	0	4	3	3	4	5	4

② 2단계

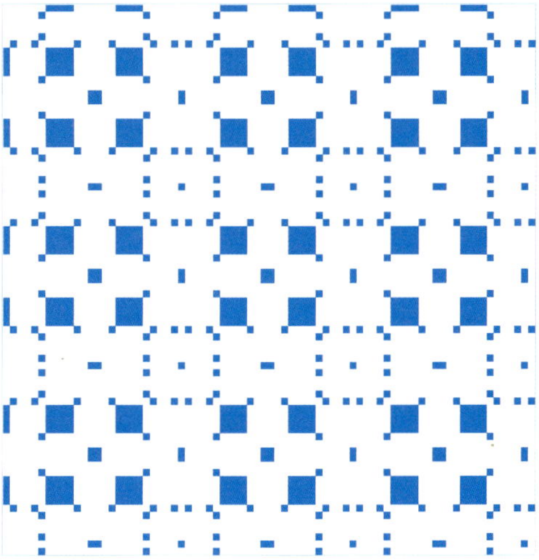

(7) 15행은 03034 33330 32320 22221 20200의 반복이다. 각 행은 03034⋯, 30301⋯, 41412⋯, 25250⋯, 14145⋯ 의 25주기 5개를 가진다.

① 1단계

	0	3	0	3	4	3	3	3	3	0	3	2	3	2	0	2	2	2	2	1	2	0	2	0	0	0
0	0	3	0	3	4	3	3	3	3	0	3	2	3	2	0	2	2	2	2	1	2	0	2	0	0	0
3	3	0	3	0	1	0	0	0	0	3	0	5	0	5	3	5	5	5	5	4	5	3	5	3	3	3
0	0	3	0	3	4	3	3	3	3	0	3	2	3	2	0	2	2	2	2	1	2	0	2	0	0	0
3	3	0	3	0	1	0	0	0	0	3	0	5	0	5	3	5	5	5	5	4	5	3	5	3	3	3
4	4	1	4	1	2	1	1	1	1	4	1	0	1	0	4	0	0	0	0	5	0	4	0	4	4	4
3	3	0	3	0	1	0	0	0	0	3	0	5	0	5	3	5	5	5	5	4	5	3	5	3	3	3
3	3	0	3	0	1	0	0	0	0	3	0	5	0	5	3	5	5	5	5	4	5	3	5	3	3	3
3	3	0	3	0	1	0	0	0	0	3	0	5	0	5	3	5	5	5	5	4	5	3	5	3	3	3
3	3	0	3	0	1	0	0	0	0	3	0	5	0	5	3	5	5	5	5	4	5	3	5	3	3	3
0	0	3	0	3	4	3	3	3	3	0	3	2	3	2	0	2	2	2	2	1	2	0	2	0	0	0
3	3	0	3	0	1	0	0	0	0	3	0	5	0	5	3	5	5	5	5	4	5	3	5	3	3	3
2	2	5	2	5	0	5	5	5	5	2	5	4	5	4	2	4	4	4	4	3	4	2	4	2	2	2
3	3	0	3	0	1	0	0	0	0	3	0	5	0	5	3	5	5	5	5	4	5	3	5	3	3	3
2	2	5	2	5	0	5	5	5	5	2	5	4	5	4	2	4	4	4	4	3	4	2	4	2	2	2
0	0	3	0	3	4	3	3	3	3	0	3	2	3	2	0	2	2	2	2	1	2	0	2	0	0	0
2	2	5	2	5	0	5	5	5	5	2	5	4	5	4	2	4	4	4	4	3	4	2	4	2	2	2
2	2	5	2	5	0	5	5	5	5	2	5	4	5	4	2	4	4	4	4	3	4	2	4	2	2	2
2	2	5	2	5	0	5	5	5	5	2	5	4	5	4	2	4	4	4	4	3	4	2	4	2	2	2
2	2	5	2	5	0	5	5	5	5	2	5	4	5	4	2	4	4	4	4	3	4	2	4	2	2	2
1	1	4	1	4	5	4	4	4	4	1	4	3	4	3	1	3	3	3	3	2	3	1	3	1	1	1
2	2	5	2	5	0	5	5	5	5	2	5	4	5	4	2	4	4	4	4	3	4	2	4	2	2	2
0	0	3	0	3	4	3	3	3	3	0	3	2	3	2	0	2	2	2	2	1	2	0	2	0	0	0
2	2	5	2	5	0	5	5	5	5	2	5	4	5	4	2	4	4	4	4	3	4	2	4	2	2	2
0	0	3	0	3	4	3	3	3	3	0	3	2	3	2	0	2	2	2	2	1	2	0	2	0	0	0
0	0	3	0	3	4	3	3	3	3	0	3	2	3	2	0	2	2	2	2	1	2	0	2	0	0	0
0	0	3	0	3	4	3	3	3	3	0	3	2	3	2	0	2	2	2	2	1	2	0	2	0	0	0

② 2단계

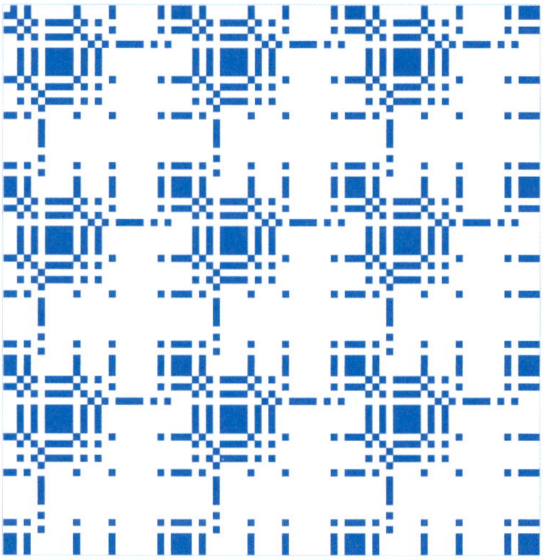

(8) 16행은 31424 12342 00002 43214 24133의 반복이다. 각 행은 04151⋯, 42535⋯, 15202⋯, 53040⋯, 31424⋯, 42535⋯ 의 25주기 5개를 가진다.

① 1단계

	3	1	4	2	4	1	2	3	4	2	0	0	0	0	2	4	3	2	1	4	2	4	1	3	3	3
3	0	4	1	5	1	4	5	0	1	5	3	3	3	3	5	1	0	5	4	1	5	1	4	0	0	0
1	4	2	5	3	5	2	3	4	5	3	1	1	1	1	3	5	4	3	2	5	3	5	2	4	4	4
4	1	5	2	0	2	5	0	1	2	0	4	4	4	4	0	2	1	0	5	2	0	2	5	1	1	1
2	5	3	0	4	0	3	4	5	0	4	2	2	2	2	4	0	5	4	3	0	4	0	3	5	5	5
4	1	5	2	0	2	5	0	1	2	0	4	4	4	4	0	2	1	0	5	2	0	2	5	1	1	1
1	4	2	5	3	5	2	3	4	5	3	1	1	1	1	3	5	4	3	2	5	3	5	2	4	4	4
2	5	3	0	4	0	3	4	5	0	4	2	2	2	2	4	0	5	4	3	0	4	0	3	5	5	5
3	0	4	1	5	1	4	5	0	1	5	3	3	3	3	5	1	0	5	4	1	5	1	4	0	0	0
4	1	5	2	0	2	5	0	1	2	0	4	4	4	4	0	2	1	0	5	2	0	2	5	1	1	1
2	5	3	0	4	0	3	4	5	0	4	2	2	2	2	4	0	5	4	3	0	4	0	3	5	5	5
0	3	1	4	2	4	1	2	3	4	2	0	0	0	0	2	4	3	2	1	4	2	4	1	3	3	3
0	3	1	4	2	4	1	2	3	4	2	0	0	0	0	2	4	3	2	1	4	2	4	1	3	3	3
0	3	1	4	2	4	1	2	3	4	2	0	0	0	0	2	4	3	2	1	4	2	4	1	3	3	3
0	3	1	4	2	4	1	2	3	4	2	0	0	0	0	2	4	3	2	1	4	2	4	1	3	3	3
2	5	3	0	4	0	3	4	5	0	4	2	2	2	2	4	0	5	4	3	0	4	0	3	5	5	5
4	1	5	2	0	2	5	0	1	2	0	4	4	4	4	0	2	1	0	5	2	0	2	5	1	1	1
3	0	4	1	5	1	4	5	0	1	5	3	3	3	3	5	1	0	5	4	1	5	1	4	0	0	0
2	5	3	0	4	0	3	4	5	0	4	2	2	2	2	4	0	5	4	3	0	4	0	3	5	5	5
1	4	2	5	3	5	2	3	4	5	3	1	1	1	1	3	5	4	3	2	5	3	5	2	4	4	4
4	1	5	2	0	2	5	0	1	2	0	4	4	4	4	0	2	1	0	5	2	0	2	5	1	1	1
2	5	3	0	4	0	3	4	5	0	4	2	2	2	2	4	0	5	4	3	0	4	0	3	5	5	5
4	1	5	2	0	2	5	0	1	2	0	4	4	4	4	0	2	1	0	5	2	0	2	5	1	1	1
1	4	2	5	3	5	2	3	4	5	3	1	1	1	1	3	5	4	3	2	5	3	5	2	4	4	4
3	0	4	1	5	1	4	5	0	1	5	3	3	3	3	5	1	0	5	4	1	5	1	4	0	0	0
3	0	4	1	5	1	4	5	0	1	5	3	3	3	3	5	1	0	5	4	1	5	1	4	0	0	0
3	0	4	1	5	1	4	5	0	1	5	3	3	3	3	5	1	0	5	4	1	5	1	4	0	0	0

② 2단계

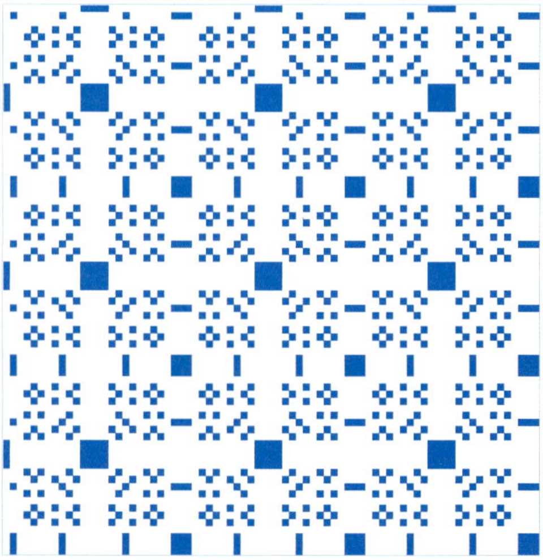

(9) 20행은 03032 34341 44441 43432 30303 의 반복이다. 각 행은 03032···, 30305···, 25254···, 41410···, 14143··· 의 25주기 5개를 가진다.

① 1단계	② 2단계
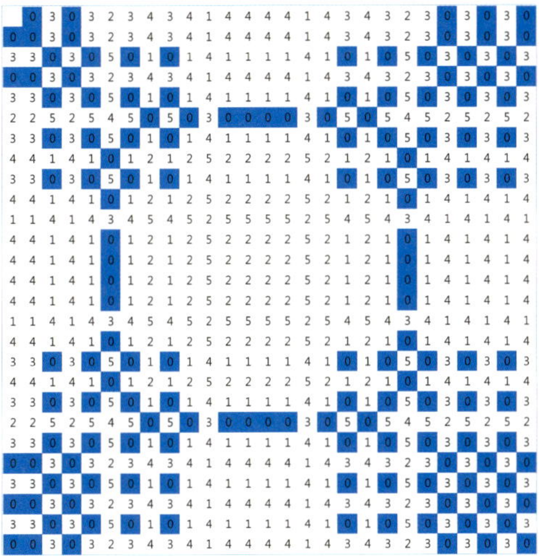	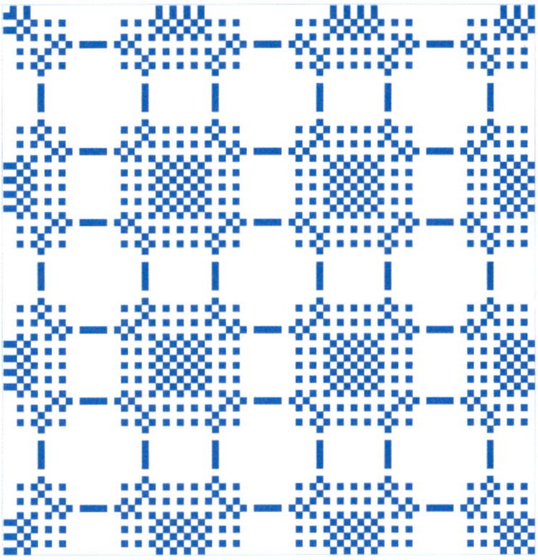

(10) 22행은 10010 40040 10010 40040 10013의 반복이다. 각 행은 21121···, 10010···, 54454···, 43343··· 의 25주기 4개를 가진다.

① 1단계	② 2단계
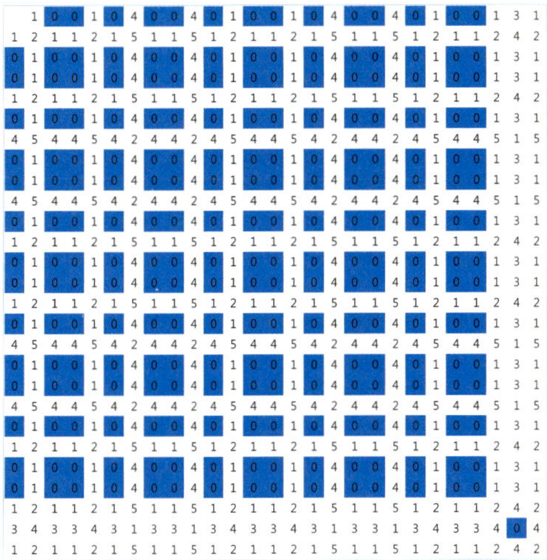	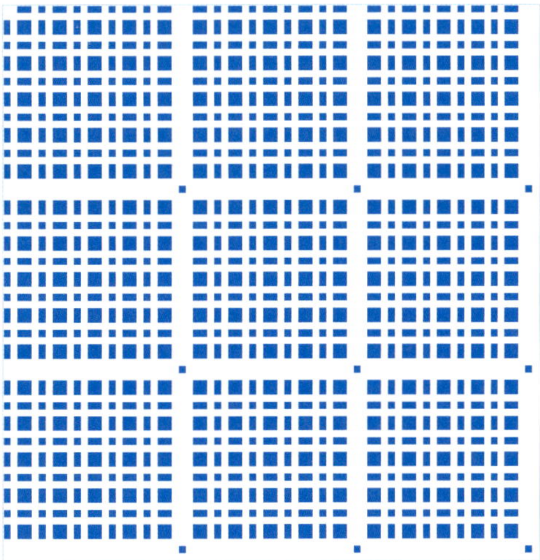

(11) 23행은 40012 10043 40012 10043 40010의 반복이다. 각 행은 24450…, 40012 …, 51123…, 02234…, 13345… 의 25주기 5개를 가진다.

① 1단계

	4	0	0	1	2	1	0	0	4	3	4	0	0	1	2	1	0	0	4	3	4	0	0	1	0	4
4	2	4	4	5	0	5	4	4	2	1	2	4	4	5	0	5	4	4	2	1	2	4	4	5	4	2
0	4	0	0	1	2	1	0	0	4	3	4	0	0	1	2	1	0	0	4	3	4	0	0	1	0	4
0	4	0	0	1	2	1	0	0	4	3	4	0	0	1	2	1	0	0	4	3	4	0	0	1	0	4
1	5	1	1	2	3	2	1	1	5	4	5	1	1	2	3	2	1	1	5	4	5	1	1	2	1	5
2	0	2	2	3	4	3	2	2	0	5	0	2	2	3	4	3	2	2	0	5	0	2	2	3	2	0
1	5	1	1	2	3	2	1	1	5	4	5	1	1	2	3	2	1	1	5	4	5	1	1	2	1	5
0	4	0	0	1	2	1	0	0	4	3	4	0	0	1	2	1	0	0	4	3	4	0	0	1	0	4
0	4	0	0	1	2	1	0	0	4	3	4	0	0	1	2	1	0	0	4	3	4	0	0	1	0	4
4	2	4	4	5	0	5	4	4	2	1	2	4	4	5	0	5	4	4	2	1	2	4	4	5	4	2
3	1	3	3	4	5	4	3	3	1	0	1	3	3	4	5	4	3	3	1	0	1	3	3	4	3	1
4	2	4	4	5	0	5	4	4	2	1	2	4	4	5	0	5	4	4	2	1	2	4	4	5	4	2
0	4	0	0	1	2	1	0	0	4	3	4	0	0	1	2	1	0	0	4	3	4	0	0	1	0	4
0	4	0	0	1	2	1	0	0	4	3	4	0	0	1	2	1	0	0	4	3	4	0	0	1	0	4
1	5	1	1	2	3	2	1	1	5	4	5	1	1	2	3	2	1	1	5	4	5	1	1	2	1	5
2	0	2	2	3	4	3	2	2	0	5	0	2	2	3	4	3	2	2	0	5	0	2	2	3	2	0
1	5	1	1	2	3	2	1	1	5	4	5	1	1	2	3	2	1	1	5	4	5	1	1	2	1	5
0	4	0	0	1	2	1	0	0	4	3	4	0	0	1	2	1	0	0	4	3	4	0	0	1	0	4
0	4	0	0	1	2	1	0	0	4	3	4	0	0	1	2	1	0	0	4	3	4	0	0	1	0	4
4	2	4	4	5	0	5	4	4	2	1	2	4	4	5	0	5	4	4	2	1	2	4	4	5	4	2
3	1	3	3	4	5	4	3	3	1	0	1	3	3	4	5	4	3	3	1	0	1	3	3	4	3	1
4	2	4	4	5	0	5	4	4	2	1	2	4	4	5	0	5	4	4	2	1	2	4	4	5	4	2
0	4	0	0	1	2	1	0	0	4	3	4	0	0	1	2	1	0	0	4	3	4	0	0	1	0	4
0	4	0	0	1	2	1	0	0	4	3	4	0	0	1	2	1	0	0	4	3	4	0	0	1	0	4
1	5	1	1	2	3	2	1	1	5	4	5	1	1	2	3	2	1	1	5	4	5	1	1	2	1	5
0	4	0	0	1	2	1	0	0	4	3	4	0	0	1	2	1	0	0	4	3	4	0	0	1	0	4
4	2	4	4	5	0	5	4	4	2	1	2	4	4	5	0	5	4	4	2	1	2	4	4	5	4	2

② 2단계

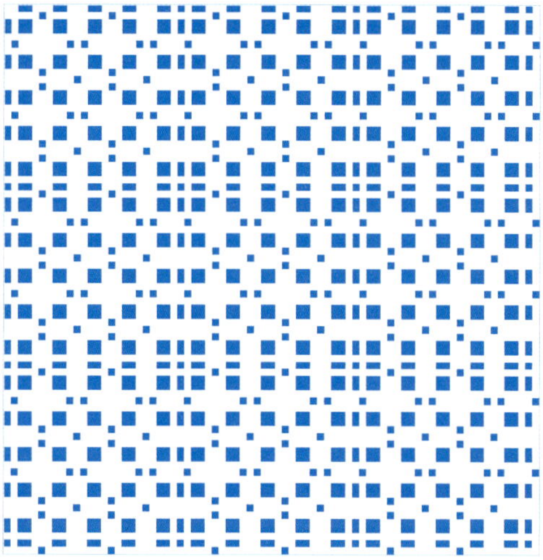

(12) 24행은 21120 34430 21120 34430 21123의 반복이다. 각 행은 43342…, 32231…, 43342…, 21120…, 54453의 25주기 5개를 가진다.

① 1단계

	2	1	1	2	0	3	4	4	3	0	2	1	1	2	0	3	4	4	3	0	2	1	1	2	3	2
2	4	3	3	4	2	5	0	0	5	2	4	3	3	4	2	5	0	0	5	2	4	3	3	4	5	4
1	3	2	2	3	1	4	5	5	4	1	3	2	2	3	1	4	5	5	4	1	3	2	2	3	4	3
1	3	2	2	3	1	4	5	5	4	1	3	2	2	3	1	4	5	5	4	1	3	2	2	3	4	3
2	4	3	3	4	2	5	0	0	5	2	4	3	3	4	2	5	0	0	5	2	4	3	3	4	5	4
0	2	1	1	2	0	3	4	4	3	0	2	1	1	2	0	3	4	4	3	0	2	1	1	2	3	2
3	5	4	4	5	3	0	1	1	0	3	5	4	4	5	3	0	1	1	0	3	5	4	4	5	0	5
4	0	5	5	0	4	1	2	2	1	4	0	5	5	0	4	1	2	2	1	4	0	5	5	0	1	0
4	0	5	5	0	4	1	2	2	1	4	0	5	5	0	4	1	2	2	1	4	0	5	5	0	1	0
3	5	4	4	5	3	0	1	1	0	3	5	4	4	5	3	0	1	1	0	3	5	4	4	5	0	5
0	2	1	1	2	0	3	4	4	3	0	2	1	1	2	0	3	4	4	3	0	2	1	1	2	3	2
2	4	3	3	4	2	5	0	0	5	2	4	3	3	4	2	5	0	0	5	2	4	3	3	4	5	4
1	3	2	2	3	1	4	5	5	4	1	3	2	2	3	1	4	5	5	4	1	3	2	2	3	4	3
1	3	2	2	3	1	4	5	5	4	1	3	2	2	3	1	4	5	5	4	1	3	2	2	3	4	3
2	4	3	3	4	2	5	0	0	5	2	4	3	3	4	2	5	0	0	5	2	4	3	3	4	5	4
0	2	1	1	2	0	3	4	4	3	0	2	1	1	2	0	3	4	4	3	0	2	1	1	2	3	2
3	5	4	4	5	3	0	1	1	0	3	5	4	4	5	3	0	1	1	0	3	5	4	4	5	0	5
4	0	5	5	0	4	1	2	2	1	4	0	5	5	0	4	1	2	2	1	4	0	5	5	0	1	0
4	0	5	5	0	4	1	2	2	1	4	0	5	5	0	4	1	2	2	1	4	0	5	5	0	1	0
3	5	4	4	5	3	0	1	1	0	3	5	4	4	5	3	0	1	1	0	3	5	4	4	5	0	5
0	2	1	1	2	0	3	4	4	3	0	2	1	1	2	0	3	4	4	3	0	2	1	1	2	3	2
2	4	3	3	4	2	5	0	0	5	2	4	3	3	4	2	5	0	0	5	2	4	3	3	4	5	4
1	3	2	2	3	1	4	5	5	4	1	3	2	2	3	1	4	5	5	4	1	3	2	2	3	4	3
1	3	2	2	3	1	4	5	5	4	1	3	2	2	3	1	4	5	5	4	1	3	2	2	3	4	3
2	4	3	3	4	2	5	0	0	5	2	4	3	3	4	2	5	0	0	5	2	4	3	3	4	5	4
3	5	4	4	5	3	0	1	1	0	3	5	4	4	5	3	0	1	1	0	3	5	4	4	5	0	5
2	4	3	3	4	2	5	0	0	5	2	4	3	3	4	2	5	0	0	5	2	4	3	3	4	5	4

② 2단계

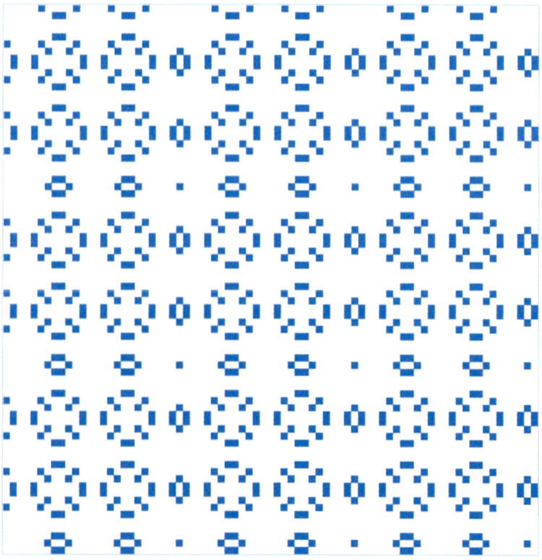

6. 두 수의 덧셈을 7로 나누는 디자인

4쪽, 5쪽에 있는 각 행에서 두 수의 덧셈을 구한 후 7로 나눈 디자인이다.

(1) 6행은 31423 43213 00003 12343 24133의 반복이다. 각 행은 64056…, 42534…, 05160…, 53645…, 31423…의 25주기 5개를 가진다.

① 1단계

	3	1	4	2	3	4	3	2	1	3	0	0	0	0	3	1	2	3	4	3	2	4	1	3	3	3
3	6	4	0	5	6	0	6	5	4	6	3	3	3	3	6	4	5	6	0	6	5	0	4	6	6	6
1	4	2	5	3	4	5	4	3	2	4	1	1	1	1	4	2	3	4	5	4	3	5	2	4	4	4
4	0	5	1	6	0	1	0	6	5	0	4	4	4	4	0	5	6	0	1	0	6	1	5	0	0	0
2	5	3	6	4	5	6	5	4	3	5	2	2	2	2	5	3	4	5	6	5	4	6	3	5	5	5
3	6	4	0	5	6	0	6	5	4	6	3	3	3	3	6	4	5	6	0	6	5	0	4	6	6	6
4	0	5	1	6	0	1	0	6	5	0	4	4	4	4	0	5	6	0	1	0	6	1	5	0	0	0
3	6	4	0	5	6	0	6	5	4	6	3	3	3	3	6	4	5	6	0	6	5	0	4	6	6	6
2	5	3	6	4	5	6	5	4	3	5	2	2	2	2	5	3	4	5	6	5	4	6	3	5	5	5
1	4	2	5	3	4	5	4	3	2	4	1	1	1	1	4	2	3	4	5	4	3	5	2	4	4	4
3	6	4	0	5	6	0	6	5	4	6	3	3	3	3	6	4	5	6	0	6	5	0	4	6	6	6
0	3	1	4	2	3	4	3	2	1	3	0	0	0	0	3	1	2	3	4	3	2	4	1	3	3	3
0	3	1	4	2	3	4	3	2	1	3	0	0	0	0	3	1	2	3	4	3	2	4	1	3	3	3
0	3	1	4	2	3	4	3	2	1	3	0	0	0	0	3	1	2	3	4	3	2	4	1	3	3	3
0	3	1	4	2	3	4	3	2	1	3	0	0	0	0	3	1	2	3	4	3	2	4	1	3	3	3
3	6	4	0	5	6	0	6	5	4	6	3	3	3	3	6	4	5	6	0	6	5	0	4	6	6	6
1	4	2	5	3	4	5	4	3	2	4	1	1	1	1	4	2	3	4	5	4	3	5	2	4	4	4
2	5	3	6	4	5	6	5	4	3	5	2	2	2	2	5	3	4	5	6	5	4	6	3	5	5	5
3	6	4	0	5	6	0	6	5	4	6	3	3	3	3	6	4	5	6	0	6	5	0	4	6	6	6
4	0	5	1	6	0	1	0	6	5	0	4	4	4	4	0	5	6	0	1	0	6	1	5	0	0	0
3	6	4	0	5	6	0	6	5	4	6	3	3	3	3	6	4	5	6	0	6	5	0	4	6	6	6
2	5	3	6	4	5	6	5	4	3	5	2	2	2	2	5	3	4	5	6	5	4	6	3	5	5	5
4	0	5	1	6	0	1	0	6	5	0	4	4	4	4	0	5	6	0	1	0	6	1	5	0	0	0
1	4	2	5	3	4	5	4	3	2	4	1	1	1	1	4	2	3	4	5	4	3	5	2	4	4	4
3	6	4	0	5	6	0	6	5	4	6	3	3	3	3	6	4	5	6	0	6	5	0	4	6	6	6
3	6	4	0	5	6	0	6	5	4	6	3	3	3	3	6	4	5	6	0	6	5	0	4	6	6	6
3	6	4	0	5	6	0	6	5	4	6	3	3	3	3	6	4	5	6	0	6	5	0	4	6	6	6

② 2단계

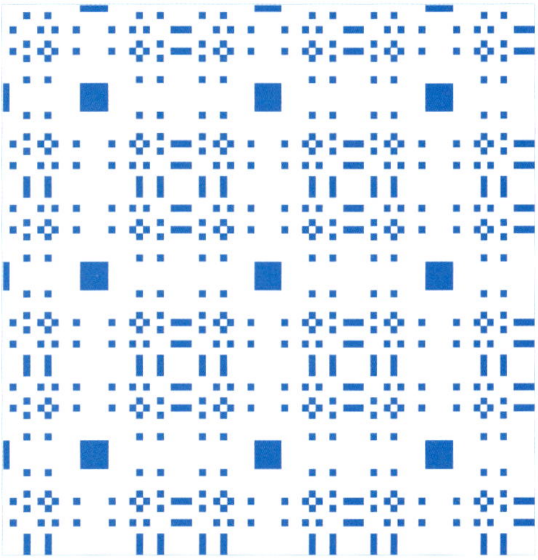

(2) 8행은 40013 20033 00003 30023 10043의 반복이다. 각 행은 14450…, 40013…, 51124…, 03346…, 62235…의 25주기 5개를 가진다.

① 1단계

	4	0	0	1	3	2	0	0	3	3	0	0	0	0	3	3	0	0	2	3	1	0	0	4	3	4
4	1	4	4	5	0	6	4	4	0	0	4	4	4	4	0	0	4	4	6	0	5	4	4	1	0	1
0	4	0	0	1	3	2	0	0	3	3	0	0	0	0	3	3	0	0	2	3	1	0	0	4	3	4
0	4	0	0	1	3	2	0	0	3	3	0	0	0	0	3	3	0	0	2	3	1	0	0	4	3	4
1	5	1	1	2	4	3	1	1	4	4	1	1	1	1	4	4	1	1	3	4	2	1	1	5	4	5
3	0	3	3	4	6	5	3	3	6	6	3	3	3	3	6	6	3	3	5	6	4	3	3	0	6	0
2	6	2	2	3	5	4	2	2	5	5	2	2	2	2	5	5	2	2	4	5	3	2	2	6	5	6
0	4	0	0	1	3	2	0	0	3	3	0	0	0	0	3	3	0	0	2	3	1	0	0	4	3	4
0	4	0	0	1	3	2	0	0	3	3	0	0	0	0	3	3	0	0	2	3	1	0	0	4	3	4
3	0	3	3	4	6	5	3	3	6	6	3	3	3	3	6	6	3	3	5	6	4	3	3	0	6	0
3	0	3	3	4	6	5	3	3	6	6	3	3	3	3	6	6	3	3	5	6	4	3	3	0	6	0
0	4	0	0	1	3	2	0	0	3	3	0	0	0	0	3	3	0	0	2	3	1	0	0	4	3	4
0	4	0	0	1	3	2	0	0	3	3	0	0	0	0	3	3	0	0	2	3	1	0	0	4	3	4
0	4	0	0	1	3	2	0	0	3	3	0	0	0	0	3	3	0	0	2	3	1	0	0	4	3	4
0	4	0	0	1	3	2	0	0	3	3	0	0	0	0	3	3	0	0	2	3	1	0	0	4	3	4
3	0	3	3	4	6	5	3	3	6	6	3	3	3	3	6	6	3	3	5	6	4	3	3	0	6	0
3	0	3	3	4	6	5	3	3	6	6	3	3	3	3	6	6	3	3	5	6	4	3	3	0	6	0
0	4	0	0	1	3	2	0	0	3	3	0	0	0	0	3	3	0	0	2	3	1	0	0	4	3	4
0	4	0	0	1	3	2	0	0	3	3	0	0	0	0	3	3	0	0	2	3	1	0	0	4	3	4
2	6	2	2	3	5	4	2	2	5	5	2	2	2	2	5	5	2	2	4	5	3	2	2	6	5	6
3	0	3	3	4	6	5	3	3	6	6	3	3	3	3	6	6	3	3	5	6	4	3	3	0	6	0
1	5	1	1	2	4	3	1	1	4	4	1	1	1	1	4	4	1	1	3	4	2	1	1	5	4	5
0	4	0	0	1	3	2	0	0	3	3	0	0	0	0	3	3	0	0	2	3	1	0	0	4	3	4
0	4	0	0	1	3	2	0	0	3	3	0	0	0	0	3	3	0	0	2	3	1	0	0	4	3	4
4	1	4	4	5	0	6	4	4	0	0	4	4	4	4	0	0	4	4	6	0	5	4	4	1	0	1
3	0	3	3	4	6	5	3	3	6	6	3	3	3	3	6	6	3	3	5	6	4	3	3	0	6	0
4	1	4	4	5	0	6	4	4	0	0	4	4	4	4	0	0	4	4	6	0	5	4	4	1	0	1

② 2단계

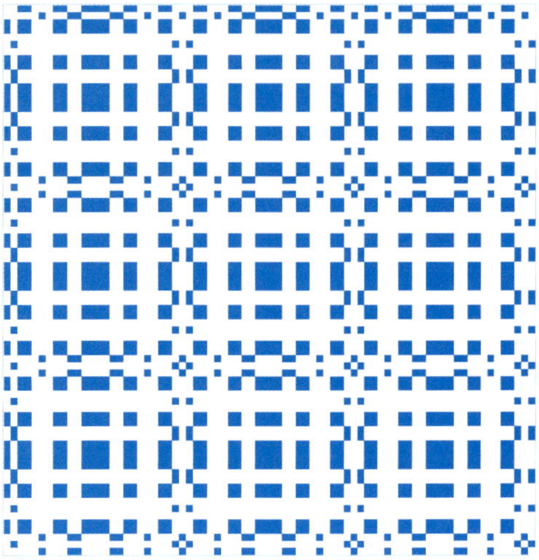

(3) 10행은 03031 32320 22220 23231 30303의 반복이다. 각 행은 03031…, 36364…, 14142…, 25253… 의 25주기 4개를 가진다.

① 1단계

	0	3	0	3	1	3	2	3	2	0	2	2	2	2	0	2	3	2	3	1	3	0	3	0	3	0
0	0	3	0	3	1	3	2	3	2	0	2	2	2	2	0	2	3	2	3	1	3	0	3	0	3	0
3	3	6	3	6	4	6	5	6	5	3	5	5	5	5	3	5	6	5	6	4	6	3	6	3	6	3
0	0	3	0	3	1	3	2	3	2	0	2	2	2	2	0	2	3	2	3	1	3	0	3	0	3	0
3	3	6	3	6	4	6	5	6	5	3	5	5	5	5	3	5	6	5	6	4	6	3	6	3	6	3
1	1	4	1	4	2	4	3	4	3	1	3	3	3	3	1	3	4	3	4	2	4	1	4	1	4	1
3	3	6	3	6	4	6	5	6	5	3	5	5	5	5	3	5	6	5	6	4	6	3	6	3	6	3
2	2	5	2	5	3	5	4	5	4	2	4	4	4	4	2	4	5	4	5	3	5	2	5	2	5	2
3	3	6	3	6	4	6	5	6	5	3	5	5	5	5	3	5	6	5	6	4	6	3	6	3	6	3
2	2	5	2	5	3	5	4	5	4	2	4	4	4	4	2	4	5	4	5	3	5	2	5	2	5	2
0	0	3	0	3	1	3	2	3	2	0	2	2	2	2	0	2	3	2	3	1	3	0	3	0	3	0
2	2	5	2	5	3	5	4	5	4	2	4	4	4	4	2	4	5	4	5	3	5	2	5	2	5	2
2	2	5	2	5	3	5	4	5	4	2	4	4	4	4	2	4	5	4	5	3	5	2	5	2	5	2
2	2	5	2	5	3	5	4	5	4	2	4	4	4	4	2	4	5	4	5	3	5	2	5	2	5	2
2	2	5	2	5	3	5	4	5	4	2	4	4	4	4	2	4	5	4	5	3	5	2	5	2	5	2
0	0	3	0	3	1	3	2	3	2	0	2	2	2	2	0	2	3	2	3	1	3	0	3	0	3	0
2	2	5	2	5	3	5	4	5	4	2	4	4	4	4	2	4	5	4	5	3	5	2	5	2	5	2
3	3	6	3	6	4	6	5	6	5	3	5	5	5	5	3	5	6	5	6	4	6	3	6	3	6	3
2	2	5	2	5	3	5	4	5	4	2	4	4	4	4	2	4	5	4	5	3	5	2	5	2	5	2
3	3	6	3	6	4	6	5	6	5	3	5	5	5	5	3	5	6	5	6	4	6	3	6	3	6	3
1	1	4	1	4	2	4	3	4	3	1	3	3	3	3	1	3	4	3	4	2	4	1	4	1	4	1
3	3	6	3	6	4	6	5	6	5	3	5	5	5	5	3	5	6	5	6	4	6	3	6	3	6	3
0	0	3	0	3	1	3	2	3	2	0	2	2	2	2	0	2	3	2	3	1	3	0	3	0	3	0
3	3	6	3	6	4	6	5	6	5	3	5	5	5	5	3	5	6	5	6	4	6	3	6	3	6	3
0	0	3	0	3	1	3	2	3	2	0	2	2	2	2	0	2	3	2	3	1	3	0	3	0	3	0
3	3	6	3	6	4	6	5	6	5	3	5	5	5	5	3	5	6	5	6	4	6	3	6	3	6	3
0	0	3	0	3	1	3	2	3	2	0	2	2	2	2	0	2	3	2	3	1	3	0	3	0	3	0

② 2단계

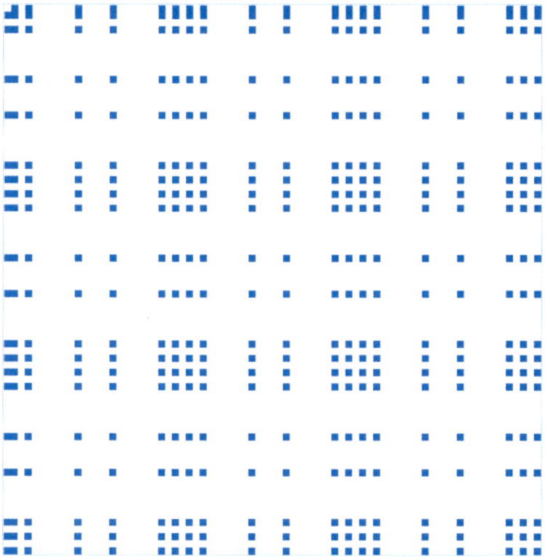

(4) 12행은 10014 00002 30032 00004 10013의 반복이다. 각 행은 21125…, 10014…, 22362…, 54451…, 43340… 의 25주기 5개를 가진다.

① 1단계

	1	0	0	1	4	0	0	0	0	2	3	0	0	3	2	0	0	0	0	4	1	0	0	1	3	1
1	2	1	1	2	5	1	1	1	1	3	4	1	1	4	3	1	1	1	1	5	2	1	1	2	4	2
0	1	0	0	1	4	0	0	0	0	2	3	0	0	3	2	0	0	0	0	4	1	0	0	1	3	1
0	1	0	0	1	4	0	0	0	0	2	3	0	0	3	2	0	0	0	0	4	1	0	0	1	3	1
1	2	1	1	2	5	1	1	1	1	3	4	1	1	4	3	1	1	1	1	5	2	1	1	2	4	2
4	5	4	4	5	1	4	4	4	4	6	0	4	4	0	6	4	4	4	4	1	5	4	4	5	0	5
0	1	0	0	1	4	0	0	0	0	2	3	0	0	3	2	0	0	0	0	4	1	0	0	1	3	1
0	1	0	0	1	4	0	0	0	0	2	3	0	0	3	2	0	0	0	0	4	1	0	0	1	3	1
0	1	0	0	1	4	0	0	0	0	2	3	0	0	3	2	0	0	0	0	4	1	0	0	1	3	1
0	1	0	0	1	4	0	0	0	0	2	3	0	0	3	2	0	0	0	0	4	1	0	0	1	3	1
2	3	2	2	3	6	2	2	2	2	4	5	2	2	5	4	2	2	2	2	6	3	2	2	3	5	3
3	4	3	3	4	0	3	3	3	3	5	6	3	3	6	5	3	3	3	3	0	4	3	3	4	6	4
0	1	0	0	1	4	0	0	0	0	2	3	0	0	3	2	0	0	0	0	4	1	0	0	1	3	1
0	1	0	0	1	4	0	0	0	0	2	3	0	0	3	2	0	0	0	0	4	1	0	0	1	3	1
3	4	3	3	4	0	3	3	3	3	5	6	3	3	6	5	3	3	3	3	0	4	3	3	4	6	4
2	3	2	2	3	6	2	2	2	2	4	5	2	2	5	4	2	2	2	2	6	3	2	2	3	5	3
0	1	0	0	1	4	0	0	0	0	2	3	0	0	3	2	0	0	0	0	4	1	0	0	1	3	1
0	1	0	0	1	4	0	0	0	0	2	3	0	0	3	2	0	0	0	0	4	1	0	0	1	3	1
0	1	0	0	1	4	0	0	0	0	2	3	0	0	3	2	0	0	0	0	4	1	0	0	1	3	1
0	1	0	0	1	4	0	0	0	0	2	3	0	0	3	2	0	0	0	0	4	1	0	0	1	3	1
4	5	4	4	5	1	4	4	4	4	6	0	4	4	0	6	4	4	4	4	1	5	4	4	5	0	5
1	2	1	1	2	5	1	1	1	1	3	4	1	1	4	3	1	1	1	1	5	2	1	1	2	4	2
0	1	0	0	1	4	0	0	0	0	2	3	0	0	3	2	0	0	0	0	4	1	0	0	1	3	1
0	1	0	0	1	4	0	0	0	0	2	3	0	0	3	2	0	0	0	0	4	1	0	0	1	3	1
1	2	1	1	2	5	1	1	1	1	3	4	1	1	4	3	1	1	1	1	5	2	1	1	2	4	2
3	4	3	3	4	0	3	3	3	3	5	6	3	3	6	5	3	3	3	3	0	4	3	3	4	6	4
1	2	1	1	2	5	1	1	1	1	3	4	1	1	4	3	1	1	1	1	5	2	1	1	2	4	2

② 2단계

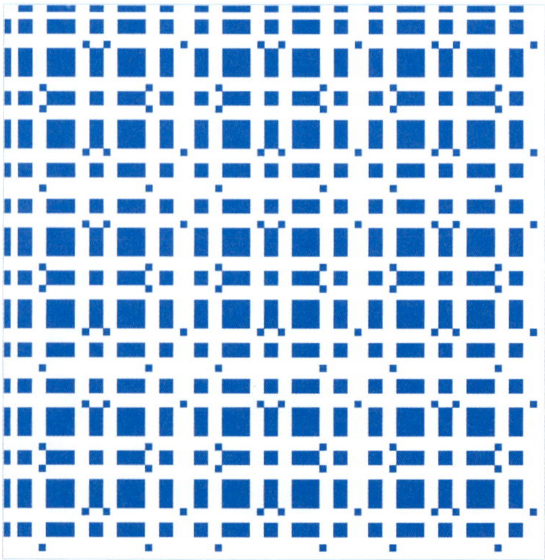

(5) 13행은 40011 00002 20033 00004 40010의 반복이다. 각 행은 14455⋯, 40011⋯, 51122⋯, 03344⋯, 62233⋯의 25주기 5개를 가진다.

① 1단계

	4	0	0	1	1	0	0	0	0	2	2	0	0	3	3	0	0	0	0	4	4	0	0	1	0	4
4	1	4	4	5	5	4	4	4	4	6	6	4	4	0	0	4	4	4	4	1	1	4	4	5	4	1
0	4	0	0	1	1	0	0	0	0	2	2	0	0	3	3	0	0	0	0	4	4	0	0	1	0	4
0	4	0	0	1	1	0	0	0	0	2	2	0	0	3	3	0	0	0	0	4	4	0	0	1	0	4
1	5	1	1	2	2	1	1	1	1	3	3	1	1	4	4	1	1	1	1	5	5	1	1	2	1	5
1	5	1	1	2	2	1	1	1	1	3	3	1	1	4	4	1	1	1	1	5	5	1	1	2	1	5
0	4	0	0	1	1	0	0	0	0	2	2	0	0	3	3	0	0	0	0	4	4	0	0	1	0	4
0	4	0	0	1	1	0	0	0	0	2	2	0	0	3	3	0	0	0	0	4	4	0	0	1	0	4
0	4	0	0	1	1	0	0	0	0	2	2	0	0	3	3	0	0	0	0	4	4	0	0	1	0	4
0	4	0	0	1	1	0	0	0	0	2	2	0	0	3	3	0	0	0	0	4	4	0	0	1	0	4
2	6	2	2	3	3	2	2	2	2	4	4	2	2	5	5	2	2	2	2	6	6	2	2	3	2	6
2	6	2	2	3	3	2	2	2	2	4	4	2	2	5	5	2	2	2	2	6	6	2	2	3	2	6
0	4	0	0	1	1	0	0	0	0	2	2	0	0	3	3	0	0	0	0	4	4	0	0	1	0	4
0	4	0	0	1	1	0	0	0	0	2	2	0	0	3	3	0	0	0	0	4	4	0	0	1	0	4
3	0	3	3	4	4	3	3	3	3	5	5	3	3	6	6	3	3	3	3	0	0	3	3	4	3	0
3	0	3	3	4	4	3	3	3	3	5	5	3	3	6	6	3	3	3	3	0	0	3	3	4	3	0
0	4	0	0	1	1	0	0	0	0	2	2	0	0	3	3	0	0	0	0	4	4	0	0	1	0	4
0	4	0	0	1	1	0	0	0	0	2	2	0	0	3	3	0	0	0	0	4	4	0	0	1	0	4
0	4	0	0	1	1	0	0	0	0	2	2	0	0	3	3	0	0	0	0	4	4	0	0	1	0	4
0	4	0	0	1	1	0	0	0	0	2	2	0	0	3	3	0	0	0	0	4	4	0	0	1	0	4
4	1	4	4	5	5	4	4	4	4	6	6	4	4	0	0	4	4	4	4	1	1	4	4	5	4	1
4	1	4	4	5	5	4	4	4	4	6	6	4	4	0	0	4	4	4	4	1	1	4	4	5	4	1
0	4	0	0	1	1	0	0	0	0	2	2	0	0	3	3	0	0	0	0	4	4	0	0	1	0	4
0	4	0	0	1	1	0	0	0	0	2	2	0	0	3	3	0	0	0	0	4	4	0	0	1	0	4
1	5	1	1	2	2	1	1	1	1	3	3	1	1	4	4	1	1	1	1	5	5	1	1	2	1	5
0	4	0	0	1	1	0	0	0	0	2	2	0	0	3	3	0	0	0	0	4	4	0	0	1	0	4
4	1	4	4	5	5	4	4	4	4	6	6	4	4	0	0	4	4	4	4	1	1	4	4	5	4	1

② 2단계

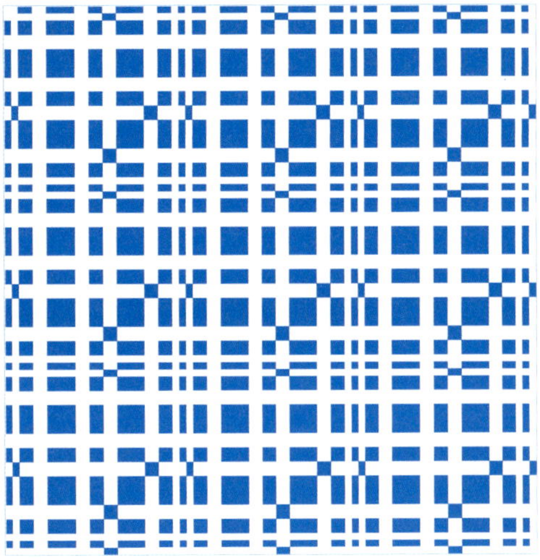

(6) 14행은 21124 00002 13312 00004 21123의 반복이다. 각 행은 43346⋯, 32235⋯, 65561⋯, 21124⋯, 54450⋯의 25주기 5개를 가진다.

① 1단계

	2	1	1	2	4	0	0	0	0	2	1	3	3	1	2	0	0	0	0	4	2	1	1	2	3	2
2	4	3	3	4	6	2	2	2	2	4	3	5	5	3	4	2	2	2	2	6	4	3	3	4	5	4
1	3	2	2	3	5	1	1	1	1	3	2	4	4	2	3	1	1	1	1	5	3	2	2	3	4	3
1	3	2	2	3	5	1	1	1	1	3	2	4	4	2	3	1	1	1	1	5	3	2	2	3	4	3
2	4	3	3	4	6	2	2	2	2	4	3	5	5	3	4	2	2	2	2	6	4	3	3	4	5	4
4	6	5	5	6	1	4	4	4	4	6	5	0	0	5	6	4	4	4	4	1	6	5	5	6	0	6
0	2	1	1	2	4	0	0	0	0	2	1	3	3	1	2	0	0	0	0	4	2	1	1	2	3	2
0	2	1	1	2	4	0	0	0	0	2	1	3	3	1	2	0	0	0	0	4	2	1	1	2	3	2
0	2	1	1	2	4	0	0	0	0	2	1	3	3	1	2	0	0	0	0	4	2	1	1	2	3	2
0	2	1	1	2	4	0	0	0	0	2	1	3	3	1	2	0	0	0	0	4	2	1	1	2	3	2
2	4	3	3	4	6	2	2	2	2	4	3	5	5	3	4	2	2	2	2	6	4	3	3	4	5	4
1	3	2	2	3	5	1	1	1	1	3	2	4	4	2	3	1	1	1	1	5	3	2	2	3	4	3
3	5	4	4	5	0	3	3	3	3	5	4	6	6	4	5	3	3	3	3	0	5	4	4	5	6	5
3	5	4	4	5	0	3	3	3	3	5	4	6	6	4	5	3	3	3	3	0	5	4	4	5	6	5
1	3	2	2	3	5	1	1	1	1	3	2	4	4	2	3	1	1	1	1	5	3	2	2	3	4	3
2	4	3	3	4	6	2	2	2	2	4	3	5	5	3	4	2	2	2	2	6	4	3	3	4	5	4
0	2	1	1	2	4	0	0	0	0	2	1	3	3	1	2	0	0	0	0	4	2	1	1	2	3	2
0	2	1	1	2	4	0	0	0	0	2	1	3	3	1	2	0	0	0	0	4	2	1	1	2	3	2
0	2	1	1	2	4	0	0	0	0	2	1	3	3	1	2	0	0	0	0	4	2	1	1	2	3	2
0	2	1	1	2	4	0	0	0	0	2	1	3	3	1	2	0	0	0	0	4	2	1	1	2	3	2
4	6	5	5	6	1	4	4	4	4	6	5	0	0	5	6	4	4	4	4	1	6	5	5	6	0	6
2	4	3	3	4	6	2	2	2	2	4	3	5	5	3	4	2	2	2	2	6	4	3	3	4	5	4
1	3	2	2	3	5	1	1	1	1	3	2	4	4	2	3	1	1	1	1	5	3	2	2	3	4	3
1	3	2	2	3	5	1	1	1	1	3	2	4	4	2	3	1	1	1	1	5	3	2	2	3	4	3
2	4	3	3	4	6	2	2	2	2	4	3	5	5	3	4	2	2	2	2	6	4	3	3	4	5	4
3	5	4	4	5	0	3	3	3	3	5	4	6	6	4	5	3	3	3	3	0	5	4	4	5	6	5
2	4	3	3	4	6	2	2	2	2	4	3	5	5	3	4	2	2	2	2	6	4	3	3	4	5	4

② 2단계

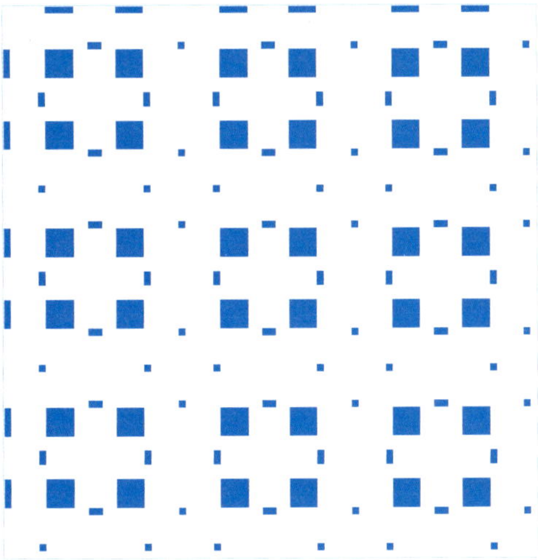

(7) 15행은 03034 33330 32320 22221 20200의 반복이다. 각 행은 03034⋯, 36360⋯, 40401⋯, 25256⋯, 14145⋯ 의 25주기 5개를 가진다.

① 1단계

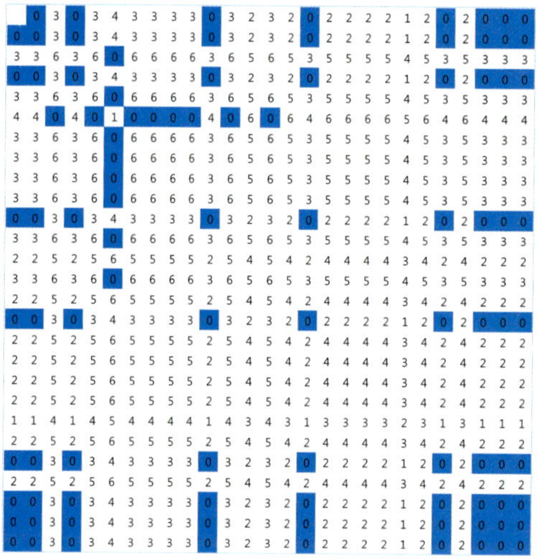

② 2단계

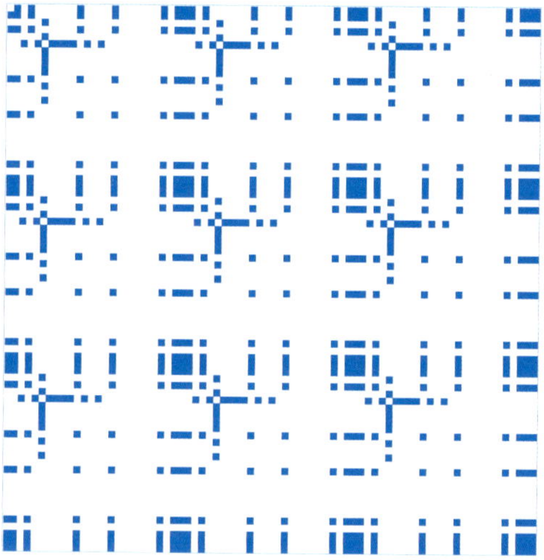

(8) 18행은 40014 30022 00002 20034 10043의 반복이다. 각 행은 14451⋯, 40014⋯, 51125⋯, 03340⋯, 62236⋯ 의 25주기 5개를 가진다.

① 1단계

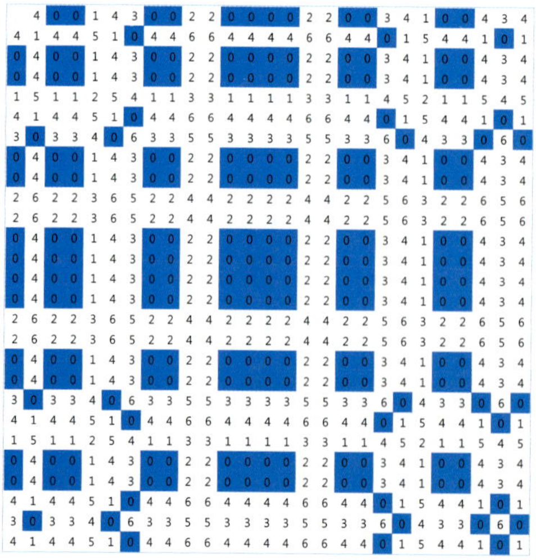

② 2단계

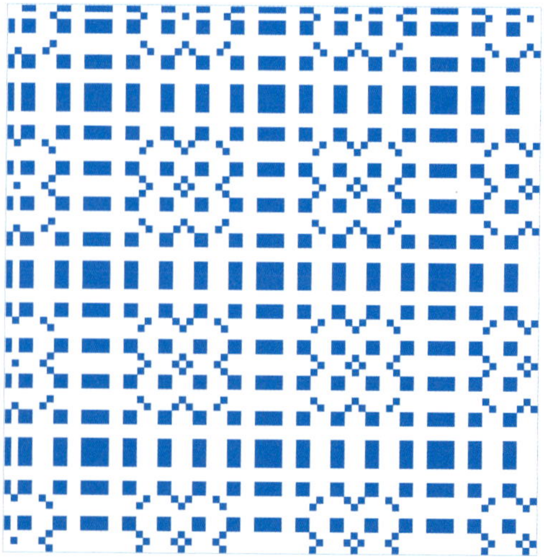

(9) 23행은 40012 10043 40012 10043 40010의 반복이다. 각 행은 14456···, 40012···, 51123···, 62234···, 03345··· 의 25주기 5개를 가진다.

① 1단계

	4	0	0	1	2	1	0	0	4	3	4	0	0	1	2	1	0	0	4	3	4	0	0	1	0	4
4	1	4	4	5	6	5	4	4	1	0	1	4	4	5	6	5	4	4	1	0	1	4	4	5	4	1
0	4	0	0	1	2	1	0	0	4	3	4	0	0	1	2	1	0	0	4	3	4	0	0	1	0	4
0	4	0	0	1	2	1	0	0	4	3	4	0	0	1	2	1	0	0	4	3	4	0	0	1	0	4
1	5	1	1	2	3	2	1	1	5	4	5	1	1	2	3	2	1	1	5	4	5	1	1	2	1	5
2	6	2	2	3	4	3	2	2	6	5	6	2	2	3	4	3	2	2	6	5	6	2	2	3	2	6
1	5	1	1	2	3	2	1	1	5	4	5	1	1	2	3	2	1	1	5	4	5	1	1	2	1	5
0	4	0	0	1	2	1	0	0	4	3	4	0	0	1	2	1	0	0	4	3	4	0	0	1	0	4
0	4	0	0	1	2	1	0	0	4	3	4	0	0	1	2	1	0	0	4	3	4	0	0	1	0	4
4	1	4	4	5	6	5	4	4	1	0	1	4	4	5	6	5	4	4	1	0	1	4	4	5	4	1
3	0	3	3	4	5	4	3	3	0	6	0	3	3	4	5	4	3	3	0	6	0	3	3	4	3	0
4	1	4	4	5	6	5	4	4	1	0	1	4	4	5	6	5	4	4	1	0	1	4	4	5	4	1
0	4	0	0	1	2	1	0	0	4	3	4	0	0	1	2	1	0	0	4	3	4	0	0	1	0	4
0	4	0	0	1	2	1	0	0	4	3	4	0	0	1	2	1	0	0	4	3	4	0	0	1	0	4
1	5	1	1	2	3	2	1	1	5	4	5	1	1	2	3	2	1	1	5	4	5	1	1	2	1	5
2	6	2	2	3	4	3	2	2	6	5	6	2	2	3	4	3	2	2	6	5	6	2	2	3	2	6
1	5	1	1	2	3	2	1	1	5	4	5	1	1	2	3	2	1	1	5	4	5	1	1	2	1	5
0	4	0	0	1	2	1	0	0	4	3	4	0	0	1	2	1	0	0	4	3	4	0	0	1	0	4
0	4	0	0	1	2	1	0	0	4	3	4	0	0	1	2	1	0	0	4	3	4	0	0	1	0	4
4	1	4	4	5	6	5	4	4	1	0	1	4	4	5	6	5	4	4	1	0	1	4	4	5	4	1
3	0	3	3	4	5	4	3	3	0	6	0	3	3	4	5	4	3	3	0	6	0	3	3	4	3	0
4	1	4	4	5	6	5	4	4	1	0	1	4	4	5	6	5	4	4	1	0	1	4	4	5	4	1
0	4	0	0	1	2	1	0	0	4	3	4	0	0	1	2	1	0	0	4	3	4	0	0	1	0	4
0	4	0	0	1	2	1	0	0	4	3	4	0	0	1	2	1	0	0	4	3	4	0	0	1	0	4
1	5	1	1	2	3	2	1	1	5	4	5	1	1	2	3	2	1	1	5	4	5	1	1	2	1	5
0	4	0	0	1	2	1	0	0	4	3	4	0	0	1	2	1	0	0	4	3	4	0	0	1	0	4
4	1	4	4	5	6	5	4	4	1	0	1	4	4	5	6	5	4	4	1	0	1	4	4	5	4	1

② 2단계

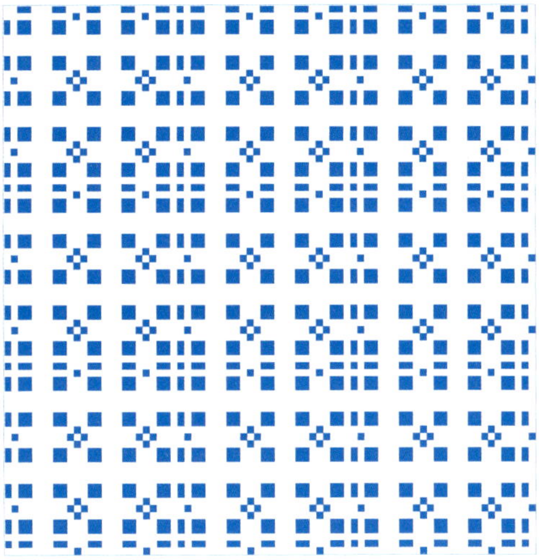

(10) 24행은 21120 34430 21120 34430 21123의 반복이다. 각 행은 03031···, 36364···, 03031···, 36364···, 25253··· 의 25주기 5개를 가진다.

① 1단계

	0	3	0	3	1	3	2	3	2	0	2	2	2	2	0	2	3	2	3	1	3	0	3	0	3	0
0	0	3	0	3	1	3	2	3	2	0	2	2	2	2	0	2	3	2	3	1	3	0	3	0	3	0
3	3	6	3	6	4	6	5	6	5	3	5	5	5	5	3	5	6	5	6	4	6	3	6	3	6	3
0	0	3	0	3	1	3	2	3	2	0	2	2	2	2	0	2	3	2	3	1	3	0	3	0	3	0
3	3	6	3	6	4	6	5	6	5	3	5	5	5	5	3	5	6	5	6	4	6	3	6	3	6	3
1	1	4	1	4	2	4	3	4	3	1	3	3	3	3	1	3	4	3	4	2	4	1	4	1	4	1
3	3	6	3	6	4	6	5	6	5	3	5	5	5	5	3	5	6	5	6	4	6	3	6	3	6	3
2	2	5	2	5	3	5	4	5	4	2	4	4	4	4	2	4	5	4	5	3	5	2	5	2	5	2
3	3	6	3	6	4	6	5	6	5	3	5	5	5	5	3	5	6	5	6	4	6	3	6	3	6	3
2	2	5	2	5	3	5	4	5	4	2	4	4	4	4	2	4	5	4	5	3	5	2	5	2	5	2
0	0	3	0	3	1	3	2	3	2	0	2	2	2	2	0	2	3	2	3	1	3	0	3	0	3	0
2	2	5	2	5	3	5	4	5	4	2	4	4	4	4	2	4	5	4	5	3	5	2	5	2	5	2
2	2	5	2	5	3	5	4	5	4	2	4	4	4	4	2	4	5	4	5	3	5	2	5	2	5	2
2	2	5	2	5	3	5	4	5	4	2	4	4	4	4	2	4	5	4	5	3	5	2	5	2	5	2
2	2	5	2	5	3	5	4	5	4	2	4	4	4	4	2	4	5	4	5	3	5	2	5	2	5	2
0	0	3	0	3	1	3	2	3	2	0	2	2	2	2	0	2	3	2	3	1	3	0	3	0	3	0
2	2	5	2	5	3	5	4	5	4	2	4	4	4	4	2	4	5	4	5	3	5	2	5	2	5	2
3	3	6	3	6	4	6	5	6	5	3	5	5	5	5	3	5	6	5	6	4	6	3	6	3	6	3
2	2	5	2	5	3	5	4	5	4	2	4	4	4	4	2	4	5	4	5	3	5	2	5	2	5	2
3	3	6	3	6	4	6	5	6	5	3	5	5	5	5	3	5	6	5	6	4	6	3	6	3	6	3
1	1	4	1	4	2	4	3	4	3	1	3	3	3	3	1	3	4	3	4	2	4	1	4	1	4	1
3	3	6	3	6	4	6	5	6	5	3	5	5	5	5	3	5	6	5	6	4	6	3	6	3	6	3
0	0	3	0	3	1	3	2	3	2	0	2	2	2	2	0	2	3	2	3	1	3	0	3	0	3	0
3	3	6	3	6	4	6	5	6	5	3	5	5	5	5	3	5	6	5	6	4	6	3	6	3	6	3
0	0	3	0	3	1	3	2	3	2	0	2	2	2	2	0	2	3	2	3	1	3	0	3	0	3	0
3	3	6	3	6	4	6	5	6	5	3	5	5	5	5	3	5	6	5	6	4	6	3	6	3	6	3
0	0	3	0	3	1	3	2	3	2	0	2	2	2	2	0	2	3	2	3	1	3	0	3	0	3	0

② 2단계

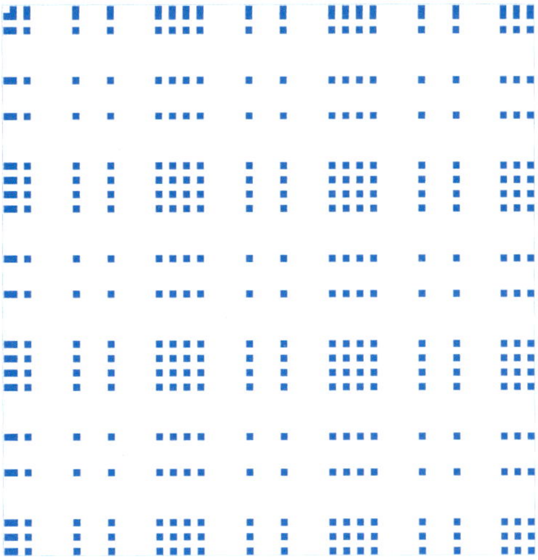

7. 두 수의 덧셈을 8로 나누는 디자인

4쪽, 5쪽에 있는 각 행에서 두 수의 덧셈을 구한 후 8로 나눈 디자인이다.

(1) 5행은 03033 31311 14144 42422 20200의 반복이다. 각 행은 03033…, 36366…, 14144…, 25255…, 40400… 의 25주기 5개를 가진다.

① 1단계	② 2단계
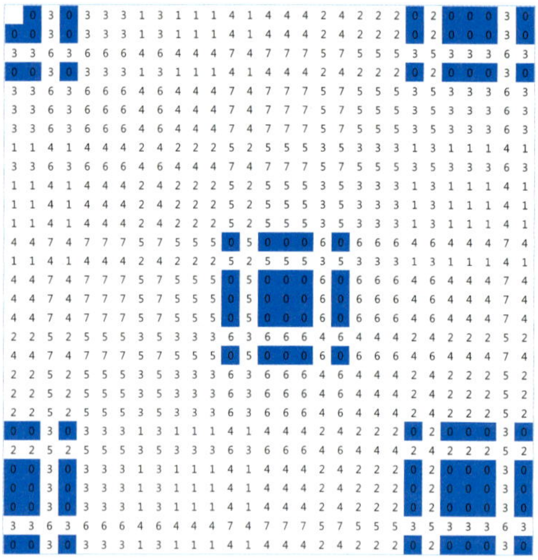	

(2) 6행은 31423 43213 00003 12343 24133의 반복이다. 각 행은 64756…, 42534…, 75067…, 53645…, 31423… 의 25주기 5개를 가진다.

① 1단계	② 2단계
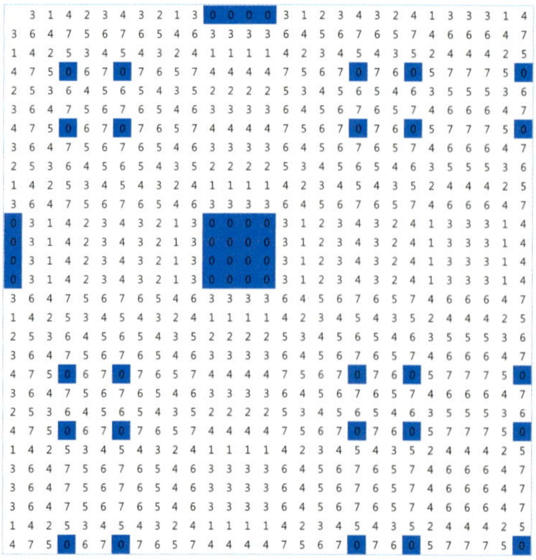	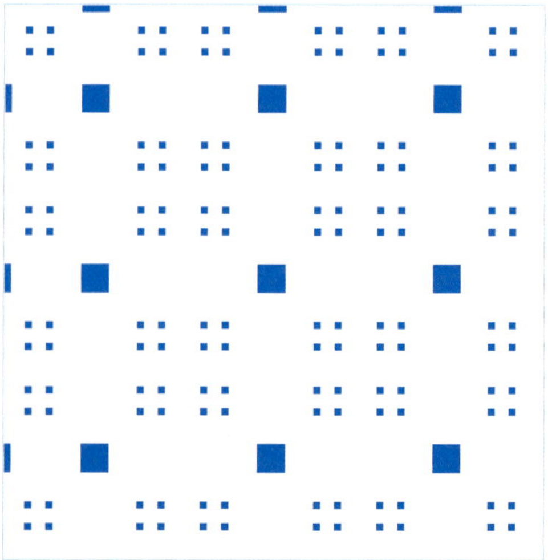

(3) 7행은 10011 30032 00003 20024 40040의 반복이다. 각 행은 21122···, 10011···, 43344···, 32233···, 54455··· 의 25주기 5개를 가진다.

① 1단계	② 2단계
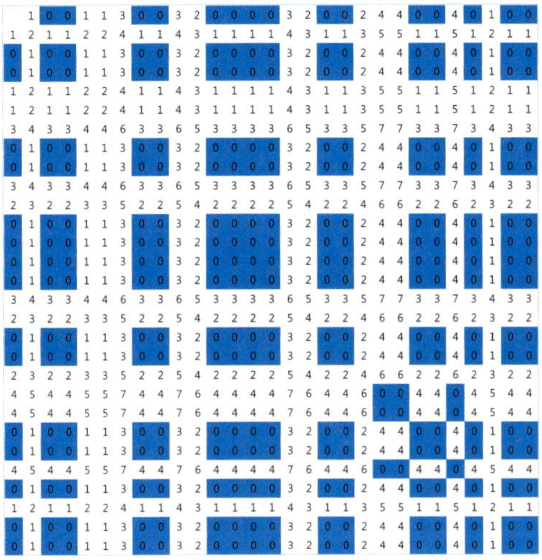	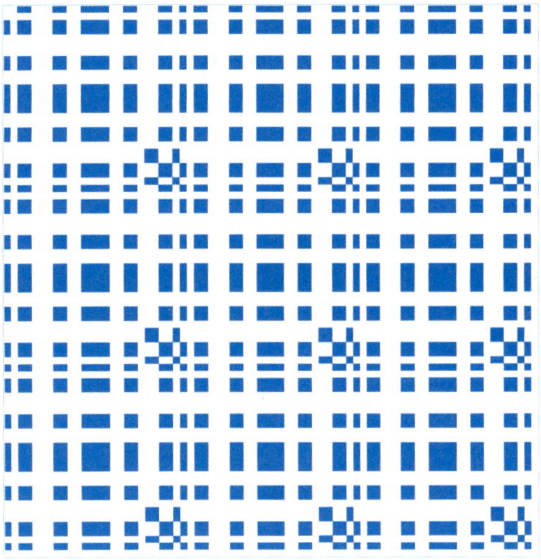

(4) 8행은 40013 20033 00003 30023 10043의 반복이다. 각 행은 04457···, 40013···, 51124···, 73346···, 62235··· 의 25주기 5개를 가진다.

① 1단계	② 2단계
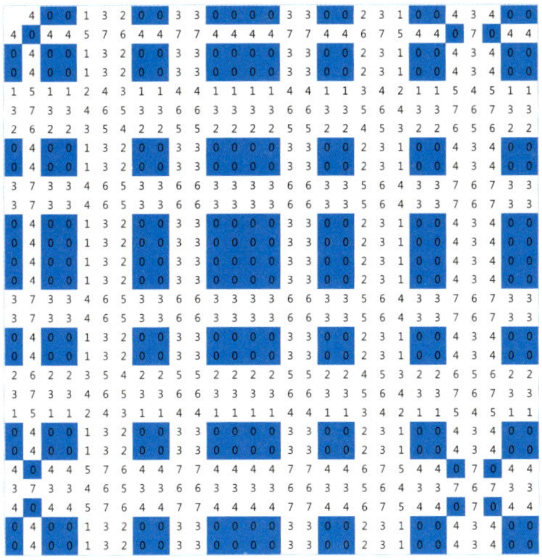	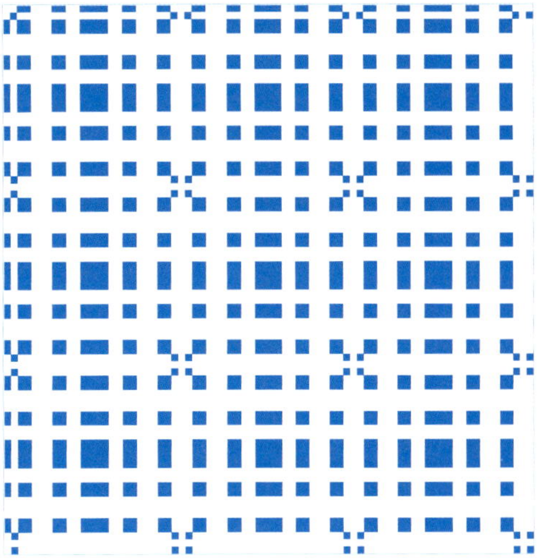

(5) 9행은 21121 13312 00003 42244 34430의 반복이다. 각 행은 43343···, 32232···, 43343···, 54454···, 21121···, 65565···의 25주기 6개를 가진다.

① 1단계

	2	1	1	2	1	1	3	3	1	2	0	0	0	0	3	4	2	2	4	4	3	4	4	3	0	2	1	1
2	4	3	3	4	3	3	5	5	3	4	2	2	2	2	5	6	4	4	6	6	5	6	6	5	2	4	3	3
1	3	2	2	3	2	2	4	4	2	3	1	1	1	1	4	5	3	3	5	5	4	5	5	4	1	3	2	2
1	3	2	2	3	2	2	4	4	2	3	1	1	1	1	4	5	3	3	5	5	4	5	5	4	1	3	2	2
2	4	3	3	4	3	3	5	5	3	4	2	2	2	2	5	6	4	4	6	6	5	6	6	5	2	4	3	3
1	3	2	2	3	2	2	4	4	2	3	1	1	1	1	4	5	3	3	5	5	4	5	5	4	1	3	2	2
1	3	2	2	3	2	2	4	4	2	3	1	1	1	1	4	5	3	3	5	5	4	5	5	4	1	3	2	2
3	5	4	4	5	4	4	6	6	4	5	3	3	3	3	6	7	5	5	7	7	6	7	7	6	3	5	4	4
3	5	4	4	5	4	4	6	6	4	5	3	3	3	3	6	7	5	5	7	7	6	7	7	6	3	5	4	4
1	3	2	2	3	2	2	4	4	2	3	1	1	1	1	4	5	3	3	5	5	4	5	5	4	1	3	2	2
2	4	3	3	4	3	3	5	5	3	4	2	2	2	2	5	6	4	4	6	6	5	6	6	5	2	4	3	3
0	2	1	1	2	1	1	3	3	1	2	0	0	0	0	3	4	2	2	4	4	3	4	4	3	0	2	1	1
0	2	1	1	2	1	1	3	3	1	2	0	0	0	0	3	4	2	2	4	4	3	4	4	3	0	2	1	1
0	2	1	1	2	1	1	3	3	1	2	0	0	0	0	3	4	2	2	4	4	3	4	4	3	0	2	1	1
0	2	1	1	2	1	1	3	3	1	2	0	0	0	0	3	4	2	2	4	4	3	4	4	3	0	2	1	1
3	5	4	4	5	4	4	6	6	4	5	3	3	3	3	6	7	5	5	7	7	6	7	7	6	3	5	4	4
4	6	5	5	6	5	5	7	7	5	6	4	4	4	4	7	0	6	6	0	0	7	0	0	7	4	6	5	5
2	4	3	3	4	3	3	5	5	3	4	2	2	2	2	5	6	4	4	6	6	5	6	6	5	2	4	3	3
2	4	3	3	4	3	3	5	5	3	4	2	2	2	2	5	6	4	4	6	6	5	6	6	5	2	4	3	3
4	6	5	5	6	5	5	7	7	5	6	4	4	4	4	7	0	6	6	0	0	7	0	0	7	4	6	5	5
4	6	5	5	6	5	5	7	7	5	6	4	4	4	4	7	0	6	6	0	0	7	0	0	7	4	6	5	5
3	5	4	4	5	4	4	6	6	4	5	3	3	3	3	6	7	5	5	7	7	6	7	7	6	3	5	4	4
4	6	5	5	6	5	5	7	7	5	6	4	4	4	4	7	0	6	6	0	0	7	0	0	7	4	6	5	5
4	6	5	5	6	5	5	7	7	5	6	4	4	4	4	7	0	6	6	0	0	7	0	0	7	4	6	5	5
3	5	4	4	5	4	4	6	6	4	5	3	3	3	3	6	7	5	5	7	7	6	7	7	6	3	5	4	4
0	2	1	1	2	1	1	3	3	1	2	0	0	0	0	3	4	2	2	4	4	3	4	4	3	0	2	1	1
2	4	3	3	4	3	3	5	5	3	4	2	2	2	2	5	6	4	4	6	6	5	6	6	5	2	4	3	3
1	3	2	2	3	2	2	4	4	2	3	1	1	1	1	4	5	3	3	5	5	4	5	5	4	1	3	2	2
1	3	2	2	3	2	2	4	4	2	3	1	1	1	1	4	5	3	3	5	5	4	5	5	4	1	3	2	2

② 2단계

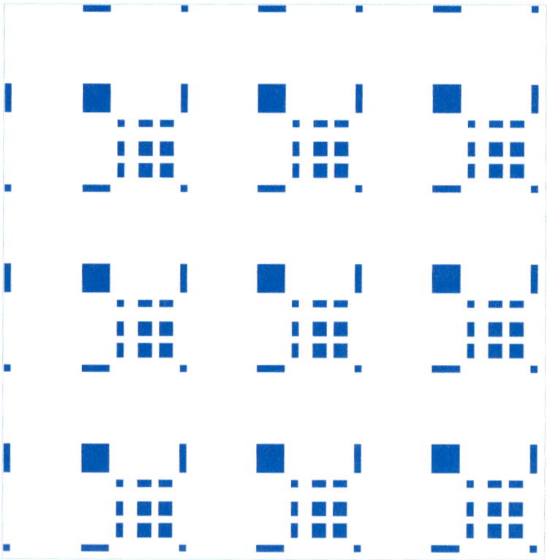

(6) 11행은 31421 00002 43213 00004 31420의 반복이다. 각 행은 64754···, 42532···, 75065···, 53643···, 31421···의 25주기 5개를 가진다.

① 1단계

	3	1	4	2	1	0	0	0	0	2	4	3	2	1	3	0	0	0	0	4	3	1	4	2	0	3	1	4
3	6	4	7	5	4	3	3	3	3	5	7	6	5	4	6	3	3	3	3	7	6	4	7	5	3	6	4	7
1	4	2	5	3	2	1	1	1	1	3	5	4	3	2	4	1	1	1	1	5	4	2	5	3	1	4	2	5
4	7	5	0	6	5	4	4	4	4	6	0	7	6	5	7	4	4	4	4	0	7	5	0	6	4	7	5	0
2	5	3	6	4	3	2	2	2	2	4	6	5	4	3	5	2	2	2	2	6	5	3	6	4	2	5	3	6
1	4	2	5	3	2	1	1	1	1	3	5	4	3	2	4	1	1	1	1	5	4	2	5	3	1	4	2	5
0	3	1	4	2	1	0	0	0	0	2	4	3	2	1	3	0	0	0	0	4	3	1	4	2	0	3	1	4
0	3	1	4	2	1	0	0	0	0	2	4	3	2	1	3	0	0	0	0	4	3	1	4	2	0	3	1	4
0	3	1	4	2	1	0	0	0	0	2	4	3	2	1	3	0	0	0	0	4	3	1	4	2	0	3	1	4
0	3	1	4	2	1	0	0	0	0	2	4	3	2	1	3	0	0	0	0	4	3	1	4	2	0	3	1	4
2	5	3	6	4	3	2	2	2	2	4	6	5	4	3	5	2	2	2	2	6	5	3	6	4	2	5	3	6
4	7	5	0	6	5	4	4	4	4	6	0	7	6	5	7	4	4	4	4	0	7	5	0	6	4	7	5	0
3	6	4	7	5	4	3	3	3	3	5	7	6	5	4	6	3	3	3	3	7	6	4	7	5	3	6	4	7
2	5	3	6	4	3	2	2	2	2	4	6	5	4	3	5	2	2	2	2	6	5	3	6	4	2	5	3	6
1	4	2	5	3	2	1	1	1	1	3	5	4	3	2	4	1	1	1	1	5	4	2	5	3	1	4	2	5
3	6	4	7	5	4	3	3	3	3	5	7	6	5	4	6	3	3	3	3	7	6	4	7	5	3	6	4	7
0	3	1	4	2	1	0	0	0	0	2	4	3	2	1	3	0	0	0	0	4	3	1	4	2	0	3	1	4
0	3	1	4	2	1	0	0	0	0	2	4	3	2	1	3	0	0	0	0	4	3	1	4	2	0	3	1	4
0	3	1	4	2	1	0	0	0	0	2	4	3	2	1	3	0	0	0	0	4	3	1	4	2	0	3	1	4
0	3	1	4	2	1	0	0	0	0	2	4	3	2	1	3	0	0	0	0	4	3	1	4	2	0	3	1	4
4	7	5	0	6	5	4	4	4	4	6	0	7	6	5	7	4	4	4	4	0	7	5	0	6	4	7	5	0
3	6	4	7	5	4	3	3	3	3	5	7	6	5	4	6	3	3	3	3	7	6	4	7	5	3	6	4	7
1	4	2	5	3	2	1	1	1	1	3	5	4	3	2	4	1	1	1	1	5	4	2	5	3	1	4	2	5
4	7	5	0	6	5	4	4	4	4	6	0	7	6	5	7	4	4	4	4	0	7	5	0	6	4	7	5	0
2	5	3	6	4	3	2	2	2	2	4	6	5	4	3	5	2	2	2	2	6	5	3	6	4	2	5	3	6
0	3	1	4	2	1	0	0	0	0	2	4	3	2	1	3	0	0	0	0	4	3	1	4	2	0	3	1	4
3	6	4	7	5	4	3	3	3	3	5	7	6	5	4	6	3	3	3	3	7	6	4	7	5	3	6	4	7
1	4	2	5	3	2	1	1	1	1	3	5	4	3	2	4	1	1	1	1	5	4	2	5	3	1	4	2	5
4	7	5	0	6	5	4	4	4	4	6	0	7	6	5	7	4	4	4	4	0	7	5	0	6	4	7	5	0

② 2단계

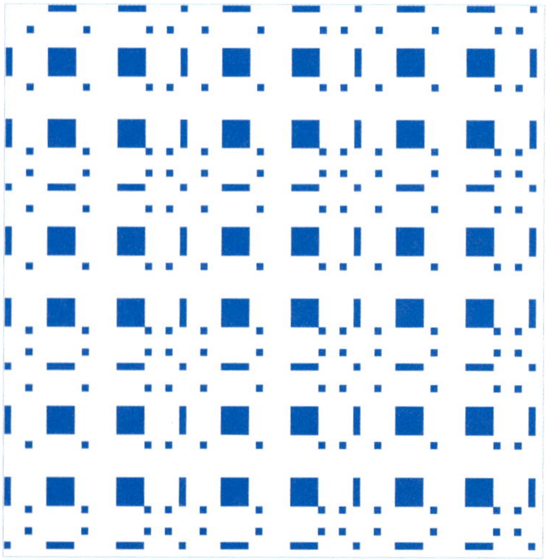

(7) 13행은 40011 00002 20033 00004 40010의 반복이다. 각 행은 04455···, 40011···, 51122···, 62233···, 73344··· 의 25주기 5개를 가진다.

① 1단계	② 2단계
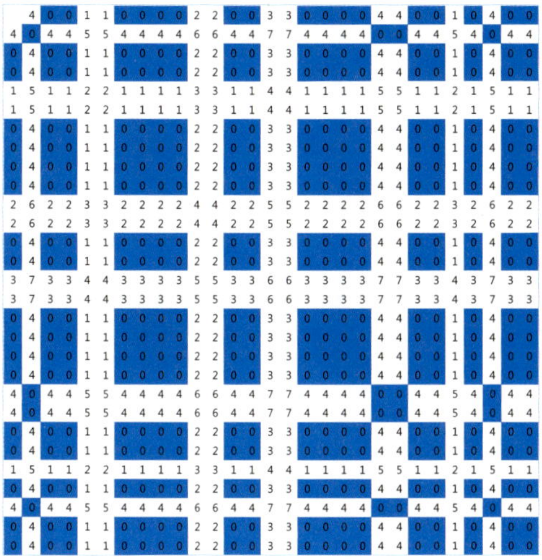	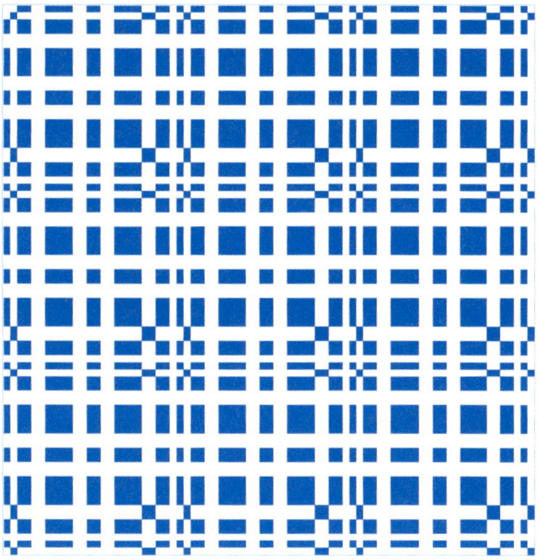

(8) 14행은 21124 00002 13312 00004 21123의 반복이다. 각 행은 43346···, 32235···, 65560···, 21124···, 54457··· 의 25주기 5개를 가진다.

① 1단계	② 2단계
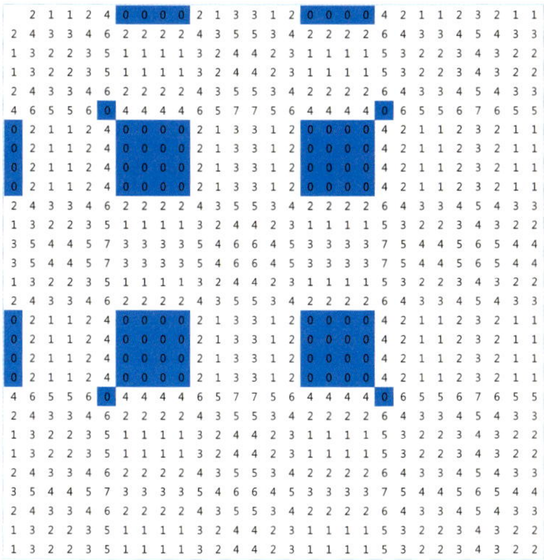	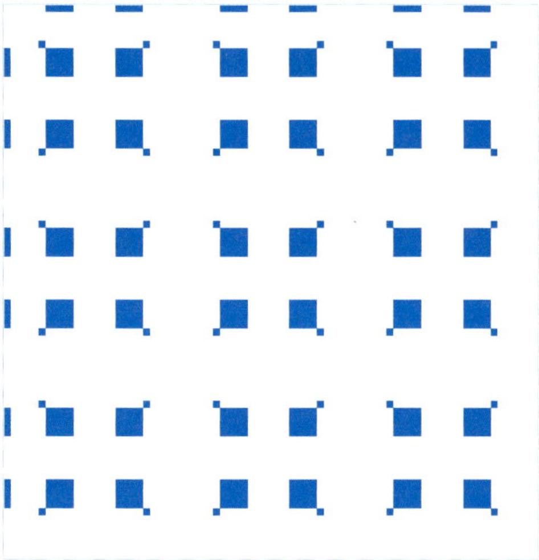

(9) 15행은 03034 33330 32320 22221 20200의 반복이다. 각 행은 03034…, 36367…, 47470…, 25256…, 11414…의 25주기 5개를 가진다.

① 1단계	② 2단계
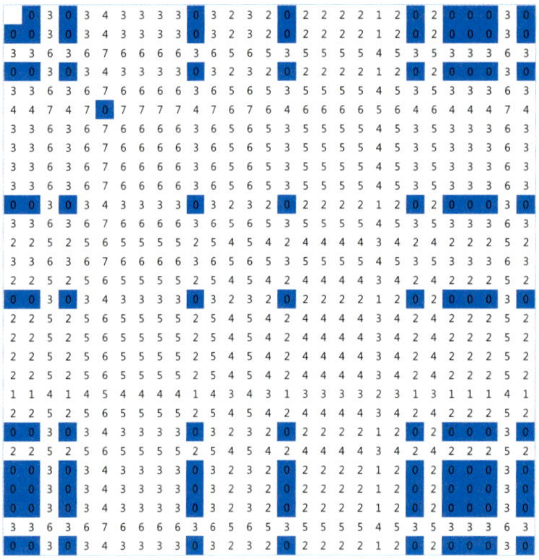	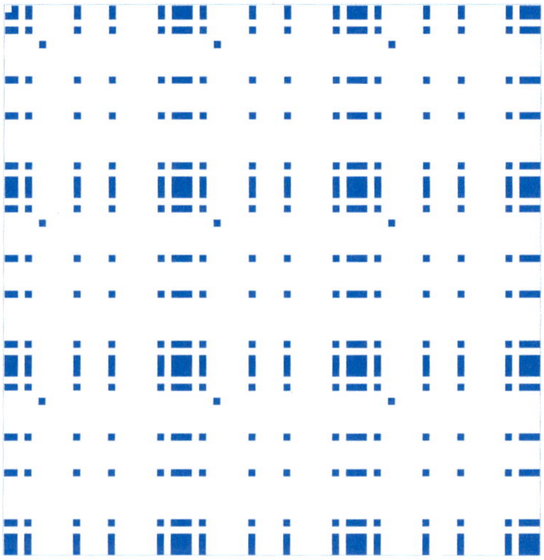

(10) 18행은 40014 30022 00002 20034 10043의 반복이다. 각 행은 04450…, 40014…, 51125…, 73347…, 62236…의 25주기 5개를 가진다.

① 1단계	② 2단계
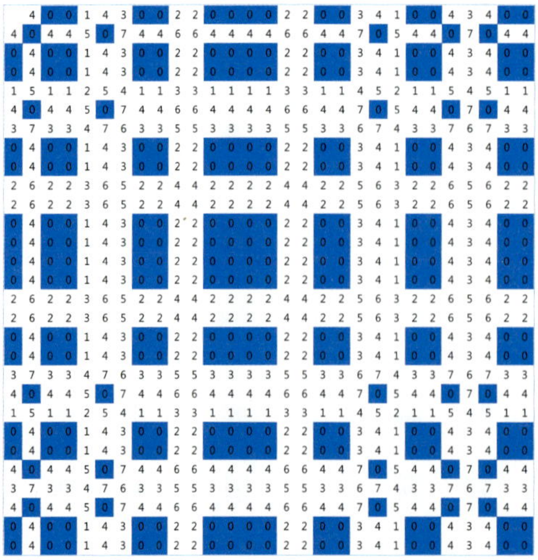	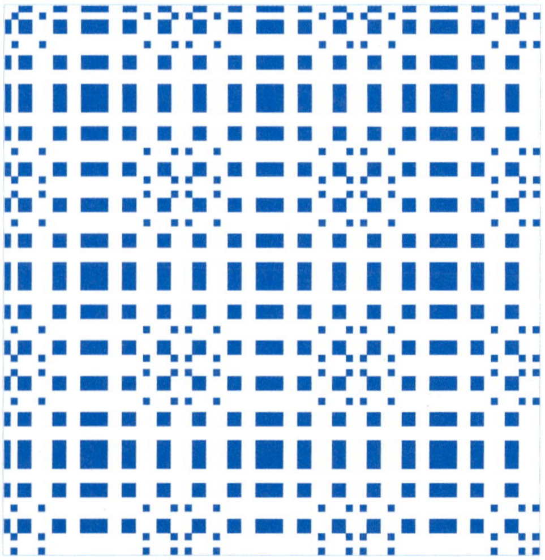

(11) 20행은 03032 34341 44441 43432 30303의 반복이다. 각 행은 03032⋯, 36365⋯, 25254⋯, 47476⋯, 14143⋯의 25주기 5개를 가진다.

① 1단계

	0	3	0	3	2	3	4	3	4	1	4	4	4	4	1	4	3	4	3	2	3	0	3	0	3	0	3	0
0	0	3	0	3	2	3	4	3	4	1	4	4	4	4	1	4	3	4	3	2	3	0	3	0	3	0	3	0
3	3	6	3	6	5	6	7	6	7	4	7	7	7	7	4	7	6	7	6	5	6	3	6	3	6	3	6	3
0	0	3	0	3	2	3	4	3	4	1	4	4	4	4	1	4	3	4	3	2	3	0	3	0	3	0	3	0
3	3	6	3	6	5	6	7	6	7	4	7	7	7	7	4	7	6	7	6	5	6	3	6	3	6	3	6	3
2	2	5	2	5	4	5	6	5	6	3	6	6	6	6	3	6	5	6	5	4	5	2	5	2	5	2	5	2
3	3	6	3	6	5	6	7	6	7	4	7	7	7	7	4	7	6	7	6	5	6	3	6	3	6	3	6	3
4	4	7	4	7	6	7	0	7	0	5	0	0	0	0	5	0	7	0	7	6	7	4	7	4	7	4	7	4
3	3	6	3	6	5	6	7	6	7	4	7	7	7	7	4	7	6	7	6	5	6	3	6	3	6	3	6	3
4	4	7	4	7	6	7	0	7	0	5	0	0	0	0	5	0	7	0	7	6	7	4	7	4	7	4	7	4
1	1	4	1	4	3	4	5	4	5	2	5	5	5	5	2	5	4	5	4	3	4	1	4	1	4	1	4	1
4	4	7	4	7	6	7	0	7	0	5	0	0	0	0	5	0	7	0	7	6	7	4	7	4	7	4	7	4
4	4	7	4	7	6	7	0	7	0	5	0	0	0	0	5	0	7	0	7	6	7	4	7	4	7	4	7	4
4	4	7	4	7	6	7	0	7	0	5	0	0	0	0	5	0	7	0	7	6	7	4	7	4	7	4	7	4
4	4	7	4	7	6	7	0	7	0	5	0	0	0	0	5	0	7	0	7	6	7	4	7	4	7	4	7	4
1	1	4	1	4	3	4	5	4	5	2	5	5	5	5	2	5	4	5	4	3	4	1	4	1	4	1	4	1
4	4	7	4	7	6	7	0	7	0	5	0	0	0	0	5	0	7	0	7	6	7	4	7	4	7	4	7	4
3	3	6	3	6	5	6	7	6	7	4	7	7	7	7	4	7	6	7	6	5	6	3	6	3	6	3	6	3
4	4	7	4	7	6	7	0	7	0	5	0	0	0	0	5	0	7	0	7	6	7	4	7	4	7	4	7	4
3	3	6	3	6	5	6	7	6	7	4	7	7	7	7	4	7	6	7	6	5	6	3	6	3	6	3	6	3
2	2	5	2	5	4	5	6	5	6	3	6	6	6	6	3	6	5	6	5	4	5	2	5	2	5	2	5	2
3	3	6	3	6	5	6	7	6	7	4	7	7	7	7	4	7	6	7	6	5	6	3	6	3	6	3	6	3
0	0	3	0	3	2	3	4	3	4	1	4	4	4	4	1	4	3	4	3	2	3	0	3	0	3	0	3	0
3	3	6	3	6	5	6	7	6	7	4	7	7	7	7	4	7	6	7	6	5	6	3	6	3	6	3	6	3
0	0	3	0	3	2	3	4	3	4	1	4	4	4	4	1	4	3	4	3	2	3	0	3	0	3	0	3	0
3	3	6	3	6	5	6	7	6	7	4	7	7	7	7	4	7	6	7	6	5	6	3	6	3	6	3	6	3
0	0	3	0	3	2	3	4	3	4	1	4	4	4	4	1	4	3	4	3	2	3	0	3	0	3	0	3	0
3	3	6	3	6	5	6	7	6	7	4	7	7	7	7	4	7	6	7	6	5	6	3	6	3	6	3	6	3
0	0	3	0	3	2	3	4	3	4	1	4	4	4	4	1	4	3	4	3	2	3	0	3	0	3	0	3	0

② 2단계

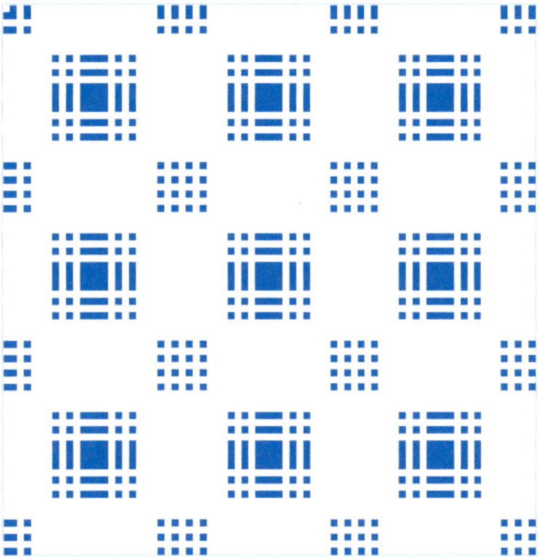

(12) 22행은 10010 40040 10010 40040 10013의 반복이다. 각 행은 21121⋯, 10010⋯, 21121⋯, 54454⋯, 43343⋯의 25주기 5개를 가진다.

① 1단계

	1	0	0	1	0	4	0	0	4	0	1	0	0	1	0	4	0	0	4	0	1	0	0	1	3	1	0	0
1	2	1	1	2	1	5	1	1	5	1	2	1	1	2	1	5	1	1	5	1	2	1	1	2	4	2	1	1
0	1	0	0	1	0	4	0	0	4	0	1	0	0	1	0	4	0	0	4	0	1	0	0	1	3	1	0	0
0	1	0	0	1	0	4	0	0	4	0	1	0	0	1	0	4	0	0	4	0	1	0	0	1	3	1	0	0
1	2	1	1	2	1	5	1	1	5	1	2	1	1	2	1	5	1	1	5	1	2	1	1	2	4	2	1	1
0	1	0	0	1	0	4	0	0	4	0	1	0	0	1	0	4	0	0	4	0	1	0	0	1	3	1	0	0
4	5	4	4	5	4	0	4	4	0	4	5	4	4	5	4	0	4	4	0	4	5	4	4	5	7	5	4	4
0	1	0	0	1	0	4	0	0	4	0	1	0	0	1	0	4	0	0	4	0	1	0	0	1	3	1	0	0
0	1	0	0	1	0	4	0	0	4	0	1	0	0	1	0	4	0	0	4	0	1	0	0	1	3	1	0	0
4	5	4	4	5	4	0	4	4	0	4	5	4	4	5	4	0	4	4	0	4	5	4	4	5	7	5	4	4
0	1	0	0	1	0	4	0	0	4	0	1	0	0	1	0	4	0	0	4	0	1	0	0	1	3	1	0	0
1	2	1	1	2	1	5	1	1	5	1	2	1	1	2	1	5	1	1	5	1	2	1	1	2	4	2	1	1
0	1	0	0	1	0	4	0	0	4	0	1	0	0	1	0	4	0	0	4	0	1	0	0	1	3	1	0	0
0	1	0	0	1	0	4	0	0	4	0	1	0	0	1	0	4	0	0	4	0	1	0	0	1	3	1	0	0
1	2	1	1	2	1	5	1	1	5	1	2	1	1	2	1	5	1	1	5	1	2	1	1	2	4	2	1	1
0	1	0	0	1	0	4	0	0	4	0	1	0	0	1	0	4	0	0	4	0	1	0	0	1	3	1	0	0
4	5	4	4	5	4	0	4	4	0	4	5	4	4	5	4	0	4	4	0	4	5	4	4	5	7	5	4	4
0	1	0	0	1	0	4	0	0	4	0	1	0	0	1	0	4	0	0	4	0	1	0	0	1	3	1	0	0
0	1	0	0	1	0	4	0	0	4	0	1	0	0	1	0	4	0	0	4	0	1	0	0	1	3	1	0	0
4	5	4	4	5	4	0	4	4	0	4	5	4	4	5	4	0	4	4	0	4	5	4	4	5	7	5	4	4
0	1	0	0	1	0	4	0	0	4	0	1	0	0	1	0	4	0	0	4	0	1	0	0	1	3	1	0	0
1	2	1	1	2	1	5	1	1	5	1	2	1	1	2	1	5	1	1	5	1	2	1	1	2	4	2	1	1
0	1	0	0	1	0	4	0	0	4	0	1	0	0	1	0	4	0	0	4	0	1	0	0	1	3	1	0	0
0	1	0	0	1	0	4	0	0	4	0	1	0	0	1	0	4	0	0	4	0	1	0	0	1	3	1	0	0
1	2	1	1	2	1	5	1	1	5	1	2	1	1	2	1	5	1	1	5	1	2	1	1	2	4	2	1	1
3	4	3	3	4	3	7	3	3	7	3	4	3	3	4	3	7	3	3	7	3	4	3	3	4	6	4	3	3
1	2	1	1	2	1	5	1	1	5	1	2	1	1	2	1	5	1	1	5	1	2	1	1	2	4	2	1	1
0	1	0	0	1	0	4	0	0	4	0	1	0	0	1	0	4	0	0	4	0	1	0	0	1	3	1	0	0
0	1	0	0	1	0	4	0	0	4	0	1	0	0	1	0	4	0	0	4	0	1	0	0	1	3	1	0	0

② 2단계

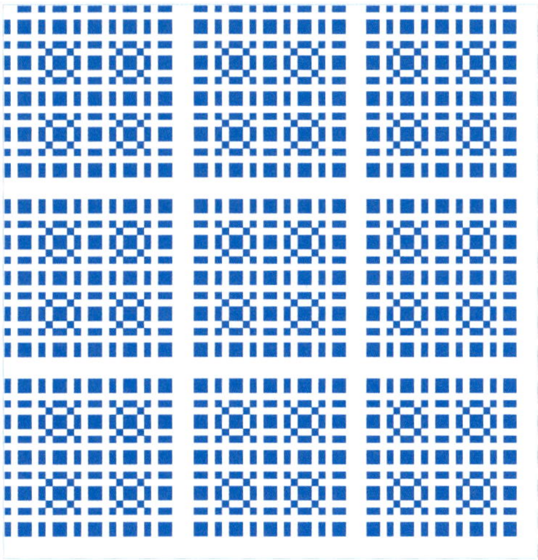

(13) 23행은 40012 10043 40012 10043 40010의 반복이다. 각 행은 04456···, 40012···, 51123···, 62234···, 73345··· 의 25주기 5개를 가진다.

① 1단계	② 2단계
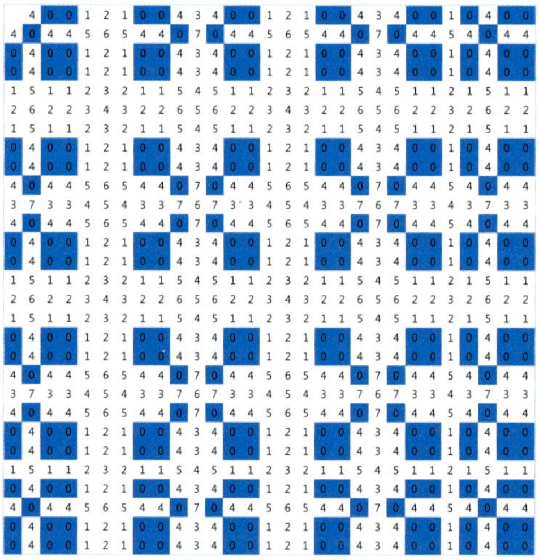	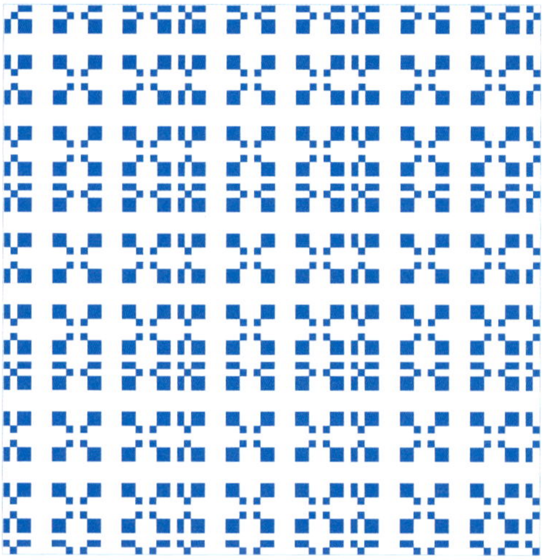

(14) 24행은 21120 34430 21120 34430 21123의 반복이다. 각 행은 43342···, 32231···, 54453···, 65564···, 21120··· 의 25주기 5개를 가진다.

① 1단계	② 2단계
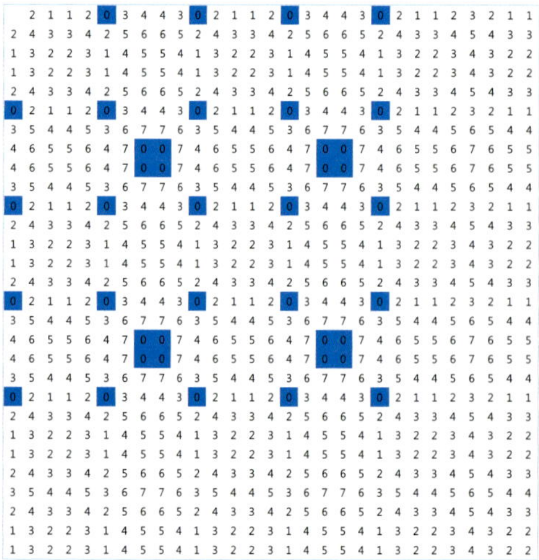	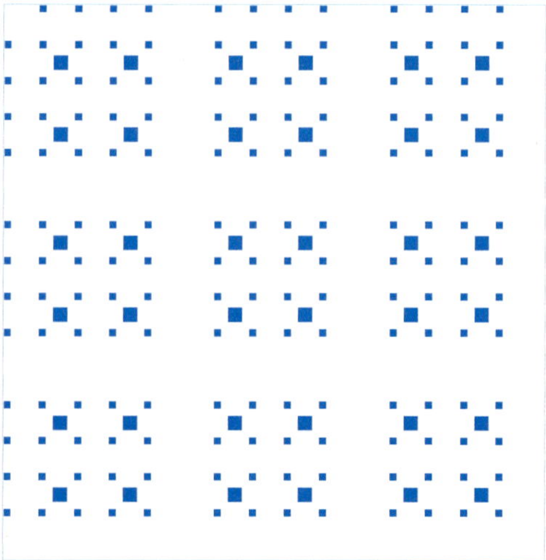

3 두 수의 뺄셈으로 만드는 디자인

4쪽, 5쪽에 있는 각 행에서 두 수의 뺄셈을 이용한 디자인이다.

(1) 1행은 31420 31420의 반복이 나타난다.

	A	B	C	D	E	F	G	H	I	J	K	L
1		1			0							
2		1	2	3	4	5	6	7	8	9	10	11
3	1		3	1	4	2	0	3	1	4	2	0
4	1	3	0	2	1	1	3	0	2	1	1	3
5	2	1	2	0	3	1	1	2	0	3	1	1
6	3	4	1	3	0	2	4	1	3	0	2	4
7	4	2	1	1	2	0	2	1	1	2	0	2
8	5	0	3	1	4	2	0	3	1	4	2	0
9	6	3	0	2	1	1	3	0	2	1	1	3

① 2행은 1, 2, 3 순서
② 3행 C열부터 31420을 반복
③ A열에도31420을 반복
④ C4셀은 '=ABS($B4-C$3)'을 입력
⑤ 나머지셀에 채움

1행은 31420의 반복이다. 02113, 20311, 13024, 11202, 31420의 반복이 나타난다. 자세히 보자. 계속해서 보자.

① 1단계

	3	1	4	2	0	3	1	4	2	0	3	1	4	2	0	3	1	4	2	0
3	0	2	1	1	3	0	2	1	1	3	0	2	1	1	3	0	2	1	1	3
1	2	0	3	1	1	2	0	3	1	1	2	0	3	1	1	2	0	3	1	1
4	1	3	0	2	4	1	3	0	2	4	1	3	0	2	4	1	3	0	2	4
2	1	1	2	0	2	1	1	2	0	2	1	1	2	0	2	1	1	2	0	2
0	3	1	4	2	0	3	1	4	2	0	3	1	4	2	0	3	1	4	2	0
3	0	2	1	1	3	0	2	1	1	3	0	2	1	1	3	0	2	1	1	3
1	2	0	3	1	1	2	0	3	1	1	2	0	3	1	1	2	0	3	1	1
4	1	3	0	2	4	1	3	0	2	4	1	3	0	2	4	1	3	0	2	4
2	1	1	2	0	2	1	1	2	0	2	1	1	2	0	2	1	1	2	0	2
0	3	1	4	2	0	3	1	4	2	0	3	1	4	2	0	3	1	4	2	0
3	0	2	1	1	3	0	2	1	1	3	0	2	1	1	3	0	2	1	1	3
1	2	0	3	1	1	2	0	3	1	1	2	0	3	1	1	2	0	3	1	1
4	1	3	0	2	4	1	3	0	2	4	1	3	0	2	4	1	3	0	2	4
2	1	1	2	0	2	1	1	2	0	2	1	1	2	0	2	1	1	2	0	2
0	3	1	4	2	0	3	1	4	2	0	3	1	4	2	0	3	1	4	2	0
3	0	2	1	1	3	0	2	1	1	3	0	2	1	1	3	0	2	1	1	3
1	2	0	3	1	1	2	0	3	1	1	2	0	3	1	1	2	0	3	1	1
4	1	3	0	2	4	1	3	0	2	4	1	3	0	2	4	1	3	0	2	4
2	1	1	2	0	2	1	1	2	0	2	1	1	2	0	2	1	1	2	0	2
0	3	1	4	2	0	3	1	4	2	0	3	1	4	2	0	3	1	4	2	0

② 2단계

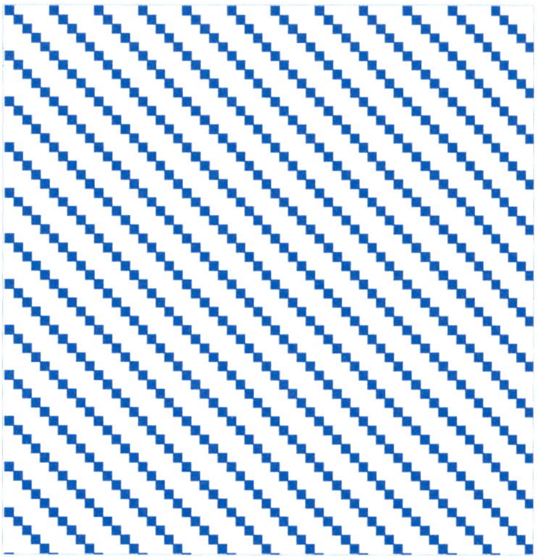

(2) 2행은 10013의 반복이다. 01102, 10013, 23320의 반복이 나타난다. 테셀레이션, 채움과 비움, 소유와 무소유, 무엇을 선택할 것인가.

① 1단계	② 2단계

	1	0	0	1	3	1	0	0	1	3	1	0	0	1	3	1	0	0	1	3
1	0	1	1	0	2	0	1	1	0	2	0	1	1	0	2	0	1	1	0	2
0	1	0	0	1	3	1	0	0	1	3	1	0	0	1	3	1	0	0	1	3
0	1	0	0	1	3	1	0	0	1	3	1	0	0	1	3	1	0	0	1	3
1	0	1	1	0	2	0	1	1	0	2	0	1	1	0	2	0	1	1	0	2
3	2	3	3	2	0	2	3	3	2	0	2	3	3	2	0	2	3	3	2	0
1	0	1	1	0	2	0	1	1	0	2	0	1	1	0	2	0	1	1	0	2
0	1	0	0	1	3	1	0	0	1	3	1	0	0	1	3	1	0	0	1	3
0	1	0	0	1	3	1	0	0	1	3	1	0	0	1	3	1	0	0	1	3
1	0	1	1	0	2	0	1	1	0	2	0	1	1	0	2	0	1	1	0	2
3	2	3	3	2	0	2	3	3	2	0	2	3	3	2	0	2	3	3	2	0
1	0	1	1	0	2	0	1	1	0	2	0	1	1	0	2	0	1	1	0	2
0	1	0	0	1	3	1	0	0	1	3	1	0	0	1	3	1	0	0	1	3
0	1	0	0	1	3	1	0	0	1	3	1	0	0	1	3	1	0	0	1	3
1	0	1	1	0	2	0	1	1	0	2	0	1	1	0	2	0	1	1	0	2
3	2	3	3	2	0	2	3	3	2	0	2	3	3	2	0	2	3	3	2	0
1	0	1	1	0	2	0	1	1	0	2	0	1	1	0	2	0	1	1	0	2
0	1	0	0	1	3	1	0	0	1	3	1	0	0	1	3	1	0	0	1	3
0	1	0	0	1	3	1	0	0	1	3	1	0	0	1	3	1	0	0	1	3
1	0	1	1	0	2	0	1	1	0	2	0	1	1	0	2	0	1	1	0	2
3	2	3	3	2	0	2	3	3	2	0	2	3	3	2	0	2	3	3	2	0

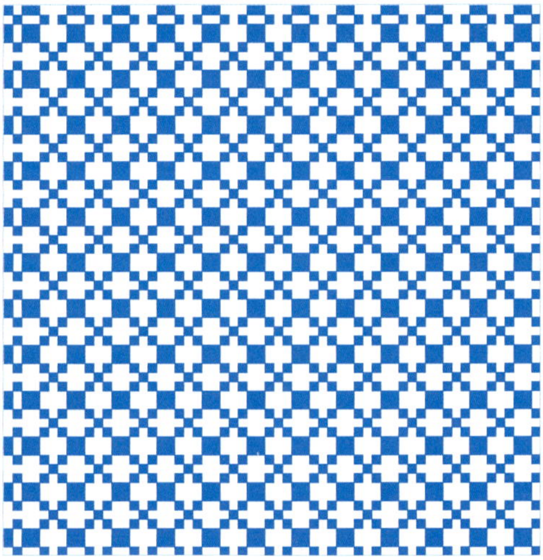

(3) 3행은 40010 반복이다. 04434, 40010, 31101의 반복이 나타난다. 비대칭이면서 대칭, 보이는 것과 느끼는 것은 다르다.

① 1단계	② 2단계

	4	0	0	1	0	4	0	0	1	0	4	0	0	1	0	4	0	0	1	0
4	0	4	4	3	4	0	4	4	3	4	0	4	4	3	4	0	4	4	3	4
0	4	0	0	1	0	4	0	0	1	0	4	0	0	1	0	4	0	0	1	0
0	4	0	0	1	0	4	0	0	1	0	4	0	0	1	0	4	0	0	1	0
1	3	1	1	0	1	3	1	1	0	1	3	1	1	0	1	3	1	1	0	1
0	4	0	0	1	0	4	0	0	1	0	4	0	0	1	0	4	0	0	1	0
4	0	4	4	3	4	0	4	4	3	4	0	4	4	3	4	0	4	4	3	4
0	4	0	0	1	0	4	0	0	1	0	4	0	0	1	0	4	0	0	1	0
0	4	0	0	1	0	4	0	0	1	0	4	0	0	1	0	4	0	0	1	0
1	3	1	1	0	1	3	1	1	0	1	3	1	1	0	1	3	1	1	0	1
0	4	0	0	1	0	4	0	0	1	0	4	0	0	1	0	4	0	0	1	0
4	0	4	4	3	4	0	4	4	3	4	0	4	4	3	4	0	4	4	3	4
0	4	0	0	1	0	4	0	0	1	0	4	0	0	1	0	4	0	0	1	0
0	4	0	0	1	0	4	0	0	1	0	4	0	0	1	0	4	0	0	1	0
1	3	1	1	0	1	3	1	1	0	1	3	1	1	0	1	3	1	1	0	1
0	4	0	0	1	0	4	0	0	1	0	4	0	0	1	0	4	0	0	1	0
4	0	4	4	3	4	0	4	4	3	4	0	4	4	3	4	0	4	4	3	4
0	4	0	0	1	0	4	0	0	1	0	4	0	0	1	0	4	0	0	1	0
0	4	0	0	1	0	4	0	0	1	0	4	0	0	1	0	4	0	0	1	0
1	3	1	1	0	1	3	1	1	0	1	3	1	1	0	1	3	1	1	0	1
0	4	0	0	1	0	4	0	0	1	0	4	0	0	1	0	4	0	0	1	0

(4) 4행은 21123 반복이다. 01101, 10012, 01110의 반복이 나타난다. 채워진 것, 비워 있는 것, 가진게 많으면 버릴 것도 많다.

① 1단계	② 2단계

	2	1	1	2	3	2	1	1	2	3	2	1	1	2	3	2	1	1	2	3
2	0	1	1	0	1	0	1	1	0	1	0	1	1	0	1	0	1	1	0	1
1	1	0	0	1	2	1	0	0	1	2	1	0	0	1	2	1	0	0	1	2
1	1	0	0	1	2	1	0	0	1	2	1	0	0	1	2	1	0	0	1	2
2	0	1	1	0	1	0	1	1	0	1	0	1	1	0	1	0	1	1	0	1
3	1	2	2	1	0	1	2	2	1	0	1	2	2	1	0	1	2	2	1	0
2	0	1	1	0	1	0	1	1	0	1	0	1	1	0	1	0	1	1	0	1
1	1	0	0	1	2	1	0	0	1	2	1	0	0	1	2	1	0	0	1	2
1	1	0	0	1	2	1	0	0	1	2	1	0	0	1	2	1	0	0	1	2
2	0	1	1	0	1	0	1	1	0	1	0	1	1	0	1	0	1	1	0	1
3	1	2	2	1	0	1	2	2	1	0	1	2	2	1	0	1	2	2	1	0
2	0	1	1	0	1	0	1	1	0	1	0	1	1	0	1	0	1	1	0	1
1	1	0	0	1	2	1	0	0	1	2	1	0	0	1	2	1	0	0	1	2
1	1	0	0	1	2	1	0	0	1	2	1	0	0	1	2	1	0	0	1	2
2	0	1	1	0	1	0	1	1	0	1	0	1	1	0	1	0	1	1	0	1
3	1	2	2	1	0	1	2	2	1	0	1	2	2	1	0	1	2	2	1	0
2	0	1	1	0	1	0	1	1	0	1	0	1	1	0	1	0	1	1	0	1
1	1	0	0	1	2	1	0	0	1	2	1	0	0	1	2	1	0	0	1	2
1	1	0	0	1	2	1	0	0	1	2	1	0	0	1	2	1	0	0	1	2
2	0	1	1	0	1	0	1	1	0	1	0	1	1	0	1	0	1	1	0	1
3	1	2	2	1	0	1	2	2	1	0	1	2	2	1	0	1	2	2	1	0

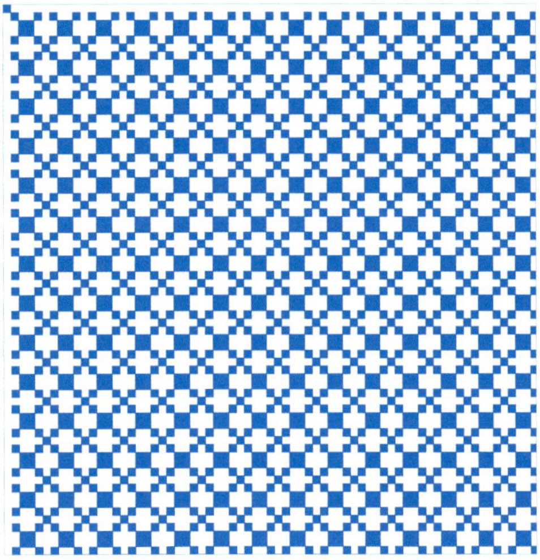

(5) 5행은 03033 31311 14144 42422 20200 반복이다. 새우가 일렬로 춤을 춘다. 춤은 생명에게 행복이다. 새우만큼 행복할까.

① 1단계	② 2단계

		1	2	3	4	5	6	7	8	9	10	11	12	13	14	15	16	17	18	19	20	21	22	23	24	25
		0	3	0	3	3	3	1	3	1	1	1	4	1	4	4	4	2	4	2	2	2	0	2	0	0
1	0	0	3	0	3	3	3	1	3	1	1	1	4	1	4	4	4	2	4	2	2	2	0	2	0	0
2	3	3	0	3	0	0	0	2	0	2	2	2	1	2	1	1	1	1	1	1	1	1	3	1	3	3
3	0	0	3	0	3	3	3	1	3	1	1	1	4	1	4	4	4	2	4	2	2	2	0	2	0	0
4	3	3	0	3	0	0	0	2	0	2	2	2	1	2	1	1	1	1	1	1	1	1	3	1	3	3
5	3	3	0	3	0	0	0	2	0	2	2	2	1	2	1	1	1	1	1	1	1	1	3	1	3	3
6	3	3	0	3	0	0	0	2	0	2	2	2	1	2	1	1	1	1	1	1	1	1	3	1	3	3
7	1	1	2	1	2	2	2	0	2	0	0	0	3	0	3	3	3	1	3	1	1	1	1	1	1	1
8	3	3	0	3	0	0	0	2	0	2	2	2	1	2	1	1	1	1	1	1	1	1	3	1	3	3
9	1	1	2	1	2	2	2	0	2	0	0	0	3	0	3	3	3	1	3	1	1	1	1	1	1	1
10	1	1	2	1	2	2	2	0	2	0	0	0	3	0	3	3	3	1	3	1	1	1	1	1	1	1
11	1	1	2	1	2	2	2	0	2	0	0	0	3	0	3	3	3	1	3	1	1	1	1	1	1	1
12	4	4	1	4	1	1	1	3	1	3	3	3	0	3	0	0	0	2	0	2	2	2	4	2	4	4
13	1	1	2	1	2	2	2	0	2	0	0	0	3	0	3	3	3	1	3	1	1	1	1	1	1	1
14	4	4	1	4	1	1	1	3	1	3	3	3	0	3	0	0	0	2	0	2	2	2	4	2	4	4
15	4	4	1	4	1	1	1	3	1	3	3	3	0	3	0	0	0	2	0	2	2	2	4	2	4	4
16	4	4	1	4	1	1	1	3	1	3	3	3	0	3	0	0	0	2	0	2	2	2	4	2	4	4
17	2	2	1	2	1	1	1	1	1	1	1	1	2	1	2	2	2	0	2	0	0	0	2	0	2	2
18	4	4	1	4	1	1	1	3	1	3	3	3	0	3	0	0	0	2	0	2	2	2	4	2	4	4
19	2	2	1	2	1	1	1	1	1	1	1	1	2	1	2	2	2	0	2	0	0	0	2	0	2	2
20	2	2	1	2	1	1	1	1	1	1	1	1	2	1	2	2	2	0	2	0	0	0	2	0	2	2
21	2	2	1	2	1	1	1	1	1	1	1	1	2	1	2	2	2	0	2	0	0	0	2	0	2	2
22	0	0	3	0	3	3	3	1	3	1	1	1	4	1	4	4	4	2	4	2	2	2	0	2	0	0
23	2	2	1	2	1	1	1	1	1	1	1	1	2	1	2	2	2	0	2	0	0	0	2	0	2	2
24	0	0	3	0	3	3	3	1	3	1	1	1	4	1	4	4	4	2	4	2	2	2	0	2	0	0
25	0	0	3	0	3	3	3	1	3	1	1	1	4	1	4	4	4	2	4	2	2	2	0	2	0	0

(6) 6행은 31423 43213 00003 12343 24133의 반복이다. 손수건을 디자인 하고 싶다. 이별은 언제나 있다. 새로운 만남을 위해선 겪어야 할 과정이다.

① 1단계

		1	2	3	4	5	6	7	8	9	10	11	12	13	14	15	16	17	18	19	20	21	22	23	24	25
		3	1	4	2	3	4	3	2	1	3	0	0	0	0	3	1	2	3	4	3	2	4	1	3	3
1	3	0	2	1	1	0	1	0	1	2	0	3	3	3	3	0	2	1	0	1	0	1	1	2	0	0
2	1	2	0	3	1	2	3	2	1	0	2	1	1	1	1	2	0	1	2	3	2	1	3	0	2	2
3	4	1	3	0	2	1	0	1	2	3	1	4	4	4	4	1	3	2	1	0	1	2	0	3	1	1
4	2	1	1	2	0	1	2	1	0	1	1	2	2	2	2	1	1	0	1	2	1	0	2	1	1	1
5	3	0	2	1	1	0	1	0	1	2	0	3	3	3	3	0	2	1	0	1	0	1	1	2	0	0
6	4	1	3	0	2	1	0	1	2	3	1	4	4	4	4	1	3	2	1	0	1	2	0	3	1	1
7	3	0	2	1	1	0	1	0	1	2	0	3	3	3	3	0	2	1	0	1	0	1	1	2	0	0
8	2	1	1	2	0	1	2	1	0	1	1	2	2	2	2	1	1	0	1	2	1	0	2	1	1	1
9	1	2	0	3	1	2	3	2	1	0	2	1	1	1	1	2	0	1	2	3	2	1	3	0	2	2
10	3	0	2	1	1	0	1	0	1	2	0	3	3	3	3	0	2	1	0	1	0	1	1	2	0	0
11	0	3	1	4	2	3	4	3	2	1	3	0	0	0	0	3	1	2	3	4	3	2	4	1	3	3
12	0	3	1	4	2	3	4	3	2	1	3	0	0	0	0	3	1	2	3	4	3	2	4	1	3	3
13	0	3	1	4	2	3	4	3	2	1	3	0	0	0	0	3	1	2	3	4	3	2	4	1	3	3
14	0	3	1	4	2	3	4	3	2	1	3	0	0	0	0	3	1	2	3	4	3	2	4	1	3	3
15	3	0	2	1	1	0	1	0	1	2	0	3	3	3	3	0	2	1	0	1	0	1	1	2	0	0
16	1	2	0	3	1	2	3	2	1	0	2	1	1	1	1	2	0	1	2	3	2	1	3	0	2	2
17	2	1	1	2	0	1	2	1	0	1	1	2	2	2	2	1	1	0	1	2	1	0	2	1	1	1
18	3	0	2	1	1	0	1	0	1	2	0	3	3	3	3	0	2	1	0	1	0	1	1	2	0	0
19	4	1	3	0	2	1	0	1	2	3	1	4	4	4	4	1	3	2	1	0	1	2	0	3	1	1
20	3	0	2	1	1	0	1	0	1	2	0	3	3	3	3	0	2	1	0	1	0	1	1	2	0	0
21	2	1	1	2	0	1	2	1	0	1	1	2	2	2	2	1	1	0	1	2	1	0	2	1	1	1
22	4	1	3	0	2	1	0	1	2	3	1	4	4	4	4	1	3	2	1	0	1	2	0	3	1	1
23	1	2	0	3	1	2	3	2	1	0	2	1	1	1	1	2	0	1	2	3	2	1	3	0	2	2
24	3	0	2	1	1	0	1	0	1	2	0	3	3	3	3	0	2	1	0	1	0	1	1	2	0	0
25	3	0	2	1	1	0	1	0	1	2	0	3	3	3	3	0	2	1	0	1	0	1	1	2	0	0

② 2단계

(7) 7행은 10011 30032 00003 20024 40040의 반복이다. 연어가 물살을 거슬러 올라간다. 역경은 견딜만하다.

① 1단계

		1	2	3	4	5	6	7	8	9	10	11	12	13	14	15	16	17	18	19	20	21	22	23	24	25
		1	0	0	1	1	3	0	0	3	2	0	0	0	0	3	2	0	0	2	4	4	0	0	4	0
1	1	0	1	1	0	0	2	1	1	2	1	1	1	1	1	2	1	1	1	1	3	3	1	1	3	1
2	0	1	0	0	1	1	3	0	0	3	2	0	0	0	0	3	2	0	0	2	4	4	0	0	4	0
3	0	1	0	0	1	1	3	0	0	3	2	0	0	0	0	3	2	0	0	2	4	4	0	0	4	0
4	1	0	1	1	0	0	2	1	1	2	1	1	1	1	1	2	1	1	1	1	3	3	1	1	3	1
5	1	0	1	1	0	0	2	1	1	2	1	1	1	1	1	2	1	1	1	1	3	3	1	1	3	1
6	3	2	3	3	2	2	0	3	3	0	1	3	3	3	3	0	1	3	3	1	1	1	3	3	1	3
7	0	1	0	0	1	1	3	0	0	3	2	0	0	0	0	3	2	0	0	2	4	4	0	0	4	0
8	0	1	0	0	1	1	3	0	0	3	2	0	0	0	0	3	2	0	0	2	4	4	0	0	4	0
9	3	2	3	3	2	2	0	3	3	0	1	3	3	3	3	0	1	3	3	1	1	1	3	3	1	3
10	2	1	2	2	1	1	1	2	2	1	0	2	2	2	2	1	0	2	2	0	2	2	2	2	2	2
11	0	1	0	0	1	1	3	0	0	3	2	0	0	0	0	3	2	0	0	2	4	4	0	0	4	0
12	0	1	0	0	1	1	3	0	0	3	2	0	0	0	0	3	2	0	0	2	4	4	0	0	4	0
13	0	1	0	0	1	1	3	0	0	3	2	0	0	0	0	3	2	0	0	2	4	4	0	0	4	0
14	0	1	0	0	1	1	3	0	0	3	2	0	0	0	0	3	2	0	0	2	4	4	0	0	4	0
15	3	2	3	3	2	2	0	3	3	0	1	3	3	3	3	0	1	3	3	1	1	1	3	3	1	3
16	2	1	2	2	1	1	1	2	2	1	0	2	2	2	2	1	0	2	2	0	2	2	2	2	2	2
17	0	1	0	0	1	1	3	0	0	3	2	0	0	0	0	3	2	0	0	2	4	4	0	0	4	0
18	0	1	0	0	1	1	3	0	0	3	2	0	0	0	0	3	2	0	0	2	4	4	0	0	4	0
19	2	1	2	2	1	1	1	2	2	1	0	2	2	2	2	1	0	2	2	0	2	2	2	2	2	2
20	4	3	4	4	3	3	1	4	4	1	2	4	4	4	4	1	2	4	4	2	0	0	4	4	0	4
21	4	3	4	4	3	3	1	4	4	1	2	4	4	4	4	1	2	4	4	2	0	0	4	4	0	4
22	0	1	0	0	1	1	3	0	0	3	2	0	0	0	0	3	2	0	0	2	4	4	0	0	4	0
23	0	1	0	0	1	1	3	0	0	3	2	0	0	0	0	3	2	0	0	2	4	4	0	0	4	0
24	4	3	4	4	3	3	1	4	4	1	2	4	4	4	4	1	2	4	4	2	0	0	4	4	0	4
25	0	1	0	0	1	1	3	0	0	3	2	0	0	0	0	3	2	0	0	2	4	4	0	0	4	0

② 2단계

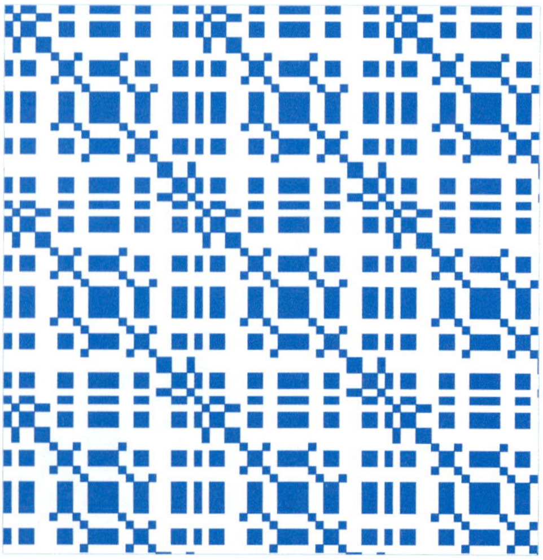

(8) 8행은 40013 20033 00003 30023 10043의 반복이다. 유리창가에 어른거린다. 과거의 기억들이, 아픔이 힘이다.

① 1단계

		1	2	3	4	5	6	7	8	9	10	11	12	13	14	15	16	17	18	19	20	21	22	23	24	25
		4	0	0	1	3	2	0	0	3	3	0	0	0	0	3	3	0	0	2	3	1	0	0	4	3
1	4	0	4	4	3	1	2	4	4	1	1	4	4	4	4	1	1	4	4	2	1	3	4	4	0	1
2	0	4	0	0	1	3	2	0	0	3	3	0	0	0	0	3	3	0	0	2	3	1	0	0	4	3
3	0	4	0	0	1	3	2	0	0	3	3	0	0	0	0	3	3	0	0	2	3	1	0	0	4	3
4	1	3	1	1	0	2	1	1	1	2	2	1	1	1	1	2	2	1	1	1	2	0	1	1	3	2
5	3	1	3	3	2	0	1	3	3	0	0	3	3	3	3	0	0	3	3	1	0	2	3	3	1	0
6	2	2	2	2	1	1	0	2	2	1	1	2	2	2	2	1	1	2	2	0	1	1	2	2	2	1
7	0	4	0	0	1	3	2	0	0	3	3	0	0	0	0	3	3	0	0	2	3	1	0	0	4	3
8	0	4	0	0	1	3	2	0	0	3	3	0	0	0	0	3	3	0	0	2	3	1	0	0	4	3
9	3	1	3	3	2	0	1	3	3	0	0	3	3	3	3	0	0	3	3	1	0	2	3	3	1	0
10	3	1	3	3	2	0	1	3	3	0	0	3	3	3	3	0	0	3	3	1	0	2	3	3	1	0
11	0	4	0	0	1	3	2	0	0	3	3	0	0	0	0	3	3	0	0	2	3	1	0	0	4	3
12	0	4	0	0	1	3	2	0	0	3	3	0	0	0	0	3	3	0	0	2	3	1	0	0	4	3
13	0	4	0	0	1	3	2	0	0	3	3	0	0	0	0	3	3	0	0	2	3	1	0	0	4	3
14	0	4	0	0	1	3	2	0	0	3	3	0	0	0	0	3	3	0	0	2	3	1	0	0	4	3
15	3	1	3	3	2	0	1	3	3	0	0	3	3	3	3	0	0	3	3	1	0	2	3	3	1	0
16	3	1	3	3	2	0	1	3	3	0	0	3	3	3	3	0	0	3	3	1	0	2	3	3	1	0
17	0	4	0	0	1	3	2	0	0	3	3	0	0	0	0	3	3	0	0	2	3	1	0	0	4	3
18	0	4	0	0	1	3	2	0	0	3	3	0	0	0	0	3	3	0	0	2	3	1	0	0	4	3
19	2	2	2	2	1	1	0	2	2	1	1	2	2	2	2	1	1	2	2	0	1	1	2	2	2	1
20	3	1	3	3	2	0	1	3	3	0	0	3	3	3	3	0	0	3	3	1	0	2	3	3	1	0
21	1	3	1	1	0	2	1	1	1	2	2	1	1	1	1	2	2	1	1	1	2	0	1	1	3	2
22	0	4	0	0	1	3	2	0	0	3	3	0	0	0	0	3	3	0	0	2	3	1	0	0	4	3
23	0	4	0	0	1	3	2	0	0	3	3	0	0	0	0	3	3	0	0	2	3	1	0	0	4	3
24	4	0	4	4	3	1	2	4	4	1	1	4	4	4	4	1	1	4	4	2	1	3	4	4	0	1
25	3	1	3	3	2	0	1	3	3	0	0	3	3	3	3	0	0	3	3	1	0	2	3	3	1	0

② 2단계

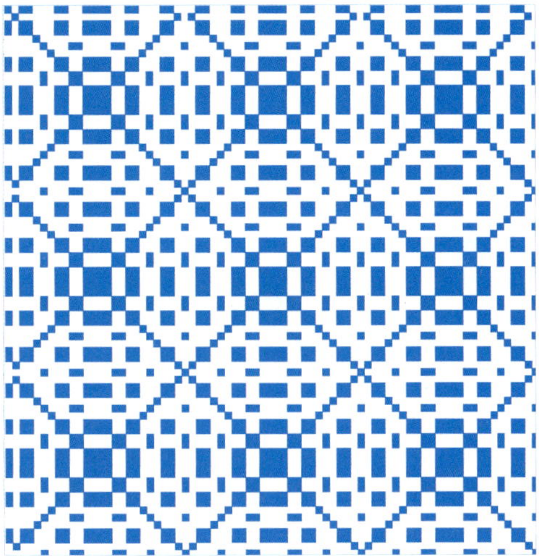

(9) 9행은 21121 13312 00003 42244 34430의 반복이다. 십자군의 행렬. 무엇을 위한 전쟁이었나. 새로운 세상의 시작. 무참한 피의 가치를 느낀다.

① 1단계

		1	2	3	4	5	6	7	8	9	10	11	12	13	14	15	16	17	18	19	20	21	22	23	24	25
		2	1	1	2	1	1	3	3	1	2	0	0	0	0	3	4	2	2	4	4	3	4	4	3	0
1	2	0	1	1	0	1	1	1	1	1	0	2	2	2	2	1	2	0	0	2	2	1	2	2	1	2
2	1	1	0	0	1	0	0	2	2	0	1	1	1	1	1	2	3	1	1	3	3	2	3	3	2	1
3	1	1	0	0	1	0	0	2	2	0	1	1	1	1	1	2	3	1	1	3	3	2	3	3	2	1
4	2	0	1	1	0	1	1	1	1	1	0	2	2	2	2	1	2	0	0	2	2	1	2	2	1	2
5	1	1	0	0	1	0	0	2	2	0	1	1	1	1	1	2	3	1	1	3	3	2	3	3	2	1
6	1	1	0	0	1	0	0	2	2	0	1	1	1	1	1	2	3	1	1	3	3	2	3	3	2	1
7	3	1	2	2	1	2	2	0	0	2	1	3	3	3	3	0	1	1	1	1	1	0	1	1	0	3
8	3	1	2	2	1	2	2	0	0	2	1	3	3	3	3	0	1	1	1	1	1	0	1	1	0	3
9	1	1	0	0	1	0	0	2	2	0	1	1	1	1	1	2	3	1	1	3	3	2	3	3	2	1
10	2	0	1	1	0	1	1	1	1	1	0	2	2	2	2	1	2	0	0	2	2	1	2	2	1	2
11	0	2	1	1	2	1	1	3	3	1	2	0	0	0	0	3	4	2	2	4	4	3	4	4	3	0
12	0	2	1	1	2	1	1	3	3	1	2	0	0	0	0	3	4	2	2	4	4	3	4	4	3	0
13	0	2	1	1	2	1	1	3	3	1	2	0	0	0	0	3	4	2	2	4	4	3	4	4	3	0
14	0	2	1	1	2	1	1	3	3	1	2	0	0	0	0	3	4	2	2	4	4	3	4	4	3	0
15	3	1	2	2	1	2	2	0	0	2	1	3	3	3	3	0	1	1	1	1	1	0	1	1	0	3
16	4	2	3	3	2	3	3	1	1	3	2	4	4	4	4	1	0	2	2	0	0	1	0	0	1	4
17	2	0	1	1	0	1	1	1	1	1	0	2	2	2	2	1	2	0	0	2	2	1	2	2	1	2
18	2	0	1	1	0	1	1	1	1	1	0	2	2	2	2	1	2	0	0	2	2	1	2	2	1	2
19	4	2	3	3	2	3	3	1	1	3	2	4	4	4	4	1	0	2	2	0	0	1	0	0	1	4
20	4	2	3	3	2	3	3	1	1	3	2	4	4	4	4	1	0	2	2	0	0	1	0	0	1	4
21	3	1	2	2	1	2	2	0	0	2	1	3	3	3	3	0	1	1	1	1	1	0	1	1	0	3
22	4	2	3	3	2	3	3	1	1	3	2	4	4	4	4	1	0	2	2	0	0	1	0	0	1	4
23	4	2	3	3	2	3	3	1	1	3	2	4	4	4	4	1	0	2	2	0	0	1	0	0	1	4
24	3	1	2	2	1	2	2	0	0	2	1	3	3	3	3	0	1	1	1	1	1	0	1	1	0	3
25	0	2	1	1	2	1	1	3	3	1	2	0	0	0	0	3	4	2	2	4	4	3	4	4	3	0

② 2단계

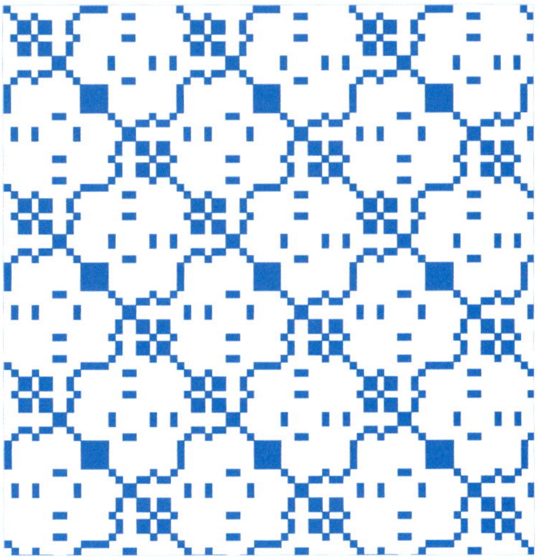

(10) 10행은 03031 32320 22220 23231 30303의 반복이다. 튼튼한 방패. 나는 나를 방어한다. 항상 이길 수 있는 것은 아니다.

① 1단계

		1	2	3	4	5	6	7	8	9	10	11	12	13	14	15	16	17	18	19	20	21	22	23	24	25
		0	3	0	3	1	3	2	3	2	0	2	2	2	2	0	2	3	2	3	1	3	0	3	0	3
1	0	0	3	0	3	1	3	2	3	2	0	2	2	2	2	0	2	3	2	3	1	3	0	3	0	3
2	3	3	0	3	0	2	0	1	0	1	3	1	1	1	1	3	1	0	1	0	2	0	3	0	3	0
3	0	0	3	0	3	1	3	2	3	2	0	2	2	2	2	0	2	3	2	3	1	3	0	3	0	3
4	3	3	0	3	0	2	0	1	0	1	3	1	1	1	1	3	1	0	1	0	2	0	3	0	3	0
5	1	1	2	1	2	0	2	1	2	1	1	1	1	1	1	1	1	2	1	2	0	2	1	2	1	2
6	3	3	0	3	0	2	0	1	0	1	3	1	1	1	1	3	1	0	1	0	2	0	3	0	3	0
7	2	2	1	2	1	1	1	0	1	0	2	0	0	0	0	2	0	1	0	1	1	1	2	1	2	1
8	3	3	0	3	0	2	0	1	0	1	3	1	1	1	1	3	1	0	1	0	2	0	3	0	3	0
9	2	2	1	2	1	1	1	0	1	0	2	0	0	0	0	2	0	1	0	1	1	1	2	1	2	1
10	0	0	3	0	3	1	3	2	3	2	0	2	2	2	2	0	2	3	2	3	1	3	0	3	0	3
11	2	2	1	2	1	1	1	0	1	0	2	0	0	0	0	2	0	1	0	1	1	1	2	1	2	1
12	2	2	1	2	1	1	1	0	1	0	2	0	0	0	0	2	0	1	0	1	1	1	2	1	2	1
13	2	2	1	2	1	1	1	0	1	0	2	0	0	0	0	2	0	1	0	1	1	1	2	1	2	1
14	2	2	1	2	1	1	1	0	1	0	2	0	0	0	0	2	0	1	0	1	1	1	2	1	2	1
15	0	0	3	0	3	1	3	2	3	2	0	2	2	2	2	0	2	3	2	3	1	3	0	3	0	3
16	2	2	1	2	1	1	1	0	1	0	2	0	0	0	0	2	0	1	0	1	1	1	2	1	2	1
17	3	3	0	3	0	2	0	1	0	1	3	1	1	1	1	3	1	0	1	0	2	0	3	0	3	0
18	2	2	1	2	1	1	1	0	1	0	2	0	0	0	0	2	0	1	0	1	1	1	2	1	2	1
19	3	3	0	3	0	2	0	1	0	1	3	1	1	1	1	3	1	0	1	0	2	0	3	0	3	0
20	1	1	2	1	2	0	2	1	2	1	1	1	1	1	1	1	1	2	1	2	0	2	1	2	1	2
21	3	3	0	3	0	2	0	1	0	1	3	1	1	1	1	3	1	0	1	0	2	0	3	0	3	0
22	0	0	3	0	3	1	3	2	3	2	0	2	2	2	2	0	2	3	2	3	1	3	0	3	0	3
23	3	3	0	3	0	2	0	1	0	1	3	1	1	1	1	3	1	0	1	0	2	0	3	0	3	0
24	0	0	3	0	3	1	3	2	3	2	0	2	2	2	2	0	2	3	2	3	1	3	0	3	0	3
25	3	3	0	3	0	2	0	1	0	1	3	1	1	1	1	3	1	0	1	0	2	0	3	0	3	0

② 2단계

(11) 11행은 31421 00002 43213 00004 31420의 반복이다. 계획된 도시를 하늘에서 본다. 위치에 따라 보이는 것은 다르다.

① 1단계

		1	2	3	4	5	6	7	8	9	10	11	12	13	14	15	16	17	18	19	20	21	22	23	24	25
		3	1	4	2	1	0	0	0	0	2	4	3	2	1	3	0	0	0	0	4	3	1	4	2	0
1	3	0	2	1	1	2	3	3	3	3	1	1	0	1	2	0	3	3	3	3	1	0	2	1	1	3
2	1	2	0	3	1	0	1	1	1	1	1	3	2	1	0	2	1	1	1	1	3	2	0	3	1	1
3	4	1	3	0	2	3	4	4	4	4	2	0	1	2	3	1	4	4	4	4	0	1	3	0	2	4
4	2	1	1	2	0	1	2	2	2	2	0	2	1	0	1	1	2	2	2	2	2	1	1	2	0	2
5	1	2	0	3	1	0	1	1	1	1	1	3	2	1	0	2	1	1	1	1	3	2	0	3	1	1
6	0	3	1	4	2	1	0	0	0	0	2	4	3	2	1	3	0	0	0	0	4	3	1	4	2	0
7	0	3	1	4	2	1	0	0	0	0	2	4	3	2	1	3	0	0	0	0	4	3	1	4	2	0
8	0	3	1	4	2	1	0	0	0	0	2	4	3	2	1	3	0	0	0	0	4	3	1	4	2	0
9	0	3	1	4	2	1	0	0	0	0	2	4	3	2	1	3	0	0	0	0	4	3	1	4	2	0
10	2	1	1	2	0	1	2	2	2	2	0	2	1	0	1	1	2	2	2	2	2	1	1	2	0	2
11	4	1	3	0	2	3	4	4	4	4	2	0	1	2	3	1	4	4	4	4	0	1	3	0	2	4
12	3	0	2	1	1	2	3	3	3	3	1	1	0	1	2	0	3	3	3	3	1	0	2	1	1	3
13	2	1	1	2	0	1	2	2	2	2	0	2	1	0	1	1	2	2	2	2	2	1	1	2	0	2
14	1	2	0	3	1	0	1	1	1	1	1	3	2	1	0	2	1	1	1	1	3	2	0	3	1	1
15	3	0	2	1	1	2	3	3	3	3	1	1	0	1	2	0	3	3	3	3	1	0	2	1	1	3
16	0	3	1	4	2	1	0	0	0	0	2	4	3	2	1	3	0	0	0	0	4	3	1	4	2	0
17	0	3	1	4	2	1	0	0	0	0	2	4	3	2	1	3	0	0	0	0	4	3	1	4	2	0
18	0	3	1	4	2	1	0	0	0	0	2	4	3	2	1	3	0	0	0	0	4	3	1	4	2	0
19	0	3	1	4	2	1	0	0	0	0	2	4	3	2	1	3	0	0	0	0	4	3	1	4	2	0
20	4	1	3	0	2	3	4	4	4	4	2	0	1	2	3	1	4	4	4	4	0	1	3	0	2	4
21	3	0	2	1	1	2	3	3	3	3	1	1	0	1	2	0	3	3	3	3	1	0	2	1	1	3
22	1	2	0	3	1	0	1	1	1	1	1	3	2	1	0	2	1	1	1	1	3	2	0	3	1	1
23	4	1	3	0	2	3	4	4	4	4	2	0	1	2	3	1	4	4	4	4	0	1	3	0	2	4
24	2	1	1	2	0	1	2	2	2	2	0	2	1	0	1	1	2	2	2	2	2	1	1	2	0	2
25	0	3	1	4	2	1	0	0	0	0	2	4	3	2	1	3	0	0	0	0	4	3	1	4	2	0

② 2단계

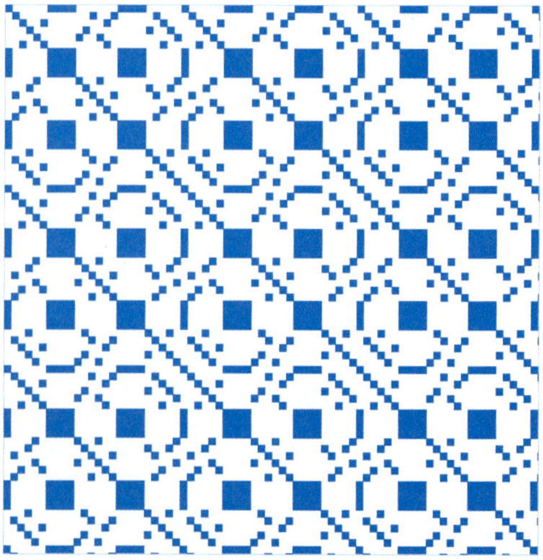

(12) 12행은 10014 00002 30032 00004 10013의 반복이다. 가로, 세로, 대각선의 만남. 어찌하였던 만남은 좋다. 이별도 좋다.

① 1단계

		1	2	3	4	5	6	7	8	9	10	11	12	13	14	15	16	17	18	19	20	21	22	23	24	25
		1	0	0	1	4	0	0	0	0	2	3	0	0	3	2	0	0	0	0	4	1	0	0	1	3
1	1	0	1	1	0	3	1	1	1	1	1	2	1	1	2	1	1	1	1	1	3	0	1	1	0	2
2	0	1	0	0	1	4	0	0	0	0	2	3	0	0	3	2	0	0	0	0	4	1	0	0	1	3
3	0	1	0	0	1	4	0	0	0	0	2	3	0	0	3	2	0	0	0	0	4	1	0	0	1	3
4	1	0	1	1	0	3	1	1	1	1	1	2	1	1	2	1	1	1	1	1	3	0	1	1	0	2
5	4	3	4	4	3	0	4	4	4	4	2	1	4	4	1	2	4	4	4	4	0	3	4	4	3	1
6	0	1	0	0	1	4	0	0	0	0	2	3	0	0	3	2	0	0	0	0	4	1	0	0	1	3
7	0	1	0	0	1	4	0	0	0	0	2	3	0	0	3	2	0	0	0	0	4	1	0	0	1	3
8	0	1	0	0	1	4	0	0	0	0	2	3	0	0	3	2	0	0	0	0	4	1	0	0	1	3
9	0	1	0	0	1	4	0	0	0	0	2	3	0	0	3	2	0	0	0	0	4	1	0	0	1	3
10	2	1	2	2	1	2	2	2	2	2	0	1	2	2	1	0	2	2	2	2	2	1	2	2	1	1
11	3	2	3	3	2	1	3	3	3	3	1	0	3	3	0	1	3	3	3	3	1	2	3	3	2	0
12	0	1	0	0	1	4	0	0	0	0	2	3	0	0	3	2	0	0	0	0	4	1	0	0	1	3
13	0	1	0	0	1	4	0	0	0	0	2	3	0	0	3	2	0	0	0	0	4	1	0	0	1	3
14	3	2	3	3	2	1	3	3	3	3	1	0	3	3	0	1	3	3	3	3	1	2	3	3	2	0
15	2	1	2	2	1	2	2	2	2	2	0	1	2	2	1	0	2	2	2	2	2	1	2	2	1	1
16	0	1	0	0	1	4	0	0	0	0	2	3	0	0	3	2	0	0	0	0	4	1	0	0	1	3
17	0	1	0	0	1	4	0	0	0	0	2	3	0	0	3	2	0	0	0	0	4	1	0	0	1	3
18	0	1	0	0	1	4	0	0	0	0	2	3	0	0	3	2	0	0	0	0	4	1	0	0	1	3
19	0	1	0	0	1	4	0	0	0	0	2	3	0	0	3	2	0	0	0	0	4	1	0	0	1	3
20	4	3	4	4	3	0	4	4	4	4	2	1	4	4	1	2	4	4	4	4	0	3	4	4	3	1
21	1	0	1	1	0	3	1	1	1	1	1	2	1	1	2	1	1	1	1	1	3	0	1	1	0	2
22	0	1	0	0	1	4	0	0	0	0	2	3	0	0	3	2	0	0	0	0	4	1	0	0	1	3
23	0	1	0	0	1	4	0	0	0	0	2	3	0	0	3	2	0	0	0	0	4	1	0	0	1	3
24	1	0	1	1	0	3	1	1	1	1	1	2	1	1	2	1	1	1	1	1	3	0	1	1	0	2
25	3	2	3	3	2	1	3	3	3	3	1	0	3	3	0	1	3	3	3	3	1	2	3	3	2	0

② 2단계

(13) 13행은 40011 00002 20033 00004 40010의 반복이다. 정지한 듯 한데, 움직임도 있다. 소중한 것은 느낌이다.

① 1단계

		1	2	3	4	5	6	7	8	9	10	11	12	13	14	15	16	17	18	19	20	21	22	23	24	25
		4	0	0	1	1	0	0	0	0	2	2	0	0	3	3	0	0	0	0	4	4	0	0	1	0
1	4	0	4	4	3	3	4	4	4	4	2	2	4	4	1	1	4	4	4	4	0	0	4	4	3	4
2	0	4	0	0	1	1	0	0	0	0	2	2	0	0	3	3	0	0	0	0	4	4	0	0	1	0
3	0	4	0	0	1	1	0	0	0	0	2	2	0	0	3	3	0	0	0	0	4	4	0	0	1	0
4	1	3	1	1	0	0	1	1	1	1	1	1	1	1	2	2	1	1	1	1	3	3	1	1	0	1
5	1	3	1	1	0	0	1	1	1	1	1	1	1	1	2	2	1	1	1	1	3	3	1	1	0	1
6	0	4	0	0	1	1	0	0	0	0	2	2	0	0	3	3	0	0	0	0	4	4	0	0	1	0
7	0	4	0	0	1	1	0	0	0	0	2	2	0	0	3	3	0	0	0	0	4	4	0	0	1	0
8	0	4	0	0	1	1	0	0	0	0	2	2	0	0	3	3	0	0	0	0	4	4	0	0	1	0
9	0	4	0	0	1	1	0	0	0	0	2	2	0	0	3	3	0	0	0	0	4	4	0	0	1	0
10	2	2	2	2	1	1	2	2	2	2	0	0	2	2	1	1	2	2	2	2	2	2	2	2	1	2
11	2	2	2	2	1	1	2	2	2	2	0	0	2	2	1	1	2	2	2	2	2	2	2	2	1	2
12	0	4	0	0	1	1	0	0	0	0	2	2	0	0	3	3	0	0	0	0	4	4	0	0	1	0
13	0	4	0	0	1	1	0	0	0	0	2	2	0	0	3	3	0	0	0	0	4	4	0	0	1	0
14	3	1	3	3	2	2	3	3	3	3	1	1	3	3	0	0	3	3	3	3	1	1	3	3	2	3
15	3	1	3	3	2	2	3	3	3	3	1	1	3	3	0	0	3	3	3	3	1	1	3	3	2	3
16	0	4	0	0	1	1	0	0	0	0	2	2	0	0	3	3	0	0	0	0	4	4	0	0	1	0
17	0	4	0	0	1	1	0	0	0	0	2	2	0	0	3	3	0	0	0	0	4	4	0	0	1	0
18	0	4	0	0	1	1	0	0	0	0	2	2	0	0	3	3	0	0	0	0	4	4	0	0	1	0
19	0	4	0	0	1	1	0	0	0	0	2	2	0	0	3	3	0	0	0	0	4	4	0	0	1	0
20	4	0	4	4	3	3	4	4	4	4	2	2	4	4	1	1	4	4	4	4	0	0	4	4	3	4
21	4	0	4	4	3	3	4	4	4	4	2	2	4	4	1	1	4	4	4	4	0	0	4	4	3	4
22	0	4	0	0	1	1	0	0	0	0	2	2	0	0	3	3	0	0	0	0	4	4	0	0	1	0
23	0	4	0	0	1	1	0	0	0	0	2	2	0	0	3	3	0	0	0	0	4	4	0	0	1	0
24	1	3	1	1	0	0	1	1	1	1	1	1	1	1	2	2	1	1	1	1	3	3	1	1	0	1
25	0	4	0	0	1	1	0	0	0	0	2	2	0	0	3	3	0	0	0	0	4	4	0	0	1	0

② 2단계

(14) 14행은 21124 00002 13312 00004 21123의 반복이다. 꽃잎이 물위에 있다. 우리는 세상에 떠 있다. 세상은 수학위에 떠 있다.

① 1단계

		1	2	3	4	5	6	7	8	9	10	11	12	13	14	15	16	17	18	19	20	21	22	23	24	25
		2	1	1	2	4	0	0	0	0	2	1	3	3	1	2	0	0	0	0	4	2	1	1	2	3
1	2	0	1	1	0	2	2	2	2	2	0	1	1	1	1	0	2	2	2	2	2	0	1	1	0	1
2	1	1	0	0	1	3	1	1	1	1	1	0	2	2	0	1	1	1	1	1	3	1	0	0	1	2
3	1	1	0	0	1	3	1	1	1	1	1	0	2	2	0	1	1	1	1	1	3	1	0	0	1	2
4	2	0	1	1	0	2	2	2	2	2	0	1	1	1	1	0	2	2	2	2	2	0	1	1	0	1
5	4	2	3	3	2	0	4	4	4	4	2	3	1	1	3	2	4	4	4	4	0	2	3	3	2	1
6	0	2	1	1	2	4	0	0	0	0	2	1	3	3	1	2	0	0	0	0	4	2	1	1	2	3
7	0	2	1	1	2	4	0	0	0	0	2	1	3	3	1	2	0	0	0	0	4	2	1	1	2	3
8	0	2	1	1	2	4	0	0	0	0	2	1	3	3	1	2	0	0	0	0	4	2	1	1	2	3
9	0	2	1	1	2	4	0	0	0	0	2	1	3	3	1	2	0	0	0	0	4	2	1	1	2	3
10	2	0	1	1	0	2	2	2	2	2	0	1	1	1	1	0	2	2	2	2	2	0	1	1	0	1
11	1	1	0	0	1	3	1	1	1	1	1	0	2	2	0	1	1	1	1	1	3	1	0	0	1	2
12	3	1	2	2	1	1	3	3	3	3	1	2	0	0	2	1	3	3	3	3	1	1	2	2	1	0
13	3	1	2	2	1	1	3	3	3	3	1	2	0	0	2	1	3	3	3	3	1	1	2	2	1	0
14	1	1	0	0	1	3	1	1	1	1	1	0	2	2	0	1	1	1	1	1	3	1	0	0	1	2
15	2	0	1	1	0	2	2	2	2	2	0	1	1	1	1	0	2	2	2	2	2	0	1	1	0	1
16	0	2	1	1	2	4	0	0	0	0	2	1	3	3	1	2	0	0	0	0	4	2	1	1	2	3
17	0	2	1	1	2	4	0	0	0	0	2	1	3	3	1	2	0	0	0	0	4	2	1	1	2	3
18	0	2	1	1	2	4	0	0	0	0	2	1	3	3	1	2	0	0	0	0	4	2	1	1	2	3
19	0	2	1	1	2	4	0	0	0	0	2	1	3	3	1	2	0	0	0	0	4	2	1	1	2	3
20	4	2	3	3	2	0	4	4	4	4	2	3	1	1	3	2	4	4	4	4	0	2	3	3	2	1
21	2	0	1	1	0	2	2	2	2	2	0	1	1	1	1	0	2	2	2	2	2	0	1	1	0	1
22	1	1	0	0	1	3	1	1	1	1	1	0	2	2	0	1	1	1	1	1	3	1	0	0	1	2
23	1	1	0	0	1	3	1	1	1	1	1	0	2	2	0	1	1	1	1	1	3	1	0	0	1	2
24	2	0	1	1	0	2	2	2	2	2	0	1	1	1	1	0	2	2	2	2	2	0	1	1	0	1
25	3	1	2	2	1	1	3	3	3	3	1	2	0	0	2	1	3	3	3	3	1	1	2	2	1	0

② 2단계

(15) 15행은 03034 33330 32320 22221 20200의 반복이다. 곤충의 진격, 생명있는 것은 살아갈 이유가 있다.

① 1단계

		1	2	3	4	5	6	7	8	9	10	11	12	13	14	15	16	17	18	19	20	21	22	23	24	25
		0	3	0	3	4	3	3	3	3	0	3	2	3	2	0	2	2	2	2	1	2	0	2	0	0
1	0	0	3	0	3	4	3	3	3	3	0	3	2	3	2	0	2	2	2	2	1	2	0	2	0	0
2	3	3	0	3	0	1	0	0	0	0	3	0	1	0	1	3	1	1	1	1	2	1	3	1	3	3
3	0	0	3	0	3	4	3	3	3	3	0	3	2	3	2	0	2	2	2	2	1	2	0	2	0	0
4	3	3	0	3	0	1	0	0	0	0	3	0	1	0	1	3	1	1	1	1	2	1	3	1	3	3
5	4	4	1	4	1	0	1	1	1	1	4	1	2	1	2	4	2	2	2	2	3	2	4	2	4	4
6	3	3	0	3	0	1	0	0	0	0	3	0	1	0	1	3	1	1	1	1	2	1	3	1	3	3
7	3	3	0	3	0	1	0	0	0	0	3	0	1	0	1	3	1	1	1	1	2	1	3	1	3	3
8	3	3	0	3	0	1	0	0	0	0	3	0	1	0	1	3	1	1	1	1	2	1	3	1	3	3
9	3	3	0	3	0	1	0	0	0	0	3	0	1	0	1	3	1	1	1	1	2	1	3	1	3	3
10	0	0	3	0	3	4	3	3	3	3	0	3	2	3	2	0	2	2	2	2	1	2	0	2	0	0
11	3	3	0	3	0	1	0	0	0	0	3	0	1	0	1	3	1	1	1	1	2	1	3	1	3	3
12	2	2	1	2	1	2	1	1	1	1	2	1	0	1	0	2	0	0	0	0	1	0	2	0	2	2
13	3	3	0	3	0	1	0	0	0	0	3	0	1	0	1	3	1	1	1	1	2	1	3	1	3	3
14	2	2	1	2	1	2	1	1	1	1	2	1	0	1	0	2	0	0	0	0	1	0	2	0	2	2
15	0	0	3	0	3	4	3	3	3	3	0	3	2	3	2	0	2	2	2	2	1	2	0	2	0	0
16	2	2	1	2	1	2	1	1	1	1	2	1	0	1	0	2	0	0	0	0	1	0	2	0	2	2
17	2	2	1	2	1	2	1	1	1	1	2	1	0	1	0	2	0	0	0	0	1	0	2	0	2	2
18	2	2	1	2	1	2	1	1	1	1	2	1	0	1	0	2	0	0	0	0	1	0	2	0	2	2
19	2	2	1	2	1	2	1	1	1	1	2	1	0	1	0	2	0	0	0	0	1	0	2	0	2	2
20	1	1	2	1	2	3	2	2	2	2	1	2	1	2	1	1	1	1	1	1	0	1	1	1	1	1
21	2	2	1	2	1	2	1	1	1	1	2	1	0	1	0	2	0	0	0	0	1	0	2	0	2	2
22	0	0	3	0	3	4	3	3	3	3	0	3	2	3	2	0	2	2	2	2	1	2	0	2	0	0
23	2	2	1	2	1	2	1	1	1	1	2	1	0	1	0	2	0	0	0	0	1	0	2	0	2	2
24	0	0	3	0	3	4	3	3	3	3	0	3	2	3	2	0	2	2	2	2	1	2	0	2	0	0
25	0	0	3	0	3	4	3	3	3	3	0	3	2	3	2	0	2	2	2	2	1	2	0	2	0	0

② 2단계

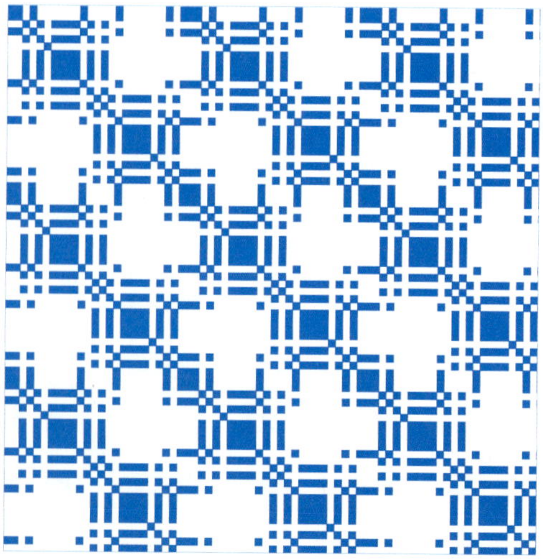

(16) 16행은 31424 12342 00002 43214 24133의 반복이다. 보이지 않지만 없는 것은 아니다.

① 1단계

		1	2	3	4	5	6	7	8	9	10	11	12	13	14	15	16	17	18	19	20	21	22	23	24	25
		3	1	4	2	4	1	2	3	4	2	0	0	0	0	2	4	3	2	1	4	2	4	1	3	3
1	3	0	2	1	1	1	2	1	0	1	1	3	3	3	3	1	1	0	1	2	1	1	1	2	0	0
2	1	2	0	3	1	3	0	1	2	3	1	1	1	1	1	1	3	2	1	0	3	1	3	0	2	2
3	4	1	3	0	2	0	3	2	1	0	2	4	4	4	4	2	0	1	2	3	0	2	0	3	1	1
4	2	1	1	2	0	2	1	0	1	2	0	2	2	2	2	0	2	1	0	1	2	0	2	1	1	1
5	4	1	3	0	2	0	3	2	1	0	2	4	4	4	4	2	0	1	2	3	0	2	0	3	1	1
6	1	2	0	3	1	3	0	1	2	3	1	1	1	1	1	1	3	2	1	0	3	1	3	0	2	2
7	2	1	1	2	0	2	1	0	1	2	0	2	2	2	2	0	2	1	0	1	2	0	2	1	1	1
8	3	0	2	1	1	1	2	1	0	1	1	3	3	3	3	1	1	0	1	2	1	1	1	2	0	0
9	4	1	3	0	2	0	3	2	1	0	2	4	4	4	4	2	0	1	2	3	0	2	0	3	1	1
10	2	1	1	2	0	2	1	0	1	2	0	2	2	2	2	0	2	1	0	1	2	0	2	1	1	1
11	0	3	1	4	2	4	1	2	3	4	2	0	0	0	0	2	4	3	2	1	4	2	4	1	3	3
12	0	3	1	4	2	4	1	2	3	4	2	0	0	0	0	2	4	3	2	1	4	2	4	1	3	3
13	0	3	1	4	2	4	1	2	3	4	2	0	0	0	0	2	4	3	2	1	4	2	4	1	3	3
14	0	3	1	4	2	4	1	2	3	4	2	0	0	0	0	2	4	3	2	1	4	2	4	1	3	3
15	2	1	1	2	0	2	1	0	1	2	0	2	2	2	2	0	2	1	0	1	2	0	2	1	1	1
16	4	1	3	0	2	0	3	2	1	0	2	4	4	4	4	2	0	1	2	3	0	2	0	3	1	1
17	3	0	2	1	1	1	2	1	0	1	1	3	3	3	3	1	1	0	1	2	1	1	1	2	0	0
18	2	1	1	2	0	2	1	0	1	2	0	2	2	2	2	0	2	1	0	1	2	0	2	1	1	1
19	1	2	0	3	1	3	0	1	2	3	1	1	1	1	1	1	3	2	1	0	3	1	3	0	2	2
20	4	1	3	0	2	0	3	2	1	0	2	4	4	4	4	2	0	1	2	3	0	2	0	3	1	1
21	2	1	1	2	0	2	1	0	1	2	0	2	2	2	2	0	2	1	0	1	2	0	2	1	1	1
22	4	1	3	0	2	0	3	2	1	0	2	4	4	4	4	2	0	1	2	3	0	2	0	3	1	1
23	1	2	0	3	1	3	0	1	2	3	1	1	1	1	1	1	3	2	1	0	3	1	3	0	2	2
24	3	0	2	1	1	1	2	1	0	1	1	3	3	3	3	1	1	0	1	2	1	1	1	2	0	0
25	3	0	2	1	1	1	2	1	0	1	1	3	3	3	3	1	1	0	1	2	1	1	1	2	0	0

② 2단계

(17) 17행은 10012 20023 00002 30033 40040의 반복이다. 물장군벌레의 회의, 살아있는 것은 사연이 있다.

① 1단계

		1	2	3	4	5	6	7	8	9	10	11	12	13	14	15	16	17	18	19	20	21	22	23	24	25
		1	0	0	1	2	2	0	0	2	3	0	0	0	0	2	3	0	0	3	3	4	0	0	4	0
1	1	0	1	1	0	1	1	1	1	1	2	1	1	1	1	1	2	1	1	2	2	3	1	1	3	1
2	0	1	0	0	1	2	2	0	0	2	3	0	0	0	0	2	3	0	0	3	3	4	0	0	4	0
3	0	1	0	0	1	2	2	0	0	2	3	0	0	0	0	2	3	0	0	3	3	4	0	0	4	0
4	1	0	1	1	0	1	1	1	1	1	2	1	1	1	1	1	2	1	1	2	2	3	1	1	3	1
5	2	1	2	2	1	0	0	2	2	0	1	2	2	2	2	0	1	2	2	1	1	2	2	2	2	2
6	2	1	2	2	1	0	0	2	2	0	1	2	2	2	2	0	1	2	2	1	1	2	2	2	2	2
7	0	1	0	0	1	2	2	0	0	2	3	0	0	0	0	2	3	0	0	3	3	4	0	0	4	0
8	0	1	0	0	1	2	2	0	0	2	3	0	0	0	0	2	3	0	0	3	3	4	0	0	4	0
9	2	1	2	2	1	0	0	2	2	0	1	2	2	2	2	0	1	2	2	1	1	2	2	2	2	2
10	3	2	3	3	2	1	1	3	3	1	0	3	3	3	3	1	0	3	3	0	0	1	3	3	1	3
11	0	1	0	0	1	2	2	0	0	2	3	0	0	0	0	2	3	0	0	3	3	4	0	0	4	0
12	0	1	0	0	1	2	2	0	0	2	3	0	0	0	0	2	3	0	0	3	3	4	0	0	4	0
13	0	1	0	0	1	2	2	0	0	2	3	0	0	0	0	2	3	0	0	3	3	4	0	0	4	0
14	0	1	0	0	1	2	2	0	0	2	3	0	0	0	0	2	3	0	0	3	3	4	0	0	4	0
15	2	1	2	2	1	0	0	2	2	0	1	2	2	2	2	0	1	2	2	1	1	2	2	2	2	2
16	3	2	3	3	2	1	1	3	3	1	0	3	3	3	3	1	0	3	3	0	0	1	3	3	1	3
17	0	1	0	0	1	2	2	0	0	2	3	0	0	0	0	2	3	0	0	3	3	4	0	0	4	0
18	0	1	0	0	1	2	2	0	0	2	3	0	0	0	0	2	3	0	0	3	3	4	0	0	4	0
19	3	2	3	3	2	1	1	3	3	1	0	3	3	3	3	1	0	3	3	0	0	1	3	3	1	3
20	3	2	3	3	2	1	1	3	3	1	0	3	3	3	3	1	0	3	3	0	0	1	3	3	1	3
21	4	3	4	4	3	2	2	4	4	2	1	4	4	4	4	2	1	4	4	1	1	0	4	4	0	4
22	0	1	0	0	1	2	2	0	0	2	3	0	0	0	0	2	3	0	0	3	3	4	0	0	4	0
23	0	1	0	0	1	2	2	0	0	2	3	0	0	0	0	2	3	0	0	3	3	4	0	0	4	0
24	4	3	4	4	3	2	2	4	4	2	1	4	4	4	4	2	1	4	4	1	1	0	4	4	0	4
25	0	1	0	0	1	2	2	0	0	2	3	0	0	0	0	2	3	0	0	3	3	4	0	0	4	0

② 2단계

(18) 18행은 40014 30022 00002 20034 10043의 반복이다. 전자의 진동. 움직이는 모든 것은 살아 있음을, 그들이 생명의 근원이다.

① 1단계

		1	2	3	4	5	6	7	8	9	10	11	12	13	14	15	16	17	18	19	20	21	22	23	24	25
		4	0	0	1	4	3	0	0	2	2	0	0	0	0	2	2	0	0	3	4	1	0	0	4	3
1	4	0	4	4	3	0	1	4	4	2	2	4	4	4	4	2	2	4	4	1	0	3	4	4	0	1
2	0	4	0	0	1	4	3	0	0	2	2	0	0	0	0	2	2	0	0	3	4	1	0	0	4	3
3	0	4	0	0	1	4	3	0	0	2	2	0	0	0	0	2	2	0	0	3	4	1	0	0	4	3
4	1	3	1	1	0	3	2	1	1	1	1	1	1	1	1	1	1	1	1	2	3	0	1	1	3	2
5	4	0	4	4	3	0	1	4	4	2	2	4	4	4	4	2	2	4	4	1	0	3	4	4	0	1
6	3	1	3	3	2	1	0	3	3	1	1	3	3	3	3	1	1	3	3	0	1	2	3	3	1	0
7	0	4	0	0	1	4	3	0	0	2	2	0	0	0	0	2	2	0	0	3	4	1	0	0	4	3
8	0	4	0	0	1	4	3	0	0	2	2	0	0	0	0	2	2	0	0	3	4	1	0	0	4	3
9	2	2	2	2	1	2	1	2	2	0	0	2	2	2	2	0	0	2	2	1	2	1	2	2	2	1
10	2	2	2	2	1	2	1	2	2	0	0	2	2	2	2	0	0	2	2	1	2	1	2	2	2	1
11	0	4	0	0	1	4	3	0	0	2	2	0	0	0	0	2	2	0	0	3	4	1	0	0	4	3
12	0	4	0	0	1	4	3	0	0	2	2	0	0	0	0	2	2	0	0	3	4	1	0	0	4	3
13	0	4	0	0	1	4	3	0	0	2	2	0	0	0	0	2	2	0	0	3	4	1	0	0	4	3
14	0	4	0	0	1	4	3	0	0	2	2	0	0	0	0	2	2	0	0	3	4	1	0	0	4	3
15	2	2	2	2	1	2	1	2	2	0	0	2	2	2	2	0	0	2	2	1	2	1	2	2	2	1
16	2	2	2	2	1	2	1	2	2	0	0	2	2	2	2	0	0	2	2	1	2	1	2	2	2	1
17	0	4	0	0	1	4	3	0	0	2	2	0	0	0	0	2	2	0	0	3	4	1	0	0	4	3
18	0	4	0	0	1	4	3	0	0	2	2	0	0	0	0	2	2	0	0	3	4	1	0	0	4	3
19	3	1	3	3	2	1	0	3	3	1	1	3	3	3	3	1	1	3	3	0	1	2	3	3	1	0
20	4	0	4	4	3	0	1	4	4	2	2	4	4	4	4	2	2	4	4	1	0	3	4	4	0	1
21	1	3	1	1	0	3	2	1	1	1	1	1	1	1	1	1	1	1	1	2	3	0	1	1	3	2
22	0	4	0	0	1	4	3	0	0	2	2	0	0	0	0	2	2	0	0	3	4	1	0	0	4	3
23	0	4	0	0	1	4	3	0	0	2	2	0	0	0	0	2	2	0	0	3	4	1	0	0	4	3
24	4	0	4	4	3	0	1	4	4	2	2	4	4	4	4	2	2	4	4	1	0	3	4	4	0	1
25	3	1	3	3	2	1	0	3	3	1	1	3	3	3	3	1	1	3	3	0	1	2	3	3	1	0

② 2단계

(19) 19행은 21122 42243 00002 13313 34430의 반복이다. 물방개의 나들이, 생명있는 것들의 즐거움, 나는 즐거운가.

① 1단계

		1	2	3	4	5	6	7	8	9	10	11	12	13	14	15	16	17	18	19	20	21	22	23	24	25
		2	1	1	2	2	4	2	2	4	3	0	0	0	0	2	1	3	3	1	3	3	4	4	3	0
1	2	0	1	1	0	0	2	0	0	2	1	2	2	2	2	0	1	1	1	1	1	1	2	2	1	2
2	1	1	0	0	1	1	3	1	1	3	2	1	1	1	1	1	0	2	2	0	2	2	3	3	2	1
3	1	1	0	0	1	1	3	1	1	3	2	1	1	1	1	1	0	2	2	0	2	2	3	3	2	1
4	2	0	1	1	0	0	2	0	0	2	1	2	2	2	2	0	1	1	1	1	1	1	2	2	1	2
5	2	0	1	1	0	0	2	0	0	2	1	2	2	2	2	0	1	1	1	1	1	1	2	2	1	2
6	4	2	3	3	2	2	0	2	2	0	1	4	4	4	4	2	3	1	1	3	1	1	0	0	1	4
7	2	0	1	1	0	0	2	0	0	2	1	2	2	2	2	0	1	1	1	1	1	1	2	2	1	2
8	2	0	1	1	0	0	2	0	0	2	1	2	2	2	2	0	1	1	1	1	1	1	2	2	1	2
9	4	2	3	3	2	2	0	2	2	0	1	4	4	4	4	2	3	1	1	3	1	1	0	0	1	4
10	3	1	2	2	1	1	1	1	1	1	0	3	3	3	3	1	2	0	0	2	0	0	1	1	0	3
11	0	2	1	1	2	2	4	2	2	4	3	0	0	0	0	2	1	3	3	1	3	3	4	4	3	0
12	0	2	1	1	2	2	4	2	2	4	3	0	0	0	0	2	1	3	3	1	3	3	4	4	3	0
13	0	2	1	1	2	2	4	2	2	4	3	0	0	0	0	2	1	3	3	1	3	3	4	4	3	0
14	0	2	1	1	2	2	4	2	2	4	3	0	0	0	0	2	1	3	3	1	3	3	4	4	3	0
15	2	0	1	1	0	0	2	0	0	2	1	2	2	2	2	0	1	1	1	1	1	1	2	2	1	2
16	1	1	0	0	1	1	3	1	1	3	2	1	1	1	1	1	0	2	2	0	2	2	3	3	2	1
17	3	1	2	2	1	1	1	1	1	1	0	3	3	3	3	1	2	0	0	2	0	0	1	1	0	3
18	3	1	2	2	1	1	1	1	1	1	0	3	3	3	3	1	2	0	0	2	0	0	1	1	0	3
19	1	1	0	0	1	1	3	1	1	3	2	1	1	1	1	1	0	2	2	0	2	2	3	3	2	1
20	3	1	2	2	1	1	1	1	1	1	0	3	3	3	3	1	2	0	0	2	0	0	1	1	0	3
21	3	1	2	2	1	1	1	1	1	1	0	3	3	3	3	1	2	0	0	2	0	0	1	1	0	3
22	4	2	3	3	2	2	0	2	2	0	1	4	4	4	4	2	3	1	1	3	1	1	0	0	1	4
23	4	2	3	3	2	2	0	2	2	0	1	4	4	4	4	2	3	1	1	3	1	1	0	0	1	4
24	3	1	2	2	1	1	1	1	1	1	0	3	3	3	3	1	2	0	0	2	0	0	1	1	0	3
25	0	2	1	1	2	2	4	2	2	4	3	0	0	0	0	2	1	3	3	1	3	3	4	4	3	0

② 2단계

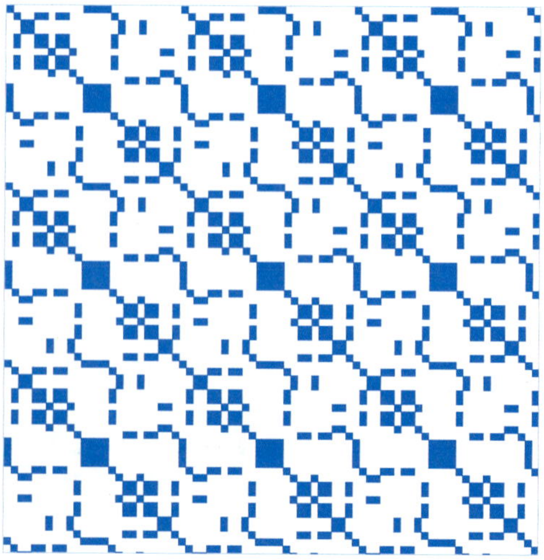

(20) 20행은 03032 34341 44441 43432 30303 의 반복이다. 연결된 것과 떨어진 것들, 만남과 헤어짐, 모두가 순간이다.

① 1단계

		1	2	3	4	5	6	7	8	9	10	11	12	13	14	15	16	17	18	19	20	21	22	23	24	25
		0	3	0	3	2	3	4	3	4	1	4	4	4	4	1	4	3	4	3	2	3	0	3	0	3
1	0	0	3	0	3	2	3	4	3	4	1	4	4	4	4	1	4	3	4	3	2	3	0	3	0	3
2	3	3	0	3	0	1	0	1	0	1	2	1	1	1	1	2	1	0	1	0	1	0	3	0	3	0
3	0	0	3	0	3	2	3	4	3	4	1	4	4	4	4	1	4	3	4	3	2	3	0	3	0	3
4	3	3	0	3	0	1	0	1	0	1	2	1	1	1	1	2	1	0	1	0	1	0	3	0	3	0
5	2	2	1	2	1	0	1	2	1	2	1	2	2	2	2	1	2	1	2	1	0	1	2	1	2	1
6	3	3	0	3	0	1	0	1	0	1	2	1	1	1	1	2	1	0	1	0	1	0	3	0	3	0
7	4	4	1	4	1	2	1	0	1	0	3	0	0	0	0	3	0	1	0	1	2	1	4	1	4	1
8	3	3	0	3	0	1	0	1	0	1	2	1	1	1	1	2	1	0	1	0	1	0	3	0	3	0
9	4	4	1	4	1	2	1	0	1	0	3	0	0	0	0	3	0	1	0	1	2	1	4	1	4	1
10	1	1	2	1	2	1	2	3	2	3	0	3	3	3	3	0	3	2	3	2	1	2	1	2	1	2
11	4	4	1	4	1	2	1	0	1	0	3	0	0	0	0	3	0	1	0	1	2	1	4	1	4	1
12	4	4	1	4	1	2	1	0	1	0	3	0	0	0	0	3	0	1	0	1	2	1	4	1	4	1
13	4	4	1	4	1	2	1	0	1	0	3	0	0	0	0	3	0	1	0	1	2	1	4	1	4	1
14	4	4	1	4	1	2	1	0	1	0	3	0	0	0	0	3	0	1	0	1	2	1	4	1	4	1
15	1	1	2	1	2	1	2	3	2	3	0	3	3	3	3	0	3	2	3	2	1	2	1	2	1	2
16	4	4	1	4	1	2	1	0	1	0	3	0	0	0	0	3	0	1	0	1	2	1	4	1	4	1
17	3	3	0	3	0	1	0	1	0	1	2	1	1	1	1	2	1	0	1	0	1	0	3	0	3	0
18	4	4	1	4	1	2	1	0	1	0	3	0	0	0	0	3	0	1	0	1	2	1	4	1	4	1
19	3	3	0	3	0	1	0	1	0	1	2	1	1	1	1	2	1	0	1	0	1	0	3	0	3	0
20	2	2	1	2	1	0	1	2	1	2	1	2	2	2	2	1	2	1	2	1	0	1	2	1	2	1
21	3	3	0	3	0	1	0	1	0	1	2	1	1	1	1	2	1	0	1	0	1	0	3	0	3	0
22	0	0	3	0	3	2	3	4	3	4	1	4	4	4	4	1	4	3	4	3	2	3	0	3	0	3
23	3	3	0	3	0	1	0	1	0	1	2	1	1	1	1	2	1	0	1	0	1	0	3	0	3	0
24	0	0	3	0	3	2	3	4	3	4	1	4	4	4	4	1	4	3	4	3	2	3	0	3	0	3
25	3	3	0	3	0	1	0	1	0	1	2	1	1	1	1	2	1	0	1	0	1	0	3	0	3	0

② 2단계

(21) 21행은 31422 24133 31422 24133 31420의 반복이다. 지하 도시, 나름대로 뭉쳐 있다. 살수 없는 곳은 없다.

① 1단계

		1	2	3	4	5	6	7	8	9	10	11	12	13	14	15	16	17	18	19	20	21	22	23	24	25
		3	1	4	2	2	2	4	1	3	3	3	1	4	2	2	2	4	1	3	3	3	1	4	2	0
1	3	0	2	1	1	1	1	1	2	0	0	0	2	1	1	1	1	1	2	0	0	0	2	1	1	3
2	1	2	0	3	1	1	1	3	0	2	2	2	0	3	1	1	1	3	0	2	2	2	0	3	1	1
3	4	1	3	0	2	2	2	0	3	1	1	1	3	0	2	2	2	0	3	1	1	1	3	0	2	4
4	2	1	1	2	0	0	0	2	1	1	1	1	1	2	0	0	0	2	1	1	1	1	1	2	0	2
5	2	1	1	2	0	0	0	2	1	1	1	1	1	2	0	0	0	2	1	1	1	1	1	2	0	2
6	2	1	1	2	0	0	0	2	1	1	1	1	1	2	0	0	0	2	1	1	1	1	1	2	0	2
7	4	1	3	0	2	2	2	0	3	1	1	1	3	0	2	2	2	0	3	1	1	1	3	0	2	4
8	1	2	0	3	1	1	1	3	0	2	2	2	0	3	1	1	1	3	0	2	2	2	0	3	1	1
9	3	0	2	1	1	1	1	1	2	0	0	0	2	1	1	1	1	1	2	0	0	0	2	1	1	3
10	3	0	2	1	1	1	1	1	2	0	0	0	2	1	1	1	1	1	2	0	0	0	2	1	1	3
11	3	0	2	1	1	1	1	1	2	0	0	0	2	1	1	1	1	1	2	0	0	0	2	1	1	3
12	1	2	0	3	1	1	1	3	0	2	2	2	0	3	1	1	1	3	0	2	2	2	0	3	1	1
13	4	1	3	0	2	2	2	0	3	1	1	1	3	0	2	2	2	0	3	1	1	1	3	0	2	4
14	2	1	1	2	0	0	0	2	1	1	1	1	1	2	0	0	0	2	1	1	1	1	1	2	0	2
15	2	1	1	2	0	0	0	2	1	1	1	1	1	2	0	0	0	2	1	1	1	1	1	2	0	2
16	2	1	1	2	0	0	0	2	1	1	1	1	1	2	0	0	0	2	1	1	1	1	1	2	0	2
17	4	1	3	0	2	2	2	0	3	1	1	1	3	0	2	2	2	0	3	1	1	1	3	0	2	4
18	1	2	0	3	1	1	1	3	0	2	2	2	0	3	1	1	1	3	0	2	2	2	0	3	1	1
19	3	0	2	1	1	1	1	1	2	0	0	0	2	1	1	1	1	1	2	0	0	0	2	1	1	3
20	3	0	2	1	1	1	1	1	2	0	0	0	2	1	1	1	1	1	2	0	0	0	2	1	1	3
21	3	0	2	1	1	1	1	1	2	0	0	0	2	1	1	1	1	1	2	0	0	0	2	1	1	3
22	1	2	0	3	1	1	1	3	0	2	2	2	0	3	1	1	1	3	0	2	2	2	0	3	1	1
23	4	1	3	0	2	2	2	0	3	1	1	1	3	0	2	2	2	0	3	1	1	1	3	0	2	4
24	2	1	1	2	0	0	0	2	1	1	1	1	1	2	0	0	0	2	1	1	1	1	1	2	0	2
25	0	3	1	4	2	2	2	4	1	3	3	3	1	4	2	2	2	4	1	3	3	3	1	4	2	0

② 2단계

(22) 22행은 10010 40040 10010 40040 10013의 반복이다. 계획된 도시, 조직된 공간, 이곳에도 안식이, 미생물도 편안한 안식을 갖기를 바란다.

① 1단계

		1	2	3	4	5	6	7	8	9	10	11	12	13	14	15	16	17	18	19	20	21	22	23	24	25
		1	0	0	1	0	4	0	0	4	0	1	0	0	1	0	4	0	0	4	0	1	0	0	1	3
1	1	0	1	1	0	1	3	1	1	3	1	0	1	1	0	1	3	1	1	3	1	0	1	1	0	2
2	0	1	0	0	1	0	4	0	0	4	0	1	0	0	1	0	4	0	0	4	0	1	0	0	1	3
3	0	1	0	0	1	0	4	0	0	4	0	1	0	0	1	0	4	0	0	4	0	1	0	0	1	3
4	1	0	1	1	0	1	3	1	1	3	1	0	1	1	0	1	3	1	1	3	1	0	1	1	0	2
5	0	1	0	0	1	0	4	0	0	4	0	1	0	0	1	0	4	0	0	4	0	1	0	0	1	3
6	4	3	4	4	3	4	0	4	4	0	4	3	4	4	3	4	0	4	4	0	4	3	4	4	3	1
7	0	1	0	0	1	0	4	0	0	4	0	1	0	0	1	0	4	0	0	4	0	1	0	0	1	3
8	0	1	0	0	1	0	4	0	0	4	0	1	0	0	1	0	4	0	0	4	0	1	0	0	1	3
9	4	3	4	4	3	4	0	4	4	0	4	3	4	4	3	4	0	4	4	0	4	3	4	4	3	1
10	0	1	0	0	1	0	4	0	0	4	0	1	0	0	1	0	4	0	0	4	0	1	0	0	1	3
11	1	0	1	1	0	1	3	1	1	3	1	0	1	1	0	1	3	1	1	3	1	0	1	1	0	2
12	0	1	0	0	1	0	4	0	0	4	0	1	0	0	1	0	4	0	0	4	0	1	0	0	1	3
13	0	1	0	0	1	0	4	0	0	4	0	1	0	0	1	0	4	0	0	4	0	1	0	0	1	3
14	1	0	1	1	0	1	3	1	1	3	1	0	1	1	0	1	3	1	1	3	1	0	1	1	0	2
15	0	1	0	0	1	0	4	0	0	4	0	1	0	0	1	0	4	0	0	4	0	1	0	0	1	3
16	4	3	4	4	3	4	0	4	4	0	4	3	4	4	3	4	0	4	4	0	4	3	4	4	3	1
17	0	1	0	0	1	0	4	0	0	4	0	1	0	0	1	0	4	0	0	4	0	1	0	0	1	3
18	0	1	0	0	1	0	4	0	0	4	0	1	0	0	1	0	4	0	0	4	0	1	0	0	1	3
19	4	3	4	4	3	4	0	4	4	0	4	3	4	4	3	4	0	4	4	0	4	3	4	4	3	1
20	0	1	0	0	1	0	4	0	0	4	0	1	0	0	1	0	4	0	0	4	0	1	0	0	1	3
21	1	0	1	1	0	1	3	1	1	3	1	0	1	1	0	1	3	1	1	3	1	0	1	1	0	2
22	0	1	0	0	1	0	4	0	0	4	0	1	0	0	1	0	4	0	0	4	0	1	0	0	1	3
23	0	1	0	0	1	0	4	0	0	4	0	1	0	0	1	0	4	0	0	4	0	1	0	0	1	3
24	1	0	1	1	0	1	3	1	1	3	1	0	1	1	0	1	3	1	1	3	1	0	1	1	0	2
25	3	2	3	3	2	3	1	3	3	1	3	2	3	3	2	3	1	3	3	1	3	2	3	3	2	0

② 2단계

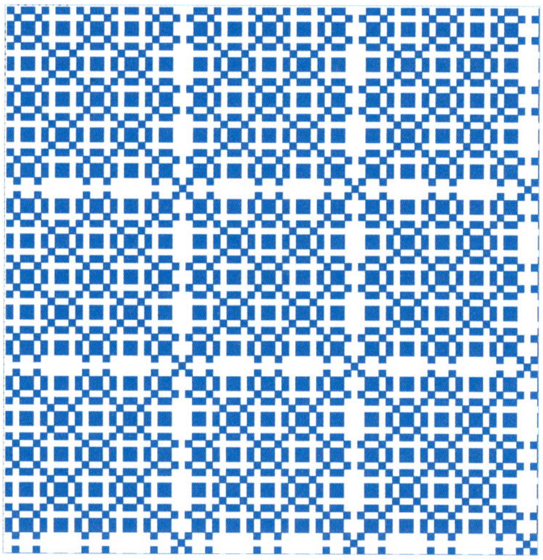

(23) 23행은 40012 10043 40012 10043 40010의 반복이다. 움직인다. 춤춘다. 수학은 춤이다. 수학은 어울림이다.

① 1단계

		1	2	3	4	5	6	7	8	9	10	11	12	13	14	15	16	17	18	19	20	21	22	23	24	25
		4	0	0	1	2	1	0	0	4	3	4	0	0	1	2	1	0	0	4	3	4	0	0	1	0
1	4	0	4	4	3	2	3	4	4	0	1	0	4	4	3	2	3	4	4	0	1	0	4	4	3	4
2	0	4	0	0	1	2	1	0	0	4	3	4	0	0	1	2	1	0	0	4	3	4	0	0	1	0
3	0	4	0	0	1	2	1	0	0	4	3	4	0	0	1	2	1	0	0	4	3	4	0	0	1	0
4	1	3	1	1	0	1	0	1	1	3	2	3	1	1	0	1	0	1	1	3	2	3	1	1	0	1
5	2	2	2	2	1	0	1	2	2	2	1	2	2	2	1	0	1	2	2	2	1	2	2	2	1	2
6	1	3	1	1	0	1	0	1	1	3	2	3	1	1	0	1	0	1	1	3	2	3	1	1	0	1
7	0	4	0	0	1	2	1	0	0	4	3	4	0	0	1	2	1	0	0	4	3	4	0	0	1	0
8	0	4	0	0	1	2	1	0	0	4	3	4	0	0	1	2	1	0	0	4	3	4	0	0	1	0
9	4	0	4	4	3	2	3	4	4	0	1	0	4	4	3	2	3	4	4	0	1	0	4	4	3	4
10	3	1	3	3	2	1	2	3	3	1	0	1	3	3	2	1	2	3	3	1	0	1	3	3	2	3
11	4	0	4	4	3	2	3	4	4	0	1	0	4	4	3	2	3	4	4	0	1	0	4	4	3	4
12	0	4	0	0	1	2	1	0	0	4	3	4	0	0	1	2	1	0	0	4	3	4	0	0	1	0
13	0	4	0	0	1	2	1	0	0	4	3	4	0	0	1	2	1	0	0	4	3	4	0	0	1	0
14	1	3	1	1	0	1	0	1	1	3	2	3	1	1	0	1	0	1	1	3	2	3	1	1	0	1
15	2	2	2	2	1	0	1	2	2	2	1	2	2	2	1	0	1	2	2	2	1	2	2	2	1	2
16	1	3	1	1	0	1	0	1	1	3	2	3	1	1	0	1	0	1	1	3	2	3	1	1	0	1
17	0	4	0	0	1	2	1	0	0	4	3	4	0	0	1	2	1	0	0	4	3	4	0	0	1	0
18	0	4	0	0	1	2	1	0	0	4	3	4	0	0	1	2	1	0	0	4	3	4	0	0	1	0
19	4	0	4	4	3	2	3	4	4	0	1	0	4	4	3	2	3	4	4	0	1	0	4	4	3	4
20	3	1	3	3	2	1	2	3	3	1	0	1	3	3	2	1	2	3	3	1	0	1	3	3	2	3
21	4	0	4	4	3	2	3	4	4	0	1	0	4	4	3	2	3	4	4	0	1	0	4	4	3	4
22	0	4	0	0	1	2	1	0	0	4	3	4	0	0	1	2	1	0	0	4	3	4	0	0	1	0
23	0	4	0	0	1	2	1	0	0	4	3	4	0	0	1	2	1	0	0	4	3	4	0	0	1	0
24	1	3	1	1	0	1	0	1	1	3	2	3	1	1	0	1	0	1	1	3	2	3	1	1	0	1
25	0	4	0	0	1	2	1	0	0	4	3	4	0	0	1	2	1	0	0	4	3	4	0	0	1	0

② 2단계

(24) 24행은 21120 34430 21120 34430 21123의 25주기를 가진다. 가로와 세로선은 없는 듯 한데 보인다. 보이지 않는 손길은 어디에나 있다.

① 1단계

		1	2	3	4	5	6	7	8	9	10	11	12	13	14	15	16	17	18	19	20	21	22	23	24	25
		2	1	1	2	0	3	4	4	3	0	2	1	1	2	0	3	4	4	3	0	2	1	1	2	3
1	2	0	1	1	0	2	1	2	2	1	2	0	1	1	0	2	1	2	2	1	2	0	1	1	0	1
2	1	1	0	0	1	1	2	3	3	2	1	1	0	0	1	1	2	3	3	2	1	1	0	0	1	2
3	1	1	0	0	1	1	2	3	3	2	1	1	0	0	1	1	2	3	3	2	1	1	0	0	1	2
4	2	0	1	1	0	2	1	2	2	1	2	0	1	1	0	2	1	2	2	1	2	0	1	1	0	1
5	0	2	1	1	2	0	3	4	4	3	0	2	1	1	2	0	3	4	4	3	0	2	1	1	2	3
6	3	1	2	2	1	3	0	1	1	0	3	1	2	2	1	3	0	1	1	0	3	1	2	2	1	0
7	4	2	3	3	2	4	1	0	0	1	4	2	3	3	2	4	1	0	0	1	4	2	3	3	2	1
8	4	2	3	3	2	4	1	0	0	1	4	2	3	3	2	4	1	0	0	1	4	2	3	3	2	1
9	3	1	2	2	1	3	0	1	1	0	3	1	2	2	1	3	0	1	1	0	3	1	2	2	1	0
10	0	2	1	1	2	0	3	4	4	3	0	2	1	1	2	0	3	4	4	3	0	2	1	1	2	3
11	2	0	1	1	0	2	1	2	2	1	2	0	1	1	0	2	1	2	2	1	2	0	1	1	0	1
12	1	1	0	0	1	1	2	3	3	2	1	1	0	0	1	1	2	3	3	2	1	1	0	0	1	2
13	1	1	0	0	1	1	2	3	3	2	1	1	0	0	1	1	2	3	3	2	1	1	0	0	1	2
14	2	0	1	1	0	2	1	2	2	1	2	0	1	1	0	2	1	2	2	1	2	0	1	1	0	1
15	0	2	1	1	2	0	3	4	4	3	0	2	1	1	2	0	3	4	4	3	0	2	1	1	2	3
16	3	1	2	2	1	3	0	1	1	0	3	1	2	2	1	3	0	1	1	0	3	1	2	2	1	0
17	4	2	3	3	2	4	1	0	0	1	4	2	3	3	2	4	1	0	0	1	4	2	3	3	2	1
18	4	2	3	3	2	4	1	0	0	1	4	2	3	3	2	4	1	0	0	1	4	2	3	3	2	1
19	3	1	2	2	1	3	0	1	1	0	3	1	2	2	1	3	0	1	1	0	3	1	2	2	1	0
20	0	2	1	1	2	0	3	4	4	3	0	2	1	1	2	0	3	4	4	3	0	2	1	1	2	3
21	2	0	1	1	0	2	1	2	2	1	2	0	1	1	0	2	1	2	2	1	2	0	1	1	0	1
22	1	1	0	0	1	1	2	3	3	2	1	1	0	0	1	1	2	3	3	2	1	1	0	0	1	2
23	1	1	0	0	1	1	2	3	3	2	1	1	0	0	1	1	2	3	3	2	1	1	0	0	1	2
24	2	0	1	1	0	2	1	2	2	1	2	0	1	1	0	2	1	2	2	1	2	0	1	1	0	1
25	3	1	2	2	1	3	0	1	1	0	3	1	2	2	1	3	0	1	1	0	3	1	2	2	1	0

② 2단계

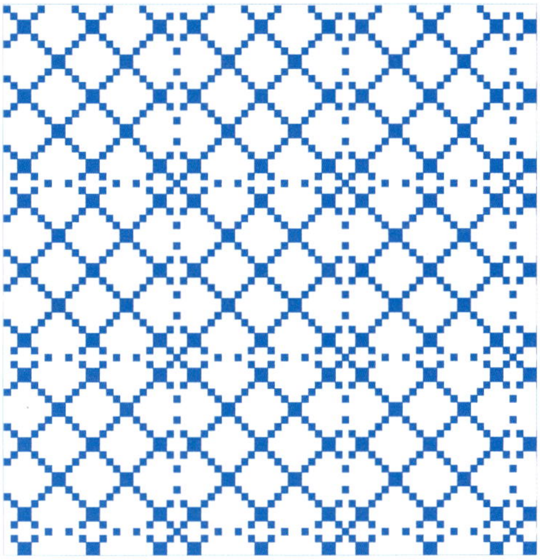

(25) 25행은 03030303030303030303030333 3131313131313131313131311 14141414141414141414141444 4242424242424242424242422 2020202020202020202020200의 125주기를 가진다.

① 1단계

	0	3	0	3	0	3	0	3	0	3	0	3	0	3	0	3	0	3	0	3	0	3	0	3
0	0	3	0	3	0	3	0	3	0	3	0	3	0	3	0	3	0	3	0	3	0	3	0	3
3	3	0	3	0	3	0	3	0	3	0	3	0	3	0	3	0	3	0	3	0	3	0	3	0
0	0	3	0	3	0	3	0	3	0	3	0	3	0	3	0	3	0	3	0	3	0	3	0	3
3	3	0	3	0	3	0	3	0	3	0	3	0	3	0	3	0	3	0	3	0	3	0	3	0
0	0	3	0	3	0	3	0	3	0	3	0	3	0	3	0	3	0	3	0	3	0	3	0	3
3	3	0	3	0	3	0	3	0	3	0	3	0	3	0	3	0	3	0	3	0	3	0	3	0
0	0	3	0	3	0	3	0	3	0	3	0	3	0	3	0	3	0	3	0	3	0	3	0	3
3	3	0	3	0	3	0	3	0	3	0	3	0	3	0	3	0	3	0	3	0	3	0	3	0
0	0	3	0	3	0	3	0	3	0	3	0	3	0	3	0	3	0	3	0	3	0	3	0	3
3	3	0	3	0	3	0	3	0	3	0	3	0	3	0	3	0	3	0	3	0	3	0	3	0
0	0	3	0	3	0	3	0	3	0	3	0	3	0	3	0	3	0	3	0	3	0	3	0	3
3	3	0	3	0	3	0	3	0	3	0	3	0	3	0	3	0	3	0	3	0	3	0	3	0
0	0	3	0	3	0	3	0	3	0	3	0	3	0	3	0	3	0	3	0	3	0	3	0	3
3	3	0	3	0	3	0	3	0	3	0	3	0	3	0	3	0	3	0	3	0	3	0	3	0
0	0	3	0	3	0	3	0	3	0	3	0	3	0	3	0	3	0	3	0	3	0	3	0	3
3	3	0	3	0	3	0	3	0	3	0	3	0	3	0	3	0	3	0	3	0	3	0	3	0
0	0	3	0	3	0	3	0	3	0	3	0	3	0	3	0	3	0	3	0	3	0	3	0	3
3	3	0	3	0	3	0	3	0	3	0	3	0	3	0	3	0	3	0	3	0	3	0	3	0
0	0	3	0	3	0	3	0	3	0	3	0	3	0	3	0	3	0	3	0	3	0	3	0	3
3	3	0	3	0	3	0	3	0	3	0	3	0	3	0	3	0	3	0	3	0	3	0	3	0
0	0	3	0	3	0	3	0	3	0	3	0	3	0	3	0	3	0	3	0	3	0	3	0	3
3	3	0	3	0	3	0	3	0	3	0	3	0	3	0	3	0	3	0	3	0	3	0	3	0
0	0	3	0	3	0	3	0	3	0	3	0	3	0	3	0	3	0	3	0	3	0	3	0	3
3	3	0	3	0	3	0	3	0	3	0	3	0	3	0	3	0	3	0	3	0	3	0	3	0

② 2단계

4 세 수의 덧셈으로 만드는 옵티컬 아트

4쪽, 5쪽에 있는 각 행에서 세 수의 덧셈을 2로 나누었다.

1. 세 수의 덧셈을 2로 나누기

(1) 5행은 03033 31311 14144 42422 20200의 25주기를 가진다. 각 행은 01000…, 10111 …의 25주기 2개를 가진다.

① 1단계

0	3	0	3	3	3	1	3	1	1	1	4	1	4	4	4
3	0	1	0	0	0	0	0	0	0	0	1	0	1	1	1
0	1	0	1	1	1	1	1	1	1	1	0	1	0	0	0
3	0	1	0	0	0	0	0	0	0	0	1	0	1	1	1
3	0	1	0	0	0	0	0	0	0	0	1	0	1	1	1
3	0	1	0	0	0	0	0	0	0	0	1	0	1	1	1
1	0	1	0	0	0	0	0	0	0	0	1	0	1	1	1
3	0	1	0	0	0	0	0	0	0	0	1	0	1	1	1
1	0	1	0	0	0	0	0	0	0	0	1	0	1	1	1
1	0	1	0	0	0	0	0	0	0	0	1	0	1	1	1
1	0	1	0	0	0	0	0	0	0	0	1	0	1	1	1
4	1	0	1	1	1	1	1	1	1	1	0	1	0	0	0
1	0	1	0	0	0	0	0	0	0	0	1	0	1	1	1
4	1	0	1	1	1	1	1	1	1	1	0	1	0	0	0
4	1	0	1	1	1	1	1	1	1	1	0	1	0	0	0
4	1	0	1	1	1	1	1	1	1	1	0	1	0	0	0

② 2단계

(2) 6행은 31423 43213 00003 12343 24133의 25주기. 각행은 10010…, 01101…의 2개의 25주기를 가진다.

① 1단계

3	1	4	2	3	4	3	2	1	3	0	0	0	0	3	1	2	3	4	3	2	4	1	3	3
1	1	0	0	1	0	1	0	1	1	0	0	0	0	1	1	0	1	0	1	0	0	1	1	1
4	0	1	1	0	1	0	1	0	0	1	1	1	1	0	0	1	0	1	0	1	1	0	0	0
2	0	1	1	0	1	0	1	0	0	1	1	1	1	0	0	1	0	1	0	1	1	0	0	0
3	1	0	0	1	0	1	0	1	1	0	0	0	0	1	1	0	1	0	1	0	0	1	1	1
4	0	1	1	0	1	0	1	0	0	1	1	1	1	0	0	1	0	1	0	1	1	0	0	0
3	1	0	0	1	0	1	0	1	1	0	0	0	0	1	1	0	1	0	1	0	0	1	1	1
2	0	1	1	0	1	0	1	0	0	1	1	1	1	0	0	1	0	1	0	1	1	0	0	0
1	1	0	0	1	0	1	0	1	1	0	0	0	0	1	1	0	1	0	1	0	0	1	1	1
3	1	0	0	1	0	1	0	1	1	0	0	0	0	1	1	0	1	0	1	0	0	1	1	1
0	0	1	1	0	1	0	1	0	0	1	1	1	1	0	0	1	0	1	0	1	1	0	0	0
0	0	1	1	0	1	0	1	0	0	1	1	1	1	0	0	1	0	1	0	1	1	0	0	0
0	0	1	1	0	1	0	1	0	0	1	1	1	1	0	0	1	0	1	0	1	1	0	0	0
0	0	1	1	0	1	0	1	0	0	1	1	1	1	0	0	1	0	1	0	1	1	0	0	0
3	1	0	0	1	0	1	0	1	1	0	0	0	0	1	1	0	1	0	1	0	0	1	1	1
1	1	0	0	1	0	1	0	1	1	0	0	0	0	1	1	0	1	0	1	0	0	1	1	1
2	0	1	1	0	1	0	1	0	0	1	1	1	1	0	0	1	0	1	0	1	1	0	0	0
3	1	0	0	1	0	1	0	1	1	0	0	0	0	1	1	0	1	0	1	0	0	1	1	1
4	0	1	1	0	1	0	1	0	0	1	1	1	1	0	0	1	0	1	0	1	1	0	0	0
3	1	0	0	1	0	1	0	1	1	0	0	0	0	1	1	0	1	0	1	0	0	1	1	1
2	0	1	1	0	1	0	1	0	0	1	1	1	1	0	0	1	0	1	0	1	1	0	0	0
4	0	1	1	0	1	0	1	0	0	1	1	1	1	0	0	1	0	1	0	1	1	0	0	0
1	1	0	0	1	0	1	0	1	1	0	0	0	0	1	1	0	1	0	1	0	0	1	1	1
3	1	0	0	1	0	1	0	1	1	0	0	0	0	1	1	0	1	0	1	0	0	1	1	1
3	1	0	0	1	0	1	0	1	1	0	0	0	0	1	1	0	1	0	1	0	0	1	1	1

② 2단계

(3) 7행은 10011 30032 00003 20024 40040의 반복이다. 각 행은 11000…, 00111…의 25주기 2개를 가진다.

① 1단계

1	0	0	1	1	3	0	0	3	2	0	0	0	0	3	2	0	0	2	4	4	0	0	4	0
0	1	1	0	0	0	1	1	0	1	1	1	1	1	0	1	1	1	1	1	1	1	1	1	1
0	1	1	0	0	0	1	1	0	1	1	1	1	1	0	1	1	1	1	1	1	1	1	1	1
1	0	0	1	1	1	0	0	1	0	0	0	0	0	1	0	0	0	0	0	0	0	0	0	0
1	0	0	1	1	1	0	0	1	0	0	0	0	0	1	0	0	0	0	0	0	0	0	0	0
3	0	0	1	1	1	0	0	1	0	0	0	0	0	1	0	0	0	0	0	0	0	0	0	0
0	1	1	0	0	0	1	1	0	1	1	1	1	1	0	1	1	1	1	1	1	1	1	1	1
0	1	1	0	0	0	1	1	0	1	1	1	1	1	0	1	1	1	1	1	1	1	1	1	1
3	0	0	1	1	1	0	0	1	0	0	0	0	0	1	0	0	0	0	0	0	0	0	0	0
2	1	1	0	0	0	1	1	0	1	1	1	1	1	0	1	1	1	1	1	1	1	1	1	1
0	1	1	0	0	0	1	1	0	1	1	1	1	1	0	1	1	1	1	1	1	1	1	1	1
0	1	1	0	0	0	1	1	0	1	1	1	1	1	0	1	1	1	1	1	1	1	1	1	1
0	1	1	0	0	0	1	1	0	1	1	1	1	1	0	1	1	1	1	1	1	1	1	1	1
0	1	1	0	0	0	1	1	0	1	1	1	1	1	0	1	1	1	1	1	1	1	1	1	1
3	0	0	1	1	1	0	0	1	0	0	0	0	0	1	0	0	0	0	0	0	0	0	0	0
2	1	1	0	0	0	1	1	0	1	1	1	1	1	0	1	1	1	1	1	1	1	1	1	1
0	1	1	0	0	0	1	1	0	1	1	1	1	1	0	1	1	1	1	1	1	1	1	1	1
0	1	1	0	0	0	1	1	0	1	1	1	1	1	0	1	1	1	1	1	1	1	1	1	1
2	1	1	0	0	0	1	1	0	1	1	1	1	1	0	1	1	1	1	1	1	1	1	1	1
4	1	1	0	0	0	1	1	0	1	1	1	1	1	0	1	1	1	1	1	1	1	1	1	1
4	1	1	0	0	0	1	1	0	1	1	1	1	1	0	1	1	1	1	1	1	1	1	1	1
0	1	1	0	0	0	1	1	0	1	1	1	1	1	0	1	1	1	1	1	1	1	1	1	1
0	1	1	0	0	0	1	1	0	1	1	1	1	1	0	1	1	1	1	1	1	1	1	1	1
4	1	1	0	0	0	1	1	0	1	1	1	1	1	0	1	1	1	1	1	1	1	1	1	1
0	1	1	0	0	0	1	1	0	1	1	1	1	1	0	1	1	1	1	1	1	1	1	1	1

② 2단계

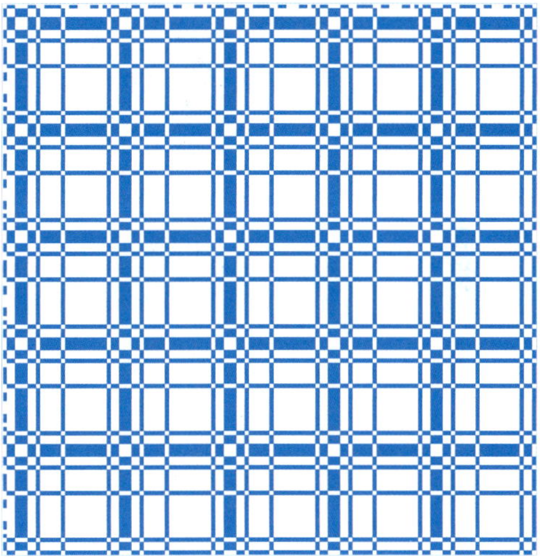

(4) 8행은 40013 20033 00003 30023 10043의 25주기. 각 행은 00110…, 11001…의 25주기 2개를 가진다.

① 1단계

4	0	0	1	3	2	0	0	3	3	0	0	0	0	3	3	0	0	2	3	1	0	0	4	3
0	0	0	1	1	0	0	0	1	1	0	0	0	0	1	1	0	0	0	1	1	0	0	0	1
0	0	0	1	1	0	0	0	1	1	0	0	0	0	1	1	0	0	0	1	1	0	0	0	1
1	1	1	0	0	1	1	1	0	0	1	1	1	1	0	0	1	1	1	0	0	1	1	1	0
3	1	1	0	0	1	1	1	0	0	1	1	1	1	0	0	1	1	1	0	0	1	1	1	0
2	0	0	1	1	0	0	0	1	1	0	0	0	0	1	1	0	0	0	1	1	0	0	0	1
0	0	0	1	1	0	0	0	1	1	0	0	0	0	1	1	0	0	0	1	1	0	0	0	1
0	0	0	1	1	0	0	0	1	1	0	0	0	0	1	1	0	0	0	1	1	0	0	0	1
3	1	1	0	0	1	1	1	0	0	1	1	1	1	0	0	1	1	1	0	0	1	1	1	0
3	1	1	0	0	1	1	1	0	0	1	1	1	1	0	0	1	1	1	0	0	1	1	1	0
0	0	0	1	1	0	0	0	1	1	0	0	0	0	1	1	0	0	0	1	1	0	0	0	1
0	0	0	1	1	0	0	0	1	1	0	0	0	0	1	1	0	0	0	1	1	0	0	0	1
0	0	0	1	1	0	0	0	1	1	0	0	0	0	1	1	0	0	0	1	1	0	0	0	1
0	0	0	1	1	0	0	0	1	1	0	0	0	0	1	1	0	0	0	1	1	0	0	0	1
3	1	1	0	0	1	1	1	0	0	1	1	1	1	0	0	1	1	1	0	0	1	1	1	0
3	1	1	0	0	1	1	1	0	0	1	1	1	1	0	0	1	1	1	0	0	1	1	1	0
0	0	0	1	1	0	0	0	1	1	0	0	0	0	1	1	0	0	0	1	1	0	0	0	1
0	0	0	1	1	0	0	0	1	1	0	0	0	0	1	1	0	0	0	1	1	0	0	0	1
2	0	0	1	1	0	0	0	1	1	0	0	0	0	1	1	0	0	0	1	1	0	0	0	1
3	1	1	0	0	1	1	1	0	0	1	1	1	1	0	0	1	1	1	0	0	1	1	1	0
1	1	1	0	0	1	1	1	0	0	1	1	1	1	0	0	1	1	1	0	0	1	1	1	0
0	0	0	1	1	0	0	0	1	1	0	0	0	0	1	1	0	0	0	1	1	0	0	0	1
0	0	0	1	1	0	0	0	1	1	0	0	0	0	1	1	0	0	0	1	1	0	0	0	1
4	0	0	1	1	0	0	0	1	1	0	0	0	0	1	1	0	0	0	1	1	0	0	0	1
3	1	1	0	0	1	1	1	0	0	1	1	1	1	0	0	1	1	1	0	0	1	1	1	0

② 2단계

(5) 9행은 21121 13312 00003 42244 34430의 반복이다. 각 행은 00100⋯, 11011⋯ 의 25주기 2개를 가진다.

① 1단계

2	1	1	2	1	1	3	3	1	2	0	0	0	0	3	4	2	2	4	4	3	4	4	3	0
1	0	0	1	0	0	0	0	0	1	1	1	1	1	0	1	1	1	1	1	0	1	1	0	1
1	0	0	1	0	0	0	0	0	1	1	1	1	1	0	1	1	1	1	1	0	1	1	0	1
2	1	1	0	1	1	1	1	1	0	0	0	0	0	1	0	0	0	0	0	1	0	0	1	0
1	0	0	1	0	0	0	0	0	1	1	1	1	1	0	1	1	1	1	1	0	1	1	0	1
1	0	0	1	0	0	0	0	0	1	1	1	1	1	0	1	1	1	1	1	0	1	1	0	1
3	0	0	1	0	0	0	0	0	1	1	1	1	1	0	1	1	1	1	1	0	1	1	0	1
3	0	0	1	0	0	0	0	0	1	1	1	1	1	0	1	1	1	1	1	0	1	1	0	1
1	0	0	1	0	0	0	0	0	1	1	1	1	1	0	1	1	1	1	1	0	1	1	0	1
2	1	1	0	1	1	1	1	1	0	0	0	0	0	1	0	0	0	0	0	1	0	0	1	0
0	1	1	0	1	1	1	1	1	0	0	0	0	0	1	0	0	0	0	0	1	0	0	1	0
0	1	1	0	1	1	1	1	1	0	0	0	0	0	1	0	0	0	0	0	1	0	0	1	0
0	1	1	0	1	1	1	1	1	0	0	0	0	0	1	0	0	0	0	0	1	0	0	1	0
0	1	1	0	1	1	1	1	1	0	0	0	0	0	1	0	0	0	0	0	1	0	0	1	0
3	0	0	1	0	0	0	0	0	1	1	1	1	1	0	1	1	1	1	1	0	1	1	0	1
4	1	1	0	1	1	1	1	1	0	0	0	0	0	1	0	0	0	0	0	1	0	0	1	0
2	1	1	0	1	1	1	1	1	0	0	0	0	0	1	0	0	0	0	0	1	0	0	1	0
2	1	1	0	1	1	1	1	1	0	0	0	0	0	1	0	0	0	0	0	1	0	0	1	0
4	1	1	0	1	1	1	1	1	0	0	0	0	0	1	0	0	0	0	0	1	0	0	1	0
4	1	1	0	1	1	1	1	1	0	0	0	0	0	1	0	0	0	0	0	1	0	0	1	0
3	0	0	1	0	0	0	0	0	1	1	1	1	1	0	1	1	1	1	1	0	1	1	0	1
4	1	1	0	1	1	1	1	1	0	0	0	0	0	1	0	0	0	0	0	1	0	0	1	0
4	1	1	0	1	1	1	1	1	0	0	0	0	0	1	0	0	0	0	0	1	0	0	1	0
3	0	0	1	0	0	0	0	0	1	1	1	1	1	0	1	1	1	1	1	0	1	1	0	1
0	1	1	0	1	1	1	1	1	0	0	0	0	0	1	0	0	0	0	0	1	0	0	1	0

② 2단계

(6) 10행은 03031 32320 22220 23231 30303의 반복이다. 각 행은 01000⋯, 10111⋯ 의 25주기 2개를 가진다.

① 1단계

0	3	0	3	1	3	2	3	2	0	2	2	2	2	0	2	3	2	3	1	3	0	3	0	3
3	0	1	0	0	0	1	0	1	1	1	1	1	1	1	1	0	1	0	0	0	1	0	1	0
0	1	0	1	1	1	0	1	0	0	0	0	0	0	0	0	1	0	1	1	1	0	1	0	1
3	0	1	0	0	0	1	0	1	1	1	1	1	1	1	1	0	1	0	0	0	1	0	1	0
1	0	1	0	0	0	1	0	1	1	1	1	1	1	1	1	0	1	0	0	0	1	0	1	0
3	0	1	0	0	0	1	0	1	1	1	1	1	1	1	1	0	1	0	0	0	1	0	1	0
2	1	0	1	1	1	0	1	0	0	0	0	0	0	0	0	1	0	1	1	1	0	1	0	1
3	0	1	0	0	0	1	0	1	1	1	1	1	1	1	1	0	1	0	0	0	1	0	1	0
2	1	0	1	1	1	0	1	0	0	0	0	0	0	0	0	1	0	1	1	1	0	1	0	1
0	1	0	1	1	1	0	1	0	0	0	0	0	0	0	0	1	0	1	1	1	0	1	0	1
2	1	0	1	1	1	0	1	0	0	0	0	0	0	0	0	1	0	1	1	1	0	1	0	1
2	1	0	1	1	1	0	1	0	0	0	0	0	0	0	0	1	0	1	1	1	0	1	0	1
2	1	0	1	1	1	0	1	0	0	0	0	0	0	0	0	1	0	1	1	1	0	1	0	1
2	1	0	1	1	1	0	1	0	0	0	0	0	0	0	0	1	0	1	1	1	0	1	0	1
0	1	0	1	1	1	0	1	0	0	0	0	0	0	0	0	1	0	1	1	1	0	1	0	1
2	1	0	1	1	1	0	1	0	0	0	0	0	0	0	0	1	0	1	1	1	0	1	0	1
3	0	1	0	0	0	1	0	1	1	1	1	1	1	1	1	0	1	0	0	0	1	0	1	0
2	1	0	1	1	1	0	1	0	0	0	0	0	0	0	0	1	0	1	1	1	0	1	0	1
3	0	1	0	0	0	1	0	1	1	1	1	1	1	1	1	0	1	0	0	0	1	0	1	0
1	0	1	0	0	0	1	0	1	1	1	1	1	1	1	1	0	1	0	0	0	1	0	1	0
3	0	1	0	0	0	1	0	1	1	1	1	1	1	1	1	0	1	0	0	0	1	0	1	0
0	1	0	1	1	1	0	1	0	0	0	0	0	0	0	0	1	0	1	1	1	0	1	0	1
3	0	1	0	0	0	1	0	1	1	1	1	1	1	1	1	0	1	0	0	0	1	0	1	0
0	1	0	1	1	1	0	1	0	0	0	0	0	0	0	0	1	0	1	1	1	0	1	0	1
3	0	1	0	0	0	1	0	1	1	1	1	1	1	1	1	0	1	0	0	0	1	0	1	0

② 2단계

(7) 11행은 31421 00002 43213 00004 31420의 25주기를 가진다. 각 행은 10010⋯, 01101⋯ 의 25주기 3개를 가진다.

① 1단계	② 2단계
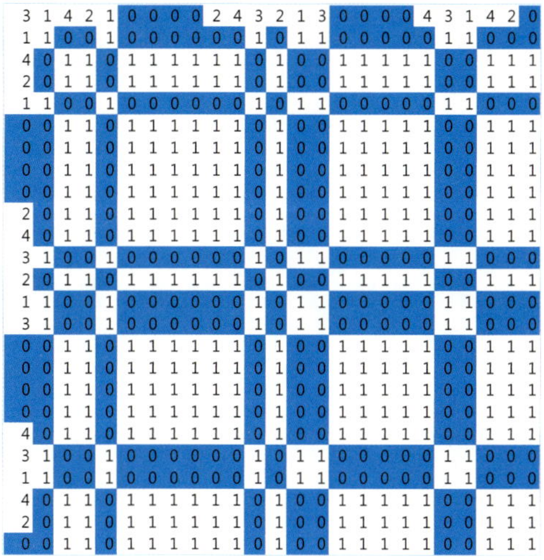	

(8) 12행은 10014 00002 30032 00004 10013의 25주기를 가진다. 각 행은 11011⋯, 00100⋯ 의 25주기 2개를 가진다.

① 1단계	② 2단계
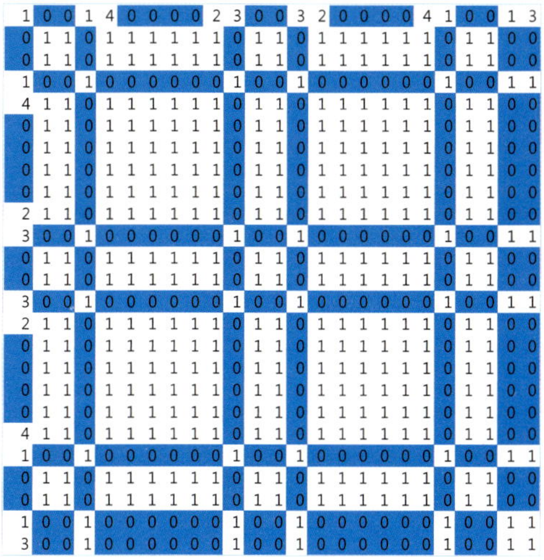	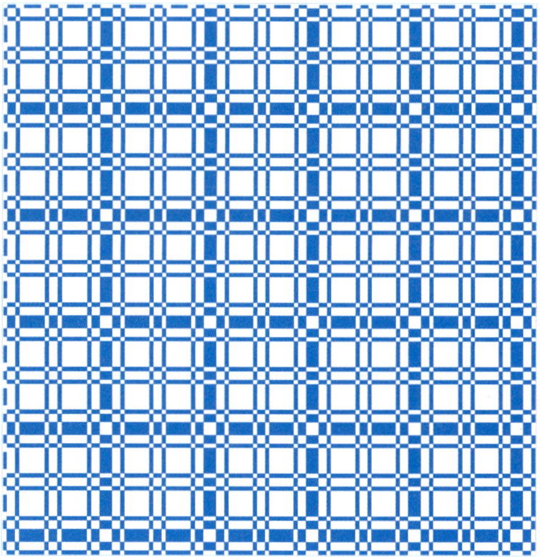

(9) 14행은 21124 00002 13312 00004 21123의 25주기를 가진다. 각 행은 00111…, 11000… 의 25주기 2개를 가진다.

① 1단계	② 2단계
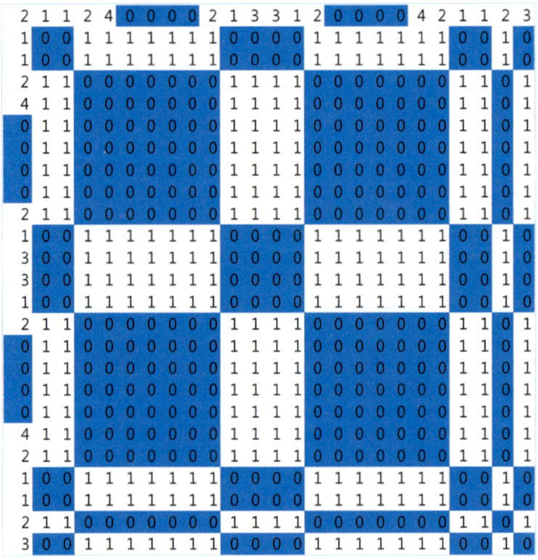	

(10) 16행은 31424 12342 00002 43214 24133의 반복이다. 각 행은 10001…, 01110… 의 25주기 2개를 가진다.

① 1단계	② 2단계
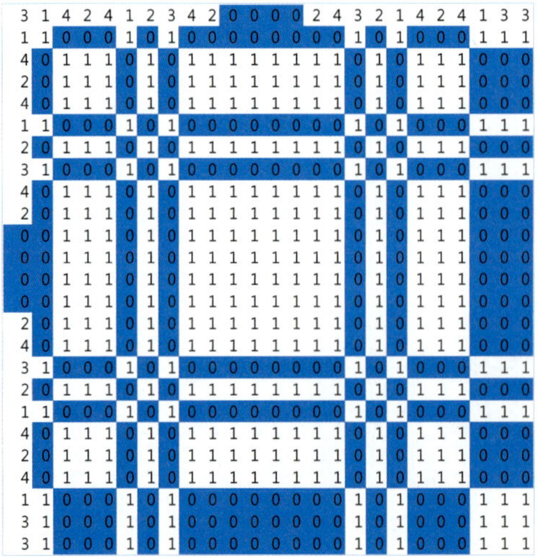	

(11) 17행은 10012 20023 00002 30033 40040의 25주기를 가진다. 각 행은 11011···, 00100···의 25주기 2개를 가진다.

① 1단계

1	0	0	1	2	2	0	0	2	3	0	0	0	0	2	3	0	0	3	3	4	0	0	4	0
0	1	1	0	1	1	1	1	1	0	1	1	1	1	1	0	1	1	0	0	1	1	1	1	1
0	1	1	0	1	1	1	1	1	0	1	1	1	1	1	0	1	1	0	0	1	1	1	1	1
1	0	0	1	0	0	0	0	0	1	0	0	0	0	0	1	0	0	1	1	0	0	0	0	0
2	1	1	0	1	1	1	1	1	0	1	1	1	1	1	0	1	1	0	0	1	1	1	1	1
2	1	1	0	1	1	1	1	1	0	1	1	1	1	1	0	1	1	0	0	1	1	1	1	1
0	1	1	0	1	1	1	1	1	0	1	1	1	1	1	0	1	1	0	0	1	1	1	1	1
0	1	1	0	1	1	1	1	1	0	1	1	1	1	1	0	1	1	0	0	1	1	1	1	1
2	1	1	0	1	1	1	1	1	0	1	1	1	1	1	0	1	1	0	0	1	1	1	1	1
3	0	0	1	0	0	0	0	0	1	0	0	0	0	0	1	0	0	1	1	0	0	0	0	0
0	1	1	0	1	1	1	1	1	0	1	1	1	1	1	0	1	1	0	0	1	1	1	1	1
0	1	1	0	1	1	1	1	1	0	1	1	1	1	1	0	1	1	0	0	1	1	1	1	1
0	1	1	0	1	1	1	1	1	0	1	1	1	1	1	0	1	1	0	0	1	1	1	1	1
0	1	1	0	1	1	1	1	1	0	1	1	1	1	1	0	1	1	0	0	1	1	1	1	1
2	1	1	0	1	1	1	1	1	0	1	1	1	1	1	0	1	1	0	0	1	1	1	1	1
3	0	0	1	0	0	0	0	0	1	0	0	0	0	0	1	0	0	1	1	0	0	0	0	0
0	1	1	0	1	1	1	1	1	0	1	1	1	1	1	0	1	1	0	0	1	1	1	1	1
0	1	1	0	1	1	1	1	1	0	1	1	1	1	1	0	1	1	0	0	1	1	1	1	1
3	0	0	1	0	0	0	0	0	1	0	0	0	0	0	1	0	0	1	1	0	0	0	0	0
3	0	0	1	0	0	0	0	0	1	0	0	0	0	0	1	0	0	1	1	0	0	0	0	0
4	1	1	0	1	1	1	1	1	0	1	1	1	1	1	0	1	1	0	0	1	1	1	1	1
0	1	1	0	1	1	1	1	1	0	1	1	1	1	1	0	1	1	0	0	1	1	1	1	1
0	1	1	0	1	1	1	1	1	0	1	1	1	1	1	0	1	1	0	0	1	1	1	1	1
4	1	1	0	1	1	1	1	1	0	1	1	1	1	1	0	1	1	0	0	1	1	1	1	1
0	1	1	0	1	1	1	1	1	0	1	1	1	1	1	0	1	1	0	0	1	1	1	1	1

② 2단계

(12) 18행은 40014 30022 00002 20034 10043의 25주기를 가진다. 각 행은 00101···, 11010···의 25주기 2개를 가진다.

① 1단계

4	0	0	1	4	3	0	0	2	2	0	0	0	0	2	2	0	0	3	4	1	0	0	4	3
0	0	0	1	0	1	0	0	0	0	0	0	0	0	0	0	0	0	1	0	1	0	0	0	1
0	0	0	1	0	1	0	0	0	0	0	0	0	0	0	0	0	0	1	0	1	0	0	0	1
1	1	1	0	1	0	1	1	1	1	1	1	1	1	1	1	1	1	0	1	0	1	1	1	0
4	0	0	1	0	1	0	0	0	0	0	0	0	0	0	0	0	0	1	0	1	0	0	0	1
3	1	1	0	1	0	1	1	1	1	1	1	1	1	1	1	1	1	0	1	0	1	1	1	0
0	0	0	1	0	1	0	0	0	0	0	0	0	0	0	0	0	0	1	0	1	0	0	0	1
0	0	0	1	0	1	0	0	0	0	0	0	0	0	0	0	0	0	1	0	1	0	0	0	1
2	0	0	1	0	1	0	0	0	0	0	0	0	0	0	0	0	0	1	0	1	0	0	0	1
2	0	0	1	0	1	0	0	0	0	0	0	0	0	0	0	0	0	1	0	1	0	0	0	1
0	0	0	1	0	1	0	0	0	0	0	0	0	0	0	0	0	0	1	0	1	0	0	0	1
0	0	0	1	0	1	0	0	0	0	0	0	0	0	0	0	0	0	1	0	1	0	0	0	1
0	0	0	1	0	1	0	0	0	0	0	0	0	0	0	0	0	0	1	0	1	0	0	0	1
0	0	0	1	0	1	0	0	0	0	0	0	0	0	0	0	0	0	1	0	1	0	0	0	1
2	0	0	1	0	1	0	0	0	0	0	0	0	0	0	0	0	0	1	0	1	0	0	0	1
2	0	0	1	0	1	0	0	0	0	0	0	0	0	0	0	0	0	1	0	1	0	0	0	1
0	0	0	1	0	1	0	0	0	0	0	0	0	0	0	0	0	0	1	0	1	0	0	0	1
0	0	0	1	0	1	0	0	0	0	0	0	0	0	0	0	0	0	1	0	1	0	0	0	1
3	1	1	0	1	0	1	1	1	1	1	1	1	1	1	1	1	1	0	1	0	1	1	1	0
4	0	0	1	0	1	0	0	0	0	0	0	0	0	0	0	0	0	1	0	1	0	0	0	1
1	1	1	0	1	0	1	1	1	1	1	1	1	1	1	1	1	1	0	1	0	1	1	1	0
0	0	0	1	0	1	0	0	0	0	0	0	0	0	0	0	0	0	1	0	1	0	0	0	1
0	0	0	1	0	1	0	0	0	0	0	0	0	0	0	0	0	0	1	0	1	0	0	0	1
4	0	0	1	0	1	0	0	0	0	0	0	0	0	0	0	0	0	1	0	1	0	0	0	1
3	1	1	0	1	0	1	1	1	1	1	1	1	1	1	1	1	1	0	1	0	1	1	1	0

② 2단계

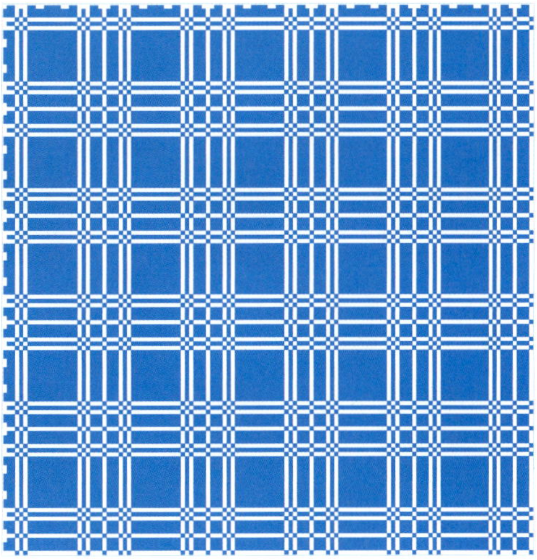

(13) 19행은 21122 42243 00002 13313 34430의 25주기를 가진다. 각 행은 00111…, 11000…의 25주기 2개를 가진다.

① 1단계

2	1	1	2	2	4	2	2	4	3	0	0	0	0	2	1	3	3	1	3	3	4	4	3	0
1	0	0	1	1	1	1	1	1	0	1	1	1	1	1	0	0	0	0	0	0	1	1	0	1
1	0	0	1	1	1	1	1	1	0	1	1	1	1	1	0	0	0	0	0	0	1	1	0	1
2	1	1	0	0	0	0	0	0	1	0	0	0	0	0	1	1	1	1	1	1	0	0	1	0
2	1	1	0	0	0	0	0	0	1	0	0	0	0	0	1	1	1	1	1	1	0	0	1	0
4	1	1	0	0	0	0	0	0	1	0	0	0	0	0	1	1	1	1	1	1	0	0	1	0
2	1	1	0	0	0	0	0	0	1	0	0	0	0	0	1	1	1	1	1	1	0	0	1	0
2	1	1	0	0	0	0	0	0	1	0	0	0	0	0	1	1	1	1	1	1	0	0	1	0
4	1	1	0	0	0	0	0	0	1	0	0	0	0	0	1	1	1	1	1	1	0	0	1	0
3	0	0	1	1	1	1	1	1	0	1	1	1	1	1	0	0	0	0	0	0	1	1	0	1
0	1	1	0	0	0	0	0	0	1	0	0	0	0	0	1	1	1	1	1	1	0	0	1	0
0	1	1	0	0	0	0	0	0	1	0	0	0	0	0	1	1	1	1	1	1	0	0	1	0
0	1	1	0	0	0	0	0	0	1	0	0	0	0	0	1	1	1	1	1	1	0	0	1	0
0	1	1	0	0	0	0	0	0	1	0	0	0	0	0	1	1	1	1	1	1	0	0	1	0
2	1	1	0	0	0	0	0	0	1	0	0	0	0	0	1	1	1	1	1	1	0	0	1	0
1	0	0	1	1	1	1	1	1	0	1	1	1	1	1	0	0	0	0	0	0	1	1	0	1
3	0	0	1	1	1	1	1	1	0	1	1	1	1	1	0	0	0	0	0	0	1	1	0	1
3	0	0	1	1	1	1	1	1	0	1	1	1	1	1	0	0	0	0	0	0	1	1	0	1
1	0	0	1	1	1	1	1	1	0	1	1	1	1	1	0	0	0	0	0	0	1	1	0	1
3	0	0	1	1	1	1	1	1	0	1	1	1	1	1	0	0	0	0	0	0	1	1	0	1
3	0	0	1	1	1	1	1	1	0	1	1	1	1	1	0	0	0	0	0	0	1	1	0	1
4	1	1	0	0	0	0	0	0	1	0	0	0	0	0	1	1	1	1	1	1	0	0	1	0
4	1	1	0	0	0	0	0	0	1	0	0	0	0	0	1	1	1	1	1	1	0	0	1	0
3	0	0	1	1	1	1	1	1	0	1	1	1	1	1	0	0	0	0	0	0	1	1	0	1
0	1	1	0	0	0	0	0	0	1	0	0	0	0	0	1	1	1	1	1	1	0	0	1	0

② 2단계

(14) 21행은 31422 24133 31422 24133 31420의 25주기를 가진다. 각 행은 10000…, 01111…의 25주기 2개를 가진다.

① 1단계

3	1	4	2	2	2	4	1	3	3	3	1	4	2	2	2	4	1	3	3	3	1	4	2	0
1	1	0	0	0	0	0	1	1	1	1	1	0	0	0	0	0	1	1	1	1	1	0	0	0
4	0	1	1	1	1	1	0	0	0	0	0	1	1	1	1	1	0	0	0	0	0	1	1	1
2	0	1	1	1	1	1	0	0	0	0	0	1	1	1	1	1	0	0	0	0	0	1	1	1
2	0	1	1	1	1	1	0	0	0	0	0	1	1	1	1	1	0	0	0	0	0	1	1	1
2	0	1	1	1	1	1	0	0	0	0	0	1	1	1	1	1	0	0	0	0	0	1	1	1
4	0	1	1	1	1	1	0	0	0	0	0	1	1	1	1	1	0	0	0	0	0	1	1	1
1	1	0	0	0	0	0	1	1	1	1	1	0	0	0	0	0	1	1	1	1	1	0	0	0
3	1	0	0	0	0	0	1	1	1	1	1	0	0	0	0	0	1	1	1	1	1	0	0	0
3	1	0	0	0	0	0	1	1	1	1	1	0	0	0	0	0	1	1	1	1	1	0	0	0
3	1	0	0	0	0	0	1	1	1	1	1	0	0	0	0	0	1	1	1	1	1	0	0	0
1	1	0	0	0	0	0	1	1	1	1	1	0	0	0	0	0	1	1	1	1	1	0	0	0
4	0	1	1	1	1	1	0	0	0	0	0	1	1	1	1	1	0	0	0	0	0	1	1	1
2	0	1	1	1	1	1	0	0	0	0	0	1	1	1	1	1	0	0	0	0	0	1	1	1
2	0	1	1	1	1	1	0	0	0	0	0	1	1	1	1	1	0	0	0	0	0	1	1	1
2	0	1	1	1	1	1	0	0	0	0	0	1	1	1	1	1	0	0	0	0	0	1	1	1
4	0	1	1	1	1	1	0	0	0	0	0	1	1	1	1	1	0	0	0	0	0	1	1	1
1	1	0	0	0	0	0	1	1	1	1	1	0	0	0	0	0	1	1	1	1	1	0	0	0
3	1	0	0	0	0	0	1	1	1	1	1	0	0	0	0	0	1	1	1	1	1	0	0	0
3	1	0	0	0	0	0	1	1	1	1	1	0	0	0	0	0	1	1	1	1	1	0	0	0
3	1	0	0	0	0	0	1	1	1	1	1	0	0	0	0	0	1	1	1	1	1	0	0	0
1	1	0	0	0	0	0	1	1	1	1	1	0	0	0	0	0	1	1	1	1	1	0	0	0
4	0	1	1	1	1	1	0	0	0	0	0	1	1	1	1	1	0	0	0	0	0	1	1	1
2	0	1	1	1	1	1	0	0	0	0	0	1	1	1	1	1	0	0	0	0	0	1	1	1
0	0	1	1	1	1	1	0	0	0	0	0	1	1	1	1	1	0	0	0	0	0	1	1	1

② 2단계

(15) 22행은 10010 40040 10010 40040 10013의 25주기를 가진다. 각 행은 11011⋯, 00100⋯의 25주기 2개를 가진다.

① 1단계

1	0	0	1	0	4	0	0	4	0	1	0	0	1	0	4	0	0	4	0	1	0	0	1	3
0	1	1	0	1	1	1	1	1	1	0	1	1	0	1	1	1	1	1	1	0	1	1	0	0
0	1	1	0	1	1	1	1	1	1	0	1	1	0	1	1	1	1	1	1	0	1	1	0	0
1	0	0	1	0	0	0	0	0	0	1	0	0	1	0	0	0	0	0	0	1	0	0	1	1
0	1	1	0	1	1	1	1	1	1	0	1	1	0	1	1	1	1	1	1	0	1	1	0	0
4	1	1	0	1	1	1	1	1	1	0	1	1	0	1	1	1	1	1	1	0	1	1	0	0
0	1	1	0	1	1	1	1	1	1	0	1	1	0	1	1	1	1	1	1	0	1	1	0	0
0	1	1	0	1	1	1	1	1	1	0	1	1	0	1	1	1	1	1	1	0	1	1	0	0
4	1	1	0	1	1	1	1	1	1	0	1	1	0	1	1	1	1	1	1	0	1	1	0	0
0	1	1	0	1	1	1	1	1	1	0	1	1	0	1	1	1	1	1	1	0	1	1	0	0
1	0	0	1	0	0	0	0	0	0	1	0	0	1	0	0	0	0	0	0	1	0	0	1	1
0	1	1	0	1	1	1	1	1	1	0	1	1	0	1	1	1	1	1	1	0	1	1	0	0
0	1	1	0	1	1	1	1	1	1	0	1	1	0	1	1	1	1	1	1	0	1	1	0	0
1	0	0	1	0	0	0	0	0	0	1	0	0	1	0	0	0	0	0	0	1	0	0	1	1
0	1	1	0	1	1	1	1	1	1	0	1	1	0	1	1	1	1	1	1	0	1	1	0	0
4	1	1	0	1	1	1	1	1	1	0	1	1	0	1	1	1	1	1	1	0	1	1	0	0
0	1	1	0	1	1	1	1	1	1	0	1	1	0	1	1	1	1	1	1	0	1	1	0	0
0	1	1	0	1	1	1	1	1	1	0	1	1	0	1	1	1	1	1	1	0	1	1	0	0
4	1	1	0	1	1	1	1	1	1	0	1	1	0	1	1	1	1	1	1	0	1	1	0	0
0	1	1	0	1	1	1	1	1	1	0	1	1	0	1	1	1	1	1	1	0	1	1	0	0
1	0	0	1	0	0	0	0	0	0	1	0	0	1	0	0	0	0	0	0	1	0	0	1	1
0	1	1	0	1	1	1	1	1	1	0	1	1	0	1	1	1	1	1	1	0	1	1	0	0
0	1	1	0	1	1	1	1	1	1	0	1	1	0	1	1	1	1	1	1	0	1	1	0	0
1	0	0	1	0	0	0	0	0	0	1	0	0	1	0	0	0	0	0	0	1	0	0	1	1
3	0	0	1	0	0	0	0	0	0	1	0	0	1	0	0	0	0	0	0	1	0	0	1	1

② 2단계

(16) 24행은 21120 34430 21120 34430 21123의 25주기를 가진다. 각 행은 00110⋯, 11001⋯의 25주기 2개를 가진다.

① 1단계

2	1	1	2	0	3	4	4	3	0	2	1	1	2	0	3	4	4	3	0	2	1	1	2	3
1	0	0	1	1	0	1	1	0	1	1	0	0	1	1	0	1	1	0	1	1	0	0	1	0
1	0	0	1	1	0	1	1	0	1	1	0	0	1	1	0	1	1	0	1	1	0	0	1	0
2	1	1	0	0	1	0	0	1	0	0	1	1	0	0	1	0	0	1	0	0	1	1	0	1
0	1	1	0	0	1	0	0	1	0	0	1	1	0	0	1	0	0	1	0	0	1	1	0	1
3	0	0	1	1	0	1	1	0	1	1	0	0	1	1	0	1	1	0	1	1	0	0	1	0
4	1	1	0	0	1	0	0	1	0	0	1	1	0	0	1	0	0	1	0	0	1	1	0	1
4	1	1	0	0	1	0	0	1	0	0	1	1	0	0	1	0	0	1	0	0	1	1	0	1
3	0	0	1	1	0	1	1	0	1	1	0	0	1	1	0	1	1	0	1	1	0	0	1	0
0	1	1	0	0	1	0	0	1	0	0	1	1	0	0	1	0	0	1	0	0	1	1	0	1
2	1	1	0	0	1	0	0	1	0	0	1	1	0	0	1	0	0	1	0	0	1	1	0	1
1	0	0	1	1	0	1	1	0	1	1	0	0	1	1	0	1	1	0	1	1	0	0	1	0
1	0	0	1	1	0	1	1	0	1	1	0	0	1	1	0	1	1	0	1	1	0	0	1	0
2	1	1	0	0	1	0	0	1	0	0	1	1	0	0	1	0	0	1	0	0	1	1	0	1
0	1	1	0	0	1	0	0	1	0	0	1	1	0	0	1	0	0	1	0	0	1	1	0	1
3	0	0	1	1	0	1	1	0	1	1	0	0	1	1	0	1	1	0	1	1	0	0	1	0
4	1	1	0	0	1	0	0	1	0	0	1	1	0	0	1	0	0	1	0	0	1	1	0	1
4	1	1	0	0	1	0	0	1	0	0	1	1	0	0	1	0	0	1	0	0	1	1	0	1
3	0	0	1	1	0	1	1	0	1	1	0	0	1	1	0	1	1	0	1	1	0	0	1	0
0	1	1	0	0	1	0	0	1	0	0	1	1	0	0	1	0	0	1	0	0	1	1	0	1
2	1	1	0	0	1	0	0	1	0	0	1	1	0	0	1	0	0	1	0	0	1	1	0	1
1	0	0	1	1	0	1	1	0	1	1	0	0	1	1	0	1	1	0	1	1	0	0	1	0
1	0	0	1	1	0	1	1	0	1	1	0	0	1	1	0	1	1	0	1	1	0	0	1	0
2	1	1	0	0	1	0	0	1	0	0	1	1	0	0	1	0	0	1	0	0	1	1	0	1
3	0	0	1	1	0	1	1	0	1	1	0	0	1	1	0	1	1	0	1	1	0	0	1	0

② 2단계

(17) 26행 31420 31420 31420⋯은 125주기다. 각 행은 100011⋯, 011100⋯의 25주기 2개를 가진다.

① 1단계	② 2단계
(아래 표)	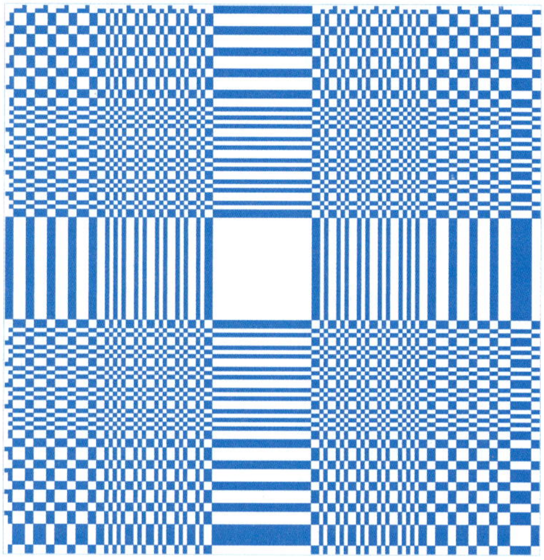

3	1	4	2	0	3	1	4	2	0	3	1	4	2	0	3	1	4	2	0	3	1	4	2	3	4
1	1	0	0	0	1	1	0	0	0	1	1	0	0	0	1	1	0	0	0	1	1	0	0	1	0
4	0	1	1	1	0	0	1	1	1	0	0	1	1	1	0	0	1	1	1	0	0	1	1	0	1
2	0	1	1	1	0	0	1	1	1	0	0	1	1	1	0	0	1	1	1	0	0	1	1	0	1
0	0	1	1	1	0	0	1	1	1	0	0	1	1	1	0	0	1	1	1	0	0	1	1	0	1
3	1	0	0	0	1	1	0	0	0	1	1	0	0	0	1	1	0	0	0	1	1	0	0	1	0
1	1	0	0	0	1	1	0	0	0	1	1	0	0	0	1	1	0	0	0	1	1	0	0	1	0
4	0	1	1	1	0	0	1	1	1	0	0	1	1	1	0	0	1	1	1	0	0	1	1	0	1
2	0	1	1	1	0	0	1	1	1	0	0	1	1	1	0	0	1	1	1	0	0	1	1	0	1
0	0	1	1	1	0	0	1	1	1	0	0	1	1	1	0	0	1	1	1	0	0	1	1	0	1
3	1	0	0	0	1	1	0	0	0	1	1	0	0	0	1	1	0	0	0	1	1	0	0	1	0
1	1	0	0	0	1	1	0	0	0	1	1	0	0	0	1	1	0	0	0	1	1	0	0	1	0
4	0	1	1	1	0	0	1	1	1	0	0	1	1	1	0	0	1	1	1	0	0	1	1	0	1
2	0	1	1	1	0	0	1	1	1	0	0	1	1	1	0	0	1	1	1	0	0	1	1	0	1
0	0	1	1	1	0	0	1	1	1	0	0	1	1	1	0	0	1	1	1	0	0	1	1	0	1
3	1	0	0	0	1	1	0	0	0	1	1	0	0	0	1	1	0	0	0	1	1	0	0	1	0
1	1	0	0	0	1	1	0	0	0	1	1	0	0	0	1	1	0	0	0	1	1	0	0	1	0
4	0	1	1	1	0	0	1	1	1	0	0	1	1	1	0	0	1	1	1	0	0	1	1	0	1
2	0	1	1	1	0	0	1	1	1	0	0	1	1	1	0	0	1	1	1	0	0	1	1	0	1
0	0	1	1	1	0	0	1	1	1	0	0	1	1	1	0	0	1	1	1	0	0	1	1	0	1
3	1	0	0	0	1	1	0	0	0	1	1	0	0	0	1	1	0	0	0	1	1	0	0	1	0
1	1	0	0	0	1	1	0	0	0	1	1	0	0	0	1	1	0	0	0	1	1	0	0	1	0
4	0	1	1	1	0	0	1	1	1	0	0	1	1	1	0	0	1	1	1	0	0	1	1	0	1
2	0	1	1	1	0	0	1	1	1	0	0	1	1	1	0	0	1	1	1	0	0	1	1	0	1
3	1	0	0	0	1	1	0	0	0	1	1	0	0	0	1	1	0	0	0	1	1	0	0	1	0
4	0	1	1	1	0	0	1	1	1	0	0	1	1	1	0	0	1	1	1	0	0	1	1	0	1

(18) 27행 10013 10013 10013⋯은 125주기를 가진다. 각행 11000⋯, 00111⋯는 125주기 2개를 가진다.

① 1단계	② 2단계
(아래 표)	

1	0	0	1	3	1	0	0	1	3	1	0	0	1	3	1	0	0	1	3	1	0	0	1	1	3
0	1	1	0	0	0	1	1	0	0	0	1	1	0	0	0	1	1	0	0	0	1	1	0	0	0
0	1	1	0	0	0	1	1	0	0	0	1	1	0	0	0	1	1	0	0	0	1	1	0	0	0
1	0	0	1	1	1	0	0	1	1	1	0	0	1	1	1	0	0	1	1	1	0	0	1	1	1
3	0	0	1	1	1	0	0	1	1	1	0	0	1	1	1	0	0	1	1	1	0	0	1	1	1
1	0	0	1	1	1	0	0	1	1	1	0	0	1	1	1	0	0	1	1	1	0	0	1	1	1
0	1	1	0	0	0	1	1	0	0	0	1	1	0	0	0	1	1	0	0	0	1	1	0	0	0
0	1	1	0	0	0	1	1	0	0	0	1	1	0	0	0	1	1	0	0	0	1	1	0	0	0
1	0	0	1	1	1	0	0	1	1	1	0	0	1	1	1	0	0	1	1	1	0	0	1	1	1
3	0	0	1	1	1	0	0	1	1	1	0	0	1	1	1	0	0	1	1	1	0	0	1	1	1
1	0	0	1	1	1	0	0	1	1	1	0	0	1	1	1	0	0	1	1	1	0	0	1	1	1
0	1	1	0	0	0	1	1	0	0	0	1	1	0	0	0	1	1	0	0	0	1	1	0	0	0
0	1	1	0	0	0	1	1	0	0	0	1	1	0	0	0	1	1	0	0	0	1	1	0	0	0
1	0	0	1	1	1	0	0	1	1	1	0	0	1	1	1	0	0	1	1	1	0	0	1	1	1
3	0	0	1	1	1	0	0	1	1	1	0	0	1	1	1	0	0	1	1	1	0	0	1	1	1
1	0	0	1	1	1	0	0	1	1	1	0	0	1	1	1	0	0	1	1	1	0	0	1	1	1
0	1	1	0	0	0	1	1	0	0	0	1	1	0	0	0	1	1	0	0	0	1	1	0	0	0
0	1	1	0	0	0	1	1	0	0	0	1	1	0	0	0	1	1	0	0	0	1	1	0	0	0
1	0	0	1	1	1	0	0	1	1	1	0	0	1	1	1	0	0	1	1	1	0	0	1	1	1
3	0	0	1	1	1	0	0	1	1	1	0	0	1	1	1	0	0	1	1	1	0	0	1	1	1
1	0	0	1	1	1	0	0	1	1	1	0	0	1	1	1	0	0	1	1	1	0	0	1	1	1
0	1	1	0	0	0	1	1	0	0	0	1	1	0	0	0	1	1	0	0	0	1	1	0	0	0
0	1	1	0	0	0	1	1	0	0	0	1	1	0	0	0	1	1	0	0	0	1	1	0	0	0
1	0	0	1	1	1	0	0	1	1	1	0	0	1	1	1	0	0	1	1	1	0	0	1	1	1
1	0	0	1	1	1	0	0	1	1	1	0	0	1	1	1	0	0	1	1	1	0	0	1	1	1
3	0	0	1	1	1	0	0	1	1	1	0	0	1	1	1	0	0	1	1	1	0	0	1	1	1

(19) 28행은 40010 40010 40010··· 의 125주기를 가진다. 각 행은 00100···, 11011··· 의 125주기 2개를 가진다.

① 1단계	② 2단계
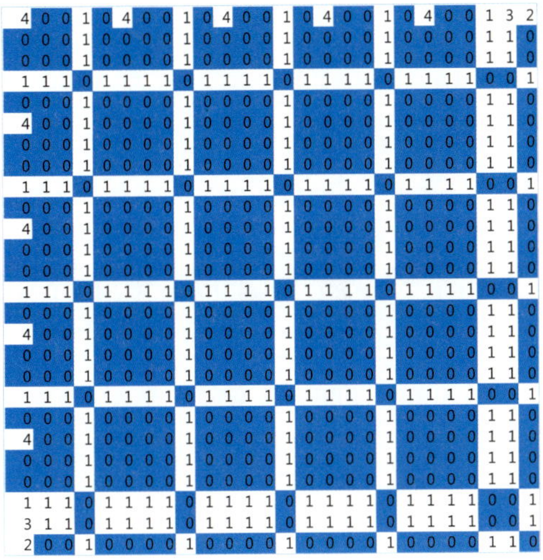	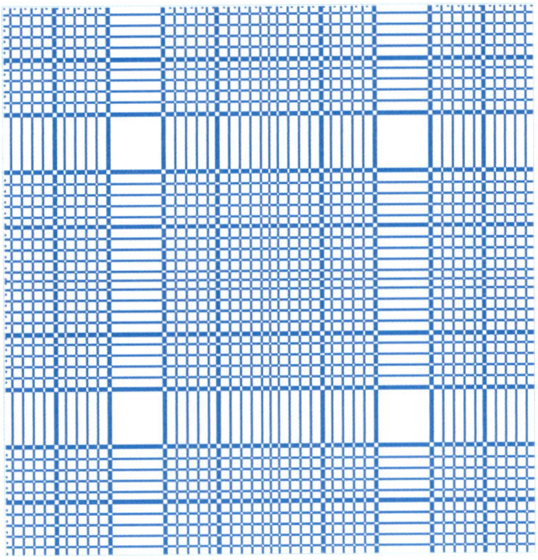

(20) 29행 21123 21123 21123··· 은 125주기를 가진다. 각 행은 00101···, 11010··· 의 125주기 2개를 가진다.

① 1단계	② 2단계
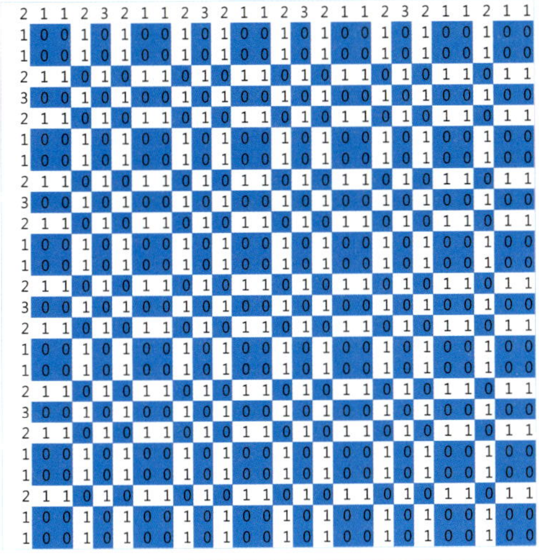	

(21) 30행 03033 31311 14144⋯는 125주기를 가진다. 각 행은 01000⋯, 10111⋯의 125주기 2개를 가진다.

① 1단계	② 2단계
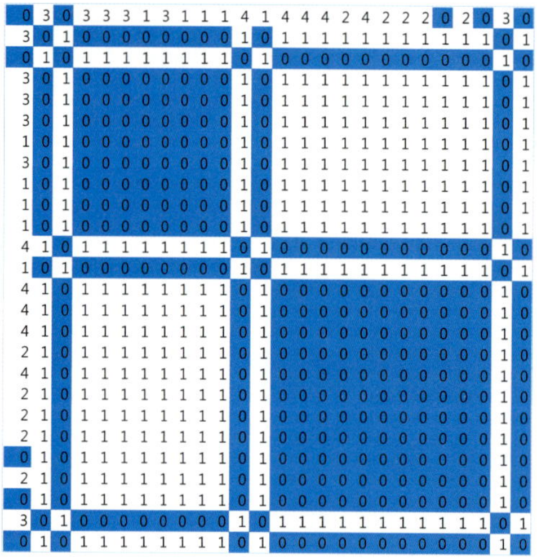	

(22) 31행 31423 43213 00003⋯은 125주기를 가진다. 각 행은 10010⋯, 01101⋯의 125주기 2개를 가진다.

① 1단계	② 2단계
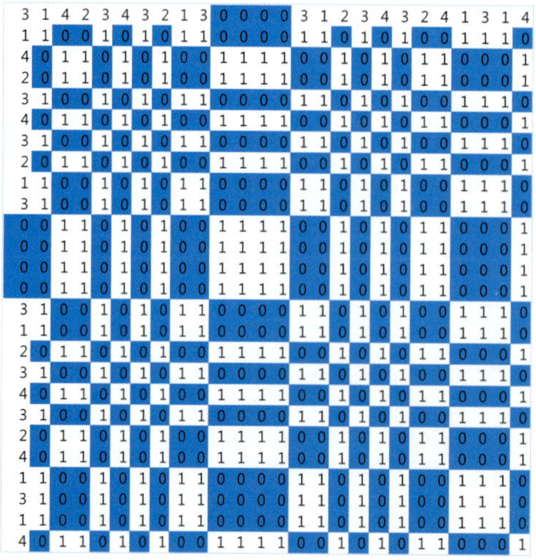	

(23) 32행 10011 30032 00003…은 125주기를 가진다. 각 행은 11000…, 00111…의 125 주기 2개를 가진다.

① 1단계

1	0	0	1	1	3	0	0	3	2	0	0	0	0	3	2	0	0	2	4	4	0	0	4	3	3
0	1	1	0	0	0	1	1	0	1	1	1	1	1	0	1	1	1	1	1	1	1	1	1	0	0
0	1	1	0	0	0	1	1	0	1	1	1	1	1	0	1	1	1	1	1	1	1	1	1	0	0
1	0	0	1	1	1	0	0	1	0	0	0	0	0	1	0	0	0	0	0	0	0	0	0	1	1
1	0	0	1	1	1	0	0	1	0	0	0	0	0	1	0	0	0	0	0	0	0	0	0	1	1
3	0	0	1	1	1	0	0	1	0	0	0	0	0	1	0	0	0	0	0	0	0	0	0	1	1
0	1	1	0	0	0	1	1	0	1	1	1	1	1	0	1	1	1	1	1	1	1	1	1	0	0
0	1	1	0	0	0	1	1	0	1	1	1	1	1	0	1	1	1	1	1	1	1	1	1	0	0
3	0	0	1	1	1	0	0	1	0	0	0	0	0	1	0	0	0	0	0	0	0	0	0	1	1
2	1	1	0	0	0	1	1	0	1	1	1	1	1	0	1	1	1	1	1	1	1	1	1	0	0
0	1	1	0	0	0	1	1	0	1	1	1	1	1	0	1	1	1	1	1	1	1	1	1	0	0
0	1	1	0	0	0	1	1	0	1	1	1	1	1	0	1	1	1	1	1	1	1	1	1	0	0
0	1	1	0	0	0	1	1	0	1	1	1	1	1	0	1	1	1	1	1	1	1	1	1	0	0
0	1	1	0	0	0	1	1	0	1	1	1	1	1	0	1	1	1	1	1	1	1	1	1	0	0
3	0	0	1	1	1	0	0	1	0	0	0	0	0	1	0	0	0	0	0	0	0	0	0	1	1
2	1	1	0	0	0	1	1	0	1	1	1	1	1	0	1	1	1	1	1	1	1	1	1	0	0
0	1	1	0	0	0	1	1	0	1	1	1	1	1	0	1	1	1	1	1	1	1	1	1	0	0
0	1	1	0	0	0	1	1	0	1	1	1	1	1	0	1	1	1	1	1	1	1	1	1	0	0
2	1	1	0	0	0	1	1	0	1	1	1	1	1	0	1	1	1	1	1	1	1	1	1	0	0
4	1	1	0	0	0	1	1	0	1	1	1	1	1	0	1	1	1	1	1	1	1	1	1	0	0
4	1	1	0	0	0	1	1	0	1	1	1	1	1	0	1	1	1	1	1	1	1	1	1	0	0
0	1	1	0	0	0	1	1	0	1	1	1	1	1	0	1	1	1	1	1	1	1	1	1	0	0
0	1	1	0	0	0	1	1	0	1	1	1	1	1	0	1	1	1	1	1	1	1	1	1	0	0
4	1	1	0	0	0	1	1	0	1	1	1	1	1	0	1	1	1	1	1	1	1	1	1	0	0
3	0	0	1	1	1	0	0	1	0	0	0	0	0	1	0	0	0	0	0	0	0	0	0	1	1
3	0	0	1	1	1	0	0	1	0	0	0	0	0	1	0	0	0	0	0	0	0	0	0	1	1

② 2단계

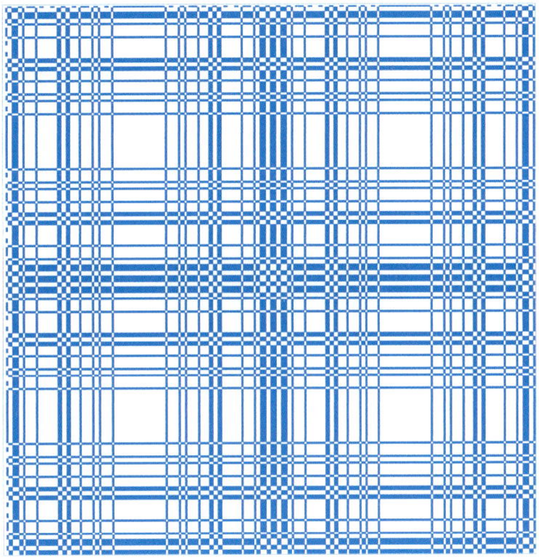

(24) 34행 21121 13312 20000…은 125주기를 가진다. 각 행은 00100…, 11011…의 125 주기 2개를 가진다.

① 1단계

2	1	1	2	1	1	3	3	1	2	0	0	0	0	3	4	2	2	4	4	3	4	4	3	3	1
1	0	0	1	0	0	0	0	0	1	1	1	1	1	0	1	1	1	1	1	0	1	1	0	0	0
1	0	0	1	0	0	0	0	0	1	1	1	1	1	0	1	1	1	1	1	0	1	1	0	0	0
2	1	1	0	1	1	1	1	1	0	0	0	0	0	1	0	0	0	0	0	1	0	0	1	1	1
1	0	0	1	0	0	0	0	0	1	1	1	1	1	0	1	1	1	1	1	0	1	1	0	0	0
1	0	0	1	0	0	0	0	0	1	1	1	1	1	0	1	1	1	1	1	0	1	1	0	0	0
3	0	0	1	0	0	0	0	0	1	1	1	1	1	0	1	1	1	1	1	0	1	1	0	0	0
3	0	0	1	0	0	0	0	0	1	1	1	1	1	0	1	1	1	1	1	0	1	1	0	0	0
1	0	0	1	0	0	0	0	0	1	1	1	1	1	0	1	1	1	1	1	0	1	1	0	0	0
2	1	1	0	1	1	1	1	1	0	0	0	0	0	1	0	0	0	0	0	1	0	0	1	1	1
0	1	1	0	1	1	1	1	1	0	0	0	0	0	1	0	0	0	0	0	1	0	0	1	1	1
0	1	1	0	1	1	1	1	1	0	0	0	0	0	1	0	0	0	0	0	1	0	0	1	1	1
0	1	1	0	1	1	1	1	1	0	0	0	0	0	1	0	0	0	0	0	1	0	0	1	1	1
0	1	1	0	1	1	1	1	1	0	0	0	0	0	1	0	0	0	0	0	1	0	0	1	1	1
3	0	0	1	0	0	0	0	0	1	1	1	1	1	0	1	1	1	1	1	0	1	1	0	0	0
4	1	1	0	1	1	1	1	1	0	0	0	0	0	1	0	0	0	0	0	1	0	0	1	1	1
2	1	1	0	1	1	1	1	1	0	0	0	0	0	1	0	0	0	0	0	1	0	0	1	1	1
2	1	1	0	1	1	1	1	1	0	0	0	0	0	1	0	0	0	0	0	1	0	0	1	1	1
4	1	1	0	1	1	1	1	1	0	0	0	0	0	1	0	0	0	0	0	1	0	0	1	1	1
4	1	1	0	1	1	1	1	1	0	0	0	0	0	1	0	0	0	0	0	1	0	0	1	1	1
3	0	0	1	0	0	0	0	0	1	1	1	1	1	0	1	1	1	1	1	0	1	1	0	0	0
4	1	1	0	1	1	1	1	1	0	0	0	0	0	1	0	0	0	0	0	1	0	0	1	1	1
4	1	1	0	1	1	1	1	1	0	0	0	0	0	1	0	0	0	0	0	1	0	0	1	1	1
3	0	0	1	0	0	0	0	0	1	1	1	1	1	0	1	1	1	1	1	0	1	1	0	0	0
3	0	0	1	0	0	0	0	0	1	1	1	1	1	0	1	1	1	1	1	0	1	1	0	0	0
1	0	0	1	0	0	0	0	0	1	1	1	1	1	0	1	1	1	1	1	0	1	1	0	0	0

② 2단계

(25) 35행 03031 32320 22220…은 125주기를 가진다. 각 행은 01000…, 10111…의 125 주기 2개를 가진다.

① 1단계	② 2단계
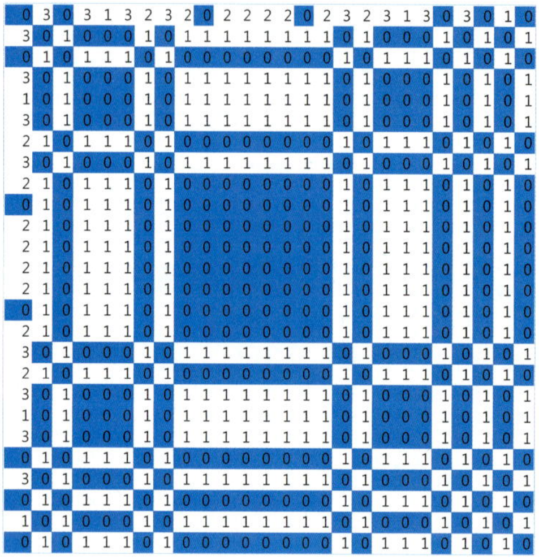	

(26) 36행 31421 00002 43213…은 125주기를 가진다. 각 행은 10010…, 01101…의 125 주기를 가진다.

① 1단계	② 2단계
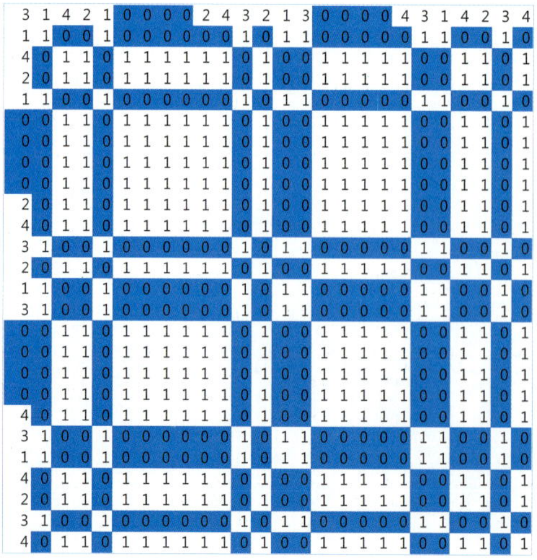	

(27) 39행 21124 00002 21331⋯은 125주기를 가진다. 각 행은 00111⋯, 11000⋯의 125 주기 2개를 가진다.

① 1단계

2	1	1	2	4	0	0	0	0	2	1	3	3	1	2	0	0	0	0	4	2	1	1	2	1	1
1	0	0	1	1	1	1	1	1	1	0	0	0	0	1	1	1	1	1	1	1	0	0	1	0	0
1	0	0	1	1	1	1	1	1	1	0	0	0	0	1	1	1	1	1	1	1	0	0	1	0	0
2	1	1	0	0	0	0	0	0	0	1	1	1	1	0	0	0	0	0	0	0	1	1	0	1	1
4	1	1	0	0	0	0	0	0	0	1	1	1	1	0	0	0	0	0	0	0	1	1	0	1	1
0	1	1	0	0	0	0	0	0	0	1	1	1	1	0	0	0	0	0	0	0	1	1	0	1	1
0	1	1	0	0	0	0	0	0	0	1	1	1	1	0	0	0	0	0	0	0	1	1	0	1	1
0	1	1	0	0	0	0	0	0	0	1	1	1	1	0	0	0	0	0	0	0	1	1	0	1	1
0	1	1	0	0	0	0	0	0	0	1	1	1	1	0	0	0	0	0	0	0	1	1	0	1	1
2	1	1	0	0	0	0	0	0	0	1	1	1	1	0	0	0	0	0	0	0	1	1	0	1	1
1	0	0	1	1	1	1	1	1	1	0	0	0	0	1	1	1	1	1	1	1	0	0	1	0	0
3	0	0	1	1	1	1	1	1	1	0	0	0	0	1	1	1	1	1	1	1	0	0	1	0	0
3	0	0	1	1	1	1	1	1	1	0	0	0	0	1	1	1	1	1	1	1	0	0	1	0	0
1	0	0	1	1	1	1	1	1	1	0	0	0	0	1	1	1	1	1	1	1	0	0	1	0	0
2	1	1	0	0	0	0	0	0	0	1	1	1	1	0	0	0	0	0	0	0	1	1	0	1	1
0	1	1	0	0	0	0	0	0	0	1	1	1	1	0	0	0	0	0	0	0	1	1	0	1	1
0	1	1	0	0	0	0	0	0	0	1	1	1	1	0	0	0	0	0	0	0	1	1	0	1	1
0	1	1	0	0	0	0	0	0	0	1	1	1	1	0	0	0	0	0	0	0	1	1	0	1	1
0	1	1	0	0	0	0	0	0	0	1	1	1	1	0	0	0	0	0	0	0	1	1	0	1	1
4	1	1	0	0	0	0	0	0	0	1	1	1	1	0	0	0	0	0	0	0	1	1	0	1	1
2	1	1	0	0	0	0	0	0	0	1	1	1	1	0	0	0	0	0	0	0	1	1	0	1	1
1	0	0	1	1	1	1	1	1	1	0	0	0	0	1	1	1	1	1	1	1	0	0	1	0	0
1	0	0	1	1	1	1	1	1	1	0	0	0	0	1	1	1	1	1	1	1	0	0	1	0	0
2	1	1	0	0	0	0	0	0	0	1	1	1	1	0	0	0	0	0	0	0	1	1	0	1	1
1	0	0	1	1	1	1	1	1	1	0	0	0	0	1	1	1	1	1	1	1	0	0	1	0	0
1	0	0	1	1	1	1	1	1	1	0	0	0	0	1	1	1	1	1	1	1	0	0	1	0	0

② 2단계

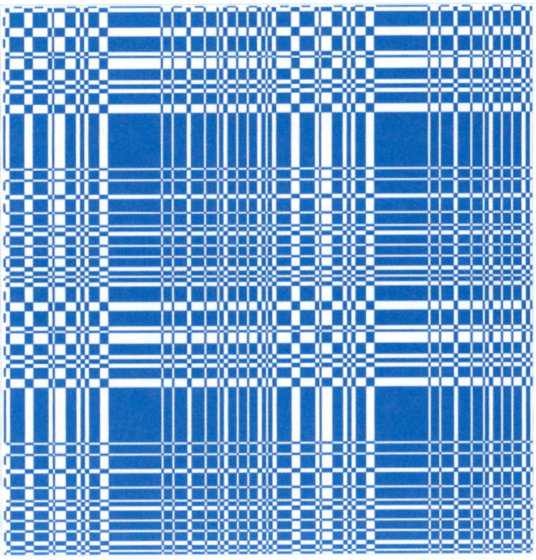

(28) 40행 03034 33330 32320⋯은 125주기를 가진다. 각 행은 01010⋯, 10101⋯의 125 주기를 가진다.

① 1단계

0	3	0	3	4	3	3	3	3	0	3	2	3	2	0	2	2	2	2	1	2	0	2	0	3	0
3	0	1	0	1	0	0	0	0	1	0	1	0	1	1	1	1	1	1	0	1	1	1	1	0	1
0	1	0	1	0	1	1	1	1	0	1	0	1	0	0	0	0	0	0	1	0	0	0	0	1	0
3	0	1	0	1	0	0	0	0	1	0	1	0	1	1	1	1	1	1	0	1	1	1	1	0	1
4	1	0	1	0	1	1	1	1	0	1	0	1	0	0	0	0	0	0	1	0	0	0	0	1	0
3	0	1	0	1	0	0	0	0	1	0	1	0	1	1	1	1	1	1	0	1	1	1	1	0	1
3	0	1	0	1	0	0	0	0	1	0	1	0	1	1	1	1	1	1	0	1	1	1	1	0	1
3	0	1	0	1	0	0	0	0	1	0	1	0	1	1	1	1	1	1	0	1	1	1	1	0	1
3	0	1	0	1	0	0	0	0	1	0	1	0	1	1	1	1	1	1	0	1	1	1	1	0	1
0	1	0	1	0	1	1	1	1	0	1	0	1	0	0	0	0	0	0	1	0	0	0	0	1	0
3	0	1	0	1	0	0	0	0	1	0	1	0	1	1	1	1	1	1	0	1	1	1	1	0	1
2	1	0	1	0	1	1	1	1	0	1	0	1	0	0	0	0	0	0	1	0	0	0	0	1	0
3	0	1	0	1	0	0	0	0	1	0	1	0	1	1	1	1	1	1	0	1	1	1	1	0	1
2	1	0	1	0	1	1	1	1	0	1	0	1	0	0	0	0	0	0	1	0	0	0	0	1	0
0	1	0	1	0	1	1	1	1	0	1	0	1	0	0	0	0	0	0	1	0	0	0	0	1	0
2	1	0	1	0	1	1	1	1	0	1	0	1	0	0	0	0	0	0	1	0	0	0	0	1	0
2	1	0	1	0	1	1	1	1	0	1	0	1	0	0	0	0	0	0	1	0	0	0	0	1	0
2	1	0	1	0	1	1	1	1	0	1	0	1	0	0	0	0	0	0	1	0	0	0	0	1	0
2	1	0	1	0	1	1	1	1	0	1	0	1	0	0	0	0	0	0	1	0	0	0	0	1	0
1	0	1	0	1	0	0	0	0	1	0	1	0	1	1	1	1	1	1	0	1	1	1	1	0	1
2	1	0	1	0	1	1	1	1	0	1	0	1	0	0	0	0	0	0	1	0	0	0	0	1	0
0	1	0	1	0	1	1	1	1	0	1	0	1	0	0	0	0	0	0	1	0	0	0	0	1	0
2	1	0	1	0	1	1	1	1	0	1	0	1	0	0	0	0	0	0	1	0	0	0	0	1	0
0	1	0	1	0	1	1	1	1	0	1	0	1	0	0	0	0	0	0	1	0	0	0	0	1	0
3	0	1	0	1	0	0	0	0	1	0	1	0	1	1	1	1	1	1	0	1	1	1	1	0	1
0	1	0	1	0	1	1	1	1	0	1	0	1	0	0	0	0	0	0	1	0	0	0	0	1	0

② 2단계

(29) 41행 31424 123422 00002… 은 125주기다. 각 행은 10001…, 01110… 의 125주기 2개를 가진다.

① 1단계	② 2단계
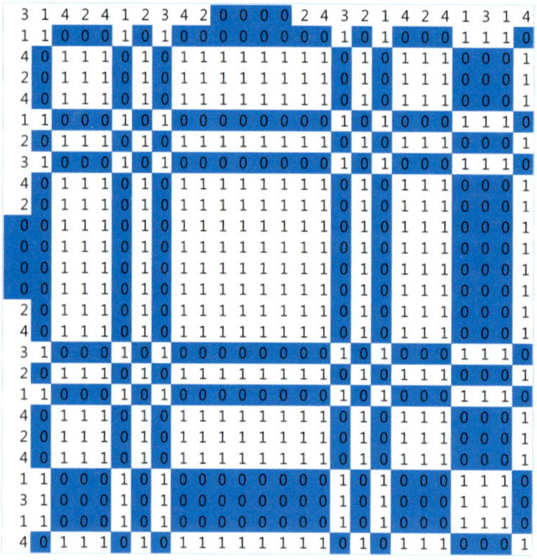	

(30) 42행 10012 20023 00002… 은 125주기를 가진다. 각 행은 11011…, 00100… 의 125주기 2개를 가진다.

① 1단계	② 2단계
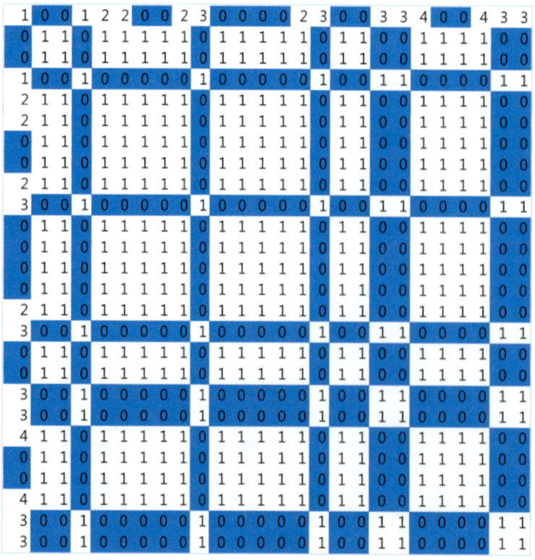	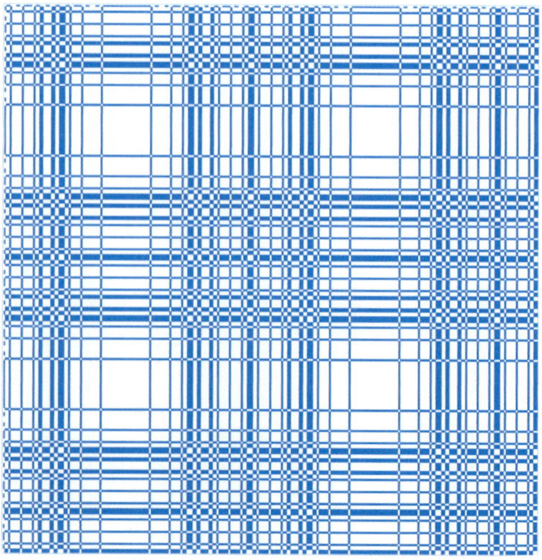

(31) 45행 03032 34341 44441… 은 125주다. 각 행은 01010…, 10101… 의 125주기 2개다. 뻗어 나간다. 세상을 향하는 사랑. 사랑만 하기에 인생을 짧다. 부족함 없이 사랑하자.

① 1단계	② 2단계
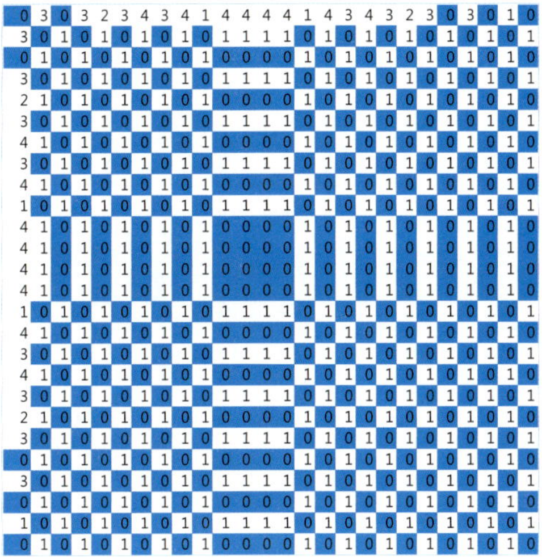	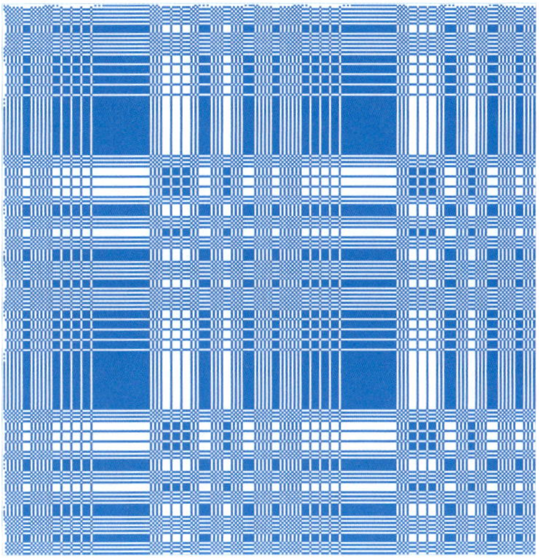

(32) 46행 31422 24133… 은 125주기다. 각 행은 10000…, 01111… 의 125주기 2개다. 원근감이 느껴진다. 멀리 보는 눈이 아름답다.

① 1단계	② 2단계
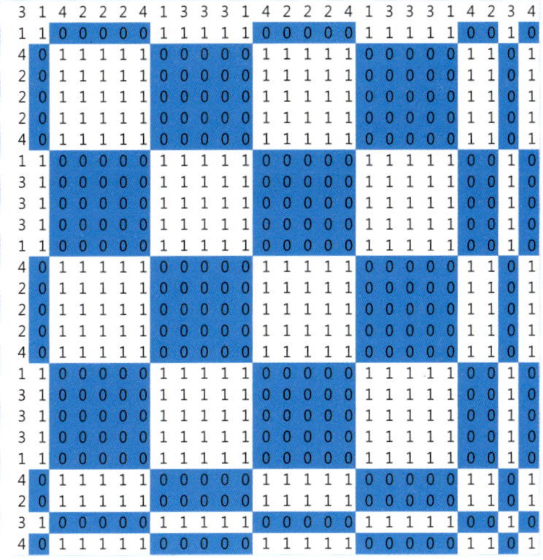	

(33) 48행 40012 10043…은 125주기다. 각 행은 00101…, 11010…의 125주기 2개다. 물이 샘에서 태어난다. 물은 만병의 약이다. 물은 생명의 근원이다.

① 1단계	② 2단계
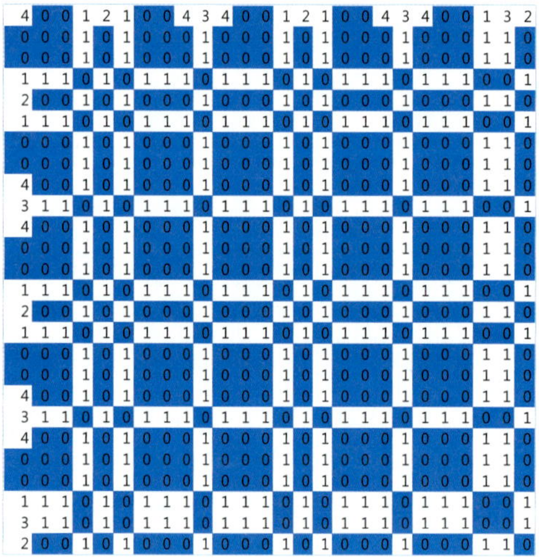	

(34) 49행 21120 34430…은 125주기다. 각 행은 00110…와 11001…의 125주기를 가진다. 여기 저기 저항의 몸짓이 보인다. 아프지 않은 청춘도 있다. 아픈 청춘도 있다.

① 1단계	② 2단계
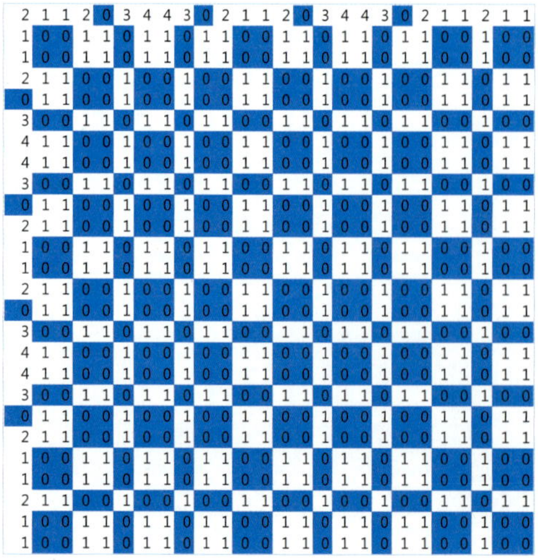	

(35) 54행 21123 21123⋯은 125주기다. 각 행은 00101⋯, 11010⋯의 125주기 2개다. 화단 같다. 너나 할 것 없이 향기를 품고 살아야 한다.

① 1단계	② 2단계
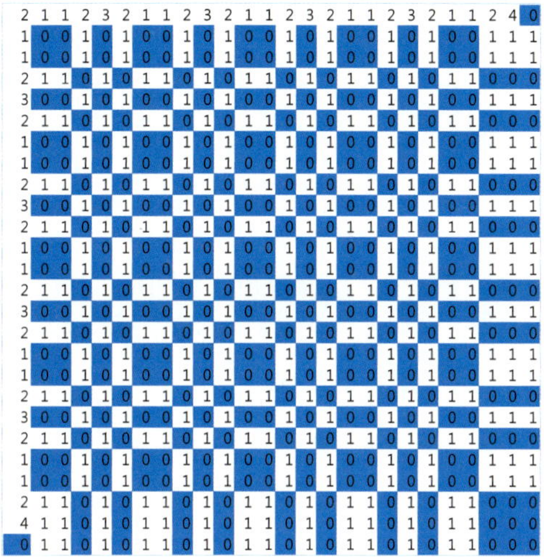	

(36) 56행 31423 43213⋯은 125주기다. 각 행은 10010⋯, 01101⋯의 125주기 2개이다. 선명하다. 살아갈수록 행복과 사랑이 선명해진다.

① 1단계	② 2단계
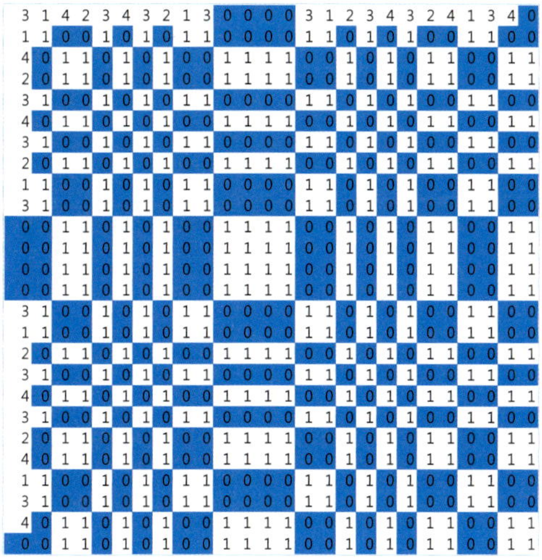	

(37) 59행 21121 13312… 은 125주기다. 각 행은 00100…, 11011… 의 125주기 2개이다. 도시의 거리, 내가 가보지 못한 곳, 한번 쯤 살고 싶은 곳이다.

① 1단계	② 2단계
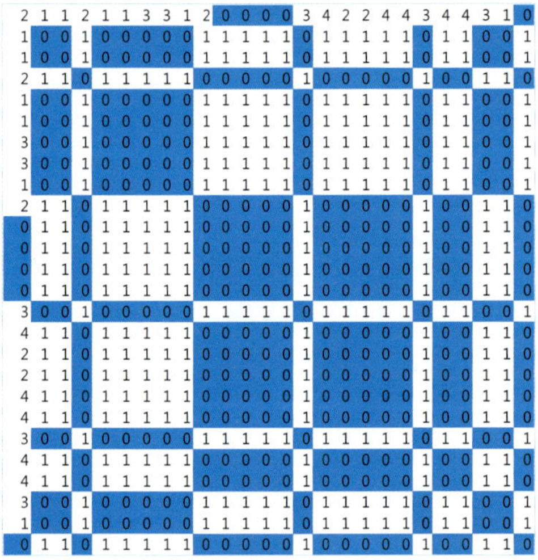	

(38) 60행은 03031 32320… 의 125주기다. 각 행은 01000…, 10111… 의 125주기다. 계획된 도시, 달린다. 결코 내 앞에 오지 않을 것같은 아픔까지 가진다.

① 1단계	② 2단계
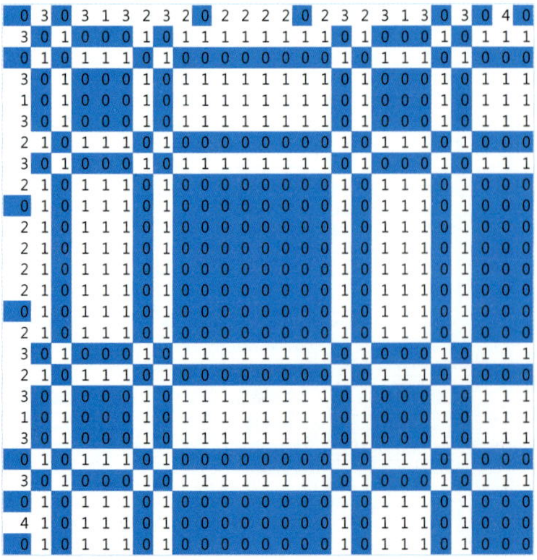	

(39) 65행 03034 33330… 은 125주기다. 각 행은 01010…, 10101… 의 125주기 2개다. 모든 것을 아름답게 보는 눈들이 있다.

① 1단계

0	3	0	3	4	3	3	3	3	0	3	2	3	2	0	2	2	2	2	1	2	0	2	0	1	0
3	0	1	0	1	0	0	0	0	1	0	1	0	1	1	1	1	1	1	0	1	1	1	1	0	1
0	1	0	1	0	1	1	1	1	0	1	0	1	0	0	0	0	0	0	1	0	0	0	0	1	0
3	0	1	0	1	0	0	0	0	1	0	1	0	1	1	1	1	1	1	0	1	1	1	1	0	1
4	1	0	1	0	1	1	1	1	0	1	0	1	0	0	0	0	0	0	1	0	0	0	0	1	0
3	0	1	0	1	0	0	0	0	1	0	1	0	1	1	1	1	1	1	0	1	1	1	1	0	1
3	0	1	0	1	0	0	0	0	1	0	1	0	1	1	1	1	1	1	0	1	1	1	1	0	1
3	0	1	0	1	0	0	0	0	1	0	1	0	1	1	1	1	1	1	0	1	1	1	1	0	1
3	0	1	0	1	0	0	0	0	1	0	1	0	1	1	1	1	1	1	0	1	1	1	1	0	1
0	1	0	1	0	1	1	1	1	0	1	0	1	0	0	0	0	0	0	1	0	0	0	0	1	0
3	0	1	0	1	0	0	0	0	1	0	1	0	1	1	1	1	1	1	0	1	1	1	1	0	1
2	1	0	1	0	1	1	1	1	0	1	0	1	0	0	0	0	0	0	1	0	0	0	0	1	0
3	0	1	0	1	0	0	0	0	1	0	1	0	1	1	1	1	1	1	0	1	1	1	1	0	1
2	1	0	1	0	1	1	1	1	0	1	0	1	0	0	0	0	0	0	1	0	0	0	0	1	0
0	1	0	1	0	1	1	1	1	0	1	0	1	0	0	0	0	0	0	1	0	0	0	0	1	0
2	1	0	1	0	1	1	1	1	0	1	0	1	0	0	0	0	0	0	1	0	0	0	0	1	0
2	1	0	1	0	1	1	1	1	0	1	0	1	0	0	0	0	0	0	1	0	0	0	0	1	0
2	1	0	1	0	1	1	1	1	0	1	0	1	0	0	0	0	0	0	1	0	0	0	0	1	0
2	1	0	1	0	1	1	1	1	0	1	0	1	0	0	0	0	0	0	1	0	0	0	0	1	0
1	0	1	0	1	0	0	0	0	1	0	1	0	1	1	1	1	1	1	0	1	1	1	1	0	1
2	1	0	1	0	1	1	1	1	0	1	0	1	0	0	0	0	0	0	1	0	0	0	0	1	0
0	1	0	1	0	1	1	1	1	0	1	0	1	0	0	0	0	0	0	1	0	0	0	0	1	0
2	1	0	1	0	1	1	1	1	0	1	0	1	0	0	0	0	0	0	1	0	0	0	0	1	0
0	1	0	1	0	1	1	1	1	0	1	0	1	0	0	0	0	0	0	1	0	0	0	0	1	0
1	0	1	0	1	0	0	0	0	1	0	1	0	1	1	1	1	1	1	0	1	1	1	1	0	1
0	1	0	1	0	1	1	1	1	0	1	0	1	0	0	0	0	0	0	1	0	0	0	0	1	0

② 2단계

(40) 69행 21122 42243… 은 125주기다. 각 행은 00111…, 11000의 125주기 2개를 가진다. 가고 싶지 않은 길, 고역의 길에 서지 않으려면, 고역의 길이라 생각지 않아야한다.

① 1단계

2	1	1	2	2	4	2	2	4	3	0	0	0	0	2	1	3	3	1	3	3	4	4	3	1	0
1	0	0	1	1	1	1	1	1	0	1	1	1	1	1	0	0	0	0	0	0	1	1	0	0	1
1	0	0	1	1	1	1	1	1	0	1	1	1	1	1	0	0	0	0	0	0	1	1	0	0	1
2	1	1	0	0	0	0	0	0	1	0	0	0	0	0	1	1	1	1	1	1	0	0	1	1	0
2	1	1	0	0	0	0	0	0	1	0	0	0	0	0	1	1	1	1	1	1	0	0	1	1	0
4	1	1	0	0	0	0	0	0	1	0	0	0	0	0	1	1	1	1	1	1	0	0	1	1	0
2	1	1	0	0	0	0	0	0	1	0	0	0	0	0	1	1	1	1	1	1	0	0	1	1	0
2	1	1	0	0	0	0	0	0	1	0	0	0	0	0	1	1	1	1	1	1	0	0	1	1	0
4	1	1	0	0	0	0	0	0	1	0	0	0	0	0	1	1	1	1	1	1	0	0	1	1	0
3	0	0	1	1	1	1	1	1	0	1	1	1	1	1	0	0	0	0	0	0	1	1	0	0	1
0	1	1	0	0	0	0	0	0	1	0	0	0	0	0	1	1	1	1	1	1	0	0	1	1	0
0	1	1	0	0	0	0	0	0	1	0	0	0	0	0	1	1	1	1	1	1	0	0	1	1	0
0	1	1	0	0	0	0	0	0	1	0	0	0	0	0	1	1	1	1	1	1	0	0	1	1	0
0	1	1	0	0	0	0	0	0	1	0	0	0	0	0	1	1	1	1	1	1	0	0	1	1	0
2	1	1	0	0	0	0	0	0	1	0	0	0	0	0	1	1	1	1	1	1	0	0	1	1	0
1	0	0	1	1	1	1	1	1	0	1	1	1	1	1	0	0	0	0	0	0	1	1	0	0	1
3	0	0	1	1	1	1	1	1	0	1	1	1	1	1	0	0	0	0	0	0	1	1	0	0	1
3	0	0	1	1	1	1	1	1	0	1	1	1	1	1	0	0	0	0	0	0	1	1	0	0	1
1	0	0	1	1	1	1	1	1	0	1	1	1	1	1	0	0	0	0	0	0	1	1	0	0	1
3	0	0	1	1	1	1	1	1	0	1	1	1	1	1	0	0	0	0	0	0	1	1	0	0	1
3	0	0	1	1	1	1	1	1	0	1	1	1	1	1	0	0	0	0	0	0	1	1	0	0	1
4	1	1	0	0	0	0	0	0	1	0	0	0	0	0	1	1	1	1	1	1	0	0	1	1	0
4	1	1	0	0	0	0	0	0	1	0	0	0	0	0	1	1	1	1	1	1	0	0	1	1	0
3	0	0	1	1	1	1	1	1	0	1	1	1	1	1	0	0	0	0	0	0	1	1	0	0	1
1	0	0	1	1	1	1	1	1	0	1	1	1	1	1	0	0	0	0	0	0	1	1	0	0	1
0	1	1	0	0	0	0	0	0	1	0	0	0	0	0	1	1	1	1	1	1	0	0	1	1	0

② 2단계

(41) 71행 31422 24133… 은 125주기다. 각 행은 10000…, 01111…의 125주기 2개이다. 만난다. 점과 선, 점은 점이요, 선은 선이다. 선은 본래 점이었다. 점은 원래 무였다.

① 1단계	② 2단계
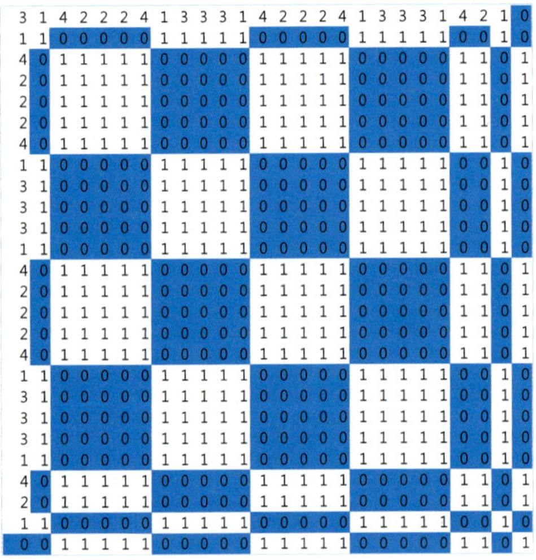	

(42) 76행 31420 31420…은 125주기다. 각 행은 100011…, 011100…의 125주기 2개다. 십자가의 힘. 지극히 높은 하늘에서 십자가의 죽음까지. 십자가의 힘은 겸손이다.

① 1단계	② 2단계
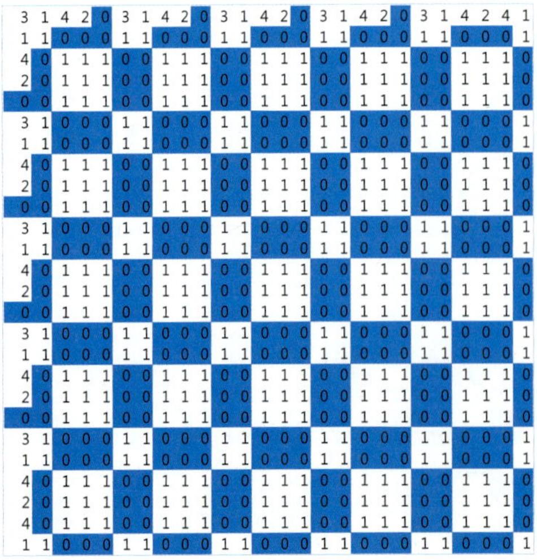	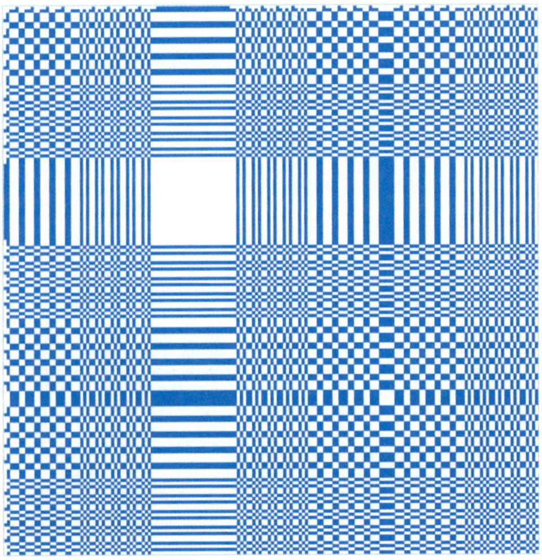

(43) 79행 21123 21123…은 125주기다. 각 행은 00101…, 11010…의 125주기 2개다. 잘 정리된 논의 모습이다. 때론 내 땅이 어디인지. 남의 땅의 농사짓기도 한다.

① 1단계	② 2단계
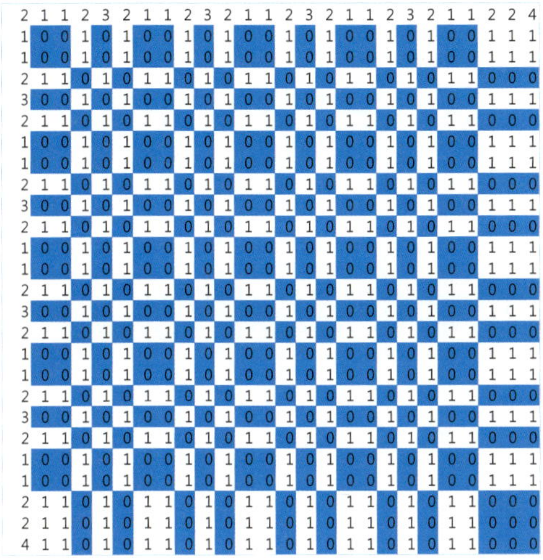	

(44) 80행 03033 31311…은 125주기다. 각 행은 01000…, 10111…의 125주기 2개다. 닮은 부분이 있다. 나와 타자와의 닮음을 찾는 것, 만남의 시작이다.

① 1단계	② 2단계
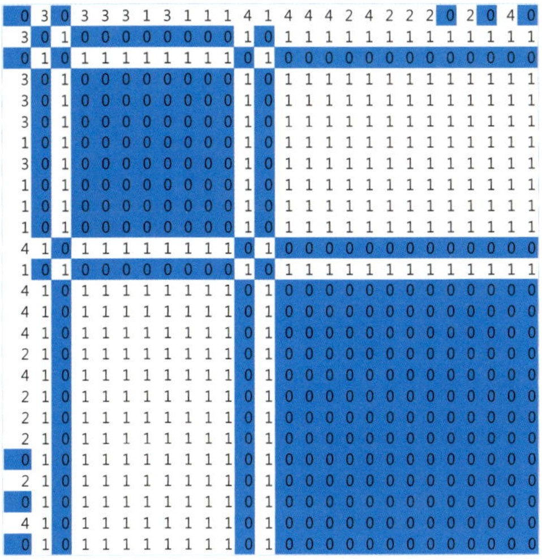	

(45) 81행 31423 43213…은 125주기다. 각 행은 10010…, 01101…의 125주기 2개다. 십자가의 힘, 낮아지면 높아진다. 버리면 얻는다.

① 1단계	② 2단계
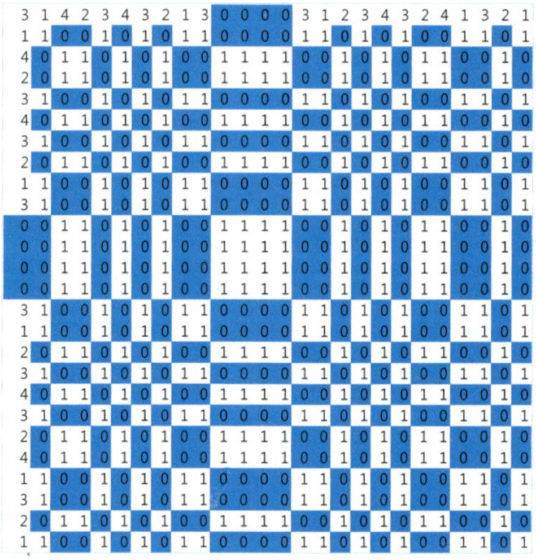	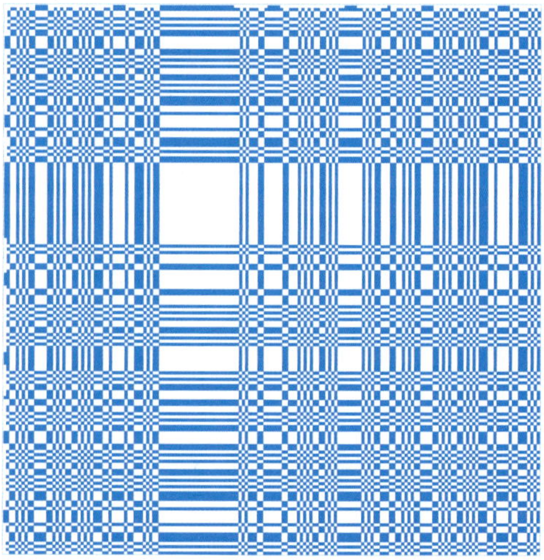

(46) 84행 21121 13312…는 125주기다. 각 행은 00100…, 11011…의 125주기 2개다. 십자가의 힘, 구원, 죽음, 생명, 영원한 삶이다.

① 1단계	② 2단계
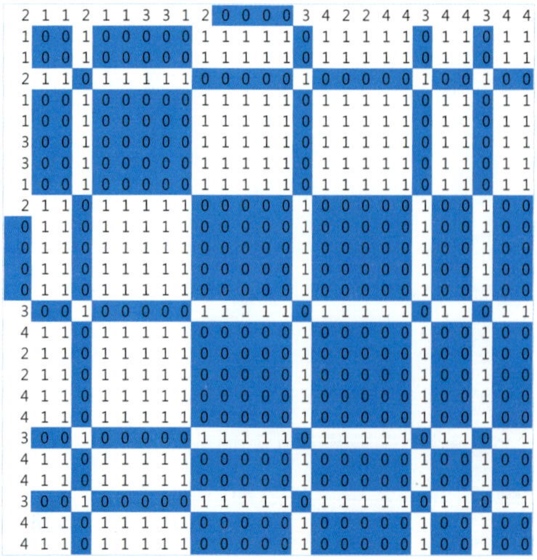	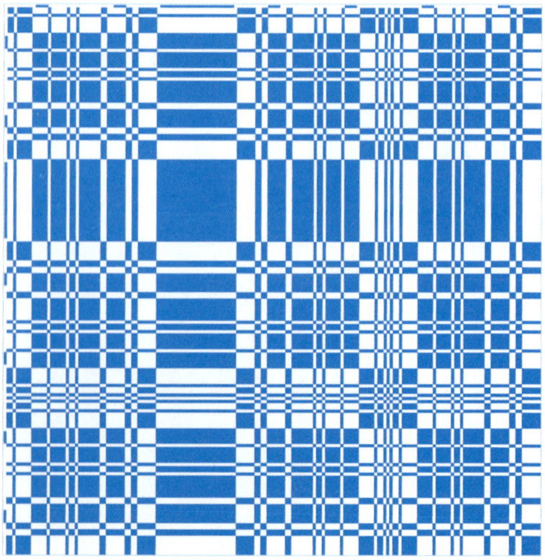

(47) 85행 03031 32320··· 의 125주기다. 각 행은 01000···, 10111··· 의 125주기 2개다. 십자가의 힘, 흔들림 없는 유일한 길, 인간이 신이 되는 방법이다.

① 1단계

0	3	0	3	1	3	2	3	2	0	2	2	2	2	0	2	3	2	3	1	3	0	3	0	2	0
3	0	1	0	0	0	1	0	1	1	1	1	1	1	1	1	0	1	0	0	0	1	0	1	1	1
0	1	0	1	1	1	0	1	0	0	0	0	0	0	0	0	1	0	1	1	1	0	1	0	0	0
3	0	1	0	0	0	1	0	1	1	1	1	1	1	1	1	0	1	0	0	0	1	0	1	1	1
1	0	1	0	0	0	1	0	1	1	1	1	1	1	1	1	0	1	0	0	0	1	0	1	1	1
3	0	1	0	0	0	1	0	1	1	1	1	1	1	1	1	0	1	0	0	0	1	0	1	1	1
2	1	0	1	1	1	0	1	0	0	0	0	0	0	0	0	1	0	1	1	1	0	1	0	0	0
3	0	1	0	0	0	1	0	1	1	1	1	1	1	1	1	0	1	0	0	0	1	0	1	1	1
2	1	0	1	1	1	0	1	0	0	0	0	0	0	0	0	1	0	1	1	1	0	1	0	0	0
0	1	0	1	1	1	0	1	0	0	0	0	0	0	0	0	1	0	1	1	1	0	1	0	0	0
2	1	0	1	1	1	0	1	0	0	0	0	0	0	0	0	1	0	1	1	1	0	1	0	0	0
2	1	0	1	1	1	0	1	0	0	0	0	0	0	0	0	1	0	1	1	1	0	1	0	0	0
2	1	0	1	1	1	0	1	0	0	0	0	0	0	0	0	1	0	1	1	1	0	1	0	0	0
2	1	0	1	1	1	0	1	0	0	0	0	0	0	0	0	1	0	1	1	1	0	1	0	0	0
0	1	0	1	1	1	0	1	0	0	0	0	0	0	0	0	1	0	1	1	1	0	1	0	0	0
2	1	0	1	1	1	0	1	0	0	0	0	0	0	0	0	1	0	1	1	1	0	1	0	0	0
3	0	1	0	0	0	1	0	1	1	1	1	1	1	1	1	0	1	0	0	0	1	0	1	1	1
2	1	0	1	1	1	0	1	0	0	0	0	0	0	0	0	1	0	1	1	1	0	1	0	0	0
3	0	1	0	0	0	1	0	1	1	1	1	1	1	1	1	0	1	0	0	0	1	0	1	1	1
1	0	1	0	0	0	1	0	1	1	1	1	1	1	1	1	0	1	0	0	0	1	0	1	1	1
3	0	1	0	0	0	1	0	1	1	1	1	1	1	1	1	0	1	0	0	0	1	0	1	1	1
0	1	0	1	1	1	0	1	0	0	0	0	0	0	0	0	1	0	1	1	1	0	1	0	0	0
3	0	1	0	0	0	1	0	1	1	1	1	1	1	1	1	0	1	0	0	0	1	0	1	1	1
0	1	0	1	1	1	0	1	0	0	0	0	0	0	0	0	1	0	1	1	1	0	1	0	0	0
2	1	0	1	1	1	0	1	0	0	0	0	0	0	0	0	1	0	1	1	1	0	1	0	0	0
0	1	0	1	1	1	0	1	0	0	0	0	0	0	0	0	1	0	1	1	1	0	1	0	0	0

② 2단계

(48) 91행 31424 12342··· 의 125주기다. 각 행은 100010···, 01110 ··· 은 125주기 2개다. 십자가의 힘. 천국은 너희 가운데 있다. 인간과 인간 가운데 있다.

① 1단계

3	1	4	2	4	1	2	3	4	2	0	0	0	0	2	4	3	2	1	4	2	4	1	3	2	1	2
1	1	0	0	0	1	0	1	0	0	0	0	0	0	0	0	1	0	1	0	0	0	1	1	0	1	0
4	0	1	1	1	0	1	0	1	1	1	1	1	1	1	1	0	1	0	1	1	1	0	0	1	0	1
2	0	1	1	1	0	1	0	1	1	1	1	1	1	1	1	0	1	0	1	1	1	0	0	1	0	1
4	0	1	1	1	0	1	0	1	1	1	1	1	1	1	1	0	1	0	1	1	1	0	0	1	0	1
1	1	0	0	0	1	0	1	0	0	0	0	0	0	0	0	1	0	1	0	0	0	1	1	0	1	0
2	0	1	1	1	0	1	0	1	1	1	1	1	1	1	1	0	1	0	1	1	1	0	0	1	0	1
3	1	0	0	0	1	0	1	0	0	0	0	0	0	0	0	1	0	1	0	0	0	1	1	0	1	0
4	0	1	1	1	0	1	0	1	1	1	1	1	1	1	1	0	1	0	1	1	1	0	0	1	0	1
2	0	1	1	1	0	1	0	1	1	1	1	1	1	1	1	0	1	0	1	1	1	0	0	1	0	1
0	0	1	1	1	0	1	0	1	1	1	1	1	1	1	1	0	1	0	1	1	1	0	0	1	0	1
0	0	1	1	1	0	1	0	1	1	1	1	1	1	1	1	0	1	0	1	1	1	0	0	1	0	1
0	0	1	1	1	0	1	0	1	1	1	1	1	1	1	1	0	1	0	1	1	1	0	0	1	0	1
0	0	1	1	1	0	1	0	1	1	1	1	1	1	1	1	0	1	0	1	1	1	0	0	1	0	1
2	0	1	1	1	0	1	0	1	1	1	1	1	1	1	1	0	1	0	1	1	1	0	0	1	0	1
4	0	1	1	1	0	1	0	1	1	1	1	1	1	1	1	0	1	0	1	1	1	0	0	1	0	1
3	1	0	0	0	1	0	1	0	0	0	0	0	0	0	0	1	0	1	0	0	0	1	1	0	1	0
2	0	1	1	1	0	1	0	1	1	1	1	1	1	1	1	0	1	0	1	1	1	0	0	1	0	1
1	1	0	0	0	1	0	1	0	0	0	0	0	0	0	0	1	0	1	0	0	0	1	1	0	1	0
4	0	1	1	1	0	1	0	1	1	1	1	1	1	1	1	0	1	0	1	1	1	0	0	1	0	1
2	0	1	1	1	0	1	0	1	1	1	1	1	1	1	1	0	1	0	1	1	1	0	0	1	0	1
4	0	1	1	1	0	1	0	1	1	1	1	1	1	1	1	0	1	0	1	1	1	0	0	1	0	1
1	1	0	0	0	1	0	1	0	0	0	0	0	0	0	0	1	0	1	0	0	0	1	1	0	1	0
3	1	0	0	0	1	0	1	0	0	0	0	0	0	0	0	1	0	1	0	0	0	1	1	0	1	0
2	0	1	1	1	0	1	0	1	1	1	1	1	1	1	1	0	1	0	1	1	1	0	0	1	0	1
1	1	0	0	0	1	0	1	0	0	0	0	0	0	0	0	1	0	1	0	0	0	1	1	0	1	0
2	0	1	1	1	0	1	0	1	1	1	1	1	1	1	1	0	1	0	1	1	1	0	0	1	0	1

② 2단계

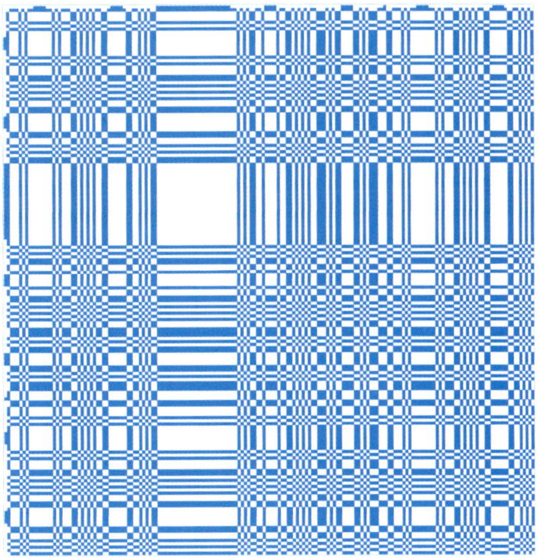

(49) 94행 21122 42243… 은 125주기다. 각 행은 00111…, 11000… 의 125주기 2개다. 아름다운 십자가. 모두에게 생명이다.

① 1단계

2	1	1	2	2	4	2	2	4	3	0	0	0	0	2	1	3	3	1	3	3	4	4	3	4	4	2
1	0	0	1	1	1	1	1	1	0	1	1	1	1	1	0	0	0	0	0	0	1	1	0	1	1	1
1	0	0	1	1	1	1	1	1	0	1	1	1	1	1	0	0	0	0	0	0	1	1	0	1	1	1
2	1	1	0	0	0	0	0	0	1	0	0	0	0	0	1	1	1	1	1	1	0	0	1	0	0	0
2	1	1	0	0	0	0	0	0	1	0	0	0	0	0	1	1	1	1	1	1	0	0	1	0	0	0
4	1	1	0	0	0	0	0	0	1	0	0	0	0	0	1	1	1	1	1	1	0	0	1	0	0	0
2	1	1	0	0	0	0	0	0	1	0	0	0	0	0	1	1	1	1	1	1	0	0	1	0	0	0
2	1	1	0	0	0	0	0	0	1	0	0	0	0	0	1	1	1	1	1	1	0	0	1	0	0	0
4	1	1	0	0	0	0	0	0	1	0	0	0	0	0	1	1	1	1	1	1	0	0	1	0	0	0
3	0	0	1	1	1	1	1	1	0	1	1	1	1	1	0	0	0	0	0	0	1	1	0	1	1	1
0	1	1	0	0	0	0	0	0	1	0	0	0	0	0	1	1	1	1	1	1	0	0	1	0	0	0
0	1	1	0	0	0	0	0	0	1	0	0	0	0	0	1	1	1	1	1	1	0	0	1	0	0	0
0	1	1	0	0	0	0	0	0	1	0	0	0	0	0	1	1	1	1	1	1	0	0	1	0	0	0
0	1	1	0	0	0	0	0	0	1	0	0	0	0	0	1	1	1	1	1	1	0	0	1	0	0	0
2	1	1	0	0	0	0	0	0	1	0	0	0	0	0	1	1	1	1	1	1	0	0	1	0	0	0
1	0	0	1	1	1	1	1	1	0	1	1	1	1	1	0	0	0	0	0	0	1	1	0	1	1	1
3	0	0	1	1	1	1	1	1	0	1	1	1	1	1	0	0	0	0	0	0	1	1	0	1	1	1
3	0	0	1	1	1	1	1	1	0	1	1	1	1	1	0	0	0	0	0	0	1	1	0	1	1	1
1	0	0	1	1	1	1	1	1	0	1	1	1	1	1	0	0	0	0	0	0	1	1	0	1	1	1
3	0	0	1	1	1	1	1	1	0	1	1	1	1	1	0	0	0	0	0	0	1	1	0	1	1	1
3	0	0	1	1	1	1	1	1	0	1	1	1	1	1	0	0	0	0	0	0	1	1	0	1	1	1
4	1	1	0	0	0	0	0	0	1	0	0	0	0	0	1	1	1	1	1	1	0	0	1	0	0	0
4	1	1	0	0	0	0	0	0	1	0	0	0	0	0	1	1	1	1	1	1	0	0	1	0	0	0
3	0	0	1	1	1	1	1	1	0	1	1	1	1	1	0	0	0	0	0	0	1	1	0	1	1	1
4	1	1	0	0	0	0	0	0	1	0	0	0	0	0	1	1	1	1	1	1	0	0	1	0	0	0
4	1	1	0	0	0	0	0	0	1	0	0	0	0	0	1	1	1	1	1	1	0	0	1	0	0	0
2	1	1	0	0	0	0	0	0	1	0	0	0	0	0	1	1	1	1	1	1	0	0	1	0	0	0

② 2단계

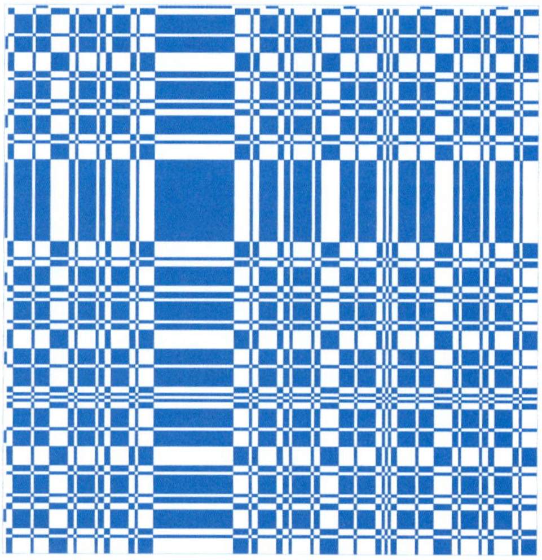

(50) 96행 31422 24133… 은 125주기다. 각 행은 10000…, 01111… 의 125주기 2개다. 십자가의 힘. 자신을 낮추는 것은 사회 생활의 시작이다.

① 1단계

3	1	4	2	2	2	4	1	3	3	3	1	4	2	2	2	4	1	3	3	3	1	4	2	4	1	2
1	1	0	0	0	0	0	1	1	1	1	1	0	0	0	0	0	1	1	1	1	1	0	0	0	1	0
4	0	1	1	1	1	1	0	0	0	0	0	1	1	1	1	1	0	0	0	0	0	1	1	1	0	1
2	0	1	1	1	1	1	0	0	0	0	0	1	1	1	1	1	0	0	0	0	0	1	1	1	0	1
2	0	1	1	1	1	1	0	0	0	0	0	1	1	1	1	1	0	0	0	0	0	1	1	1	0	1
2	0	1	1	1	1	1	0	0	0	0	0	1	1	1	1	1	0	0	0	0	0	1	1	1	0	1
4	0	1	1	1	1	1	0	0	0	0	0	1	1	1	1	1	0	0	0	0	0	1	1	1	0	1
1	1	0	0	0	0	0	1	1	1	1	1	0	0	0	0	0	1	1	1	1	1	0	0	0	1	0
3	1	0	0	0	0	0	1	1	1	1	1	0	0	0	0	0	1	1	1	1	1	0	0	0	1	0
3	1	0	0	0	0	0	1	1	1	1	1	0	0	0	0	0	1	1	1	1	1	0	0	0	1	0
3	1	0	0	0	0	0	1	1	1	1	1	0	0	0	0	0	1	1	1	1	1	0	0	0	1	0
1	1	0	0	0	0	0	1	1	1	1	1	0	0	0	0	0	1	1	1	1	1	0	0	0	1	0
4	0	1	1	1	1	1	0	0	0	0	0	1	1	1	1	1	0	0	0	0	0	1	1	1	0	1
2	0	1	1	1	1	1	0	0	0	0	0	1	1	1	1	1	0	0	0	0	0	1	1	1	0	1
2	0	1	1	1	1	1	0	0	0	0	0	1	1	1	1	1	0	0	0	0	0	1	1	1	0	1
2	0	1	1	1	1	1	0	0	0	0	0	1	1	1	1	1	0	0	0	0	0	1	1	1	0	1
4	0	1	1	1	1	1	0	0	0	0	0	1	1	1	1	1	0	0	0	0	0	1	1	1	0	1
1	1	0	0	0	0	0	1	1	1	1	1	0	0	0	0	0	1	1	1	1	1	0	0	0	1	0
3	1	0	0	0	0	0	1	1	1	1	1	0	0	0	0	0	1	1	1	1	1	0	0	0	1	0
3	1	0	0	0	0	0	1	1	1	1	1	0	0	0	0	0	1	1	1	1	1	0	0	0	1	0
3	1	0	0	0	0	0	1	1	1	1	1	0	0	0	0	0	1	1	1	1	1	0	0	0	1	0
1	1	0	0	0	0	0	1	1	1	1	1	0	0	0	0	0	1	1	1	1	1	0	0	0	1	0
4	0	1	1	1	1	1	0	0	0	0	0	1	1	1	1	1	0	0	0	0	0	1	1	1	0	1
2	0	1	1	1	1	1	0	0	0	0	0	1	1	1	1	1	0	0	0	0	0	1	1	1	0	1
4	0	1	1	1	1	1	0	0	0	0	0	1	1	1	1	1	0	0	0	0	0	1	1	1	0	1
1	1	0	0	0	0	0	1	1	1	1	1	0	0	0	0	0	1	1	1	1	1	0	0	0	1	0
2	0	1	1	1	1	1	0	0	0	0	0	1	1	1	1	1	0	0	0	0	0	1	1	1	0	1

② 2단계

(51) 98행 40012 10042…은 125주기진다. 각 행은 00101…, 11010…의 125주기다. 십자가의 힘, 내가 부족함이 없으리로다.

① 1단계

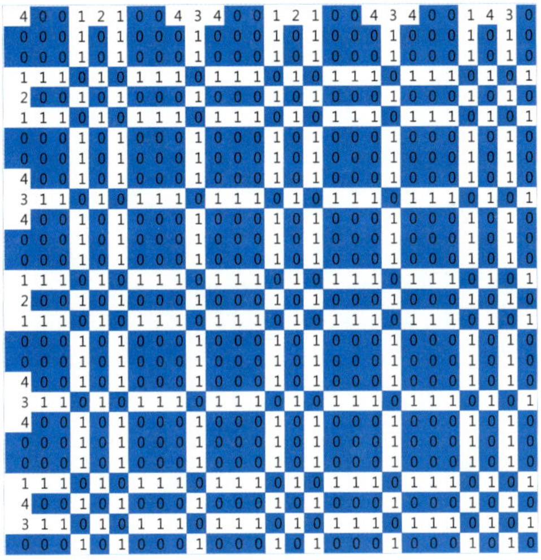

② 2단계

(52) 99행 21120 34430은 125주기다. 각 행은 00110…, 11001…은 125주기 2개를 가진다. 십자가의 힘. 내가 영원과 함께 한다. 무한을 느낀다.

① 1단계

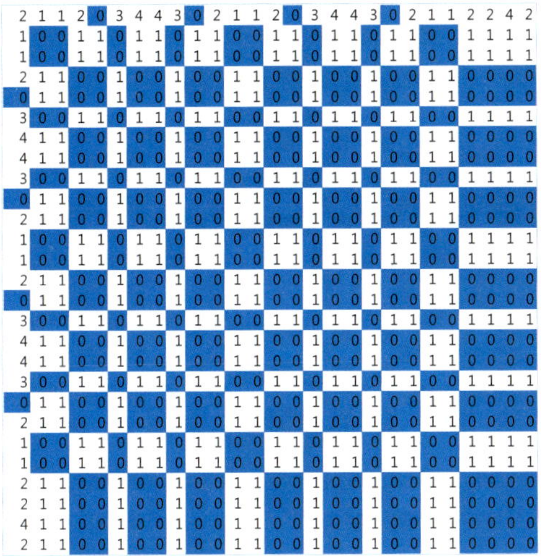

② 2단계

(53) 105행 03033 31311… 은 125주기다. 각 행은 01000…, 10111… 의 125주기 2개다. 부자의 땅. 영예는 일찍 맛보지 않아도 된다.

① 1단계	② 2단계
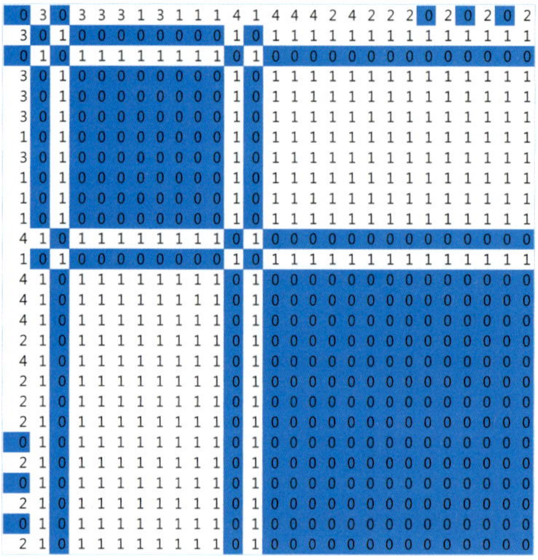	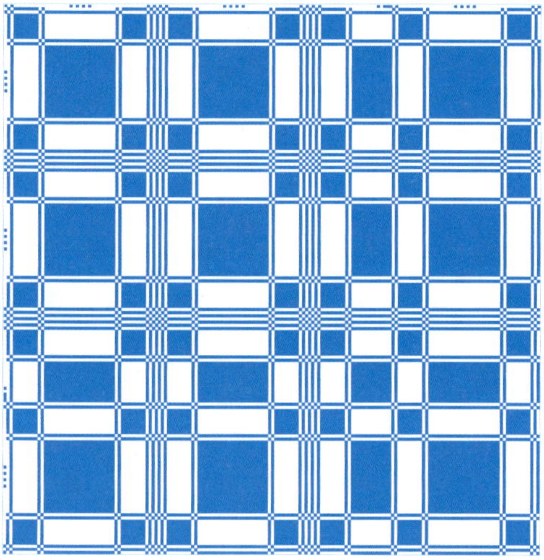

(54) 106행 31423 43213… 은 125주기다. 각 행은 10010…, 01101… 의 125주기 2개다. 비움과 채움, 비울수록 가득하다.

① 1단계	② 2단계
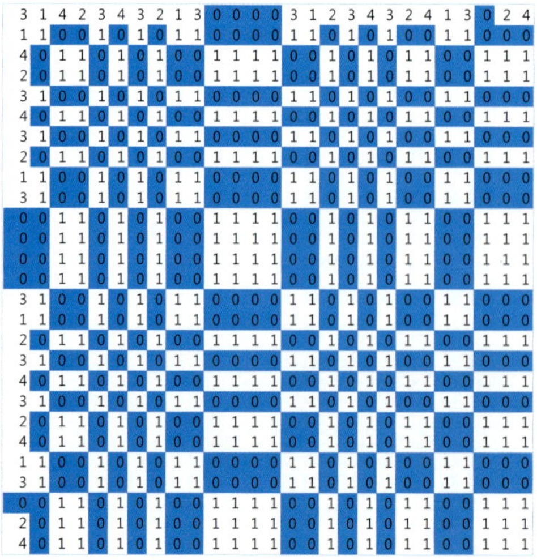	

(55) 109행 21121 13312…는 125주기다. 각 행은 00100…, 11011…은 125주기를 가진다. 직선인데 굽은 것처럼 보인다. 휘어진 공간, 직선이 똑바른 것이 아닐 수 있다.

① 1단계	② 2단계
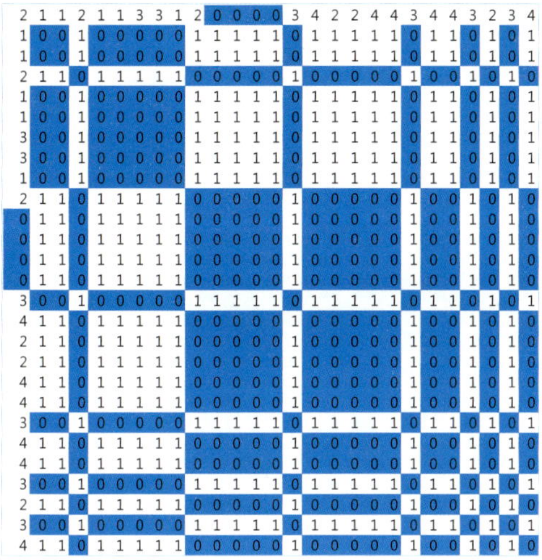	

(56) 110행 03031 32320…은 125주기다. 각 행은 01000 10111…은 125주기 2개를 가진다. 누구나 자기이름의 땅을 갖고 싶어 한다. 지구에 자기 땅이 영원히 있는 것일까.

① 1단계	② 2단계
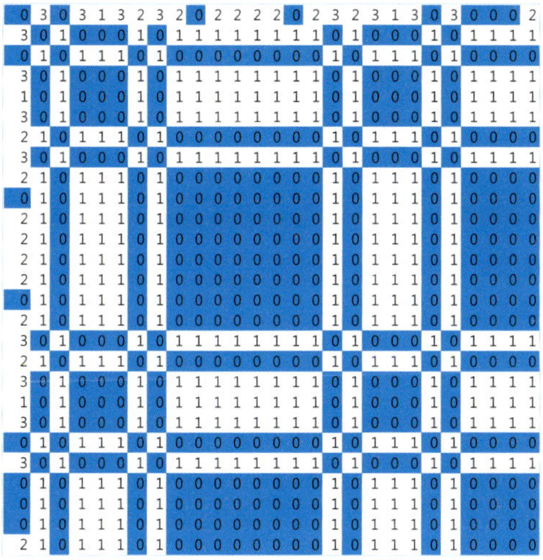	

(57) 114행 21124 00002는 125주기다. 각 행은 00111···, 11000···의 125주기 2개를 가진다. 흰색이 더 분명하다. 어쩌면 없는 게 더 가치롭다. 인간이 가진 것의 일부는 욕심이다.

① 1단계

2	1	1	2	4	0	0	0	0	2	1	3	3	1	2	0	0	0	0	4	2	1	1	2	0	3	4
1	0	0	1	1	1	1	1	1	1	0	0	0	0	1	1	1	1	1	1	1	0	0	1	1	0	1
1	0	0	1	1	1	1	1	1	1	0	0	0	0	1	1	1	1	1	1	1	0	0	1	1	0	1
2	1	1	0	0	0	0	0	0	0	1	1	1	1	0	0	0	0	0	0	0	1	1	0	0	1	0
4	1	1	0	0	0	0	0	0	0	1	1	1	1	0	0	0	0	0	0	0	1	1	0	0	1	0
0	1	1	0	0	0	0	0	0	0	1	1	1	1	0	0	0	0	0	0	0	1	1	0	0	1	0
0	1	1	0	0	0	0	0	0	0	1	1	1	1	0	0	0	0	0	0	0	1	1	0	0	1	0
0	1	1	0	0	0	0	0	0	0	1	1	1	1	0	0	0	0	0	0	0	1	1	0	0	1	0
0	1	1	0	0	0	0	0	0	0	1	1	1	1	0	0	0	0	0	0	0	1	1	0	0	1	0
2	1	1	0	0	0	0	0	0	0	1	1	1	1	0	0	0	0	0	0	0	1	1	0	0	1	0
1	0	0	1	1	1	1	1	1	1	0	0	0	0	1	1	1	1	1	1	1	0	0	1	1	0	1
3	0	0	1	1	1	1	1	1	1	0	0	0	0	1	1	1	1	1	1	1	0	0	1	1	0	1
3	0	0	1	1	1	1	1	1	1	0	0	0	0	1	1	1	1	1	1	1	0	0	1	1	0	1
1	0	0	1	1	1	1	1	1	1	0	0	0	0	1	1	1	1	1	1	1	0	0	1	1	0	1
2	1	1	0	0	0	0	0	0	0	1	1	1	1	0	0	0	0	0	0	0	1	1	0	0	1	0
0	1	1	0	0	0	0	0	0	0	1	1	1	1	0	0	0	0	0	0	0	1	1	0	0	1	0
0	1	1	0	0	0	0	0	0	0	1	1	1	1	0	0	0	0	0	0	0	1	1	0	0	1	0
0	1	1	0	0	0	0	0	0	0	1	1	1	1	0	0	0	0	0	0	0	1	1	0	0	1	0
0	1	1	0	0	0	0	0	0	0	1	1	1	1	0	0	0	0	0	0	0	1	1	0	0	1	0
4	1	1	0	0	0	0	0	0	0	1	1	1	1	0	0	0	0	0	0	0	1	1	0	0	1	0
2	1	1	0	0	0	0	0	0	0	1	1	1	1	0	0	0	0	0	0	0	1	1	0	0	1	0
1	0	0	1	1	1	1	1	1	1	0	0	0	0	1	1	1	1	1	1	1	0	0	1	1	0	1
1	0	0	1	1	1	1	1	1	1	0	0	0	0	1	1	1	1	1	1	1	0	0	1	1	0	1
2	1	1	0	0	0	0	0	0	0	1	1	1	1	0	0	0	0	0	0	0	1	1	0	0	1	0
0	1	1	0	0	0	0	0	0	0	1	1	1	1	0	0	0	0	0	0	0	1	1	0	0	1	0
3	0	0	1	1	1	1	1	1	1	0	0	0	0	1	1	1	1	1	1	1	0	0	1	1	0	1
4	1	1	0	0	0	0	0	0	0	1	1	1	1	0	0	0	0	0	0	0	1	1	0	0	1	0

② 2단계

(58) 115행 03034 33330···은 125주기다. 각 행은 01010···, 10101···의 125주기 2개다. 정돈되어 있다. 많은 노력이 있었겠다. 질서는 노력의 결과이다.

① 1단계

0	3	0	3	4	3	3	3	3	0	3	2	3	2	0	2	2	2	2	1	2	0	2	0	2	0	2
3	0	1	0	1	0	0	0	0	1	0	1	0	1	1	1	1	1	1	0	1	1	1	1	1	1	1
0	1	0	1	0	1	1	1	1	0	1	0	1	0	0	0	0	0	0	1	0	0	0	0	0	0	0
3	0	1	0	1	0	0	0	0	1	0	1	0	1	1	1	1	1	1	0	1	1	1	1	1	1	1
4	1	0	1	0	1	1	1	1	0	1	0	1	0	0	0	0	0	0	1	0	0	0	0	0	0	0
3	0	1	0	1	0	0	0	0	1	0	1	0	1	1	1	1	1	1	0	1	1	1	1	1	1	1
3	0	1	0	1	0	0	0	0	1	0	1	0	1	1	1	1	1	1	0	1	1	1	1	1	1	1
3	0	1	0	1	0	0	0	0	1	0	1	0	1	1	1	1	1	1	0	1	1	1	1	1	1	1
3	0	1	0	1	0	0	0	0	1	0	1	0	1	1	1	1	1	1	0	1	1	1	1	1	1	1
0	1	0	1	0	1	1	1	1	0	1	0	1	0	0	0	0	0	0	1	0	0	0	0	0	0	0
3	0	1	0	1	0	0	0	0	1	0	1	0	1	1	1	1	1	1	0	1	1	1	1	1	1	1
2	1	0	1	0	1	1	1	1	0	1	0	1	0	0	0	0	0	0	1	0	0	0	0	0	0	0
3	0	1	0	1	0	0	0	0	1	0	1	0	1	1	1	1	1	1	0	1	1	1	1	1	1	1
2	1	0	1	0	1	1	1	1	0	1	0	1	0	0	0	0	0	0	1	0	0	0	0	0	0	0
0	1	0	1	0	1	1	1	1	0	1	0	1	0	0	0	0	0	0	1	0	0	0	0	0	0	0
2	1	0	1	0	1	1	1	1	0	1	0	1	0	0	0	0	0	0	1	0	0	0	0	0	0	0
2	1	0	1	0	1	1	1	1	0	1	0	1	0	0	0	0	0	0	1	0	0	0	0	0	0	0
2	1	0	1	0	1	1	1	1	0	1	0	1	0	0	0	0	0	0	1	0	0	0	0	0	0	0
2	1	0	1	0	1	1	1	1	0	1	0	1	0	0	0	0	0	0	1	0	0	0	0	0	0	0
1	0	1	0	1	0	0	0	0	1	0	1	0	1	1	1	1	1	1	0	1	1	1	1	1	1	1
2	1	0	1	0	1	1	1	1	0	1	0	1	0	0	0	0	0	0	1	0	0	0	0	0	0	0
0	1	0	1	0	1	1	1	1	0	1	0	1	0	0	0	0	0	0	1	0	0	0	0	0	0	0
2	1	0	1	0	1	1	1	1	0	1	0	1	0	0	0	0	0	0	1	0	0	0	0	0	0	0
0	1	0	1	0	1	1	1	1	0	1	0	1	0	0	0	0	0	0	1	0	0	0	0	0	0	0
2	1	0	1	0	1	1	1	1	0	1	0	1	0	0	0	0	0	0	1	0	0	0	0	0	0	0
0	1	0	1	0	1	1	1	1	0	1	0	1	0	0	0	0	0	0	1	0	0	0	0	0	0	0
2	1	0	1	0	1	1	1	1	0	1	0	1	0	0	0	0	0	0	1	0	0	0	0	0	0	0

② 2단계

(59) 116행 31424 12342⋯는 125주기다. 각 행은 10001⋯, 01110⋯의 125주기를 가진다. 시간의 흐름. 상처입은 시간을 담담하게 걸어간다.

① 1단계

3	1	4	2	4	1	2	3	4	2	0	0	0	0	2	4	3	2	1	4	2	4	1	3	0	2	4
1	1	0	0	0	1	0	1	0	0	0	0	0	0	0	0	1	0	1	0	0	0	1	1	0	0	0
4	0	1	1	1	0	1	0	1	1	1	1	1	1	1	1	0	1	0	1	1	1	0	0	1	1	1
2	0	1	1	1	0	1	0	1	1	1	1	1	1	1	1	0	1	0	1	1	1	0	0	1	1	1
4	0	1	1	1	0	1	0	1	1	1	1	1	1	1	1	0	1	0	1	1	1	0	0	1	1	1
1	1	0	0	0	1	0	1	0	0	0	0	0	0	0	0	1	0	1	0	0	0	1	1	0	0	0
2	0	1	1	1	0	1	0	1	1	1	1	1	1	1	1	0	1	0	1	1	1	0	0	1	1	1
3	1	0	0	0	1	0	1	0	0	0	0	0	0	0	0	1	0	1	0	0	0	1	1	0	0	0
4	0	1	1	1	0	1	0	1	1	1	1	1	1	1	1	0	1	0	1	1	1	0	0	1	1	1
2	0	1	1	1	0	1	0	1	1	1	1	1	1	1	1	0	1	0	1	1	1	0	0	1	1	1
0	0	1	1	1	0	1	0	1	1	1	1	1	1	1	1	0	1	0	1	1	1	0	0	1	1	1
0	0	1	1	1	0	1	0	1	1	1	1	1	1	1	1	0	1	0	1	1	1	0	0	1	1	1
0	0	1	1	1	0	1	0	1	1	1	1	1	1	1	1	0	1	0	1	1	1	0	0	1	1	1
0	0	1	1	1	0	1	0	1	1	1	1	1	1	1	1	0	1	0	1	1	1	0	0	1	1	1
2	0	1	1	1	0	1	0	1	1	1	1	1	1	1	1	0	1	0	1	1	1	0	0	1	1	1
4	0	1	1	1	0	1	0	1	1	1	1	1	1	1	1	0	1	0	1	1	1	0	0	1	1	1
3	1	0	0	0	1	0	1	0	0	0	0	0	0	0	0	1	0	1	0	0	0	1	1	0	0	0
2	0	1	1	1	0	1	0	1	1	1	1	1	1	1	1	0	1	0	1	1	1	0	0	1	1	1
1	1	0	0	0	1	0	1	0	0	0	0	0	0	0	0	1	0	1	0	0	0	1	1	0	0	0
4	0	1	1	1	0	1	0	1	1	1	1	1	1	1	1	0	1	0	1	1	1	0	0	1	1	1
2	0	1	1	1	0	1	0	1	1	1	1	1	1	1	1	0	1	0	1	1	1	0	0	1	1	1
4	0	1	1	1	0	1	0	1	1	1	1	1	1	1	1	0	1	0	1	1	1	0	0	1	1	1
1	1	0	0	0	1	0	1	0	0	0	0	0	0	0	0	1	0	1	0	0	0	1	1	0	0	0
3	1	0	0	0	1	0	1	0	0	0	0	0	0	0	0	1	0	1	0	0	0	1	1	0	0	0
0	0	1	1	1	0	1	0	1	1	1	1	1	1	1	1	0	1	0	1	1	1	0	0	1	1	1
2	0	1	1	1	0	1	0	1	1	1	1	1	1	1	1	0	1	0	1	1	1	0	0	1	1	1
4	0	1	1	1	0	1	0	1	1	1	1	1	1	1	1	0	1	0	1	1	1	0	0	1	1	1

② 2단계

(60) 119행 21122 42243⋯은 125주기다. 각 행은 00111⋯, 11000⋯의 125주기를 가진다. 다양한 사각형, 같은 사각형이지만 모습이 다르다. 서로가 존중할 뿐이다.

① 1단계

2	1	1	2	2	4	2	2	4	3	0	0	0	0	2	1	3	3	1	3	3	4	4	3	2	3	4
1	0	0	1	1	1	1	1	1	0	1	1	1	1	1	0	0	0	0	0	0	1	1	0	1	0	1
1	0	0	1	1	1	1	1	1	0	1	1	1	1	1	0	0	0	0	0	0	1	1	0	1	0	1
2	1	1	0	0	0	0	0	0	1	0	0	0	0	0	1	1	1	1	1	1	0	0	1	0	1	0
2	1	1	0	0	0	0	0	0	1	0	0	0	0	0	1	1	1	1	1	1	0	0	1	0	1	0
4	1	1	0	0	0	0	0	0	1	0	0	0	0	0	1	1	1	1	1	1	0	0	1	0	1	0
2	1	1	0	0	0	0	0	0	1	0	0	0	0	0	1	1	1	1	1	1	0	0	1	0	1	0
2	1	1	0	0	0	0	0	0	1	0	0	0	0	0	1	1	1	1	1	1	0	0	1	0	1	0
4	1	1	0	0	0	0	0	0	1	0	0	0	0	0	1	1	1	1	1	1	0	0	1	0	1	0
3	0	0	1	1	1	1	1	1	0	1	1	1	1	1	0	0	0	0	0	0	1	1	0	1	0	1
0	1	1	0	0	0	0	0	0	1	0	0	0	0	0	1	1	1	1	1	1	0	0	1	0	1	0
0	1	1	0	0	0	0	0	0	1	0	0	0	0	0	1	1	1	1	1	1	0	0	1	0	1	0
0	1	1	0	0	0	0	0	0	1	0	0	0	0	0	1	1	1	1	1	1	0	0	1	0	1	0
0	1	1	0	0	0	0	0	0	1	0	0	0	0	0	1	1	1	1	1	1	0	0	1	0	1	0
2	1	1	0	0	0	0	0	0	1	0	0	0	0	0	1	1	1	1	1	1	0	0	1	0	1	0
1	0	0	1	1	1	1	1	1	0	1	1	1	1	1	0	0	0	0	0	0	1	1	0	1	0	1
3	0	0	1	1	1	1	1	1	0	1	1	1	1	1	0	0	0	0	0	0	1	1	0	1	0	1
3	0	0	1	1	1	1	1	1	0	1	1	1	1	1	0	0	0	0	0	0	1	1	0	1	0	1
1	0	0	1	1	1	1	1	1	0	1	1	1	1	1	0	0	0	0	0	0	1	1	0	1	0	1
3	0	0	1	1	1	1	1	1	0	1	1	1	1	1	0	0	0	0	0	0	1	1	0	1	0	1
3	0	0	1	1	1	1	1	1	0	1	1	1	1	1	0	0	0	0	0	0	1	1	0	1	0	1
4	1	1	0	0	0	0	0	0	1	0	0	0	0	0	1	1	1	1	1	1	0	0	1	0	1	0
4	1	1	0	0	0	0	0	0	1	0	0	0	0	0	1	1	1	1	1	1	0	0	1	0	1	0
3	0	0	1	1	1	1	1	1	0	1	1	1	1	1	0	0	0	0	0	0	1	1	0	1	0	1
2	1	1	0	0	0	0	0	0	1	0	0	0	0	0	1	1	1	1	1	1	0	0	1	0	1	0
3	0	0	1	1	1	1	1	1	0	1	1	1	1	1	0	0	0	0	0	0	1	1	0	1	0	1
4	1	1	0	0	0	0	0	0	1	0	0	0	0	0	1	1	1	1	1	1	0	0	1	0	1	0

② 2단계

(61) 130행 03033 31311⋯은 625주기다. 각 행은 01000⋯, 10111⋯의 625주기 2개다. 절벽으로 가는 모습니다. 막다른 길. 우울의 느낌. 있는 그대로의 모습이다.

① 1단계	② 2단계
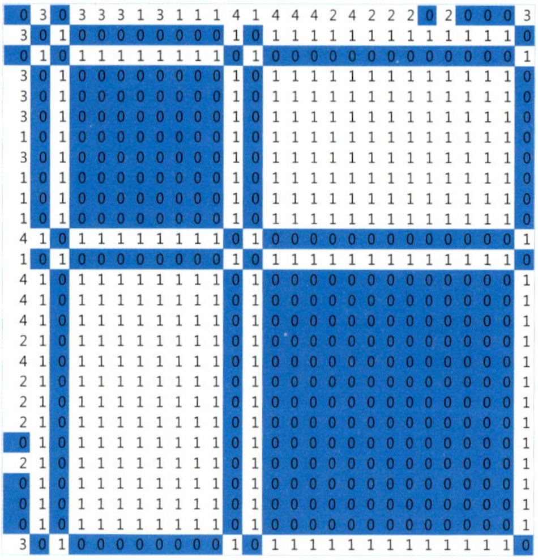	

(62) 135행 03031 32320⋯은 625주기다. 각 행은 01000⋯, 10111⋯의 625주기 2개다. 사각형 주위의 비서들. 나를 둘러싼 사람들. 내편은 누구 인가?

① 1단계	② 2단계
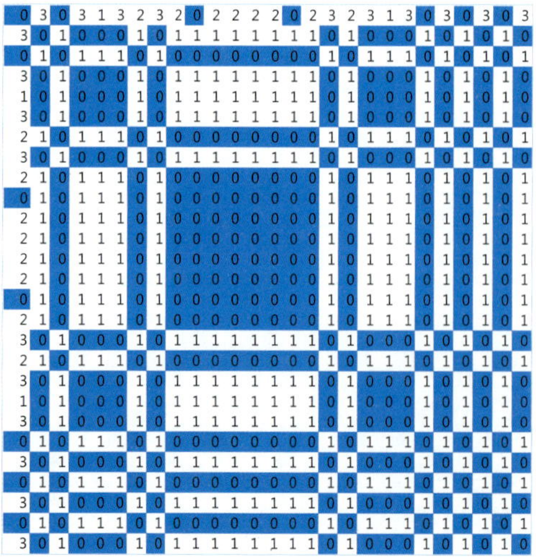	

2. 세 수의 덧셈을 4로 나누기

(1) 3행은 40010 5주기를 가진다. 각 행은 00012···, 11233···, 20302···, 31013··· 의 10주기 4개를 가진다.

① 1단계

4	0	0	1	0	4	0	0	1	0	4	0	0	1	0	4	0	0	1	0	4	0	0	1
0	0	0	1	2	2	2	2	3	0	0	0	0	1	2	2	2	2	3	0	0	0	0	1
0	0	0	1	0	0	0	0	1	0	0	0	0	1	0	0	0	0	1	0	0	0	0	1
1	1	1	2	3	3	3	3	0	1	1	1	1	2	3	3	3	3	0	1	1	1	1	2
0	2	0	3	0	2	0	2	1	2	0	2	0	3	0	2	0	2	1	2	0	2	0	3
4	2	0	3	2	0	2	0	3	2	0	2	0	3	2	0	2	0	3	2	0	2	0	3
0	2	0	3	0	2	0	2	1	2	0	2	0	3	0	2	0	2	1	2	0	2	0	3
0	2	0	3	2	0	2	0	3	2	0	2	0	3	2	0	2	0	3	2	0	2	0	3
1	3	1	0	1	3	1	3	2	3	1	3	1	0	1	3	1	3	2	3	1	3	1	0
0	0	0	1	2	2	2	2	3	0	0	0	0	1	2	2	2	2	3	0	0	0	0	1
4	0	0	1	0	0	0	0	1	0	0	0	0	1	0	0	0	0	1	0	0	0	0	1
0	0	0	1	2	2	2	2	3	0	0	0	0	1	2	2	2	2	3	0	0	0	0	1
0	0	0	1	0	0	0	0	1	0	0	0	0	1	0	0	0	0	1	0	0	0	0	1
1	1	1	2	3	3	3	3	0	1	1	1	1	2	3	3	3	3	0	1	1	1	1	2
0	2	0	3	0	2	0	2	1	2	0	2	0	3	0	2	0	2	1	2	0	2	0	3
4	2	0	3	2	0	2	0	3	2	0	2	0	3	2	0	2	0	3	2	0	2	0	3
0	2	0	3	0	2	0	2	1	2	0	2	0	3	0	2	0	2	1	2	0	2	0	3
0	2	0	3	2	0	2	0	3	2	0	2	0	3	2	0	2	0	3	2	0	2	0	3
1	3	1	0	1	3	1	3	2	3	1	3	1	0	1	3	1	3	2	3	1	3	1	0
0	0	0	1	2	2	2	2	3	0	0	0	0	1	2	2	2	2	3	0	0	0	0	1
4	0	0	1	0	0	0	0	1	0	0	0	0	1	0	0	0	0	1	0	0	0	0	1
0	0	0	1	2	2	2	2	3	0	0	0	0	1	2	2	2	2	3	0	0	0	0	1
0	0	0	1	0	0	0	0	1	0	0	0	0	1	0	0	0	0	1	0	0	0	0	1
1	1	1	2	3	3	3	3	0	1	1	1	1	2	3	3	3	3	0	1	1	1	1	2

② 2단계

(2) 4행은 21123 의 5주기를 가진다. 02124···, 20323···,13230···, 22303···, 33032··· 의 10주기 5개를 가진다.

① 1단계

2	1	1	2	3	2	1	1	2	3	2	1	1	2	3	2	1	1	2	3	2	1	1	2
1	0	2	1	2	3	2	0	3	0	1	0	2	1	2	3	2	0	3	0	1	0	2	1
1	2	0	3	2	3	0	2	1	0	1	2	0	3	2	3	0	2	1	0	1	2	0	3
2	1	3	2	3	0	3	1	0	1	2	1	3	2	3	0	3	1	0	1	2	1	3	2
3	2	2	3	0	3	2	2	3	0	3	2	2	3	0	3	2	2	3	0	3	2	2	3
2	3	3	0	3	2	3	3	0	3	2	3	3	0	3	2	3	3	0	3	2	3	3	0
1	2	0	3	2	3	0	2	1	0	1	2	0	3	2	3	0	2	1	0	1	2	0	3
1	0	2	1	2	3	2	0	3	0	1	0	2	1	2	3	2	0	3	0	1	0	2	1
2	3	1	0	3	0	1	3	2	1	2	3	1	0	3	0	1	3	2	1	2	3	1	0
3	0	0	1	0	3	0	0	1	0	3	0	0	1	0	3	0	0	1	0	3	0	0	1
2	1	1	2	3	2	1	1	2	3	2	1	1	2	3	2	1	1	2	3	2	1	1	2
1	0	2	1	2	3	2	0	3	0	1	0	2	1	2	3	2	0	3	0	1	0	2	1
1	2	0	3	2	3	0	2	1	0	1	2	0	3	2	3	0	2	1	0	1	2	0	3
2	1	3	2	3	0	3	1	0	1	2	1	3	2	3	0	3	1	0	1	2	1	3	2
3	2	2	3	0	3	2	2	3	0	3	2	2	3	0	3	2	2	3	0	3	2	2	3
2	3	3	0	3	2	3	3	0	3	2	3	3	0	3	2	3	3	0	3	2	3	3	0
1	2	0	3	2	3	0	2	1	0	1	2	0	3	2	3	0	2	1	0	1	2	0	3
1	0	2	1	2	3	2	0	3	0	1	0	2	1	2	3	2	0	3	0	1	0	2	1
2	3	1	0	3	0	1	3	2	1	2	3	1	0	3	0	1	3	2	1	2	3	1	0
3	0	0	1	0	3	0	0	1	0	3	0	0	1	0	3	0	0	1	0	3	0	0	1
2	1	1	2	3	2	1	1	2	3	2	1	1	2	3	2	1	1	2	3	2	1	1	2
1	0	2	1	2	3	2	0	3	0	1	0	2	1	2	3	2	0	3	0	1	0	2	1
1	2	0	3	2	3	0	2	1	0	1	2	0	3	2	3	0	2	1	0	1	2	0	3
2	1	3	2	3	0	3	1	0	1	2	1	3	2	3	0	3	1	0	1	2	1	3	2

② 2단계

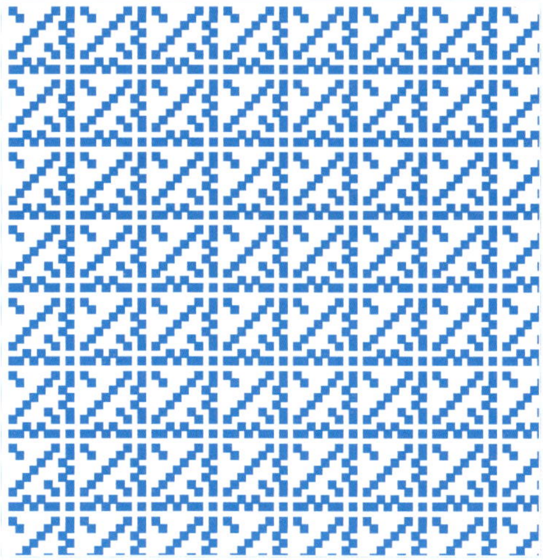

(3) 5행은 03033 31311 14144 42422 20200의 25주기를 가진다. 각 행은 21020…, 10131 …, 01222…, 23222…, 01000… 등 14개의 50주기를 가진다.

① 1단계

0	3	0	3	3	3	1	3	1	1	1	4	1	4	4	4	2	4	2	2	2	0	2	0
3	2	1	0	2	0	0	0	0	2	0	1	2	3	3	3	1	3	1	1	1	3	1	3
0	1	0	1	3	1	1	1	1	3	1	2	1	2	0	2	2	2	2	0	2	2	2	2
3	0	1	2	2	2	0	2	0	0	0	3	2	1	3	1	1	1	1	3	1	1	1	1
3	2	3	2	2	2	0	2	0	0	0	3	0	3	3	3	1	3	1	1	1	3	1	3
3	0	1	2	2	2	0	2	0	0	0	3	2	1	3	1	1	1	1	3	1	1	1	1
1	0	1	0	0	0	2	0	2	2	2	1	2	1	1	1	3	1	3	3	3	1	3	1
3	0	1	2	2	2	0	2	0	0	0	3	2	1	3	1	1	1	1	3	1	1	1	1
1	0	1	0	0	0	2	0	2	2	2	1	2	1	1	1	3	1	3	3	3	1	3	1
1	2	3	0	0	0	2	0	2	2	2	1	0	3	1	3	3	3	3	1	3	3	3	3
1	0	1	0	0	0	2	0	2	2	2	1	2	1	1	1	3	1	3	3	3	1	3	1
4	1	2	3	3	3	1	3	1	1	1	0	3	2	0	2	2	2	2	0	2	2	2	2
1	2	1	2	0	2	2	2	2	0	2	3	2	3	1	3	3	3	3	1	3	3	3	3
4	3	2	1	3	1	1	1	1	3	1	2	3	0	0	0	2	0	2	2	2	0	2	0
4	3	0	3	3	3	1	3	1	1	1	0	1	0	0	0	2	0	2	2	2	0	2	0
4	3	2	1	3	1	1	1	1	3	1	2	3	0	0	0	2	0	2	2	2	0	2	0
2	1	2	1	1	1	3	1	3	3	3	2	3	2	2	2	0	2	0	0	0	2	0	2
4	3	2	1	3	1	1	1	1	3	1	2	3	0	0	0	2	0	2	2	2	0	2	0
2	1	2	1	1	1	3	1	3	3	3	2	3	2	2	2	0	2	0	0	0	2	0	2
2	1	0	3	1	3	3	3	3	1	3	0	1	2	2	2	0	2	0	0	0	2	0	2
2	1	2	1	1	1	3	1	3	3	3	2	3	2	2	2	0	2	0	0	0	2	0	2
0	3	2	1	3	1	1	1	1	3	1	2	3	0	0	0	2	0	2	2	2	0	2	0
2	1	2	1	1	1	3	1	3	3	3	2	3	2	2	2	0	2	0	0	0	2	0	2
0	3	2	1	3	1	1	1	1	3	1	2	3	0	0	0	2	0	2	2	2	0	2	0

② 2단계

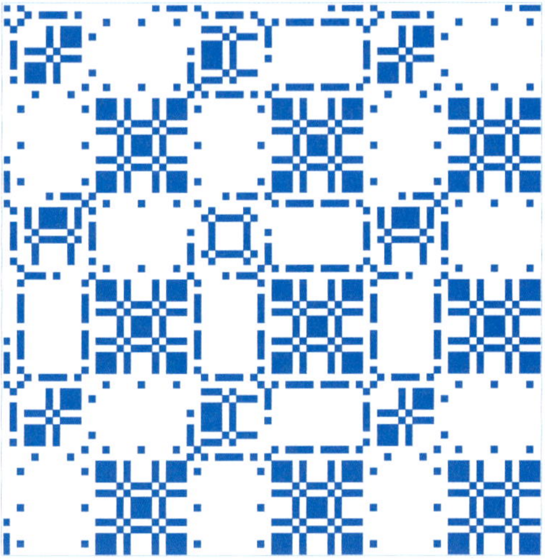

(4) 10행은 03031 32320 22220 23231 30303의 반복이다. 21000…, 10111…, 01202… 등의 50주기 14개를 가진다.

① 1단계

0	3	0	3	1	3	2	3	2	0	2	2	2	2	0	2	3	2	3	1	3	0	3	0
3	2	1	0	0	0	1	2	3	1	3	3	3	3	1	3	0	1	2	2	2	1	0	3
0	1	0	1	1	1	2	1	2	2	2	0	2	0	0	0	3	0	3	3	3	2	3	2
3	0	1	2	0	2	1	0	3	3	3	1	3	1	1	1	0	3	2	0	2	3	0	1
1	0	1	0	2	0	3	0	3	1	3	3	3	3	1	3	0	3	0	2	0	1	0	1
3	0	1	2	0	2	1	0	3	3	3	1	3	1	1	1	0	3	2	0	2	3	0	1
2	1	2	1	3	1	0	1	0	2	0	0	0	0	2	0	1	0	1	3	1	2	1	2
3	2	1	0	0	0	1	2	3	1	3	3	3	3	1	3	0	1	2	2	2	1	0	3
2	3	2	3	3	3	0	3	0	0	0	2	0	2	2	2	1	2	1	1	1	0	1	0
0	1	2	3	1	3	2	1	0	0	0	2	0	2	2	2	1	0	3	1	3	0	1	2
2	3	2	3	3	3	0	3	0	0	0	2	0	2	2	2	1	2	1	1	1	0	1	0
2	3	0	1	3	1	0	3	2	2	2	0	2	0	0	0	3	2	1	3	1	2	3	0
2	3	2	3	3	3	0	3	0	0	0	2	0	2	2	2	1	2	1	1	1	0	1	0
2	3	0	1	3	1	0	3	2	2	2	0	2	0	0	0	3	2	1	3	1	2	3	0
0	1	0	1	1	1	2	1	2	2	2	0	2	0	0	0	3	0	3	3	3	2	3	2
2	3	0	1	3	1	0	3	2	2	2	0	2	0	0	0	3	2	1	3	1	2	3	0
3	0	3	0	0	0	1	0	1	1	1	3	1	3	3	3	2	3	2	2	2	1	2	1
2	1	0	3	3	3	0	1	2	0	2	2	2	2	0	2	3	0	1	1	1	0	3	2
3	2	3	2	0	2	1	2	1	3	1	1	1	1	3	1	2	1	2	0	2	3	2	3
1	2	3	0	2	0	3	2	1	1	1	3	1	3	3	3	2	1	0	2	0	1	2	3
3	2	3	2	0	2	1	2	1	3	1	1	1	1	3	1	2	1	2	0	2	3	2	3
0	1	2	3	1	3	2	1	0	0	0	2	0	2	2	2	1	0	3	1	3	0	1	2
3	0	3	0	0	0	1	0	1	1	1	3	1	3	3	3	2	3	2	2	2	1	2	1
0	3	2	1	1	1	2	3	0	2	0	0	0	0	2	0	1	2	3	3	3	2	1	0

② 2단계

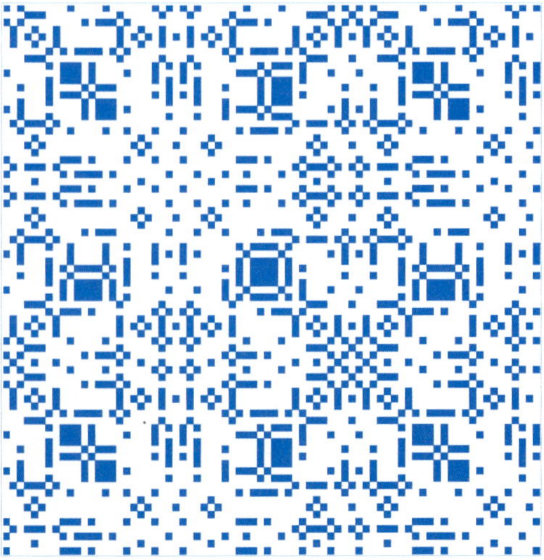

5 논리곱으로 만드는 디자인

4쪽, 5쪽에 있는 각 행에서 논리곱 연산을 한 후 5로 나누었다.

1. 논리곱을 5로 나누기

(1) 5행은 03033 31311 14144 42422 20200의 25주기를 가진다. 각 행은 25주기를 가진다.

① 1단계	② 2단계
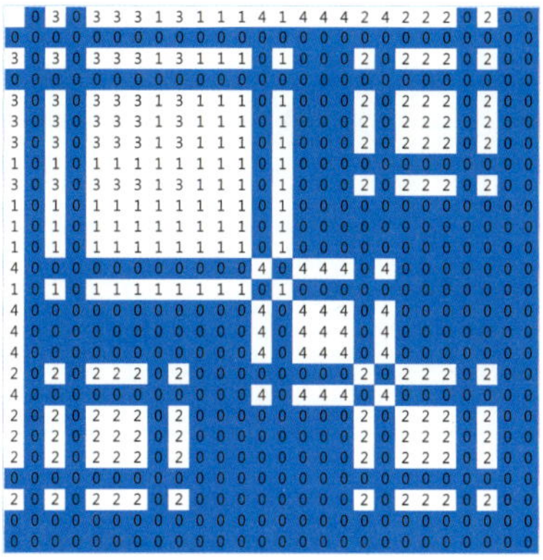	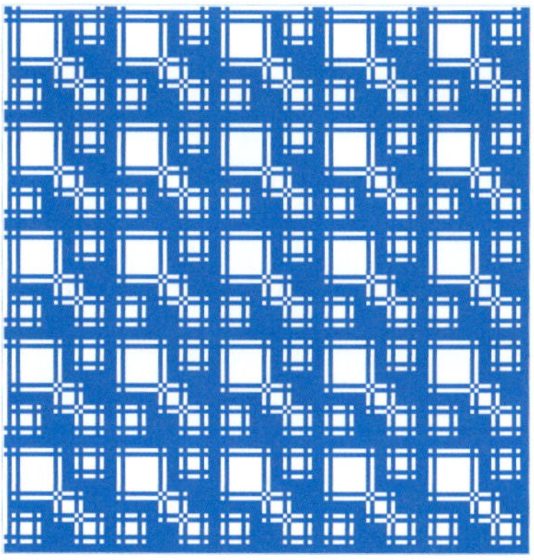

(2) 6행은 31423 43213 00003 12343 24133의 25주기를 가진다. 각 행은 25주기를 가진다. 균형 잡힌 십자가. 나와 타자의 강한 연결. 잃는 것을 무엇일까?

① 1단계	② 2단계
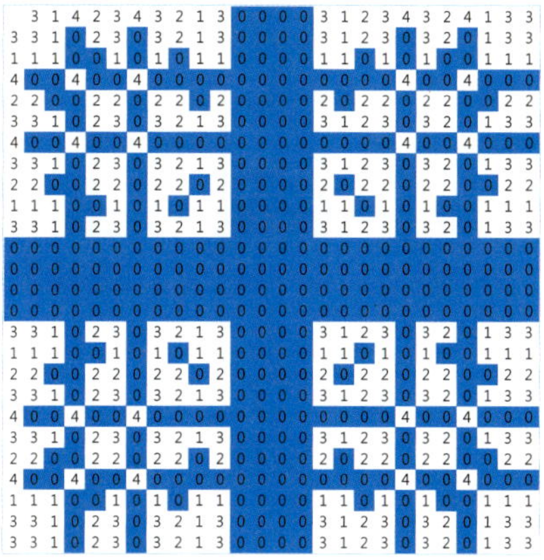	

(3) 9행은 21121 13312 00003 42244 34430의 25주기를 가진다. 각행은 25주기를 가진다. 현관문의 디자인으로 좋을 것 같다. 상처를 막아주는 문이면 좋겠다.

① 1단계	② 2단계
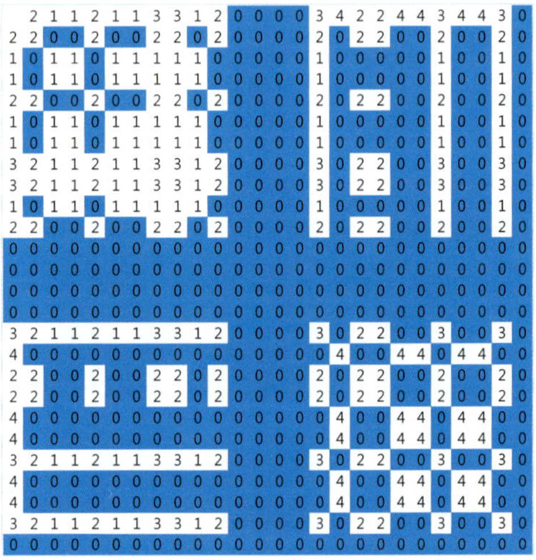	

(4) 10행은 03031 32320 22220 23231 30303의 25주기를 가진다. 각행은 25주기를 가진다. 바람이 잘 들어 온다. 그리고 나간다. 세상엔 붙잡을 수 없는 게 많다.

① 1단계	② 2단계
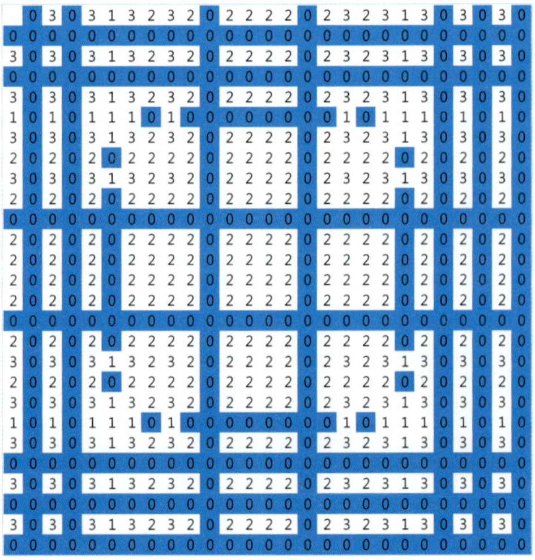	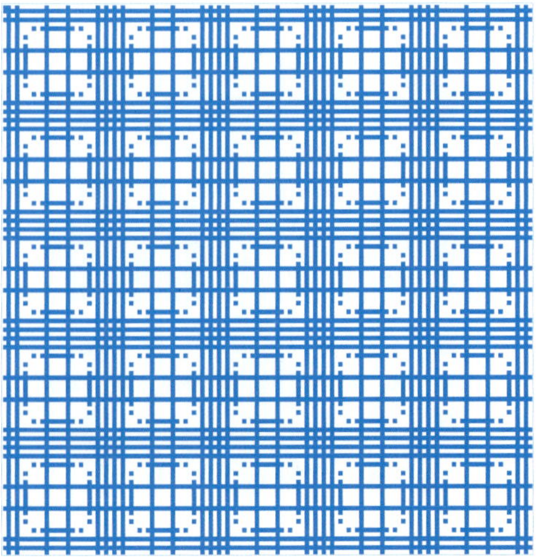

(5) 13행은 40011 00002 20033 00004 40010의 25주기를 가진다. 각행은 25주기를 가진다. 등대와 길 잃은 생명들, 찾는 길이 있기를 바란다.

① 1단계	② 2단계
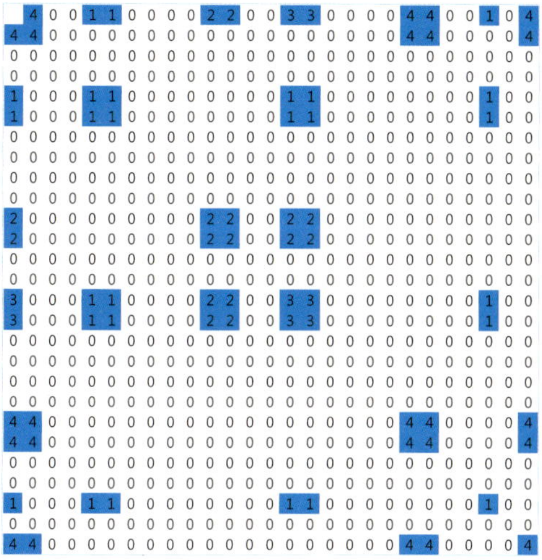	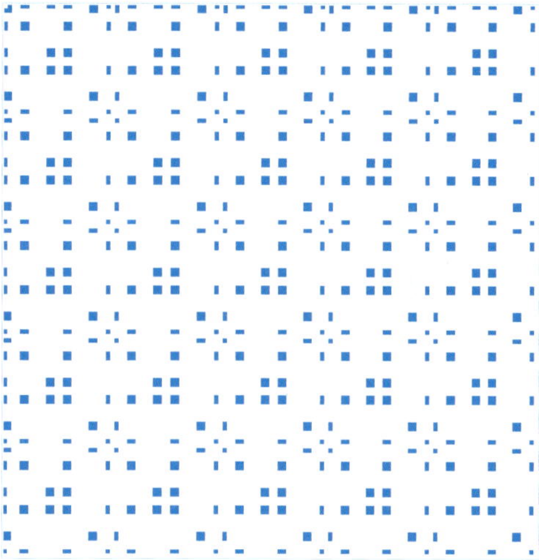

(6) 15행은 03034 33330 32320 22221 20200의 25주기를 가진다. 각 행은 25주기를 가진다. 감옥안의 죄수. 우린 지구라는 감옥, 그리 크게 자랑할 것도 아니다.

① 1단계	② 2단계
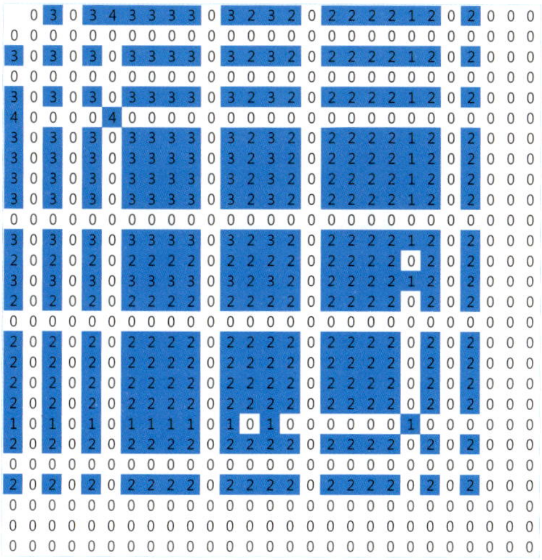	

(7) 16행은 31424 12342 00002 43214 24133의 25주기를 가진다. 각 행은 25주기를 가진다. 갇힌 공간, 꿈꾸는 공간, 밝음을 향해, 어둠을 벗어버리지 말자.

① 1단계

	3	1	4	2	4	1	2	3	4	2	0	0	0	0	2	4	3	2	1	4	2	4	1	3	3
3	3	1	0	2	0	1	2	3	0	2	0	0	0	0	2	0	3	2	1	0	2	0	1	3	3
1	1	1	0	0	0	1	0	1	0	0	0	0	0	0	0	0	1	0	1	0	0	0	1	1	1
4	0	0	4	0	4	0	0	0	4	0	0	0	0	0	0	4	0	0	0	4	0	4	0	0	0
2	2	0	0	2	0	0	2	2	0	2	0	0	0	0	2	0	2	2	0	0	2	0	0	2	2
4	0	0	4	0	4	0	0	0	4	0	0	0	0	0	0	4	0	0	0	4	0	4	0	0	0
1	1	1	0	0	0	1	0	1	0	0	0	0	0	0	0	0	1	0	1	0	0	0	1	1	1
2	2	0	0	2	0	0	2	2	0	2	0	0	0	0	2	0	2	2	0	0	2	0	0	2	2
3	3	1	0	2	0	1	2	3	0	2	0	0	0	0	2	0	3	2	1	0	2	0	1	3	3
4	0	0	4	0	4	0	0	0	4	0	0	0	0	0	0	4	0	0	0	4	0	4	0	0	0
2	2	0	0	2	0	0	2	2	0	2	0	0	0	0	2	0	2	2	0	0	2	0	0	2	2
0	0	0	0	0	0	0	0	0	0	0	0	0	0	0	0	0	0	0	0	0	0	0	0	0	0
0	0	0	0	0	0	0	0	0	0	0	0	0	0	0	0	0	0	0	0	0	0	0	0	0	0
0	0	0	0	0	0	0	0	0	0	0	0	0	0	0	0	0	0	0	0	0	0	0	0	0	0
0	0	0	0	0	0	0	0	0	0	0	0	0	0	0	0	0	0	0	0	0	0	0	0	0	0
2	2	0	0	2	0	0	2	2	0	2	0	0	0	0	2	0	2	2	0	0	2	0	0	2	2
4	0	0	4	0	4	0	0	0	4	0	0	0	0	0	0	4	0	0	0	4	0	4	0	0	0
3	3	1	0	2	0	1	2	3	0	2	0	0	0	0	2	0	3	2	1	0	2	0	1	3	3
2	2	0	0	2	0	0	2	2	0	2	0	0	0	0	2	0	2	2	0	0	2	0	0	2	2
1	1	1	0	0	0	1	0	1	0	0	0	0	0	0	0	0	1	0	1	0	0	0	1	1	1
4	0	0	4	0	4	0	0	0	4	0	0	0	0	0	0	4	0	0	0	4	0	4	0	0	0
2	2	0	0	2	0	0	2	2	0	2	0	0	0	0	2	0	2	2	0	0	2	0	0	2	2
4	0	0	4	0	4	0	0	0	4	0	0	0	0	0	0	4	0	0	0	4	0	4	0	0	0
1	1	1	0	0	0	1	0	1	0	0	0	0	0	0	0	0	1	0	1	0	0	0	1	1	1
3	3	1	0	2	0	1	2	3	0	2	0	0	0	0	2	0	3	2	1	0	2	0	1	3	3
3	3	1	0	2	0	1	2	3	0	2	0	0	0	0	2	0	3	2	1	0	2	0	1	3	3

② 2단계

(8) 18행은 40014 30022 00002 20034 10043의 25주기를 가진다. 각 행은 25주기를 가진다. 우주의 별들, 죽음과 탄생, 그들도 영원하지 않음을, 우리가 가진 것도 언젠가 사라진다.

① 1단계

	4	0	0	1	4	3	0	0	2	2	0	0	0	0	2	2	0	0	3	4	1	0	0	4	3
4	4	0	0	0	4	0	0	0	0	0	0	0	0	0	0	0	0	0	0	4	0	0	0	4	0
0	0	0	0	0	0	0	0	0	0	0	0	0	0	0	0	0	0	0	0	0	0	0	0	0	0
0	0	0	0	0	0	0	0	0	0	0	0	0	0	0	0	0	0	0	0	0	0	0	0	0	0
1	0	0	0	1	0	1	0	0	0	0	0	0	0	0	0	0	0	0	1	0	1	0	0	0	1
4	4	0	0	0	4	0	0	0	0	0	0	0	0	0	0	0	0	0	0	4	0	0	0	4	0
3	0	0	0	1	0	3	0	0	2	2	0	0	0	0	2	2	0	0	3	0	1	0	0	0	3
0	0	0	0	0	0	0	0	0	0	0	0	0	0	0	0	0	0	0	0	0	0	0	0	0	0
0	0	0	0	0	0	0	0	0	0	0	0	0	0	0	0	0	0	0	0	0	0	0	0	0	0
2	0	0	0	0	0	2	0	0	2	2	0	0	0	0	2	2	0	0	2	0	0	0	0	0	2
2	0	0	0	0	0	2	0	0	2	2	0	0	0	0	2	2	0	0	2	0	0	0	0	0	2
0	0	0	0	0	0	0	0	0	0	0	0	0	0	0	0	0	0	0	0	0	0	0	0	0	0
0	0	0	0	0	0	0	0	0	0	0	0	0	0	0	0	0	0	0	0	0	0	0	0	0	0
0	0	0	0	0	0	0	0	0	0	0	0	0	0	0	0	0	0	0	0	0	0	0	0	0	0
0	0	0	0	0	0	0	0	0	0	0	0	0	0	0	0	0	0	0	0	0	0	0	0	0	0
2	0	0	0	0	0	2	0	0	2	2	0	0	0	0	2	2	0	0	2	0	0	0	0	0	2
2	0	0	0	0	0	2	0	0	2	2	0	0	0	0	2	2	0	0	2	0	0	0	0	0	2
0	0	0	0	0	0	0	0	0	0	0	0	0	0	0	0	0	0	0	0	0	0	0	0	0	0
0	0	0	0	0	0	0	0	0	0	0	0	0	0	0	0	0	0	0	0	0	0	0	0	0	0
3	0	0	0	1	0	3	0	0	2	2	0	0	0	0	2	2	0	0	3	0	1	0	0	0	3
4	4	0	0	0	4	0	0	0	0	0	0	0	0	0	0	0	0	0	0	4	0	0	0	4	0
1	0	0	0	1	0	1	0	0	0	0	0	0	0	0	0	0	0	0	1	0	1	0	0	0	1
0	0	0	0	0	0	0	0	0	0	0	0	0	0	0	0	0	0	0	0	0	0	0	0	0	0
0	0	0	0	0	0	0	0	0	0	0	0	0	0	0	0	0	0	0	0	0	0	0	0	0	0
4	4	0	0	0	4	0	0	0	0	0	0	0	0	0	0	0	0	0	0	4	0	0	0	4	0
3	0	0	0	1	0	3	0	0	2	2	0	0	0	0	2	2	0	0	3	0	1	0	0	0	3

② 2단계

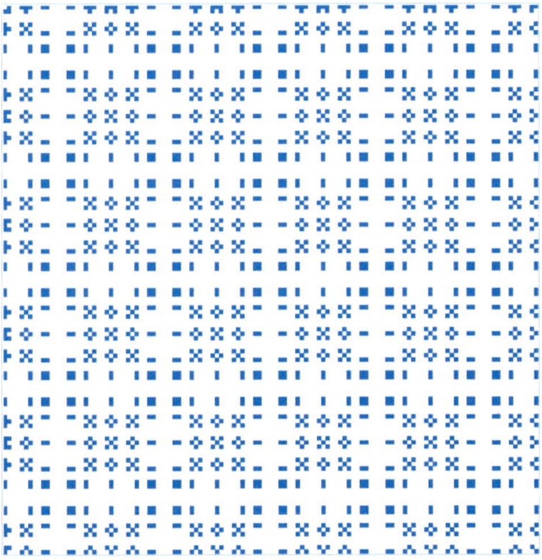

(9) 20행은 03032 34341 44441 43432 30303의 25주기를 가진다. 각 행은 25주기이다. 격자, 정렬, 저항할 수 없는 공간, 그래도 받아들이면 사라진다.

① 1단계	② 2단계
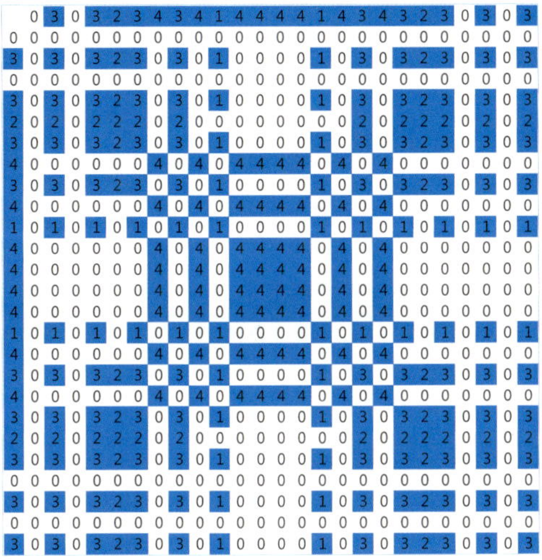	

(10) 21행은 31422 24133 31422 24133 31420의 25주기이다. 각 행은 25주기이다. 갑갑하다. 어둠이다. 도망가고 싶다. 슬픔 몰려온다. 받아들이면 안개처럼 사라진다.

① 1단계	② 2단계
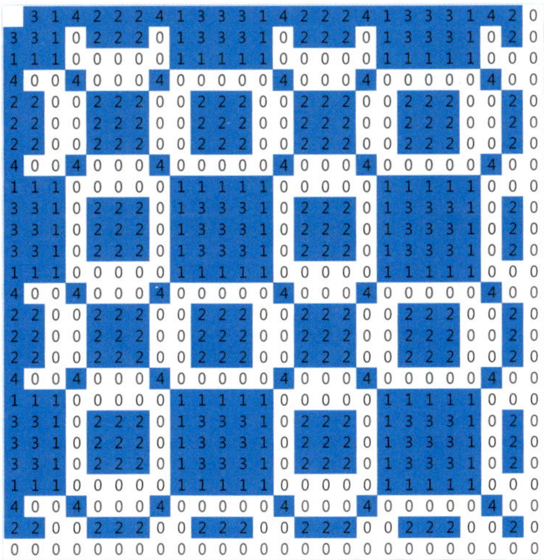	

(11) 22행은 10010 40040 10010 40040 10013의 25주기를 가진다. 각 행은 25주기다. 8각형, 사각형, 모두 나름데로 살아간다. 사각형이 팔각형이 되고자 하면서 고통은 시작한다.

① 1단계	② 2단계
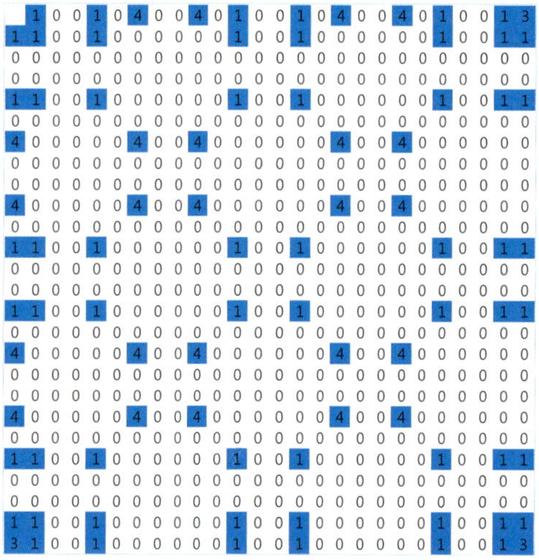	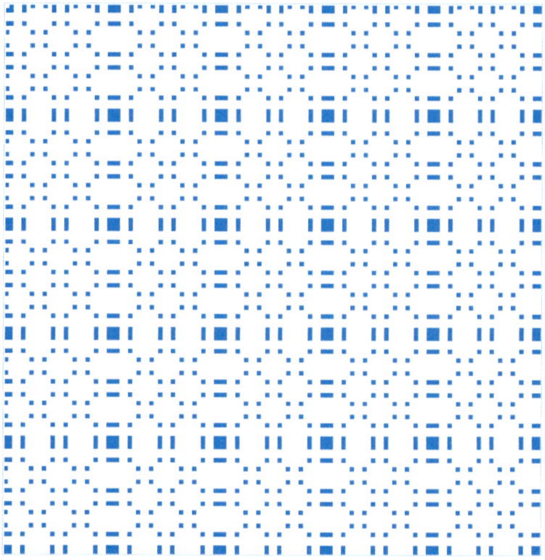

(12) 23행은 40012 10043 40012 10043 40010의 25주기를 가진다. 각 행은 25주기다. 벽장, 난로, 마음의 공간, 인생 앞에 쏟아지는 고통을 차단하는 공간이다.

① 1단계	② 2단계
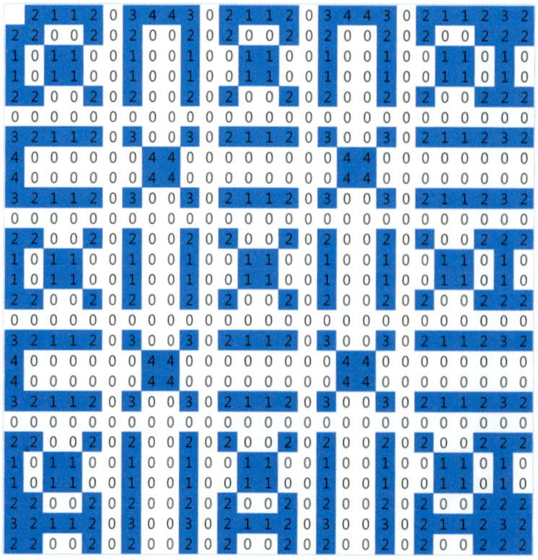	

(13) 40행은 03034… 의 125주기를 가진다. 각 행은 125주기를 가진다. 개인의 공간. 인간은 행복의 공간을 영원히 갖고 싶어 한다.

① 1단계

	0	3	0	3	4	3	3	3	3	0	3	2	3	2	0	2	2	2	2	1	2	0	2	0	3
0	0	0	0	0	0	0	0	0	0	0	0	0	0	0	0	0	0	0	0	0	0	0	0	0	0
3	0	3	0	3	0	3	3	3	3	0	3	2	3	2	0	2	2	2	2	1	2	0	2	0	3
0	0	0	0	0	0	0	0	0	0	0	0	0	0	0	0	0	0	0	0	0	0	0	0	0	0
3	0	3	0	3	0	3	3	3	3	0	3	2	3	2	0	2	2	2	2	1	2	0	2	0	3
4	0	0	0	0	4	0	0	0	0	0	0	0	0	0	0	0	0	0	0	0	0	0	0	0	0
3	0	3	0	3	0	3	3	3	3	0	3	2	3	2	0	2	2	2	2	1	2	0	2	0	3
3	0	3	0	3	0	3	3	3	3	0	3	2	3	2	0	2	2	2	2	1	2	0	2	0	3
3	0	3	0	3	0	3	3	3	3	0	3	2	3	2	0	2	2	2	2	1	2	0	2	0	3
3	0	3	0	3	0	3	3	3	3	0	3	2	3	2	0	2	2	2	2	1	2	0	2	0	3
0	0	0	0	0	0	0	0	0	0	0	0	0	0	0	0	0	0	0	0	0	0	0	0	0	0
3	0	3	0	3	0	3	3	3	3	0	3	2	3	2	0	2	2	2	2	1	2	0	2	0	3
2	0	2	0	2	0	2	2	2	2	0	2	2	2	2	0	2	2	2	2	0	2	0	2	0	2
3	0	3	0	3	0	3	3	3	3	0	3	2	3	2	0	2	2	2	2	1	2	0	2	0	3
2	0	2	0	2	0	2	2	2	2	0	2	2	2	2	0	2	2	2	2	0	2	0	2	0	2
0	0	0	0	0	0	0	0	0	0	0	0	0	0	0	0	0	0	0	0	0	0	0	0	0	0
2	0	2	0	2	0	2	2	2	2	0	2	2	2	2	0	2	2	2	2	0	2	0	2	0	2
2	0	2	0	2	0	2	2	2	2	0	2	2	2	2	0	2	2	2	2	0	2	0	2	0	2
2	0	2	0	2	0	2	2	2	2	0	2	2	2	2	0	2	2	2	2	0	2	0	2	0	2
2	0	2	0	2	0	2	2	2	2	0	2	2	2	2	0	2	2	2	2	0	2	0	2	0	2
1	0	1	0	1	0	1	1	1	1	0	1	0	1	0	0	0	0	0	0	1	0	0	0	0	1
2	0	2	0	2	0	2	2	2	2	0	2	2	2	2	0	2	2	2	2	0	2	0	2	0	2
0	0	0	0	0	0	0	0	0	0	0	0	0	0	0	0	0	0	0	0	0	0	0	0	0	0
2	0	2	0	2	0	2	2	2	2	0	2	2	2	2	0	2	2	2	2	0	2	0	2	0	2
0	0	0	0	0	0	0	0	0	0	0	0	0	0	0	0	0	0	0	0	0	0	0	0	0	0
3	0	3	0	3	0	3	3	3	3	0	3	2	3	2	0	2	2	2	2	1	2	0	2	0	3

② 2단계

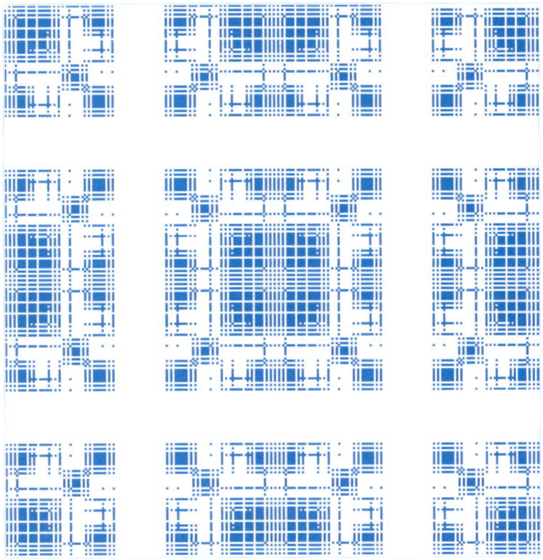

(14) 60행 03031… 의 125주기를 가진다. 각 행은 125주기를 가진다. 행복을 공간 안에 가둘 수 있을까. 행복이 가두어 지는 것일까.

① 1단계

	0	3	0	3	1	3	2	3	2	0	2	2	2	2	0	2	3	2	3	1	3	0	3
0	0	0	0	0	0	0	0	0	0	0	0	0	0	0	0	0	0	0	0	0	0	0	0
3	0	3	0	3	1	3	2	3	2	0	2	2	2	2	0	2	3	2	3	1	3	0	3
0	0	0	0	0	0	0	0	0	0	0	0	0	0	0	0	0	0	0	0	0	0	0	0
3	0	3	0	3	1	3	2	3	2	0	2	2	2	2	0	2	3	2	3	1	3	0	3
1	0	1	0	1	1	1	0	1	0	0	0	0	0	0	0	0	1	0	1	1	1	0	1
3	0	3	0	3	1	3	2	3	2	0	2	2	2	2	0	2	3	2	3	1	3	0	3
2	0	2	0	2	0	2	2	2	2	0	2	2	2	2	0	2	2	2	2	0	2	0	2
3	0	3	0	3	1	3	2	3	2	0	2	2	2	2	0	2	3	2	3	1	3	0	3
2	0	2	0	2	0	2	2	2	2	0	2	2	2	2	0	2	2	2	2	0	2	0	2
0	0	0	0	0	0	0	0	0	0	0	0	0	0	0	0	0	0	0	0	0	0	0	0
2	0	2	0	2	0	2	2	2	2	0	2	2	2	2	0	2	2	2	2	0	2	0	2
2	0	2	0	2	0	2	2	2	2	0	2	2	2	2	0	2	2	2	2	0	2	0	2
2	0	2	0	2	0	2	2	2	2	0	2	2	2	2	0	2	2	2	2	0	2	0	2
2	0	2	0	2	0	2	2	2	2	0	2	2	2	2	0	2	2	2	2	0	2	0	2
0	0	0	0	0	0	0	0	0	0	0	0	0	0	0	0	0	0	0	0	0	0	0	0
2	0	2	0	2	0	2	2	2	2	0	2	2	2	2	0	2	2	2	2	0	2	0	2
3	0	3	0	3	1	3	2	3	2	0	2	2	2	2	0	2	3	2	3	1	3	0	3
2	0	2	0	2	0	2	2	2	2	0	2	2	2	2	0	2	2	2	2	0	2	0	2
3	0	3	0	3	1	3	2	3	2	0	2	2	2	2	0	2	3	2	3	1	3	0	3
1	0	1	0	1	1	1	0	1	0	0	0	0	0	0	0	0	1	0	1	1	1	0	1
3	0	3	0	3	1	3	2	3	2	0	2	2	2	2	0	2	3	2	3	1	3	0	3
0	0	0	0	0	0	0	0	0	0	0	0	0	0	0	0	0	0	0	0	0	0	0	0
3	0	3	0	3	1	3	2	3	2	0	2	2	2	2	0	2	3	2	3	1	3	0	3

② 2단계

(15) 80행은 03033… 은 125주기를 가진다. 각 행은 125주기를 가진다. 생존의 도시. 탄생의 도시. 도시는 살아있는 유기체이다. 모두가 함께 하는 것이다.

① 1단계

	0	3	0	3	3	3	1	3	1	1	1	4	1	4	4	4	2	4	2	2	2	0	2	0	4	0
0	0	0	0	0	0	0	0	0	0	0	0	0	0	0	0	0	0	0	0	0	0	0	0	0	0	0
3	0	3	0	3	3	3	1	3	1	1	1	0	1	0	0	0	2	0	2	2	2	0	2	0	0	0
0	0	0	0	0	0	0	0	0	0	0	0	0	0	0	0	0	0	0	0	0	0	0	0	0	0	0
3	0	3	0	3	3	3	1	3	1	1	1	0	1	0	0	0	2	0	2	2	2	0	2	0	0	0
3	0	3	0	3	3	3	1	3	1	1	1	0	1	0	0	0	2	0	2	2	2	0	2	0	0	0
3	0	3	0	3	3	3	1	3	1	1	1	0	1	0	0	0	2	0	2	2	2	0	2	0	0	0
1	0	1	0	1	1	1	1	1	1	1	1	0	1	0	0	0	0	0	0	0	0	0	0	0	0	0
3	0	3	0	3	3	3	1	3	1	1	1	0	1	0	0	0	2	0	2	2	2	0	2	0	0	0
1	0	1	0	1	1	1	1	1	1	1	1	0	1	0	0	0	0	0	0	0	0	0	0	0	0	0
1	0	1	0	1	1	1	1	1	1	1	1	0	1	0	0	0	0	0	0	0	0	0	0	0	0	0
1	0	1	0	1	1	1	1	1	1	1	1	0	1	0	0	0	0	0	0	0	0	0	0	0	0	0
4	0	0	0	0	0	0	0	0	0	0	0	4	0	4	4	4	0	4	0	0	0	0	0	0	4	0
1	0	1	0	1	1	1	1	1	1	1	1	0	1	0	0	0	0	0	0	0	0	0	0	0	0	0
4	0	0	0	0	0	0	0	0	0	0	0	4	0	4	4	4	0	4	0	0	0	0	0	0	4	0
4	0	0	0	0	0	0	0	0	0	0	0	4	0	4	4	4	0	4	0	0	0	0	0	0	4	0
4	0	0	0	0	0	0	0	0	0	0	0	4	0	4	4	4	0	4	0	0	0	0	0	0	4	0
2	0	2	0	2	2	2	0	2	0	0	0	0	0	0	0	0	2	0	2	2	2	0	2	0	0	0
4	0	0	0	0	0	0	0	0	0	0	0	4	0	4	4	4	0	4	0	0	0	0	0	0	4	0
2	0	2	0	2	2	2	0	2	0	0	0	0	0	0	0	0	2	0	2	2	2	0	2	0	0	0
2	0	2	0	2	2	2	0	2	0	0	0	0	0	0	0	0	2	0	2	2	2	0	2	0	0	0
2	0	2	0	2	2	2	0	2	0	0	0	0	0	0	0	0	2	0	2	2	2	0	2	0	0	0
0	0	0	0	0	0	0	0	0	0	0	0	0	0	0	0	0	0	0	0	0	0	0	0	0	0	0
2	0	2	0	2	2	2	0	2	0	0	0	0	0	0	0	0	2	0	2	2	2	0	2	0	0	0
0	0	0	0	0	0	0	0	0	0	0	0	0	0	0	0	0	0	0	0	0	0	0	0	0	0	0
4	0	0	0	0	0	0	0	0	0	0	0	4	0	4	4	4	0	4	0	0	0	0	0	0	4	0
0	0	0	0	0	0	0	0	0	0	0	0	0	0	0	0	0	0	0	0	0	0	0	0	0	0	0

② 2단계

(16) 90행 03034… 의 125주기를 가진다. 각 행은 125주기를 가진다. 도로, 집, 이웃, 혼자보다는 둘이, 둘 보다는 셋이 행복하다.

① 1단계

	0	3	0	3	4	3	3	3	3	0	3	2	3	2	0	2	2	2	2	1	2	0	2	0	4	0
0	0	0	0	0	0	0	0	0	0	0	0	0	0	0	0	0	0	0	0	0	0	0	0	0	0	0
3	0	3	0	3	0	3	3	3	3	0	3	2	3	2	0	2	2	2	2	1	2	0	2	0	0	0
0	0	0	0	0	0	0	0	0	0	0	0	0	0	0	0	0	0	0	0	0	0	0	0	0	0	0
3	0	3	0	3	0	3	3	3	3	0	3	2	3	2	0	2	2	2	2	1	2	0	2	0	0	0
4	0	0	0	0	4	0	0	0	0	0	0	0	0	0	0	0	0	0	0	0	0	0	0	0	4	0
3	0	3	0	3	0	3	3	3	3	0	3	2	3	2	0	2	2	2	2	1	2	0	2	0	0	0
3	0	3	0	3	0	3	3	3	3	0	3	2	3	2	0	2	2	2	2	1	2	0	2	0	0	0
3	0	3	0	3	0	3	3	3	3	0	3	2	3	2	0	2	2	2	2	1	2	0	2	0	0	0
3	0	3	0	3	0	3	3	3	3	0	3	2	3	2	0	2	2	2	2	1	2	0	2	0	0	0
0	0	0	0	0	0	0	0	0	0	0	0	0	0	0	0	0	0	0	0	0	0	0	0	0	0	0
3	0	3	0	3	0	3	3	3	3	0	3	2	3	2	0	2	2	2	2	1	2	0	2	0	0	0
2	0	2	0	2	0	2	2	2	2	0	2	2	2	2	0	2	2	2	2	0	2	0	2	0	0	0
3	0	3	0	3	0	3	3	3	3	0	3	2	3	2	0	2	2	2	2	1	2	0	2	0	0	0
2	0	2	0	2	0	2	2	2	2	0	2	2	2	2	0	2	2	2	2	0	2	0	2	0	0	0
0	0	0	0	0	0	0	0	0	0	0	0	0	0	0	0	0	0	0	0	0	0	0	0	0	0	0
2	0	2	0	2	0	2	2	2	2	0	2	2	2	2	0	2	2	2	2	0	2	0	2	0	0	0
2	0	2	0	2	0	2	2	2	2	0	2	2	2	2	0	2	2	2	2	0	2	0	2	0	0	0
2	0	2	0	2	0	2	2	2	2	0	2	2	2	2	0	2	2	2	2	0	2	0	2	0	0	0
2	0	2	0	2	0	2	2	2	2	0	2	2	2	2	0	2	2	2	2	0	2	0	2	0	0	0
1	0	1	0	1	0	1	1	1	1	0	1	0	1	0	0	0	0	0	0	1	0	0	0	0	0	0
2	0	2	0	2	0	2	2	2	2	0	2	2	2	2	0	2	2	2	2	0	2	0	2	0	0	0
0	0	0	0	0	0	0	0	0	0	0	0	0	0	0	0	0	0	0	0	0	0	0	0	0	0	0
2	0	2	0	2	0	2	2	2	2	0	2	2	2	2	0	2	2	2	2	0	2	0	2	0	0	0
0	0	0	0	0	0	0	0	0	0	0	0	0	0	0	0	0	0	0	0	0	0	0	0	0	0	0
4	0	0	0	0	4	0	0	0	0	0	0	0	0	0	0	0	0	0	0	0	0	0	0	0	4	0
0	0	0	0	0	0	0	0	0	0	0	0	0	0	0	0	0	0	0	0	0	0	0	0	0	0	0

② 2단계

(17) 95행 03032⋯은 125주기를 가진다. 각 행은 125주기를 가진다. 도로에 갇힌 집, 갇혀 있기에 행복하다. 행복은 갇힘을 벗어난다.

① 1단계

	0	3	0	3	2	3	4	3	4	1	4	4	4	4	1	4	3	4	3	2	3	0	3	0	2
0	0	0	0	0	0	0	0	0	0	0	0	0	0	0	0	0	0	0	0	0	0	0	0	0	0
3	0	3	0	3	2	3	0	3	0	1	0	0	0	0	1	0	3	0	3	2	3	0	3	0	2
0	0	0	0	0	0	0	0	0	0	0	0	0	0	0	0	0	0	0	0	0	0	0	0	0	0
3	0	3	0	3	2	3	0	3	0	1	0	0	0	0	1	0	3	0	3	2	3	0	3	0	2
2	0	2	0	2	2	2	0	2	0	0	0	0	0	0	0	0	2	0	2	2	2	0	2	0	2
3	0	3	0	3	2	3	0	3	0	1	0	0	0	0	1	0	3	0	3	2	3	0	3	0	2
4	0	0	0	0	0	0	4	0	4	0	4	4	4	4	0	4	0	4	0	0	0	0	0	0	0
3	0	3	0	3	2	3	0	3	0	1	0	0	0	0	1	0	3	0	3	2	3	0	3	0	2
4	0	0	0	0	0	0	4	0	4	0	4	4	4	4	0	4	0	4	0	0	0	0	0	0	0
1	0	1	0	1	0	1	0	1	0	1	0	0	0	0	1	0	1	0	1	0	1	0	1	0	0
4	0	0	0	0	0	0	4	0	4	0	4	4	4	4	0	4	0	4	0	0	0	0	0	0	0
4	0	0	0	0	0	0	4	0	4	0	4	4	4	4	0	4	0	4	0	0	0	0	0	0	0
4	0	0	0	0	0	0	4	0	4	0	4	4	4	4	0	4	0	4	0	0	0	0	0	0	0
4	0	0	0	0	0	0	4	0	4	0	4	4	4	4	0	4	0	4	0	0	0	0	0	0	0
1	0	1	0	1	0	1	0	1	0	1	0	0	0	0	1	0	1	0	1	0	1	0	1	0	0
4	0	0	0	0	0	0	4	0	4	0	4	4	4	4	0	4	0	4	0	0	0	0	0	0	0
3	0	3	0	3	2	3	0	3	0	1	0	0	0	0	1	0	3	0	3	2	3	0	3	0	2
4	0	0	0	0	0	0	4	0	4	0	4	4	4	4	0	4	0	4	0	0	0	0	0	0	0
3	0	3	0	3	2	3	0	3	0	1	0	0	0	0	1	0	3	0	3	2	3	0	3	0	2
2	0	2	0	2	2	2	0	2	0	0	0	0	0	0	0	0	2	0	2	2	2	0	2	0	2
3	0	3	0	3	2	3	0	3	0	1	0	0	0	0	1	0	3	0	3	2	3	0	3	0	2
0	0	0	0	0	0	0	0	0	0	0	0	0	0	0	0	0	0	0	0	0	0	0	0	0	0
3	0	3	0	3	2	3	0	3	0	1	0	0	0	0	1	0	3	0	3	2	3	0	3	0	2
0	0	0	0	0	0	0	0	0	0	0	0	0	0	0	0	0	0	0	0	0	0	0	0	0	0
2	0	2	0	2	2	2	0	2	0	0	0	0	0	0	0	0	2	0	2	2	2	0	2	0	2

② 2단계

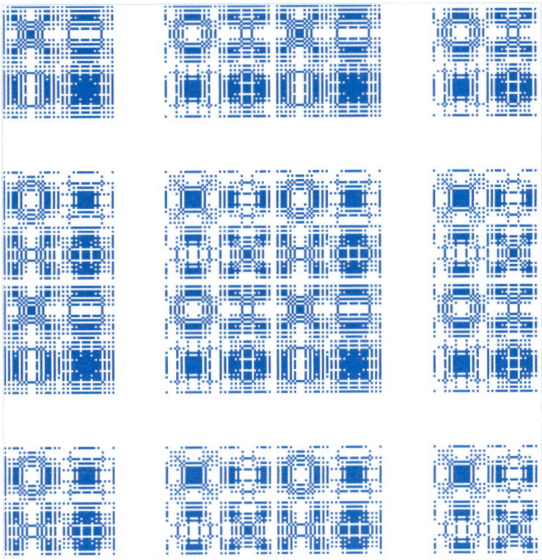

(18) 120행 030323⋯은 125주기를 가진다. 각 행은 125주기를 가진다. 우리가 살아가는 작은 공간이다. 삶과 싸우고, 사랑하고, 아픔을 나누는 공간이다.

① 1단계

	0	3	0	3	2	3	4	3	4	1	4	4	4	4	1	4	3	4	3	2	3	0	3	0	0
0	0	0	0	0	0	0	0	0	0	0	0	0	0	0	0	0	0	0	0	0	0	0	0	0	0
3	0	3	0	3	2	3	0	3	0	1	0	0	0	0	1	0	3	0	3	2	3	0	3	0	0
0	0	0	0	0	0	0	0	0	0	0	0	0	0	0	0	0	0	0	0	0	0	0	0	0	0
3	0	3	0	3	2	3	0	3	0	1	0	0	0	0	1	0	3	0	3	2	3	0	3	0	0
2	0	2	0	2	2	2	0	2	0	0	0	0	0	0	0	0	2	0	2	2	2	0	2	0	0
3	0	3	0	3	2	3	0	3	0	1	0	0	0	0	1	0	3	0	3	2	3	0	3	0	0
4	0	0	0	0	0	0	4	0	4	0	4	4	4	4	0	4	0	4	0	0	0	0	0	0	0
3	0	3	0	3	2	3	0	3	0	1	0	0	0	0	1	0	3	0	3	2	3	0	3	0	0
4	0	0	0	0	0	0	4	0	4	0	4	4	4	4	0	4	0	4	0	0	0	0	0	0	0
1	0	1	0	1	0	1	0	1	0	1	0	0	0	0	1	0	1	0	1	0	1	0	1	0	0
4	0	0	0	0	0	0	4	0	4	0	4	4	4	4	0	4	0	4	0	0	0	0	0	0	0
4	0	0	0	0	0	0	4	0	4	0	4	4	4	4	0	4	0	4	0	0	0	0	0	0	0
4	0	0	0	0	0	0	4	0	4	0	4	4	4	4	0	4	0	4	0	0	0	0	0	0	0
4	0	0	0	0	0	0	4	0	4	0	4	4	4	4	0	4	0	4	0	0	0	0	0	0	0
1	0	1	0	1	0	1	0	1	0	1	0	0	0	0	1	0	1	0	1	0	1	0	1	0	0
4	0	0	0	0	0	0	4	0	4	0	4	4	4	4	0	4	0	4	0	0	0	0	0	0	0
3	0	3	0	3	2	3	0	3	0	1	0	0	0	0	1	0	3	0	3	2	3	0	3	0	0
4	0	0	0	0	0	0	4	0	4	0	4	4	4	4	0	4	0	4	0	0	0	0	0	0	0
3	0	3	0	3	2	3	0	3	0	1	0	0	0	0	1	0	3	0	3	2	3	0	3	0	0
2	0	2	0	2	2	2	0	2	0	0	0	0	0	0	0	0	2	0	2	2	2	0	2	0	0
3	0	3	0	3	2	3	0	3	0	1	0	0	0	0	1	0	3	0	3	2	3	0	3	0	0
0	0	0	0	0	0	0	0	0	0	0	0	0	0	0	0	0	0	0	0	0	0	0	0	0	0
3	0	3	0	3	2	3	0	3	0	1	0	0	0	0	1	0	3	0	3	2	3	0	3	0	0
0	0	0	0	0	0	0	0	0	0	0	0	0	0	0	0	0	0	0	0	0	0	0	0	0	0
0	0	0	0	0	0	0	0	0	0	0	0	0	0	0	0	0	0	0	0	0	0	0	0	0	0

② 2단계

(19) 130행 030333⋯은 125주기를 가진다. 각 행은 125주기를 가진다. 따라 다니는 모습, 주위에 누군가를 함께하는 모습, 나의 약함일까, 타자의 약함일까.

① 1단계

	0	3	0	3	3	3	1	3	1	1	1	4	1	4	4	4	2	4	2	2	2	0	2	0	0	0
0	0	0	0	0	0	0	0	0	0	0	0	0	0	0	0	0	0	0	0	0	0	0	0	0	0	0
3	0	3	0	3	3	3	1	3	1	1	1	0	1	0	0	0	2	0	2	2	2	0	2	0	0	0
0	0	0	0	0	0	0	0	0	0	0	0	0	0	0	0	0	0	0	0	0	0	0	0	0	0	0
3	0	3	0	3	3	3	1	3	1	1	1	0	1	0	0	0	2	0	2	2	2	0	2	0	0	0
3	0	3	0	3	3	3	1	3	1	1	1	0	1	0	0	0	2	0	2	2	2	0	2	0	0	0
3	0	3	0	3	3	3	1	3	1	1	1	0	1	0	0	0	2	0	2	2	2	0	2	0	0	0
1	0	1	0	1	1	1	1	1	1	1	1	0	1	0	0	0	0	0	0	0	0	0	0	0	0	0
3	0	3	0	3	3	3	1	3	1	1	1	0	1	0	0	0	2	0	2	2	2	0	2	0	0	0
1	0	1	0	1	1	1	1	1	1	1	1	0	1	0	0	0	0	0	0	0	0	0	0	0	0	0
1	0	1	0	1	1	1	1	1	1	1	1	0	1	0	0	0	0	0	0	0	0	0	0	0	0	0
1	0	1	0	1	1	1	1	1	1	1	1	0	1	0	0	0	0	0	0	0	0	0	0	0	0	0
4	0	0	0	0	0	0	0	0	0	0	0	4	0	4	4	4	0	4	0	0	0	0	0	0	0	0
1	0	1	0	1	1	1	1	1	1	1	1	0	1	0	0	0	0	0	0	0	0	0	0	0	0	0
4	0	0	0	0	0	0	0	0	0	0	0	4	0	4	4	4	0	4	0	0	0	0	0	0	0	0
4	0	0	0	0	0	0	0	0	0	0	0	4	0	4	4	4	0	4	0	0	0	0	0	0	0	0
4	0	0	0	0	0	0	0	0	0	0	0	4	0	4	4	4	0	4	0	0	0	0	0	0	0	0
2	0	2	0	2	2	2	0	2	0	0	0	0	0	0	0	0	2	0	2	2	2	0	2	0	0	0
4	0	0	0	0	0	0	0	0	0	0	0	4	0	4	4	4	0	4	0	0	0	0	0	0	0	0
2	0	2	0	2	2	2	0	2	0	0	0	0	0	0	0	0	2	0	2	2	2	0	2	0	0	0
2	0	2	0	2	2	2	0	2	0	0	0	0	0	0	0	0	2	0	2	2	2	0	2	0	0	0
2	0	2	0	2	2	2	0	2	0	0	0	0	0	0	0	0	2	0	2	2	2	0	2	0	0	0
0	0	0	0	0	0	0	0	0	0	0	0	0	0	0	0	0	0	0	0	0	0	0	0	0	0	0
2	0	2	0	2	2	2	0	2	0	0	0	0	0	0	0	0	2	0	2	2	2	0	2	0	0	0
0	0	0	0	0	0	0	0	0	0	0	0	0	0	0	0	0	0	0	0	0	0	0	0	0	0	0
0	0	0	0	0	0	0	0	0	0	0	0	0	0	0	0	0	0	0	0	0	0	0	0	0	0	0
0	0	0	0	0	0	0	0	0	0	0	0	0	0	0	0	0	0	0	0	0	0	0	0	0	0	0

② 2단계

(20) 135행 030313⋯은 125주기를 가진다. 각 행은 125주기를 가진다. 어두운 밤거리, 도시의 낮은 뜨거웠다. 누군가에게 뜨거웠던 때가 있었다.

① 1단계

	0	3	0	3	1	3	2	3	2	0	2	2	2	2	0	2	3	2	3	1	3	0	3	0	3	0
0	0	0	0	0	0	0	0	0	0	0	0	0	0	0	0	0	0	0	0	0	0	0	0	0	0	0
3	0	3	0	3	1	3	2	3	2	0	2	2	2	2	0	2	3	2	3	1	3	0	3	0	3	0
0	0	0	0	0	0	0	0	0	0	0	0	0	0	0	0	0	0	0	0	0	0	0	0	0	0	0
3	0	3	0	3	1	3	2	3	2	0	2	2	2	2	0	2	3	2	3	1	3	0	3	0	3	0
1	0	1	0	1	1	1	0	1	0	0	0	0	0	0	0	0	1	0	1	1	1	0	1	0	1	0
3	0	3	0	3	1	3	2	3	2	0	2	2	2	2	0	2	3	2	3	1	3	0	3	0	3	0
2	0	2	0	2	0	2	2	2	2	0	2	2	2	2	0	2	2	2	2	0	2	0	2	0	2	0
3	0	3	0	3	1	3	2	3	2	0	2	2	2	2	0	2	3	2	3	1	3	0	3	0	3	0
2	0	2	0	2	0	2	2	2	2	0	2	2	2	2	0	2	2	2	2	0	2	0	2	0	2	0
0	0	0	0	0	0	0	0	0	0	0	0	0	0	0	0	0	0	0	0	0	0	0	0	0	0	0
2	0	2	0	2	0	2	2	2	2	0	2	2	2	2	0	2	2	2	2	0	2	0	2	0	2	0
2	0	2	0	2	0	2	2	2	2	0	2	2	2	2	0	2	2	2	2	0	2	0	2	0	2	0
2	0	2	0	2	0	2	2	2	2	0	2	2	2	2	0	2	2	2	2	0	2	0	2	0	2	0
2	0	2	0	2	0	2	2	2	2	0	2	2	2	2	0	2	2	2	2	0	2	0	2	0	2	0
0	0	0	0	0	0	0	0	0	0	0	0	0	0	0	0	0	0	0	0	0	0	0	0	0	0	0
2	0	2	0	2	0	2	2	2	2	0	2	2	2	2	0	2	2	2	2	0	2	0	2	0	2	0
3	0	3	0	3	1	3	2	3	2	0	2	2	2	2	0	2	3	2	3	1	3	0	3	0	3	0
2	0	2	0	2	0	2	2	2	2	0	2	2	2	2	0	2	2	2	2	0	2	0	2	0	2	0
3	0	3	0	3	1	3	2	3	2	0	2	2	2	2	0	2	3	2	3	1	3	0	3	0	3	0
1	0	1	0	1	1	1	0	1	0	0	0	0	0	0	0	0	1	0	1	1	1	0	1	0	1	0
3	0	3	0	3	1	3	2	3	2	0	2	2	2	2	0	2	3	2	3	1	3	0	3	0	3	0
0	0	0	0	0	0	0	0	0	0	0	0	0	0	0	0	0	0	0	0	0	0	0	0	0	0	0
3	0	3	0	3	1	3	2	3	2	0	2	2	2	2	0	2	3	2	3	1	3	0	3	0	3	0
0	0	0	0	0	0	0	0	0	0	0	0	0	0	0	0	0	0	0	0	0	0	0	0	0	0	0
3	0	3	0	3	1	3	2	3	2	0	2	2	2	2	0	2	3	2	3	1	3	0	3	0	3	0
0	0	0	0	0	0	0	0	0	0	0	0	0	0	0	0	0	0	0	0	0	0	0	0	0	0	0

② 2단계

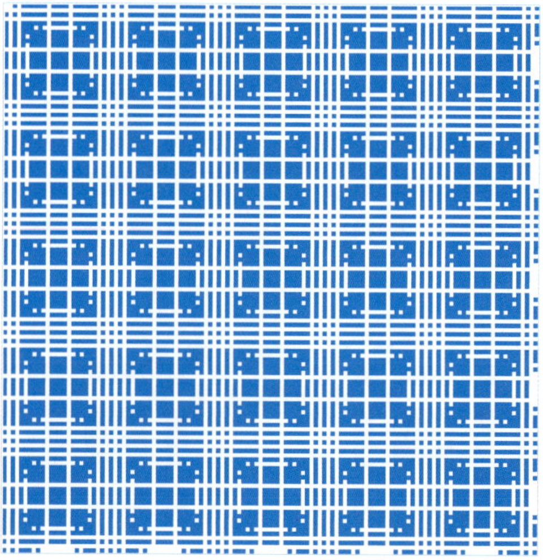

6 논리합으로 만드는 디자인

1. 논리합을 3으로 나누기

(1) 8행은 40013 20033 00003 30023 10043의 반복이다. 0.999…를 3으로 나눈 결과이다.

① 1단계

	A	B	C	D	E	F	G	H	I	J	K
1	행	8			0			m	3		
2			1	2	3	4	5	6	7	8	9
3			4	0	0	1	3	2	0	0	3
4	1	4	1	1	1	2	1	0	1	1	1
5	2	0	1	0	0	1	0	2	0	0	0
6	3	0	1	0	0	1	0	2	0	0	0
7	4	1	2	1	1	1	0	0	1	1	0
8	5	3	1	0	0	0	0	0	0	0	0
9	6	2	0	2	2	0	0	2	2	2	0

② 2단계

① B열과 3행에 반복되는 수를 입력하였다.

② C4셀은 '=MOD(orbit($B4,C$3),I1)'이다.

③ orbit는 사용자 정의 함수이다.

```
function orbit(x,y)
orbit = x or y
end function
```

④ orbit 연산을 한 수 3으로 나누고, 나머지를 기록하였다.

① 1단계

	4	0	0	1	3	2	0	0	3	3	0	0	0	0	3	3	0	0	2	3	1	0	0	4	3	4
4	1	1	1	2	1	0	1	1	1	1	1	1	1	1	1	1	1	1	0	1	2	1	1	1	1	1
0	1	0	0	1	0	2	0	0	0	0	0	0	0	0	0	0	0	0	2	0	1	0	0	1	0	1
0	1	0	0	1	0	2	0	0	0	0	0	0	0	0	0	0	0	0	2	0	1	0	0	1	0	1
1	2	1	1	1	0	0	1	1	0	0	1	1	1	1	0	0	1	1	0	0	1	1	1	2	0	2
3	1	0	0	0	0	0	0	0	0	0	0	0	0	0	0	0	0	0	0	0	0	0	0	1	0	1
2	0	2	2	0	0	2	2	2	0	0	2	2	2	2	0	0	2	2	2	0	0	2	2	0	0	0
0	1	0	0	1	0	2	0	0	0	0	0	0	0	0	0	0	0	0	2	0	1	0	0	1	0	1
0	1	0	0	1	0	2	0	0	0	0	0	0	0	0	0	0	0	0	2	0	1	0	0	1	0	1
3	1	0	0	0	0	0	0	0	0	0	0	0	0	0	0	0	0	0	0	0	0	0	0	1	0	1
3	1	0	0	0	0	0	0	0	0	0	0	0	0	0	0	0	0	0	0	0	0	0	0	1	0	1
0	1	0	0	1	0	2	0	0	0	0	0	0	0	0	0	0	0	0	2	0	1	0	0	1	0	1
0	1	0	0	1	0	2	0	0	0	0	0	0	0	0	0	0	0	0	2	0	1	0	0	1	0	1
0	1	0	0	1	0	2	0	0	0	0	0	0	0	0	0	0	0	0	2	0	1	0	0	1	0	1
0	1	0	0	1	0	2	0	0	0	0	0	0	0	0	0	0	0	0	2	0	1	0	0	1	0	1
3	1	0	0	0	0	0	0	0	0	0	0	0	0	0	0	0	0	0	0	0	0	0	0	1	0	1
3	1	0	0	0	0	0	0	0	0	0	0	0	0	0	0	0	0	0	0	0	0	0	0	1	0	1
0	1	0	0	1	0	2	0	0	0	0	0	0	0	0	0	0	0	0	2	0	1	0	0	1	0	1
0	1	0	0	1	0	2	0	0	0	0	0	0	0	0	0	0	0	0	2	0	1	0	0	1	0	1
2	0	2	2	0	0	2	2	2	0	0	2	2	2	2	0	0	2	2	2	0	0	2	2	0	0	0
3	1	0	0	0	0	0	0	0	0	0	0	0	0	0	0	0	0	0	0	0	0	0	0	1	0	1
1	2	1	1	1	0	0	1	1	0	0	1	1	1	1	0	0	1	1	0	0	1	1	1	2	0	2
0	1	0	0	1	0	2	0	0	0	0	0	0	0	0	0	0	0	0	2	0	1	0	0	1	0	1
0	1	0	0	1	0	2	0	0	0	0	0	0	0	0	0	0	0	0	2	0	1	0	0	1	0	1
4	1	1	1	2	1	0	1	1	1	1	1	1	1	1	1	1	1	1	0	1	2	1	1	1	1	1
3	1	0	0	0	0	0	0	0	0	0	0	0	0	0	0	0	0	0	0	0	0	0	0	1	0	1
4	1	1	1	2	1	0	1	1	1	1	1	1	1	1	1	1	1	1	0	1	2	1	1	1	1	1

② 2단계

(2) 12행은 10014 00002 30032 00004 10013의 반복이다. 굵은 십자가, 가는 십자가 두 개가 보인다. 나의 십자가와 타인을 위한 십자가이다.

① 1단계	② 2단계
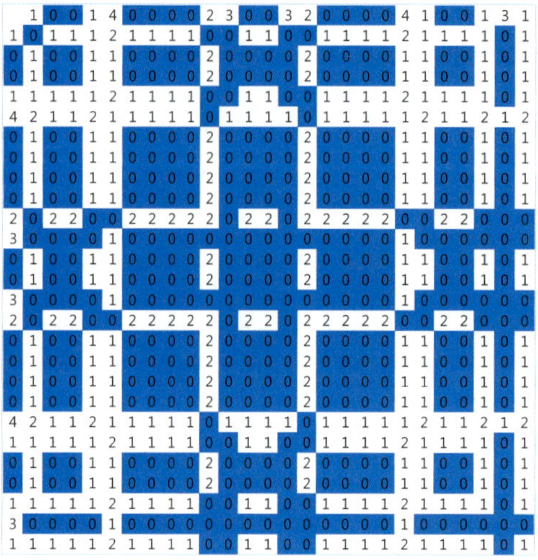	

(3) 13행은 40011 00002 20033 00004 40010의 반복이다. 세상에 억울하게 갇힌 사람이 참 많다. 갇힘은 벗어나지만, 상처는 벗어날 수 있을까?

① 1단계	② 2단계
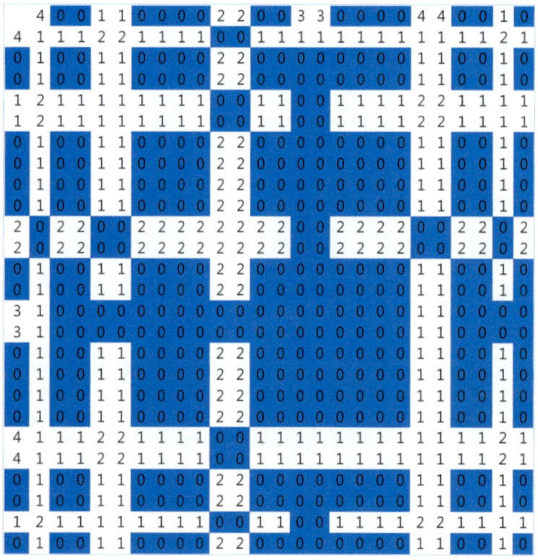	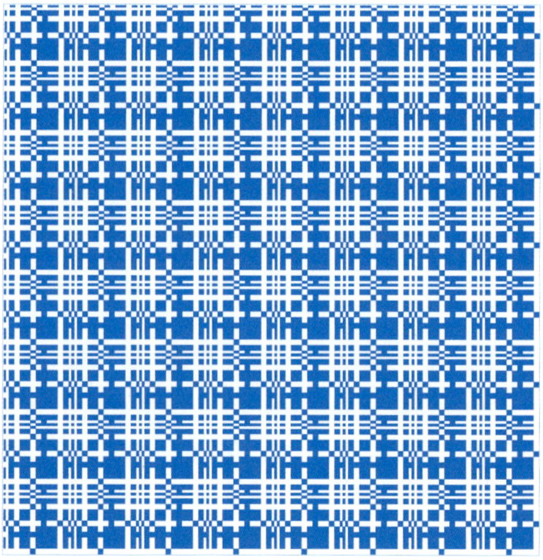

(4) 14행은 21124 00002 13312 00004 21123의 반복이다. 튼튼한 십자가, 수직과 수평의 만남, 모두가 소중하다. 부모와 부부, 자녀를 상상한다.

① 1단계	② 2단계
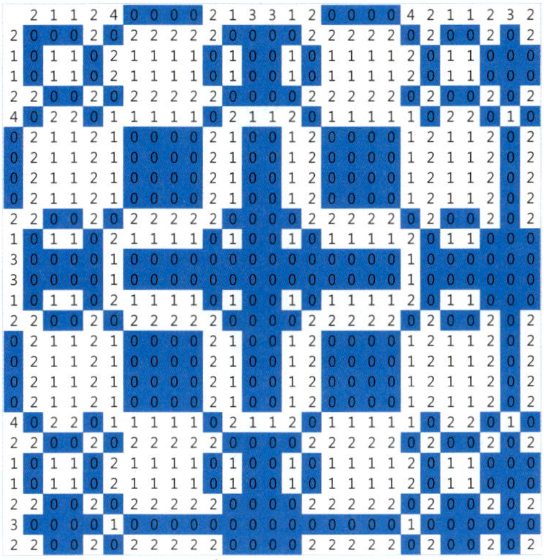	

(5) 18행은 40014 30022 00002 20034 10043의 반복이다. 무엇이 보이는가. 여러 가지가 보인다. 나름 가치있다. 주위를 자세히 보자.

① 1단계	② 2단계
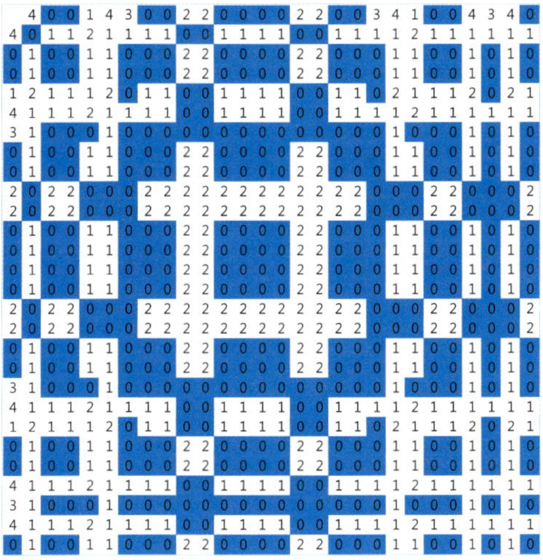	

(6) 20행은 03032 34341 44441 43432 30303 의 반복이다. 하얀 십자가란 무엇일까. 가벼운 십자가. 수고하고 짐진자들이 벗어 버리는 십자가이다.

① 1단계

	0	3	0	3	2	3	4	3	4	1	4	4	4	4	1	4	3	4	3	2	3	0	3	0	3	0	3
0	0	0	0	0	2	0	1	0	1	1	1	1	1	1	1	1	0	1	0	2	0	0	0	0	0	0	0
3	0	0	0	0	0	0	1	0	1	0	1	1	1	1	0	1	0	1	0	0	0	0	0	0	0	0	0
0	0	0	0	0	2	0	1	0	1	1	1	1	1	1	1	1	0	1	0	2	0	0	0	0	0	0	0
3	0	0	0	0	0	0	1	0	1	0	1	1	1	1	0	1	0	1	0	0	0	0	0	0	0	0	0
2	2	0	2	0	2	0	0	0	0	0	0	0	0	0	0	0	0	0	0	2	0	2	0	2	0	2	0
3	0	0	0	0	0	0	1	0	1	0	1	1	1	1	0	1	0	1	0	0	0	0	0	0	0	0	0
4	1	1	1	1	0	1	1	1	1	2	1	1	1	1	2	1	1	1	1	0	1	1	1	1	1	1	1
3	0	0	0	0	0	0	1	0	1	0	1	1	1	1	0	1	0	1	0	0	0	0	0	0	0	0	0
4	1	1	1	1	0	1	1	1	1	2	1	1	1	1	2	1	1	1	1	0	1	1	1	1	1	1	1
1	1	0	1	0	0	0	2	0	2	1	2	2	2	2	1	2	0	2	0	0	0	1	0	1	0	1	0
4	1	1	1	1	0	1	1	1	1	2	1	1	1	1	2	1	1	1	1	0	1	1	1	1	1	1	1
4	1	1	1	1	0	1	1	1	1	2	1	1	1	1	2	1	1	1	1	0	1	1	1	1	1	1	1
4	1	1	1	1	0	1	1	1	1	2	1	1	1	1	2	1	1	1	1	0	1	1	1	1	1	1	1
4	1	1	1	1	0	1	1	1	1	2	1	1	1	1	2	1	1	1	1	0	1	1	1	1	1	1	1
1	1	0	1	0	0	0	2	0	2	1	2	2	2	2	1	2	0	2	0	0	0	1	0	1	0	1	0
4	1	1	1	1	0	1	1	1	1	2	1	1	1	1	2	1	1	1	1	0	1	1	1	1	1	1	1
3	0	0	0	0	0	0	1	0	1	0	1	1	1	1	0	1	0	1	0	0	0	0	0	0	0	0	0
4	1	1	1	1	0	1	1	1	1	2	1	1	1	1	2	1	1	1	1	0	1	1	1	1	1	1	1
3	0	0	0	0	0	0	1	0	1	0	1	1	1	1	0	1	0	1	0	0	0	0	0	0	0	0	0
2	2	0	2	0	2	0	0	0	0	0	0	0	0	0	0	0	0	0	0	2	0	2	0	2	0	2	0
3	0	0	0	0	0	0	1	0	1	0	1	1	1	1	0	1	0	1	0	0	0	0	0	0	0	0	0
0	0	0	0	0	2	0	1	0	1	1	1	1	1	1	1	1	0	1	0	2	0	0	0	0	0	0	0
3	0	0	0	0	0	0	1	0	1	0	1	1	1	1	0	1	0	1	0	0	0	0	0	0	0	0	0
0	0	0	0	0	2	0	1	0	1	1	1	1	1	1	1	1	0	1	0	2	0	0	0	0	0	0	0
3	0	0	0	0	0	0	1	0	1	0	1	1	1	1	0	1	0	1	0	0	0	0	0	0	0	0	0
0	0	0	0	0	2	0	1	0	1	1	1	1	1	1	1	1	0	1	0	2	0	0	0	0	0	0	0
3	0	0	0	0	0	0	1	0	1	0	1	1	1	1	0	1	0	1	0	0	0	0	0	0	0	0	0

② 2단계

(7) 23행은 40012 10043 40012 10043 40010의 반복이다. 긴 십자가, 긴 고통, 그림자가 있는 고통, 이 또한 지나간다.

① 1단계

	4	0	0	1	2	1	0	0	4	3	4	0	0	1	2	1	0	0	4	3	4	0	0	1	0	4	0
4	0	1	1	2	0	2	1	1	1	1	1	1	1	2	0	2	1	1	1	1	1	1	1	2	1	1	1
0	1	0	0	1	2	1	0	0	1	0	1	0	0	1	2	1	0	0	1	0	1	0	0	1	0	1	0
0	1	0	0	1	2	1	0	0	1	0	1	0	0	1	2	1	0	0	1	0	1	0	0	1	0	1	0
1	2	1	1	1	0	1	1	1	2	0	2	1	1	1	0	1	1	1	2	0	2	1	1	1	1	2	1
2	0	2	2	0	2	0	2	2	0	0	0	2	2	0	2	0	2	2	0	0	0	2	2	0	2	0	2
1	2	1	1	1	0	1	1	1	2	0	2	1	1	1	0	1	1	1	2	0	2	1	1	1	1	2	1
0	1	0	0	1	2	1	0	0	1	0	1	0	0	1	2	1	0	0	1	0	1	0	0	1	0	1	0
0	1	0	0	1	2	1	0	0	1	0	1	0	0	1	2	1	0	0	1	0	1	0	0	1	0	1	0
4	1	1	1	2	0	2	1	1	1	1	1	1	1	2	0	2	1	1	1	1	1	1	1	2	1	1	1
3	1	0	0	0	0	0	0	0	1	0	1	0	0	0	0	0	0	0	1	0	1	0	0	0	0	1	0
4	1	1	1	2	0	2	1	1	1	1	1	1	1	2	0	2	1	1	1	1	1	1	1	2	1	1	1
0	1	0	0	1	2	1	0	0	1	0	1	0	0	1	2	1	0	0	1	0	1	0	0	1	0	1	0
0	1	0	0	1	2	1	0	0	1	0	1	0	0	1	2	1	0	0	1	0	1	0	0	1	0	1	0
1	2	1	1	1	0	1	1	1	2	0	2	1	1	1	0	1	1	1	2	0	2	1	1	1	1	2	1
2	0	2	2	0	2	0	2	2	0	0	0	2	2	0	2	0	2	2	0	0	0	2	2	0	2	0	2
1	2	1	1	1	0	1	1	1	2	0	2	1	1	1	0	1	1	1	2	0	2	1	1	1	1	2	1
0	1	0	0	1	2	1	0	0	1	0	1	0	0	1	2	1	0	0	1	0	1	0	0	1	0	1	0
0	1	0	0	1	2	1	0	0	1	0	1	0	0	1	2	1	0	0	1	0	1	0	0	1	0	1	0
4	1	1	1	2	0	2	1	1	1	1	1	1	1	2	0	2	1	1	1	1	1	1	1	2	1	1	1
3	1	0	0	0	0	0	0	0	1	0	1	0	0	0	0	0	0	0	1	0	1	0	0	0	0	1	0
4	1	1	1	2	0	2	1	1	1	1	1	1	1	2	0	2	1	1	1	1	1	1	1	2	1	1	1
0	1	0	0	1	2	1	0	0	1	0	1	0	0	1	2	1	0	0	1	0	1	0	0	1	0	1	0
0	1	0	0	1	2	1	0	0	1	0	1	0	0	1	2	1	0	0	1	0	1	0	0	1	0	1	0
1	2	1	1	1	0	1	1	1	2	0	2	1	1	1	0	1	1	1	2	0	2	1	1	1	1	2	1
0	1	0	0	1	2	1	0	0	1	0	1	0	0	1	2	1	0	0	1	0	1	0	0	1	0	1	0
4	1	1	1	2	0	2	1	1	1	1	1	1	1	2	0	2	1	1	1	1	1	1	1	2	1	1	1
0	1	0	0	1	2	1	0	0	1	0	1	0	0	1	2	1	0	0	1	0	1	0	0	1	0	1	0

② 2단계

(8) 27행 100131…은 125주기를 가진다. 각 행은 125주기를 가진다. 아기자기 작은 도형, 작은 것은 아름답다. 자세히 보면 더욱 아름답다.

① 1단계	② 2단계
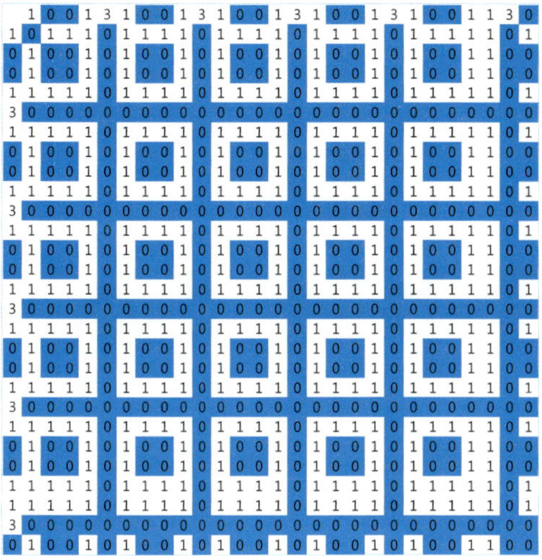	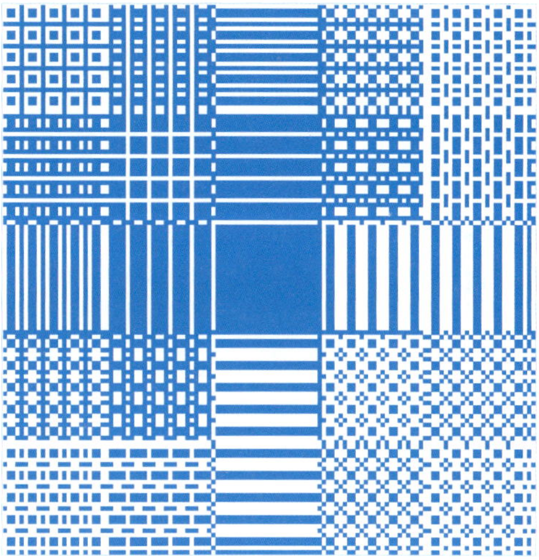

(9) 29행 211232…는 125주기를 가진다. 각 행은 125주기를 가진다. 여러 개의 십자가 보인다. 수학이란 원래 무거운 십자가인가 보다.

① 1단계	② 2단계
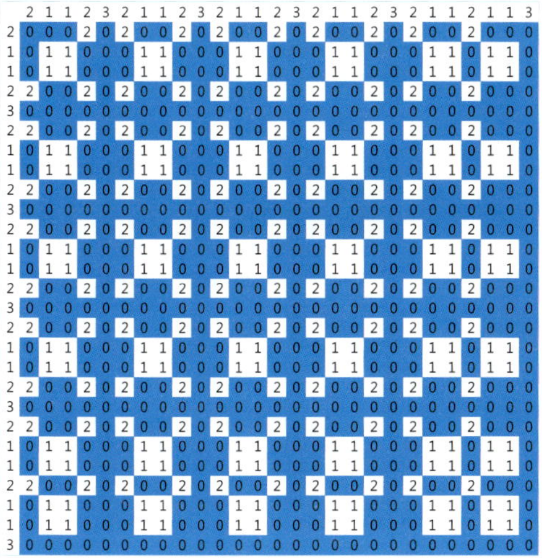	

(10) 30행 030333···은 125주기를 가진다. 각 행은 125주기를 가진다. 십자가 보인다. 가로와 세로가 만나는 곳이 안식처인가 보다. 어지럽다. 안식은 어렵다.

① 1단계	② 2단계
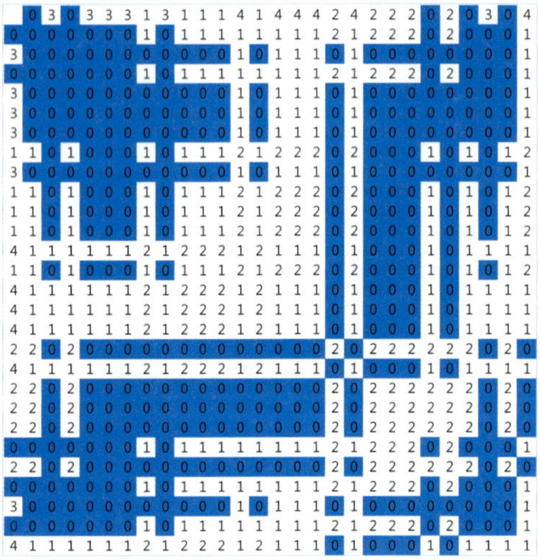	

(11) 31행 314234···는 125주기를 가진다. 각 행은 125주기를 가진다. 예쁜 무늬 십자가. 즐거운 짐이란 어떤 것일까. 내 짐을 즐겁게 지고 갈 사람이다.

① 1단계	② 2단계
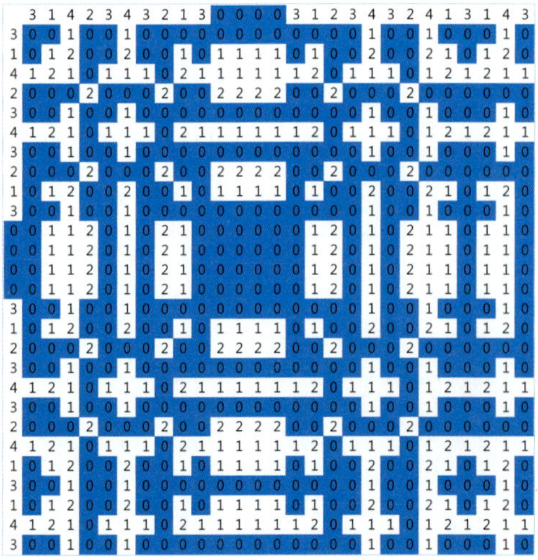	

(12) 32행 100113…은 125주기를 가진다. 각 행은 125주기를 가진다. 세상에는 아픔과 상처 투성이가 너무 많다. 십자가가 많아야 하는 이유이다.

① 1단계	② 2단계
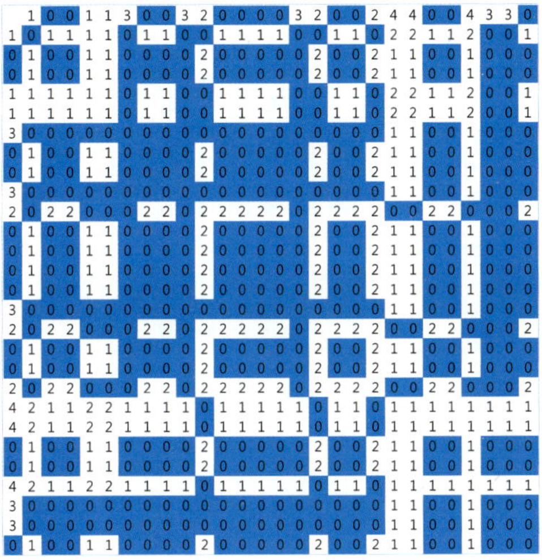	

(13) 33행 400132…는 125주기를 가진다. 각 행은 125주기를 가진다. 무겁고 투박한 십자가. 십자가는 누군가는 져야 한다. 나 모르게 지고 가는 사람이 있나보다.

① 1단계	② 2단계
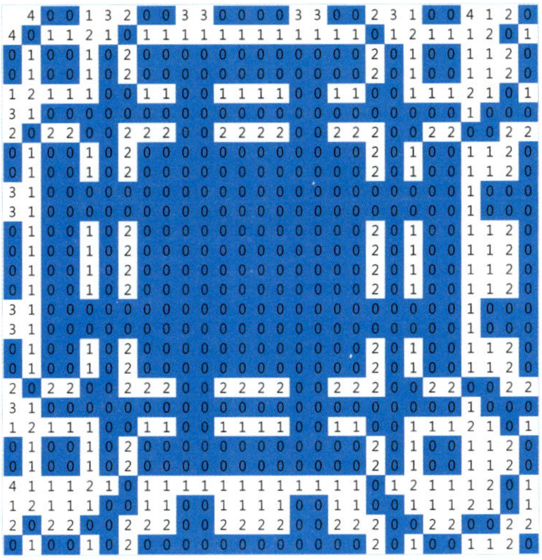	

(14) 34행 211211···는 125주기를 가진다. 각 행은 125주기를 가진다. 십자가 주위에 피는 꽃, 즐겁게 타인의 십자가를 지고 가는 사람, 행복한 사람이다.

① 1단계	② 2단계
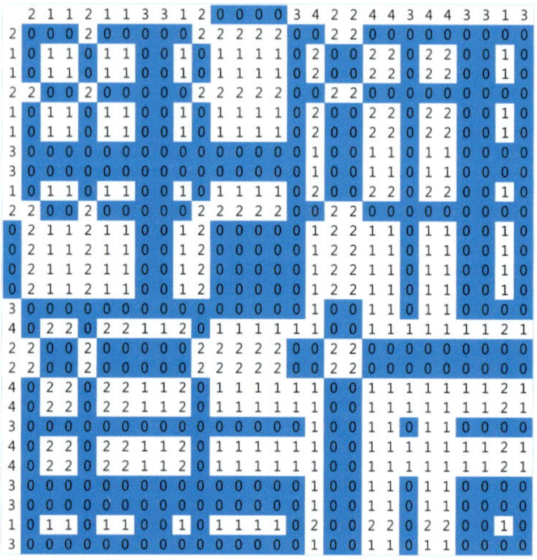	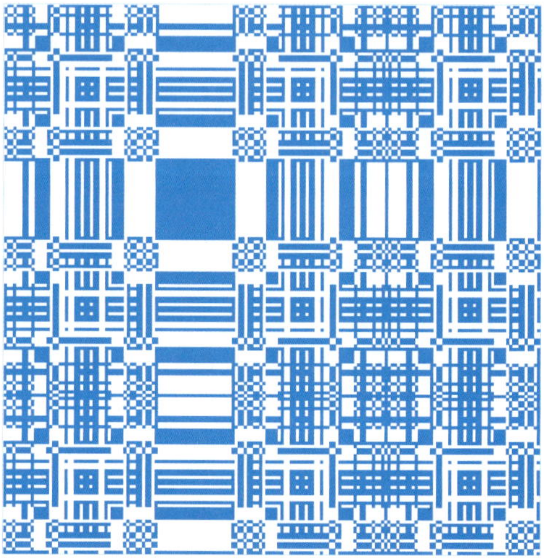

(15) 35행 030313···은 125주기를 가진다. 각 행은 125주기를 가진다. 십자가 주위의 십자가들. 우리에게 주어진 고난은 하나가 아니다.

① 1단계	② 2단계
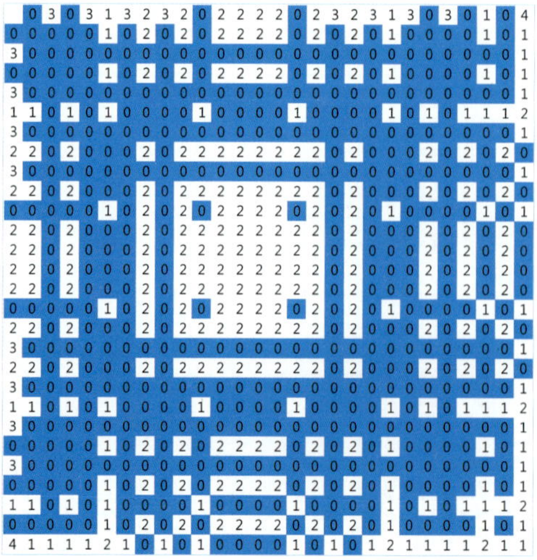	

(16) 37행 100140⋯은 125주기를 가진다. 각 행은 125주기를 가진다. 잘 배열된 십자가. 나의 짐과 타인의 짐이 함께 잘 어울린다. 서로에게 기쁨으로 다가선다.

① 1단계

	1	0	0	1	4	0	0	0	0	2	3	0	0	3	2	0	0	0	0	4	1	0	0	1	1	3	0
1	0	1	1	1	2	1	1	1	1	0	0	1	1	0	0	1	1	1	1	2	1	1	1	1	1	0	1
0	1	0	0	1	1	0	0	0	0	2	0	0	0	0	2	0	0	0	0	1	1	0	0	1	1	0	0
0	1	0	0	1	1	0	0	0	0	2	0	0	0	0	2	0	0	0	0	1	1	0	0	1	1	0	0
1	1	1	1	1	2	1	1	1	1	0	0	1	1	0	0	1	1	1	1	2	1	1	1	1	1	0	1
4	2	1	1	2	1	1	1	1	1	0	1	1	1	1	0	1	1	1	1	1	2	1	1	2	2	1	1
0	1	0	0	1	1	0	0	0	0	2	0	0	0	0	2	0	0	0	0	1	1	0	0	1	1	0	0
0	1	0	0	1	1	0	0	0	0	2	0	0	0	0	2	0	0	0	0	1	1	0	0	1	1	0	0
0	1	0	0	1	1	0	0	0	0	2	0	0	0	0	2	0	0	0	0	1	1	0	0	1	1	0	0
0	1	0	0	1	1	0	0	0	0	2	0	0	0	0	2	0	0	0	0	1	1	0	0	1	1	0	0
2	0	2	2	0	0	2	2	2	2	2	0	2	2	0	2	2	2	2	2	0	0	2	2	0	0	0	2
3	0	0	0	0	1	0	0	0	0	0	0	0	0	0	0	0	0	0	0	1	0	0	0	0	0	0	0
0	1	0	0	1	1	0	0	0	0	2	0	0	0	0	2	0	0	0	0	1	1	0	0	1	1	0	0
0	1	0	0	1	1	0	0	0	0	2	0	0	0	0	2	0	0	0	0	1	1	0	0	1	1	0	0
3	0	0	0	0	1	0	0	0	0	0	0	0	0	0	0	0	0	0	0	1	0	0	0	0	0	0	0
2	0	2	2	0	0	2	2	2	2	2	0	2	2	0	2	2	2	2	2	0	0	2	2	0	0	0	2
0	1	0	0	1	1	0	0	0	0	2	0	0	0	0	2	0	0	0	0	1	1	0	0	1	1	0	0
0	1	0	0	1	1	0	0	0	0	2	0	0	0	0	2	0	0	0	0	1	1	0	0	1	1	0	0
0	1	0	0	1	1	0	0	0	0	2	0	0	0	0	2	0	0	0	0	1	1	0	0	1	1	0	0
0	1	0	0	1	1	0	0	0	0	2	0	0	0	0	2	0	0	0	0	1	1	0	0	1	1	0	0
4	2	1	1	2	1	1	1	1	1	0	1	1	1	1	0	1	1	1	1	1	2	1	1	2	2	1	1
1	1	1	1	1	2	1	1	1	1	0	0	1	1	0	0	1	1	1	1	2	1	1	1	1	1	0	1
0	1	0	0	1	1	0	0	0	0	2	0	0	0	0	2	0	0	0	0	1	1	0	0	1	1	0	0
0	1	0	0	1	1	0	0	0	0	2	0	0	0	0	2	0	0	0	0	1	1	0	0	1	1	0	0
1	1	1	1	1	2	1	1	1	1	0	0	1	1	0	0	1	1	1	1	2	1	1	1	1	1	0	1
1	1	1	1	1	2	1	1	1	1	0	0	1	1	0	0	1	1	1	1	2	1	1	1	1	1	0	1
3	0	0	0	0	1	0	0	0	0	0	0	0	0	0	0	0	0	0	0	1	0	0	0	0	0	0	0
0	1	0	0	1	1	0	0	0	0	2	0	0	0	0	2	0	0	0	0	1	1	0	0	1	1	0	0

② 2단계

(17) 38행 400110⋯은 125주기를 가진다. 각 행은 125주기를 가진다. 십자가의 강함. 생명력이 있다. 살아갈 이유가 있다.

① 1단계

	4	0	0	1	1	0	0	0	0	2	2	0	0	3	3	0	0	0	0	4	4	0	0	1	3	2	0
4	0	1	1	2	2	1	1	1	1	0	0	1	1	1	1	1	1	1	1	1	1	1	1	2	1	0	1
0	1	0	0	1	1	0	0	0	0	2	2	0	0	0	0	0	0	0	0	1	1	0	0	1	0	2	0
0	1	0	0	1	1	0	0	0	0	2	2	0	0	0	0	0	0	0	0	1	1	0	0	1	0	2	0
1	2	1	1	1	1	1	1	1	1	0	0	1	1	0	0	1	1	1	1	2	2	1	1	1	0	0	1
1	2	1	1	1	1	1	1	1	1	0	0	1	1	0	0	1	1	1	1	2	2	1	1	1	0	0	1
0	1	0	0	1	1	0	0	0	0	2	2	0	0	0	0	0	0	0	0	1	1	0	0	1	0	2	0
0	1	0	0	1	1	0	0	0	0	2	2	0	0	0	0	0	0	0	0	1	1	0	0	1	0	2	0
0	1	0	0	1	1	0	0	0	0	2	2	0	0	0	0	0	0	0	0	1	1	0	0	1	0	2	0
0	1	0	0	1	1	0	0	0	0	2	2	0	0	0	0	0	0	0	0	1	1	0	0	1	0	2	0
2	0	2	2	0	0	2	2	2	2	2	2	2	2	0	0	2	2	2	2	0	0	2	2	0	0	2	2
2	0	2	2	0	0	2	2	2	2	2	2	2	2	0	0	2	2	2	2	0	0	2	2	0	0	2	2
0	1	0	0	1	1	0	0	0	0	2	2	0	0	0	0	0	0	0	0	1	1	0	0	1	0	2	0
0	1	0	0	1	1	0	0	0	0	2	2	0	0	0	0	0	0	0	0	1	1	0	0	1	0	2	0
3	1	0	0	0	0	0	0	0	0	0	0	0	0	0	0	0	0	0	0	1	1	0	0	0	0	0	0
3	1	0	0	0	0	0	0	0	0	0	0	0	0	0	0	0	0	0	0	1	1	0	0	0	0	0	0
0	1	0	0	1	1	0	0	0	0	2	2	0	0	0	0	0	0	0	0	1	1	0	0	1	0	2	0
0	1	0	0	1	1	0	0	0	0	2	2	0	0	0	0	0	0	0	0	1	1	0	0	1	0	2	0
0	1	0	0	1	1	0	0	0	0	2	2	0	0	0	0	0	0	0	0	1	1	0	0	1	0	2	0
0	1	0	0	1	1	0	0	0	0	2	2	0	0	0	0	0	0	0	0	1	1	0	0	1	0	2	0
4	1	1	1	2	2	1	1	1	1	0	0	1	1	1	1	1	1	1	1	1	1	1	1	2	1	0	1
4	1	1	1	2	2	1	1	1	1	0	0	1	1	1	1	1	1	1	1	1	1	1	1	2	1	0	1
0	1	0	0	1	1	0	0	0	0	2	2	0	0	0	0	0	0	0	0	1	1	0	0	1	0	2	0
0	1	0	0	1	1	0	0	0	0	2	2	0	0	0	0	0	0	0	0	1	1	0	0	1	0	2	0
1	2	1	1	1	1	1	1	1	1	0	0	1	1	0	0	1	1	1	1	2	2	1	1	1	0	0	1
3	1	0	0	0	0	0	0	0	0	0	0	0	0	0	0	0	0	0	0	1	1	0	0	0	0	0	0
2	0	2	2	0	0	2	2	2	2	2	2	2	2	0	0	2	2	2	2	0	0	2	2	0	0	2	2
0	1	0	0	1	1	0	0	0	0	2	2	0	0	0	0	0	0	0	0	1	1	0	0	1	0	2	0

② 2단계

(18) 40행 030343⋯은 125주기를 가진다. 각 행은 125주기를 가진다. 무어라 얘기할 수 없다. 강한 선, 자유함의 선, 벗어남의 끌림이다.

① 1단계	② 2단계
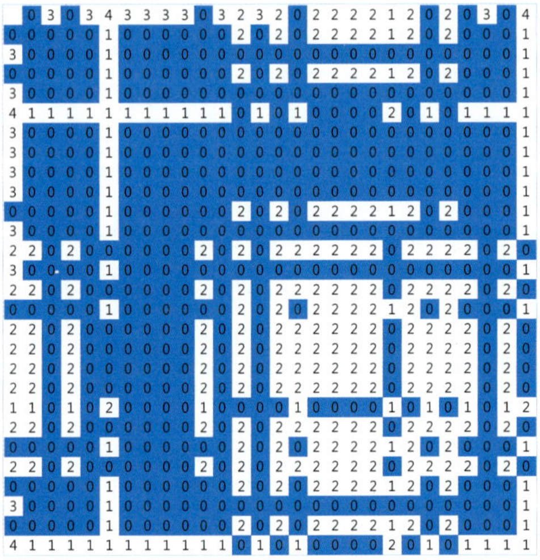	

(19) 42행 100122⋯는 125주기를 가진다. 각 행은 125주기를 가진다. 굵은 십자가, 가로에는 세로선이, 세로에는 가로선이있다. 나안에 타인이, 타인 안에 내가있다.

① 1단계	② 2단계
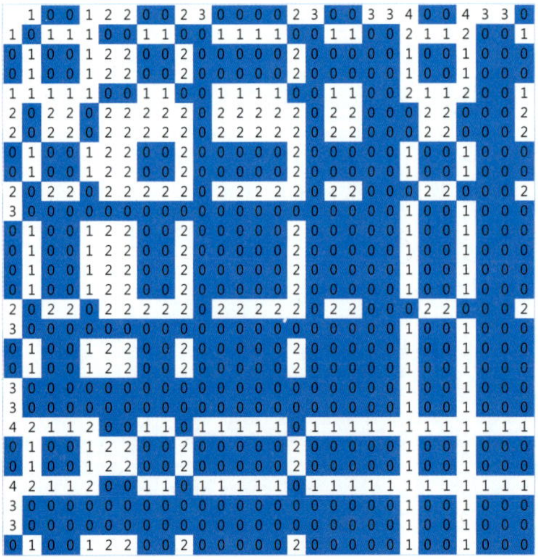	

(20) 44행 ⋯ 211224는 125주기를 가진다. 각 행은 125주기를 가진다. 반가운 십자가, 행복하게 느껴진다. 나눔의 십자가, 섬김의 십자가 이다.

① 1단계

	2	1	1	2	2	4	2	2	4	3	0	0	0	0	2	1	3	3	1	3	3	4	4	3	3	1	3
2	0	0	0	2	2	0	2	2	0	0	2	2	2	2	2	0	0	0	0	0	0	0	0	0	0	0	0
1	0	1	1	0	0	2	0	0	2	0	1	1	1	1	0	1	0	0	1	0	0	2	2	0	0	1	0
1	0	1	1	0	0	2	0	0	2	0	1	1	1	1	0	1	0	0	1	0	0	2	2	0	0	1	0
2	2	0	0	2	2	0	2	2	0	0	2	2	2	2	2	0	0	0	0	0	0	0	0	0	0	0	0
2	2	0	0	2	2	0	2	2	0	0	2	2	2	2	2	0	0	0	0	0	0	0	0	0	0	0	0
4	0	2	2	0	0	1	0	0	1	1	1	1	1	1	0	2	1	1	2	1	1	1	1	1	1	2	1
2	2	0	0	2	2	0	2	2	0	0	2	2	2	2	2	0	0	0	0	0	0	0	0	0	0	0	0
2	2	0	0	2	2	0	2	2	0	0	2	2	2	2	2	0	0	0	0	0	0	0	0	0	0	0	0
4	0	2	2	0	0	1	0	0	1	1	1	1	1	1	0	2	1	1	2	1	1	1	1	1	1	2	1
3	0	0	0	0	0	1	0	0	1	0	0	0	0	0	0	0	0	0	0	0	0	1	1	0	0	0	0
0	2	1	1	2	2	1	2	2	1	0	0	0	0	0	2	1	0	0	1	0	0	1	1	0	0	1	0
0	2	1	1	2	2	1	2	2	1	0	0	0	0	0	2	1	0	0	1	0	0	1	1	0	0	1	0
0	2	1	1	2	2	1	2	2	1	0	0	0	0	0	2	1	0	0	1	0	0	1	1	0	0	1	0
0	2	1	1	2	2	1	2	2	1	0	0	0	0	0	2	1	0	0	1	0	0	1	1	0	0	1	0
2	2	0	0	2	2	0	2	2	0	0	2	2	2	2	2	0	0	0	0	0	0	0	0	0	0	0	0
1	0	1	1	0	0	2	0	0	2	0	1	1	1	1	0	1	0	0	1	0	0	2	2	0	0	1	0
3	0	0	0	0	0	1	0	0	1	0	0	0	0	0	0	0	0	0	0	0	0	1	1	0	0	0	0
3	0	0	0	0	0	1	0	0	1	0	0	0	0	0	0	0	0	0	0	0	0	1	1	0	0	0	0
1	0	1	1	0	0	2	0	0	2	0	1	1	1	1	0	1	0	0	1	0	0	2	2	0	0	1	0
3	0	0	0	0	0	1	0	0	1	0	0	0	0	0	0	0	0	0	0	0	0	1	1	0	0	0	0
3	0	0	0	0	0	1	0	0	1	0	0	0	0	0	0	0	0	0	0	0	0	1	1	0	0	0	0
4	0	2	2	0	0	1	0	0	1	1	1	1	1	1	0	2	1	1	2	1	1	1	1	1	1	2	1
4	0	2	2	0	0	1	0	0	1	1	1	1	1	1	0	2	1	1	2	1	1	1	1	1	1	2	1
3	0	0	0	0	0	1	0	0	1	0	0	0	0	0	0	0	0	0	0	0	0	1	1	0	0	0	0
3	0	0	0	0	0	1	0	0	1	0	0	0	0	0	0	0	0	0	0	0	0	1	1	0	0	0	0
1	0	1	1	0	0	2	0	0	2	0	1	1	1	1	0	1	0	0	1	0	0	2	2	0	0	1	0
3	0	0	0	0	0	1	0	0	1	0	0	0	0	0	0	0	0	0	0	0	0	1	1	0	0	0	0

② 2단계

(21) 46행 314222⋯는 125주기를 가진다. 각 행은 125주기를 가진다. 꽃밭의 십자가. 십자가는 새로운 희망을 갖게 한다. 고난뒤에 희망이 있다.

① 1단계

	3	1	4	2	2	2	4	1	3	3	3	1	4	2	2	2	4	1	3	3	3	1	4	2	3	4	3
3	0	0	1	0	0	0	1	0	0	0	0	0	1	0	0	0	1	0	0	0	0	0	1	0	0	1	0
1	0	1	2	0	0	0	2	1	0	0	0	1	2	0	0	0	2	1	0	0	0	1	2	0	0	2	0
4	1	2	1	0	0	0	1	2	1	1	1	2	1	0	0	0	1	2	1	1	1	2	1	0	1	1	1
2	0	0	0	2	2	2	0	0	0	0	0	0	0	2	2	2	0	0	0	0	0	0	0	2	0	0	0
2	0	0	0	2	2	2	0	0	0	0	0	0	0	2	2	2	0	0	0	0	0	0	0	2	0	0	0
2	0	0	0	2	2	2	0	0	0	0	0	0	0	2	2	2	0	0	0	0	0	0	0	2	0	0	0
4	1	2	1	0	0	0	1	2	1	1	1	2	1	0	0	0	1	2	1	1	1	2	1	0	1	1	1
1	0	1	2	0	0	0	2	1	0	0	0	1	2	0	0	0	2	1	0	0	0	1	2	0	0	2	0
3	0	0	1	0	0	0	1	0	0	0	0	0	1	0	0	0	1	0	0	0	0	0	1	0	0	1	0
3	0	0	1	0	0	0	1	0	0	0	0	0	1	0	0	0	1	0	0	0	0	0	1	0	0	1	0
3	0	0	1	0	0	0	1	0	0	0	0	0	1	0	0	0	1	0	0	0	0	0	1	0	0	1	0
1	0	1	2	0	0	0	2	1	0	0	0	1	2	0	0	0	2	1	0	0	0	1	2	0	0	2	0
4	1	2	1	0	0	0	1	2	1	1	1	2	1	0	0	0	1	2	1	1	1	2	1	0	1	1	1
2	0	0	0	2	2	2	0	0	0	0	0	0	0	2	2	2	0	0	0	0	0	0	0	2	0	0	0
2	0	0	0	2	2	2	0	0	0	0	0	0	0	2	2	2	0	0	0	0	0	0	0	2	0	0	0
2	0	0	0	2	2	2	0	0	0	0	0	0	0	2	2	2	0	0	0	0	0	0	0	2	0	0	0
4	1	2	1	0	0	0	1	2	1	1	1	2	1	0	0	0	1	2	1	1	1	2	1	0	1	1	1
1	0	1	2	0	0	0	2	1	0	0	0	1	2	0	0	0	2	1	0	0	0	1	2	0	0	2	0
3	0	0	1	0	0	0	1	0	0	0	0	0	1	0	0	0	1	0	0	0	0	0	1	0	0	1	0
3	0	0	1	0	0	0	1	0	0	0	0	0	1	0	0	0	1	0	0	0	0	0	1	0	0	1	0
3	0	0	1	0	0	0	1	0	0	0	0	0	1	0	0	0	1	0	0	0	0	0	1	0	0	1	0
1	0	1	2	0	0	0	2	1	0	0	0	1	2	0	0	0	2	1	0	0	0	1	2	0	0	2	0
4	1	2	1	0	0	0	1	2	1	1	1	2	1	0	0	0	1	2	1	1	1	2	1	0	1	1	1
2	0	0	0	2	2	2	0	0	0	0	0	0	0	2	2	2	0	0	0	0	0	0	0	2	0	0	0
3	0	0	1	0	0	0	1	0	0	0	0	0	1	0	0	0	1	0	0	0	0	0	1	0	0	1	0
4	1	2	1	0	0	0	1	2	1	1	1	2	1	0	0	0	1	2	1	1	1	2	1	0	1	1	1
3	0	0	1	0	0	0	1	0	0	0	0	0	1	0	0	0	1	0	0	0	0	0	1	0	0	1	0

② 2단계

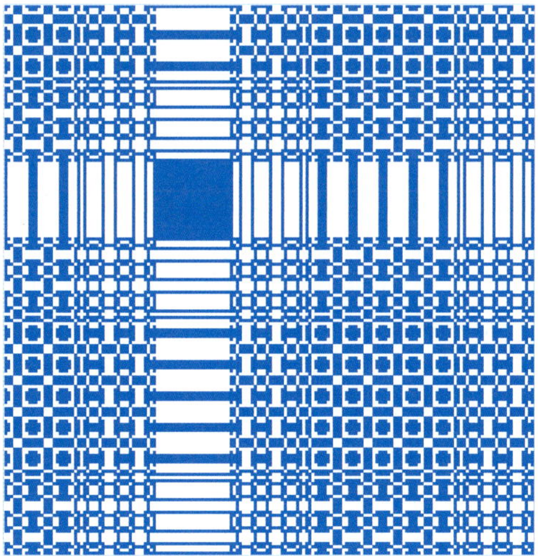

(22) 48행 400121…은 125주기를 가진다. 각 행은 125주기를 가진다. 예쁜 모습들. 표류하던 세월을 힘겹게 지내온 모습이다.

① 1단계	② 2단계
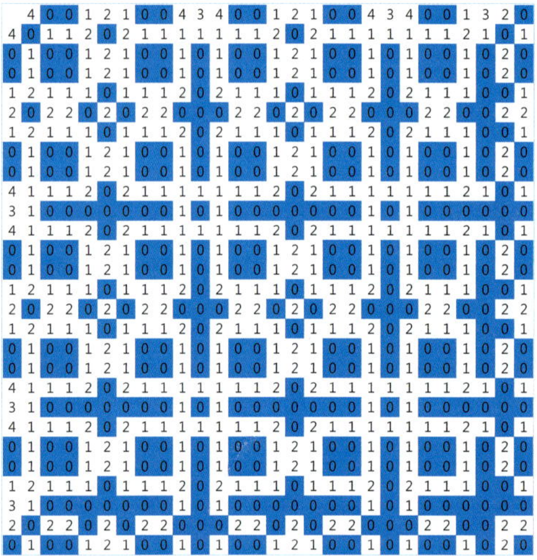	

(23) 49행 211203…은 125주기를 가진다. 각 행은 125주기를 가진다. 귀여운 꽃들, 마음에 향기를 머금은 비밀을 간직한 정원 하나쯤 간직하고 싶다.

① 1단계	② 2단계
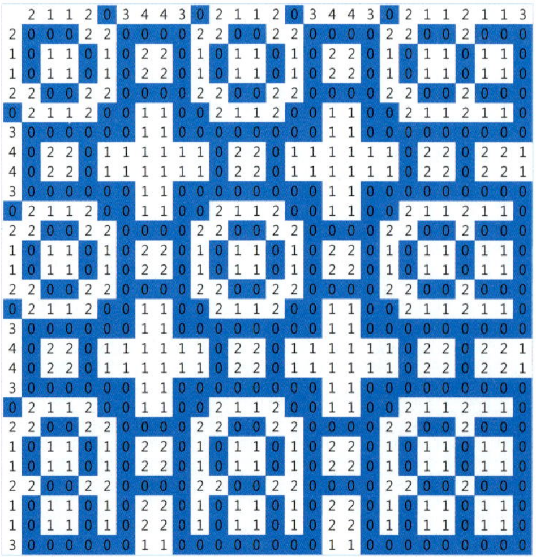	

(24) 51행 314203…은 125주기를 가진다. 각 행은 125주기를 가진다. 새들의 여행, 하늘은 넓어도 새들이 가는 길은 따로 있다.

① 1단계	② 2단계
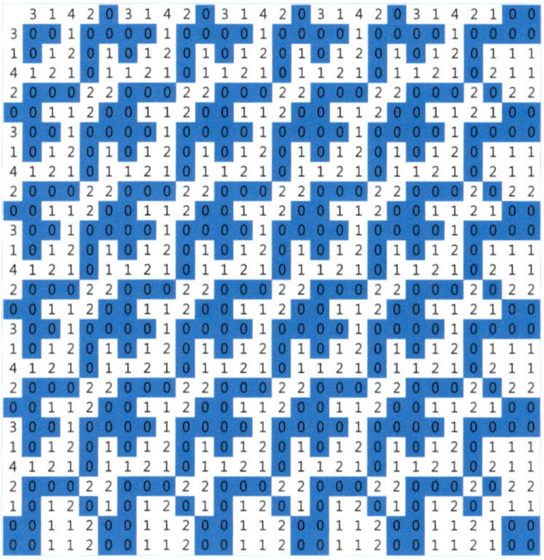	

(25) 60행 030313…은 125주기를 가진다. 각 행은 125주기를 가진다. 도로의 모습니다. 가로와 세로가 만난다. 항상 우린 만남을 그리워 한다.

① 1단계	② 2단계
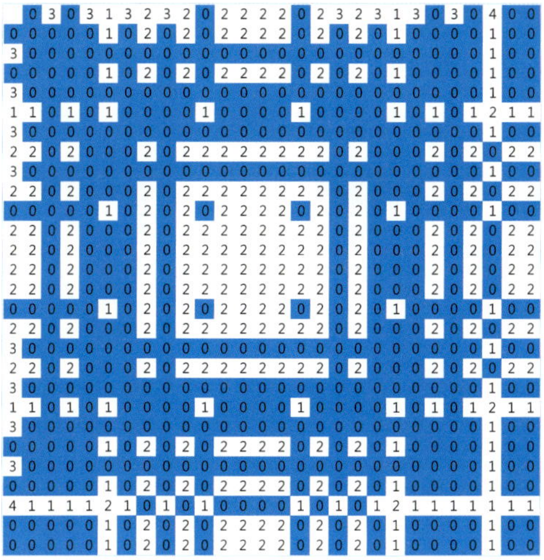	

(26) 70행 030323…은 125주기를 가진다. 각 행은 125주기를 가진다. 도로, 차, 사고, 기쁜 것 보다는 슬픈 것이 더 기억에 남는다. 기쁠 때 함께 한 사람 보다 슬플때 함께 한 사람을 더 기억한다.

① 1단계	② 2단계
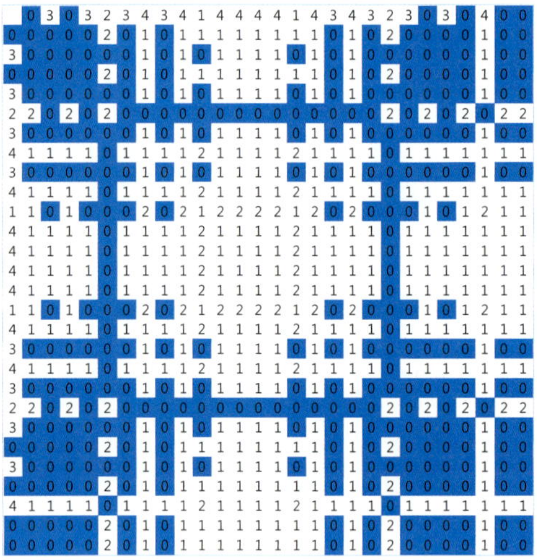	

(27) 80행 030333…은 125주기를 가진다. 각 행은 125주기를 가진다. 빅뱅의 모습, 에너지가 터져 나감. 순간에 우주가 만들어 졌다고 한다. 순간이 중요하다.

① 1단계	② 2단계
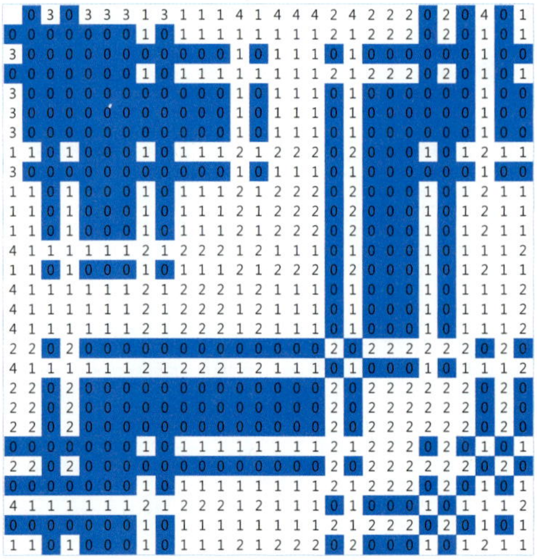	

제 2 장

7로 나누어 디자인 만들기

1장에서와 같이 $1 = 0.999\cdots$를 1행, 1열에 나열한 후, 세 수의 합을 구하고 7로 나누었다.

1 7로 나누었을 때 주기

1. 행에서 나타나는 수 패턴

(1) 행에서 나타나는 반복되는 수 패턴을 찾아보자.

① 아래 그림에서 $0+9+9=18$이다. 7로 나누면 나머지가 4이다.

① 1단계

0	9	9	9	9	9	9	9	9	9	9	9	9	9	9
9	4	1	5	2	6	3	0	4	1	5	2	6	3	0
9	1	6	5	5	6	1	4	1	6	5	5	6	1	4
9	5	5	2	5	2	2	0	5	5	2	5	2	2	0
9	2	5	5	5	5	2	4	2	5	5	5	5	2	4
9	6	6	2	5	1	1	0	6	6	2	5	1	1	0
9	3	1	2	2	1	3	4	3	1	2	2	1	3	4
9	0	4	0	4	0	4	4	4	1	4	1	4	1	1
9	4	1	5	2	6	3	4	5	3	1	6	4	2	4
9	1	6	5	5	6	1	1	3	4	1	1	4	3	2
9	5	5	2	5	2	2	4	1	1	6	1	6	6	4
9	2	5	5	5	5	2	1	6	1	1	1	1	6	2
9	6	6	2	5	1	1	4	4	4	6	1	3	3	4
9	3	1	2	2	1	3	1	2	3	6	6	3	2	2
9	0	4	0	4	0	4	1	4	2	4	2	4	2	6

② 2단계

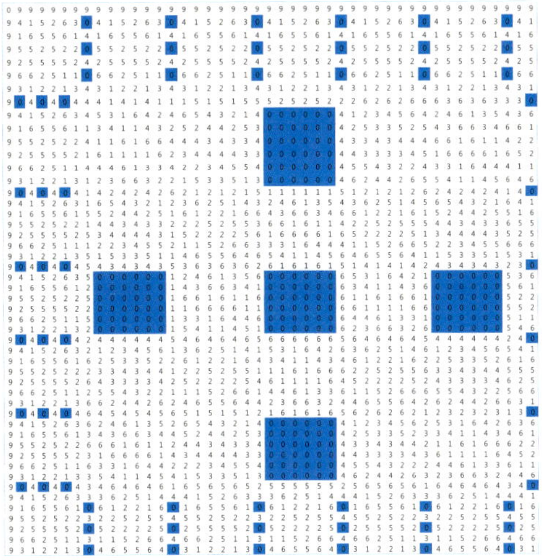

(2) 행에서 나타나는 반복되는 수 패턴을 찾아보자.

행	순환마디	주기
1	4152630	7
2	1655614	7
3	5225220	7
4	2555524	7
5	6625110	7

행	순환마디	주기
6	3122134	7
7	0404044 4141411 1515155 5252522 2626266 6363633 3030300	49
8	4152634 5316424 6543214 0000004 1234564 2461354 3625144	49
9	1655611 3411432 5244253 0000004 2533525 4366346 6122160	49
10	5525224 1161664 4434334 0000004 3343444 6616114 2252554	49
11	2555521 6111162 3444433 0000004 4333345 1666616 5222250	49
12	6625114 4461334 2234554 0000004 5543224 3316444 1152664	49
13	3122131 2366322 1533513 0000004 6244265 5411456 4655640	49
14	0404041 4242426 2121215 1111115 1212126 2424241 4040404	49
15	4152631 6543212 3625143 2461354 3625145 6543216 4152630	49
16	1655615 5244251 6122166 4366346 6122161 5244255 1655614	49
17	5525221 4434332 2252553 6616114 2252555 4434336 5525220	49
18	2555525 3444431 5222256 1666616 5222251 3444435 2555524	49
19	6625111 2234552 1152663 3316444 1152665 2234556 6625110	49
20	3122135 1533511 4655646 5411456 4655641 1533515 3122134	49
21	0404045 4343435 3636362 6161615 1414142 4343432 3030300	49
22	4152635 0000001 2461356 0000006 5316421 0000005 3625144	49
23	1655612 0000001 4366341 0000006 3411436 0000005 6122160	49
24	5525225 0000001 6616116 0000006 1161661 0000005 2252554	49
25	2555522 0000001 1666611 0000006 6111166 0000005 5222250	49
26	6625115 0000001 3316446 0000006 4461331 0000005 1152664	49

① 1행, 8행, 15행, 22행, 29행은 6열까지 41523으로 같다.

② 2행, 9행, 16행, 23행, 30행은 6열까지 165561로 같다.

③ 3행, 10행, 17행, 24행, 31행은 6열까지 552523으로 같다.

④ 4행, 11행, 18행, 25행, 32행은 6열까지 255552로 같다.

(3) 주기관찰

① 1, 2, 3, 4, 5, 6 행을 살펴보자. 7주기를 가진다.

1행	4	1	5	2	6	3	0	4	1	5	2	6	3	0	4	1	5	2	6	3	0
2행	1	6	5	5	6	1	4	1	6	5	5	6	1	4	1	6	5	5	6	1	4
3행	5	5	2	5	2	2	0	5	5	2	5	2	2	0	5	5	2	5	2	2	0
4행	2	5	5	5	5	2	4	2	5	5	5	5	2	4	2	5	5	5	5	2	4
5행	6	6	2	5	1	1	0	6	6	2	5	1	1	0	6	6	2	5	1	1	0
6행	3	1	2	2	1	3	4	3	1	2	2	1	3	4	3	1	2	2	1	3	4

② 7행에서 48행까지를 살펴보자. 49주기를 가진다.

3	1	2	2	1	3	4	3	1	2	2	1	3	4	3	1	2	2	1	3	4	3	1	2	2	1	3	4	3	1	2	2	1	3	4	3	1	2	2	1	3	4	3	1	2	2	1	3	4
0	4	0	4	0	4	4	4	1	4	1	4	1	1	1	5	1	5	1	5	5	5	2	5	2	5	2	2	2	6	2	6	2	6	6	6	3	6	3	6	3	3	3	0	3	0	3	0	0
4	1	5	2	6	3	4	5	3	1	6	4	2	4	6	5	4	3	2	1	4	0	0	0	0	0	0	4	1	2	3	4	5	6	4	2	4	6	1	3	5	4	3	6	2	5	1	4	4
1	6	5	5	6	1	1	3	4	1	1	4	3	2	5	2	4	4	2	5	3	0	0	0	0	0	0	4	2	5	3	3	5	2	5	4	3	6	6	3	4	6	6	1	2	2	1	6	0
5	5	2	5	2	2	4	1	1	6	1	6	6	4	4	4	3	4	3	3	4	0	0	0	0	0	0	4	3	3	4	3	4	4	4	6	6	1	6	1	1	4	2	2	5	2	5	5	4
2	5	5	5	5	2	1	6	1	1	1	1	6	2	3	4	4	4	4	3	3	0	0	0	0	0	0	4	4	3	3	3	3	4	5	1	6	6	6	6	1	6	5	2	2	2	2	5	0
6	6	2	5	1	1	4	4	4	6	1	3	3	4	2	2	3	4	5	5	4	0	0	0	0	0	0	4	5	5	4	3	2	2	4	3	3	1	6	4	4	4	1	1	5	2	6	6	4
3	1	2	2	1	3	1	2	3	6	6	3	2	2	1	5	3	3	5	1	3	0	0	0	0	0	0	4	6	2	4	4	2	6	5	5	4	1	1	4	5	6	4	6	5	5	6	4	0
0	4	0	4	0	4	1	4	2	4	2	4	2	6	2	1	2	1	2	1	5	1	1	1	1	1	1	5	1	2	1	2	1	2	6	2	4	2	4	2	4	1	4	0	4	0	4	0	4
4	1	5	2	6	3	1	6	5	4	3	2	1	2	3	6	2	5	1	4	3	2	4	6	1	3	5	4	3	6	2	5	1	4	5	6	5	4	3	2	1	6	4	1	5	2	6	3	0
1	6	5	5	6	1	5	5	2	4	4	2	5	1	6	1	2	2	1	6	6	4	3	6	6	3	4	6	6	1	2	2	1	6	1	5	2	4	4	2	5	5	1	6	5	5	6	1	4
5	5	2	5	2	2	1	4	4	3	4	3	3	2	2	2	5	2	5	5	3	6	6	1	6	1	1	4	2	2	5	2	5	5	5	4	4	3	4	3	3	6	5	5	2	5	2	2	0
2	5	5	5	5	2	5	3	4	4	4	4	3	1	5	2	2	2	2	5	6	1	6	6	6	6	1	6	5	2	2	2	2	5	1	3	4	4	4	4	3	5	2	5	5	5	5	2	4
6	6	2	5	1	1	1	2	2	3	4	5	5	2	1	1	5	2	6	6	3	3	3	1	6	4	4	4	1	1	5	2	6	6	5	2	2	3	4	5	5	6	6	6	2	5	1	1	0
3	1	2	2	1	3	5	1	5	3	3	5	1	1	4	6	5	5	6	4	6	5	4	1	1	4	5	6	4	6	5	5	6	4	1	1	5	3	3	5	1	5	3	1	2	2	1	3	4
0	4	0	4	0	4	5	4	3	4	3	4	3	5	3	6	3	6	3	6	2	6	1	6	1	6	1	5	1	4	1	4	1	4	2	4	3	4	3	4	3	2	3	0	3	0	3	0	0
4	1	5	2	6	3	5	0	0	0	0	0	0	1	2	4	6	1	3	5	6	0	0	0	0	0	0	6	5	3	1	6	4	2	1	0	0	0	0	0	0	5	3	6	2	5	1	4	4
1	6	5	5	6	1	2	0	0	0	0	0	0	1	4	3	6	6	3	4	1	0	0	0	0	0	0	6	3	4	1	1	4	3	6	0	0	0	0	0	0	5	6	1	2	2	1	6	0
5	5	2	5	2	2	5	0	0	0	0	0	0	1	6	6	1	6	1	1	6	0	0	0	0	0	0	6	1	1	6	1	6	6	1	0	0	0	0	0	0	5	2	2	5	2	5	5	4
2	5	5	5	5	2	2	0	0	0	0	0	0	1	1	6	6	6	6	1	1	0	0	0	0	0	0	6	6	1	1	1	1	6	6	0	0	0	0	0	0	5	5	2	2	2	2	5	0
6	6	2	5	1	1	5	0	0	0	0	0	0	1	3	3	1	6	4	4	6	0	0	0	0	0	0	6	4	4	6	1	3	3	1	0	0	0	0	0	0	5	1	1	5	2	6	6	4
3	1	2	2	1	3	2	0	0	0	0	0	0	1	5	4	1	1	4	5	1	0	0	0	0	0	0	6	2	3	6	6	3	2	6	0	0	0	0	0	0	5	4	6	5	5	6	4	0
0	4	0	4	0	4	2	4	4	4	4	4	4	5	4	6	4	6	4	6	5	6	6	6	6	6	6	5	6	4	6	4	6	4	5	4	4	4	4	4	4	2	4	0	4	0	4	0	4
4	1	5	2	6	3	2	1	2	3	4	5	6	1	3	6	2	5	1	4	1	5	3	1	6	4	2	6	3	6	2	5	1	4	6	1	2	3	4	5	6	5	4	1	5	2	6	3	0
1	6	5	5	6	1	6	2	5	3	3	5	2	2	6	1	2	2	1	6	4	3	4	1	1	4	3	4	6	1	2	2	1	6	2	2	5	3	3	5	2	6	1	6	5	5	6	1	4
5	5	2	5	2	2	2	3	3	4	3	4	4	1	2	2	5	2	5	5	1	1	1	6	1	6	6	6	2	2	5	2	5	5	6	3	3	4	3	4	4	5	5	5	2	5	2	2	0
2	5	5	5	5	2	6	4	3	3	3	3	4	2	5	2	2	2	2	5	4	6	1	1	1	1	6	4	5	2	2	2	2	5	2	4	3	3	3	3	4	6	2	5	5	5	5	2	4
6	6	2	5	1	1	2	5	5	4	3	2	2	1	1	1	5	2	6	6	1	4	4	6	1	3	3	6	1	1	5	2	6	6	6	5	5	4	3	2	2	5	6	6	2	5	1	1	0
3	1	2	2	1	3	6	6	2	4	4	2	6	2	4	6	5	5	6	4	4	2	3	6	6	3	2	4	4	6	5	5	6	4	2	6	2	4	4	2	6	6	3	1	2	2	1	3	4
0	4	0	4	0	4	6	4	5	4	5	4	5	6	5	1	5	1	5	1	2	1	6	1	6	1	6	5	6	2	6	2	6	2	1	2	3	2	3	2	3	1	3	0	3	0	3	0	0
4	1	5	2	6	3	6	2	4	6	1	3	5	2	6	5	4	3	2	1	4	0	0	0	0	0	0	4	1	2	3	4	5	6	2	5	3	1	6	4	2	6	3	6	2	5	1	4	4
1	6	5	5	6	1	3	4	3	6	6	3	4	4	5	2	4	4	2	5	3	0	0	0	0	0	0	4	2	5	3	3	5	2	3	3	4	1	1	4	3	4	6	1	2	2	1	6	0
5	5	2	5	2	2	6	6	6	1	6	1	1	2	4	4	3	4	3	3	4	0	0	0	0	0	0	4	3	3	4	3	4	4	2	1	1	6	1	6	6	6	2	2	5	2	5	5	4
2	5	5	5	5	2	3	1	6	6	6	6	1	4	3	4	4	4	4	3	3	0	0	0	0	0	0	4	4	3	3	3	3	4	3	6	1	1	1	1	6	4	5	2	2	2	2	5	0
6	6	2	5	1	1	6	3	3	1	6	4	4	2	2	2	3	4	5	5	4	0	0	0	0	0	0	4	5	5	4	3	2	2	2	4	4	6	1	3	3	6	1	1	5	2	6	6	4
3	1	2	2	1	3	3	5	4	1	1	4	5	4	1	5	3	3	5	1	3	0	0	0	0	0	0	4	6	2	4	4	2	6	3	2	3	6	6	3	2	4	4	6	5	5	6	4	0
0	4	0	4	0	4	3	4	6	4	6	4	6	1	6	5	6	5	6	5	2	5	5	5	5	5	5	2	5	6	5	6	5	6	1	6	4	6	4	6	4	3	4	0	4	0	4	0	4
4	1	5	2	6	3	3	3	6	2	5	1	4	4	4	1	5	2	6	3	3	3	6	2	5	1	4	4	4	1	5	2	6	3	3	3	6	2	5	1	4	4	4	1	5	2	6	3	0
1	6	5	5	6	1	0	6	1	2	2	1	6	0	1	6	5	5	6	1	0	6	1	2	2	1	6	0	1	6	5	5	6	1	0	6	1	2	2	1	6	0	1	6	5	5	6	1	4
5	5	2	5	2	2	3	2	2	5	2	5	5	4	5	5	2	5	2	2	3	2	2	5	2	5	5	4	5	5	2	5	2	2	3	2	2	5	2	5	5	4	5	5	2	5	2	2	0
2	5	5	5	5	2	0	5	2	2	2	2	5	0	2	5	5	5	5	2	0	5	2	2	2	2	5	0	2	5	5	5	5	2	0	5	2	2	2	2	5	0	2	5	5	5	5	2	4
6	6	2	5	1	1	3	1	1	5	2	6	6	4	6	6	2	5	1	1	3	1	1	5	2	6	6	4	6	6	2	5	1	1	3	1	1	5	2	6	6	4	6	6	2	5	1	1	0
3	1	2	2	1	3	0	4	6	5	5	6	4	0	3	1	2	2	1	3	0	4	6	5	5	6	4	0	3	1	2	2	1	3	0	4	6	5	5	6	4	0	3	1	2	2	1	3	4

③ 7행에서 48행까지를 나타낸 것이다. 49주기를 가진다.

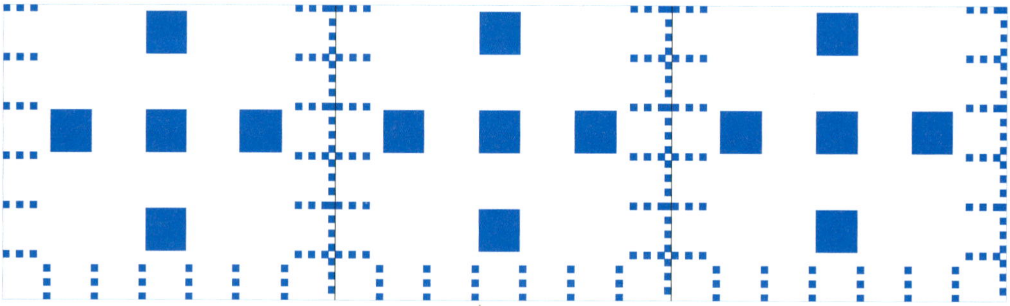

④ 49행에서 242행까지를 살펴보자. 243주기를 가진다.

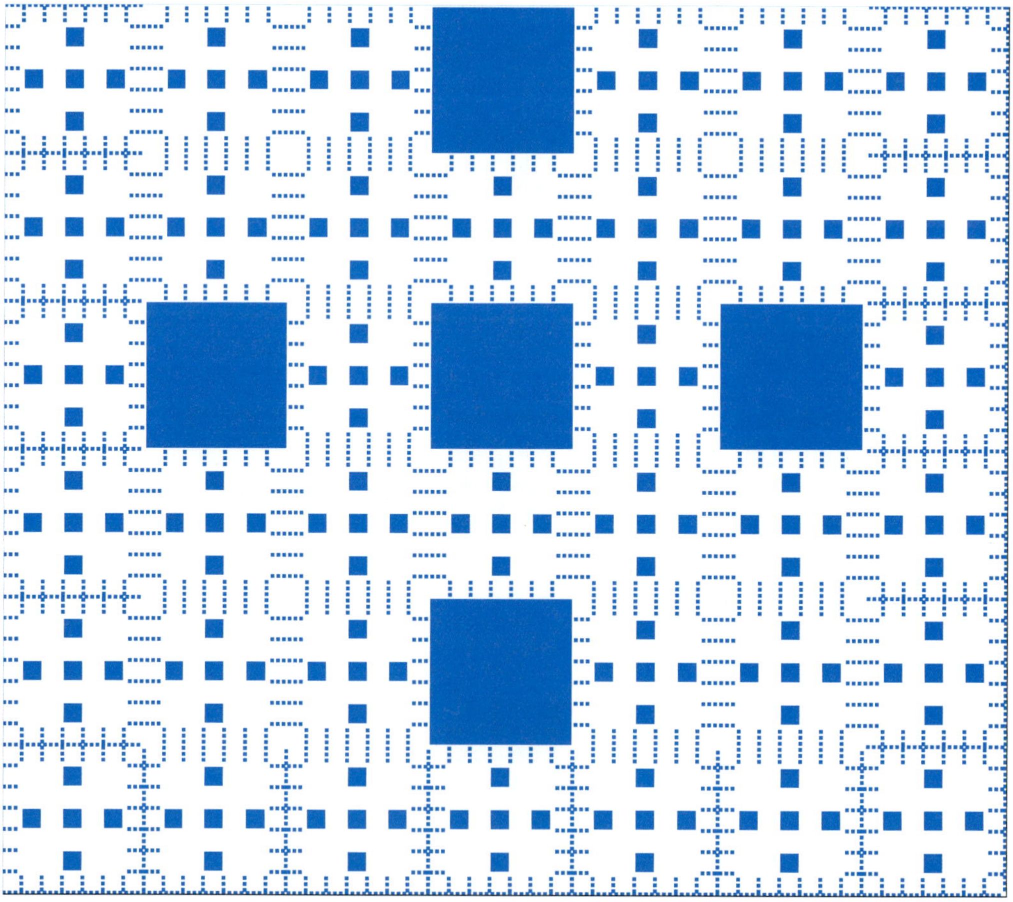

2 두 수의 덧셈으로 만드는 디자인

218쪽의 각 행에 대해 두 수의 덧셈을 구한 후 3으로 나누었다.

1. 두 수의 덧셈을 3으로 나누는 디자인

(1) 7행은 0404044 4141411 1515155 5252522 2626266 6363633 3030300의 49주기다.

① 1단계

	0	4	0	4	0	4	4	4	1	4	1	4	1	1	1	5	1	5	1	5	5	5	2	5	2	5
0	0	1	0	1	0	1	1	1	1	1	1	1	1	1	1	2	1	2	1	2	2	2	2	2	2	2
4	1	2	1	2	1	2	2	2	2	2	2	2	2	2	2	0	2	0	2	0	0	0	0	0	0	0
0	0	1	0	1	0	1	1	1	1	1	1	1	1	1	1	2	1	2	1	2	2	2	2	2	2	2
4	1	2	1	2	1	2	2	2	2	2	2	2	2	2	2	0	2	0	2	0	0	0	0	0	0	0
0	0	1	0	1	0	1	1	1	1	1	1	1	1	1	1	2	1	2	1	2	2	2	2	2	2	2
4	1	2	1	2	1	2	2	2	2	2	2	2	2	2	2	0	2	0	2	0	0	0	0	0	0	0
4	1	2	1	2	1	2	2	2	2	2	2	2	2	2	2	0	2	0	2	0	0	0	0	0	0	0
4	1	2	1	2	1	2	2	2	2	2	2	2	2	2	2	0	2	0	2	0	0	0	0	0	0	0
1	1	2	1	2	1	2	2	2	2	2	2	2	2	2	2	0	2	0	2	0	0	0	0	0	0	0
4	1	2	1	2	1	2	2	2	2	2	2	2	2	2	2	0	2	0	2	0	0	0	0	0	0	0
1	1	2	1	2	1	2	2	2	2	2	2	2	2	2	2	0	2	0	2	0	0	0	0	0	0	0
4	1	2	1	2	1	2	2	2	2	2	2	2	2	2	2	0	2	0	2	0	0	0	0	0	0	0
1	1	2	1	2	1	2	2	2	2	2	2	2	2	2	2	0	2	0	2	0	0	0	0	0	0	0
1	1	2	1	2	1	2	2	2	2	2	2	2	2	2	2	0	2	0	2	0	0	0	0	0	0	0
1	1	2	1	2	1	2	2	2	2	2	2	2	2	2	2	0	2	0	2	0	0	0	0	0	0	0
5	2	0	2	0	2	0	0	0	0	0	0	0	0	0	0	1	0	1	0	1	1	1	1	1	1	1
1	1	2	1	2	1	2	2	2	2	2	2	2	2	2	2	0	2	0	2	0	0	0	0	0	0	0
5	2	0	2	0	2	0	0	0	0	0	0	0	0	0	0	1	0	1	0	1	1	1	1	1	1	1
1	1	2	1	2	1	2	2	2	2	2	2	2	2	2	2	0	2	0	2	0	0	0	0	0	0	0
5	2	0	2	0	2	0	0	0	0	0	0	0	0	0	0	1	0	1	0	1	1	1	1	1	1	1
5	2	0	2	0	2	0	0	0	0	0	0	0	0	0	0	1	0	1	0	1	1	1	1	1	1	1
5	2	0	2	0	2	0	0	0	0	0	0	0	0	0	0	1	0	1	0	1	1	1	1	1	1	1
2	2	0	2	0	2	0	0	0	0	0	0	0	0	0	0	1	0	1	0	1	1	1	1	1	1	1
5	2	0	2	0	2	0	0	0	0	0	0	0	0	0	0	1	0	1	0	1	1	1	1	1	1	1
2	2	0	2	0	2	0	0	0	0	0	0	0	0	0	0	1	0	1	0	1	1	1	1	1	1	1
5	2	0	2	0	2	0	0	0	0	0	0	0	0	0	0	1	0	1	0	1	1	1	1	1	1	1

② 2단계

(2) 10행은 5525224 1161664 4434334 0000004 3343444 6616114 2252554의 반복이다.

① 1단계

	5	5	2	5	2	2	4	1	1	6	1	6	6	4	4	4	3	4	3	3	4	0	0	0	0	0
5	1	1	1	1	1	1	0	0	0	2	0	2	2	0	0	0	2	0	2	2	0	2	2	2	2	2
5	1	1	1	1	1	1	0	0	0	2	0	2	2	0	0	0	2	0	2	2	0	2	2	2	2	2
2	1	1	1	1	1	1	0	0	0	2	0	2	2	0	0	0	2	0	2	2	0	2	2	2	2	2
5	1	1	1	1	1	1	0	0	0	2	0	2	2	0	0	0	2	0	2	2	0	2	2	2	2	2
2	1	1	1	1	1	1	0	0	0	2	0	2	2	0	0	0	2	0	2	2	0	2	2	2	2	2
2	1	1	1	1	1	1	0	0	0	2	0	2	2	0	0	0	2	0	2	2	0	2	2	2	2	2
4	0	0	0	0	0	0	2	2	2	1	2	1	1	2	2	2	1	2	1	1	2	1	1	1	1	1
1	0	0	0	0	0	0	2	2	2	1	2	1	1	2	2	2	1	2	1	1	2	1	1	1	1	1
1	0	0	0	0	0	0	2	2	2	1	2	1	1	2	2	2	1	2	1	1	2	1	1	1	1	1
6	2	2	2	2	2	2	1	1	1	0	1	0	0	1	1	1	0	1	0	0	1	0	0	0	0	0
1	0	0	0	0	0	0	2	2	2	1	2	1	1	2	2	2	1	2	1	1	2	1	1	1	1	1
6	2	2	2	2	2	2	1	1	1	0	1	0	0	1	1	1	0	1	0	0	1	0	0	0	0	0
6	2	2	2	2	2	2	1	1	1	0	1	0	0	1	1	1	0	1	0	0	1	0	0	0	0	0
4	0	0	0	0	0	0	2	2	2	1	2	1	1	2	2	2	1	2	1	1	2	1	1	1	1	1
4	0	0	0	0	0	0	2	2	2	1	2	1	1	2	2	2	1	2	1	1	2	1	1	1	1	1
4	0	0	0	0	0	0	2	2	2	1	2	1	1	2	2	2	1	2	1	1	2	1	1	1	1	1
3	2	2	2	2	2	2	1	1	1	0	1	0	0	1	1	1	0	1	0	0	1	0	0	0	0	0
4	0	0	0	0	0	0	2	2	2	1	2	1	1	2	2	2	1	2	1	1	2	1	1	1	1	1
3	2	2	2	2	2	2	1	1	1	0	1	0	0	1	1	1	0	1	0	0	1	0	0	0	0	0
3	2	2	2	2	2	2	1	1	1	0	1	0	0	1	1	1	0	1	0	0	1	0	0	0	0	0
4	0	0	0	0	0	0	2	2	2	1	2	1	1	2	2	2	1	2	1	1	2	1	1	1	1	1
0	2	2	2	2	2	2	1	1	1	0	1	0	0	1	1	1	0	1	0	0	1	0	0	0	0	0
0	2	2	2	2	2	2	1	1	1	0	1	0	0	1	1	1	0	1	0	0	1	0	0	0	0	0
0	2	2	2	2	2	2	1	1	1	0	1	0	0	1	1	1	0	1	0	0	1	0	0	0	0	0
0	2	2	2	2	2	2	1	1	1	0	1	0	0	1	1	1	0	1	0	0	1	0	0	0	0	0
0	2	2	2	2	2	2	1	1	1	0	1	0	0	1	1	1	0	1	0	0	1	0	0	0	0	0

② 2단계

(3) 11행은 2555521 6111162 3444433 0000004 4333345 1666616 5222250의 49주기다. 각 행은 00000…, 11111…, 22222…의 47주기 3개를 가진다.

① 1단계

	2	5	5	5	5	2	1	6	1	1	1	1	6	2	3	4	4	4	4	3	3	0	0	0	0	0
2	1	1	1	1	1	1	0	2	0	0	0	0	2	1	2	0	0	0	0	2	2	2	2	2	2	2
5	1	1	1	1	1	1	0	2	0	0	0	0	2	1	2	0	0	0	0	2	2	2	2	2	2	2
5	1	1	1	1	1	1	0	2	0	0	0	0	2	1	2	0	0	0	0	2	2	2	2	2	2	2
5	1	1	1	1	1	1	0	2	0	0	0	0	2	1	2	0	0	0	0	2	2	2	2	2	2	2
5	1	1	1	1	1	1	0	2	0	0	0	0	2	1	2	0	0	0	0	2	2	2	2	2	2	2
2	1	1	1	1	1	1	0	2	0	0	0	0	2	1	2	0	0	0	0	2	2	2	2	2	2	2
1	0	0	0	0	0	0	2	1	2	2	2	2	1	0	1	2	2	2	2	1	1	1	1	1	1	1
6	2	2	2	2	2	2	1	0	1	1	1	1	0	2	0	1	1	1	1	0	0	0	0	0	0	0
1	0	0	0	0	0	0	2	1	2	2	2	2	1	0	1	2	2	2	2	1	1	1	1	1	1	1
1	0	0	0	0	0	0	2	1	2	2	2	2	1	0	1	2	2	2	2	1	1	1	1	1	1	1
1	0	0	0	0	0	0	2	1	2	2	2	2	1	0	1	2	2	2	2	1	1	1	1	1	1	1
1	0	0	0	0	0	0	2	1	2	2	2	2	1	0	1	2	2	2	2	1	1	1	1	1	1	1
6	2	2	2	2	2	2	1	0	1	1	1	1	0	2	0	1	1	1	1	0	0	0	0	0	0	0
2	1	1	1	1	1	1	0	2	0	0	0	0	2	1	2	0	0	0	0	2	2	2	2	2	2	2
3	2	2	2	2	2	2	1	0	1	1	1	1	0	2	0	1	1	1	1	0	0	0	0	0	0	0
4	0	0	0	0	0	0	2	1	2	2	2	2	1	0	1	2	2	2	2	1	1	1	1	1	1	1
4	0	0	0	0	0	0	2	1	2	2	2	2	1	0	1	2	2	2	2	1	1	1	1	1	1	1
4	0	0	0	0	0	0	2	1	2	2	2	2	1	0	1	2	2	2	2	1	1	1	1	1	1	1
4	0	0	0	0	0	0	2	1	2	2	2	2	1	0	1	2	2	2	2	1	1	1	1	1	1	1
3	2	2	2	2	2	2	1	0	1	1	1	1	0	2	0	1	1	1	1	0	0	0	0	0	0	0
3	2	2	2	2	2	2	1	0	1	1	1	1	0	2	0	1	1	1	1	0	0	0	0	0	0	0
0	2	2	2	2	2	2	1	0	1	1	1	1	0	2	0	1	1	1	1	0	0	0	0	0	0	0
0	2	2	2	2	2	2	1	0	1	1	1	1	0	2	0	1	1	1	1	0	0	0	0	0	0	0
0	2	2	2	2	2	2	1	0	1	1	1	1	0	2	0	1	1	1	1	0	0	0	0	0	0	0
0	2	2	2	2	2	2	1	0	1	1	1	1	0	2	0	1	1	1	1	0	0	0	0	0	0	0
0	2	2	2	2	2	2	1	0	1	1	1	1	0	2	0	1	1	1	1	0	0	0	0	0	0	0

② 2단계

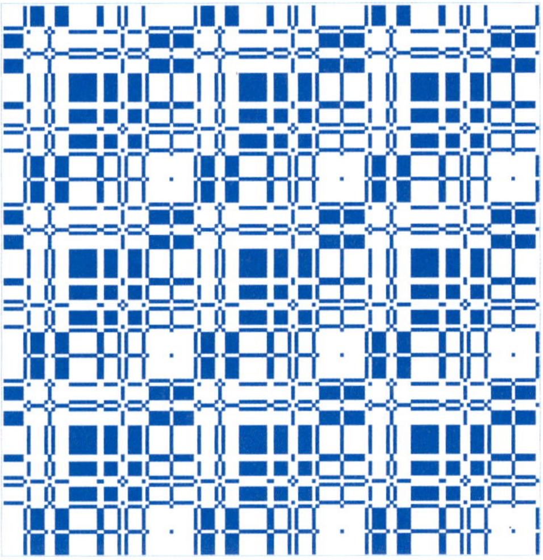

(4) 13행은 3122131 2366322 1533513 0000004 6244265 5411456 4655640의 41주기를 가진다. 각 행은 00221…, 22110…, 11002…의 41주기 3개를 가진다.

① 1단계

	3	1	2	2	1	3	1	2	3	6	6	3	2	2	1	5	3	3	5	1	3
3	0	1	2	2	1	0	1	2	0	0	0	0	2	2	1	2	0	0	2	1	0
1	1	2	0	0	2	1	2	0	1	1	1	1	0	0	2	0	1	1	0	2	1
2	2	0	1	1	0	2	0	1	2	2	2	2	1	1	0	1	2	2	1	0	2
2	2	0	1	1	0	2	0	1	2	2	2	2	1	1	0	1	2	2	1	0	2
1	1	2	0	0	2	1	2	0	1	1	1	1	0	0	2	0	1	1	0	2	1
3	0	1	2	2	1	0	1	2	0	0	0	0	2	2	1	2	0	0	2	1	0
1	1	2	0	0	2	1	2	0	1	1	1	1	0	0	2	0	1	1	0	2	1
2	2	0	1	1	0	2	0	1	2	2	2	2	1	1	0	1	2	2	1	0	2
3	0	1	2	2	1	0	1	2	0	0	0	0	2	2	1	2	0	0	2	1	0
6	0	1	2	2	1	0	1	2	0	0	0	0	2	2	1	2	0	0	2	1	0
6	0	1	2	2	1	0	1	2	0	0	0	0	2	2	1	2	0	0	2	1	0
3	0	1	2	2	1	0	1	2	0	0	0	0	2	2	1	2	0	0	2	1	0
2	2	0	1	1	0	2	0	1	2	2	2	2	1	1	0	1	2	2	1	0	2
2	2	0	1	1	0	2	0	1	2	2	2	2	1	1	0	1	2	2	1	0	2
1	1	2	0	0	2	1	2	0	1	1	1	1	0	0	2	0	1	1	0	2	1
5	2	0	1	1	0	2	0	1	2	2	2	2	1	1	0	1	2	2	1	0	2
3	0	1	2	2	1	0	1	2	0	0	0	0	2	2	1	2	0	0	2	1	0
3	0	1	2	2	1	0	1	2	0	0	0	0	2	2	1	2	0	0	2	1	0
5	2	0	1	1	0	2	0	1	2	2	2	2	1	1	0	1	2	2	1	0	2
1	1	2	0	0	2	1	2	0	1	1	1	1	0	0	2	0	1	1	0	2	1
3	0	1	2	2	1	0	1	2	0	0	0	0	2	2	1	2	0	0	2	1	0

② 2단계

(5) 23행은 1655612 0000001 4366341 0000006 3411436 0000005 6122160의 49주기를 가진다. 각 행은 21001…, 10220…, 02112… 의 49주기 3개를 가진다.

① 1단계	② 2단계
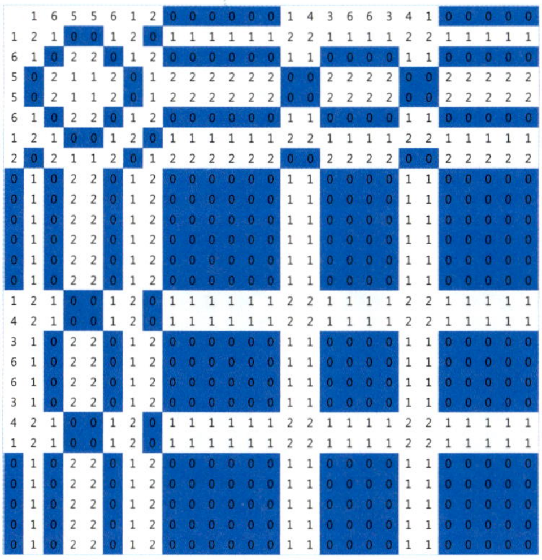	

(6) 24행은 5525225 0000001 6616116 0000006 1161661 0000005 2252554의 49주기를 가진다. 각 행은 11111…, 22222…, 00000… 의 49주기 3개를 가진다.

① 1단계	② 2단계
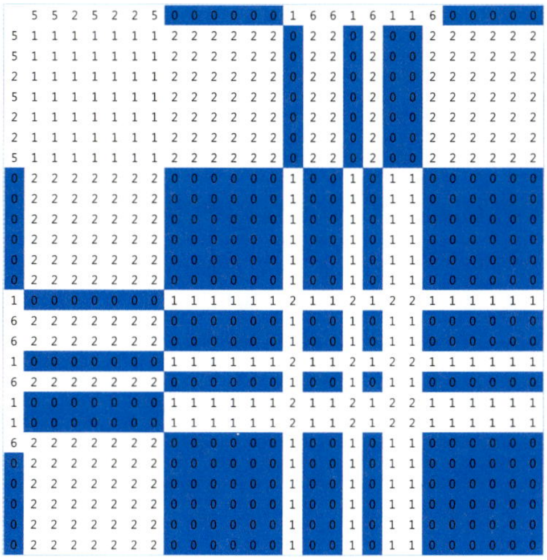	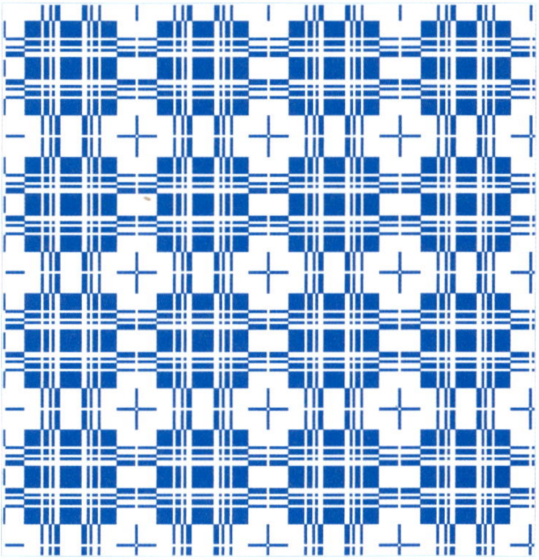

(7) 26행은 6625115 0000001 3316446 000000 6446133 1000000 51152664의 49주기를 가진다. 각 행은 00221…, 22110…, 11002… 의 49 주기 3개를 가진다.

① 1단계	② 2단계
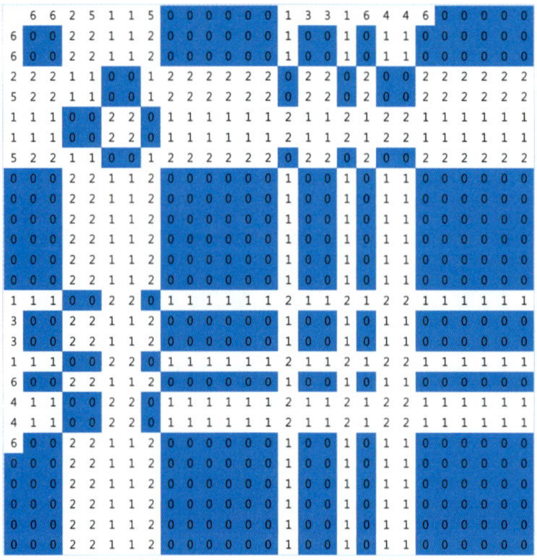	

(8) 27행 3122132 0000001 5411451 0000006 2366326 0000005 4655640의 49주기를 가진다. 각 행은 012210…, 12002…, 20110… 의 49주기 3개를 가진다.

① 1단계	② 2단계
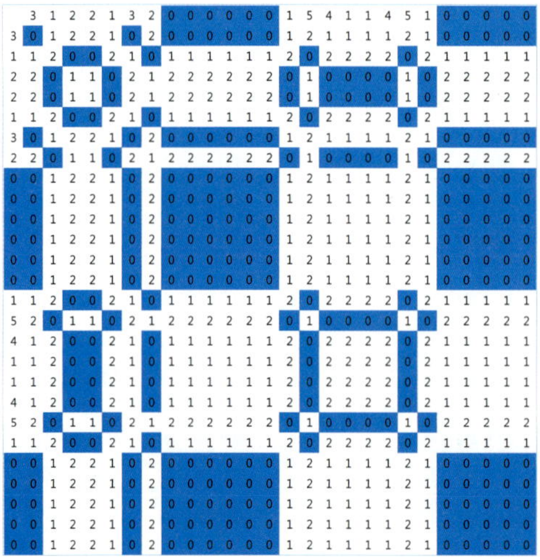	

(9) 28행은 0404042 444444 5464646 5666666 5646464 5444444 24040404의 49주기를 가진다. 각 행은 01010⋯, 12121⋯, 20202⋯의 49주기 3개를 가진다.

① 1단계

	0	4	0	4	0	4	2	4	4	4	4	4	4	5	4	6	4	6	4	6	5	6	6	6	6	6
0	0	1	0	1	0	1	2	1	1	1	1	1	1	2	1	0	1	0	1	0	2	0	0	0	0	0
4	1	2	1	2	1	2	0	2	2	2	2	2	2	0	2	1	2	1	2	1	0	1	1	1	1	1
0	0	1	0	1	0	1	2	1	1	1	1	1	1	2	1	0	1	0	1	0	2	0	0	0	0	0
4	1	2	1	2	1	2	0	2	2	2	2	2	2	0	2	1	2	1	2	1	0	1	1	1	1	1
0	0	1	0	1	0	1	2	1	1	1	1	1	1	2	1	0	1	0	1	0	2	0	0	0	0	0
4	1	2	1	2	1	2	0	2	2	2	2	2	2	0	2	1	2	1	2	1	0	1	1	1	1	1
2	2	0	2	0	2	0	1	0	0	0	0	0	0	1	0	2	0	2	0	2	1	2	2	2	2	2
4	1	2	1	2	1	2	0	2	2	2	2	2	2	0	2	1	2	1	2	1	0	1	1	1	1	1
4	1	2	1	2	1	2	0	2	2	2	2	2	2	0	2	1	2	1	2	1	0	1	1	1	1	1
4	1	2	1	2	1	2	0	2	2	2	2	2	2	0	2	1	2	1	2	1	0	1	1	1	1	1
4	1	2	1	2	1	2	0	2	2	2	2	2	2	0	2	1	2	1	2	1	0	1	1	1	1	1
4	1	2	1	2	1	2	0	2	2	2	2	2	2	0	2	1	2	1	2	1	0	1	1	1	1	1
4	1	2	1	2	1	2	0	2	2	2	2	2	2	0	2	1	2	1	2	1	0	1	1	1	1	1
5	2	0	2	0	2	0	1	0	0	0	0	0	0	1	0	2	0	2	0	2	1	2	2	2	2	2
4	1	2	1	2	1	2	0	2	2	2	2	2	2	0	2	1	2	1	2	1	0	1	1	1	1	1
6	0	1	0	1	0	1	2	1	1	1	1	1	1	2	1	0	1	0	1	0	2	0	0	0	0	0
4	1	2	1	2	1	2	0	2	2	2	2	2	2	0	2	1	2	1	2	1	0	1	1	1	1	1
6	0	1	0	1	0	1	2	1	1	1	1	1	1	2	1	0	1	0	1	0	2	0	0	0	0	0
4	1	2	1	2	1	2	0	2	2	2	2	2	2	0	2	1	2	1	2	1	0	1	1	1	1	1
6	0	1	0	1	0	1	2	1	1	1	1	1	1	2	1	0	1	0	1	0	2	0	0	0	0	0
5	2	0	2	0	2	0	1	0	0	0	0	0	0	1	0	2	0	2	0	2	1	2	2	2	2	2
6	0	1	0	1	0	1	2	1	1	1	1	1	1	2	1	0	1	0	1	0	2	0	0	0	0	0
6	0	1	0	1	0	1	2	1	1	1	1	1	1	2	1	0	1	0	1	0	2	0	0	0	0	0
6	0	1	0	1	0	1	2	1	1	1	1	1	1	2	1	0	1	0	1	0	2	0	0	0	0	0
6	0	1	0	1	0	1	2	1	1	1	1	1	1	2	1	0	1	0	1	0	2	0	0	0	0	0
6	0	1	0	1	0	1	2	1	1	1	1	1	1	2	1	0	1	0	1	0	2	0	0	0	0	0

② 2단계

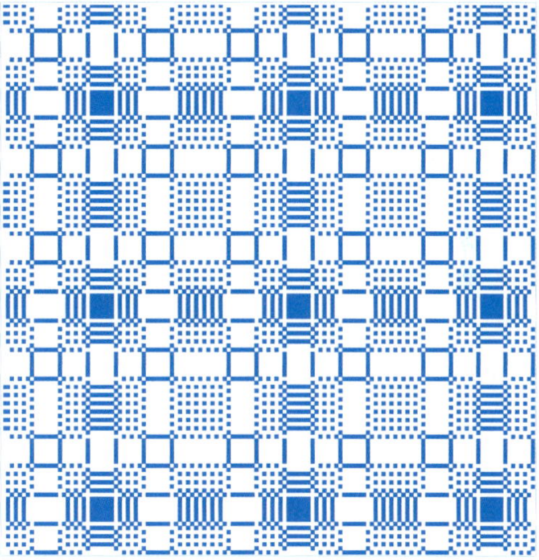

(10) 38행은 5525226 6616112 4434334 0000004 3343442 1161666 2252554의 49주기를 가진다. 각 행은 11111⋯, 22222⋯, 00000⋯의 49주기 3개를 가진다.

① 1단계

	5	5	2	5	2	2	6	6	6	1	6	1	1	2	4	4	3	4	3	3	4	0	0	0	0	0
5	1	1	1	1	1	1	2	2	2	0	2	0	0	1	0	0	2	0	2	2	0	2	2	2	2	2
5	1	1	1	1	1	1	2	2	2	0	2	0	0	1	0	0	2	0	2	2	0	2	2	2	2	2
2	1	1	1	1	1	1	2	2	2	0	2	0	0	1	0	0	2	0	2	2	0	2	2	2	2	2
5	1	1	1	1	1	1	2	2	2	0	2	0	0	1	0	0	2	0	2	2	0	2	2	2	2	2
2	1	1	1	1	1	1	2	2	2	0	2	0	0	1	0	0	2	0	2	2	0	2	2	2	2	2
2	1	1	1	1	1	1	2	2	2	0	2	0	0	1	0	0	2	0	2	2	0	2	2	2	2	2
6	2	2	2	2	2	2	0	0	0	1	0	1	1	2	1	1	0	1	0	0	1	0	0	0	0	0
6	2	2	2	2	2	2	0	0	0	1	0	1	1	2	1	1	0	1	0	0	1	0	0	0	0	0
6	2	2	2	2	2	2	0	0	0	1	0	1	1	2	1	1	0	1	0	0	1	0	0	0	0	0
1	0	0	0	0	0	0	1	1	1	2	1	2	2	0	2	2	1	2	1	1	2	1	1	1	1	1
6	2	2	2	2	2	2	0	0	0	1	0	1	1	2	1	1	0	1	0	0	1	0	0	0	0	0
1	0	0	0	0	0	0	1	1	1	2	1	2	2	0	2	2	1	2	1	1	2	1	1	1	1	1
1	0	0	0	0	0	0	1	1	1	2	1	2	2	0	2	2	1	2	1	1	2	1	1	1	1	1
2	1	1	1	1	1	1	2	2	2	0	2	0	0	1	0	0	2	0	2	2	0	2	2	2	2	2
4	0	0	0	0	0	0	1	1	1	2	1	2	2	0	2	2	1	2	1	1	2	1	1	1	1	1
4	0	0	0	0	0	0	1	1	1	2	1	2	2	0	2	2	1	2	1	1	2	1	1	1	1	1
3	2	2	2	2	2	2	0	0	0	1	0	1	1	2	1	1	0	1	0	0	1	0	0	0	0	0
4	0	0	0	0	0	0	1	1	1	2	1	2	2	0	2	2	1	2	1	1	2	1	1	1	1	1
3	2	2	2	2	2	2	0	0	0	1	0	1	1	2	1	1	0	1	0	0	1	0	0	0	0	0
3	2	2	2	2	2	2	0	0	0	1	0	1	1	2	1	1	0	1	0	0	1	0	0	0	0	0
4	0	0	0	0	0	0	1	1	1	2	1	2	2	0	2	2	1	2	1	1	2	1	1	1	1	1
0	2	2	2	2	2	2	0	0	0	1	0	1	1	2	1	1	0	1	0	0	1	0	0	0	0	0
0	2	2	2	2	2	2	0	0	0	1	0	1	1	2	1	1	0	1	0	0	1	0	0	0	0	0
0	2	2	2	2	2	2	0	0	0	1	0	1	1	2	1	1	0	1	0	0	1	0	0	0	0	0
0	2	2	2	2	2	2	0	0	0	1	0	1	1	2	1	1	0	1	0	0	1	0	0	0	0	0
0	2	2	2	2	2	2	0	0	0	1	0	1	1	2	1	1	0	1	0	0	1	0	0	0	0	0

② 2단계

(11) 42행은 0404043 4646461 6565652 5555552 5656561 6464643 …은 343주기를 가진다. 각 행은 01010…, 12121…, 20202…의 343주기 3개를 가진다.

① 1단계	② 2단계
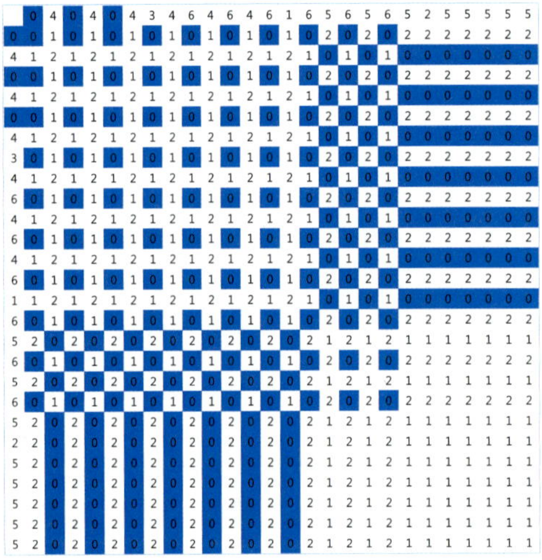	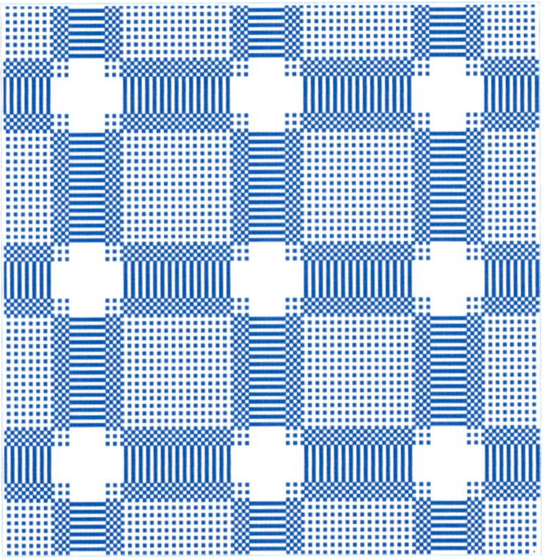

(12) 55행은 3122134 3122134…의 343 주기를 가진다. 각 행은 01221…, 12002…, 20110 …의 343주기 3개를 가진다.

① 1단계	② 2단계
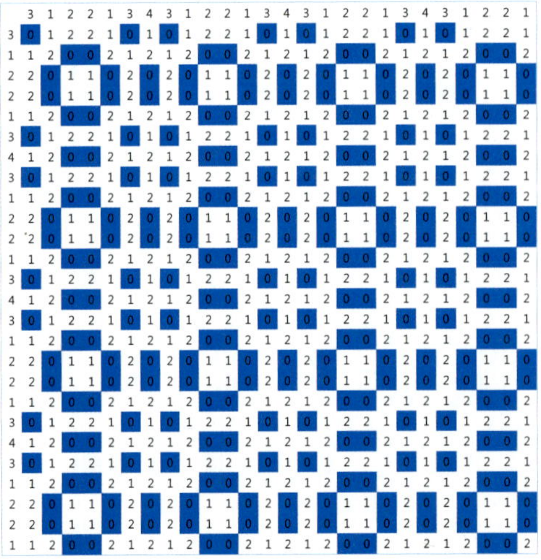	

(13) 75행은 6625115 0000001··· 의 343 주기를 가진다. 각 행은 002211···, 221100···, 110022··· 의 343주기 3개를 가진다.

① 1단계	② 2단계
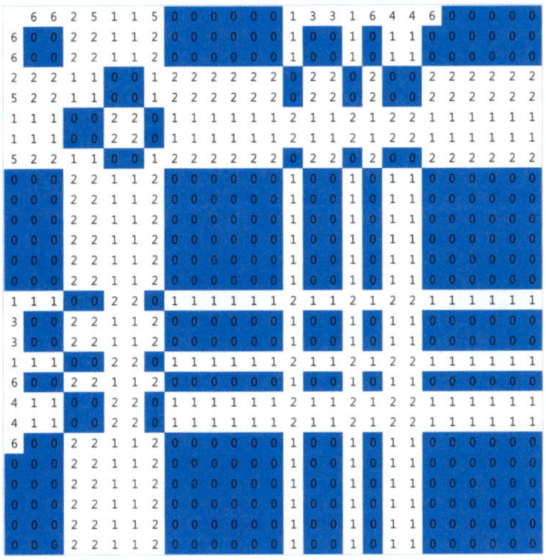	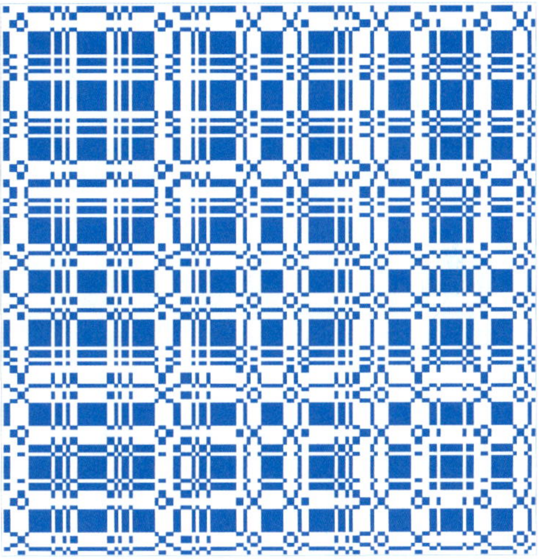

(14) 87행은 552522 6661611··· 의 343주기를 가진다. 각 행은 11111···, 22222···, 00000 ··· 의 343주기 3개를 가진다.

① 1단계	② 2단계
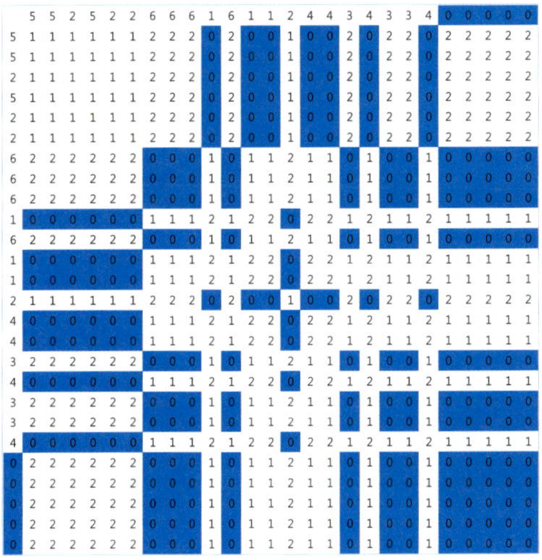	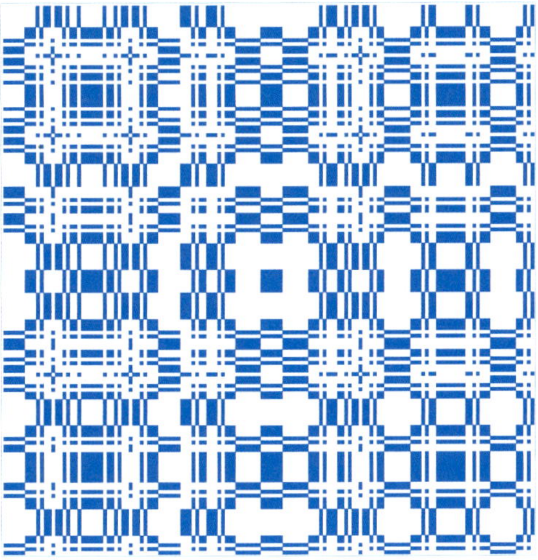

(15) 93행은 1655610 6122160… 의 343주기를 가진다. 각 행은 12100…, 10220…, 02112 …, 21001… 의 343주기를 가진다.

① 1단계	② 2단계
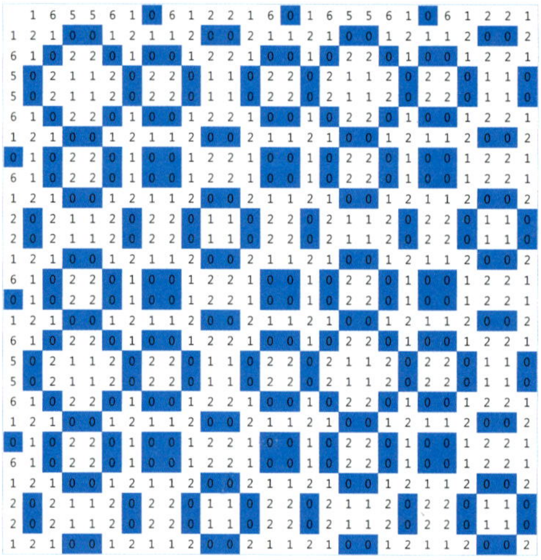	

(16) 94행은 5525223 2252554… 는 343주기를 가진다. 각 행은 11111…, 22222…, 00000… 의 343주기를 가진다.

① 1단계	② 2단계
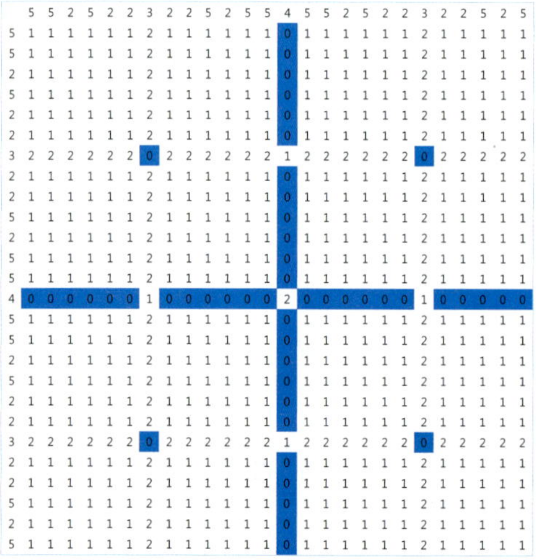	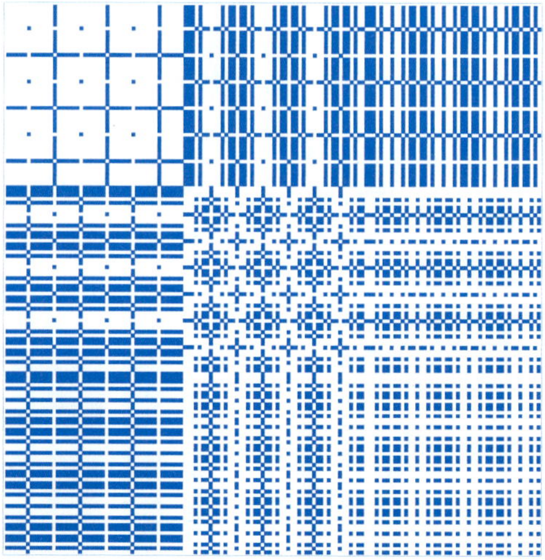

2. 두 수의 덧셈을 4로 나누는 디자인

218쪽의 각 행에 대해 두수의 덧셈을 4로 나누었다.

(1) 14행은 0404041 4242426⋯은 49주기를 가진다. 각 행은 00000⋯, 11111⋯, 22222⋯의 49주기 3개를 가진다.

① 1단계

	0	4	0	4	0	4	1	4	2	4	2	4	2	6	2	1	2	1	2	1	5	1	1	1
0	0	0	0	0	0	0	1	0	2	0	2	0	2	2	2	1	2	1	2	1	1	1	1	1
4	0	0	0	0	0	0	1	0	2	0	2	0	2	2	2	1	2	1	2	1	1	1	1	1
0	0	0	0	0	0	0	1	0	2	0	2	0	2	2	2	1	2	1	2	1	1	1	1	1
4	0	0	0	0	0	0	1	0	2	0	2	0	2	2	2	1	2	1	2	1	1	1	1	1
0	0	0	0	0	0	0	1	0	2	0	2	0	2	2	2	1	2	1	2	1	1	1	1	1
4	0	0	0	0	0	0	1	0	2	0	2	0	2	2	2	1	2	1	2	1	1	1	1	1
1	1	1	1	1	1	1	2	1	3	1	3	1	3	3	3	2	3	2	3	2	2	2	2	2
4	0	0	0	0	0	0	1	0	2	0	2	0	2	2	2	1	2	1	2	1	1	1	1	1
2	2	2	2	2	2	2	3	2	0	2	0	2	0	0	0	3	0	3	0	3	3	3	3	3
4	0	0	0	0	0	0	1	0	2	0	2	0	2	2	2	1	2	1	2	1	1	1	1	1
2	2	2	2	2	2	2	3	2	0	2	0	2	0	0	0	3	0	3	0	3	3	3	3	3
4	0	0	0	0	0	0	1	0	2	0	2	0	2	2	2	1	2	1	2	1	1	1	1	1
2	2	2	2	2	2	2	3	2	0	2	0	2	0	0	0	3	0	3	0	3	3	3	3	3
6	2	2	2	2	2	2	3	2	0	2	0	2	0	0	0	3	0	3	0	3	3	3	3	3
2	2	2	2	2	2	2	3	2	0	2	0	2	0	0	0	3	0	3	0	3	3	3	3	3
1	1	1	1	1	1	1	2	1	3	1	3	1	3	3	3	2	3	2	3	2	2	2	2	2
2	2	2	2	2	2	2	3	2	0	2	0	2	0	0	0	3	0	3	0	3	3	3	3	3
1	1	1	1	1	1	1	2	1	3	1	3	1	3	3	3	2	3	2	3	2	2	2	2	2
2	2	2	2	2	2	2	3	2	0	2	0	2	0	0	0	3	0	3	0	3	3	3	3	3
1	1	1	1	1	1	1	2	1	3	1	3	1	3	3	3	2	3	2	3	2	2	2	2	2
5	1	1	1	1	1	1	2	1	3	1	3	1	3	3	3	2	3	2	3	2	2	2	2	2
1	1	1	1	1	1	1	2	1	3	1	3	1	3	3	3	2	3	2	3	2	2	2	2	2
1	1	1	1	1	1	1	2	1	3	1	3	1	3	3	3	2	3	2	3	2	2	2	2	2
1	1	1	1	1	1	1	2	1	3	1	3	1	3	3	3	2	3	2	3	2	2	2	2	2

② 2단계

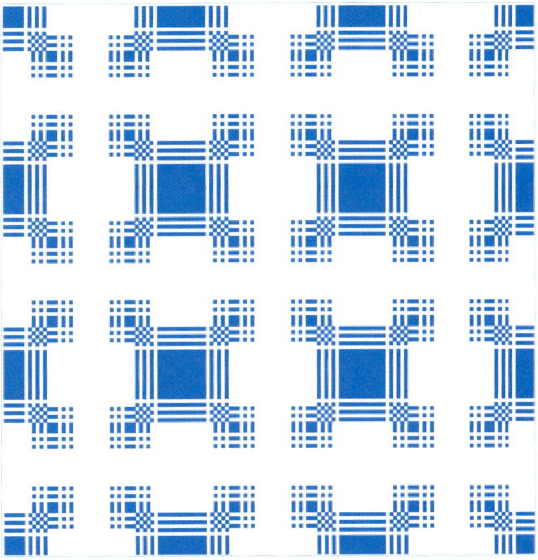

(2) 28행은 0404042 4444445⋯의 49주기를 가진다. 각 행은 0000002⋯, 2222220⋯, 111113⋯의 49 주기 3개를 가진다.

① 1단계

	0	4	0	4	0	4	2	4	4	4	4	4	4	5	4	6	4	6	4	6	5	6	6	6
0	0	0	0	0	0	0	2	0	0	0	0	0	0	1	0	2	0	2	0	2	1	2	2	2
4	0	0	0	0	0	0	2	0	0	0	0	0	0	1	0	2	0	2	0	2	1	2	2	2
0	0	0	0	0	0	0	2	0	0	0	0	0	0	1	0	2	0	2	0	2	1	2	2	2
4	0	0	0	0	0	0	2	0	0	0	0	0	0	1	0	2	0	2	0	2	1	2	2	2
0	0	0	0	0	0	0	2	0	0	0	0	0	0	1	0	2	0	2	0	2	1	2	2	2
4	0	0	0	0	0	0	2	0	0	0	0	0	0	1	0	2	0	2	0	2	1	2	2	2
2	2	2	2	2	2	2	0	2	2	2	2	2	2	3	2	0	2	0	2	0	3	0	0	0
4	0	0	0	0	0	0	2	0	0	0	0	0	0	1	0	2	0	2	0	2	1	2	2	2
4	0	0	0	0	0	0	2	0	0	0	0	0	0	1	0	2	0	2	0	2	1	2	2	2
4	0	0	0	0	0	0	2	0	0	0	0	0	0	1	0	2	0	2	0	2	1	2	2	2
4	0	0	0	0	0	0	2	0	0	0	0	0	0	1	0	2	0	2	0	2	1	2	2	2
4	0	0	0	0	0	0	2	0	0	0	0	0	0	1	0	2	0	2	0	2	1	2	2	2
4	0	0	0	0	0	0	2	0	0	0	0	0	0	1	0	2	0	2	0	2	1	2	2	2
5	1	1	1	1	1	1	3	1	1	1	1	1	1	2	1	3	1	3	1	3	2	3	3	3
4	0	0	0	0	0	0	2	0	0	0	0	0	0	1	0	2	0	2	0	2	1	2	2	2
6	2	2	2	2	2	2	0	2	2	2	2	2	2	3	2	0	2	0	2	0	3	0	0	0
4	0	0	0	0	0	0	2	0	0	0	0	0	0	1	0	2	0	2	0	2	1	2	2	2
6	2	2	2	2	2	2	0	2	2	2	2	2	2	3	2	0	2	0	2	0	3	0	0	0
4	0	0	0	0	0	0	2	0	0	0	0	0	0	1	0	2	0	2	0	2	1	2	2	2
6	2	2	2	2	2	2	0	2	2	2	2	2	2	3	2	0	2	0	2	0	3	0	0	0
5	1	1	1	1	1	1	3	1	1	1	1	1	1	2	1	3	1	3	1	3	2	3	3	3
6	2	2	2	2	2	2	0	2	2	2	2	2	2	3	2	0	2	0	2	0	3	0	0	0
6	2	2	2	2	2	2	0	2	2	2	2	2	2	3	2	0	2	0	2	0	3	0	0	0
6	2	2	2	2	2	2	0	2	2	2	2	2	2	3	2	0	2	0	2	0	3	0	0	0

② 2단계

(3) 36행은 4152636 2461352… 의 49주기를 가진다. 각 행은 0112232…, 1223303…, 2330010…, 3001121… 의 49주기 4개를 가진다.

① 1단계

	4	1	5	2	6	3	6	2	4	6	1	3	5	2	6	5	4	3	2	1	4	0	0	0
4	0	1	1	2	2	3	2	2	0	2	1	3	1	2	2	1	0	3	2	1	0	0	0	0
1	1	2	2	3	3	0	3	3	1	3	2	0	2	3	3	2	1	0	3	2	1	1	1	1
5	1	2	2	3	3	0	3	3	1	3	2	0	2	3	3	2	1	0	3	2	1	1	1	1
2	2	3	3	0	0	1	0	0	2	0	3	1	3	0	0	3	2	1	0	3	2	2	2	2
6	2	3	3	0	0	1	0	0	2	0	3	1	3	0	0	3	2	1	0	3	2	2	2	2
3	3	0	0	1	1	2	1	1	3	1	0	2	0	1	1	0	3	2	1	0	3	3	3	3
6	2	3	3	0	0	1	0	0	2	0	3	1	3	0	0	3	2	1	0	3	2	2	2	2
2	2	3	3	0	0	1	0	0	2	0	3	1	3	0	0	3	2	1	0	3	2	2	2	2
4	0	1	1	2	2	3	2	2	0	2	1	3	1	2	2	1	0	3	2	1	0	0	0	0
6	2	3	3	0	0	1	0	0	2	0	3	1	3	0	0	3	2	1	0	3	2	2	2	2
1	1	2	2	3	3	0	3	3	1	3	2	0	2	3	3	2	1	0	3	2	1	1	1	1
3	3	0	0	1	1	2	1	1	3	1	0	2	0	1	1	0	3	2	1	0	3	3	3	3
5	1	2	2	3	3	0	3	3	1	3	2	0	2	3	3	2	1	0	3	2	1	1	1	1
2	2	3	3	0	0	1	0	0	2	0	3	1	3	0	0	3	2	1	0	3	2	2	2	2
6	2	3	3	0	0	1	0	0	2	0	3	1	3	0	0	3	2	1	0	3	2	2	2	2
5	1	2	2	3	3	0	3	3	1	3	2	0	2	3	3	2	1	0	3	2	1	1	1	1
4	0	1	1	2	2	3	2	2	0	2	1	3	1	2	2	1	0	3	2	1	0	0	0	0
3	3	0	0	1	1	2	1	1	3	1	0	2	0	1	1	0	3	2	1	0	3	3	3	3
2	2	3	3	0	0	1	0	0	2	0	3	1	3	0	0	3	2	1	0	3	2	2	2	2
1	1	2	2	3	3	0	3	3	1	3	2	0	2	3	3	2	1	0	3	2	1	1	1	1
4	0	1	1	2	2	3	2	2	0	2	1	3	1	2	2	1	0	3	2	1	0	0	0	0
0	0	1	1	2	2	3	2	2	0	2	1	3	1	2	2	1	0	3	2	1	0	0	0	0
0	0	1	1	2	2	3	2	2	0	2	1	3	1	2	2	1	0	3	2	1	0	0	0	0
0	0	1	1	2	2	3	2	2	0	2	1	3	1	2	2	1	0	3	2	1	0	0	0	0

② 2단계

(4) 38행은 5525226 6616112… 는 49주기를 가진다. 각 행은 2232333…, 3303000…, 1121222…, 0010111… 의 49주기 4개를 가진다.

① 1단계

	5	5	2	5	2	2	6	6	6	1	6	1	1	2	4	4	3	4	3	3	4	0	0	0
5	2	2	3	2	3	3	3	3	3	2	3	2	2	3	1	1	0	1	0	0	1	1	1	1
5	2	2	3	2	3	3	3	3	3	2	3	2	2	3	1	1	0	1	0	0	1	1	1	1
2	3	3	0	3	0	0	0	0	0	3	0	3	3	0	2	2	1	2	1	1	2	2	2	2
5	2	2	3	2	3	3	3	3	3	2	3	2	2	3	1	1	0	1	0	0	1	1	1	1
2	3	3	0	3	0	0	0	0	0	3	0	3	3	0	2	2	1	2	1	1	2	2	2	2
2	3	3	0	3	0	0	0	0	0	3	0	3	3	0	2	2	1	2	1	1	2	2	2	2
6	3	3	0	3	0	0	0	0	0	3	0	3	3	0	2	2	1	2	1	1	2	2	2	2
6	3	3	0	3	0	0	0	0	0	3	0	3	3	0	2	2	1	2	1	1	2	2	2	2
6	3	3	0	3	0	0	0	0	0	3	0	3	3	0	2	2	1	2	1	1	2	2	2	2
1	2	2	3	2	3	3	3	3	3	2	3	2	2	3	1	1	0	1	0	0	1	1	1	1
6	3	3	0	3	0	0	0	0	0	3	0	3	3	0	2	2	1	2	1	1	2	2	2	2
1	2	2	3	2	3	3	3	3	3	2	3	2	2	3	1	1	0	1	0	0	1	1	1	1
1	2	2	3	2	3	3	3	3	3	2	3	2	2	3	1	1	0	1	0	0	1	1	1	1
2	3	3	0	3	0	0	0	0	0	3	0	3	3	0	2	2	1	2	1	1	2	2	2	2
4	1	1	2	1	2	2	2	2	2	1	2	1	1	2	0	0	3	0	3	3	0	0	0	0
4	1	1	2	1	2	2	2	2	2	1	2	1	1	2	0	0	3	0	3	3	0	0	0	0
3	0	0	1	0	1	1	1	1	1	0	1	0	0	1	3	3	2	3	2	2	3	3	3	3
4	1	1	2	1	2	2	2	2	2	1	2	1	1	2	0	0	3	0	3	3	0	0	0	0
3	0	0	1	0	1	1	1	1	1	0	1	0	0	1	3	3	2	3	2	2	3	3	3	3
3	0	0	1	0	1	1	1	1	1	0	1	0	0	1	3	3	2	3	2	2	3	3	3	3
4	1	1	2	1	2	2	2	2	2	1	2	1	1	2	0	0	3	0	3	3	0	0	0	0
0	1	1	2	1	2	2	2	2	2	1	2	1	1	2	0	0	3	0	3	3	0	0	0	0
0	1	1	2	1	2	2	2	2	2	1	2	1	1	2	0	0	3	0	3	3	0	0	0	0
0	1	1	2	1	2	2	2	2	2	1	2	1	1	2	0	0	3	0	3	3	0	0	0	0

② 2단계

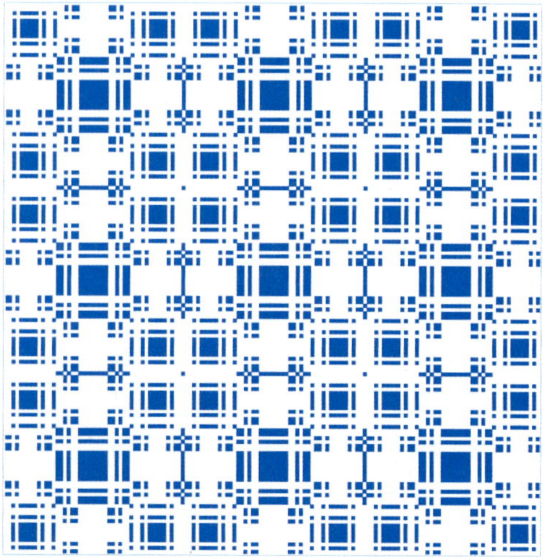

(5) 42행은 0404043 4646461⋯의 49주기를 가진다. 각 행은 0000000⋯, 1111110⋯, 222221⋯, 3333332⋯의 49주기 4개를 가진다.

① 1단계	② 2단계
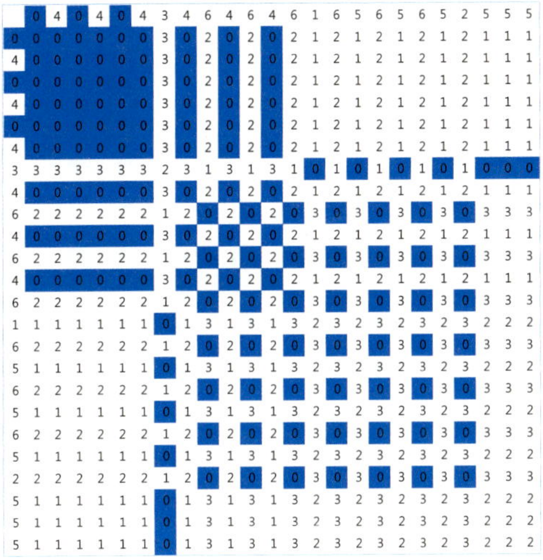	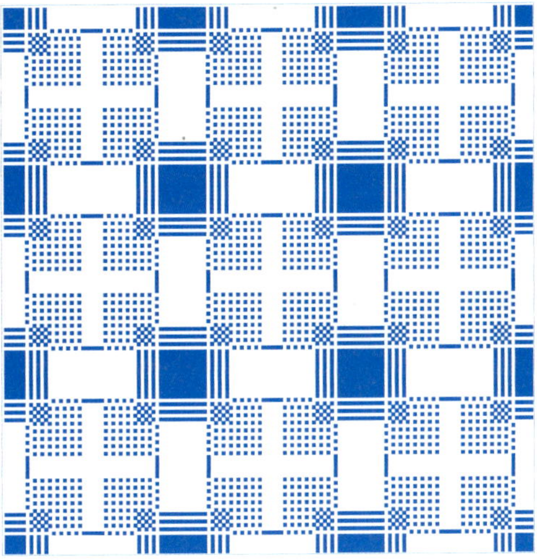

(6) 45행 5525223 2252554⋯은 49주기를 가진다. 각 행은 2232330⋯, 3303001⋯, 1121223⋯, 0010112⋯, 1121223⋯의 49주기 5개를 가진다.

① 1단계	② 2단계
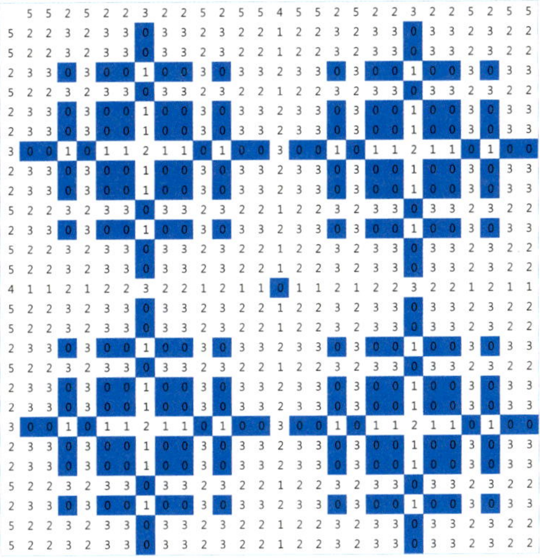	

3. 두 수의 덧셈을 5로 나누는 디자인

218쪽의 각 행에 대해 두 수의 덧셈을 5로 나누었다.

(1) 24행 5525223 2252554…는 49주기를 가진다. 각 행은 0020220…, 1131331…, 2242442…, 4414114…의 49주기 4개를 가진다.

① 1단계	② 2단계
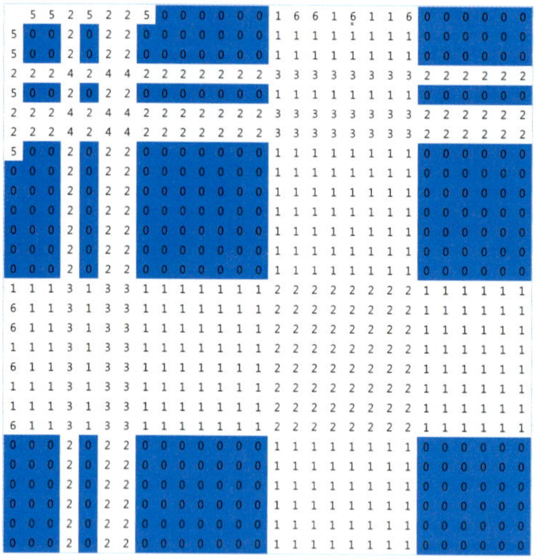	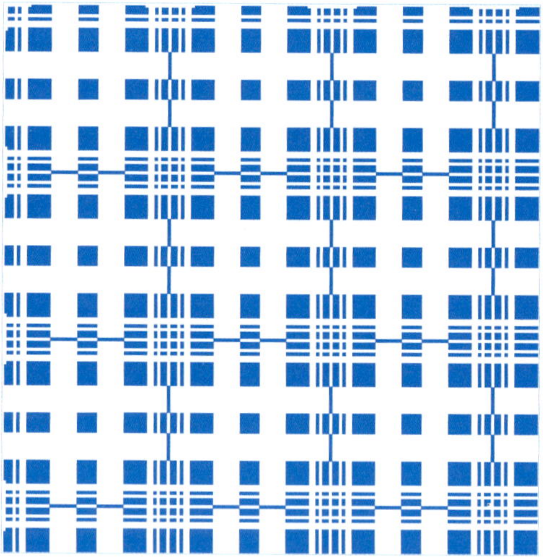

(2) 30행은 1655616 2533522…의 49주기를 가진다. 각행은 0044000…, 1100111…, 2211222…, 3322333…, 4433444…의 49주기 5개를 가진다.

① 1단계	② 2단계
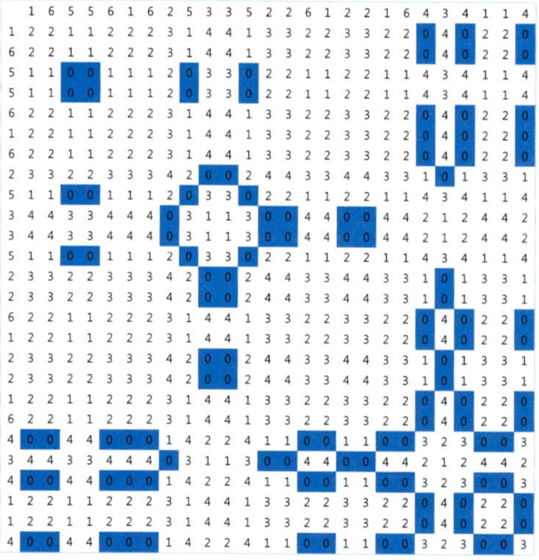	

4. 두 수의 덧셈을 6으로 나누는 디자인

218쪽의 각 행에 대해 두 수의 덧셈을 6으로 나누었다.

(1) 12행 6625114 4461334…은 49주기를 가진다. 각 행은 0025114…, 1130225…, 2241330…, 3352441…, 44035522…, 5514003 은 49주기 6개를 가진다.

① 1단계

	6	6	2	5	1	1	4	4	4	6	1	3	3	4	2	2	3	4	5	5	4	0	0	0	0	0
6	0	0	2	5	1	1	4	4	4	0	1	3	3	4	2	2	3	4	5	5	4	0	0	0	0	0
6	0	0	2	5	1	1	4	4	4	0	1	3	3	4	2	2	3	4	5	5	4	0	0	0	0	0
2	2	2	4	1	3	3	0	0	0	2	3	5	5	0	4	4	5	0	1	1	0	2	2	2	2	2
5	5	5	1	4	0	0	3	3	3	5	0	2	2	3	1	1	2	3	4	4	3	5	5	5	5	5
1	1	1	3	0	2	2	5	5	5	1	2	4	4	5	3	3	4	5	0	0	5	1	1	1	1	1
1	1	1	3	0	2	2	5	5	5	1	2	4	4	5	3	3	4	5	0	0	5	1	1	1	1	1
4	4	4	0	3	5	5	2	2	2	4	5	1	1	2	0	0	1	2	3	3	2	4	4	4	4	4
4	4	4	0	3	5	5	2	2	2	4	5	1	1	2	0	0	1	2	3	3	2	4	4	4	4	4
4	4	4	0	3	5	5	2	2	2	4	5	1	1	2	0	0	1	2	3	3	2	4	4	4	4	4
6	0	0	2	5	1	1	4	4	4	0	1	3	3	4	2	2	3	4	5	5	4	0	0	0	0	0
1	1	1	3	0	2	2	5	5	5	1	2	4	4	5	3	3	4	5	0	0	5	1	1	1	1	1
3	3	3	5	2	4	4	1	1	1	3	4	0	0	1	5	5	0	1	2	2	1	3	3	3	3	3
3	3	3	5	2	4	4	1	1	1	3	4	0	0	1	5	5	0	1	2	2	1	3	3	3	3	3
4	4	4	0	3	5	5	2	2	2	4	5	1	1	2	0	0	1	2	3	3	2	4	4	4	4	4
2	2	2	4	1	3	3	0	0	0	2	3	5	5	0	4	4	5	0	1	1	0	2	2	2	2	2
2	2	2	4	1	3	3	0	0	0	2	3	5	5	0	4	4	5	0	1	1	0	2	2	2	2	2
3	3	3	5	2	4	4	1	1	1	3	4	0	0	1	5	5	0	1	2	2	1	3	3	3	3	3
4	4	4	0	3	5	5	2	2	2	4	5	1	1	2	0	0	1	2	3	3	2	4	4	4	4	4
5	5	5	1	4	0	0	3	3	3	5	0	2	2	3	1	1	2	3	4	4	3	5	5	5	5	5
5	5	5	1	4	0	0	3	3	3	5	0	2	2	3	1	1	2	3	4	4	3	5	5	5	5	5
4	4	4	0	3	5	5	2	2	2	4	5	1	1	2	0	0	1	2	3	3	2	4	4	4	4	4
0	0	0	2	5	1	1	4	4	4	0	1	3	3	4	2	2	3	4	5	5	4	0	0	0	0	0
0	0	0	2	5	1	1	4	4	4	0	1	3	3	4	2	2	3	4	5	5	4	0	0	0	0	0
0	0	0	2	5	1	1	4	4	4	0	1	3	3	4	2	2	3	4	5	5	4	0	0	0	0	0
0	0	0	2	5	1	1	4	4	4	0	1	3	3	4	2	2	3	4	5	5	4	0	0	0	0	0
0	0	0	2	5	1	1	4	4	4	0	1	3	3	4	2	2	3	4	5	5	4	0	0	0	0	0

② 2단계

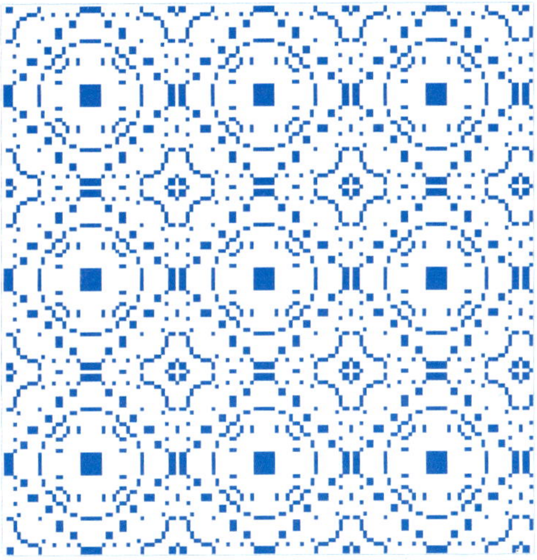

(2) 16행은 1655615 5244251…의 49주기를 가진다. 각 행은 2100120…, 0544504…, 1055015…, 3211231…, 4322342…, 5433453…의 49주기 6개를 가진다.

① 1단계

	1	6	5	5	6	1	5	5	2	4	4	2	5	1	6	1	2	2	1	6	6	4	3	6	6	3
1	2	1	0	0	1	2	0	0	3	5	5	3	0	2	1	2	3	3	2	1	1	5	4	1	1	4
6	1	0	5	5	0	1	5	5	2	4	4	2	5	1	0	1	2	2	1	0	0	4	3	0	0	3
5	0	5	4	4	5	0	4	4	1	3	3	1	4	0	5	0	1	1	0	5	5	3	2	5	5	2
5	0	5	4	4	5	0	4	4	1	3	3	1	4	0	5	0	1	1	0	5	5	3	2	5	5	2
6	1	0	5	5	0	1	5	5	2	4	4	2	5	1	0	1	2	2	1	0	0	4	3	0	0	3
1	2	1	0	0	1	2	0	0	3	5	5	3	0	2	1	2	3	3	2	1	1	5	4	1	1	4
5	0	5	4	4	5	0	4	4	1	3	3	1	4	0	5	0	1	1	0	5	5	3	2	5	5	2
5	0	5	4	4	5	0	4	4	1	3	3	1	4	0	5	0	1	1	0	5	5	3	2	5	5	2
2	3	2	1	1	2	3	1	1	4	0	0	4	1	3	2	3	4	4	3	2	2	0	5	2	2	5
4	5	4	3	3	4	5	3	3	0	2	2	0	3	5	4	5	0	0	5	4	4	2	1	4	4	1
4	5	4	3	3	4	5	3	3	0	2	2	0	3	5	4	5	0	0	5	4	4	2	1	4	4	1
2	3	2	1	1	2	3	1	1	4	0	0	4	1	3	2	3	4	4	3	2	2	0	5	2	2	5
5	0	5	4	4	5	0	4	4	1	3	3	1	4	0	5	0	1	1	0	5	5	3	2	5	5	2
1	2	1	0	0	1	2	0	0	3	5	5	3	0	2	1	2	3	3	2	1	1	5	4	1	1	4
6	1	0	5	5	0	1	5	5	2	4	4	2	5	1	0	1	2	2	1	0	0	4	3	0	0	3
1	2	1	0	0	1	2	0	0	3	5	5	3	0	2	1	2	3	3	2	1	1	5	4	1	1	4
2	3	2	1	1	2	3	1	1	4	0	0	4	1	3	2	3	4	4	3	2	2	0	5	2	2	5
2	3	2	1	1	2	3	1	1	4	0	0	4	1	3	2	3	4	4	3	2	2	0	5	2	2	5
1	2	1	0	0	1	2	0	0	3	5	5	3	0	2	1	2	3	3	2	1	1	5	4	1	1	4
6	1	0	5	5	0	1	5	5	2	4	4	2	5	1	0	1	2	2	1	0	0	4	3	0	0	3
6	1	0	5	5	0	1	5	5	2	4	4	2	5	1	0	1	2	2	1	0	0	4	3	0	0	3
4	5	4	3	3	4	5	3	3	0	2	2	0	3	5	4	5	0	0	5	4	4	2	1	4	4	1
3	4	3	2	2	3	4	2	2	5	1	1	5	2	4	3	4	5	5	4	3	3	1	0	3	3	0
6	1	0	5	5	0	1	5	5	2	4	4	2	5	1	0	1	2	2	1	0	0	4	3	0	0	3
6	1	0	5	5	0	1	5	5	2	4	4	2	5	1	0	1	2	2	1	0	0	4	3	0	0	3
3	4	3	2	2	3	4	2	2	5	1	1	5	2	4	3	4	5	5	4	3	3	1	0	3	3	0

② 2단계

(3) 28행 0404042 4444445⋯은 49주기를 가진다. 각 행은 0404042⋯, 2020204⋯, 4242420⋯, 5353531⋯의 49주기 4개를 가진다.

① 1단계	② 2단계
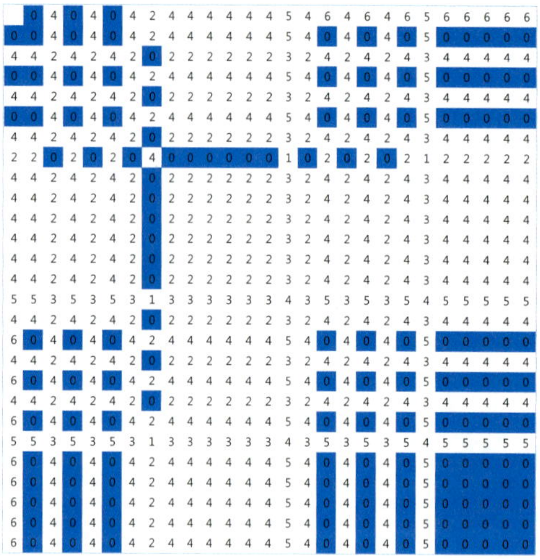	

(4) 43행 4152633 3625144⋯은 49 주기를 가진다. 각 행은 0314255⋯, 1425300⋯, 2530411⋯, 3041522⋯, 4152033⋯, 5203144⋯ 의 49주기 9개를 가진다.

① 1단계	② 2단계
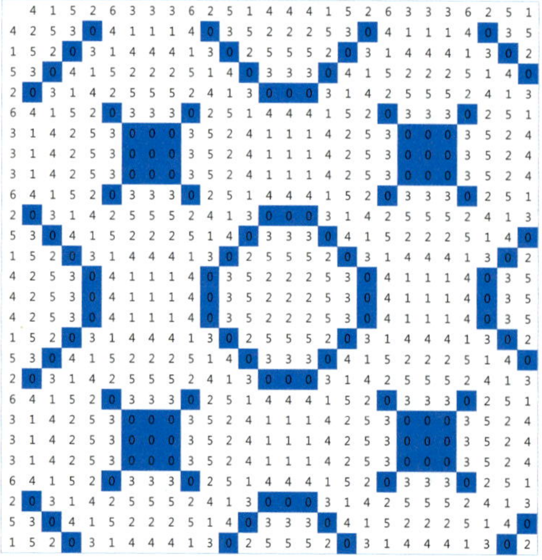	

3 두 수의 빼셈으로 만드는 디자인

218쪽에서 각 행에 대해 두 수의 차를 구한다.

1. 두 수의 빼셈

내가 수학을 보는 것이 아니라, 수학 디자인이 나를 응시한다.

① 1단계

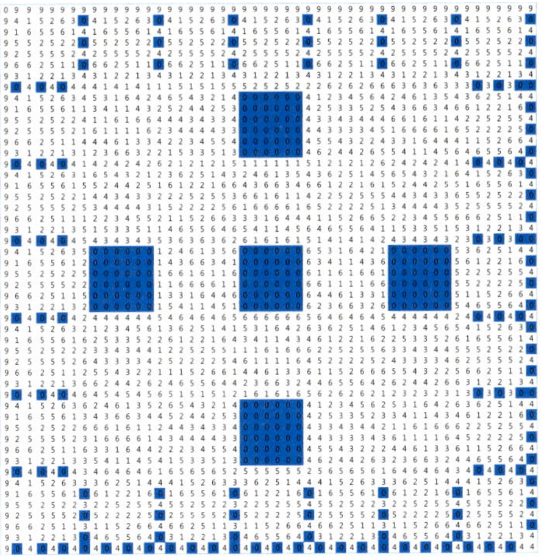

② 2단계

(1) 1행은 4152630의 7주기를 가진다. 평행, 그리움, 만남이다.

① 1단계

		1	2	3	4	5	6	7	8	9	10	11	12	13	14	15	16	17	18	19	20	21
		4	1	5	2	6	3	0	4	1	5	2	6	3	0	4	1	5	2	6	3	0
1	4	0	3	1	2	2	1	4	0	3	1	2	2	1	4	0	3	1	2	2	1	4
2	1	3	0	4	1	5	2	1	3	0	4	1	5	2	1	3	0	4	1	5	2	1
3	5	1	4	0	3	1	2	5	1	4	0	3	1	2	5	1	4	0	3	1	2	5
4	2	2	1	3	0	4	1	2	2	1	3	0	4	1	2	2	1	3	0	4	1	2
5	6	2	5	1	4	0	3	6	2	5	1	4	0	3	6	2	5	1	4	0	3	6
6	3	1	2	2	1	3	0	3	1	2	2	1	3	0	3	1	2	2	1	3	0	3
7	0	4	1	5	2	6	3	0	4	1	5	2	6	3	0	4	1	5	2	6	3	0
8	4	0	3	1	2	2	1	4	0	3	1	2	2	1	4	0	3	1	2	2	1	4
9	1	3	0	4	1	5	2	1	3	0	4	1	5	2	1	3	0	4	1	5	2	1
10	5	1	4	0	3	1	2	5	1	4	0	3	1	2	5	1	4	0	3	1	2	5
11	2	2	1	3	0	4	1	2	2	1	3	0	4	1	2	2	1	3	0	4	1	2
12	6	2	5	1	4	0	3	6	2	5	1	4	0	3	6	2	5	1	4	0	3	6
13	3	1	2	2	1	3	0	3	1	2	2	1	3	0	3	1	2	2	1	3	0	3
14	0	4	1	5	2	6	3	0	4	1	5	2	6	3	0	4	1	5	2	6	3	0
15	4	0	3	1	2	2	1	4	0	3	1	2	2	1	4	0	3	1	2	2	1	4
16	1	3	0	4	1	5	2	1	3	0	4	1	5	2	1	3	0	4	1	5	2	1
17	5	1	4	0	3	1	2	5	1	4	0	3	1	2	5	1	4	0	3	1	2	5
18	2	2	1	3	0	4	1	2	2	1	3	0	4	1	2	2	1	3	0	4	1	2
19	6	2	5	1	4	0	3	6	2	5	1	4	0	3	6	2	5	1	4	0	3	6
20	3	1	2	2	1	3	0	3	1	2	2	1	3	0	3	1	2	2	1	3	0	3
21	0	4	1	5	2	6	3	0	4	1	5	2	6	3	0	4	1	5	2	6	3	0

② 2단계

(2) 2행은 1655614의 7주기를 가진다. 서로가 정확하게 만난다. 짜여진 사람들, 숨을 쉴 수 있어야 한다.

① 1단계

		1	2	3	4	5	6	7	8	9	10	11	12	13	14	15	16	17	18	19	20	21
		1	6	5	5	6	1	4	1	6	5	5	6	1	4	1	6	5	5	6	1	4
1	1	0	5	4	4	5	0	3	0	5	4	4	5	0	3	0	5	4	4	5	0	3
2	6	5	0	1	1	0	5	2	5	0	1	1	0	5	2	5	0	1	1	0	5	2
3	5	4	1	0	0	1	4	1	4	1	0	0	1	4	1	4	1	0	0	1	4	1
4	5	4	1	0	0	1	4	1	4	1	0	0	1	4	1	4	1	0	0	1	4	1
5	6	5	0	1	1	0	5	2	5	0	1	1	0	5	2	5	0	1	1	0	5	2
6	1	0	5	4	4	5	0	3	0	5	4	4	5	0	3	0	5	4	4	5	0	3
7	4	3	2	1	1	2	3	0	3	2	1	1	2	3	0	3	2	1	1	2	3	0
8	1	0	5	4	4	5	0	3	0	5	4	4	5	0	3	0	5	4	4	5	0	3
9	6	5	0	1	1	0	5	2	5	0	1	1	0	5	2	5	0	1	1	0	5	2
10	5	4	1	0	0	1	4	1	4	1	0	0	1	4	1	4	1	0	0	1	4	1
11	5	4	1	0	0	1	4	1	4	1	0	0	1	4	1	4	1	0	0	1	4	1
12	6	5	0	1	1	0	5	2	5	0	1	1	0	5	2	5	0	1	1	0	5	2
13	1	0	5	4	4	5	0	3	0	5	4	4	5	0	3	0	5	4	4	5	0	3
14	4	3	2	1	1	2	3	0	3	2	1	1	2	3	0	3	2	1	1	2	3	0
15	1	0	5	4	4	5	0	3	0	5	4	4	5	0	3	0	5	4	4	5	0	3
16	6	5	0	1	1	0	5	2	5	0	1	1	0	5	2	5	0	1	1	0	5	2
17	5	4	1	0	0	1	4	1	4	1	0	0	1	4	1	4	1	0	0	1	4	1
18	5	4	1	0	0	1	4	1	4	1	0	0	1	4	1	4	1	0	0	1	4	1
19	6	5	0	1	1	0	5	2	5	0	1	1	0	5	2	5	0	1	1	0	5	2
20	1	0	5	4	4	5	0	3	0	5	4	4	5	0	3	0	5	4	4	5	0	3
21	4	3	2	1	1	2	3	0	3	2	1	1	2	3	0	3	2	1	1	2	3	0

② 2단계

(3) 3행은 5225220의 7주기를 가진다. 나비가 무리지어 날개 펼친다.

① 1단계

		1	2	3	4	5	6	7	8	9	10	11	12	13	14	15	16	17	18	19	20	21
		5	5	2	5	2	2	0	5	5	2	5	2	2	0	5	5	2	5	2	2	0
1	5	0	0	3	0	3	3	5	0	0	3	0	3	3	5	0	0	3	0	3	3	5
2	5	0	0	3	0	3	3	5	0	0	3	0	3	3	5	0	0	3	0	3	3	5
3	2	3	3	0	3	0	0	2	3	3	0	3	0	0	2	3	3	0	3	0	0	2
4	5	0	0	3	0	3	3	5	0	0	3	0	3	3	5	0	0	3	0	3	3	5
5	2	3	3	0	3	0	0	2	3	3	0	3	0	0	2	3	3	0	3	0	0	2
6	2	3	3	0	3	0	0	2	3	3	0	3	0	0	2	3	3	0	3	0	0	2
7	0	5	5	2	5	2	2	0	5	5	2	5	2	2	0	5	5	2	5	2	2	0
8	5	0	0	3	0	3	3	5	0	0	3	0	3	3	5	0	0	3	0	3	3	5
9	5	0	0	3	0	3	3	5	0	0	3	0	3	3	5	0	0	3	0	3	3	5
10	2	3	3	0	3	0	0	2	3	3	0	3	0	0	2	3	3	0	3	0	0	2
11	5	0	0	3	0	3	3	5	0	0	3	0	3	3	5	0	0	3	0	3	3	5
12	2	3	3	0	3	0	0	2	3	3	0	3	0	0	2	3	3	0	3	0	0	2
13	2	3	3	0	3	0	0	2	3	3	0	3	0	0	2	3	3	0	3	0	0	2
14	0	5	5	2	5	2	2	0	5	5	2	5	2	2	0	5	5	2	5	2	2	0
15	5	0	0	3	0	3	3	5	0	0	3	0	3	3	5	0	0	3	0	3	3	5
16	5	0	0	3	0	3	3	5	0	0	3	0	3	3	5	0	0	3	0	3	3	5
17	2	3	3	0	3	0	0	2	3	3	0	3	0	0	2	3	3	0	3	0	0	2
18	5	0	0	3	0	3	3	5	0	0	3	0	3	3	5	0	0	3	0	3	3	5
19	2	3	3	0	3	0	0	2	3	3	0	3	0	0	2	3	3	0	3	0	0	2
20	2	3	3	0	3	0	0	2	3	3	0	3	0	0	2	3	3	0	3	0	0	2
21	0	5	5	2	5	2	2	0	5	5	2	5	2	2	0	5	5	2	5	2	2	0

② 2단계

(4) 4행은 2555524의 7주기를 가진다. 사각형들이 수영장에서 헤엄친다.

① 1단계

		1	2	3	4	5	6	7	8	9	10	11	12	13	14	15	16	17	18	19	20	21
		2	5	5	5	5	2	4	2	5	5	5	5	2	4	2	5	5	5	5	2	4
1	2	0	3	3	3	3	0	2	0	3	3	3	3	0	2	0	3	3	3	3	0	2
2	5	3	0	0	0	0	3	1	3	0	0	0	0	3	1	3	0	0	0	0	3	1
3	5	3	0	0	0	0	3	1	3	0	0	0	0	3	1	3	0	0	0	0	3	1
4	5	3	0	0	0	0	3	1	3	0	0	0	0	3	1	3	0	0	0	0	3	1
5	5	3	0	0	0	0	3	1	3	0	0	0	0	3	1	3	0	0	0	0	3	1
6	2	0	3	3	3	3	0	2	0	3	3	3	3	0	2	0	3	3	3	3	0	2
7	4	2	1	1	1	1	2	0	2	1	1	1	1	2	0	2	1	1	1	1	2	0
8	2	0	3	3	3	3	0	2	0	3	3	3	3	0	2	0	3	3	3	3	0	2
9	5	3	0	0	0	0	3	1	3	0	0	0	0	3	1	3	0	0	0	0	3	1
10	5	3	0	0	0	0	3	1	3	0	0	0	0	3	1	3	0	0	0	0	3	1
11	5	3	0	0	0	0	3	1	3	0	0	0	0	3	1	3	0	0	0	0	3	1
12	5	3	0	0	0	0	3	1	3	0	0	0	0	3	1	3	0	0	0	0	3	1
13	2	0	3	3	3	3	0	2	0	3	3	3	3	0	2	0	3	3	3	3	0	2
14	4	2	1	1	1	1	2	0	2	1	1	1	1	2	0	2	1	1	1	1	2	0
15	2	0	3	3	3	3	0	2	0	3	3	3	3	0	2	0	3	3	3	3	0	2
16	5	3	0	0	0	0	3	1	3	0	0	0	0	3	1	3	0	0	0	0	3	1
17	5	3	0	0	0	0	3	1	3	0	0	0	0	3	1	3	0	0	0	0	3	1
18	5	3	0	0	0	0	3	1	3	0	0	0	0	3	1	3	0	0	0	0	3	1
19	5	3	0	0	0	0	3	1	3	0	0	0	0	3	1	3	0	0	0	0	3	1
20	2	0	3	3	3	3	0	2	0	3	3	3	3	0	2	0	3	3	3	3	0	2
21	4	2	1	1	1	1	2	0	2	1	1	1	1	2	0	2	1	1	1	1	2	0

② 2단계

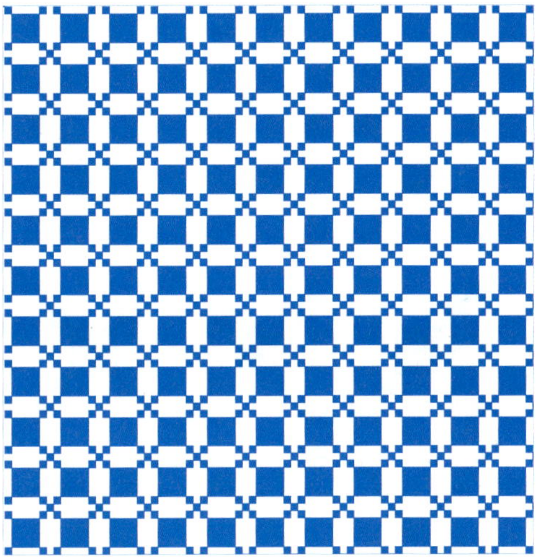

(5) 5행은 6625110의 7주기를 가진다. 눈길위의 군인들의 행렬이 느껴진다.

① 1단계

		1	2	3	4	5	6	7	8	9	10	11	12	13	14	15	16	17	18	19	20	21
		6	6	2	5	1	1	0	6	6	2	5	1	1	0	6	6	2	5	1	1	0
1	6	0	0	4	1	5	5	6	0	0	4	1	5	5	6	0	0	4	1	5	5	6
2	6	0	0	4	1	5	5	6	0	0	4	1	5	5	6	0	0	4	1	5	5	6
3	2	4	4	0	3	1	1	2	4	4	0	3	1	1	2	4	4	0	3	1	1	2
4	5	1	1	3	0	4	4	5	1	1	3	0	4	4	5	1	1	3	0	4	4	5
5	1	5	5	1	4	0	0	1	5	5	1	4	0	0	1	5	5	1	4	0	0	1
6	1	5	5	1	4	0	0	1	5	5	1	4	0	0	1	5	5	1	4	0	0	1
7	0	6	6	2	5	1	1	0	6	6	2	5	1	1	0	6	6	2	5	1	1	0
8	6	0	0	4	1	5	5	6	0	0	4	1	5	5	6	0	0	4	1	5	5	6
9	6	0	0	4	1	5	5	6	0	0	4	1	5	5	6	0	0	4	1	5	5	6
10	2	4	4	0	3	1	1	2	4	4	0	3	1	1	2	4	4	0	3	1	1	2
11	5	1	1	3	0	4	4	5	1	1	3	0	4	4	5	1	1	3	0	4	4	5
12	1	5	5	1	4	0	0	1	5	5	1	4	0	0	1	5	5	1	4	0	0	1
13	1	5	5	1	4	0	0	1	5	5	1	4	0	0	1	5	5	1	4	0	0	1
14	0	6	6	2	5	1	1	0	6	6	2	5	1	1	0	6	6	2	5	1	1	0
15	6	0	0	4	1	5	5	6	0	0	4	1	5	5	6	0	0	4	1	5	5	6
16	6	0	0	4	1	5	5	6	0	0	4	1	5	5	6	0	0	4	1	5	5	6
17	2	4	4	0	3	1	1	2	4	4	0	3	1	1	2	4	4	0	3	1	1	2
18	5	1	1	3	0	4	4	5	1	1	3	0	4	4	5	1	1	3	0	4	4	5
19	1	5	5	1	4	0	0	1	5	5	1	4	0	0	1	5	5	1	4	0	0	1
20	1	5	5	1	4	0	0	1	5	5	1	4	0	0	1	5	5	1	4	0	0	1
21	0	6	6	2	5	1	1	0	6	6	2	5	1	1	0	6	6	2	5	1	1	0

② 2단계

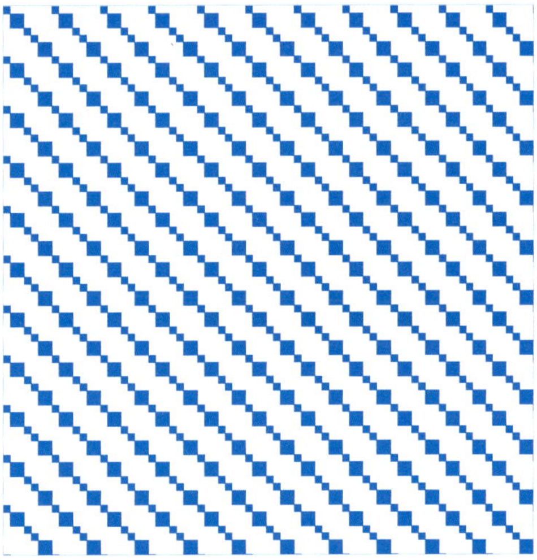

(6) 6행은 3122134의 7주기를 가진다. 정사각형, 마름모, 격자 만남, 생명있는 것들이 가치를 가지는 순간이다.

① 1단계	② 2단계

		1	2	3	4	5	6	7	8	9	10	11	12	13	14	15	16	17	18	19	20	21
		3	1	2	2	1	3	4	3	1	2	2	1	3	4	3	1	2	2	1	3	4
1	3	0	2	1	1	2	0	1	0	2	1	1	2	0	1	0	2	1	1	2	0	1
2	1	2	0	1	1	0	2	3	2	0	1	1	0	2	3	2	0	1	1	0	2	3
3	2	1	1	0	0	1	1	2	1	1	0	0	1	1	2	1	1	0	0	1	1	2
4	2	1	1	0	0	1	1	2	1	1	0	0	1	1	2	1	1	0	0	1	1	2
5	1	2	0	1	1	0	2	3	2	0	1	1	0	2	3	2	0	1	1	0	2	3
6	3	0	2	1	1	2	0	1	0	2	1	1	2	0	1	0	2	1	1	2	0	1
7	4	1	3	2	2	3	1	0	1	3	2	2	3	1	0	1	3	2	2	3	1	0
8	3	0	2	1	1	2	0	1	0	2	1	1	2	0	1	0	2	1	1	2	0	1
9	1	2	0	1	1	0	2	3	2	0	1	1	0	2	3	2	0	1	1	0	2	3
10	2	1	1	0	0	1	1	2	1	1	0	0	1	1	2	1	1	0	0	1	1	2
11	2	1	1	0	0	1	1	2	1	1	0	0	1	1	2	1	1	0	0	1	1	2
12	1	2	0	1	1	0	2	3	2	0	1	1	0	2	3	2	0	1	1	0	2	3
13	3	0	2	1	1	2	0	1	0	2	1	1	2	0	1	0	2	1	1	2	0	1
14	4	1	3	2	2	3	1	0	1	3	2	2	3	1	0	1	3	2	2	3	1	0
15	3	0	2	1	1	2	0	1	0	2	1	1	2	0	1	0	2	1	1	2	0	1
16	1	2	0	1	1	0	2	3	2	0	1	1	0	2	3	2	0	1	1	0	2	3
17	2	1	1	0	0	1	1	2	1	1	0	0	1	1	2	1	1	0	0	1	1	2
18	2	1	1	0	0	1	1	2	1	1	0	0	1	1	2	1	1	0	0	1	1	2
19	1	2	0	1	1	0	2	3	2	0	1	1	0	2	3	2	0	1	1	0	2	3
20	3	0	2	1	1	2	0	1	0	2	1	1	2	0	1	0	2	1	1	2	0	1
21	4	1	3	2	2	3	1	0	1	3	2	2	3	1	0	1	3	2	2	3	1	0

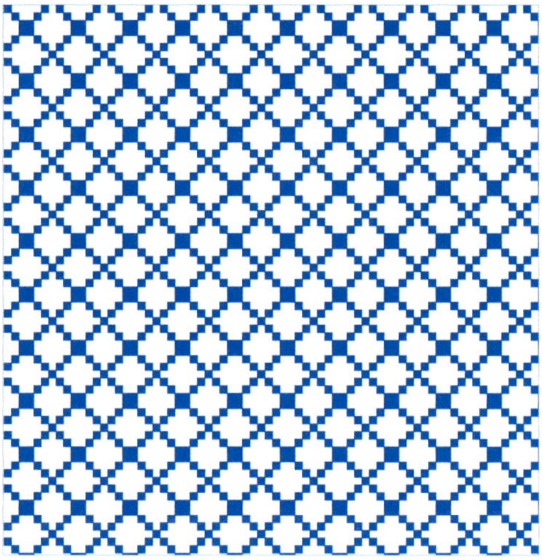

(7) 7행은 0404044414141115151555252522262626663636333030300의 49주기다. 달린다. 항상 같은 모습으로 달려간다.

① 1단계	② 2단계

		1	2	3	4	5	6	7	8	9	10	11	12	13	14	15	16	17	18	19	20	21
		0	4	0	4	0	4	4	4	1	4	1	4	1	1	1	5	1	5	1	5	5
1	0	0	4	0	4	0	4	4	4	1	4	1	4	1	1	1	5	1	5	1	5	5
2	4	4	0	4	0	4	0	0	0	3	0	3	0	3	3	3	1	3	1	3	1	1
3	0	0	4	0	4	0	4	4	4	1	4	1	4	1	1	1	5	1	5	1	5	5
4	4	4	0	4	0	4	0	0	0	3	0	3	0	3	3	3	1	3	1	3	1	1
5	0	0	4	0	4	0	4	4	4	1	4	1	4	1	1	1	5	1	5	1	5	5
6	4	4	0	4	0	4	0	0	0	3	0	3	0	3	3	3	1	3	1	3	1	1
7	4	4	0	4	0	4	0	0	0	3	0	3	0	3	3	3	1	3	1	3	1	1
8	4	4	0	4	0	4	0	0	0	3	0	3	0	3	3	3	1	3	1	3	1	1
9	1	1	3	1	3	1	3	3	3	0	3	0	3	0	0	0	4	0	4	0	4	4
10	4	4	0	4	0	4	0	0	0	3	0	3	0	3	3	3	1	3	1	3	1	1
11	1	1	3	1	3	1	3	3	3	0	3	0	3	0	0	0	4	0	4	0	4	4
12	4	4	0	4	0	4	0	0	0	3	0	3	0	3	3	3	1	3	1	3	1	1
13	1	1	3	1	3	1	3	3	3	0	3	0	3	0	0	0	4	0	4	0	4	4
14	1	1	3	1	3	1	3	3	3	0	3	0	3	0	0	0	4	0	4	0	4	4
15	1	1	3	1	3	1	3	3	3	0	3	0	3	0	0	0	4	0	4	0	4	4
16	5	5	1	5	1	5	1	1	1	4	1	4	1	4	4	4	0	4	0	4	0	0
17	1	1	3	1	3	1	3	3	3	0	3	0	3	0	0	0	4	0	4	0	4	4
18	5	5	1	5	1	5	1	1	1	4	1	4	1	4	4	4	0	4	0	4	0	0
19	1	1	3	1	3	1	3	3	3	0	3	0	3	0	0	0	4	0	4	0	4	4
20	5	5	1	5	1	5	1	1	1	4	1	4	1	4	4	4	0	4	0	4	0	0
21	5	5	1	5	1	5	1	1	1	4	1	4	1	4	4	4	0	4	0	4	0	0

(8) 8행은 4152634531642465432140000004123456424613543625144의 49주기다. 거미줄 위의 거미줄, 무엇이든 그 이상이 있다.

① 1단계	② 2단계
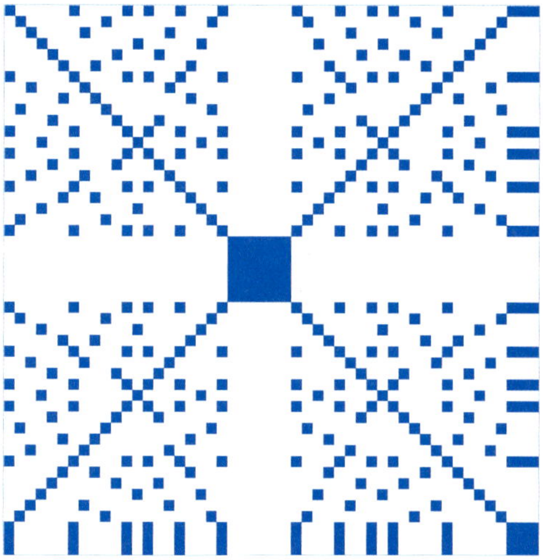	

(9) 9행은 1655611341143252442530000004253352543663466122160의 49주기다. 물위에서 번져 나간다. 퍼져 나간다. 헤쳐 나가게끔 만들어져 있다.

① 1단계	② 2단계
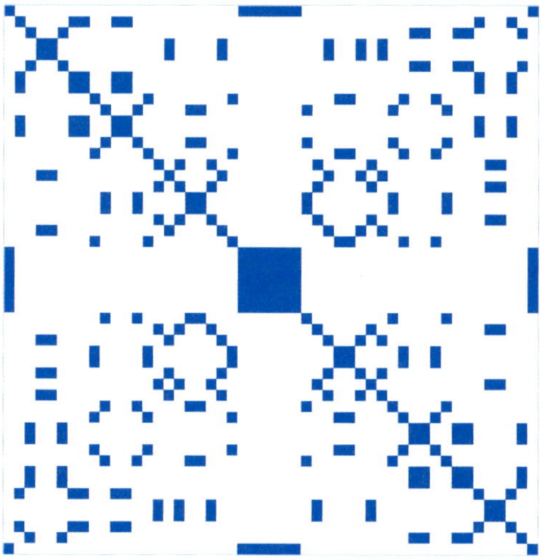	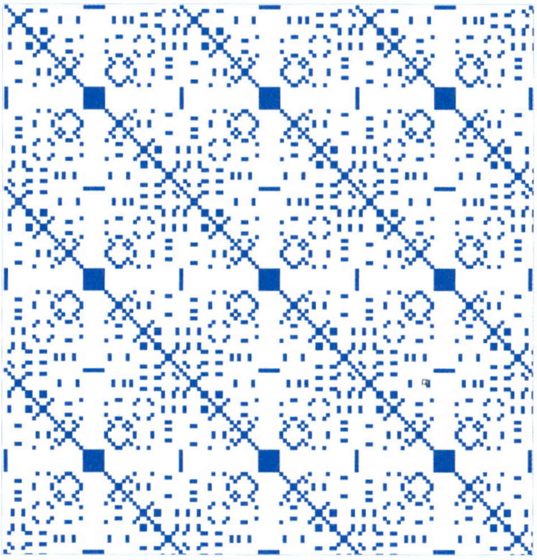

(10) 10행은 5525224116166444343340000004334344466161142252554의 49주기다. 사각형과 속에 갇힌 것들, 갇혀 있기에 안정을 얻을 수도 있다.

① 1단계	② 2단계
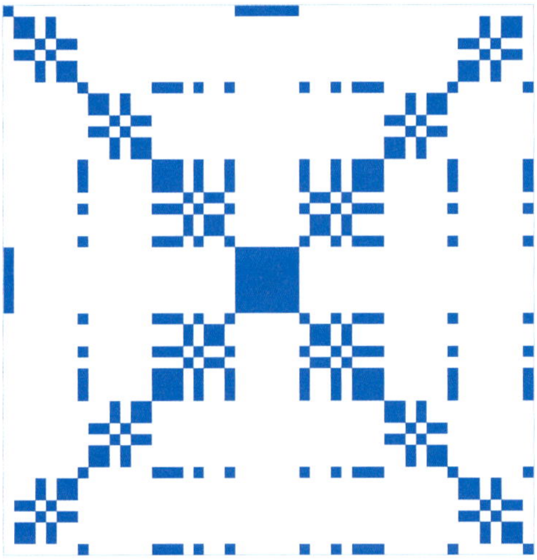	

(11) 11행은 2555521611116234444330000004433334516666165222250의 49주기다. 사각형 안의 또 다른 사각형, 내안에 또 다른 자신이 있다.

① 1단계	② 2단계
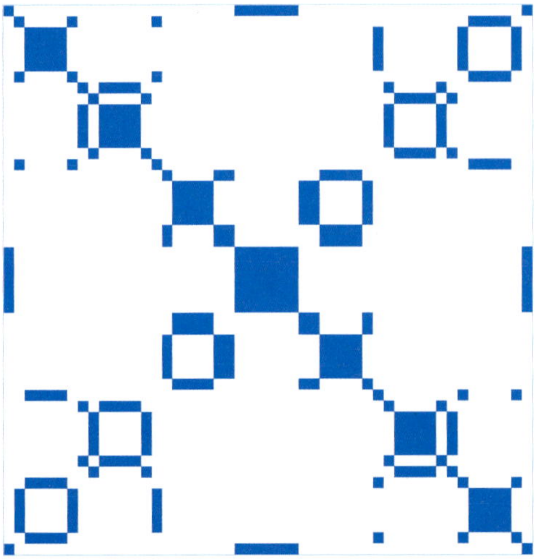	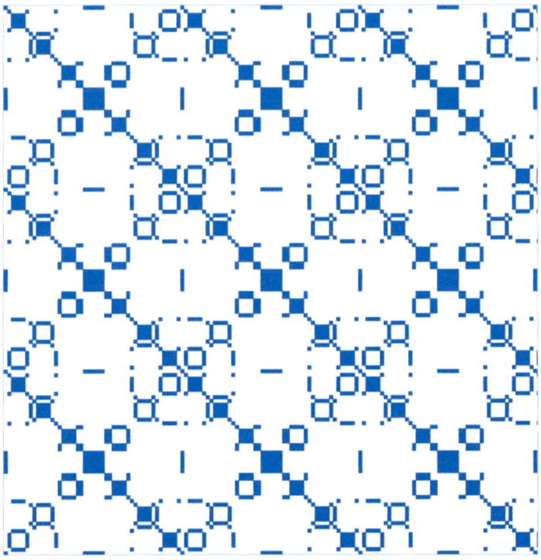

(12) 12행은 6625114446133422345540000004554322433164441152664의 49주기다. 사각형은 여러 종류가 있다. 인간도 여러 종류가 있다. 모두가 나름의 세상을 가진다.

① 1단계	② 2단계
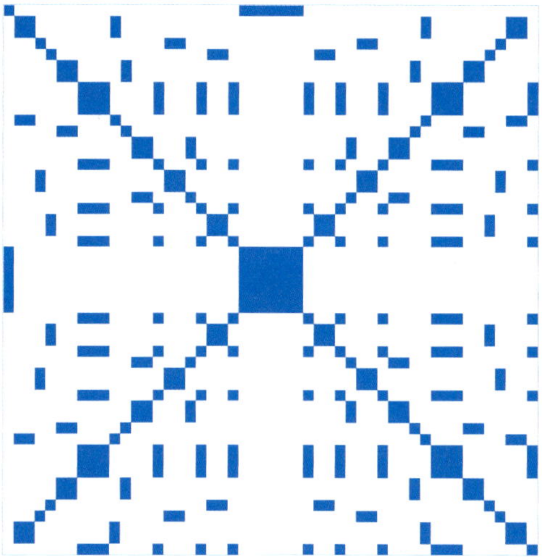	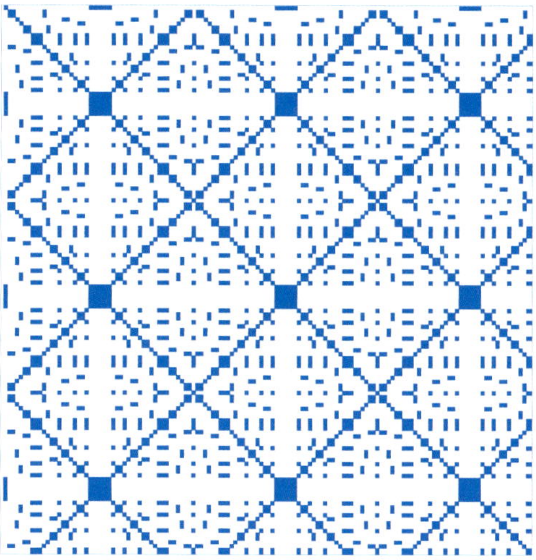

(13) 13행은 3122131236632215335130000004624426554114564655640의 49주기다. 보이는 것을 보는 게 아니라 보고 싶은 것을 본다.

① 1단계	② 2단계
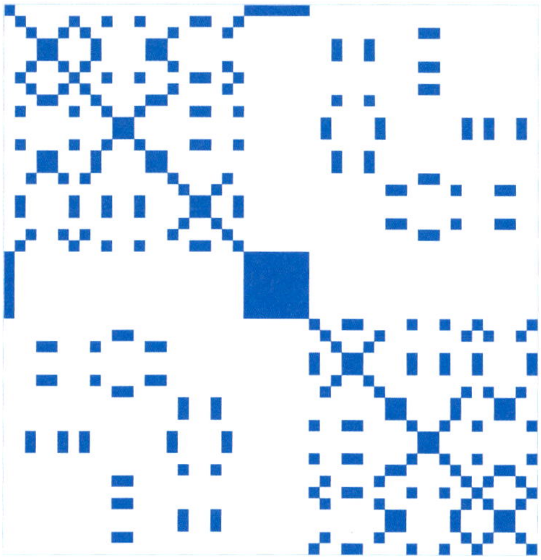	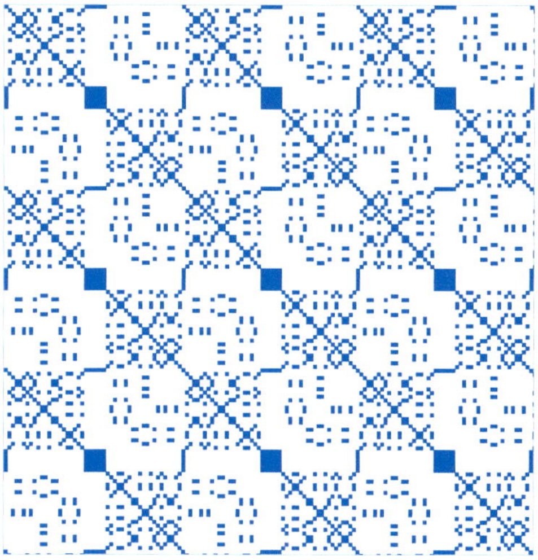

(14) 14행은 04040414242426212121511111151212126242424140404 04의 49주기다. 가운데를 응시해 보자. 살아 있다. 꿈틀거린다.

① 1단계	② 2단계
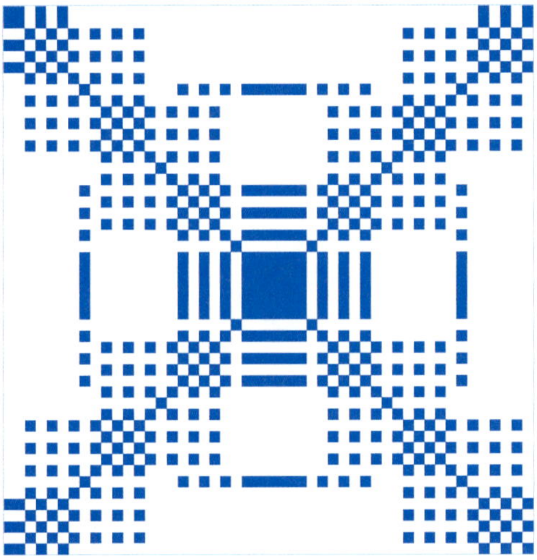	

(15) 15행은 41526316543212362514324613543625145654321641526 30의 49주기다. 춤을 춘다. 이유없이 춤을 추는 게 좋다.

① 1단계	② 2단계
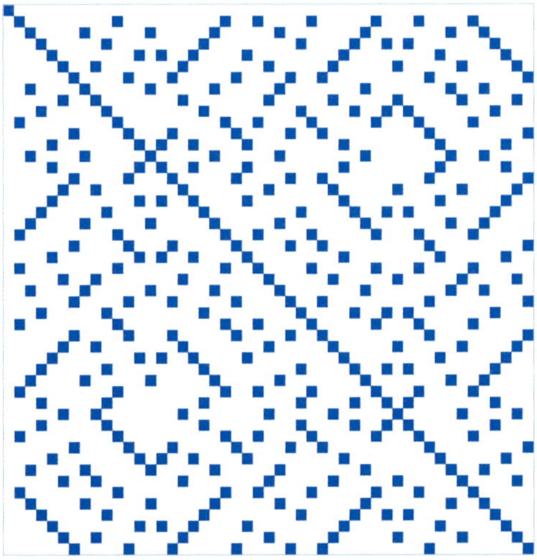	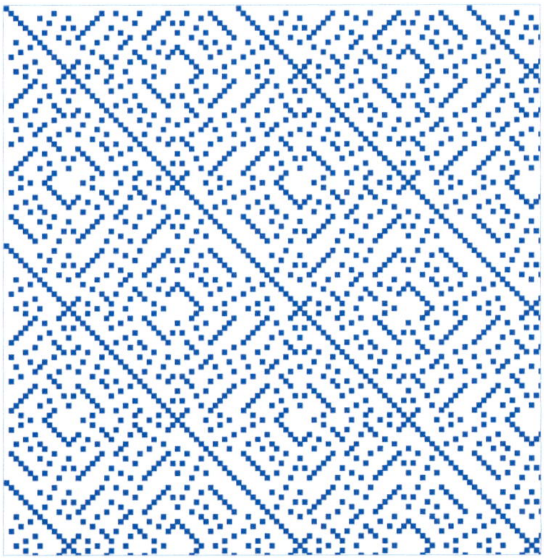

(16) 16행은 1655615524425161221664366346612216152442551655614의 49주기다. 원을 이룬다. 누가 말하지 않아도. 사각형도 있다. 누가 끌었을까?

① 1단계	② 2단계
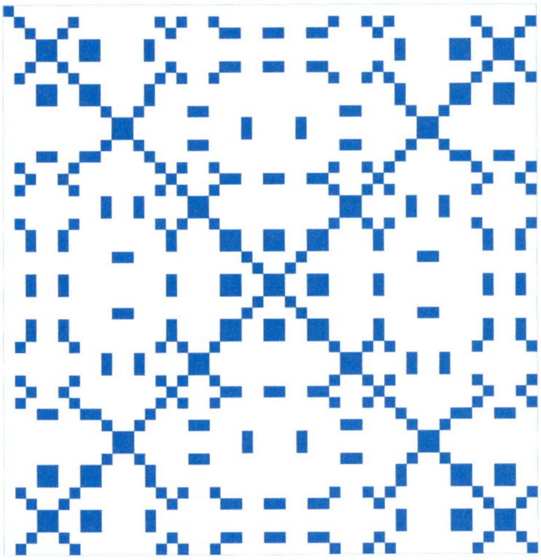	

(17) 17행은 5525221443433222525536616114225255544343365525220의 49주기다. 나비가 날라 다닌다. 벌도 움직이다. 서로의 존중 속에서 움직인다.

① 1단계	② 2단계
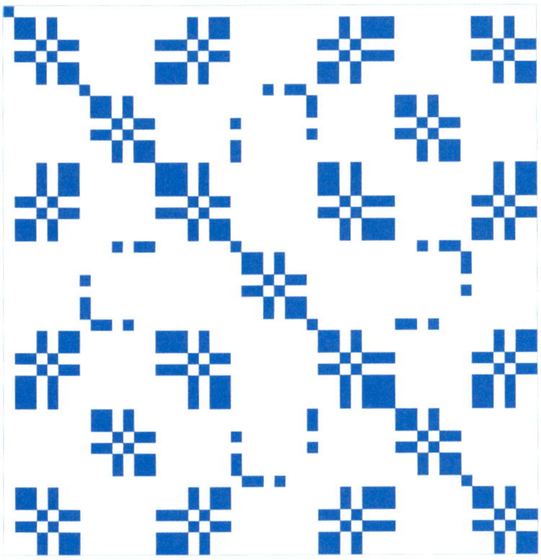	

(18) 18행은 2555525344443152222561666616522225134444352555524의 49주기다. 나아간다. 움직인다. 퍼져 나간다.

① 1단계	② 2단계
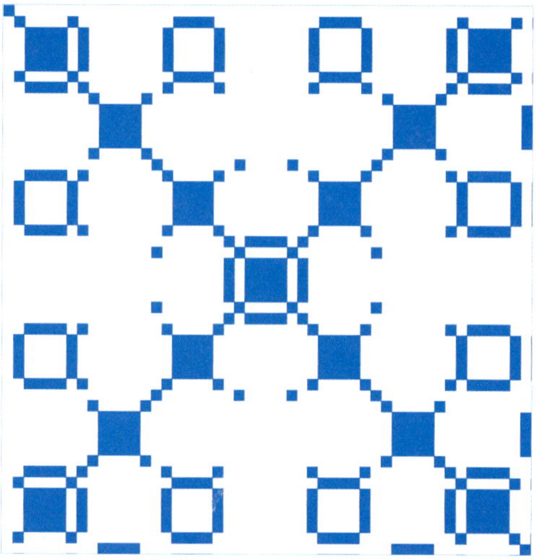	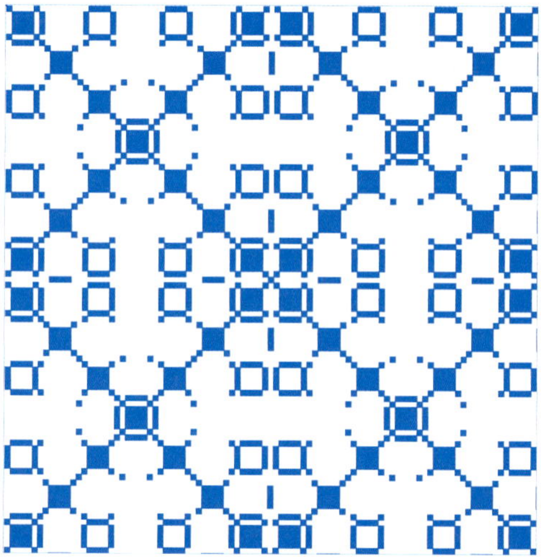

(19) 19행은 6625111223455211526633316444115266522345566625110의 49주기다. 쉼없이 움직인다. 장벽안에서, 벽을 넘어 설수는 없는 것일까?

① 1단계	② 2단계
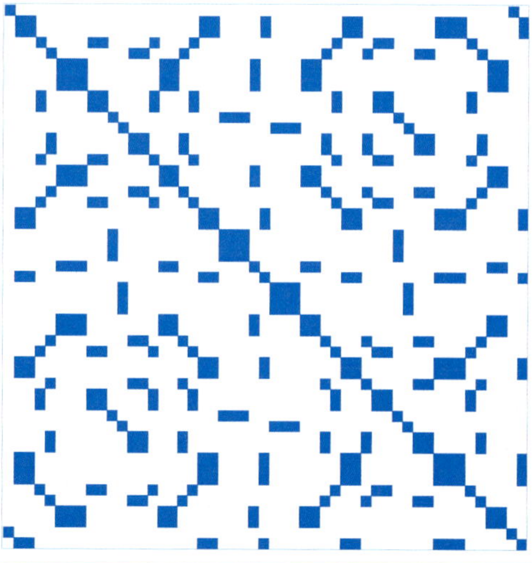	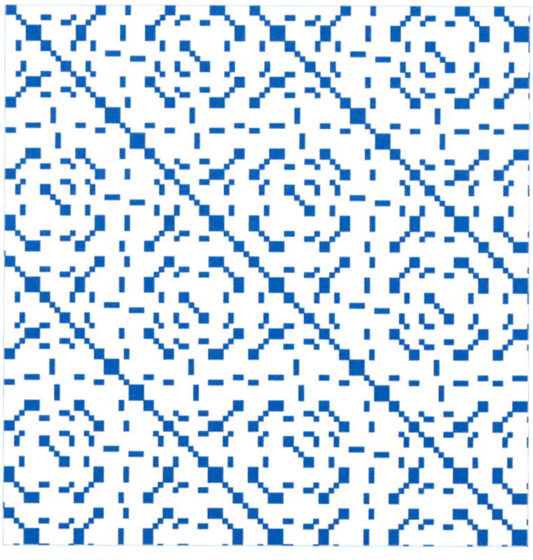

(20) 20행은 31221351533511465564654114564655641153351531221 34의 49주기다. 유난히 물살이 세다. 그래도 움켜잡을 게 있다.

① 1단계	② 2단계
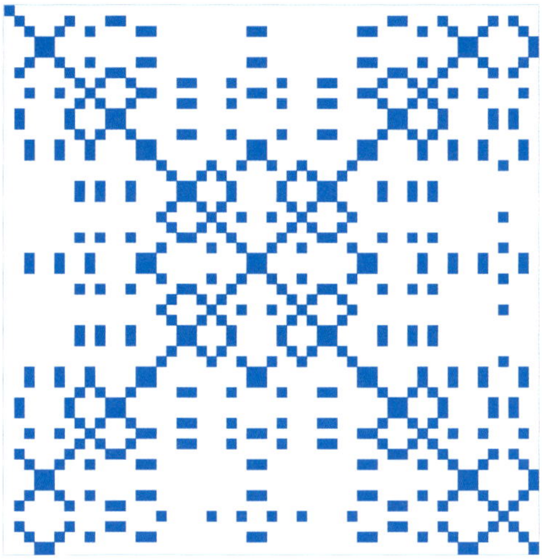	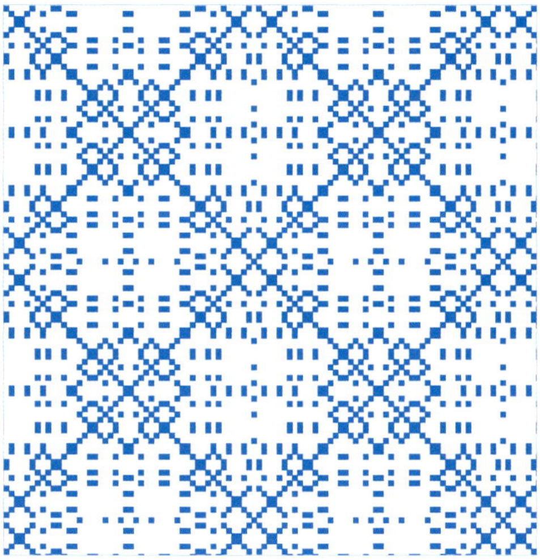

(21) 21행은 040404543434353636362616161514141424343432303030 0의 49주기다. 즐겁게 여행한다. 평온하다. 따뜻하다.

① 1단계	② 2단계
	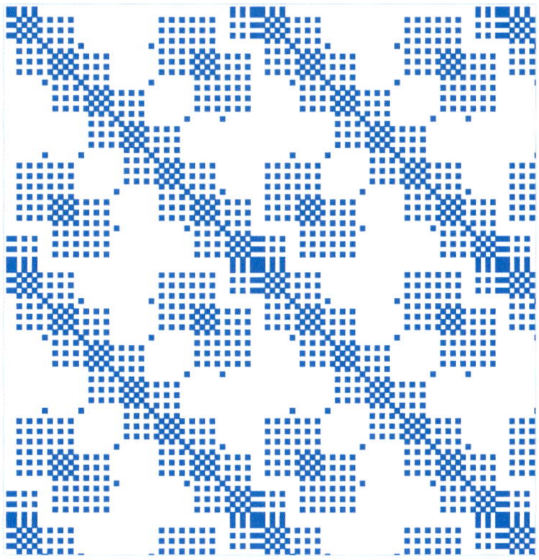

(22) 22행은 4152635000000124613560000006531642100000053625144의 49주기다. 성벽이든, 담장이든 그냥 걸어다닐 수 있도록 두자.

① 1단계	② 2단계
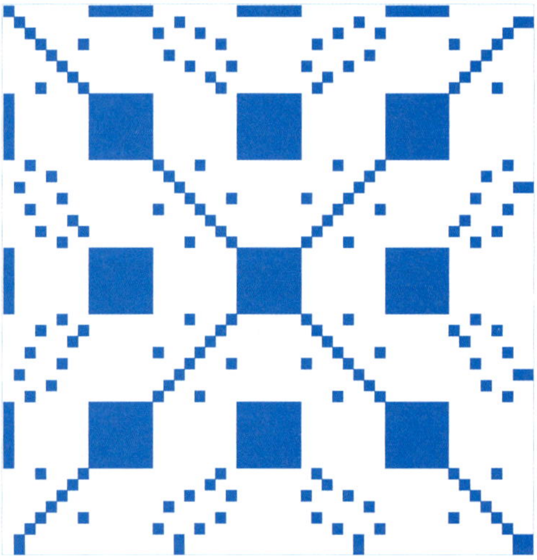	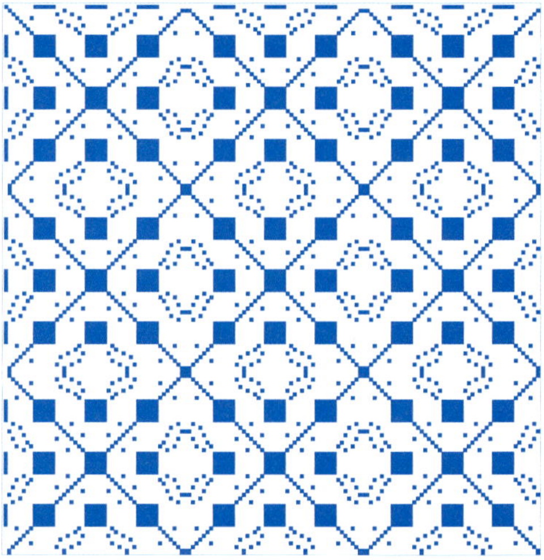

(23) 23행은 1655612000000143663410000006341143600000056122160의 49주기다. 사랑을 찾아 움직인다. 위태롭지 않은 사랑이 어디있을까?

① 1단계	② 2단계
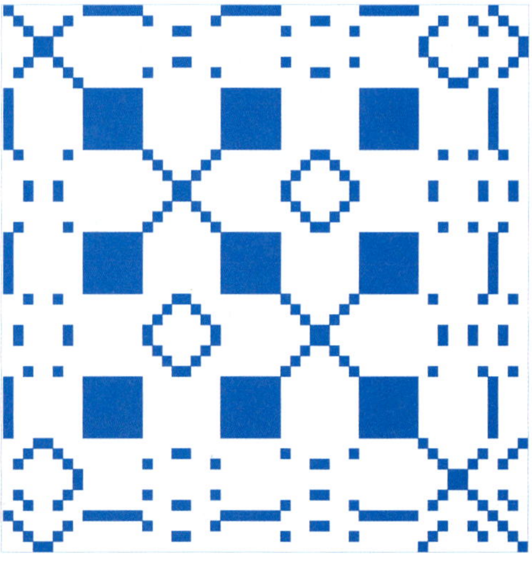	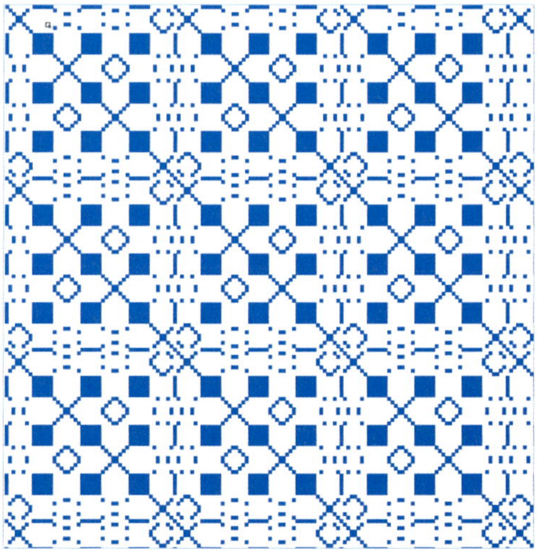

(24) 24행은 5525225000000166161160000006116166100000052252554의 반복이다. 두 종류의 그룹이 남자와 여자 같다. 사이좋다. 사랑에 대해 이래라 저래라 말할 것은 아니다.

① 1단계	② 2단계
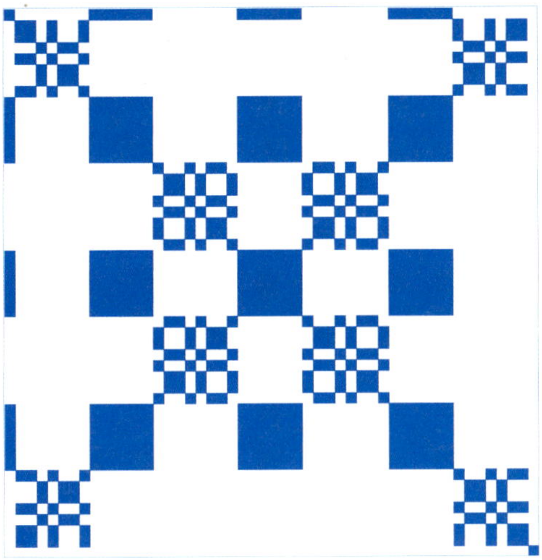	

(25) 25행은 2555522000000116666110000006611116600000055222250의 반복이다. 무엇이 우리를 장벽 속에 가두게 하나?

① 1단계	② 2단계
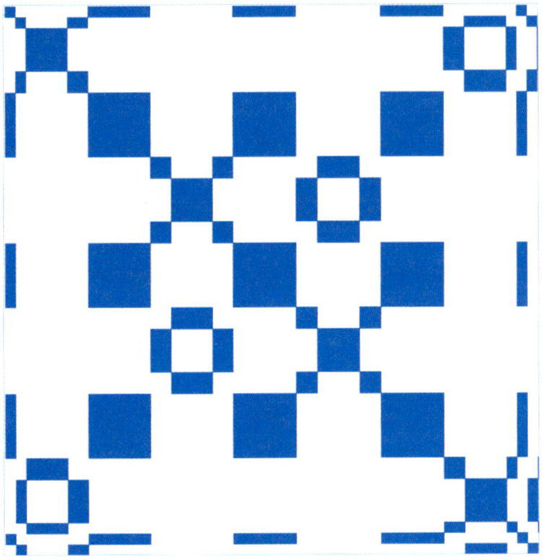	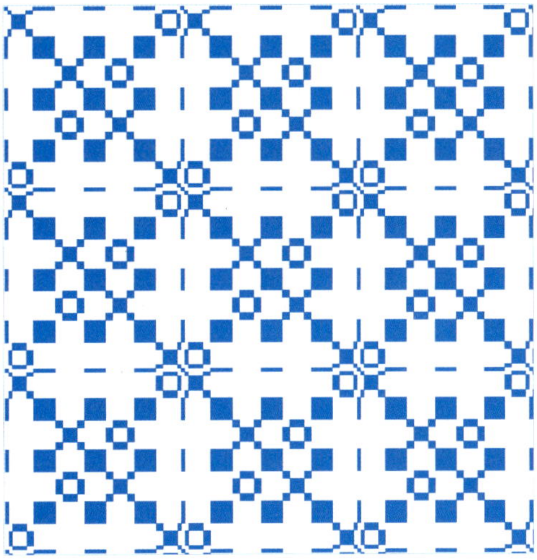

(26) 26행은 6625115000000133164460000006446133100000051152664의 반복이다. 서로의 벽을 넘는다. 사랑하는 이에게 달려간다.

① 1단계	② 2단계
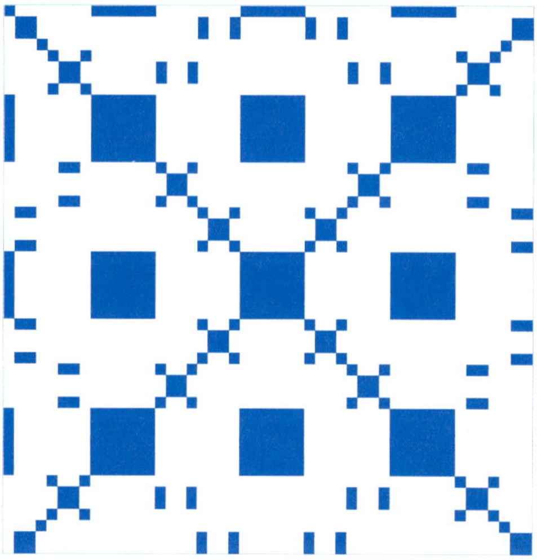	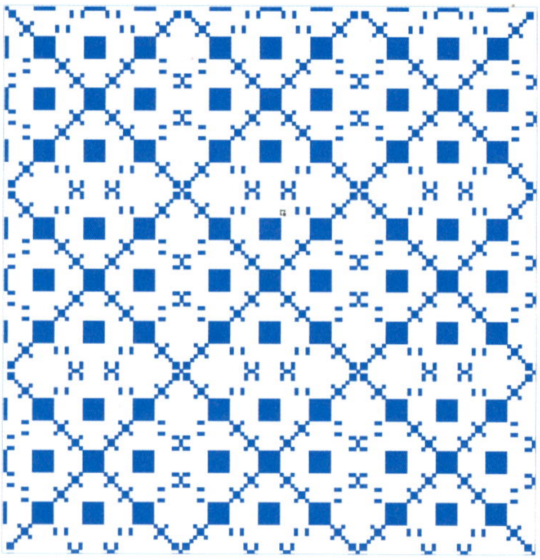

(27) 27행은 3122132000000154114510000006236632600000054655640의 반복이다. 흐르는 냇물. 소나기의 만남같다.

① 1단계	② 2단계
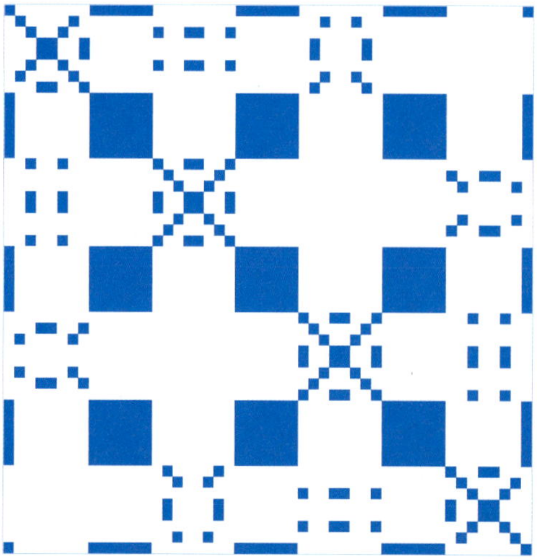	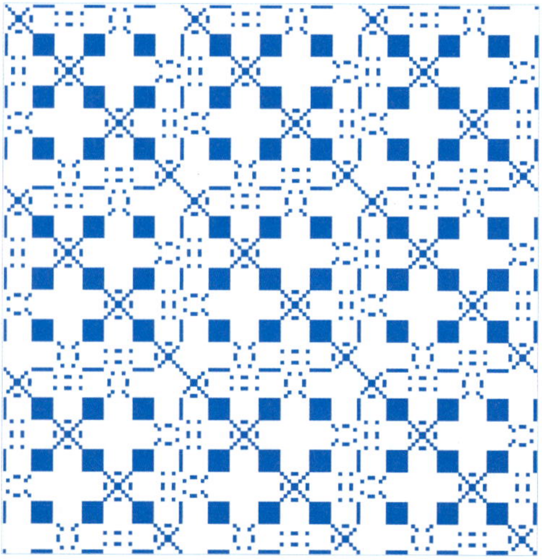

(28) 28행은 0404042444444546464656666665646464544444424655640의 반복이다. 섬세한 디자인, 가로, 세로, 대각선, 어디에 서야 하나 생각해 보자.

① 1단계	② 2단계
	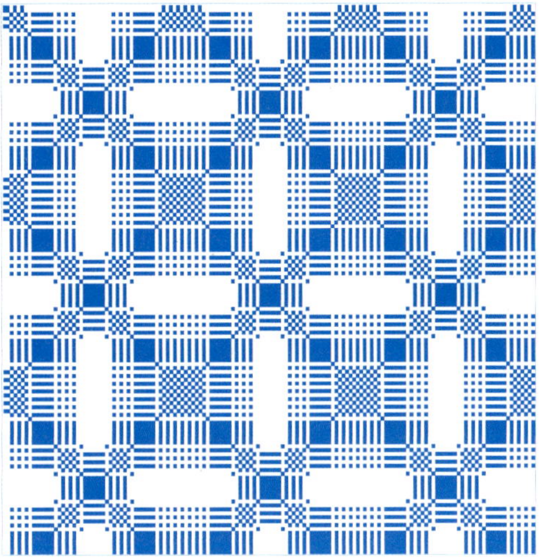

(29) 29행은 4152632123456136251415316426362514612345654152630의 반복이다. 선을 넘고 싶다. 본능인가 보다. 수학도 끼가 있다.

① 1단계	② 2단계
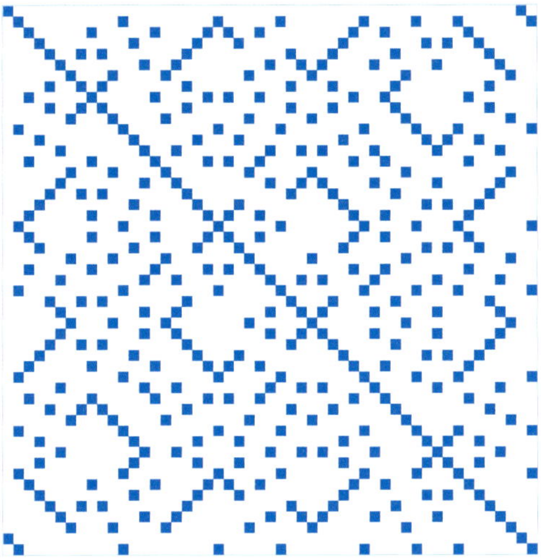	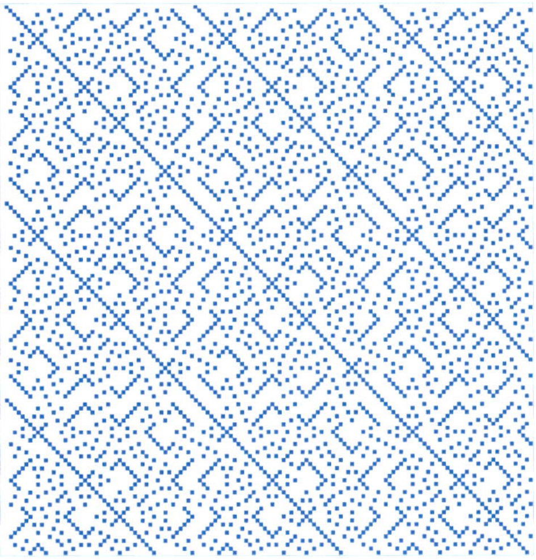

4 세 수의 덧셈으로 만드는 옵티컬 아트

1. 세 수의 덧셈을 2로 나누기

(1) 7행은 0404044 4141411 1515155 5252522 2626266 6363633 3030300의 49주기다. 각 행은 0000000…, 1111111… 의 49주기 2개를 가진다.

① 1단계	② 2단계
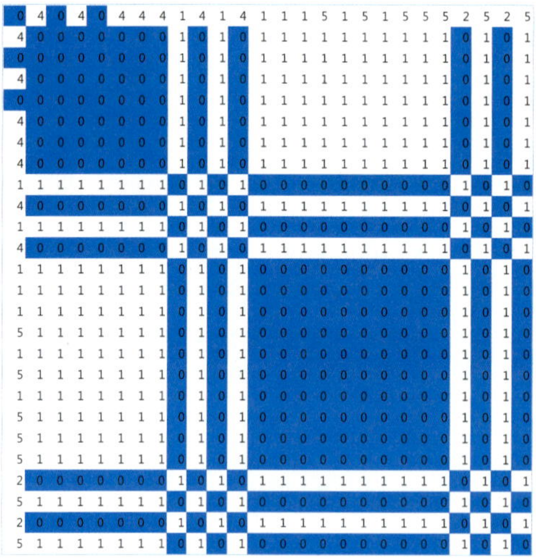	

(2) 8행은 4152634 5316424 6543214 0000004 1234564 2461354 3625144의 반복이다.

① 1단계	② 2단계
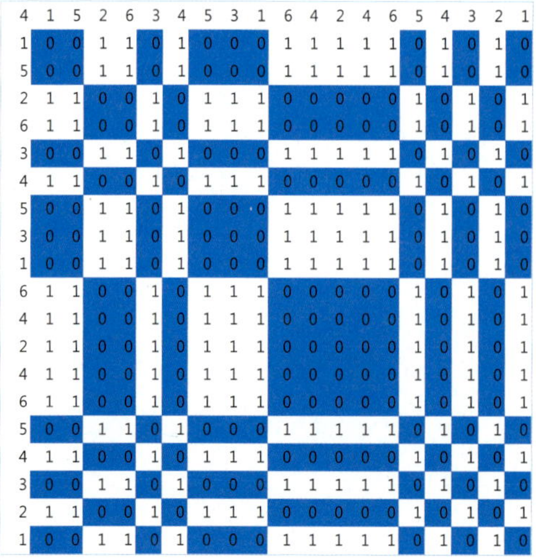	

(3) 9행은 1655611 3411432 5244253 0000004 2533525 4366346 6122160의 49주기다.

각 행은 1001000···, 0110111···의 49주기 2개를 가진다.

① 1단계

1	6	5	5	6	1	1	3	4	1	1	4	3	2	5	2	4	4	2	5
6	1	0	0	1	0	0	0	1	0	0	1	0	1	0	1	1	1	1	0
5	0	1	1	0	1	1	1	0	1	1	0	1	0	1	0	0	0	0	1
5	0	1	1	0	1	1	1	0	1	1	0	1	0	1	0	0	0	0	1
6	1	0	0	1	0	0	0	1	0	0	1	0	1	0	1	1	1	1	0
1	0	1	1	0	1	1	1	0	1	1	0	1	0	1	0	0	0	0	1
1	0	1	1	0	1	1	1	0	1	1	0	1	0	1	0	0	0	0	1
3	0	1	1	0	1	1	1	0	1	1	0	1	0	1	0	0	0	0	1
4	1	0	0	1	0	0	0	1	0	0	1	0	1	0	1	1	1	1	0
1	0	1	1	0	1	1	1	0	1	1	0	1	0	1	0	0	0	0	1
1	0	1	1	0	1	1	1	0	1	1	0	1	0	1	0	0	0	0	1
4	1	0	0	1	0	0	0	1	0	0	1	0	1	0	1	1	1	1	0
3	0	1	1	0	1	1	1	0	1	1	0	1	0	1	0	0	0	0	1
2	1	0	0	1	0	0	0	1	0	0	1	0	1	0	1	1	1	1	0
5	0	1	1	0	1	1	1	0	1	1	0	1	0	1	0	0	0	0	1
2	1	0	0	1	0	0	0	1	0	0	1	0	1	0	1	1	1	1	0
4	1	0	0	1	0	0	0	1	0	0	1	0	1	0	1	1	1	1	0
4	1	0	0	1	0	0	0	1	0	0	1	0	1	0	1	1	1	1	0
2	1	0	0	1	0	0	0	1	0	0	1	0	1	0	1	1	1	1	0
5	0	1	1	0	1	1	1	0	1	1	0	1	0	1	0	0	0	0	1

② 2단계

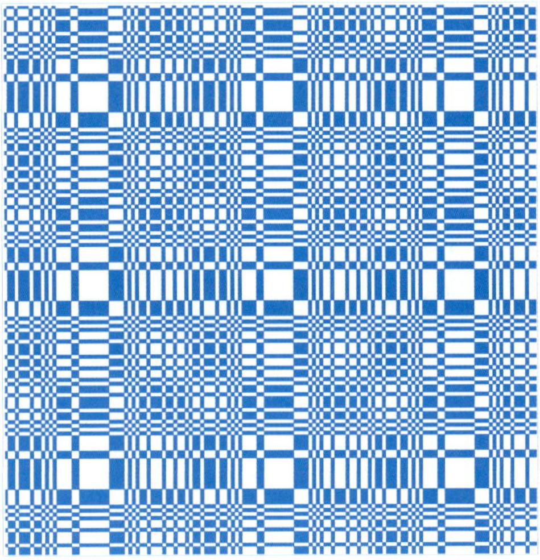

(4) 12행은 6625114 4461334 2234554 0000004 5543224 3316444 1152664의 반복이다.

각 행은 0011100···, 1100011의 49주기 2개를 가진다.

① 1단계

6	6	2	5	1	1	4	4	4	6	1	3	3	4	2	2	3	4	5	5
6	0	0	1	1	1	0	0	0	0	1	1	1	0	0	0	1	0	1	1
2	0	0	1	1	1	0	0	0	0	1	1	1	0	0	0	1	0	1	1
5	1	1	0	0	0	1	1	1	1	0	0	0	1	1	1	0	1	0	0
1	1	1	0	0	0	1	1	1	1	0	0	0	1	1	1	0	1	0	0
1	1	1	0	0	0	1	1	1	1	0	0	0	1	1	1	0	1	0	0
4	0	0	1	1	1	0	0	0	0	1	1	1	0	0	0	1	0	1	1
4	0	0	1	1	1	0	0	0	0	1	1	1	0	0	0	1	0	1	1
4	0	0	1	1	1	0	0	0	0	1	1	1	0	0	0	1	0	1	1
6	0	0	1	1	1	0	0	0	0	1	1	1	0	0	0	1	0	1	1
1	1	1	0	0	0	1	1	1	1	0	0	0	1	1	1	0	1	0	0
3	1	1	0	0	0	1	1	1	1	0	0	0	1	1	1	0	1	0	0
3	1	1	0	0	0	1	1	1	1	0	0	0	1	1	1	0	1	0	0
4	0	0	1	1	1	0	0	0	0	1	1	1	0	0	0	1	0	1	1
2	0	0	1	1	1	0	0	0	0	1	1	1	0	0	0	1	0	1	1
2	0	0	1	1	1	0	0	0	0	1	1	1	0	0	0	1	0	1	1
3	1	1	0	0	0	1	1	1	1	0	0	0	1	1	1	0	1	0	0
4	0	0	1	1	1	0	0	0	0	1	1	1	0	0	0	1	0	1	1
5	1	1	0	0	0	1	1	1	1	0	0	0	1	1	1	0	1	0	0
5	1	1	0	0	0	1	1	1	1	0	0	0	1	1	1	0	1	0	0

② 2단계

(5) 13행은 3122131 2366322 1533513 0000004 6244265 5411456 4655640의 반복이다. 각 행은 1001110…, 0110001…의 49주기 2개를 가진다.

① 1단계

3	1	2	2	1	3	1	2	3	6	6	3	2	2	1	5	3	3	5	1
1	1	0	0	1	1	1	0	1	0	0	1	0	0	1	1	1	1	1	1
2	0	1	1	0	0	0	1	0	1	1	0	1	1	0	0	0	0	0	0
2	0	1	1	0	0	0	1	0	1	1	0	1	1	0	0	0	0	0	0
1	1	0	0	1	1	1	0	1	0	0	1	0	0	1	1	1	1	1	1
3	1	0	0	1	1	1	0	1	0	0	1	0	0	1	1	1	1	1	1
1	1	0	0	1	1	1	0	1	0	0	1	0	0	1	1	1	1	1	1
2	0	1	1	0	0	0	1	0	1	1	0	1	1	0	0	0	0	0	0
3	1	0	0	1	1	1	0	1	0	0	1	0	0	1	1	1	1	1	1
6	0	1	1	0	0	0	1	0	1	1	0	1	1	0	0	0	0	0	0
6	0	1	1	0	0	0	1	0	1	1	0	1	1	0	0	0	0	0	0
3	1	0	0	1	1	1	0	1	0	0	1	0	0	1	1	1	1	1	1
2	0	1	1	0	0	0	1	0	1	1	0	1	1	0	0	0	0	0	0
2	0	1	1	0	0	0	1	0	1	1	0	1	1	0	0	0	0	0	0
1	1	0	0	1	1	1	0	1	0	0	1	0	0	1	1	1	1	1	1
5	1	0	0	1	1	1	0	1	0	0	1	0	0	1	1	1	1	1	1
3	1	0	0	1	1	1	0	1	0	0	1	0	0	1	1	1	1	1	1
3	1	0	0	1	1	1	0	1	0	0	1	0	0	1	1	1	1	1	1
5	1	0	0	1	1	1	0	1	0	0	1	0	0	1	1	1	1	1	1
1	1	0	0	1	1	1	0	1	0	0	1	0	0	1	1	1	1	1	1

② 2단계

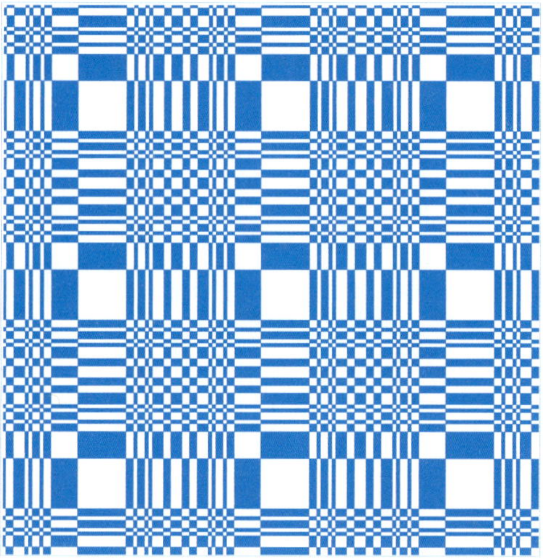

(6) 14행은 0404041 4242426 2121215 1111115 1212126 2424241 4040404의 반복이다. 각 행은 0000010…, 1111101…의 49주기 2개를 가진다.

① 1단계

0	4	0	4	0	4	1	4	2	4	2	4	2	6	2	1	2	1	2	1
4	0	0	0	0	0	1	0	0	0	0	0	0	0	0	1	0	1	0	1
0	0	0	0	0	0	1	0	0	0	0	0	0	0	0	1	0	1	0	1
4	0	0	0	0	0	1	0	0	0	0	0	0	0	0	1	0	1	0	1
0	0	0	0	0	0	1	0	0	0	0	0	0	0	0	1	0	1	0	1
4	0	0	0	0	0	1	0	0	0	0	0	0	0	0	1	0	1	0	1
1	1	1	1	1	1	0	1	1	1	1	1	1	1	1	0	1	0	1	0
4	0	0	0	0	0	1	0	0	0	0	0	0	0	0	1	0	1	0	1
2	0	0	0	0	0	1	0	0	0	0	0	0	0	0	1	0	1	0	1
4	0	0	0	0	0	1	0	0	0	0	0	0	0	0	1	0	1	0	1
2	0	0	0	0	0	1	0	0	0	0	0	0	0	0	1	0	1	0	1
4	0	0	0	0	0	1	0	0	0	0	0	0	0	0	1	0	1	0	1
2	0	0	0	0	0	1	0	0	0	0	0	0	0	0	1	0	1	0	1
6	0	0	0	0	0	1	0	0	0	0	0	0	0	0	1	0	1	0	1
2	0	0	0	0	0	1	0	0	0	0	0	0	0	0	1	0	1	0	1
1	1	1	1	1	1	0	1	1	1	1	1	1	1	1	0	1	0	1	0
2	0	0	0	0	0	1	0	0	0	0	0	0	0	0	1	0	1	0	1
1	1	1	1	1	1	0	1	1	1	1	1	1	1	1	0	1	0	1	0
2	0	0	0	0	0	1	0	0	0	0	0	0	0	0	1	0	1	0	1
1	1	1	1	1	1	0	1	1	1	1	1	1	1	1	0	1	0	1	0

② 2단계

(7) 18행은 2555525 3444431 5222256 1666616 5222251 3444435 2555524의 반복이다. 각 행은 0000100···, 1111011··· 의 49주기 2개를 가진다.

① 1단계

2	5	5	5	5	2	5	3	4	4	4	4	3	1	5	2	2	2	2	5
5	0	0	0	0	1	0	0	1	1	1	1	0	0	0	1	1	1	1	0
5	0	0	0	0	1	0	0	1	1	1	1	0	0	0	1	1	1	1	0
5	0	0	0	0	1	0	0	1	1	1	1	0	0	0	1	1	1	1	0
5	0	0	0	0	1	0	0	1	1	1	1	0	0	0	1	1	1	1	0
2	1	1	1	1	0	1	1	0	0	0	0	1	1	1	0	0	0	0	1
5	0	0	0	0	1	0	0	1	1	1	1	0	0	0	1	1	1	1	0
3	0	0	0	0	1	0	0	1	1	1	1	0	0	0	1	1	1	1	0
4	1	1	1	1	0	1	1	0	0	0	0	1	1	1	0	0	0	0	1
4	1	1	1	1	0	1	1	0	0	0	0	1	1	1	0	0	0	0	1
4	1	1	1	1	0	1	1	0	0	0	0	1	1	1	0	0	0	0	1
4	1	1	1	1	0	1	1	0	0	0	0	1	1	1	0	0	0	0	1
3	0	0	0	0	1	0	0	1	1	1	1	0	0	0	1	1	1	1	0
1	0	0	0	0	1	0	0	1	1	1	1	0	0	0	1	1	1	1	0
5	0	0	0	0	1	0	0	1	1	1	1	0	0	0	1	1	1	1	0
2	1	1	1	1	0	1	1	0	0	0	0	1	1	1	0	0	0	0	1
2	1	1	1	1	0	1	1	0	0	0	0	1	1	1	0	0	0	0	1
2	1	1	1	1	0	1	1	0	0	0	0	1	1	1	0	0	0	0	1
2	1	1	1	1	0	1	1	0	0	0	0	1	1	1	0	0	0	0	1
5	0	0	0	0	1	0	0	1	1	1	1	0	0	0	1	1	1	1	0

② 2단계

(8) 20행은 3122135 1533511 4655646 5411456 4655641 1533515 3122134의 반복이다. 각 행은 1001111···, 0110000··· 의 49주기 2개를 가진다.

① 1단계

3	1	2	2	1	3	5	1	5	3	3	5	1	1	4	6	5	5	6	4
1	1	0	0	1	1	1	1	1	1	1	1	1	1	0	0	1	1	0	0
2	0	1	1	0	0	0	0	0	0	0	0	0	0	1	1	0	0	1	1
2	0	1	1	0	0	0	0	0	0	0	0	0	0	1	1	0	0	1	1
1	1	0	0	1	1	1	1	1	1	1	1	1	1	0	0	1	1	0	0
3	1	0	0	1	1	1	1	1	1	1	1	1	1	0	0	1	1	0	0
5	1	0	0	1	1	1	1	1	1	1	1	1	1	0	0	1	1	0	0
1	1	0	0	1	1	1	1	1	1	1	1	1	1	0	0	1	1	0	0
5	1	0	0	1	1	1	1	1	1	1	1	1	1	0	0	1	1	0	0
3	1	0	0	1	1	1	1	1	1	1	1	1	1	0	0	1	1	0	0
3	1	0	0	1	1	1	1	1	1	1	1	1	1	0	0	1	1	0	0
5	1	0	0	1	1	1	1	1	1	1	1	1	1	0	0	1	1	0	0
1	1	0	0	1	1	1	1	1	1	1	1	1	1	0	0	1	1	0	0
1	1	0	0	1	1	1	1	1	1	1	1	1	1	0	0	1	1	0	0
4	0	1	1	0	0	0	0	0	0	0	0	0	0	1	1	0	0	1	1
6	0	1	1	0	0	0	0	0	0	0	0	0	0	1	1	0	0	1	1
5	1	0	0	1	1	1	1	1	1	1	1	1	1	0	0	1	1	0	0
5	1	0	0	1	1	1	1	1	1	1	1	1	1	0	0	1	1	0	0
6	0	1	1	0	0	0	0	0	0	0	0	0	0	1	1	0	0	1	1
4	0	1	1	0	0	0	0	0	0	0	0	0	0	1	1	0	0	1	1

② 2단계

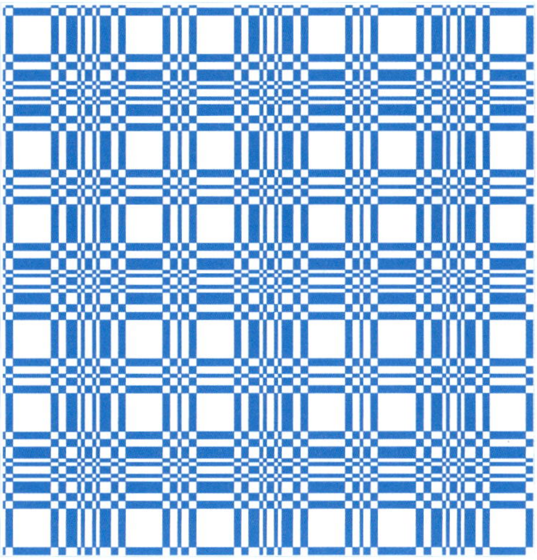

(9) 32행은 2555526433334252222546111164522225243333462555524의 49주기를 가진다. 각 행은 0000111⋯, 1111000⋯ 의 49주기 2개를 가진다.

① 1단계

2	5	5	5	5	2	6	4	3	3	3	3	4	2	5	2	2	2	2	5
5	0	0	0	0	1	1	1	0	0	0	0	1	1	0	1	1	1	1	0
5	0	0	0	0	1	1	1	0	0	0	0	1	1	0	1	1	1	1	0
5	0	0	0	0	1	1	1	0	0	0	0	1	1	0	1	1	1	1	0
5	0	0	0	0	1	1	1	0	0	0	0	1	1	0	1	1	1	1	0
2	1	1	1	1	0	0	0	1	1	1	1	0	0	1	0	0	0	0	1
6	1	1	1	1	0	0	0	1	1	1	1	0	0	1	0	0	0	0	1
4	1	1	1	1	0	0	0	1	1	1	1	0	0	1	0	0	0	0	1
3	0	0	0	0	1	1	1	0	0	0	0	1	1	0	1	1	1	1	0
3	0	0	0	0	1	1	1	0	0	0	0	1	1	0	1	1	1	1	0
3	0	0	0	0	1	1	1	0	0	0	0	1	1	0	1	1	1	1	0
3	0	0	0	0	1	1	1	0	0	0	0	1	1	0	1	1	1	1	0
4	1	1	1	1	0	0	0	1	1	1	1	0	0	1	0	0	0	0	1
2	1	1	1	1	0	0	0	1	1	1	1	0	0	1	0	0	0	0	1
5	0	0	0	0	1	1	1	0	0	0	0	1	1	0	1	1	1	1	0
2	1	1	1	1	0	0	0	1	1	1	1	0	0	1	0	0	0	0	1
2	1	1	1	1	0	0	0	1	1	1	1	0	0	1	0	0	0	0	1
2	1	1	1	1	0	0	0	1	1	1	1	0	0	1	0	0	0	0	1
2	1	1	1	1	0	0	0	1	1	1	1	0	0	1	0	0	0	0	1
5	0	0	0	0	1	1	1	0	0	0	0	1	1	0	1	1	1	1	0

② 2단계

(10) 36행은 4152636246135265432140000004123456253164263625144의 49주기를 가진다. 각 행은 0011011⋯, 1100100⋯ 의 49주기 2개를 가진다.

① 1단계

4	1	5	2	6	3	6	2	4	6	1	3	5	2	6	5	4	3	2	1
1	0	0	1	1	0	1	1	1	1	0	0	0	1	1	0	1	0	1	0
5	0	0	1	1	0	1	1	1	1	0	0	0	1	1	0	1	0	1	0
2	1	1	0	0	1	0	0	0	0	1	1	1	0	0	1	0	1	0	1
6	1	1	0	0	1	0	0	0	0	1	1	1	0	0	1	0	1	0	1
3	0	0	1	1	0	1	1	1	1	0	0	0	1	1	0	1	0	1	0
6	1	1	0	0	1	0	0	0	0	1	1	1	0	0	1	0	1	0	1
2	1	1	0	0	1	0	0	0	0	1	1	1	0	0	1	0	1	0	1
4	1	1	0	0	1	0	0	0	0	1	1	1	0	0	1	0	1	0	1
6	1	1	0	0	1	0	0	0	0	1	1	1	0	0	1	0	1	0	1
1	0	0	1	1	0	1	1	1	1	0	0	0	1	1	0	1	0	1	0
3	0	0	1	1	0	1	1	1	1	0	0	0	1	1	0	1	0	1	0
5	0	0	1	1	0	1	1	1	1	0	0	0	1	1	0	1	0	1	0
2	1	1	0	0	1	0	0	0	0	1	1	1	0	0	1	0	1	0	1
6	1	1	0	0	1	0	0	0	0	1	1	1	0	0	1	0	1	0	1
5	0	0	1	1	0	1	1	1	1	0	0	0	1	1	0	1	0	1	0
4	1	1	0	0	1	0	0	0	0	1	1	1	0	0	1	0	1	0	1
3	0	0	1	1	0	1	1	1	1	0	0	0	1	1	0	1	0	1	0
2	1	1	0	0	1	0	0	0	0	1	1	1	0	0	1	0	1	0	1
1	0	0	1	1	0	1	1	1	1	0	0	0	1	1	0	1	0	1	0

② 2단계

(11) 40행은 6625116331644222345540000004554322244613361152664의 49주기다. 각 행은 0011101…, 1100010… 의 49주기를 가진다.

① 1단계

6	6	2	5	1	1	6	3	3	1	6	4	4	2	2	2	3	4	5	5
6	0	0	1	1	1	0	1	1	1	0	0	0	0	0	0	1	0	1	1
2	0	0	1	1	1	0	1	1	1	0	0	0	0	0	0	1	0	1	1
5	1	1	0	0	0	1	0	0	0	1	1	1	1	1	1	0	1	0	0
1	1	1	0	0	0	1	0	0	0	1	1	1	1	1	1	0	1	0	0
1	1	1	0	0	0	1	0	0	0	1	1	1	1	1	1	0	1	0	0
6	0	0	1	1	1	0	1	1	1	0	0	0	0	0	0	1	0	1	1
3	1	1	0	0	0	1	0	0	0	1	1	1	1	1	1	0	1	0	0
3	1	1	0	0	0	1	0	0	0	1	1	1	1	1	1	0	1	0	0
1	1	1	0	0	0	1	0	0	0	1	1	1	1	1	1	0	1	0	0
6	0	0	1	1	1	0	1	1	1	0	0	0	0	0	0	1	0	1	1
4	0	0	1	1	1	0	1	1	1	0	0	0	0	0	0	1	0	1	1
4	0	0	1	1	1	0	1	1	1	0	0	0	0	0	0	1	0	1	1
2	0	0	1	1	1	0	1	1	1	0	0	0	0	0	0	1	0	1	1
2	0	0	1	1	1	0	1	1	1	0	0	0	0	0	0	1	0	1	1
2	0	0	1	1	1	0	1	1	1	0	0	0	0	0	0	1	0	1	1
3	1	1	0	0	0	1	0	0	0	1	1	1	1	1	1	0	1	0	0
4	0	0	1	1	1	0	1	1	1	0	0	0	0	0	0	1	0	1	1
5	1	1	0	0	0	1	0	0	0	1	1	1	1	1	1	0	1	0	0
5	1	1	0	0	0	1	0	0	0	1	1	1	1	1	1	0	1	0	0

② 2단계

(12) 41행은 3122133541145415335130000004624426323663244655640의 49주기를 가진다. 각 행은 0110000…, 1001111… 의 49주기를 가진다.

① 1단계

3	1	2	2	1	3	3	5	4	1	1	4	5	4	1	5	3	3	5	1
1	1	0	0	1	1	1	1	0	1	1	0	1	0	1	1	1	1	1	1
2	0	1	1	0	0	0	0	1	0	0	1	0	1	0	0	0	0	0	0
2	0	1	1	0	0	0	0	1	0	0	1	0	1	0	0	0	0	0	0
1	1	0	0	1	1	1	1	0	1	1	0	1	0	1	1	1	1	1	1
3	1	0	0	1	1	1	1	0	1	1	0	1	0	1	1	1	1	1	1
3	1	0	0	1	1	1	1	0	1	1	0	1	0	1	1	1	1	1	1
5	1	0	0	1	1	1	1	0	1	1	0	1	0	1	1	1	1	1	1
4	0	1	1	0	0	0	0	1	0	0	1	0	1	0	0	0	0	0	0
1	1	0	0	1	1	1	1	0	1	1	0	1	0	1	1	1	1	1	1
1	1	0	0	1	1	1	1	0	1	1	0	1	0	1	1	1	1	1	1
4	0	1	1	0	0	0	0	1	0	0	1	0	1	0	0	0	0	0	0
5	1	0	0	1	1	1	1	0	1	1	0	1	0	1	1	1	1	1	1
4	0	1	1	0	0	0	0	1	0	0	1	0	1	0	0	0	0	0	0
1	1	0	0	1	1	1	1	0	1	1	0	1	0	1	1	1	1	1	1
5	1	0	0	1	1	1	1	0	1	1	0	1	0	1	1	1	1	1	1
3	1	0	0	1	1	1	1	0	1	1	0	1	0	1	1	1	1	1	1
3	1	0	0	1	1	1	1	0	1	1	0	1	0	1	1	1	1	1	1
5	1	0	0	1	1	1	1	0	1	1	0	1	0	1	1	1	1	1	1
1	1	0	0	1	1	1	1	0	1	1	0	1	0	1	1	1	1	1	1

② 2단계

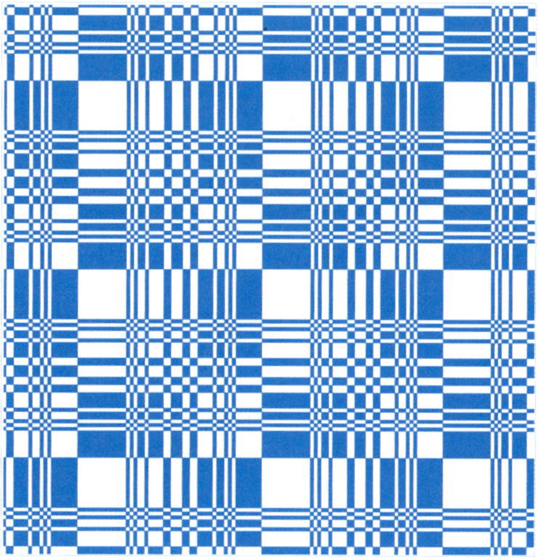

(13) 42행은 04040434646461656565255555525656561646464340404 04 의 49주기를 가진다. 각 행은 0000010···, 1111101··· 의 49주기를 가진다.

① 1단계

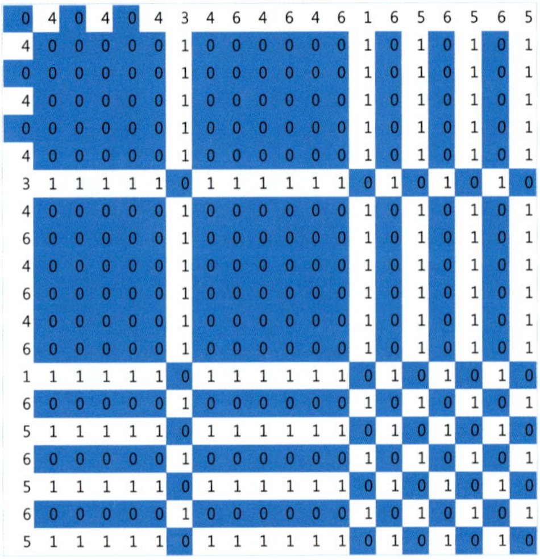

② 2단계

(14) 47행은 6625113115266466251131152664662511311526646625110의 49주기를 가진다. 각행은 0011111···, 1100000··· 의 49주기 2개를 가진다.

① 1단계

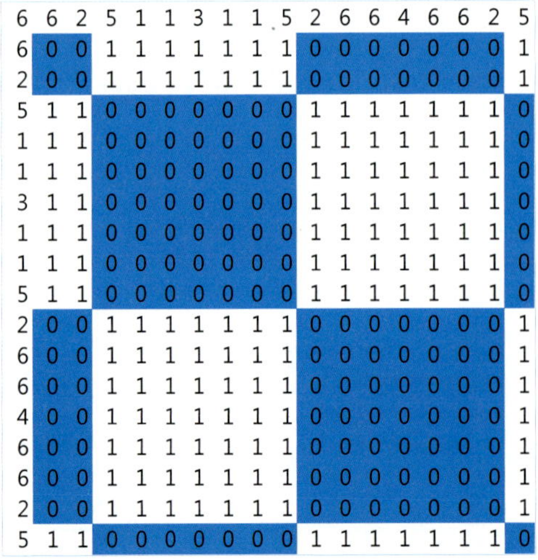

② 2단계

(15) 51행 1655614⋯는 343주기를 가진다. 각 행은 1001010⋯, 0110101⋯의 343주기다.

① 1단계

1	6	5	5	6	1	4	1	6	5
6	1	0	0	1	0	1	0	1	0
5	0	1	1	0	1	0	1	0	1
5	0	1	1	0	1	0	1	0	1
6	1	0	0	1	0	1	0	1	0
1	0	1	1	0	1	0	1	0	1
4	1	0	0	1	0	1	0	1	0
1	0	1	1	0	1	0	1	0	1
6	1	0	0	1	0	1	0	1	0
5	0	1	1	0	1	0	1	0	1

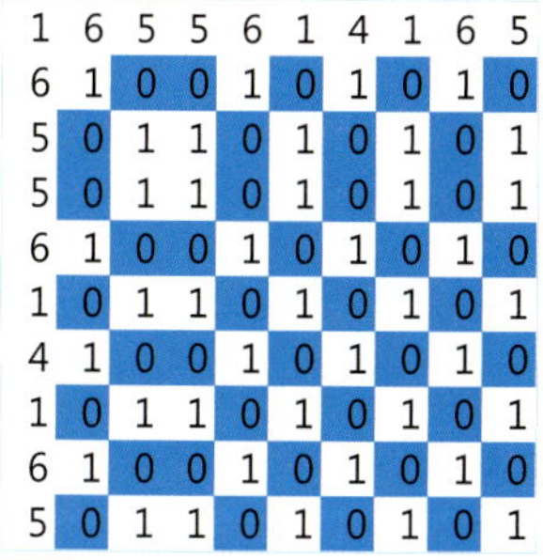

② 2단계

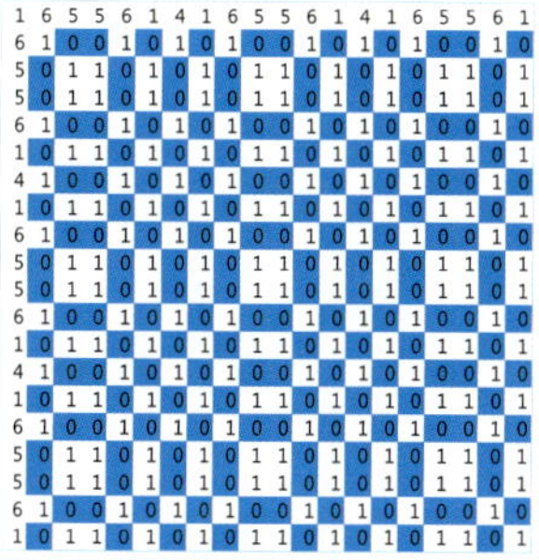

③ 3단계

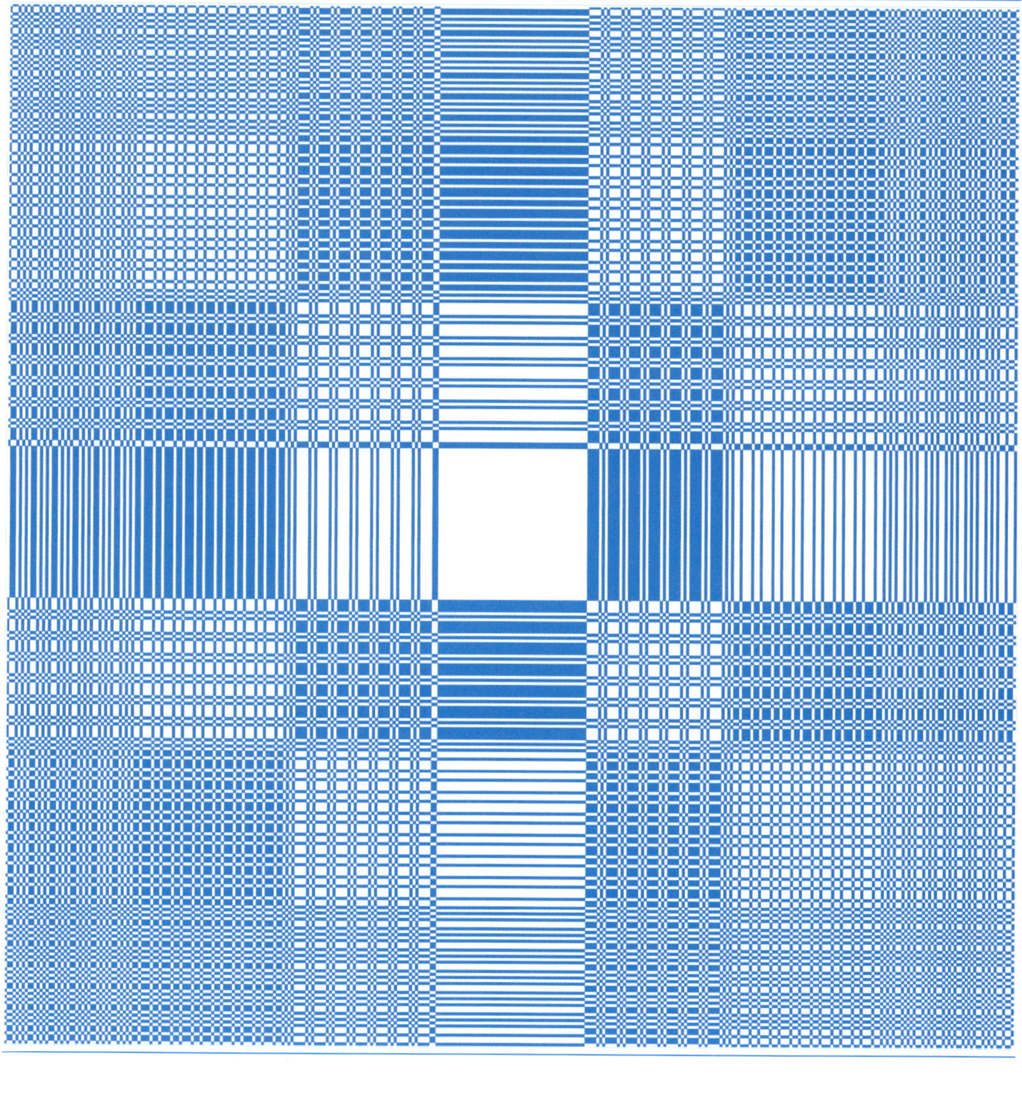

(16) 55행 3122134…는 343주기를 가진다. 각 행은 100110…, 0110010…은 343주기다.

① 1단계

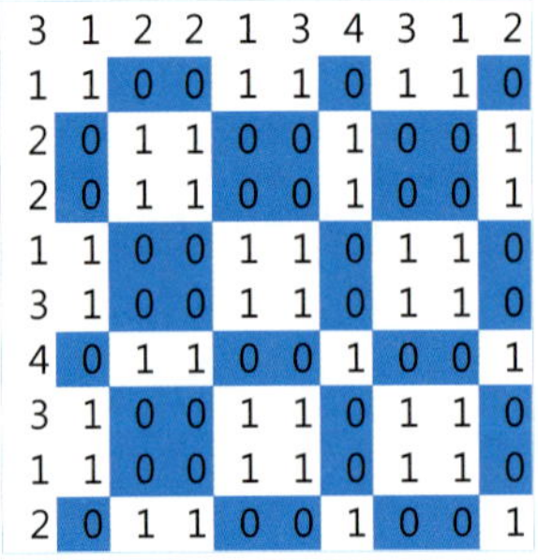

② 2단계

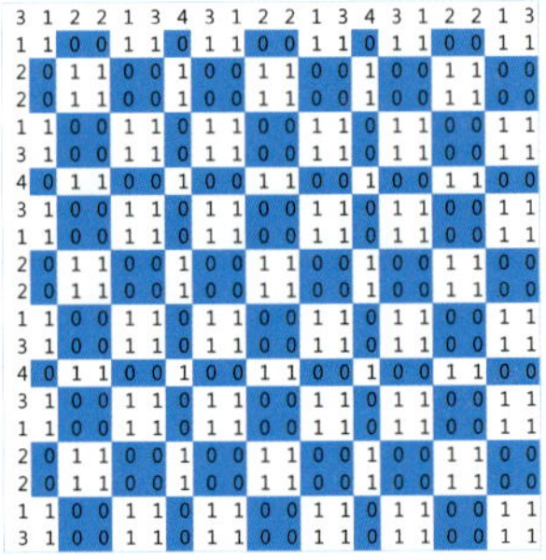

③ 3단계

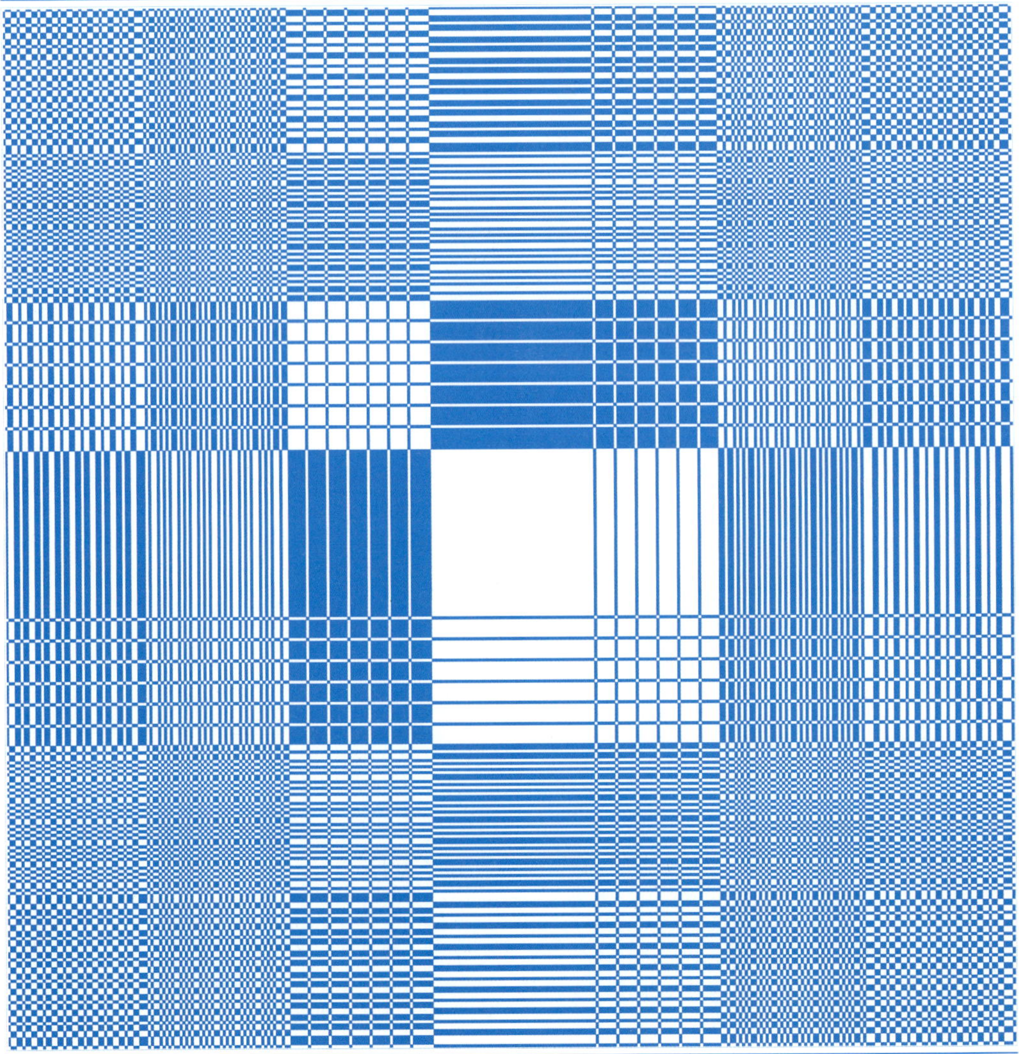

(17) 56행 0404044…는 343주기다. 각 행은 0000000…, 1111111…의 343주기다.

① 1단계

0	4	0	4	0	4	4	4	1	4
4	0	0	0	0	0	0	0	1	0
0	0	0	0	0	0	0	0	1	0
4	0	0	0	0	0	0	0	1	0
0	0	0	0	0	0	0	0	1	0
4	0	0	0	0	0	0	0	1	0
4	0	0	0	0	0	0	0	1	0
4	0	0	0	0	0	0	0	1	0
1	1	1	1	1	1	1	1	0	1
4	0	0	0	0	0	0	0	1	0

② 2단계

0	4	0	4	0	4	4	4	1	4	1	4	1	1	1	5	1	5	1	5
4	0	0	0	0	0	0	0	1	0	1	0	1	1	1	1	1	1	1	1
0	0	0	0	0	0	0	0	1	0	1	0	1	1	1	1	1	1	1	1
4	0	0	0	0	0	0	0	1	0	1	0	1	1	1	1	1	1	1	1
0	0	0	0	0	0	0	0	1	0	1	0	1	1	1	1	1	1	1	1
4	0	0	0	0	0	0	0	1	0	1	0	1	1	1	1	1	1	1	1
4	0	0	0	0	0	0	0	1	0	1	0	1	1	1	1	1	1	1	1
4	0	0	0	0	0	0	0	1	0	1	0	1	1	1	1	1	1	1	1
1	1	1	1	1	1	1	1	0	1	0	1	0	0	0	0	0	0	0	0
4	0	0	0	0	0	0	0	1	0	1	0	1	1	1	1	1	1	1	1
1	1	1	1	1	1	1	1	0	1	0	1	0	0	0	0	0	0	0	0
4	0	0	0	0	0	0	0	1	0	1	0	1	1	1	1	1	1	1	1
1	1	1	1	1	1	1	1	0	1	0	1	0	0	0	0	0	0	0	0
1	1	1	1	1	1	1	1	0	1	0	1	0	0	0	0	0	0	0	0
1	1	1	1	1	1	1	1	0	1	0	1	0	0	0	0	0	0	0	0
5	1	1	1	1	1	1	1	0	1	0	1	0	0	0	0	0	0	0	0
1	1	1	1	1	1	1	1	0	1	0	1	0	0	0	0	0	0	0	0
5	1	1	1	1	1	1	1	0	1	0	1	0	0	0	0	0	0	0	0
1	1	1	1	1	1	1	1	0	1	0	1	0	0	0	0	0	0	0	0
5	1	1	1	1	1	1	1	0	1	0	1	0	0	0	0	0	0	0	0

③ 3단계

(18) 57행은 4152634⋯는 343주기다. 각 행은 0011010⋯, 1100101⋯는 343주기다.

① 1단계

4	1	5	2	6	3	4	5	3	1
1	0	0	1	1	0	1	0	0	0
5	0	0	1	1	0	1	0	0	0
2	1	1	0	0	1	0	1	1	1
6	1	1	0	0	1	0	1	1	1
3	0	0	1	1	0	1	0	0	0
4	1	1	0	0	1	0	1	1	1
5	0	0	1	1	0	1	0	0	0
3	0	0	1	1	0	1	0	0	0
1	0	0	1	1	0	1	0	0	0

② 2단계

4	1	5	2	6	3	4	5	3	1	6	4	2	4	6	5	4	3	2	1
1	0	0	1	1	0	1	0	0	0	1	1	1	1	1	0	1	0	1	0
5	0	0	1	1	0	1	0	0	0	1	1	1	1	1	0	1	0	1	0
2	1	1	0	0	1	0	1	1	1	0	0	0	0	0	1	0	1	0	1
6	1	1	0	0	1	0	1	1	1	0	0	0	0	0	1	0	1	0	1
3	0	0	1	1	0	1	0	0	0	1	1	1	1	1	0	1	0	1	0
4	1	1	0	0	1	0	1	1	1	0	0	0	0	0	1	0	1	0	1
5	0	0	1	1	0	1	0	0	0	1	1	1	1	1	0	1	0	1	0
3	0	0	1	1	0	1	0	0	0	1	1	1	1	1	0	1	0	1	0
1	0	0	1	1	0	1	0	0	0	1	1	1	1	1	0	1	0	1	0
6	1	1	0	0	1	0	1	1	1	0	0	0	0	0	1	0	1	0	1
4	1	1	0	0	1	0	1	1	1	0	0	0	0	0	1	0	1	0	1
2	1	1	0	0	1	0	1	1	1	0	0	0	0	0	1	0	1	0	1
4	1	1	0	0	1	0	1	1	1	0	0	0	0	0	1	0	1	0	1
6	1	1	0	0	1	0	1	1	1	0	0	0	0	0	1	0	1	0	1
5	0	0	1	1	0	1	0	0	0	1	1	1	1	1	0	1	0	1	0
4	1	1	0	0	1	0	1	1	1	0	0	0	0	0	1	0	1	0	1
3	0	0	1	1	0	1	0	0	0	1	1	1	1	1	0	1	0	1	0
2	1	1	0	0	1	0	1	1	1	0	0	0	0	0	1	0	1	0	1
1	0	0	1	1	0	1	0	0	0	1	1	1	1	1	0	1	0	1	0

③ 3단계

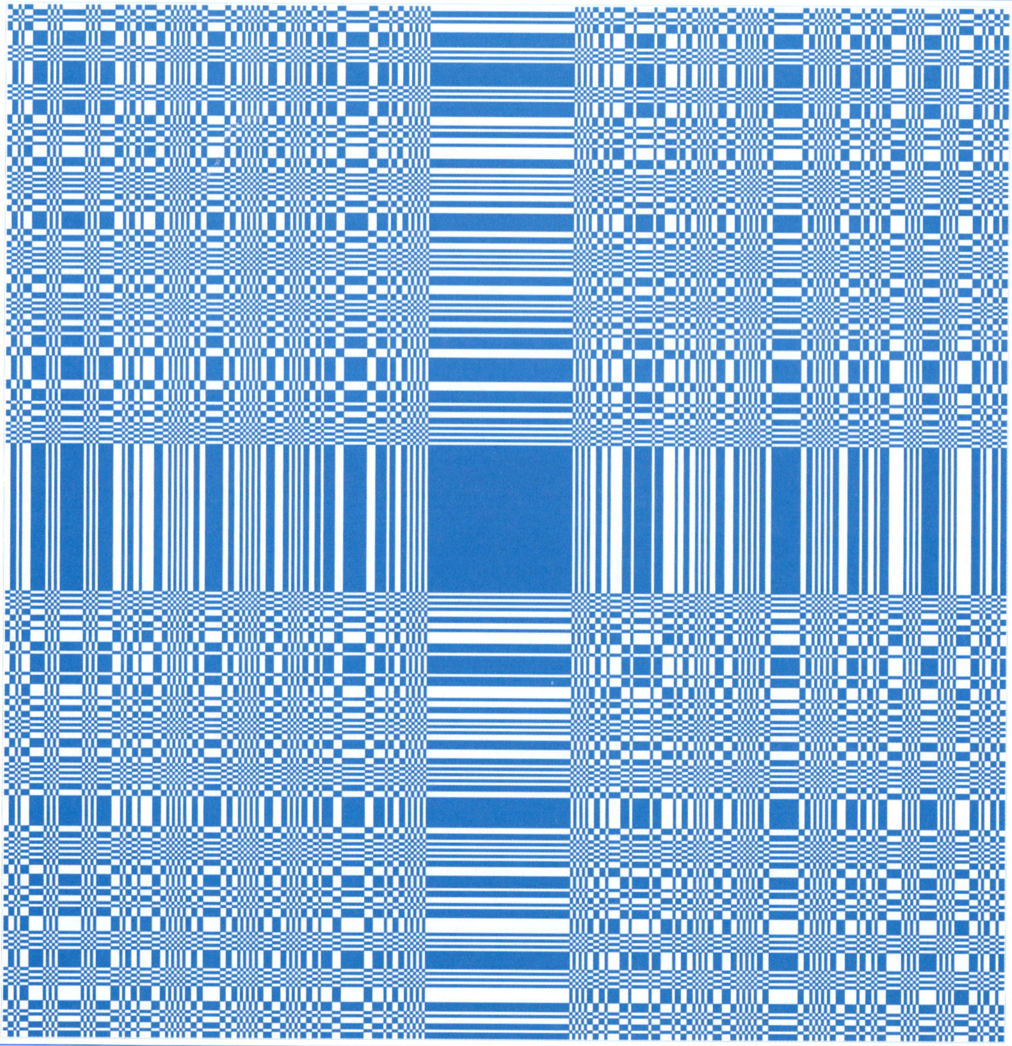

(19) 58행은 1655611… 는 343주기다. 각 행은 1001000…, 0110111… 는 343주기다.

① 1단계

1	6	5	5	6	1	1	3	4	1
6	1	0	0	1	0	0	0	1	0
5	0	1	1	0	1	1	1	0	1
5	0	1	1	0	1	1	1	0	1
6	1	0	0	1	0	0	0	1	0
1	0	1	1	0	1	1	1	0	1
1	0	1	1	0	1	1	1	0	1
3	0	1	1	0	1	1	1	0	1
4	1	0	0	1	0	0	0	1	0
1	0	1	1	0	1	1	1	0	1

② 2단계

1	6	5	5	6	1	1	3	4	1	1	4	3	2	5	2	4	4	2	5
6	1	0	0	1	0	0	0	1	0	0	1	0	1	0	1	1	1	1	0
5	0	1	1	0	1	1	1	0	1	1	0	1	0	1	0	0	0	0	1
5	0	1	1	0	1	1	1	0	1	1	0	1	0	1	0	0	0	0	1
6	1	0	0	1	0	0	0	1	0	0	1	0	1	0	1	1	1	1	0
1	0	1	1	0	1	1	1	0	1	1	0	1	0	1	0	0	0	0	1
1	0	1	1	0	1	1	1	0	1	1	0	1	0	1	0	0	0	0	1
3	0	1	1	0	1	1	1	0	1	1	0	1	0	1	0	0	0	0	1
4	1	0	0	1	0	0	0	1	0	0	1	0	1	0	1	1	1	1	0
1	0	1	1	0	1	1	1	0	1	1	0	1	0	1	0	0	0	0	1
1	0	1	1	0	1	1	1	0	1	1	0	1	0	1	0	0	0	0	1
4	1	0	0	1	0	0	0	1	0	0	1	0	1	0	1	1	1	1	0
3	0	1	1	0	1	1	1	0	1	1	0	1	0	1	0	0	0	0	1
2	1	0	0	1	0	0	0	1	0	0	1	0	1	0	1	1	1	1	0
5	0	1	1	0	1	1	1	0	1	1	0	1	0	1	0	0	0	0	1
2	1	0	0	1	0	0	0	1	0	0	1	0	1	0	1	1	1	1	0
4	1	0	0	1	0	0	0	1	0	0	1	0	1	0	1	1	1	1	0
4	1	0	0	1	0	0	0	1	0	0	1	0	1	0	1	1	1	1	0
2	1	0	0	1	0	0	0	1	0	0	1	0	1	0	1	1	1	1	0
5	0	1	1	0	1	1	1	0	1	1	0	1	0	1	0	0	0	0	1

③ 3단계

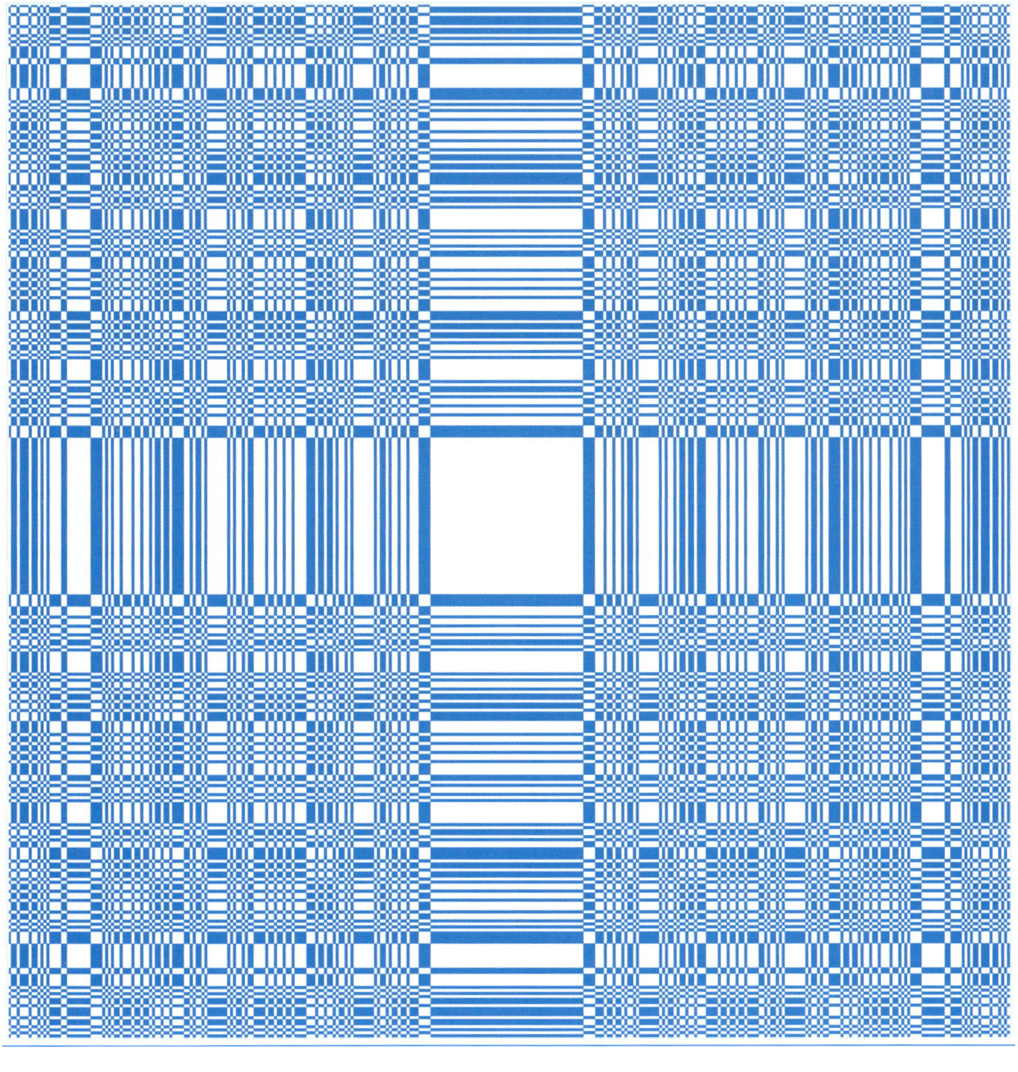

(20) 61행은 66251144⋯는 343주기다. 각 행은 0011100⋯, 1100011⋯는 343주기다.

① 1단계

6	6	2	5	1	1	4	4	4	6
6	0	0	1	1	1	0	0	0	0
2	0	0	1	1	1	0	0	0	0
5	1	1	0	0	0	1	1	1	1
1	1	1	0	0	0	1	1	1	1
1	1	1	0	0	0	1	1	1	1
4	0	0	1	1	1	0	0	0	0
4	0	0	1	1	1	0	0	0	0
4	0	0	1	1	1	0	0	0	0
6	0	0	1	1	1	0	0	0	0

② 2단계

6	6	2	5	1	1	4	4	4	6	1	3	3	4	2	2	3	4	5	5
6	0	0	1	1	1	0	0	0	0	1	1	1	0	0	0	1	0	1	1
2	0	0	1	1	1	0	0	0	0	1	1	1	0	0	0	1	0	1	1
5	1	1	0	0	0	1	1	1	1	0	0	0	1	1	1	0	1	0	0
1	1	1	0	0	0	1	1	1	1	0	0	0	1	1	1	0	1	0	0
1	1	1	0	0	0	1	1	1	1	0	0	0	1	1	1	0	1	0	0
4	0	0	1	1	1	0	0	0	0	1	1	1	0	0	0	1	0	1	1
4	0	0	1	1	1	0	0	0	0	1	1	1	0	0	0	1	0	1	1
4	0	0	1	1	1	0	0	0	0	1	1	1	0	0	0	1	0	1	1
6	0	0	1	1	1	0	0	0	0	1	1	1	0	0	0	1	0	1	1
1	1	1	0	0	0	1	1	1	1	0	0	0	1	1	1	0	1	0	0
3	1	1	0	0	0	1	1	1	1	0	0	0	1	1	1	0	1	0	0
3	1	1	0	0	0	1	1	1	1	0	0	0	1	1	1	0	1	0	0
4	0	0	1	1	1	0	0	0	0	1	1	1	0	0	0	1	0	1	1
2	0	0	1	1	1	0	0	0	0	1	1	1	0	0	0	1	0	1	1
2	0	0	1	1	1	0	0	0	0	1	1	1	0	0	0	1	0	1	1
3	1	1	0	0	0	1	1	1	1	0	0	0	1	1	1	0	1	0	0
4	0	0	1	1	1	0	0	0	0	1	1	1	0	0	0	1	0	1	1
5	1	1	0	0	0	1	1	1	1	0	0	0	1	1	1	0	1	0	0
5	1	1	0	0	0	1	1	1	1	0	0	0	1	1	1	0	1	0	0

③ 3단계

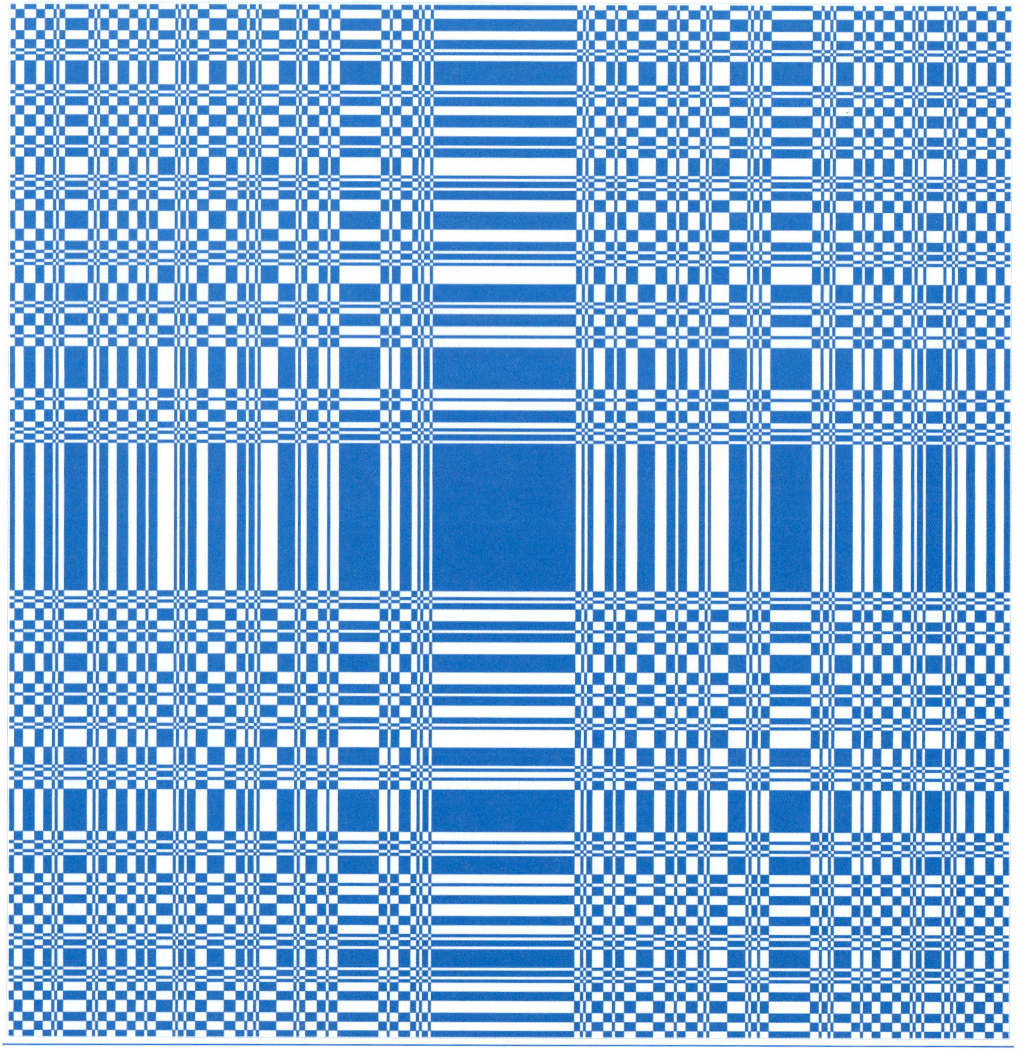

(21) 62행 3122131은 343주기다. 각 행은 1001110…, 0110001… 의 343주기를 가진다.

① 1단계

3	1	2	2	1	3	1	2	3	6
1	1	0	0	1	1	1	0	1	0
2	0	1	1	0	0	0	1	0	1
2	0	1	1	0	0	0	1	0	1
1	1	0	0	1	1	1	0	1	0
3	1	0	0	1	1	1	0	1	0
1	1	0	0	1	1	1	0	1	0
2	0	1	1	0	0	0	1	0	1
3	1	0	0	1	1	1	0	1	0
6	0	1	1	0	0	0	1	0	1

② 2단계

3	1	2	2	1	3	1	2	3	6	6	3	2	2	1	5	3	3	5	1
1	1	0	0	1	1	1	0	1	0	0	1	0	0	1	1	1	1	1	1
2	0	1	1	0	0	0	1	0	1	1	0	1	1	0	0	0	0	0	0
2	0	1	1	0	0	0	1	0	1	1	0	1	1	0	0	0	0	0	0
1	1	0	0	1	1	1	0	1	0	0	1	0	0	1	1	1	1	1	1
3	1	0	0	1	1	1	0	1	0	0	1	0	0	1	1	1	1	1	1
1	1	0	0	1	1	1	0	1	0	0	1	0	0	1	1	1	1	1	1
2	0	1	1	0	0	0	1	0	1	1	0	1	1	0	0	0	0	0	0
3	1	0	0	1	1	1	0	1	0	0	1	0	0	1	1	1	1	1	1
6	0	1	1	0	0	0	1	0	1	1	0	1	1	0	0	0	0	0	0
6	0	1	1	0	0	0	1	0	1	1	0	1	1	0	0	0	0	0	0
3	1	0	0	1	1	1	0	1	0	0	1	0	0	1	1	1	1	1	1
2	0	1	1	0	0	0	1	0	1	1	0	1	1	0	0	0	0	0	0
2	0	1	1	0	0	0	1	0	1	1	0	1	1	0	0	0	0	0	0
1	1	0	0	1	1	1	0	1	0	0	1	0	0	1	1	1	1	1	1
5	1	0	0	1	1	1	0	1	0	0	1	0	0	1	1	1	1	1	1
3	1	0	0	1	1	1	0	1	0	0	1	0	0	1	1	1	1	1	1
3	1	0	0	1	1	1	0	1	0	0	1	0	0	1	1	1	1	1	1
5	1	0	0	1	1	1	0	1	0	0	1	0	0	1	1	1	1	1	1
1	1	0	0	1	1	1	0	1	0	0	1	0	0	1	1	1	1	1	1

③ 3단계

(22) 67행 2555525··· 는 343주기를 가진다. 각 행은 0000100···, 1111011··· 는 343주기다.

① 1단계

2	5	5	5	5	2	5	3	4	4
5	0	0	0	0	1	0	0	1	1
5	0	0	0	0	1	0	0	1	1
5	0	0	0	0	1	0	0	1	1
5	0	0	0	0	1	0	0	1	1
2	1	1	1	1	0	1	1	0	0
5	0	0	0	0	1	0	0	1	1
3	0	0	0	0	1	0	0	1	1
4	1	1	1	1	0	1	1	0	0
4	1	1	1	1	0	1	1	0	0

② 2단계

2	5	5	5	5	2	5	3	4	4	4	4	3	1	5	2	2	2	2	5
5	0	0	0	0	1	0	0	1	1	1	1	0	0	0	1	1	1	1	0
5	0	0	0	0	1	0	0	1	1	1	1	0	0	0	1	1	1	1	0
5	0	0	0	0	1	0	0	1	1	1	1	0	0	0	1	1	1	1	0
5	0	0	0	0	1	0	0	1	1	1	1	0	0	0	1	1	1	1	0
2	1	1	1	1	0	1	1	0	0	0	0	1	1	1	0	0	0	0	1
5	0	0	0	0	1	0	0	1	1	1	1	0	0	0	1	1	1	1	0
3	0	0	0	0	1	0	0	1	1	1	1	0	0	0	1	1	1	1	0
4	1	1	1	1	0	1	1	0	0	0	0	1	1	1	0	0	0	0	1
4	1	1	1	1	0	1	1	0	0	0	0	1	1	1	0	0	0	0	1
4	1	1	1	1	0	1	1	0	0	0	0	1	1	1	0	0	0	0	1
4	1	1	1	1	0	1	1	0	0	0	0	1	1	1	0	0	0	0	1
3	0	0	0	0	1	0	0	1	1	1	1	0	0	0	1	1	1	1	0
1	0	0	0	0	1	0	0	1	1	1	1	0	0	0	1	1	1	1	0
5	0	0	0	0	1	0	0	1	1	1	1	0	0	0	1	1	1	1	0
2	1	1	1	1	0	1	1	0	0	0	0	1	1	1	0	0	0	0	1
2	1	1	1	1	0	1	1	0	0	0	0	1	1	1	0	0	0	0	1
2	1	1	1	1	0	1	1	0	0	0	0	1	1	1	0	0	0	0	1
2	1	1	1	1	0	1	1	0	0	0	0	1	1	1	0	0	0	0	1
5	0	0	0	0	1	0	0	1	1	1	1	0	0	0	1	1	1	1	0

③ 3단계

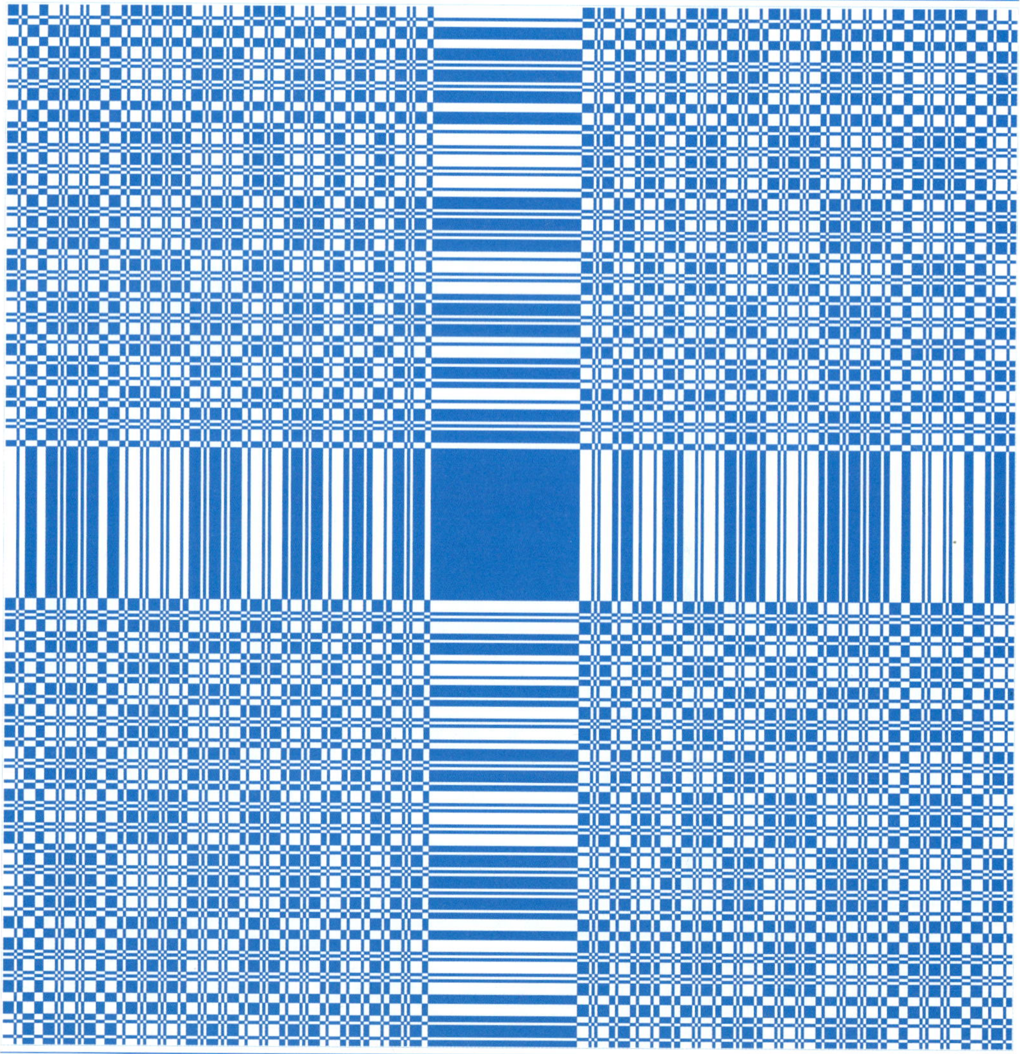

(23) 69행 3122135는 343주기이다. 각 행은 1001111…, 0110000… 의 343주기를 가진다.

① 1단계

3	1	2	2	1	3	5	1	5	3
1	1	0	0	1	1	1	1	1	1
2	0	1	1	0	0	0	0	0	0
2	0	1	1	0	0	0	0	0	0
1	1	0	0	1	1	1	1	1	1
3	1	0	0	1	1	1	1	1	1
5	1	0	0	1	1	1	1	1	1
1	1	0	0	1	1	1	1	1	1
5	1	0	0	1	1	1	1	1	1
3	1	0	0	1	1	1	1	1	1

② 2단계

3	1	2	2	1	3	5	1	5	3	3	5	1	1	4	6	5	5	6	4
1	1	0	0	1	1	1	1	1	1	1	1	1	1	0	0	1	1	0	0
2	0	1	1	0	0	0	0	0	0	0	0	0	0	1	1	0	0	1	1
2	0	1	1	0	0	0	0	0	0	0	0	0	0	1	1	0	0	1	1
1	1	0	0	1	1	1	1	1	1	1	1	1	1	0	0	1	1	0	0
3	1	0	0	1	1	1	1	1	1	1	1	1	1	0	0	1	1	0	0
5	1	0	0	1	1	1	1	1	1	1	1	1	1	0	0	1	1	0	0
1	1	0	0	1	1	1	1	1	1	1	1	1	1	0	0	1	1	0	0
5	1	0	0	1	1	1	1	1	1	1	1	1	1	0	0	1	1	0	0
3	1	0	0	1	1	1	1	1	1	1	1	1	1	0	0	1	1	0	0
3	1	0	0	1	1	1	1	1	1	1	1	1	1	0	0	1	1	0	0
5	1	0	0	1	1	1	1	1	1	1	1	1	1	0	0	1	1	0	0
1	1	0	0	1	1	1	1	1	1	1	1	1	1	0	0	1	1	0	0
1	1	0	0	1	1	1	1	1	1	1	1	1	1	0	0	1	1	0	0
4	0	1	1	0	0	0	0	0	0	0	0	0	0	1	1	0	0	1	1
6	0	1	1	0	0	0	0	0	0	0	0	0	0	1	1	0	0	1	1
5	1	0	0	1	1	1	1	1	1	1	1	1	1	0	0	1	1	0	0
5	1	0	0	1	1	1	1	1	1	1	1	1	1	0	0	1	1	0	0
6	0	1	1	0	0	0	0	0	0	0	0	0	0	1	1	0	0	1	1
4	0	1	1	0	0	0	0	0	0	0	0	0	0	1	1	0	0	1	1

③ 3단계

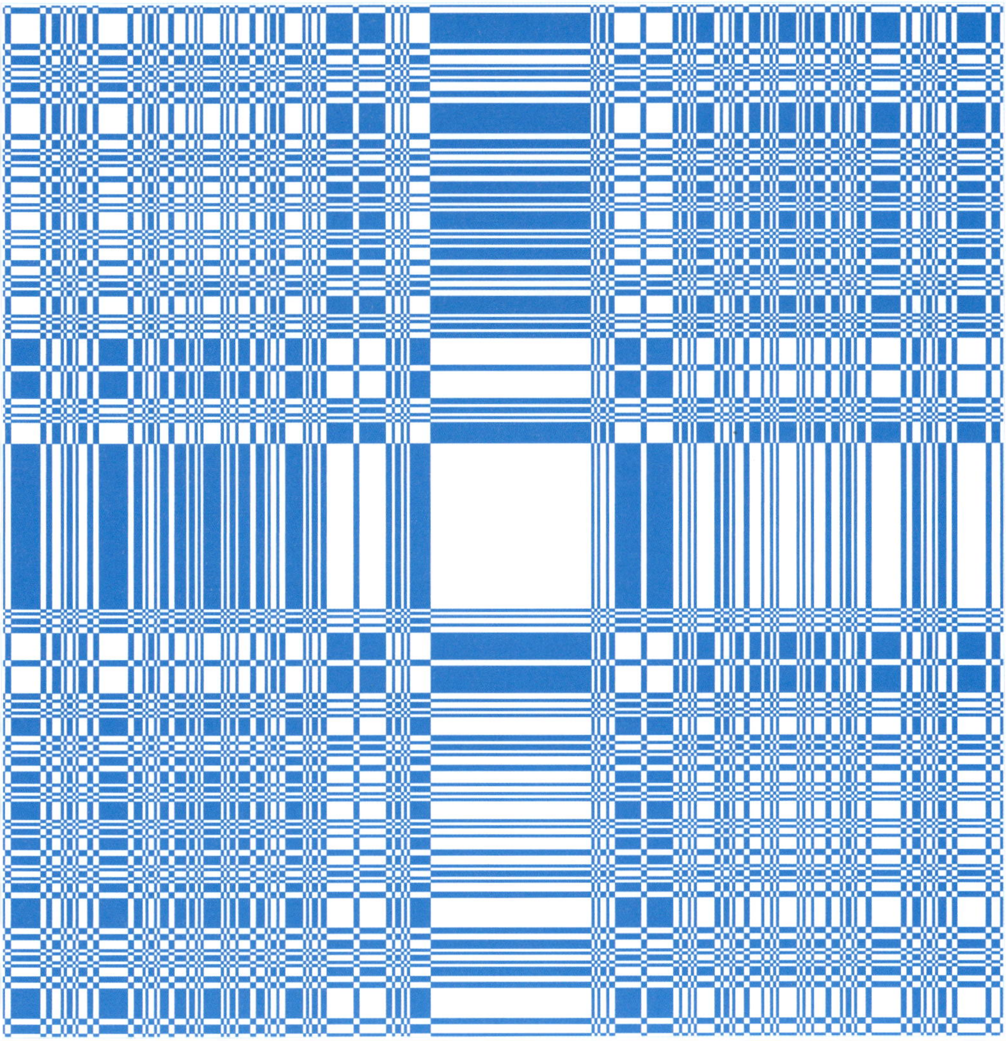

(24) 70행 0404045는 343주기이다. 각 행은 0000010··· 와 1111101··· 의 343주기를 가진다.

① 1단계

0	4	0	4	0	4	5	4	3	4
4	0	0	0	0	0	1	0	1	0
0	0	0	0	0	0	1	0	1	0
4	0	0	0	0	0	1	0	1	0
0	0	0	0	0	0	1	0	1	0
4	0	0	0	0	0	1	0	1	0
5	1	1	1	1	1	0	1	0	1
4	0	0	0	0	0	1	0	1	0
3	1	1	1	1	1	0	1	0	1
4	0	0	0	0	0	1	0	1	0

② 2단계

0	4	0	4	0	4	5	4	3	4	3	4	3	5	3	6	3	6	3	6
4	0	0	0	0	0	1	0	1	0	1	0	1	1	1	0	1	0	1	0
0	0	0	0	0	0	1	0	1	0	1	0	1	1	1	0	1	0	1	0
4	0	0	0	0	0	1	0	1	0	1	0	1	1	1	0	1	0	1	0
0	0	0	0	0	0	1	0	1	0	1	0	1	1	1	0	1	0	1	0
4	0	0	0	0	0	1	0	1	0	1	0	1	1	1	0	1	0	1	0
5	1	1	1	1	1	0	1	0	1	0	1	0	0	0	1	0	1	0	1
4	0	0	0	0	0	1	0	1	0	1	0	1	1	1	0	1	0	1	0
3	1	1	1	1	1	0	1	0	1	0	1	0	0	0	1	0	1	0	1
4	0	0	0	0	0	1	0	1	0	1	0	1	1	1	0	1	0	1	0
3	1	1	1	1	1	0	1	0	1	0	1	0	0	0	1	0	1	0	1
4	0	0	0	0	0	1	0	1	0	1	0	1	1	1	0	1	0	1	0
3	1	1	1	1	1	0	1	0	1	0	1	0	0	0	1	0	1	0	1
5	1	1	1	1	1	0	1	0	1	0	1	0	0	0	1	0	1	0	1
3	1	1	1	1	1	0	1	0	1	0	1	0	0	0	1	0	1	0	1
6	0	0	0	0	0	1	0	1	0	1	0	1	1	1	0	1	0	1	0
3	1	1	1	1	1	0	1	0	1	0	1	0	0	0	1	0	1	0	1
6	0	0	0	0	0	1	0	1	0	1	0	1	1	1	0	1	0	1	0
3	1	1	1	1	1	0	1	0	1	0	1	0	0	0	1	0	1	0	1
6	0	0	0	0	0	1	0	1	0	1	0	1	1	1	0	1	0	1	0

③ 3단계

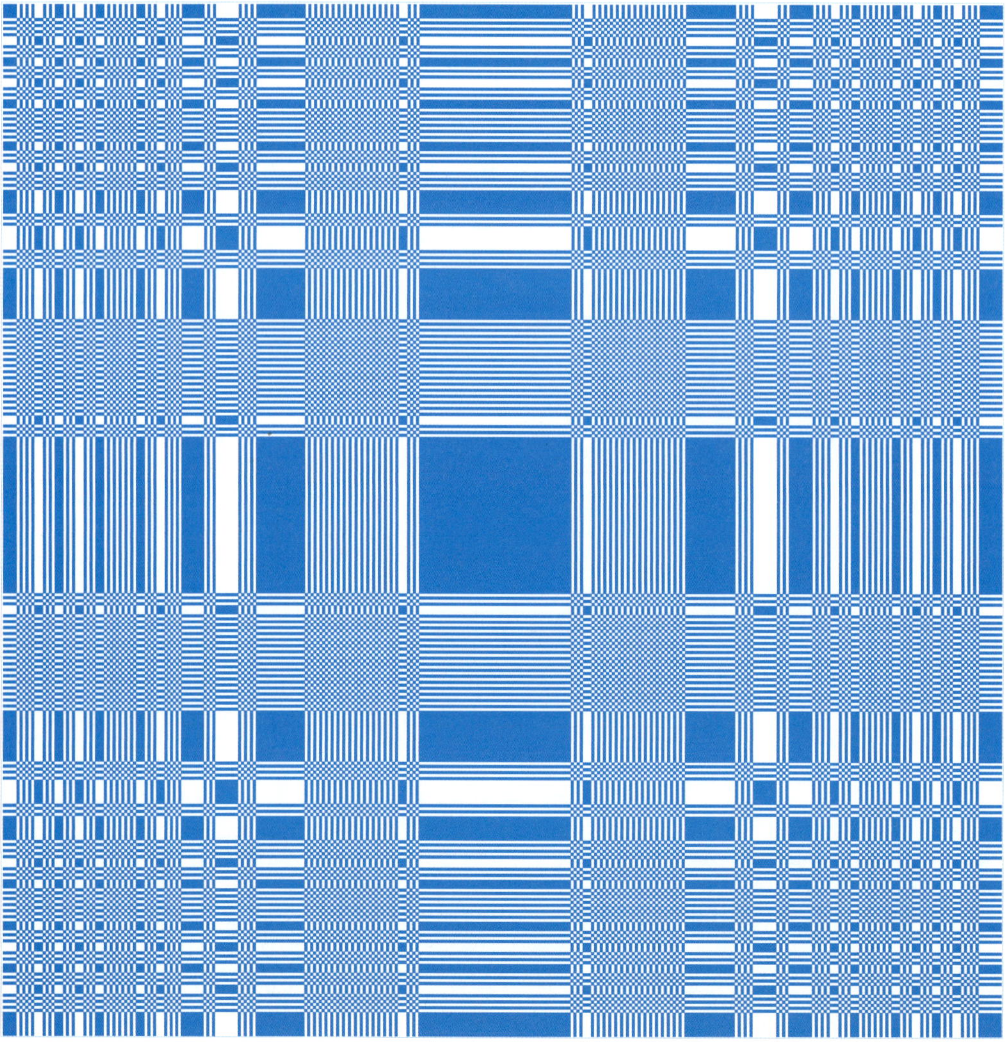

(25) 71행 4152635는 343주기를 가진다. 각 행은 001100⋯, 1100110⋯의 343주기를 가진다.

① 1단계

4	1	5	2	6	3	5	0	0	0
1	0	0	1	1	0	0	1	1	1
5	0	0	1	1	0	0	1	1	1
2	1	1	0	0	1	1	0	0	0
6	1	1	0	0	1	1	0	0	0
3	0	0	1	1	0	0	1	1	1
5	0	0	1	1	0	0	1	1	1
0	1	1	0	0	1	1	0	0	0
0	1	1	0	0	1	1	0	0	0
0	1	1	0	0	1	1	0	0	0

② 2단계

4	1	5	2	6	3	5	0	0	0	0	0	0	1	2	4	6	1	3	5
1	0	0	1	1	0	0	1	1	1	1	1	1	0	1	1	1	0	0	0
5	0	0	1	1	0	0	1	1	1	1	1	1	0	1	1	1	0	0	0
2	1	1	0	0	1	1	0	0	0	0	0	0	1	0	0	0	1	1	1
6	1	1	0	0	1	1	0	0	0	0	0	0	1	0	0	0	1	1	1
3	0	0	1	1	0	0	1	1	1	1	1	1	0	1	1	1	0	0	0
5	0	0	1	1	0	0	1	1	1	1	1	1	0	1	1	1	0	0	0
0	1	1	0	0	1	1	0	0	0	0	0	0	1	0	0	0	1	1	1
0	1	1	0	0	1	1	0	0	0	0	0	0	1	0	0	0	1	1	1
0	1	1	0	0	1	1	0	0	0	0	0	0	1	0	0	0	1	1	1
0	1	1	0	0	1	1	0	0	0	0	0	0	1	0	0	0	1	1	1
0	1	1	0	0	1	1	0	0	0	0	0	0	1	0	0	0	1	1	1
0	1	1	0	0	1	1	0	0	0	0	0	0	1	0	0	0	1	1	1
1	0	0	1	1	0	0	1	1	1	1	1	1	0	1	1	1	0	0	0
2	1	1	0	0	1	1	0	0	0	0	0	0	1	0	0	0	1	1	1
4	1	1	0	0	1	1	0	0	0	0	0	0	1	0	0	0	1	1	1
6	1	1	0	0	1	1	0	0	0	0	0	0	1	0	0	0	1	1	1
1	0	0	1	1	0	0	1	1	1	1	1	1	0	1	1	1	0	0	0
3	0	0	1	1	0	0	1	1	1	1	1	1	0	1	1	1	0	0	0
5	0	0	1	1	0	0	1	1	1	1	1	1	0	1	1	1	0	0	0

③ 3단계

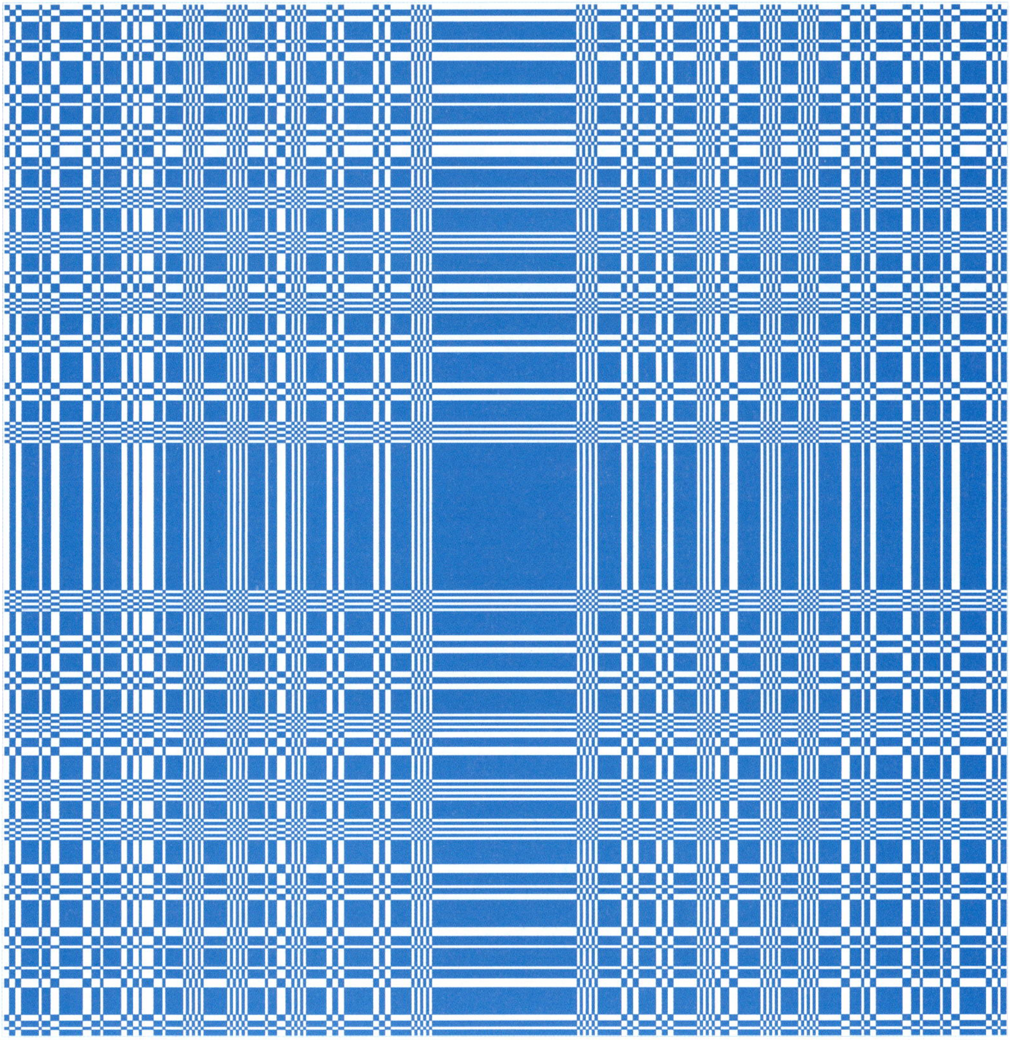

(26) 72행 1655612…는 343주기다. 각 행은 100101…, 01101…은 343주기다.

① 1단계

1	6	5	5	6	1	2	0	0	0
6	1	0	0	1	0	1	1	1	1
5	0	1	1	0	1	0	0	0	0
5	0	1	1	0	1	0	0	0	0
6	1	0	0	1	0	1	1	1	1
1	0	1	1	0	1	0	0	0	0
2	1	0	0	1	0	1	1	1	1
0	1	0	0	1	0	1	1	1	1
0	1	0	0	1	0	1	1	1	1
0	1	0	0	1	0	1	1	1	1

② 2단계

1	6	5	5	6	1	2	0	0	0	0	0	0	1	4	3	6	6	3	4
6	1	0	0	1	0	1	1	1	1	1	1	1	0	1	0	1	1	0	1
5	0	1	1	0	1	0	0	0	0	0	0	0	1	0	1	0	0	1	0
5	0	1	1	0	1	0	0	0	0	0	0	0	1	0	1	0	0	1	0
6	1	0	0	1	0	1	1	1	1	1	1	1	0	1	0	1	1	0	1
1	0	1	1	0	1	0	0	0	0	0	0	0	1	0	1	0	0	1	0
2	1	0	0	1	0	1	1	1	1	1	1	1	0	1	0	1	1	0	1
0	1	0	0	1	0	1	1	1	1	1	1	1	0	1	0	1	1	0	1
0	1	0	0	1	0	1	1	1	1	1	1	1	0	1	0	1	1	0	1
0	1	0	0	1	0	1	1	1	1	1	1	1	0	1	0	1	1	0	1
0	1	0	0	1	0	1	1	1	1	1	1	1	0	1	0	1	1	0	1
0	1	0	0	1	0	1	1	1	1	1	1	1	0	1	0	1	1	0	1
0	1	0	0	1	0	1	1	1	1	1	1	1	0	1	0	1	1	0	1
1	0	1	1	0	1	0	0	0	0	0	0	0	1	0	1	0	0	1	0
4	1	0	0	1	0	1	1	1	1	1	1	1	0	1	0	1	1	0	1
3	0	1	1	0	1	0	0	0	0	0	0	0	1	0	1	0	0	1	0
6	1	0	0	1	0	1	1	1	1	1	1	1	0	1	0	1	1	0	1
6	1	0	0	1	0	1	1	1	1	1	1	1	0	1	0	1	1	0	1
3	0	1	1	0	1	0	0	0	0	0	0	0	1	0	1	0	0	1	0
4	1	0	0	1	0	1	1	1	1	1	1	1	0	1	0	1	1	0	1

③ 3단계

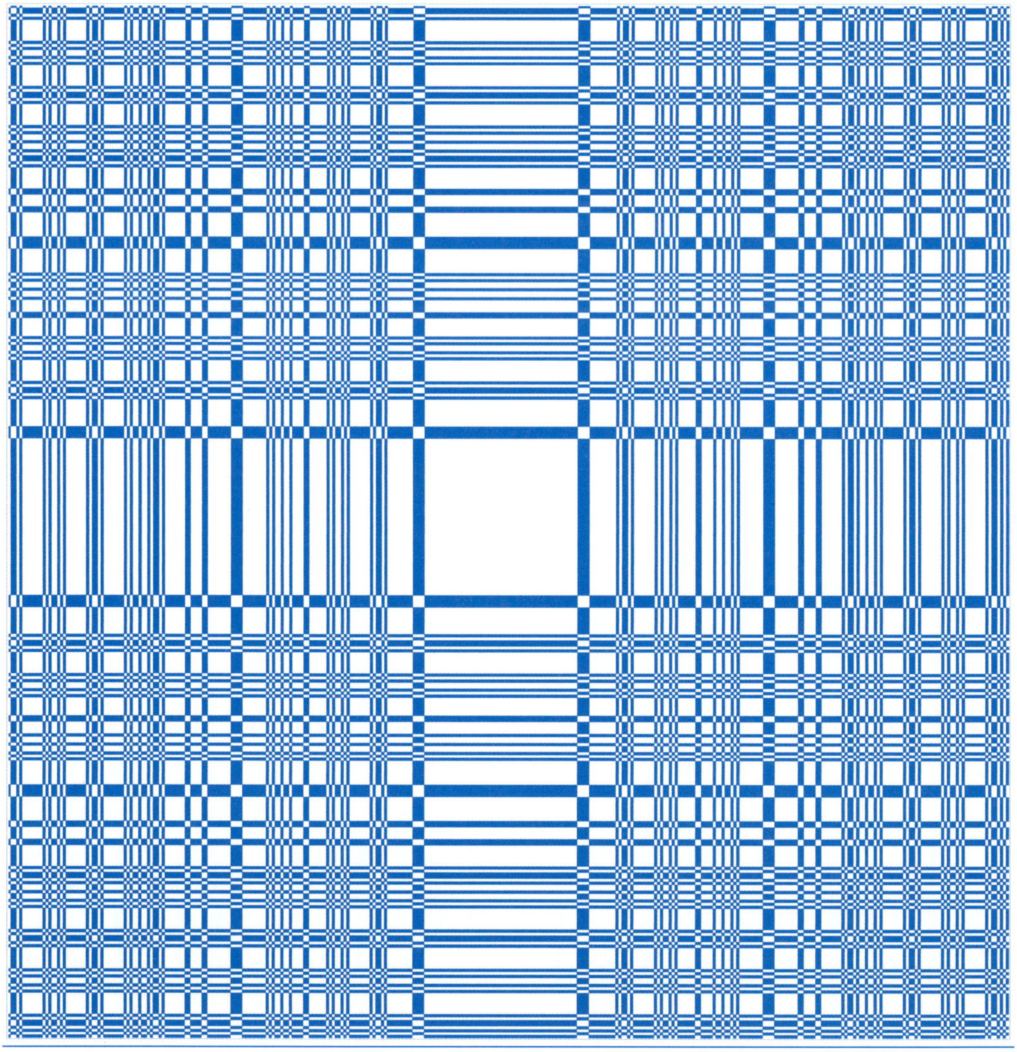

(27) 73행 5525222⋯는 343주기다. 각 행은 1010010⋯, 0101101⋯의 343주기를 가진다.

① 1단계

5	5	2	5	2	2	5	0	0	0
5	1	0	1	0	0	1	0	0	0
2	0	1	0	1	1	0	1	1	1
5	1	0	1	0	0	1	0	0	0
2	0	1	0	1	1	0	1	1	1
2	0	1	0	1	1	0	1	1	1
5	1	0	1	0	0	1	0	0	0
0	0	1	0	1	1	0	1	1	1
0	0	1	0	1	1	0	1	1	1
0	0	1	0	1	1	0	1	1	1

② 2단계

5	5	2	5	2	2	5	0	0	0	0	0	0	1	6	6	1	6	1	1
5	1	0	1	0	0	1	0	0	0	0	0	0	1	0	0	1	0	1	1
2	0	1	0	1	1	0	1	1	1	1	1	1	0	1	1	0	1	0	0
5	1	0	1	0	0	1	0	0	0	0	0	0	1	0	0	1	0	1	1
2	0	1	0	1	1	0	1	1	1	1	1	1	0	1	1	0	1	0	0
2	0	1	0	1	1	0	1	1	1	1	1	1	0	1	1	0	1	0	0
5	1	0	1	0	0	1	0	0	0	0	0	0	1	0	0	1	0	1	1
0	0	1	0	1	1	0	1	1	1	1	1	1	0	1	1	0	1	0	0
0	0	1	0	1	1	0	1	1	1	1	1	1	0	1	1	0	1	0	0
0	0	1	0	1	1	0	1	1	1	1	1	1	0	1	1	0	1	0	0
0	0	1	0	1	1	0	1	1	1	1	1	1	0	1	1	0	1	0	0
0	0	1	0	1	1	0	1	1	1	1	1	1	0	1	1	0	1	0	0
0	0	1	0	1	1	0	1	1	1	1	1	1	0	1	1	0	1	0	0
1	1	0	1	0	0	1	0	0	0	0	0	0	1	0	0	1	0	1	1
6	0	1	0	1	1	0	1	1	1	1	1	1	0	1	1	0	1	0	0
6	0	1	0	1	1	0	1	1	1	1	1	1	0	1	1	0	1	0	0
1	1	0	1	0	0	1	0	0	0	0	0	0	1	0	0	1	0	1	1
6	0	1	0	1	1	0	1	1	1	1	1	1	0	1	1	0	1	0	0
1	1	0	1	0	0	1	0	0	0	0	0	0	1	0	0	1	0	1	1
1	1	0	1	0	0	1	0	0	0	0	0	0	1	0	0	1	0	1	1

③ 3단계

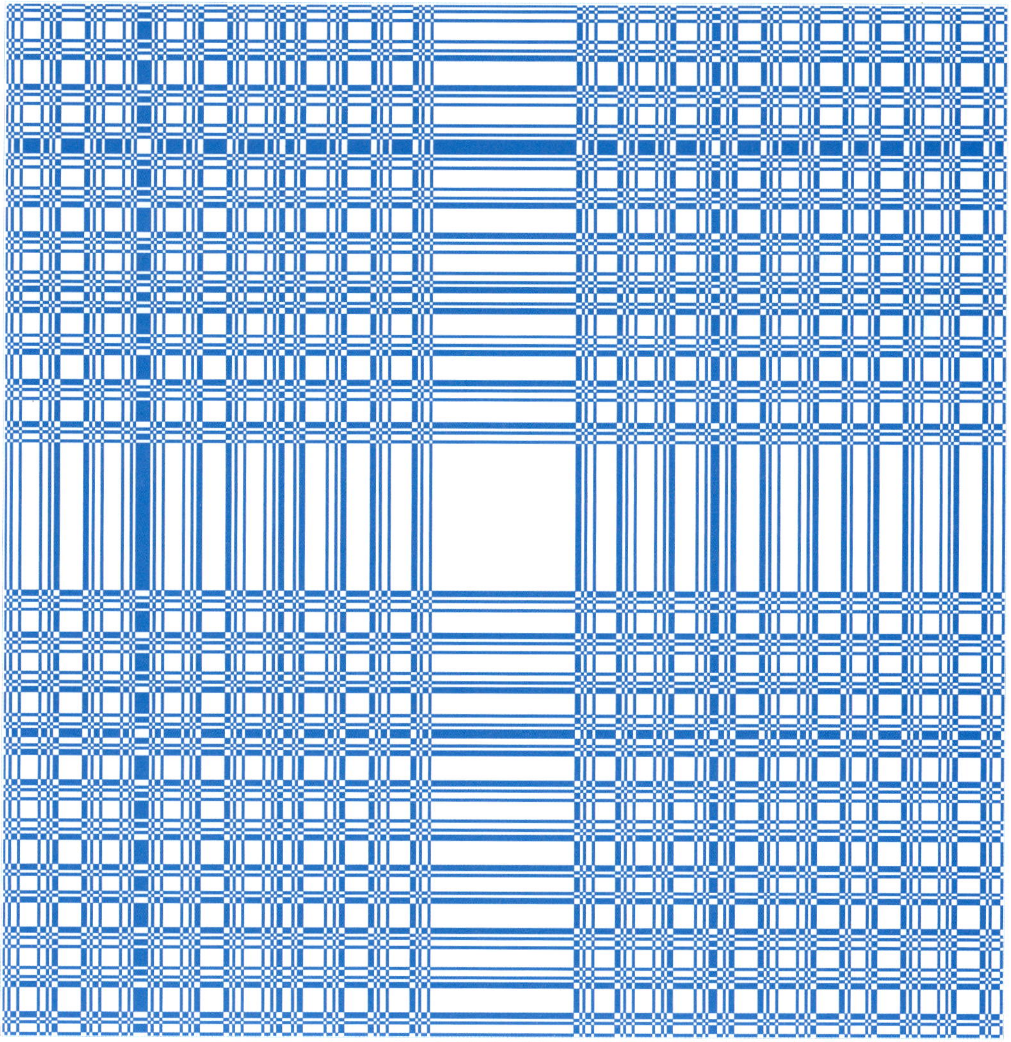

(28) 75행 6625115는 343주기다. 각 행은 0011110⋯, 1100001⋯ 의 343주기를 가진다.

① 1단계

6	6	2	5	1	1	5	0	0	0
6	0	0	1	1	1	1	0	0	0
2	0	0	1	1	1	1	0	0	0
5	1	1	0	0	0	0	1	1	1
1	1	1	0	0	0	0	1	1	1
1	1	1	0	0	0	0	1	1	1
5	1	1	0	0	0	0	1	1	1
0	0	0	1	1	1	1	0	0	0
0	0	0	1	1	1	1	0	0	0
0	0	0	1	1	1	1	0	0	0

② 2단계

6	6	2	5	1	1	5	0	0	0	0	0	0	1	3	3	1	6	4	4
6	0	0	1	1	1	1	0	0	0	0	0	0	1	1	1	1	0	0	0
2	0	0	1	1	1	1	0	0	0	0	0	0	1	1	1	1	0	0	0
5	1	1	0	0	0	0	1	1	1	1	1	1	0	0	0	0	1	1	1
1	1	1	0	0	0	0	1	1	1	1	1	1	0	0	0	0	1	1	1
1	1	1	0	0	0	0	1	1	1	1	1	1	0	0	0	0	1	1	1
5	1	1	0	0	0	0	1	1	1	1	1	1	0	0	0	0	1	1	1
0	0	0	1	1	1	1	0	0	0	0	0	0	1	1	1	1	0	0	0
0	0	0	1	1	1	1	0	0	0	0	0	0	1	1	1	1	0	0	0
0	0	0	1	1	1	1	0	0	0	0	0	0	1	1	1	1	0	0	0
0	0	0	1	1	1	1	0	0	0	0	0	0	1	1	1	1	0	0	0
0	0	0	1	1	1	1	0	0	0	0	0	0	1	1	1	1	0	0	0
0	0	0	1	1	1	1	0	0	0	0	0	0	1	1	1	1	0	0	0
1	1	1	0	0	0	0	1	1	1	1	1	1	0	0	0	0	1	1	1
3	1	1	0	0	0	0	1	1	1	1	1	1	0	0	0	0	1	1	1
3	1	1	0	0	0	0	1	1	1	1	1	1	0	0	0	0	1	1	1
1	1	1	0	0	0	0	1	1	1	1	1	1	0	0	0	0	1	1	1
6	0	0	1	1	1	1	0	0	0	0	0	0	1	1	1	1	0	0	0
4	0	0	1	1	1	1	0	0	0	0	0	0	1	1	1	1	0	0	0
4	0	0	1	1	1	1	0	0	0	0	0	0	1	1	1	1	0	0	0

③ 3단계

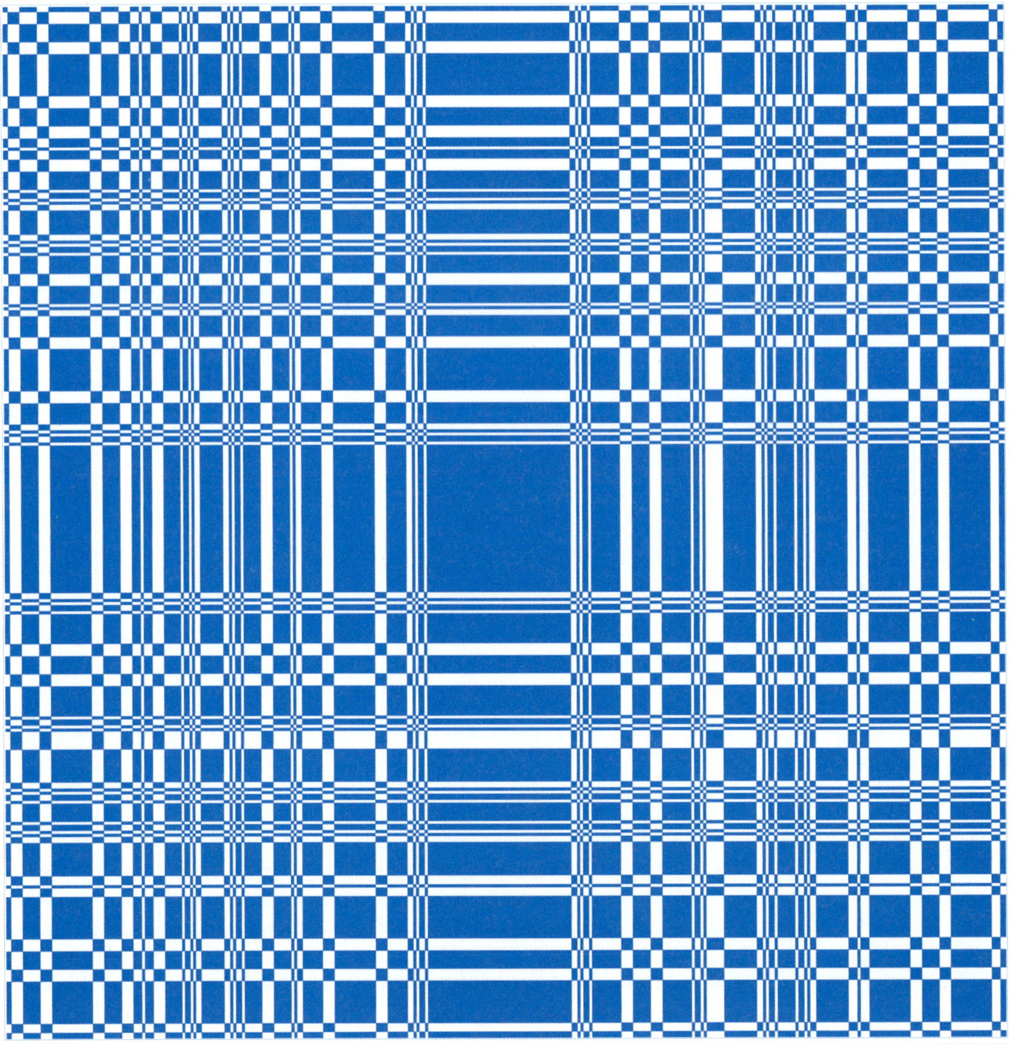

(29) 76행 3122132··· 는 343주기다. 각 행은 1001100···, 0110011··· 의 343주기를 가진다.

① 1단계

3	1	2	2	1	3	2	0	0	0
1	1	0	0	1	1	0	0	0	0
2	0	1	1	0	0	1	1	1	1
2	0	1	1	0	0	1	1	1	1
1	1	0	0	1	1	0	0	0	0
3	1	0	0	1	1	0	0	0	0
2	0	1	1	0	0	1	1	1	1
0	0	1	1	0	0	1	1	1	1
0	0	1	1	0	0	1	1	1	1
0	0	1	1	0	0	1	1	1	1

② 2단계

3	1	2	2	1	3	2	0	0	0	0	0	0	1	5	4	1	1	4	5
1	1	0	0	1	1	0	0	0	0	0	0	0	1	1	0	1	1	0	1
2	0	1	1	0	0	1	1	1	1	1	1	1	0	0	1	0	0	1	0
2	0	1	1	0	0	1	1	1	1	1	1	1	0	0	1	0	0	1	0
1	1	0	0	1	1	0	0	0	0	0	0	0	1	1	0	1	1	0	1
3	1	0	0	1	1	0	0	0	0	0	0	0	1	1	0	1	1	0	1
2	0	1	1	0	0	1	1	1	1	1	1	1	0	0	1	0	0	1	0
0	0	1	1	0	0	1	1	1	1	1	1	1	0	0	1	0	0	1	0
0	0	1	1	0	0	1	1	1	1	1	1	1	0	0	1	0	0	1	0
0	0	1	1	0	0	1	1	1	1	1	1	1	0	0	1	0	0	1	0
0	0	1	1	0	0	1	1	1	1	1	1	1	0	0	1	0	0	1	0
0	0	1	1	0	0	1	1	1	1	1	1	1	0	0	1	0	0	1	0
0	0	1	1	0	0	1	1	1	1	1	1	1	0	0	1	0	0	1	0
1	1	0	0	1	1	0	0	0	0	0	0	0	1	1	0	1	1	0	1
5	1	0	0	1	1	0	0	0	0	0	0	0	1	1	0	1	1	0	1
4	0	1	1	0	0	1	1	1	1	1	1	1	0	0	1	0	0	1	0
1	1	0	0	1	1	0	0	0	0	0	0	0	1	1	0	1	1	0	1
1	1	0	0	1	1	0	0	0	0	0	0	0	1	1	0	1	1	0	1
4	0	1	1	0	0	1	1	1	1	1	1	1	0	0	1	0	0	1	0
5	1	0	0	1	1	0	0	0	0	0	0	0	1	1	0	1	1	0	1

③ 3단계

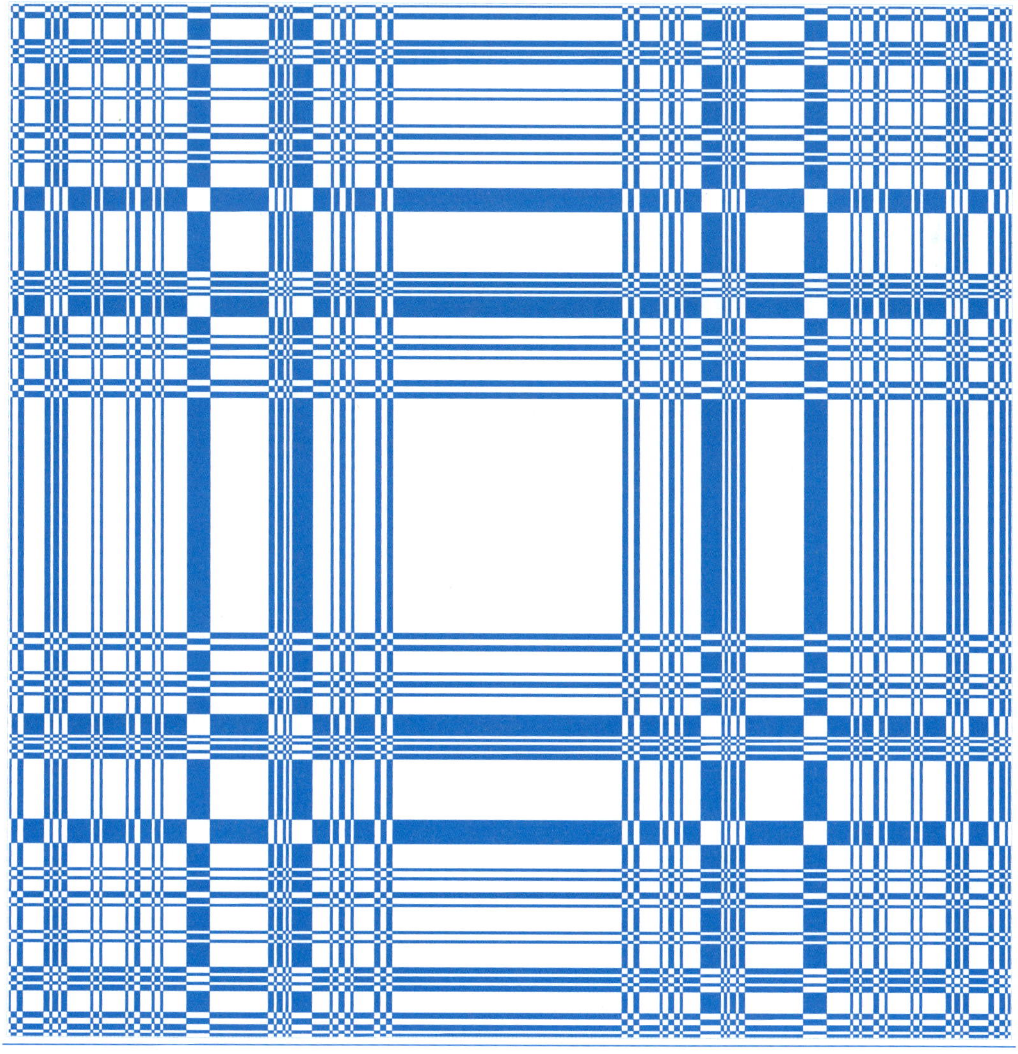

(30) 77행 0404042⋯는 343주기다. 각 행은 000000⋯, 11111111⋯의 343주기를 가진다.

① 1단계

0	4	0	4	0	4	2	4	4	4
4	0	0	0	0	0	0	0	0	0
0	0	0	0	0	0	0	0	0	0
4	0	0	0	0	0	0	0	0	0
0	0	0	0	0	0	0	0	0	0
4	0	0	0	0	0	0	0	0	0
2	0	0	0	0	0	0	0	0	0
4	0	0	0	0	0	0	0	0	0
4	0	0	0	0	0	0	0	0	0
4	0	0	0	0	0	0	0	0	0

② 2단계

0	4	0	4	0	4	2	4	4	4	4	4	4	5	4	6	4	6	4	6
4	0	0	0	0	0	0	0	0	0	0	0	0	1	0	0	0	0	0	0
0	0	0	0	0	0	0	0	0	0	0	0	0	1	0	0	0	0	0	0
4	0	0	0	0	0	0	0	0	0	0	0	0	1	0	0	0	0	0	0
0	0	0	0	0	0	0	0	0	0	0	0	0	1	0	0	0	0	0	0
4	0	0	0	0	0	0	0	0	0	0	0	0	1	0	0	0	0	0	0
2	0	0	0	0	0	0	0	0	0	0	0	0	1	0	0	0	0	0	0
4	0	0	0	0	0	0	0	0	0	0	0	0	1	0	0	0	0	0	0
4	0	0	0	0	0	0	0	0	0	0	0	0	1	0	0	0	0	0	0
4	0	0	0	0	0	0	0	0	0	0	0	0	1	0	0	0	0	0	0
4	0	0	0	0	0	0	0	0	0	0	0	0	1	0	0	0	0	0	0
4	0	0	0	0	0	0	0	0	0	0	0	0	1	0	0	0	0	0	0
4	0	0	0	0	0	0	0	0	0	0	0	0	1	0	0	0	0	0	0
5	1	1	1	1	1	1	1	1	1	1	1	1	0	1	1	1	1	1	1
4	0	0	0	0	0	0	0	0	0	0	0	0	1	0	0	0	0	0	0
6	0	0	0	0	0	0	0	0	0	0	0	0	1	0	0	0	0	0	0
4	0	0	0	0	0	0	0	0	0	0	0	0	1	0	0	0	0	0	0
6	0	0	0	0	0	0	0	0	0	0	0	0	1	0	0	0	0	0	0
4	0	0	0	0	0	0	0	0	0	0	0	0	1	0	0	0	0	0	0
6	0	0	0	0	0	0	0	0	0	0	0	0	1	0	0	0	0	0	0

③ 3단계

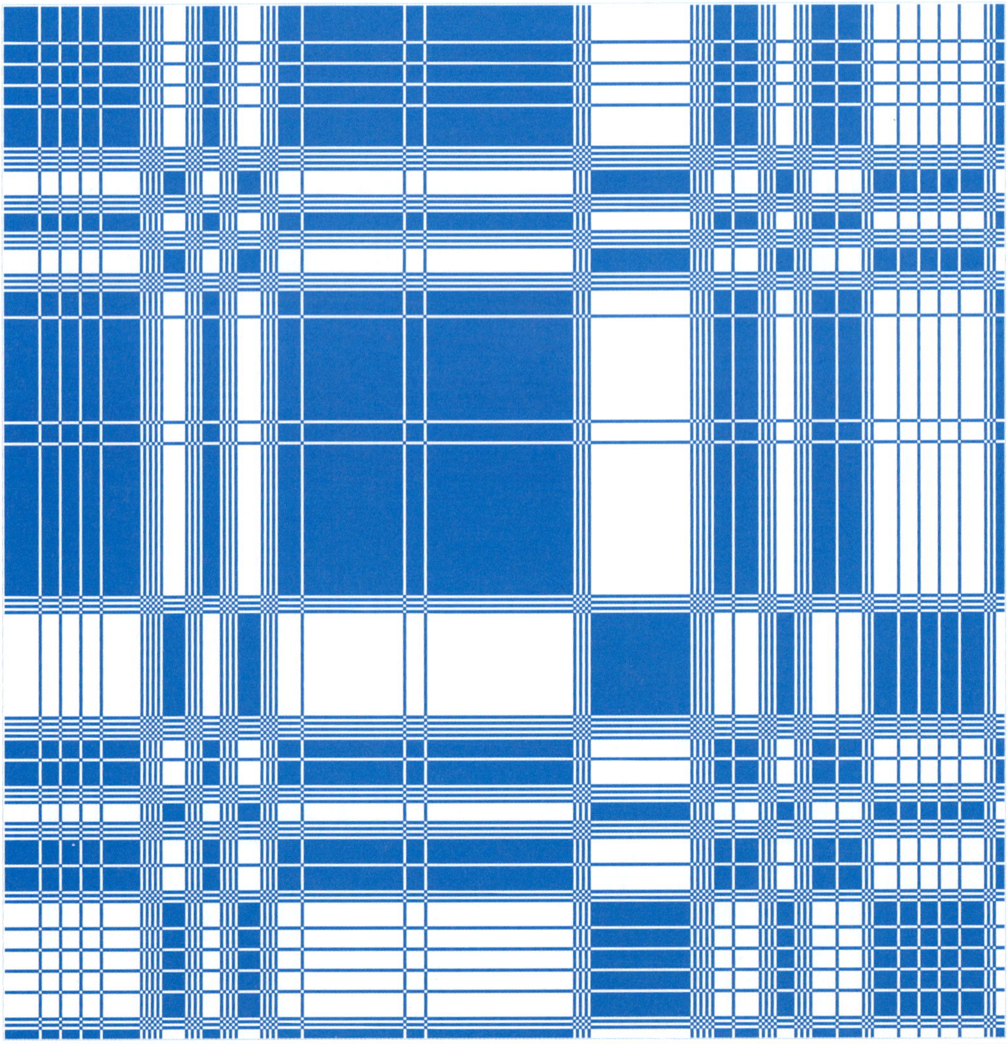

(31) 83행 3122125⋯는 343주기다. 각 행은 1001100⋯, 0110011⋯의 343주기를 가진다.

① 1단계

3	1	2	2	1	3	6	6	2	4
1	1	0	0	1	1	0	0	0	0
2	0	1	1	0	0	1	1	1	1
2	0	1	1	0	0	1	1	1	1
1	1	0	0	1	1	0	0	0	0
3	1	0	0	1	1	0	0	0	0
6	0	1	1	0	0	1	1	1	1
6	0	1	1	0	0	1	1	1	1
2	0	1	1	0	0	1	1	1	1
4	0	1	1	0	0	1	1	1	1

② 2단계

3	1	2	2	1	3	6	6	2	4	4	2	6	2	4	6	5	5	6	4
1	1	0	0	1	1	0	0	0	0	0	0	0	0	0	0	1	1	0	0
2	0	1	1	0	0	1	1	1	1	1	1	1	1	1	1	0	0	1	1
2	0	1	1	0	0	1	1	1	1	1	1	1	1	1	1	0	0	1	1
1	1	0	0	1	1	0	0	0	0	0	0	0	0	0	0	1	1	0	0
3	1	0	0	1	1	0	0	0	0	0	0	0	0	0	0	1	1	0	0
6	0	1	1	0	0	1	1	1	1	1	1	1	1	1	1	0	0	1	1
6	0	1	1	0	0	1	1	1	1	1	1	1	1	1	1	0	0	1	1
2	0	1	1	0	0	1	1	1	1	1	1	1	1	1	1	0	0	1	1
4	0	1	1	0	0	1	1	1	1	1	1	1	1	1	1	0	0	1	1
4	0	1	1	0	0	1	1	1	1	1	1	1	1	1	1	0	0	1	1
2	0	1	1	0	0	1	1	1	1	1	1	1	1	1	1	0	0	1	1
6	0	1	1	0	0	1	1	1	1	1	1	1	1	1	1	0	0	1	1
2	0	1	1	0	0	1	1	1	1	1	1	1	1	1	1	0	0	1	1
4	0	1	1	0	0	1	1	1	1	1	1	1	1	1	1	0	0	1	1
6	0	1	1	0	0	1	1	1	1	1	1	1	1	1	1	0	0	1	1
5	1	0	0	1	1	0	0	0	0	0	0	0	0	0	0	1	1	0	0
5	1	0	0	1	1	0	0	0	0	0	0	0	0	0	0	1	1	0	0
6	0	1	1	0	0	1	1	1	1	1	1	1	1	1	1	0	0	1	1
4	0	1	1	0	0	1	1	1	1	1	1	1	1	1	1	0	0	1	1

③ 3단계

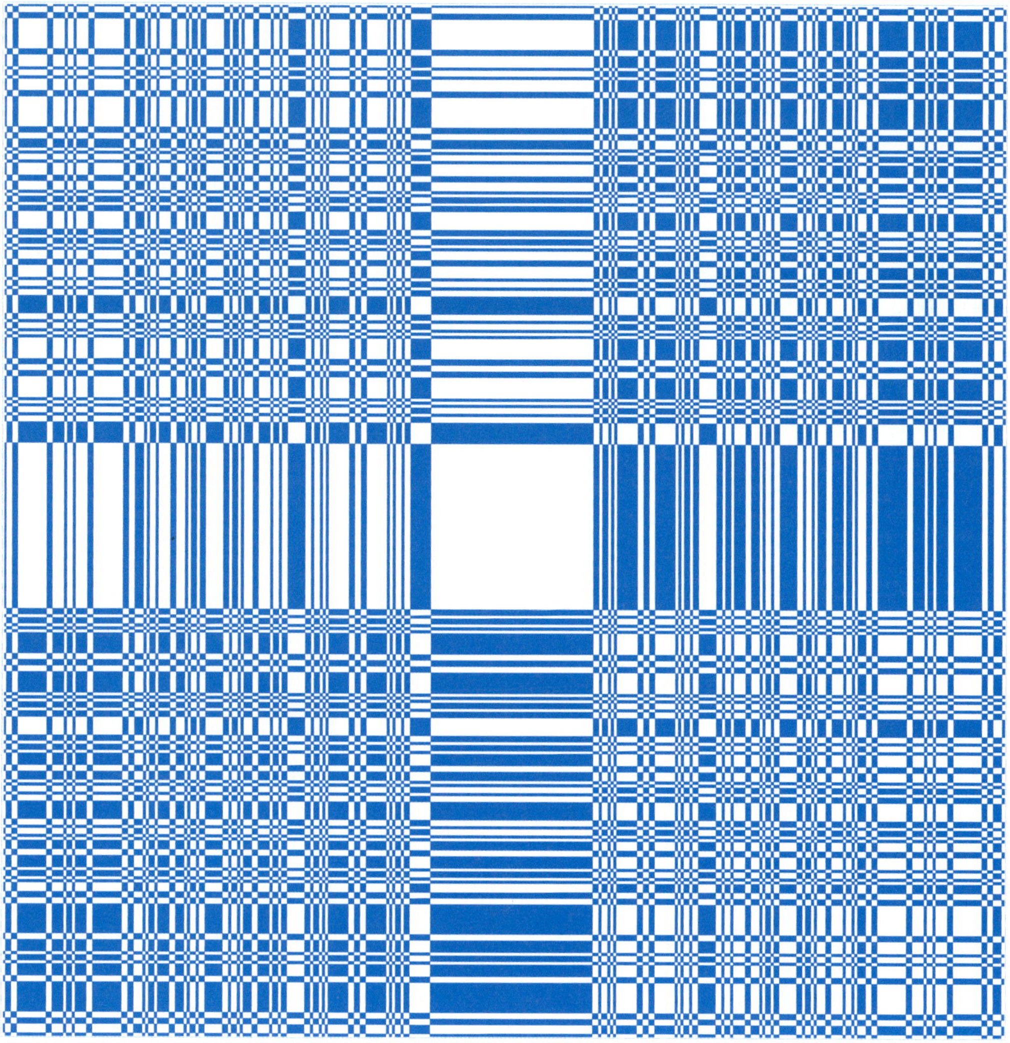

(32) 84행 0404046··· 은 343주기다. 각 행은 0000000···, 1111111··· 의 343주기를 가진다.

① 1단계

0	4	0	4	0	4	6	4	5	4
4	0	0	0	0	0	0	0	1	0
0	0	0	0	0	0	0	0	1	0
4	0	0	0	0	0	0	0	1	0
0	0	0	0	0	0	0	0	1	0
4	0	0	0	0	0	0	0	1	0
6	0	0	0	0	0	0	0	1	0
4	0	0	0	0	0	0	0	1	0
5	1	1	1	1	1	1	1	0	1
4	0	0	0	0	0	0	0	1	0

② 2단계

0	4	0	4	0	4	6	4	5	4	5	4	5	6	5	1	5	1	5	1
4	0	0	0	0	0	0	0	1	0	1	0	1	0	1	1	1	1	1	1
0	0	0	0	0	0	0	0	1	0	1	0	1	0	1	1	1	1	1	1
4	0	0	0	0	0	0	0	1	0	1	0	1	0	1	1	1	1	1	1
0	0	0	0	0	0	0	0	1	0	1	0	1	0	1	1	1	1	1	1
4	0	0	0	0	0	0	0	1	0	1	0	1	0	1	1	1	1	1	1
6	0	0	0	0	0	0	0	1	0	1	0	1	0	1	1	1	1	1	1
4	0	0	0	0	0	0	0	1	0	1	0	1	0	1	1	1	1	1	1
5	1	1	1	1	1	1	1	0	1	0	1	0	1	0	0	0	0	0	0
4	0	0	0	0	0	0	0	1	0	1	0	1	0	1	1	1	1	1	1
5	1	1	1	1	1	1	1	0	1	0	1	0	1	0	0	0	0	0	0
4	0	0	0	0	0	0	0	1	0	1	0	1	0	1	1	1	1	1	1
5	1	1	1	1	1	1	1	0	1	0	1	0	1	0	0	0	0	0	0
6	0	0	0	0	0	0	0	1	0	1	0	1	0	1	1	1	1	1	1
5	1	1	1	1	1	1	1	0	1	0	1	0	1	0	0	0	0	0	0
1	1	1	1	1	1	1	1	0	1	0	1	0	1	0	0	0	0	0	0
5	1	1	1	1	1	1	1	0	1	0	1	0	1	0	0	0	0	0	0
1	1	1	1	1	1	1	1	0	1	0	1	0	1	0	0	0	0	0	0
5	1	1	1	1	1	1	1	0	1	0	1	0	1	0	0	0	0	0	0
1	1	1	1	1	1	1	1	0	1	0	1	0	1	0	0	0	0	0	0

③ 3단계

(33) 85행 4152636은 343주기다. 각 행은 001101⋯, 110010⋯ 의 343주기를 가진다.

① 1단계

4	1	5	2	6	3	6	2	4	6
1	0	0	1	1	0	1	1	1	1
5	0	0	1	1	0	1	1	1	1
2	1	1	0	0	1	0	0	0	0
6	1	1	0	0	1	0	0	0	0
3	0	0	1	1	0	1	1	1	1
6	1	1	0	0	1	0	0	0	0
2	1	1	0	0	1	0	0	0	0
4	1	1	0	0	1	0	0	0	0
6	1	1	0	0	1	0	0	0	0

② 2단계

4	1	5	2	6	3	6	2	4	6	1	3	5	2	6	5	4	3	2	1
1	0	0	1	1	0	1	1	1	1	0	0	0	1	1	0	1	0	1	0
5	0	0	1	1	0	1	1	1	1	0	0	0	1	1	0	1	0	1	0
2	1	1	0	0	1	0	0	0	0	1	1	1	0	0	1	0	1	0	1
6	1	1	0	0	1	0	0	0	0	1	1	1	0	0	1	0	1	0	1
3	0	0	1	1	0	1	1	1	1	0	0	0	1	1	0	1	0	1	0
6	1	1	0	0	1	0	0	0	0	1	1	1	0	0	1	0	1	0	1
2	1	1	0	0	1	0	0	0	0	1	1	1	0	0	1	0	1	0	1
4	1	1	0	0	1	0	0	0	0	1	1	1	0	0	1	0	1	0	1
6	1	1	0	0	1	0	0	0	0	1	1	1	0	0	1	0	1	0	1
1	0	0	1	1	0	1	1	1	1	0	0	0	1	1	0	1	0	1	0
3	0	0	1	1	0	1	1	1	1	0	0	0	1	1	0	1	0	1	0
5	0	0	1	1	0	1	1	1	1	0	0	0	1	1	0	1	0	1	0
2	1	1	0	0	1	0	0	0	0	1	1	1	0	0	1	0	1	0	1
6	1	1	0	0	1	0	0	0	0	1	1	1	0	0	1	0	1	0	1
5	0	0	1	1	0	1	1	1	1	0	0	0	1	1	0	1	0	1	0
4	1	1	0	0	1	0	0	0	0	1	1	1	0	0	1	0	1	0	1
3	0	0	1	1	0	1	1	1	1	0	0	0	1	1	0	1	0	1	0
2	1	1	0	0	1	0	0	0	0	1	1	1	0	0	1	0	1	0	1
1	0	0	1	1	0	1	1	1	1	0	0	0	1	1	0	1	0	1	0

③ 3단계

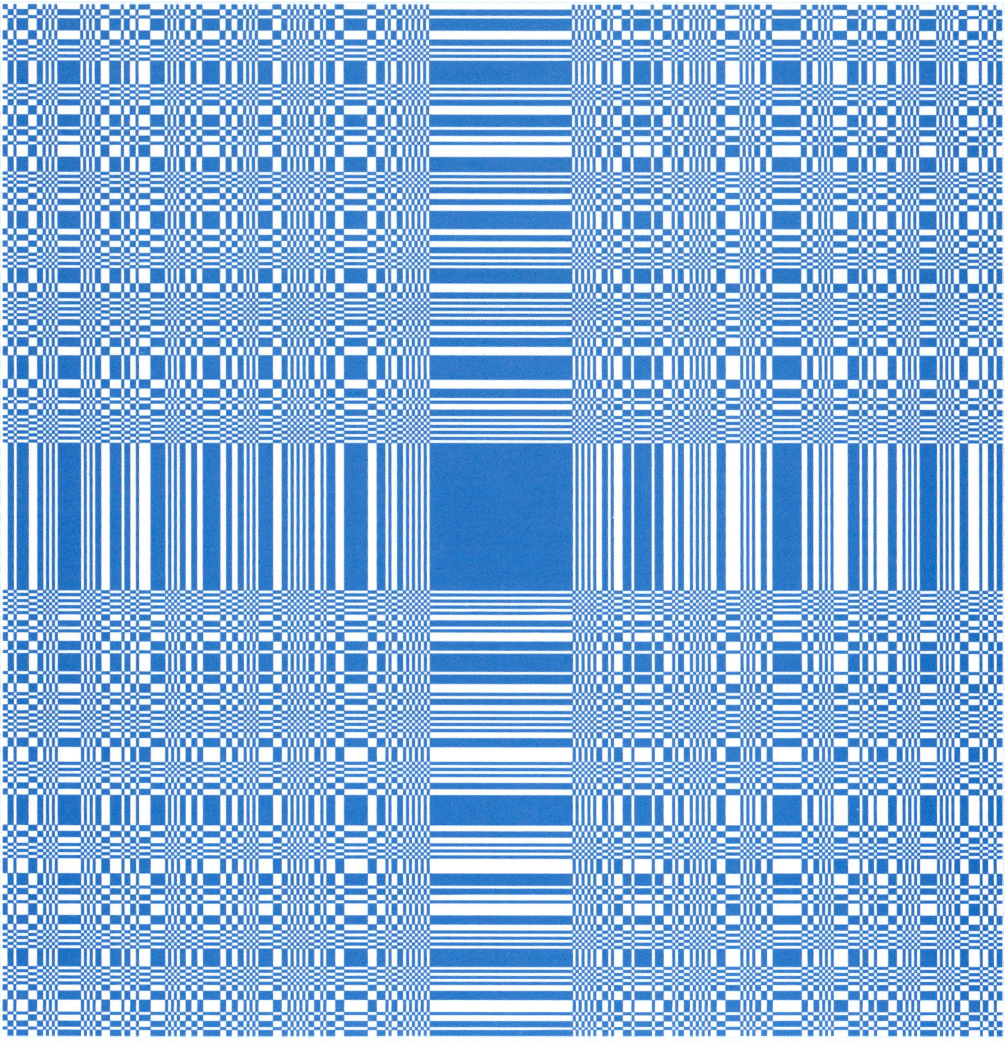

(34) 90행 3122133⋯은 343주기다. 각 행은 1001111⋯, 011000⋯는 343주기를 가진다.

① 1단계

3	1	2	2	1	3	3	5	4	1
1	1	0	0	1	1	1	1	0	1
2	0	1	1	0	0	0	0	1	0
2	0	1	1	0	0	0	0	1	0
1	1	0	0	1	1	1	1	0	1
3	1	0	0	1	1	1	1	0	1
3	1	0	0	1	1	1	1	0	1
5	1	0	0	1	1	1	1	0	1
4	0	1	1	0	0	0	0	1	0
1	1	0	0	1	1	1	1	0	1

② 2단계

3	1	2	2	1	3	3	5	4	1	1	4	5	4	1	5	3	3	5	1
1	1	0	0	1	1	1	1	0	1	1	0	1	0	1	1	1	1	1	1
2	0	1	1	0	0	0	0	1	0	0	1	0	1	0	0	0	0	0	0
2	0	1	1	0	0	0	0	1	0	0	1	0	1	0	0	0	0	0	0
1	1	0	0	1	1	1	1	0	1	1	0	1	0	1	1	1	1	1	1
3	1	0	0	1	1	1	1	0	1	1	0	1	0	1	1	1	1	1	1
3	1	0	0	1	1	1	1	0	1	1	0	1	0	1	1	1	1	1	1
5	1	0	0	1	1	1	1	0	1	1	0	1	0	1	1	1	1	1	1
4	0	1	1	0	0	0	0	1	0	0	1	0	1	0	0	0	0	0	0
1	1	0	0	1	1	1	1	0	1	1	0	1	0	1	1	1	1	1	1
1	1	0	0	1	1	1	1	0	1	1	0	1	0	1	1	1	1	1	1
4	0	1	1	0	0	0	0	1	0	0	1	0	1	0	0	0	0	0	0
5	1	0	0	1	1	1	1	0	1	1	0	1	0	1	1	1	1	1	1
4	0	1	1	0	0	0	0	1	0	0	1	0	1	0	0	0	0	0	0
1	1	0	0	1	1	1	1	0	1	1	0	1	0	1	1	1	1	1	1
5	1	0	0	1	1	1	1	0	1	1	0	1	0	1	1	1	1	1	1
3	1	0	0	1	1	1	1	0	1	1	0	1	0	1	1	1	1	1	1
3	1	0	0	1	1	1	1	0	1	1	0	1	0	1	1	1	1	1	1
5	1	0	0	1	1	1	1	0	1	1	0	1	0	1	1	1	1	1	1
1	1	0	0	1	1	1	1	0	1	1	0	1	0	1	1	1	1	1	1

③ 3단계

(35) 91행 0404043⋯은 343주기다. 각 행은 0000010⋯, 111101⋯은 343주기를 가진다.

① 1단계

0	4	0	4	0	4	3	4	6	4
4	0	0	0	0	0	1	0	0	0
0	0	0	0	0	0	1	0	0	0
4	0	0	0	0	0	1	0	0	0
0	0	0	0	0	0	1	0	0	0
4	0	0	0	0	0	1	0	0	0
3	1	1	1	1	1	0	1	1	1
4	0	0	0	0	0	1	0	0	0
6	0	0	0	0	0	1	0	0	0
4	0	0	0	0	0	1	0	0	0

② 2단계

0	4	0	4	0	4	3	4	6	4	6	4	6	1	6	5	6	5	6	5
4	0	0	0	0	0	1	0	0	0	0	0	0	1	0	1	0	1	0	1
0	0	0	0	0	0	1	0	0	0	0	0	0	1	0	1	0	1	0	1
4	0	0	0	0	0	1	0	0	0	0	0	0	1	0	1	0	1	0	1
0	0	0	0	0	0	1	0	0	0	0	0	0	1	0	1	0	1	0	1
4	0	0	0	0	0	1	0	0	0	0	0	0	1	0	1	0	1	0	1
3	1	1	1	1	1	0	1	1	1	1	1	1	0	1	0	1	0	1	0
4	0	0	0	0	0	1	0	0	0	0	0	0	1	0	1	0	1	0	1
6	0	0	0	0	0	1	0	0	0	0	0	0	1	0	1	0	1	0	1
4	0	0	0	0	0	1	0	0	0	0	0	0	1	0	1	0	1	0	1
6	0	0	0	0	0	1	0	0	0	0	0	0	1	0	1	0	1	0	1
4	0	0	0	0	0	1	0	0	0	0	0	0	1	0	1	0	1	0	1
6	0	0	0	0	0	1	0	0	0	0	0	0	1	0	1	0	1	0	1
1	1	1	1	1	1	0	1	1	1	1	1	1	0	1	0	1	0	1	0
6	0	0	0	0	0	1	0	0	0	0	0	0	1	0	1	0	1	0	1
5	1	1	1	1	1	0	1	1	1	1	1	1	0	1	0	1	0	1	0
6	0	0	0	0	0	1	0	0	0	0	0	0	1	0	1	0	1	0	1
5	1	1	1	1	1	0	1	1	1	1	1	1	0	1	0	1	0	1	0
6	0	0	0	0	0	1	0	0	0	0	0	0	1	0	1	0	1	0	1
5	1	1	1	1	1	0	1	1	1	1	1	1	0	1	0	1	0	1	0

③ 3단계

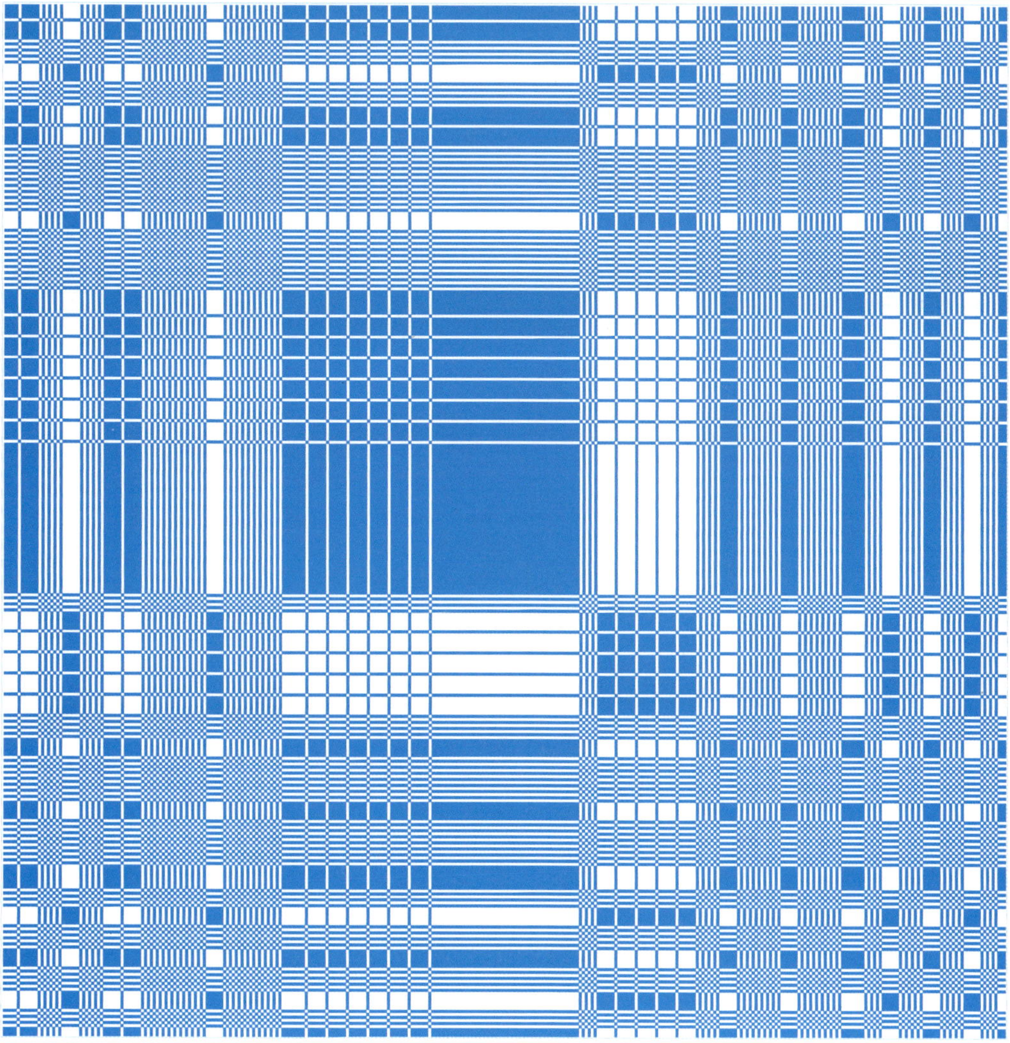

(36) 92행 4152633···는 343주기다. 각 행 0011000···, 1100111···는 343주기를 가진다.

① 1단계

4	1	5	2	6	3	3	3	6	2
1	0	0	1	1	0	0	0	1	1
5	0	0	1	1	0	0	0	1	1
2	1	1	0	0	1	1	1	0	0
6	1	1	0	0	1	1	1	0	0
3	0	0	1	1	0	0	0	1	1
3	0	0	1	1	0	0	0	1	1
3	0	0	1	1	0	0	0	1	1
6	1	1	0	0	1	1	1	0	0
2	1	1	0	0	1	1	1	0	0

② 2단계

4	1	5	2	6	3	3	3	6	2	5	1	4	4	4	1	5	2	6	3
1	0	0	1	1	0	0	0	1	1	0	0	1	1	1	0	0	1	1	0
5	0	0	1	1	0	0	0	1	1	0	0	1	1	1	0	0	1	1	0
2	1	1	0	0	1	1	1	0	0	1	1	0	0	0	1	1	0	0	1
6	1	1	0	0	1	1	1	0	0	1	1	0	0	0	1	1	0	0	1
3	0	0	1	1	0	0	0	1	1	0	0	1	1	1	0	0	1	1	0
3	0	0	1	1	0	0	0	1	1	0	0	1	1	1	0	0	1	1	0
3	0	0	1	1	0	0	0	1	1	0	0	1	1	1	0	0	1	1	0
6	1	1	0	0	1	1	1	0	0	1	1	0	0	0	1	1	0	0	1
2	1	1	0	0	1	1	1	0	0	1	1	0	0	0	1	1	0	0	1
5	0	0	1	1	0	0	0	1	1	0	0	1	1	1	0	0	1	1	0
1	0	0	1	1	0	0	0	1	1	0	0	1	1	1	0	0	1	1	0
4	1	1	0	0	1	1	1	0	0	1	1	0	0	0	1	1	0	0	1
4	1	1	0	0	1	1	1	0	0	1	1	0	0	0	1	1	0	0	1
4	1	1	0	0	1	1	1	0	0	1	1	0	0	0	1	1	0	0	1
1	0	0	1	1	0	0	0	1	1	0	0	1	1	1	0	0	1	1	0
5	0	0	1	1	0	0	0	1	1	0	0	1	1	1	0	0	1	1	0
2	1	1	0	0	1	1	1	0	0	1	1	0	0	0	1	1	0	0	1
6	1	1	0	0	1	1	1	0	0	1	1	0	0	0	1	1	0	0	1
3	0	0	1	1	0	0	0	1	1	0	0	1	1	1	0	0	1	1	0

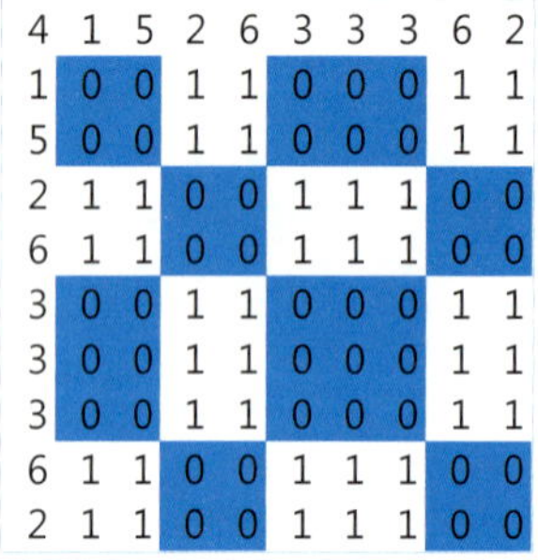

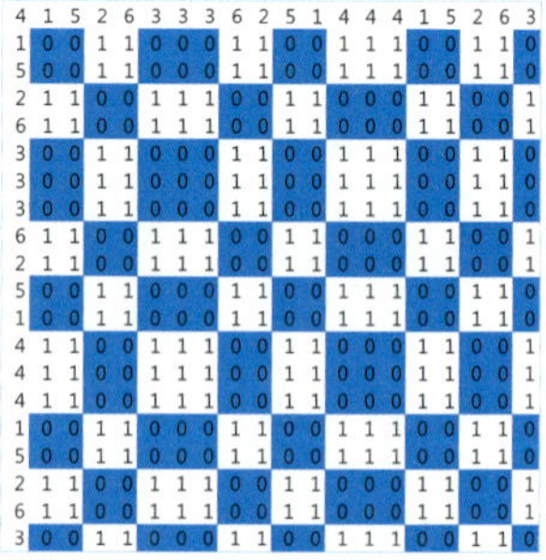

③ 3단계

(37) 94행 55252223⋯는 343주기다. 각 행 101001⋯, 010110⋯는 343주기를 가진다.

① 1단계

5	5	2	5	2	2	3	2	2	5
5	1	0	1	0	0	1	0	0	1
2	0	1	0	1	1	0	1	1	0
5	1	0	1	0	0	1	0	0	1
2	0	1	0	1	1	0	1	1	0
2	0	1	0	1	1	0	1	1	0
3	1	0	1	0	0	1	0	0	1
2	0	1	0	1	1	0	1	1	0
2	0	1	0	1	1	0	1	1	0
5	1	0	1	0	0	1	0	0	1

② 2단계

5	5	2	5	2	2	3	2	2	5	2	5	5	4	5	5	2	5	2	2
5	1	0	1	0	0	1	0	0	1	0	1	1	0	1	1	0	1	0	0
2	0	1	0	1	1	0	1	1	0	1	0	0	1	0	0	1	0	1	1
5	1	0	1	0	0	1	0	0	1	0	1	1	0	1	1	0	1	0	0
2	0	1	0	1	1	0	1	1	0	1	0	0	1	0	0	1	0	1	1
2	0	1	0	1	1	0	1	1	0	1	0	0	1	0	0	1	0	1	1
3	1	0	1	0	0	1	0	0	1	0	1	1	0	1	1	0	1	0	0
2	0	1	0	1	1	0	1	1	0	1	0	0	1	0	0	1	0	1	1
2	0	1	0	1	1	0	1	1	0	1	0	0	1	0	0	1	0	1	1
5	1	0	1	0	0	1	0	0	1	0	1	1	0	1	1	0	1	0	0
2	0	1	0	1	1	0	1	1	0	1	0	0	1	0	0	1	0	1	1
5	1	0	1	0	0	1	0	0	1	0	1	1	0	1	1	0	1	0	0
5	1	0	1	0	0	1	0	0	1	0	1	1	0	1	1	0	1	0	0
4	0	1	0	1	1	0	1	1	0	1	0	0	1	0	0	1	0	1	1
5	1	0	1	0	0	1	0	0	1	0	1	1	0	1	1	0	1	0	0
5	1	0	1	0	0	1	0	0	1	0	1	1	0	1	1	0	1	0	0
2	0	1	0	1	1	0	1	1	0	1	0	0	1	0	0	1	0	1	1
5	1	0	1	0	0	1	0	0	1	0	1	1	0	1	1	0	1	0	0
2	0	1	0	1	1	0	1	1	0	1	0	0	1	0	0	1	0	1	1
2	0	1	0	1	1	0	1	1	0	1	0	0	1	0	0	1	0	1	1

③ 3단계

(38) 96행 6625113···는 343주기다. 각 행 001111···, 110000···는 343주기를 가진다.

① 1단계

6	6	2	5	1	1	3	1	1	5	
6	0	0	1	1	1	1	1	1	1	
2	0	0	1	1	1	1	1	1	1	
5	1	1	0	0	0	0	0	0	0	
1	1	1	0	0	0	0	0	0	0	
1	1	1	0	0	0	0	0	0	0	
3	1	1	0	0	0	0	0	0	0	
1	1	1	0	0	0	0	0	0	0	
1	1	1	0	0	0	0	0	0	0	
5	1	1	0	0	0	0	0	0	0	

② 2단계

6	6	2	5	1	1	3	1	1	5	2	6	6	4	6	6	2	5	1	1
6	0	0	1	1	1	1	1	1	1	0	0	0	0	0	0	0	1	1	1
2	0	0	1	1	1	1	1	1	1	0	0	0	0	0	0	0	1	1	1
5	1	1	0	0	0	0	0	0	0	1	1	1	1	1	1	1	0	0	0
1	1	1	0	0	0	0	0	0	0	1	1	1	1	1	1	1	0	0	0
1	1	1	0	0	0	0	0	0	0	1	1	1	1	1	1	1	0	0	0
3	1	1	0	0	0	0	0	0	0	1	1	1	1	1	1	1	0	0	0
1	1	1	0	0	0	0	0	0	0	1	1	1	1	1	1	1	0	0	0
1	1	1	0	0	0	0	0	0	0	1	1	1	1	1	1	1	0	0	0
5	1	1	0	0	0	0	0	0	0	1	1	1	1	1	1	1	0	0	0
2	0	0	1	1	1	1	1	1	1	0	0	0	0	0	0	0	1	1	1
6	0	0	1	1	1	1	1	1	1	0	0	0	0	0	0	0	1	1	1
6	0	0	1	1	1	1	1	1	1	0	0	0	0	0	0	0	1	1	1
4	0	0	1	1	1	1	1	1	1	0	0	0	0	0	0	0	1	1	1
6	0	0	1	1	1	1	1	1	1	0	0	0	0	0	0	0	1	1	1
6	0	0	1	1	1	1	1	1	1	0	0	0	0	0	0	0	1	1	1
2	0	0	1	1	1	1	1	1	1	0	0	0	0	0	0	0	1	1	1
5	1	1	0	0	0	0	0	0	0	1	1	1	1	1	1	1	0	0	0
1	1	1	0	0	0	0	0	0	0	1	1	1	1	1	1	1	0	0	0
1	1	1	0	0	0	0	0	0	0	1	1	1	1	1	1	1	0	0	0

③ 3단계

(39) 104행 3122134⋯는 343주기다. 각 행은 100110⋯, 011001⋯의 343주기를 가진다.

① 1단계

3	1	2	2	1	3	4	3	1	2
1	1	0	0	1	1	0	1	1	0
2	0	1	1	0	0	1	0	0	1
2	0	1	1	0	0	1	0	0	1
1	1	0	0	1	1	0	1	1	0
3	1	0	0	1	1	0	1	1	0
4	0	1	1	0	0	1	0	0	1
3	1	0	0	1	1	0	1	1	0
1	1	0	0	1	1	0	1	1	0
2	0	1	1	0	0	1	0	0	1

② 2단계

3	1	2	2	1	3	4	3	1	2	2	1	3	4	3	1	2	2	1	3
1	1	0	0	1	1	0	1	1	0	0	1	1	0	1	1	0	0	1	1
2	0	1	1	0	0	1	0	0	1	1	0	0	1	0	0	1	1	0	0
2	0	1	1	0	0	1	0	0	1	1	0	0	1	0	0	1	1	0	0
1	1	0	0	1	1	0	1	1	0	0	1	1	0	1	1	0	0	1	1
3	1	0	0	1	1	0	1	1	0	0	1	1	0	1	1	0	0	1	1
4	0	1	1	0	0	1	0	0	1	1	0	0	1	0	0	1	1	0	0
3	1	0	0	1	1	0	1	1	0	0	1	1	0	1	1	0	0	1	1
1	1	0	0	1	1	0	1	1	0	0	1	1	0	1	1	0	0	1	1
2	0	1	1	0	0	1	0	0	1	1	0	0	1	0	0	1	1	0	0
2	0	1	1	0	0	1	0	0	1	1	0	0	1	0	0	1	1	0	0
1	1	0	0	1	1	0	1	1	0	0	1	1	0	1	1	0	0	1	1
3	1	0	0	1	1	0	1	1	0	0	1	1	0	1	1	0	0	1	1
4	0	1	1	0	0	1	0	0	1	1	0	0	1	0	0	1	1	0	0
3	1	0	0	1	1	0	1	1	0	0	1	1	0	1	1	0	0	1	1
1	1	0	0	1	1	0	1	1	0	0	1	1	0	1	1	0	0	1	1
2	0	1	1	0	0	1	0	0	1	1	0	0	1	0	0	1	1	0	0
2	0	1	1	0	0	1	0	0	1	1	0	0	1	0	0	1	1	0	0
1	1	0	0	1	1	0	1	1	0	0	1	1	0	1	1	0	0	1	1
3	1	0	0	1	1	0	1	1	0	0	1	1	0	1	1	0	0	1	1

③ 3단계

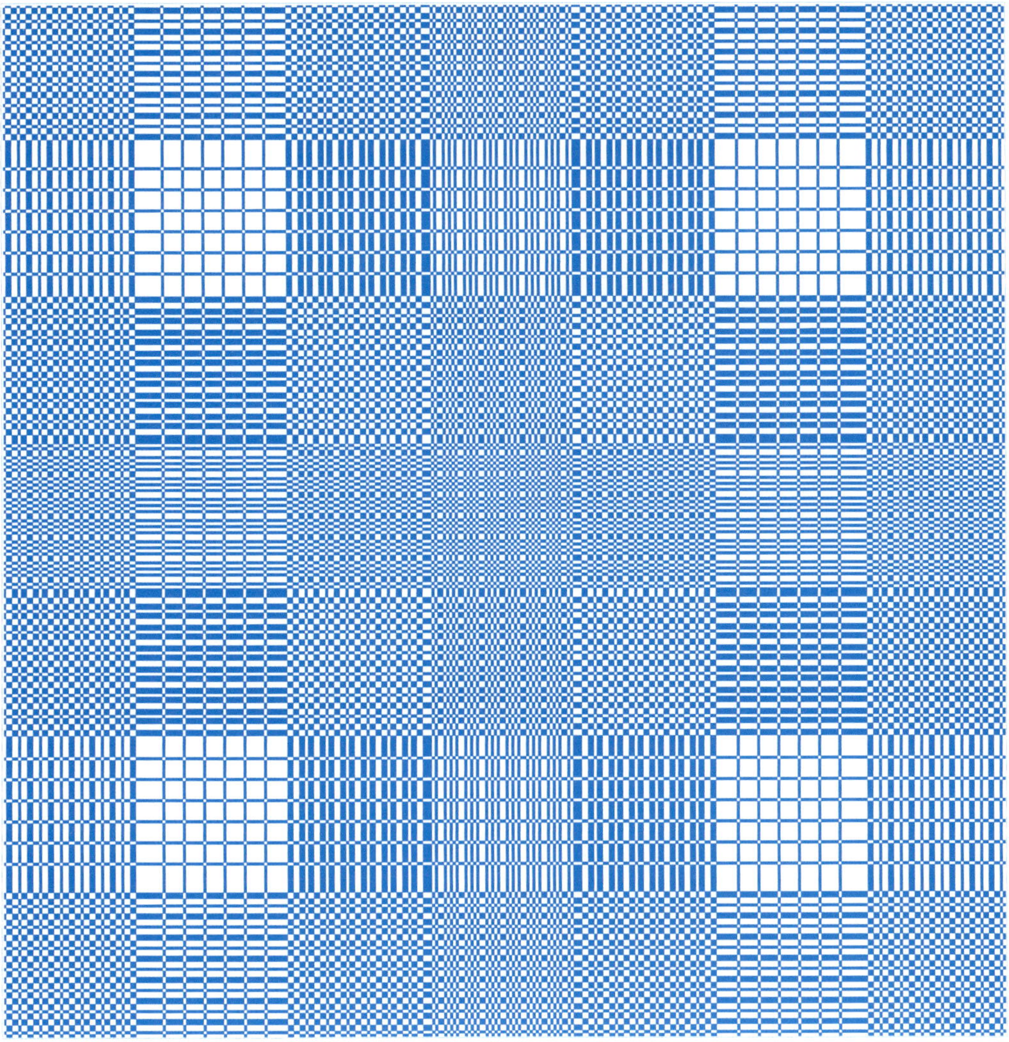

(40) 105행 040404···는 343주기다. 각 행은 000000···, 1111111···의 343주기를 가진다.

① 1단계

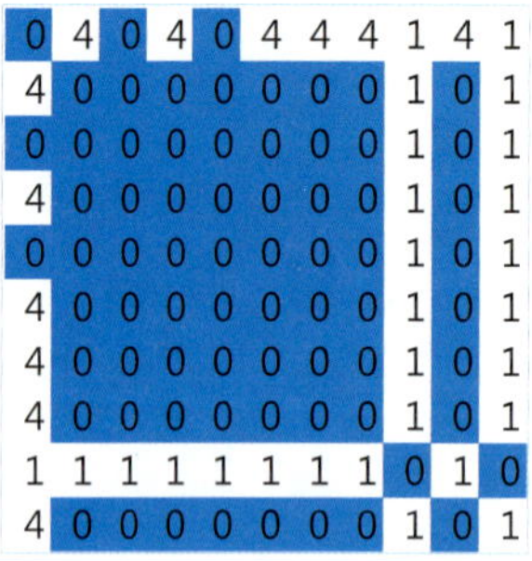

② 2단계

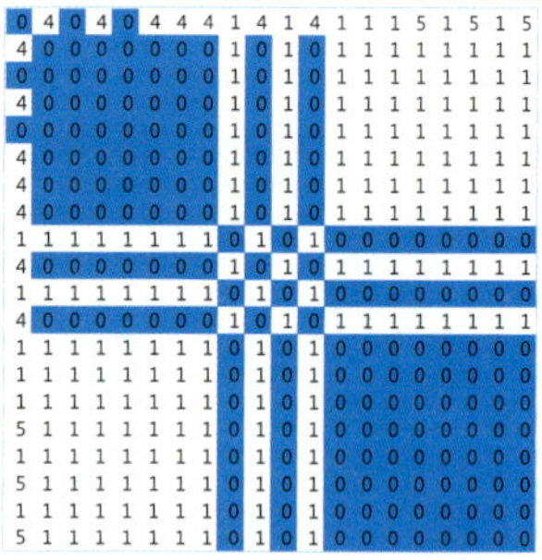

③ 3단계

(41) 111행 3122131⋯는 343주기다. 각 행은 1001110⋯, 011000⋯의 343주기를 가진다.

① 1단계

3	1	2	2	1	3	1	2	3	6	6
1	1	0	0	1	1	1	0	1	0	0
2	0	1	1	0	0	0	1	0	1	1
2	0	1	1	0	0	0	1	0	1	1
1	1	0	0	1	1	1	0	1	0	0
3	1	0	0	1	1	1	0	1	0	0
1	1	0	0	1	1	1	0	1	0	0
2	0	1	1	0	0	0	1	0	1	1
3	1	0	0	1	1	1	0	1	0	0
6	0	1	1	0	0	0	1	0	1	1

② 2단계

3	1	2	2	1	3	1	2	3	6	6	3	2	2	1	5	3	3	5	1
1	1	0	0	1	1	1	0	1	0	0	1	0	0	1	1	1	1	1	1
2	0	1	1	0	0	0	1	0	1	1	0	1	1	0	0	0	0	0	0
2	0	1	1	0	0	0	1	0	1	1	0	1	1	0	0	0	0	0	0
1	1	0	0	1	1	1	0	1	0	0	1	0	0	1	1	1	1	1	1
3	1	0	0	1	1	1	0	1	0	0	1	0	0	1	1	1	1	1	1
1	1	0	0	1	1	1	0	1	0	0	1	0	0	1	1	1	1	1	1
2	0	1	1	0	0	0	1	0	1	1	0	1	1	0	0	0	0	0	0
3	1	0	0	1	1	1	0	1	0	0	1	0	0	1	1	1	1	1	1
6	0	1	1	0	0	0	1	0	1	1	0	1	1	0	0	0	0	0	0
6	0	1	1	0	0	0	1	0	1	1	0	1	1	0	0	0	0	0	0
3	1	0	0	1	1	1	0	1	0	0	1	0	0	1	1	1	1	1	1
2	0	1	1	0	0	0	1	0	1	1	0	1	1	0	0	0	0	0	0
2	0	1	1	0	0	0	1	0	1	1	0	1	1	0	0	0	0	0	0
1	1	0	0	1	1	1	0	1	0	0	1	0	0	1	1	1	1	1	1
5	1	0	0	1	1	1	0	1	0	0	1	0	0	1	1	1	1	1	1
3	1	0	0	1	1	1	0	1	0	0	1	0	0	1	1	1	1	1	1
3	1	0	0	1	1	1	0	1	0	0	1	0	0	1	1	1	1	1	1
5	1	0	0	1	1	1	0	1	0	0	1	0	0	1	1	1	1	1	1
1	1	0	0	1	1	1	0	1	0	0	1	0	0	1	1	1	1	1	1

③ 3단계

(42) 118행 3122135⋯는 343주기다. 각 행은 1001111⋯, 0110000⋯의 343주기를 가진다.

① 1단계

3	1	2	2	1	3	5	1	5	3
1	1	0	0	1	1	1	1	1	1
2	0	1	1	0	0	0	0	0	0
2	0	1	1	0	0	0	0	0	0
1	1	0	0	1	1	1	1	1	1
3	1	0	0	1	1	1	1	1	1
5	1	0	0	1	1	1	1	1	1
1	1	0	0	1	1	1	1	1	1
5	1	0	0	1	1	1	1	1	1
3	1	0	0	1	1	1	1	1	1

② 2단계

3	1	2	2	1	3	5	1	5	3	3	5	1	1	4	6	5	5	6	4
1	1	0	0	1	1	1	1	1	1	1	1	1	1	0	0	1	1	0	0
2	0	1	1	0	0	0	0	0	0	0	0	0	0	1	1	0	0	1	1
2	0	1	1	0	0	0	0	0	0	0	0	0	0	1	1	0	0	1	1
1	1	0	0	1	1	1	1	1	1	1	1	1	1	0	0	1	1	0	0
3	1	0	0	1	1	1	1	1	1	1	1	1	1	0	0	1	1	0	0
5	1	0	0	1	1	1	1	1	1	1	1	1	1	0	0	1	1	0	0
1	1	0	0	1	1	1	1	1	1	1	1	1	1	0	0	1	1	0	0
5	1	0	0	1	1	1	1	1	1	1	1	1	1	0	0	1	1	0	0
3	1	0	0	1	1	1	1	1	1	1	1	1	1	0	0	1	1	0	0
3	1	0	0	1	1	1	1	1	1	1	1	1	1	0	0	1	1	0	0
5	1	0	0	1	1	1	1	1	1	1	1	1	1	0	0	1	1	0	0
1	1	0	0	1	1	1	1	1	1	1	1	1	1	0	0	1	1	0	0
1	1	0	0	1	1	1	1	1	1	1	1	1	1	0	0	1	1	0	0
4	0	1	1	0	0	0	0	0	0	0	0	0	0	1	1	0	0	1	1
6	0	1	1	0	0	0	0	0	0	0	0	0	0	1	1	0	0	1	1
5	1	0	0	1	1	1	1	1	1	1	1	1	1	0	0	1	1	0	0
5	1	0	0	1	1	1	1	1	1	1	1	1	1	0	0	1	1	0	0
6	0	1	1	0	0	0	0	0	0	0	0	0	0	1	1	0	0	1	1
4	0	1	1	0	0	0	0	0	0	0	0	0	0	1	1	0	0	1	1

③ 3단계

(43) 126행 0404042···는 343주기다. 각 행은 000000···, 1111111···의 343주기를 가진다.

① 1단계

0	4	0	4	0	4	2	4	4	4
4	0	0	0	0	0	0	0	0	0
0	0	0	0	0	0	0	0	0	0
4	0	0	0	0	0	0	0	0	0
0	0	0	0	0	0	0	0	0	0
4	0	0	0	0	0	0	0	0	0
2	0	0	0	0	0	0	0	0	0
4	0	0	0	0	0	0	0	0	0
4	0	0	0	0	0	0	0	0	0
4	0	0	0	0	0	0	0	0	0

② 2단계

0	4	0	4	0	4	2	4	4	4	4	4	4	5	4	6	4	6	4	6
4	0	0	0	0	0	0	0	0	0	0	0	0	1	0	0	0	0	0	0
0	0	0	0	0	0	0	0	0	0	0	0	0	1	0	0	0	0	0	0
4	0	0	0	0	0	0	0	0	0	0	0	0	1	0	0	0	0	0	0
0	0	0	0	0	0	0	0	0	0	0	0	0	1	0	0	0	0	0	0
4	0	0	0	0	0	0	0	0	0	0	0	0	1	0	0	0	0	0	0
2	0	0	0	0	0	0	0	0	0	0	0	0	1	0	0	0	0	0	0
4	0	0	0	0	0	0	0	0	0	0	0	0	1	0	0	0	0	0	0
4	0	0	0	0	0	0	0	0	0	0	0	0	1	0	0	0	0	0	0
4	0	0	0	0	0	0	0	0	0	0	0	0	1	0	0	0	0	0	0
4	0	0	0	0	0	0	0	0	0	0	0	0	1	0	0	0	0	0	0
4	0	0	0	0	0	0	0	0	0	0	0	0	1	0	0	0	0	0	0
4	0	0	0	0	0	0	0	0	0	0	0	0	1	0	0	0	0	0	0
5	1	1	1	1	1	1	1	1	1	1	1	1	0	1	1	1	1	1	1
4	0	0	0	0	0	0	0	0	0	0	0	0	1	0	0	0	0	0	0
6	0	0	0	0	0	0	0	0	0	0	0	0	1	0	0	0	0	0	0
4	0	0	0	0	0	0	0	0	0	0	0	0	1	0	0	0	0	0	0
6	0	0	0	0	0	0	0	0	0	0	0	0	1	0	0	0	0	0	0
4	0	0	0	0	0	0	0	0	0	0	0	0	1	0	0	0	0	0	0
6	0	0	0	0	0	0	0	0	0	0	0	0	1	0	0	0	0	0	0

③ 3단계

(44) 132행 ⋯ 3122136는 343주기다. 각 행은 1001100⋯, 0110011⋯ 의 343주기를 가진다.

① 1단계

3	1	2	2	1	3	6	6	2	4
1	1	0	0	1	1	0	0	0	0
2	0	1	1	0	0	1	1	1	1
2	0	1	1	0	0	1	1	1	1
1	1	0	0	1	1	0	0	0	0
3	1	0	0	1	1	0	0	0	0
6	0	1	1	0	0	1	1	1	1
6	0	1	1	0	0	1	1	1	1
2	0	1	1	0	0	1	1	1	1
4	0	1	1	0	0	1	1	1	1

② 2단계

3	1	2	2	1	3	6	6	2	4	4	2	6	2	4	6	5	5	6	4
1	1	0	0	1	1	0	0	0	0	0	0	0	0	0	0	1	1	0	0
2	0	1	1	0	0	1	1	1	1	1	1	1	1	1	1	0	0	1	1
2	0	1	1	0	0	1	1	1	1	1	1	1	1	1	1	0	0	1	1
1	1	0	0	1	1	0	0	0	0	0	0	0	0	0	0	1	1	0	0
3	1	0	0	1	1	0	0	0	0	0	0	0	0	0	0	1	1	0	0
6	0	1	1	0	0	1	1	1	1	1	1	1	1	1	1	0	0	1	1
6	0	1	1	0	0	1	1	1	1	1	1	1	1	1	1	0	0	1	1
2	0	1	1	0	0	1	1	1	1	1	1	1	1	1	1	0	0	1	1
4	0	1	1	0	0	1	1	1	1	1	1	1	1	1	1	0	0	1	1
4	0	1	1	0	0	1	1	1	1	1	1	1	1	1	1	0	0	1	1
2	0	1	1	0	0	1	1	1	1	1	1	1	1	1	1	0	0	1	1
6	0	1	1	0	0	1	1	1	1	1	1	1	1	1	1	0	0	1	1
2	0	1	1	0	0	1	1	1	1	1	1	1	1	1	1	0	0	1	1
4	0	1	1	0	0	1	1	1	1	1	1	1	1	1	1	0	0	1	1
6	0	1	1	0	0	1	1	1	1	1	1	1	1	1	1	0	0	1	1
5	1	0	0	1	1	0	0	0	0	0	0	0	0	0	0	1	1	0	0
5	1	0	0	1	1	0	0	0	0	0	0	0	0	0	0	1	1	0	0
6	0	1	1	0	0	1	1	1	1	1	1	1	1	1	1	0	0	1	1
4	0	1	1	0	0	1	1	1	1	1	1	1	1	1	1	0	0	1	1

③ 3단계

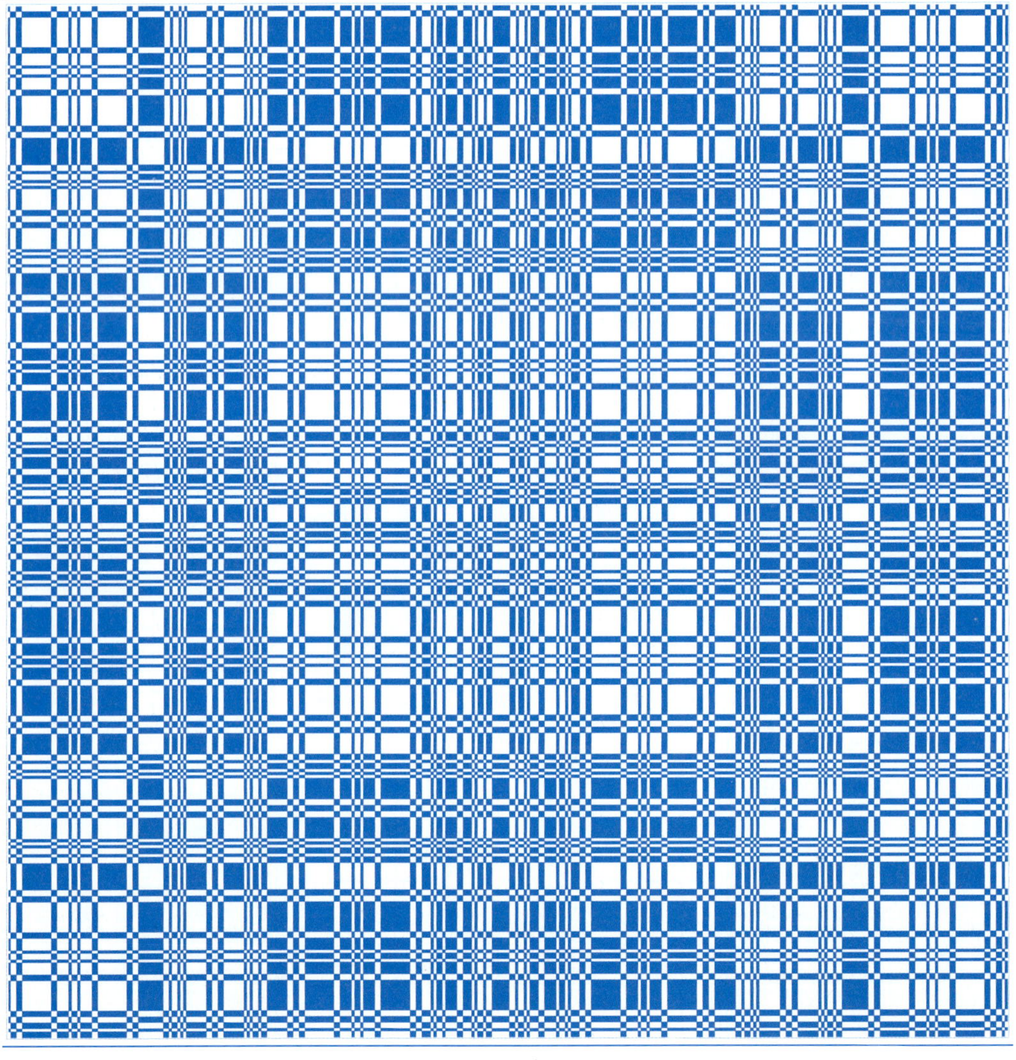

(45) 133행 0404046… 은 343주기다. 각 행은 000000…, 1111111… 의 343주기를 가진다.

① 1단계

0	4	0	4	0	4	6	4	5	4
4	0	0	0	0	0	0	0	1	0
0	0	0	0	0	0	0	0	1	0
4	0	0	0	0	0	0	0	1	0
0	0	0	0	0	0	0	0	1	0
4	0	0	0	0	0	0	0	1	0
6	0	0	0	0	0	0	0	1	0
4	0	0	0	0	0	0	0	1	0
5	1	1	1	1	1	1	1	0	1
4	0	0	0	0	0	0	0	1	0

② 2단계

0	4	0	4	0	4	6	4	5	4	5	4	5	6	5	1	5	1	5	1
4	0	0	0	0	0	0	0	1	0	1	0	1	0	1	1	1	1	1	1
0	0	0	0	0	0	0	0	1	0	1	0	1	0	1	1	1	1	1	1
4	0	0	0	0	0	0	0	1	0	1	0	1	0	1	1	1	1	1	1
0	0	0	0	0	0	0	0	1	0	1	0	1	0	1	1	1	1	1	1
4	0	0	0	0	0	0	0	1	0	1	0	1	0	1	1	1	1	1	1
6	0	0	0	0	0	0	0	1	0	1	0	1	0	1	1	1	1	1	1
4	0	0	0	0	0	0	0	1	0	1	0	1	0	1	1	1	1	1	1
5	1	1	1	1	1	1	1	0	1	0	1	0	1	0	0	0	0	0	0
4	0	0	0	0	0	0	0	1	0	1	0	1	0	1	1	1	1	1	1
5	1	1	1	1	1	1	1	0	1	0	1	0	1	0	0	0	0	0	0
4	0	0	0	0	0	0	0	1	0	1	0	1	0	1	1	1	1	1	1
5	1	1	1	1	1	1	1	0	1	0	1	0	1	0	0	0	0	0	0
6	0	0	0	0	0	0	0	1	0	1	0	1	0	1	1	1	1	1	1
5	1	1	1	1	1	1	1	0	1	0	1	0	1	0	0	0	0	0	0
1	1	1	1	1	1	1	1	0	1	0	1	0	1	0	0	0	0	0	0
5	1	1	1	1	1	1	1	0	1	0	1	0	1	0	0	0	0	0	0
1	1	1	1	1	1	1	1	0	1	0	1	0	1	0	0	0	0	0	0
5	1	1	1	1	1	1	1	0	1	0	1	0	1	0	0	0	0	0	0
1	1	1	1	1	1	1	1	0	1	0	1	0	1	0	0	0	0	0	0

③ 3단계

(46) 156행 165611⋯ 는 343주기다. 각 행은 1001001⋯, 0110111⋯ 의 343주기를 가진다.

① 1단계

1	6	5	5	6	1	1	3	4	1
6	1	0	0	1	0	0	0	1	0
5	0	1	1	0	1	1	1	0	1
5	0	1	1	0	1	1	1	0	1
6	1	0	0	1	0	0	0	1	0
1	0	1	1	0	1	1	1	0	1
1	0	1	1	0	1	1	1	0	1
3	0	1	1	0	1	1	1	0	1
4	1	0	0	1	0	0	0	1	0
1	0	1	1	0	1	1	1	0	1

② 2단계

1	6	5	5	6	1	1	3	4	1	1	4	3	2	5	2	4	4	2	5
6	1	0	0	1	0	0	0	1	0	0	1	0	1	0	1	1	1	1	0
5	0	1	1	0	1	1	1	0	1	1	0	1	0	1	0	0	0	0	1
5	0	1	1	0	1	1	1	0	1	1	0	1	0	1	0	0	0	0	1
6	1	0	0	1	0	0	0	1	0	0	1	0	1	0	1	1	1	1	0
1	0	1	1	0	1	1	1	0	1	1	0	1	0	1	0	0	0	0	1
1	0	1	1	0	1	1	1	0	1	1	0	1	0	1	0	0	0	0	1
3	0	1	1	0	1	1	1	0	1	1	0	1	0	1	0	0	0	0	1
4	1	0	0	1	0	0	0	1	0	0	1	0	1	0	1	1	1	1	0
1	0	1	1	0	1	1	1	0	1	1	0	1	0	1	0	0	0	0	1
1	0	1	1	0	1	1	1	0	1	1	0	1	0	1	0	0	0	0	1
4	1	0	0	1	0	0	0	1	0	0	1	0	1	0	1	1	1	1	0
3	0	1	1	0	1	1	1	0	1	1	0	1	0	1	0	0	0	0	1
2	1	0	0	1	0	0	0	1	0	0	1	0	1	0	1	1	1	1	0
5	0	1	1	0	1	1	1	0	1	1	0	1	0	1	0	0	0	0	1
2	1	0	0	1	0	0	0	1	0	0	1	0	1	0	1	1	1	1	0
4	1	0	0	1	0	0	0	1	0	0	1	0	1	0	1	1	1	1	0
4	1	0	0	1	0	0	0	1	0	0	1	0	1	0	1	1	1	1	0
2	1	0	0	1	0	0	0	1	0	0	1	0	1	0	1	1	1	1	0
5	0	1	1	0	1	1	1	0	1	1	0	1	0	1	0	0	0	0	1

③ 3단계

(47) 203행 0404044···는 343주기다. 각 행은 0000000···, 111111···의 343주기를 가진다.

① 1단계

0	4	0	4	0	4	4	4	1	4	1	4
4	0	0	0	0	0	0	0	1	0	1	0
0	0	0	0	0	0	0	0	1	0	1	0
4	0	0	0	0	0	0	0	1	0	1	0
0	0	0	0	0	0	0	0	1	0	1	0
4	0	0	0	0	0	0	0	1	0	1	0
4	0	0	0	0	0	0	0	1	0	1	0
4	0	0	0	0	0	0	0	1	0	1	0
1	1	1	1	1	1	1	1	0	1	0	1
4	0	0	0	0	0	0	0	1	0	1	0

② 2단계

0	4	0	4	0	4	4	4	1	4	1	4	1	1	1	5	1	5	1	5
4	0	0	0	0	0	0	0	1	0	1	0	1	1	1	1	1	1	1	1
0	0	0	0	0	0	0	0	1	0	1	0	1	1	1	1	1	1	1	1
4	0	0	0	0	0	0	0	1	0	1	0	1	1	1	1	1	1	1	1
0	0	0	0	0	0	0	0	1	0	1	0	1	1	1	1	1	1	1	1
4	0	0	0	0	0	0	0	1	0	1	0	1	1	1	1	1	1	1	1
4	0	0	0	0	0	0	0	1	0	1	0	1	1	1	1	1	1	1	1
4	0	0	0	0	0	0	0	1	0	1	0	1	1	1	1	1	1	1	1
1	1	1	1	1	1	1	1	0	1	0	1	0	0	0	0	0	0	0	0
4	0	0	0	0	0	0	0	1	0	1	0	1	1	1	1	1	1	1	1
1	1	1	1	1	1	1	1	0	1	0	1	0	0	0	0	0	0	0	0
4	0	0	0	0	0	0	0	1	0	1	0	1	1	1	1	1	1	1	1
1	1	1	1	1	1	1	1	0	1	0	1	0	0	0	0	0	0	0	0
1	1	1	1	1	1	1	1	0	1	0	1	0	0	0	0	0	0	0	0
1	1	1	1	1	1	1	1	0	1	0	1	0	0	0	0	0	0	0	0
5	1	1	1	1	1	1	1	0	1	0	1	0	0	0	0	0	0	0	0
1	1	1	1	1	1	1	1	0	1	0	1	0	0	0	0	0	0	0	0
5	1	1	1	1	1	1	1	0	1	0	1	0	0	0	0	0	0	0	0
1	1	1	1	1	1	1	1	0	1	0	1	0	0	0	0	0	0	0	0
5	1	1	1	1	1	1	1	0	1	0	1	0	0	0	0	0	0	0	0

③ 3단계

(48) 210행 0404041⋯는 343주기다. 각 행은 0000010⋯, 111110⋯의 343주기를 가진다.

① 1단계

0	4	0	4	0	4	1	4	2	4
4	0	0	0	0	0	1	0	0	0
0	0	0	0	0	0	1	0	0	0
4	0	0	0	0	0	1	0	0	0
0	0	0	0	0	0	1	0	0	0
4	0	0	0	0	0	1	0	0	0
1	1	1	1	1	1	0	1	1	1
4	0	0	0	0	0	1	0	0	0
2	0	0	0	0	0	1	0	0	0
4	0	0	0	0	0	1	0	0	0

② 2단계

0	4	0	4	0	4	1	4	2	4	2	4	2	6	2	1	2	1	2	1
4	0	0	0	0	0	1	0	0	0	0	0	0	0	0	1	0	1	0	1
0	0	0	0	0	0	1	0	0	0	0	0	0	0	0	1	0	1	0	1
4	0	0	0	0	0	1	0	0	0	0	0	0	0	0	1	0	1	0	1
0	0	0	0	0	0	1	0	0	0	0	0	0	0	0	1	0	1	0	1
4	0	0	0	0	0	1	0	0	0	0	0	0	0	0	1	0	1	0	1
1	1	1	1	1	1	0	1	1	1	1	1	1	1	1	0	1	0	1	0
4	0	0	0	0	0	1	0	0	0	0	0	0	0	0	1	0	1	0	1
2	0	0	0	0	0	1	0	0	0	0	0	0	0	0	1	0	1	0	1
4	0	0	0	0	0	1	0	0	0	0	0	0	0	0	1	0	1	0	1
2	0	0	0	0	0	1	0	0	0	0	0	0	0	0	1	0	1	0	1
4	0	0	0	0	0	1	0	0	0	0	0	0	0	0	1	0	1	0	1
2	0	0	0	0	0	1	0	0	0	0	0	0	0	0	1	0	1	0	1
6	0	0	0	0	0	1	0	0	0	0	0	0	0	0	1	0	1	0	1
2	0	0	0	0	0	1	0	0	0	0	0	0	0	0	1	0	1	0	1
1	1	1	1	1	1	0	1	1	1	1	1	1	1	1	0	1	0	1	0
2	0	0	0	0	0	1	0	0	0	0	0	0	0	0	1	0	1	0	1
1	1	1	1	1	1	0	1	1	1	1	1	1	1	1	0	1	0	1	0
2	0	0	0	0	0	1	0	0	0	0	0	0	0	0	1	0	1	0	1
1	1	1	1	1	1	0	1	1	1	1	1	1	1	1	0	1	0	1	0

③ 3단계

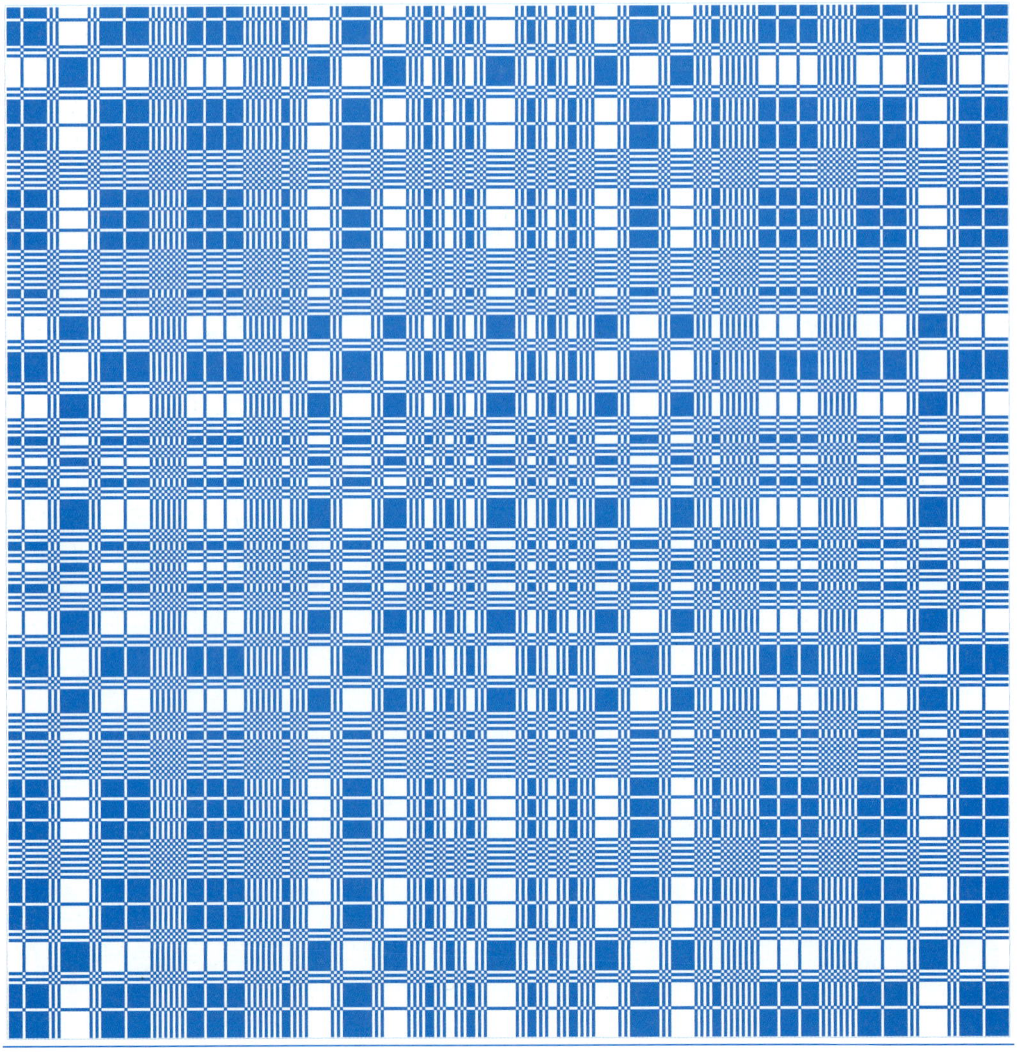

(49) 224행 0404042···는 343주기다. 각 행은 000000···, 1111111···의 343주기를 가진다.

① 1단계

0	4	0	4	0	4	2	4	4	4
4	0	0	0	0	0	0	0	0	0
0	0	0	0	0	0	0	0	0	0
4	0	0	0	0	0	0	0	0	0
0	0	0	0	0	0	0	0	0	0
4	0	0	0	0	0	0	0	0	0
2	0	0	0	0	0	0	0	0	0
4	0	0	0	0	0	0	0	0	0
4	0	0	0	0	0	0	0	0	0
4	0	0	0	0	0	0	0	0	0

② 2단계

0	4	0	4	0	4	2	4	4	4	4	4	4	5	4	6	4	6	4	6
4	0	0	0	0	0	0	0	0	0	0	0	0	1	0	0	0	0	0	0
0	0	0	0	0	0	0	0	0	0	0	0	0	1	0	0	0	0	0	0
4	0	0	0	0	0	0	0	0	0	0	0	0	1	0	0	0	0	0	0
0	0	0	0	0	0	0	0	0	0	0	0	0	1	0	0	0	0	0	0
4	0	0	0	0	0	0	0	0	0	0	0	0	1	0	0	0	0	0	0
2	0	0	0	0	0	0	0	0	0	0	0	0	1	0	0	0	0	0	0
4	0	0	0	0	0	0	0	0	0	0	0	0	1	0	0	0	0	0	0
4	0	0	0	0	0	0	0	0	0	0	0	0	1	0	0	0	0	0	0
4	0	0	0	0	0	0	0	0	0	0	0	0	1	0	0	0	0	0	0
4	0	0	0	0	0	0	0	0	0	0	0	0	1	0	0	0	0	0	0
4	0	0	0	0	0	0	0	0	0	0	0	0	1	0	0	0	0	0	0
4	0	0	0	0	0	0	0	0	0	0	0	0	1	0	0	0	0	0	0
5	1	1	1	1	1	1	1	1	1	1	1	1	0	1	1	1	1	1	1
4	0	0	0	0	0	0	0	0	0	0	0	0	1	0	0	0	0	0	0
6	0	0	0	0	0	0	0	0	0	0	0	0	1	0	0	0	0	0	0
4	0	0	0	0	0	0	0	0	0	0	0	0	1	0	0	0	0	0	0
6	0	0	0	0	0	0	0	0	0	0	0	0	1	0	0	0	0	0	0
4	0	0	0	0	0	0	0	0	0	0	0	0	1	0	0	0	0	0	0
6	0	0	0	0	0	0	0	0	0	0	0	0	1	0	0	0	0	0	0

③ 3단계

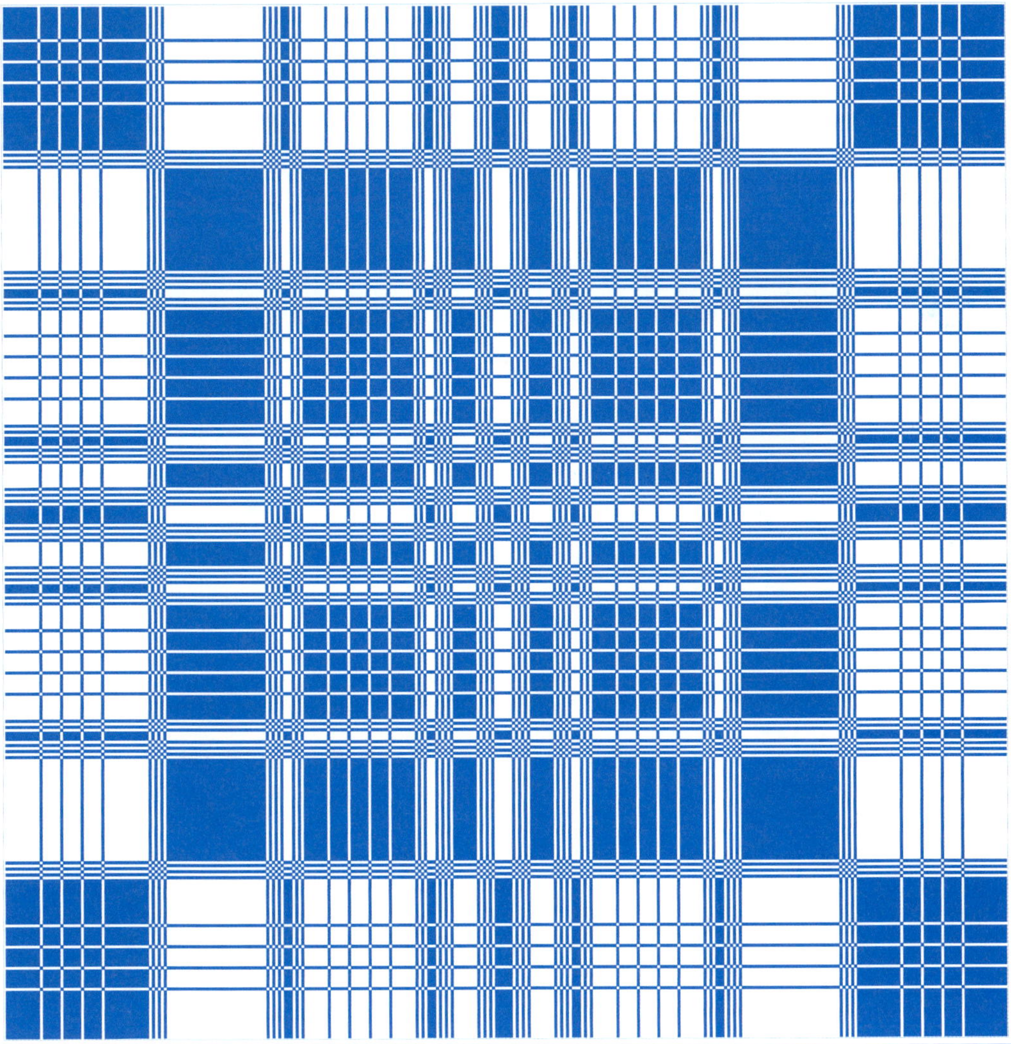

(50) 243행 6625113···는 343주기다. 각 행은 0011111···, 110000···의 343주기를 가진다.

① 1단계

6	6	2	5	1	1	3	1	1	5
6	0	0	1	1	1	1	1	1	1
2	0	0	1	1	1	1	1	1	1
5	1	1	0	0	0	0	0	0	0
1	1	1	0	0	0	0	0	0	0
1	1	1	0	0	0	0	0	0	0
3	1	1	0	0	0	0	0	0	0
1	1	1	0	0	0	0	0	0	0
1	1	1	0	0	0	0	0	0	0
5	1	1	0	0	0	0	0	0	0

② 2단계

6	6	2	5	1	1	3	1	1	5	2	6	6	4	6	6	2	5	1	1
6	0	0	1	1	1	1	1	1	1	0	0	0	0	0	0	0	1	1	1
2	0	0	1	1	1	1	1	1	1	0	0	0	0	0	0	0	1	1	1
5	1	1	0	0	0	0	0	0	0	1	1	1	1	1	1	1	0	0	0
1	1	1	0	0	0	0	0	0	0	1	1	1	1	1	1	1	0	0	0
1	1	1	0	0	0	0	0	0	0	1	1	1	1	1	1	1	0	0	0
3	1	1	0	0	0	0	0	0	0	1	1	1	1	1	1	1	0	0	0
1	1	1	0	0	0	0	0	0	0	1	1	1	1	1	1	1	0	0	0
1	1	1	0	0	0	0	0	0	0	1	1	1	1	1	1	1	0	0	0
5	1	1	0	0	0	0	0	0	0	1	1	1	1	1	1	1	0	0	0
2	0	0	1	1	1	1	1	1	1	0	0	0	0	0	0	0	1	1	1
6	0	0	1	1	1	1	1	1	1	0	0	0	0	0	0	0	1	1	1
6	0	0	1	1	1	1	1	1	1	0	0	0	0	0	0	0	1	1	1
4	0	0	1	1	1	1	1	1	1	0	0	0	0	0	0	0	1	1	1
6	0	0	1	1	1	1	1	1	1	0	0	0	0	0	0	0	1	1	1
6	0	0	1	1	1	1	1	1	1	0	0	0	0	0	0	0	1	1	1
2	0	0	1	1	1	1	1	1	1	0	0	0	0	0	0	0	1	1	1
5	1	1	0	0	0	0	0	0	0	1	1	1	1	1	1	1	0	0	0
1	1	1	0	0	0	0	0	0	0	1	1	1	1	1	1	1	0	0	0
1	1	1	0	0	0	0	0	0	0	1	1	1	1	1	1	1	0	0	0

③ 3단계

(51) 252행 0404044···는 343주기다. 각 행은 0000000···, 111111···의 343주기를 가진다.

① 1단계

0	4	0	4	0	4	4	4	1	4
4	0	0	0	0	0	0	0	1	0
0	0	0	0	0	0	0	0	1	0
4	0	0	0	0	0	0	0	1	0
0	0	0	0	0	0	0	0	1	0
4	0	0	0	0	0	0	0	1	0
4	0	0	0	0	0	0	0	1	0
4	0	0	0	0	0	0	0	1	0
1	1	1	1	1	1	1	1	0	1
4	0	0	0	0	0	0	0	1	0

② 2단계

0	4	0	4	0	4	4	4	1	4	1	4	1	1	1	5	1	5	1	5
4	0	0	0	0	0	0	0	1	0	1	0	1	1	1	1	1	1	1	1
0	0	0	0	0	0	0	0	1	0	1	0	1	1	1	1	1	1	1	1
4	0	0	0	0	0	0	0	1	0	1	0	1	1	1	1	1	1	1	1
0	0	0	0	0	0	0	0	1	0	1	0	1	1	1	1	1	1	1	1
4	0	0	0	0	0	0	0	1	0	1	0	1	1	1	1	1	1	1	1
4	0	0	0	0	0	0	0	1	0	1	0	1	1	1	1	1	1	1	1
4	0	0	0	0	0	0	0	1	0	1	0	1	1	1	1	1	1	1	1
1	1	1	1	1	1	1	1	0	1	0	1	0	0	0	0	0	0	0	0
4	0	0	0	0	0	0	0	1	0	1	0	1	1	1	1	1	1	1	1
1	1	1	1	1	1	1	1	0	1	0	1	0	0	0	0	0	0	0	0
4	0	0	0	0	0	0	0	1	0	1	0	1	1	1	1	1	1	1	1
1	1	1	1	1	1	1	1	0	1	0	1	0	0	0	0	0	0	0	0
1	1	1	1	1	1	1	1	0	1	0	1	0	0	0	0	0	0	0	0
1	1	1	1	1	1	1	1	0	1	0	1	0	0	0	0	0	0	0	0
5	1	1	1	1	1	1	1	0	1	0	1	0	0	0	0	0	0	0	0
1	1	1	1	1	1	1	1	0	1	0	1	0	0	0	0	0	0	0	0
5	1	1	1	1	1	1	1	0	1	0	1	0	0	0	0	0	0	0	0
1	1	1	1	1	1	1	1	0	1	0	1	0	0	0	0	0	0	0	0
5	1	1	1	1	1	1	1	0	1	0	1	0	0	0	0	0	0	0	0

③ 3단계

(52) 259행 0404041… 는 343주기다. 각 행은 0000001…, 00000… 의 343주기를 가진다.

① 1단계

0	4	0	4	0	4	1	4	2	4
4	0	0	0	0	0	1	0	0	0
0	0	0	0	0	0	1	0	0	0
4	0	0	0	0	0	1	0	0	0
0	0	0	0	0	0	1	0	0	0
4	0	0	0	0	0	1	0	0	0
1	1	1	1	1	1	0	1	1	1
4	0	0	0	0	0	1	0	0	0
2	0	0	0	0	0	1	0	0	0
4	0	0	0	0	0	1	0	0	0

② 2단계

0	4	0	4	0	4	1	4	2	4	2	4	2	6	2	1	2	1	2	1
4	0	0	0	0	0	1	0	0	0	0	0	0	0	0	1	0	1	0	1
0	0	0	0	0	0	1	0	0	0	0	0	0	0	0	1	0	1	0	1
4	0	0	0	0	0	1	0	0	0	0	0	0	0	0	1	0	1	0	1
0	0	0	0	0	0	1	0	0	0	0	0	0	0	0	1	0	1	0	1
4	0	0	0	0	0	1	0	0	0	0	0	0	0	0	1	0	1	0	1
1	1	1	1	1	1	0	1	1	1	1	1	1	1	1	0	1	0	1	0
4	0	0	0	0	0	1	0	0	0	0	0	0	0	0	1	0	1	0	1
2	0	0	0	0	0	1	0	0	0	0	0	0	0	0	1	0	1	0	1
4	0	0	0	0	0	1	0	0	0	0	0	0	0	0	1	0	1	0	1
2	0	0	0	0	0	1	0	0	0	0	0	0	0	0	1	0	1	0	1
4	0	0	0	0	0	1	0	0	0	0	0	0	0	0	1	0	1	0	1
2	0	0	0	0	0	1	0	0	0	0	0	0	0	0	1	0	1	0	1
6	0	0	0	0	0	1	0	0	0	0	0	0	0	0	1	0	1	0	1
2	0	0	0	0	0	1	0	0	0	0	0	0	0	0	1	0	1	0	1
1	1	1	1	1	1	0	1	1	1	1	1	1	1	1	0	1	0	1	0
2	0	0	0	0	0	1	0	0	0	0	0	0	0	0	1	0	1	0	1
1	1	1	1	1	1	0	1	1	1	1	1	1	1	1	0	1	0	1	0
2	0	0	0	0	0	1	0	0	0	0	0	0	0	0	1	0	1	0	1
1	1	1	1	1	1	0	1	1	1	1	1	1	1	1	0	1	0	1	0

③ 3단계

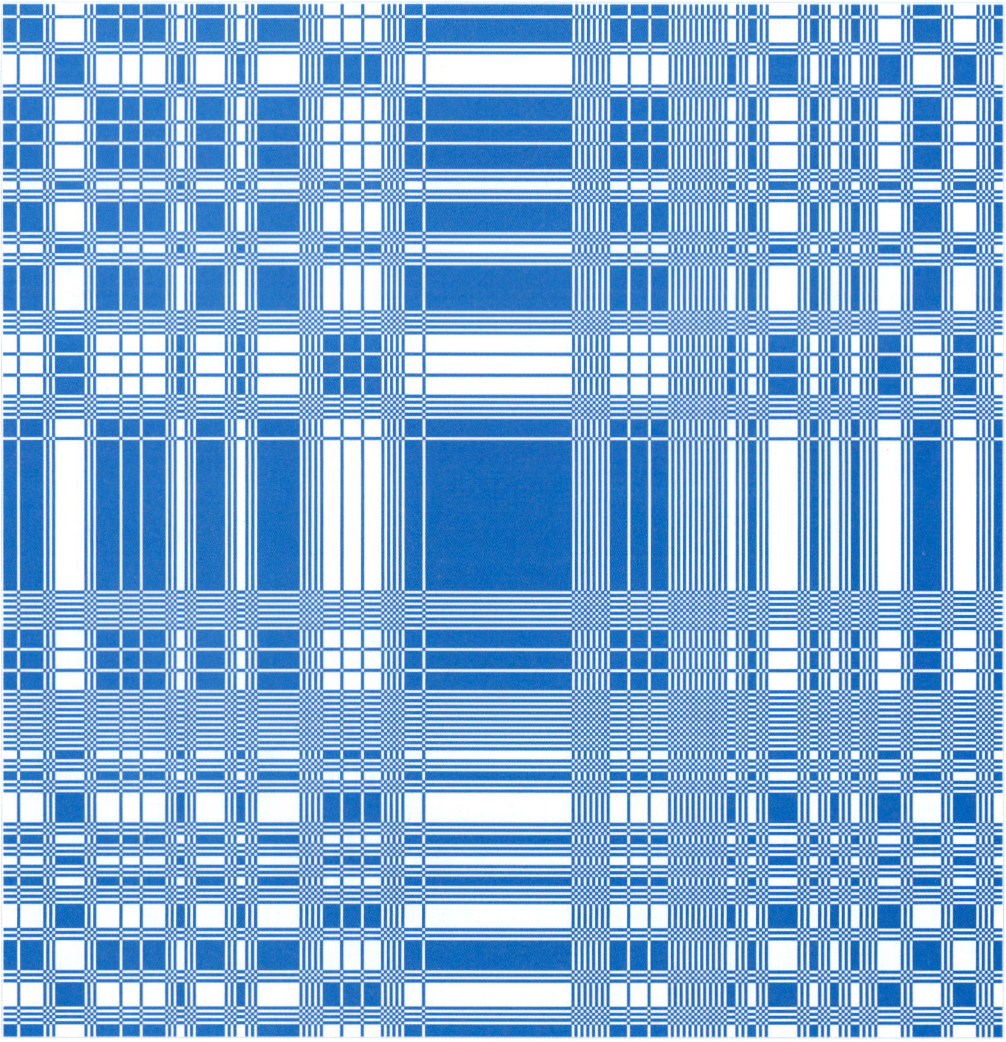

(53) 292행 6625113⋯는 343주기다. 각 행은 001111⋯, 110000⋯의 343주기를 가진다.

① 1단계

6	6	2	5	1	1	3	1	1	5
6	0	0	1	1	1	1	1	1	1
2	0	0	1	1	1	1	1	1	1
5	1	1	0	0	0	0	0	0	0
1	1	1	0	0	0	0	0	0	0
1	1	1	0	0	0	0	0	0	0
3	1	1	0	0	0	0	0	0	0
1	1	1	0	0	0	0	0	0	0
1	1	1	0	0	0	0	0	0	0
5	1	1	0	0	0	0	0	0	0

② 2단계

6	6	2	5	1	1	3	1	1	5	2	6	6	4	6	6	2	5	1	1
6	0	0	1	1	1	1	1	1	1	0	0	0	0	0	0	0	1	1	1
2	0	0	1	1	1	1	1	1	1	0	0	0	0	0	0	0	1	1	1
5	1	1	0	0	0	0	0	0	0	1	1	1	1	1	1	1	0	0	0
1	1	1	0	0	0	0	0	0	0	1	1	1	1	1	1	1	0	0	0
1	1	1	0	0	0	0	0	0	0	1	1	1	1	1	1	1	0	0	0
3	1	1	0	0	0	0	0	0	0	1	1	1	1	1	1	1	0	0	0
1	1	1	0	0	0	0	0	0	0	1	1	1	1	1	1	1	0	0	0
1	1	1	0	0	0	0	0	0	0	1	1	1	1	1	1	1	0	0	0
5	1	1	0	0	0	0	0	0	0	1	1	1	1	1	1	1	0	0	0
2	0	0	1	1	1	1	1	1	1	0	0	0	0	0	0	0	1	1	1
6	0	0	1	1	1	1	1	1	1	0	0	0	0	0	0	0	1	1	1
6	0	0	1	1	1	1	1	1	1	0	0	0	0	0	0	0	1	1	1
4	0	0	1	1	1	1	1	1	1	0	0	0	0	0	0	0	1	1	1
6	0	0	1	1	1	1	1	1	1	0	0	0	0	0	0	0	1	1	1
6	0	0	1	1	1	1	1	1	1	0	0	0	0	0	0	0	1	1	1
2	0	0	1	1	1	1	1	1	1	0	0	0	0	0	0	0	1	1	1
5	1	1	0	0	0	0	0	0	0	1	1	1	1	1	1	1	0	0	0
1	1	1	0	0	0	0	0	0	0	1	1	1	1	1	1	1	0	0	0
1	1	1	0	0	0	0	0	0	0	1	1	1	1	1	1	1	0	0	0

③ 3단계

융합교육 시리즈 ④

수학의 본질은 디자인이다

2014년 5월 15일 초판 발행
2023년 8월 10일 초판 1쇄 발행

저 자 / 안대영
발행자 / 오판근
발행처 / 교우사

주 소 / 서울특별시 동대문구 약령시로 8 교우빌딩 2층
전 화 / 925-2861~2, 편집부 / 925-2825
팩 스 / 070-7966-8610

E-mail / kyowoo@kyowoo.co.kr
http://www.kyowoo.co.kr

등록 / 1994. 3. 24 제6-0256호

ISBN 979-11-251-0031-7 (04410)
979-11-251-0028-7 (세트)

값 27,000원